Immaterielles Äquivalent (Zeit) Materielles Äquivalent (Gestein)	Ära (Erathem)	Periode (System)	Alter (Stufe)	Eichmarken der Geochronometrischen Skala
	Paläozoikum	Perm	Chideru, Basleo, Sosio, Artinsk, Sakmara | Ochoa, Capitan, Word, Leonard, Wolfcamp	~ 280 Mill.
		Karbon	Stephanium Westfalium Namurium ——— Viseum Tournaisium	~ 345 Mill.
		Devon	Famennium Frasnium ——— Givetium Eifelium ——— Emsium Siegenium Gedinnium	~ 395 Mill.
		Silur	Ludlovium Wenlockium Llandoverium	~ 430 Mill.
		Ordovizium	Ashgillium Caradocium Llandeilo Llanvirnium Arenigium Tremadocium	~ 500 Mill.
		Kambrium	Croixan Albertan Waucoban	~ 570 Mill.
	Präkambrium			

Heinrich K. Erben

Die Entwicklung der Lebewesen

Heinrich K. Erben

Die Entwicklung der Lebewesen

Spielregeln der Evolution

R. Piper & Co. Verlag
München Zürich

ISBN 3-492-02152-2
2. Auflage, 4.–5. Tausend 1976

Gesamtherstellung H. Mühlberger, Augsburg
Gesetzt aus der Garamond-Antiqua
Vorsatzkarten Jutta Winter
Printed in Germany

Inhalt

ZWEITER TEIL

DRITTER TEIL

Meine Theorie könnte die Paläontologie befruchten, sie würde zum Studium der Instinkte, der Erblichkeit und des Geistes aufrufen ... sowie der Ursache der Variationen, so daß wir begreifen könnten, woher wir kommen und wohin wir gehen.

Charles Darwin, 1837

Wer von keiner Vergangenheit weiß, erfaßt weder die Wirklichkeit seiner Gegenwart in ihrem Unterschied noch die Notwendigkeiten der Zukunft.

Golo Mann, 1973

Das Künftige ist vor uns verhüllt, bis es sich ereignet; um es zu erhellen, müssen wir unseren Blick auf das Vergangene richten.

Arnold J. Toynbee, 1971

Vorwort

Zahlreiche der in den letzten Jahren erschienenen Bücher und Schriften haben sich eines Problems angenommen, das für uns Menschen eine weit überragende Bedeutung erlangt hat: des Problems der näheren Zukunft der Menschheit. Dieses plötzliche Interesse kommt nicht von ungefähr, denn angesichts mancher Anzeichen einer sich offenbar nähernden Krise fragen sich nicht nur Wissenschaftler, sondern auch viele Laien, wie es wohl mit uns weitergehen wird.

Noch in den fünfziger Jahren waren die meisten von uns voll optimistischer Zukunftsgläubigkeit, die Errungenschaften des technischen Fortschritts schienen unausschöpfliche Möglichkeiten einer weiteren Entwicklung anzudeuten, ja man rechnete sogar mit einem neuen Vorstoß der Evolution, als dessen Ergebnis auf einer höheren Entwicklungsstufe der Ultramensch oder Übermensch entstehen würde. Zwar hatte es zuvor bereits warnende Stimmen gegeben, wie etwa die José Ortega y Gassets (»Der Aufstand der Massen«) oder Oswald Spenglers (»Der Untergang des Abendlandes«), und sie hätten Beachtung verdient. Doch diese Aufmerksamkeit wurde durch jene menschlich-allzumenschliche Eigenschaft verhindert, die als Wunschdenken zwar der Ursprung jener Taten ist, welche den Fortschritt zur Folge haben, die aber auch ihre Schattenseiten hat. Schlägt Wunschdenken nämlich in das Bestreben um, Unangenehmes zu verdrängen, Realitäten eines liebgewordenen Vorurteils wegen nicht wahrhaben zu wollen, dann wird es zu einer menschlichen Schwäche, die sich sehr bedenklich auswirken kann. (Eine dieser Realitäten ist z. B. die heutzutage häufig verdrängte, gelegentlich sogar bestrittene Tatsache, daß der Mensch ungeachtet seines psychischen und technischen Fortschritts eine biologische, der Natur und ihrer Selektion unterworfene Spezies geblieben ist.)

In der erwähnten optimistischen Grundhaltung ist neuerdings wenigstens teilweise ein Wandel eingetreten. Die rapide anschwellenden Zahlen der Weltbevölkerung, psychische Folgen einer zunehmenden Vermassung, die Schädigung unserer natürlichen Umwelt, der Raubbau an unseren Rohstoffen und Energien haben manche Wissenschaftler dazu bewogen, erneute und nunmehr sehr eindringliche Warnungen zu veröffentlichen, um welche heute eine beinahe schon hitzig zu nennende Diskussion entbrannt ist. Mit sachlichen – gelegentlich aber auch mit durchaus unsachlichen – Argumenten wird hier ein Streit ausgetragen, in dem sich die Schlimmes verkündenden Warner und die eifrigen Beschwichtiger gegenüberstehen, die sorgenvollen Pessimisten und die durch eine rosenrote Brille in die Zukunft blickenden Tagträumer und Wunschdenker. »Der Höhepunkt der Menschheitsentwicklung oder gar die Geburt des Ultramenschen steht uns bevor«, versichern die einen. »Eine Katastrophe oder sogar der Untergang werden die Menschheit möglicherweise schon in wenigen Jahrzehnten ereilen«, ist die Auffassung der anderen.

Eigentlich aber wären beide Möglichkeiten nichts Außergewöhnliches, denn hunderttausendfach und häufiger ist Entsprechendes schon früher geschehen. Die gesamte Entwicklung der Lebewesen auf unserem Planeten, seit der Entstehung des Lebens vor etwa 3200 Millionen von Jahren bis heute, war ja ein ständiges »Stirb und Werde!«. Neue Arten entstanden, bestehende vergingen, die ganze Evolution der Organismen war nichts anderes als eine unaufhörliche Kette des Werdens und Aussterbens. Und so könnte auch der Mensch, diese am weitesten differenzierte biologische Spezies theoretisch durchaus eines von beidem sein: Ausgangspunkt einer neuen Weiterentwicklung oder Endglied seines eigenen, untergehenden Stammeszweiges. Welcher von diesen beiden Fällen bevorsteht, ja selbst ob einer von ihnen überhaupt eintreten wird, kann mit letzter Sicherheit natürlich niemand voraussagen. Wohl aber ist es möglich, aufgrund der Erfahrungen des mit Evolutionsproblemen vertrauten Paläontologen die Wahrscheinlichkeiten abzuwägen – und gerade das ist die Absicht dieses Buches, zu dem ich mich vor allem entschlossen habe, um der gegenwärtigen Diskussion um »die Grenzen des Wachstums« der Menschheit jenen überaus relevanten Aspekt hinzuzufügen, der erstaunlicherweise bisher kaum, jedenfalls aber bei weitem nicht ausreichend, gewürdigt worden ist.

Will man sich nicht in haltlose, allzu spekulative Phantastereien verlieren, so wird ein wägendes Beurteilen der künftigen Möglichkeiten nur dann vertretbar, wenn man die Wahrscheinlichkeit des einen oder des anderen evolutiven Zukunftsgeschehens unter Berücksichtigung (a) der vergangenen Entwicklungsabläufe, (b) des gegenwärtig erreichten Evolutionsstatus und (c) etwa sich bereits abzeichnender Tendenzen prüft. Daher ist es erforderlich, die Entstehungsgeschichte des Menschen als biologischer Spezies und darüber hinaus auch jene Spielregeln der Evolution kennenzulernen, unter deren Einfluß Schritt für Schritt, durch viele Jahrmillionen hindurch, die Entwicklung durch alle Vorstufen bis hin zum Menschen verlaufen ist.

Diese Entwicklung kann rekonstruiert werden, wenn man die fossilen Überreste der vorzeitlichen Lebewesen heranzieht und als Dokumente auswertet, wozu allerdings die Beachtung biologischer und erdwissenschaftlicher Zusammenhänge und nicht zuletzt auch das Vertrautsein mit den Methoden der erdgeschichtlichen Altersdatierung erforderlich ist. Bereits hier wird wohl deutlich, daß bei allen unseren
 Betrachtungen dieses thematischen Gesamtkomplexes die Ergebnisse

sehr verschiedenartiger naturwissenschaftlicher Disziplinen zu berücksichtigen sind.

Damit sind nun der Rahmen dieses Buches abgesteckt, der sachliche Inhalt gekennzeichnet und die übergreifende Fragestellung herausgestellt, und so ergibt sich die angemessene Gliederung des Stoffes gleichsam von selbst:

Der erste Teil dieses Buches soll den Leser mit dem Wesen und der Arbeitsweise der paläobiologischen Forschung vertraut machen, den Entstehungsvorgang der als fossile Dokumente dienenden skelettalen Hartteile der Organismen darstellen, über die Methoden der erdgeschichtlichen Alterseinstufung informieren und die Möglichkeiten aufzeigen, aus der Form der Hartteile auf deren jeweilige Funktion sowie auf die spezifische Umwelt des Lebewesens zurückzuschließen. Ferner werden die frühesten Abschnitte der Evolution zu beschreiben sein, von der Entstehung des Lebens bis zur Herausbildung des ersten umfangreicheren Stammbaums der tierischen Lebewesen, woran sich sodann eine knappe Übersicht über die weitere, bis zur Gegenwart reichende Entwicklung anschließen soll.

Im zweiten Teil wird zu prüfen sein, ob die Evolution der Organismen besonderen Gesetzmäßigkeiten folgt oder ob bei den vergangenen Entwicklungsabläufen wenigstens gewisse Regelhaftigkeiten mit im Spiel waren. Dabei wird unsere besondere Aufmerksamkeit den Umständen des Entstehens sowie den Problemen des Aussterbens der biologischen Arten zu gelten haben.

Der dritte Teil soll sodann ausschließlich dem Menschen gewidmet sein. Hier wird es notwendig, die Anthropogenese unter ihren beiden Aspekten zu betrachten, nämlich jenem, der die körperlichen Veränderungen wiedergibt (Bio-Evolution), aber auch dem anderen, der die geistige Entwicklung umfaßt (Psycho-Evolution). Dies geschieht sowohl unter Berücksichtigung der bisher bekannten Dokumentation als auch unter Bezugnahme auf jene Deutungen, die sich einerseits aus dem fossilen Belegmaterial, andererseits aus den Verhaltensweisen der heute noch lebenden fortgeschritteneren Primaten ergeben.

In einem Abschlußkapitel soll sodann – unter Berücksichtigung der im zweiten Teil dieses Buches gewonnenen Erkenntnisse über die Evolutionsregeln – der gegenwärtige Status der Evolution des Menschen geprüft werden, woran sich der Versuch knüpfen soll, unsere eigenen Zukunftsperspektiven einer abwägenden Betrachtung zu unterziehen.

Diese Schrift ist kein Lehrbuch und auch keine Abhandlung der Fachliteratur, sondern sollte als das aufgefaßt werden, was man üblicherweise ein Sachbuch nennt, und da sich dieses mit Problemen aus dem Bereich der Wissenschaft befaßt, darf es keinesfalls unwissenschaftlich vorgehen. Daher ist an den Inhalt dieses Buches und an die in ihm vertretenen Thesen die Forderung nach Objektivität und Neutralität zu stellen, ein Auftrag, der eigentlich unerfüllbar wäre, wenn seine absolute, kompromißlose Durchführung verlangt werden sollte: Den meisten der hier zu behandelnden Forschungsgebiete bleibt die Möglichkeit des Experimentierens verschlossen; sie müssen sich mit einer sorgfältigen Untersuchung von dokumentarischen Objekten und Beobachtungstatsachen begnügen, von welchen sie auf die bestehenden Zusammenhänge schließen, bevor sie zu deren Bewertung im Rahmen einer Synthese übergehen. Dennoch bleibt auch hier das Objektivitätspostulat bestehen, die Forderung, sich um einen unvoreingenommenen Standpunkt zumindest zu bemühen.

Ich hoffe, daß mir dies im ersten und im zweiten Teil dieses Buchs gelungen ist und daß nicht nur manche, sondern alle Stellen meinem eigenen Rotstift zum Opfer gefallen sind, die bei näherer selbstkritischer Prüfung als möglicherweise subjektiv beeinflußt erschienen. Bezüglich des dritten Teils meine ich jedoch, diese Versicherung nicht überall aufrechterhalten zu können. Sie gilt uneingeschränkt für das Kapitel VIII sowie die biologisch und paläobiologisch fundierten Passagen der Kapitel IX und X. Andere Teile dieser beiden Kapitel hingegen sind von ihrer Natur her so beschaffen, daß sie zu einer aus subjektiven Erfahrungen herrührenden Stellungnahme geradezu auffordern, was bei dieser Thematik nicht unbedingt von Nachteil sein muß, sondern den Vorteil in sich birgt, zur Erweiterung der Aspekte der bisherigen Diskussion beizutragen.

(Viele Abschnitte des Schlußkapitels [X] sowie einige im Kapitel IX befassen sich mit Sachverhalten, zu welchen seit einiger Zeit überaus kontroverse Interpretationen vorgebracht worden sind, und zwar solche, die von konkurrierenden Ideologien den jeweils eigenen Zwecken und Fernzielen dienstbar gemacht worden sind. In diesen Fällen vertrete ich meine durchaus persönliche Auffassung, und ich meine, daß dieses subjektive Element wohl durch mein Bemühen ausgeglichen wird, mich bei der Bildung des so entstehenden Weltbildes nicht etwa von blutleeren Ideen, sondern von Rückschlüssen aus wissenschaftlichen Erkenntnissen und von den Realitäten sowie den Beobachtungstatsachen des alltäglichen Lebens leiten zu lassen. Dabei beziehe ich meinen geistigen Standpunkt dort, wo weder »links« oder »neulinks« noch »rechts«, sondern die vernünftige Mitte ist, und so darf ich die Hoffnung hegen, daß meine allgemeinen, in diesem Zusammenhang geäußerten Auffassungen die Zustimmung der meisten Leser finden werden.)

In einem seiner Briefe an die Gattin Max Borns meinte Albert Einstein, daß Anschaulichkeit der Darstellung und exakte Klarheit der Aussage einander nahezu ausschließen (»Lebendiger Inhalt und Klarheit sind Antipoden, einer räumt das Feld vor dem anderen«), und das ist sicherlich zutreffend. So habe ich mich bei meinen Formulierungen also um einen Mittelweg bemüht: Ich habe versucht, reines Fachsimpeln und ein unnötiges Eindringen in Details zu vermeiden, wo immer mir dies möglich erschien. Andererseits habe ich mich aber nicht gescheut, im Vertrauen auf die intellektuellen Fähigkeiten des gebildeten Lesers diesen hinsichtlich der an ihn gestellten Ansprüche »zu fordern«, denn ich meine, daß man ihn beleidigt, wenn man ihn auf jeder Seite mehrfach mit dem vertraulichen »lieber Leser« anspricht, ihm im übrigen aber wenig Verständnis zutraut und daher das Eingehen auf etwas kompliziertere Zusammenhänge tunlichst vermeidet.

Dennoch habe ich mich von der streng formalisierten Darstellungsweise einer wissenschaftlichen Abhandlung im Interesse der Leserlichkeit sehr erheblich entfernt. Das bedeutet, daß ich das Zitieren von Quellen und anderen Autoren soweit eingeschränkt habe, wie mir dies gerade noch vertretbar erschien, und daß ich es weitgehend unterließ, Prioritätsansprüche zu klären, die ohnehin höchstens von wissenschaftshistorischem Interesse wären. Dagegen habe ich besonderen Wert darauf gelegt, überall dort Quellenzitate und ergänzende Erläuterungen beizufügen, wo ich meinte, einen ausführlicheren Beweis für Behauptungen auf jeden Fall antreten zu sollen, oder wo ich es für wahrscheinlich hielt, daß der Leser an zusätzlichen Informationen interessiert sein könnte. Man wird derartige, ansonsten lästige Fußnoten ersetzende Anmerkungen und Literaturhinweise fortlaufend numeriert im Anhang finden. Dem Laien etwa unverständliche Fachausdrücke werden teils in diesem, teils in einem gesonderten Glossar erläutert. Tabelle I (Innenseite des vorderen Einbanddeckels) gibt die Namen aller Abschnitte der geologischen Vorzeit in ihrer Reihenfolge wieder, Tabelle II (Innenseite des rückwärtigen Einbanddeckels) vermittelt eine hierarchische Übersicht über die systematischen Einheiten des Tierreichs.

Nach dieser Einführung verbleibt mir nur noch die angenehme Pflicht der Danksagung. Dank gebührt vor allem Herrn K. Piper und seinen Mitarbeitern für das meinen Anliegen entgegengebrachte Verständnis; er richtet sich sodann auch an alle die zahlreichen in- und ausländischen Kollegen meines eigenen Faches sowie der Nachbardisziplinen, die mir durch die Überlassung von Bildmaterial, durch die Übermittlung von erbetenen Informationen sowie durch Rat und fruchtbare Kritik behilflich waren. Die nach meinen Entwürfen hergestellten Originalzeichnungen verdanke ich Frau D. Brüssau und Frau D. Rutzen. – Völlig gesondert und mit herzlicher Dankbarkeit möchte ich vor allem die aktive Mithilfe und verständnisvolle Geduld meiner Frau hervorheben.

Was nun den Inhalt dieses Buches betrifft, so bleibe ich mir der Unzulänglichkeit eines jeden von Menschen geschaffenen Werkes bewußt, und ebenso der alten Binsenweisheit, daß man es niemals allen recht machen kann. Daher rechne ich mit sachlicher Kritik, die teilweise berechtigt sein wird, und mich von dieser gegebenenfalls überzeugen zu lassen, dazu erkläre ich mich von vornherein gern bereit. Wo aber Kritik aus unsachlichen Gründen oder aufgrund von Emotionen erfolgt oder gar aus jenem unreflektierten Erneuerungsstreben stammt, das ich die Novitätensucht des modernen Massenmenschen nenne, werde ich ihr nicht folgen können, solange sie nicht glaubhaft macht, daß sie bewährte alte Auffassungen und Normen durch wirklich besseres, also zweckmäßigeres und nützlicheres Neues zu ersetzen vermag.

Wirklich vertretbar wird ein derartiges Erneuerungsstreben nur dann, wenn seine Forderungen nüchtern bis zum Ende der Gedankenkette durchdacht und alle möglichen positiven und negativen Konsequenzen (auch die weniger offenkundigen!) sauber gegeneinander abgewogen worden sind. Während der überstürzten Entwicklung der letzten hundert Jahre ist dies leider nicht immer der Fall gewesen – die fatalen Folgen treten jetzt zutage. Zu verstehen, wie es zu dieser gegenwärtigen Situation kommen konnte, wird nur möglich, wenn man die körperlichen und psychischen Tendenzen der Anthropogenese kennt. Hypothetische Zukunftsperspektiven für die Menschheit zu entwerfen wird nur angängig, wenn man sie mit Hilfe jener Erfahrungen beurteilt, welche uns eine Betrachtung der vergangenen Evolution vermittelt. Mögen sich die nachfolgenden Darlegungen als unter diesen beiden Aspekten nutzbringend erweisen!

Bonn, Oktober 1974 — Heinrich K. Erben

ERSTER TEIL

I. Kapitel

Paläobiologie – Einführung in eine Wissenschaft

Was vor Zeiten noch war ein sicher gegründetes Erdreich,
wurde dann Meer, und dem Schoß der Fluten entstiegen die Länder;
fern vom Gestade der Wogen erschienen nun glänzende Muscheln.

Ovidius

Einst sah ich hoch im Gebirge Muscheln mitten im Gestein. Ich bin ganz sicher, daß es Schalen von Meeresmuscheln waren. Die Gesteine sind also einstmals Meeres-Ton gewesen. Ich weiß daher, daß Tieferes zu Höherem und daß Weiches zu hartem Gestein geworden ist.

Shusi, um 1200 v. Chr.

Diese Wissenschaft wird, anstatt in Verbindung mit Geologie und als Exponent geologischer Erscheinungen betrieben zu werden, neuerdings als ein unabhängiger Wissenszweig betrachtet.

James Hall, 1882

Im übrigen ist sie eine rein biologische Wissenschaft.

Louis Dollo, 1910

Wir wüßten nichts vom Leben, das in den urzeitlichen Epochen auf unserem Planeten existiert hat, wir hätten keinerlei Möglichkeit, uns eine Vorstellung von den vor Jahrmillionen untergegangenen Lebewesen zu bilden, wären uns nicht ihre Spuren und Überreste als sogenannte Fossilien überliefert worden. Die versteinerte Muschel, im Steinbruch aufgefunden, der zu Stein gewordene Haifischzahn im Felsbrocken eines Kliffs, der in Kohle umgewandelte Wedel eines Farns – sie sind Fossilien und als solche Dokumente des Lebens.

Daß derartige Fossilien die Überreste von Tieren und Pflanzen sind, welche in grauer Vorzeit tatsächlich einmal gelebt haben, ist allerdings eine Erkenntnis, die sich in der Entwicklung der abendländischen Wissenschaft verhältnismäßig spät durchgesetzt hat. Zwar ist die Existenz von Fossilien offenbar schon frühzeitig entdeckt worden: wie entsprechende Grabbeigaben von mystischer oder sogar kultischer Bedeutung erweisen, waren Fossilien bereits dem bronzezeitlichen Menschen bekannt. Und doch sind sie noch bis in das späte Mittelalter und darüber hinaus als zwar skurrile, aber rein zufällige Bildungen angesehen worden – *lusus naturae*, ein Spiel der Natur. Daneben gab es allerdings auch Erklärungen, die sich bemühten, Fossilien als regelhafte, der normalen Welt der Dinge entstammende Gebilde aufzufassen, etwa als »Donnerkeile« (Belemniten), »Bonifazius-Pfennige« (Stielglieder von fossilen Seelilien) oder »Ammonshörner« (Ammoniten). Strabo vermochte die kleinen, scheibenförmigen, fossilen Foraminiferen-Gehäuse, die er zu Tausenden in den Kalken des Gebietes von Kairo antraf, nicht anders zu deuten, als daß es sich um versteinerte Überreste des Linsengerichtes handelte, das beim Bau der Pyramiden den Sklaven als Nahrung diente. Leonardo da Vinci hingegen war als einer der wenigen klarsichtigen Beobachter der Natur davon überzeugt, daß Fossilien die Reste von vorzeitlichen Lebewesen darstellen.

Soweit diese Auffassung in der späteren Folgezeit tatsächlich Glauben fand, hielten jedoch selbst die Gelehrtesten ihrer Zeit diese Lebewesen für Opfer der biblischen Sintflut. Erst als allmählich die überwältigende Fülle der verschiedenen fossilen Arten sowie der enorme Umfang und die Dicke (»Mächtigkeit«) der sie enthaltenden Absatzgesteine deutlich wurden, kamen die Naturforscher des späten 18. Jahrhunderts zögernd zu der Überzeugung, es müsse sich um die Reste von Pflanzen und Tieren handeln, die lange Zeit vor Noah und auch sehr lange Zeit vor Adam gelebt haben. Damit war der Weg für eine von Vorurteilen freie Untersuchung geebnet, und erst mit dieser wandelte sich die Bedeutung der Fossilien. Aus den bestaunten Zierstücken in den Raritätenkabinetten barocker Fürsten wurden Forschungsobjekte eines sich nun schnell entwickelnden Zweiges der Naturwissenschaften.

Die Bedeutung der einzelnen Fossilien voll zu erfassen wird nur dann möglich sein, wenn wir sie als biologische Objekte begreifen, wenn wir uns also in jedem Stadium unserer Bemühungen vor Augen halten, daß sie Überreste von Organismen sind, entschwundene Zeugen des Lebens. So muß also dieses Buch umfassend von jenem Phänomen handeln, welches wir »das Leben« nennen. Es muß sich ganz allgemein mit den Lebewesen dieser Erde auseinandersetzen, und daher auch mit uns selbst, die wir als Menschen neben unzähligen anderen Wesen gleichfalls Teil und Träger des Lebensprozesses sind. Doch soll unsere Betrachtung weniger dem zur Zeit bestehenden Zustand gelten. Wie die in der Gegenwart lebenden Organismen beschaffen sind, auf welche Weise sie als Individuen entstehen, sich fortpflanzen und vergehen, welche Funktionen sie wahrnehmen und mit Hilfe welcher höchst komplizierter Mechanismen sie dazu in die Lage versetzt werden oder in welchem Verhältnis sie zu ihrer Umwelt stehen – das alles sind Fragen, welche die Biologie zu beantworten hat. Zwar scheint die Biologie beim Studium der Vererbungsprozesse, bei der Erforschung der molekulargenetischen Grundlagen von Veränderungen des Erbgutes oder bei der Untersuchung der Populationsdynamik ihre mehr statisch geartete Auffassung der Organismen teilweise zu verlassen. Doch nach wie vor bleibt ihr Untersuchungsobjekt ausschließlich die heute lebende, die gegenwärtige, also »rezente« Flora und Fauna. Eine historische Berücksichtigung jenes allmählichen Entwicklungsprozesses, dessen Ergebnis die vielfältige Pflanzen- und Tierwelt der Gegenwart ist, liegt – wenn diese sich nicht auf reine Spekulationen einlassen will – außerhalb der Möglichkeiten der »Gegenwarts-Biologie«. Sie fällt in den Zuständigkeitsbereich der Paläontologie, d. i. die Wissenschaft vom Leben in den früheren Epochen der Erdgeschichte.

Wesen und Ziele der Paläontologie

Von jenem Werdegang des Lebens, von der allmählichen Evolution der Lebewesen und von den Grundproblemen der durch Urzeiten abgelaufenen Entwicklung der Organismen soll dieses Buch berichten, und ebenso von den wichtigsten Erkenntnissen, zu welchen die moderne paläontologische Forschung auf diesem Gebiet gelangte. Es wird den Leser somit weit in frühe Zeiträume unserer Erdgeschichte und der Entwicklung des Lebens zurückführen, wird einzelne »Reisen in die Vergangenheit« durchzuführen haben.

Allerdings, wörtlich zu nehmen ist dies nicht. Das Vehikel der Zeitmaschine, welche den wißbegierigen Menschen ganz nach Belieben und nach seiner Wahl in künftige oder auch frühe Perioden der geologischen Vorzeit zu befördern vermag, ist noch nicht konstruiert; sie bleibt eine Fiktion ihres klugen Autors H. G. Wells. Aber ist der direkte Augenschein, ist das Dabeigewesensein wirklich erforderlich, wenn wir Vergangenes rekonstruieren wollen? Der Historiker, der die Ereignisse der Punischen Kriege ergründen will, der den Intrigen des Wiener Kongresses nachspürt – muß er mit vor Karthago gestanden, muß er Metternich persönlich befragt haben? Gewiß nicht. Wenn es ihm gelingt, aussagekräftige Zeitdokumente aufzufinden, welche über den tatsächlichen Gang der Ereignisse Auskunft erteilen, wenn er Beweise und Indizien zusammenträgt, gelingt es ihm auch auf indirektem Wege, die Tatsachen und den Ablauf einer vergangenen Entwicklung zu erkennen oder zumindest überzeugend zu deuten.

In gleicher Weise werden auch die Betrachtungen in diesem Buch zu verfahren haben. Sie werden dem Leser Schlußfolgerungen, Rekonstruktionen und Deutungen vorführen, die sich aus der Auswertung von Dokumenten ergeben. Bei diesen aber wird es sich nicht etwa um auf Papyrus geschriebene oder in Stein gemeißelte Mitteilungen handeln, die sich des Wortes als Mittel der Information bedienen. Unsere Dokumente werden die bereits genannten Fossilien sein, also die unmittelbaren Überreste oder die Lebensäußerungen von vorzeitlichen Lebewesen, die in heute versteinertem Zustand in jenen Sedimenten auftreten, welche zur Zeit der Existenz dieser Organismen in den vorzeitlichen Meeren oder auf der Erdoberfläche abgelagert worden sind.

Fossilien sind die Studienobjekte der Paläontologie, der – wörtlich übersetzt – »Lehre von den alten Wesen«. In ihrem Namen ist die Definition dieser Wissenschaft bereits enthalten: Sie ist jener Bereich der Forschung und des Wissens, der jegliche verfügbare Information über die Organismenwelt der geologischen Vorzeit einholt und auswertet. Ihr erstes Ziel ist es, die fossilen Überreste zu erfassen, die ursprünglichen Organismen unter Berücksichtigung ihrer Gestalt zu rekonstruieren und sie in einem übersichtlichen System zu ordnen. Darüber hinaus bemüht sie sich, die Lebensweise und die Beschaffenheit der Lebensräume dieser Organismen zu erkennen, und ebenso ihre geographische Verbreitung. Eine weitere, wesentliche Aufgabe besteht in der Ermittlung der historischen Reihenfolge, in welcher die einzelnen Organismengruppen im Verlauf der geologischen Vorzeit unserer Erde auftauchten und wieder verschwanden. Damit rückt die paläontologische Forschung ihrem eigentlichen Endziel näher – der Rekonstruktion der stammesgeschichtlichen Entwicklung, also der Evolution der Organismen von der Entstehung des Lebens bis zum Auftreten des gegenwärtigen Menschen.

Wie Fossilien entstehen

Nun mag sich die Frage einstellen, wie es zur Bildung von Fossilien gekommen ist. Sie sollte besser im Präsens formuliert werden, denn dieser Vorgang findet auch noch in der Gegenwart statt. Jede im Schlick des Wattenmeeres, im Sand des Meeresbodens begrabene Muschelschale, jeder im Schlamm eines Sees oder im vertorften Boden eines

Moores eingebettete Knochen eines Wirbeltieres ist ein potentielles, künftiges Fossil. Die Schnecken- und Austernschalen in emporgehobenen ehemaligen Küstensedimenten des Mittelmeeres, etwa bei Palermo oder bei Pozzuoli, sind geologisch gesprochen oft noch so jung, daß sie höchstens »subfossil« genannt werden können, da sie sich noch auf dem Wege befinden, zu echten Fossilien zu werden. Eine solche Situation kann gelegentlich zu Schwierigkeiten in der Praxis führen. Wo in einem Küstenbereich geologisch junge Sedimente vom Meer abgetragen werden, z. B. in South Carolina und anderen Regionen der nordamerikanischen Ostküste, ergibt sich im Brandungsbereich der Wellen oft eine Mischung derartiger subfossiler Schneckenschalen mit den leeren Gehäusen heute noch lebender Individuen. Und da, wo beide zufällig denselben biologischen Spezies angehören und daher dieselbe Gestalt aufweisen, wird es zumeist außerordentlich schwierig, festzustellen, ob ein Exemplar rezent oder bereits subfossil ist. Wenn aber die Grenzen zwischen den Begriffen »fossil«, »subfossil« und »rezent« so gleitend erscheinen, was ist dann das Charakteristikum eines echten Fossils? Es ist der Umstand, daß es gegenüber seinem ursprünglichen Zustand im Verlauf eines diagenetischen Prozesses zwar meistens nicht in seiner Form, wohl aber strukturell und chemisch weitgehend verändert worden ist.

Die Entstehung eines Fossils beginnt mit dem Tode des betreffenden Individuums. Dieses sinkt zu Boden und kann in ihm, falls er feinkörnig ist, einen Abdruck hinterlassen. Wenn dieser unzerstört bleibt und schnell von weiterem Sediment überlagert wird, kann er als Fossil erhalten bleiben. Häufiger aber ist ein anderer Fall: Die von Zellgeweben gebildeten Weichteile des Tierkörpers verwesen; zurück bleiben lediglich die sogenannten Hartteile, also skelettale Bildungen, wie Kalkschalen, Chitinpanzer, Knochen, Zähne und dergleichen. Bleiben diese unzerstört und werden sie schon nach kurzer Zeit von Sedimentpartikeln überdeckt, etwa in Sand, Ton- oder Kalkschlamm bzw. Schlick eingebettet, so kann der Prozeß der Diagenese einsetzen. Er verläuft etwa parallel zu der allmählichen Umwandlung des Lockersedimentes in kompaktes Gestein. Der Druck, den weitere überlagernde Sedimente durch ihr Gewicht ausüben, preßt das Porenwasser aus den winzigen, zwischen den Sedimentkörnchen befindlichen Zwischenräumen, und zirkulierende Lösungen führen zu einer Zementierung und Verkittung der Partikel. Aus lockerem Sand, Tonschlick oder Kalkschlamm entstehen so in längeren Zeiträumen fester Sandstein, Ton oder Kalkgestein.

In diese Diagenese werden die eingebetteten Hartteile der Organismen mit einbezogen. Die organischen Skelettanteile verändern sich, denaturieren. Die Pigmentierung wird zerstört, etwaige Farbmuster verschwinden. Die mineralischen Bestandteile bleiben anfangs erhalten, erfahren aber im Laufe der Zeit gleichfalls Veränderungen. Unter dem Einfluß der im Sediment kreisenden Wässer können sie vollständig aufgelöst und fortgeführt werden, so daß nur noch die Sedimentfüllung des ursprünglichen Hohlraumes als sogenannter Steinkern zurückbleibt. In anderen Fällen werden sie durch sekundäre Minerale ersetzt, die aus weiteren, später eindringenden Lösungen auskristallisieren. Es kann allerdings auch geschehen, daß das ursprüngliche Material zunächst noch weitgehend erhalten bleibt. Aber selbst dann erfolgt zu irgendeinem Zeitpunkt schließlich doch eine Sammelkristallisation, durch welche die inneren Mikro- und Ultrastrukturen des fossil werdenden Objekts vollständig oder zumindest teilweise verändert werden.

Naturgemäß bleiben lediglich die nicht verwesenden, harten, skelettalen Teile eines Lebewesens erhalten. Üblicherweise sind nur sie fossilisationsfähig. Und doch gibt es eine nicht geringe Zahl von Fällen, in welchen auch die fleischigen Weichteile entweder im Abdruck ihre Spuren hinterlassen haben oder sogar in körperlicher Erhaltung überliefert worden sind. Im Abdruck blieb uns beispielsweise die Körperhaut der Dinosaurier erhalten, oder die Gestalt so vergänglicher Gebilde wie der Medusen, deren gallertartige Körpermasse zu 90 % aus Wasser besteht. Was die körperliche Erhaltung betrifft, so stellen wohl die Mammutkadaver des sibirischen Dauerfrost-Bodens das bekannteste Beispiel dar; sie blieben so gut konserviert, daß ihr Fleisch heute noch an Schlittenhunde verfüttert werden kann. Weniger bekannt dürfte das fossile Vorkommen so vergänglicher Strukturen wie der Keimdrüsen von Insekten, ja selbst von Körperzellen mit konservierten Zellkernen und von Chlorophyll in der tertiären Braunkohle des Geiseltales bei Halle sein. Im württembergischen Holzmaden konnten wiederholt Exemplare delphinähnlicher Reptilien (Ichthyosaurier) mit erhaltener Körperhaut und Flossensaum entdeckt werden, in den asphaltgetränkten Sedimenten des kalifornischen Rancho La Brea sogar noch die quergestreiften Fibrillen eines Proteins, des Kollagen, das die organische Komponente im Wirbeltierknochen darstellt.

Diese wenigen, willkürlich herausgegriffenen Beispiele mögen zeigen, daß dem Paläontologen gelegentlich auch direkte Schlüsse auf die Weichteil-Organisation der vorzeitlichen Organismen möglich werden. Die Regel ist dies allerdings nicht. Üblicherweise liegen ihm lediglich die skelettalen Überreste vor, doch kann er bei sorgfältiger Beobachtung und scharfsinniger, indirekter Schlußfolgerung auch aus dieser Art von fossilen Dokumenten Informationen gewinnen. Wenn er mit Gewißheit aussagen kann, daß sich vor etwa 350 Jahrmillionen die Entstehung der vierfüßigen Landwirbeltiere dadurch vollzog, daß eine ganz bestimmte Gruppe von Fischen in ihren Flossen tragfähige Knochenelemente ausbildete und sich – offenbar im Gebiet der heutigen westlichen Arktis – zu landbewohnenden Vierfüßern von teils fischähnlichem, teils bereits amphibischem Körperbau entwickelte, so sind dies Befunde, die allein aufgrund der Skelett-Anatomie gewonnen wurden. Und wenn er nachweisen kann, daß sich vor etwa 370 Jahrmillionen von den Ardennen über die Eifel und das Bergische Land bis zum nördlichen Harz ein langer Gürtel von Korallenriffen erstreckte, mit allen ökologischen Bereichen und Lebensräumen, wie sie in ähnlicher Weise auch heute noch mit Riffen verknüpft sind, so ist auch das eine Erkenntnis, die in erster Linie aus den fossilen Hartteilen der beteiligten Organismen gewonnen wurde.

Arbeitsweise des Paläontologen

Sein Untersuchungsmaterial gewinnt der Paläontologe selbst. Häufig erweisen sich museale Bestände als wahre Fundgruben, und so manches wichtige Exemplar wurde erst nach jahrzehntelanger Existenz in Schubladen und Schränken der Kellermagazine entdeckt, wenn es in die Hände eines Spezialisten geriet, der seine Bedeutung erkannte. In der Regel aber holt man sich das Fossilmaterial aus dem Gelände. Wo immer erfolgversprechendes Sedimentgestein zutage tritt, in Steinbrüchen, Bahneinschnitten und Hohlwegen, in den Felswänden der Hochgebirge, in den weiten Flächen der Steinwüsten und Ödländer, an den Klippen von Küsten und an den Steilufern von Flüssen, muß es auf seine Fossilführung überpüft werden. Oft genug ist die Suche erfolglos, das Gestein völlig fossilleer. Oft sind die Erfolge recht mager. Sind die Funde spärlich, so ist langes, mühevolles Suchen erforderlich, und der Paläontologe muß große Mengen von Gestein mit dem scharfrückigen Geologenhammer spalten. Nicht selten aber erweisen sich die angetroffenen Fundschichten als überaus reich. Dann wird ihr Entdekker harte körperliche Arbeit zu leisten und viel Aufmerksamkeit aufzuwenden haben, um die fossile Fauna oder Flora möglichst vollständig zu erfassen und bei sorgfältiger Durchmusterung auch die fossilen Vertreter besonders kleinwüchsiger, dem Auge leicht entgehender Arten zu bergen. Die Freude an der Entdeckung solcher neuer Fundstellen oder neuer fossiler Arten wird nur selten getrübt, allenfalls durch ein »Zuviel des Guten« an Orten, zu welchen man aus irgendeinem Grund später nicht mehr zurückkehren kann.

Mir selbst erging es mehrfach so. Ich erinnere mich einer Geländearbeit in der Sierra Madre del Sur Mexikos, in deren Verlauf ich in einem weit abgelegenen und damals auch sehr unsicheren Gebiet ein reiches Vorkommen von Fossilien entdeckte. Es war der letzte Tag des Arbeitsprogramms, eine spätere Rückkehr zu diesem Ort würde auf keinen Fall mehr möglich sein. Aber die überaus zahlreichen, frei herausgewittert zwischen den Kakteen auf dem weichen Mergelboden liegenden Ammoniten waren Riesenexemplare, die fast die Größe von kleinen Wagenrädern erreichten. Mein Maultier vermochte zwei von ihnen zu tragen, zwei weitere das Tier meines Begleiters, eines ortskundigen Indio. Als wir zu Fuß spät in der Nacht unser Standquartier erreichten, gingen dann die Gedanken wehmütig zu dem verlorenen Paradies zurück – vier Exemplare von Hunderten!

Eine andere Lokalität kommt mir in den Sinn, eine kahle Bergrippe südlich des Antiatlas, am Rande des riesigen Oued Draa, mit zahllosen, ausgezeichnet erhaltenen Fossilien, die als Vergleichsmaterial für meine Untersuchungen gleichaltriger europäischer Faunen mehr als wertvoll gewesen wären. Aber das streng einzuhaltende Exkursionsprogramm sieht nur einen kurzen Aufenthalt vor – eine Stunde nur bevor die Jeeps wieder anrollen! Was soll ich zweckmäßigerweise mitnehmen, was zurücklassen? Was wähle ich aus dieser überwältigenden Fülle, wie nutze ich diese Chance, die eine einzige, unwiederbringliche Stunde bietet? Wie in der Fabel der ratlose Esel zwischen vier Heuhaufen sitzt, ohne sich für einen entscheiden zu können, so steht gelegentlich der unter Zeitdruck stehende Paläontologe vor dem übergroßen Reichtum einer Fundstelle.

Ist das Fossilmaterial eingebracht, muß es präpariert, also freigelegt werden. Die gröbere Arbeit, die Zerkleinerung zu umfangreicher Gesteinsbrocken erfolgt mit Hammer und Meißel, und wenn auch eine alte Regel ironisch besagt, man müsse »vor dem letzten Schlag« aufhören, so zeigt die völlige Zerstörung des freizulegenden Fossils doch häufig, daß man eben den letzten fälschlich für den vorletzten Schlag gehalten hatte. Die Feinarbeit, nämlich das Entfernen der kleineren, der Oberfläche des Fossils noch anhaftenden Gesteinspartikel, das Freilegen vielfach wichtiger Einzelpartien erfolgt unter einer stark vergrößernden Binokularlupe mit einem elektromagnetischen, kleinen Meißelvibrator oder einer feinen Stahlnadel. Hier muß der Forscher das Fingerspitzengefühl und die Geduld eines Uhrmachers entwickeln, denn eine besonders komplizierte Präparation kann unter Umständen mehrere Wochen in Anspruch nehmen.

Neben diesem üblichen Vorgehen gibt es jedoch noch eine ganze Anzahl weiterer Präparationsmethoden. Sie reichen vom Dünnschliff, der die inneren Strukturen erfaßt, bis zum Herausätzen geeigneter Fossilien mittels bestimmter Säuren, von der Anwendung eines feinen Sandstrahlgebläses bis zur Schabetechnik. Das zuletzt genannte Verfahren wird vor allem dann angewendet, wenn in einem weichen Gestein das Fossil aus besonders hartem Material gebildet ist, so z. B. aus Schwefelkies. Gleichzeitig ergibt sich hier ein weiterer Vorteil. Ein derartiges Material liefert bei Röntgenaufnahmen (Abb. 1) genügend Kontraste, so daß Position und Form des Fossils auch dann festgestellt werden können, wenn es noch von Gestein überdeckt und daher für das Auge unsichtbar ist. Mikroobjekte werden aus zuvor mechanisch und chemisch vorgelockertem Gestein herausgeschlämmt und mit Hilfe von Spezialsieben nach Größen in Fraktionen sortiert, mürbe Skelettknochen müssen zuvor chemisch gehärtet und in ein Gipsbett gefaßt werden, bevor sie unzerstört dem lockeren Sediment entnommen werden können. Immer wieder neue, leistungsfähigere Methoden werden entwickelt; der Findigkeit des Wissenschaftlers und seines Präparators steht noch ein weites Feld offen.

Ist die Präparation des Untersuchungsmaterials abgeschlossen, so folgt die Phase seiner wissenschaftlichen Auswertung. Ganz gleichgültig, welche Ziele die Untersuchung letztlich verfolgen mag, sie muß, will sie von sicheren Grundlagen ausgehen, zunächst einmal die Einzelheiten des äußeren und des inneren Baues des Fossils so sorgfältig wie nur möglich erfassen. Neben einer ausgeprägten Beobachtungsgabe ist hier eine schon fast penible Sorgfalt bei der Beobachtung auch kleinster morphologischer Einzelheiten erforderlich, denn nur allzu oft ähneln die Vertreter fossiler Arten einander in allen ihren Merkmalen wie ein Ei dem anderen – bis auf die winzige, unauffällige Differenz, die es zu registrieren gilt. Eine geringfügige Verschiebung in der Proportion der Einzelteile, ein zunächst unwesentlich erscheinender Unterschied im Umriß, kleine Verschiedenheiten in der Berippung oder der Verteilung von Stacheln können den Beweis dafür liefern, daß zwei ansonsten noch so ähnliche Einzelexemplare zwei gänzlich verschiedenen Spezies angehören, die unter Umständen aus Erdperioden sehr verschiedenen Alters stammen.

Sind die Einzelheiten des morphologischen Baues gründlich erfaßt, bemüht sich der Paläontologe, sein Fossil zu bestimmen, d. h. nach Gattungs- und Artzugehörigkeit richtig einzuordnen. Er wird zuerst prüfen müssen, ob es sich um eine Gattung bzw. Art handelt, die bereits bekannt, also in der Fachliteratur beschrieben, abgebildet und benannt ist. Das ist oft leichter gesagt als getan. Die Fülle der Veröffentlichungen ist heute kaum mehr zu überblicken, lawinenartig schwillt sie von Tag zu Tag an. Neue Informationen über fossile Arten des Tier- und Pflanzenreiches werden nicht nur in den europäischen Sprachbereichen, sondern auch in vielen anderen laufend veröffentlicht, manchmal in wissenschaftlichen Zeitschriften, die kaum bekannt oder verfügbar sind. So wird es selbst für den Spezialisten, der sich bemüht, wenigstens auf seinem eigenen Teilgebiet auf dem laufenden zu bleiben, oft sehr schwierig, eine genaue Bestimmung seines Untersuchungsmaterials vorzunehmen. Stellt sich jedoch heraus, daß sein Fundstück einer bisher noch nicht bekannten kategorischen Einheit des zoologischen oder des botanischen Systems (vgl. Tab. II) angehört, so ist er verpflichtet, es in einer eigenen Veröffentlichung sorgfältig zu beschreiben und abzubilden, eine neue Einheit zu errichten und diese entsprechend international gültigen, strikten Nomenklatur-Regeln zu benennen. Die Wahl eines treffenden Namens steht ihm frei, und dabei sind seiner Phantasie keine Grenzen gesetzt. So entstehen oft recht anschauliche Gattungsnamen, etwa *Echinosphaera* für kugelig-stachelige Gehäuse oder *Cardioconcha* für herzförmige Muschelschalen.

Die Erfassung der morphologischen Einzelheiten und die Einordnung des jeweiligen Fossils in das taxonomische, hierarchische System der Tiere bzw. Pflanzen sind, wie erwähnt, die unentbehrlichen Voraussetzungen für jede weiterführende Phase der Untersuchung. Ob diese nun Rückschlüsse auf stammesgeschichtliche, die Evolution betreffende Gegebenheiten zu ziehen beabsichtigt oder auf die Lebensweise und die Art der Umwelt, stets wird sie von einer sorgfältigen Überprüfung der Formmerkmale, also von einer morphologischen Analyse ausgehen müssen. Zu berücksichtigen ist aber in jedem Fall auch die geologische Situation, innerhalb welcher das zu untersuchende Fossil angetroffen worden ist, denn sie vermag zahlreiche zusätzliche Informationen zu vermitteln.

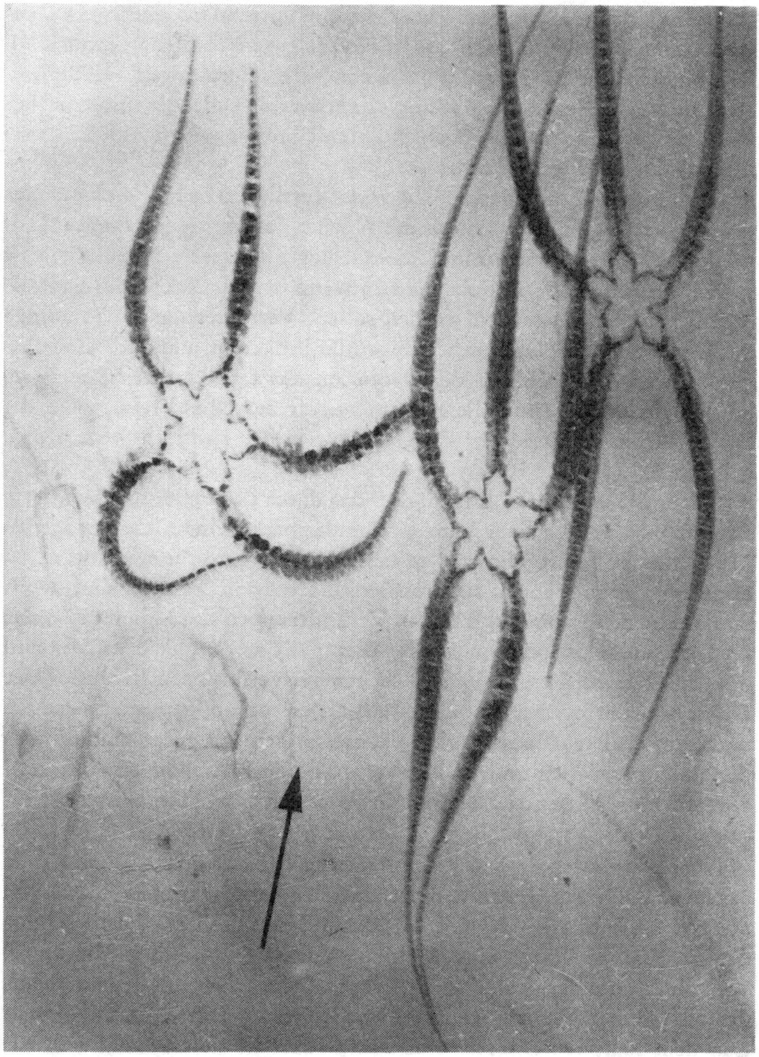

Abb. 1: Röntgenaufnahme einer Platte von Hunsrückschiefer (Unter-Devon) mit drei fossilen Seesternen *(Furcaster palaeozoicus)*. Schwach verkleinert. Die annähernd parallele Einsteuerung der Arme (»dreizinkige Gabellage«) läßt auf Wasserströmung schließen, deren Richtung (Pfeil) rekonstruiert werden kann. (Aufnahme W. M. Lehmann)

Es zeigt sich also, daß die Paläontologie untrennbar mit zwei Nachbarwissenschaften verknüpft ist, die recht gegensätzlicher Natur sind. Paläontologische Forschung muß, wenn sie erfolgreich sein will, einerseits die Grundlagen der Geologie, andererseits die der Biologie berücksichtigen, und zwar sowohl während ihrer analytischen Untersuchungen als auch bei der Synthese.

Geologische Grundlagen

Der Organismus, dessen Überreste fossilisiert sind, stammt aus einem ganz bestimmten Zeitabschnitt jener Jahrmillionen langen Erdgeschichte, deren Erforschung die Geologie betreibt. Sein möglichst genaues Alter muß ermittelt werden, wenn bei wissenschaftlichen Aussagen Irrtümer vermieden werden sollen. Vermutet der Paläontologe aufgrund der morphologischen Eigentümlichkeiten, daß sich eine fossile Spezies B im Verlauf der Evolution aus einer fossilen Spezies A entwickelt hat, so kann diese Deutung nur zutreffend sein, wenn die beiden Arten während der Erdgeschichte in der richtigen Reihenfolge auftraten.

Ferner ist zu berücksichtigen, daß das durch das Fossil repräsentierte Lebewesen als Teil einer ganzen Population in einem ausgewogenen Verhältnis zu seiner Umwelt gestanden haben muß, um existieren zu können. Veränderungen der fossilen Floren und Faunen sind somit sehr weitgehend von langfristigen Veränderungen des Milieus, also der Umwelt, ausgelöst oder zumindest beeinflußt worden. Wollen wir nun nicht nur das vordergründige Geschehen der verflossenen Evolution der Organismen erforschen, sondern auch die es von außen beeinflussenden und zum Teil lenkenden Faktoren, so können wir nicht umhin, auch den palökologischen und paläogeographischen Bedingungen Aufmerksamkeit zu schenken, unter welchen unsere fossilen Organismen einst gelebt haben.

In beiden Fällen muß sich der Paläontologe auf geologisches Gebiet begeben, denn die erwähnten zusätzlichen Informationen kann ihm nur das Begleitgestein vermitteln, dessen Bestandteil das Fossil geworden ist. Wie die Blätter eines Dokumentenstapels sind die Sedimentgesteine im Laufe der geologischen Vorzeit Schicht für Schicht nacheinander und übereinander abgelagert worden, so daß ihre jeweilige Position dem relativen Bildungsalter entspricht: die tiefere ist jeweils die ältere Schicht, die nächste, sie überlagernde, stammt aus dem jüngeren, nachfolgenden Zeitraum. Die Sedimentgesteine sind also Dokumente ihrer Zeit, und die vertikale Sequenz zeigt die Reihenfolge auf, in welcher diese gelesen werden müssen, wenn wir die historische Abfolge der Ereignisse richtig verstehen wollen. So hängt auch das relative Alter zweier verschiedener Fossilien von ihrem Vorkommen im ursprünglichen, unveränderten Schichtverband ab. Dieser an sich geologische Befund liefert im Grunde genommen die einzige sichere Kontrolle, die der Paläontologe anfänglich bei der Bestimmung des relativen Alters seiner Fossilien ausüben kann.

Daneben vermittelt ihm das Begleitgestein des Fossils noch weitere

Informationen, und zwar hinsichtlich des Lebensraumes (»Biotop«), welchen das ursprüngliche Lebewesen besiedelt haben muß. Das wird allerdings dort nicht möglich sein, wo die skelettalen Reste nach dem Tode ihrer Träger verfrachtet und ortsfremd eingebettet worden sind (Taphocoenose). Wo sie jedoch im eigenen Lebensraum zur Ablagerung kamen (Biocoenose) bzw. am Ort des gemeinsamen Absterbens (Thanatocoenose), dort bestehen zahlreiche Möglichkeiten, aus der stofflichen und strukturellen Zusammensetzung des Begleitsediments Hinweise auf die Art und Beschaffenheit dieses Biotops zu gewinnen.

Biologische Grundlagen

Beide Erfordernisse der paläontologischen Forschung – die Klärung des relativen Alters und die des vermutlichen Lebensraumes – zeigen nur einen der beiden wesentlichen Aspekte der Paläontologie auf, den geologischen. Der Überrest des vorzeitlichen Organismus und das Sediment seiner Umwelt sind gemeinsam zu Gestein geworden. Daher kann das Fossil als voll integrierter Bestandteil des Gesteins aufgefaßt werden. Und doch ist es mehr als das. Es ist ein Teil eines ursprünglich belebten Wesens, eines Individuums, in welchem im allgemeinen dieselben regelhaften Lebensprozesse abliefen, dieselben Gesetze walteten, dieselben Notwendigkeiten bestanden wie bei den heute noch lebenden Pflanzen oder Tieren. Insofern ist ein Fossil trotz seines gegenwärtigen, sekundären Stoffbestandes ein absolut biologisches Objekt. Will die Paläontologie mehr als nur das Sammeln von vordergründigen Daten und Einzelinformationen betreiben, will sie mehr sein als eine anspruchslose, beschreibende Formenkunde und will sie echte Zusammenhänge erfassen, so muß sie dieses Fossil grundsätzlich und primär unter biologischen Aspekten betrachten. Nur wenn der paläontologisch Forschende von der gesicherten Kenntnis der heute noch lebenden Organismen ausgeht, kann es ihm gelingen, anhand der Fossilien die Lebewesen der Vorzeit überzeugend zu rekonstruieren, dem Stein gewordenen organischen Überrest die richtige Information zu entnehmen. Hier zeigt sich der zweite, der sicherlich maßgeblichere Aspekt dieser Wissenschaft.

Bedeutung und Wert paläontologischer Forschung

Ob sie nun im Einzelfall mehr von ihren geologischen Grundlagen ausgeht oder ob sie eher ihre biologische Komponente berücksichtigt, ihrem Wesen nach ist die paläontologische Forschung vorwiegend historisch orientiert. Sie befaßt sich mit den Lebewesen und den diese betreffenden Ereignissen einer weit zurückliegenden Vergangenheit, und ihre Ergebnisse beziehen sich auf Abschnitte der Entwicklung, die unwiederbringlich beendet sind. Nur allzuleicht könnte unter diesen Umständen der Eindruck entstehen, diese Art von Forschung habe unserer Gesellschaft wenig oder nichts Wichtiges zu bieten, sie werde von einigen in das exklusive Spiel Eingeweihten als eine Art von Lieblingsbeschäftigung betrieben, ohne Bezug zur Gegenwart und deren Erfordernissen. Aber ist die Paläontologie wirklich nur ein »Orchideenfach«, schön zwar, und möglicherweise auch kostspielig, aber im übrigen nutzlos? Betreiben Paläontologen ihre mühevollen und langwierigen Forschungen im Laboratorium lediglich zu dem Zweck, den Abertausenden bereits bekannter fossiler Spezies die eine oder andere neue hinzufügen zu können oder der Flut wissenschaftlicher Veröffentlichungen ein weiteres Manuskript? Nehmen sie die zahlreichen Unannehmlichkeiten – Regen, Schlamm, Moskitostiche – oder selbst Gefahren wie Steinschlag, Tropenkrankheiten und Skorpione bei Geländearbeiten in entfernten Ländern nur auf sich, um ohnehin bereits umfangreichen Museumsbeständen weiteres Material zuzuführen? Würde es sich tatsächlich so verhalten, so wäre paläontologische Forschung in der Tat nicht mehr als ein Luxus, welcher der Befriedigung einzelner dient, den sich aber nur ein sehr wohlhabender Staat und nur eine sehr großzügige – und tolerante – Gesellschaft leisten könnte.

An dieser Stelle stellt sich zugleich die generelle Frage nach dem Selbstverständnis, dem Sinn und dem Ziel der wissenschaftlichen Forschung überhaupt. »Angewandte« oder aber gezielte, zweckgebundene Forschung, und nur eine solche, deren Ergebnisse der Gesellschaft unmittelbaren praktischen Nutzen bringen – das ist die Forderung, die in Ost und West von betont materialistisch Eingestellten zu erwarten ist. Und wenn diese auch häufig übersehen, wie groß bisher die Zahl jener ursprünglich zweckfreien Forschungsvorhaben war, die völlig unerwartet höchst praktische Auswirkungen in technischen, wirtschaftlichen oder anderweitigen gesellschaftlichen Bereichen zeitigten, so ist diese Forderung doch nicht ganz unberechtigt. Die enormen Probleme, welche sich aus der zunehmenden Technisierung und Industrialisierung sowie deren gefährlichen Auswirkungen auf unsere natürliche Umwelt ergeben oder die aus dem erschreckend anwachsenden Umfang der Weltbevölkerung resultieren, werden der Forschung in der Zukunft höchstwahrscheinlich Forderungen stellen, welchen sie sich, allein schon aus Gründen der Selbsterhaltung der Gesellschaft, nicht verschließen wird. Sie werden weitgehend zweckbezogen sein.

Weniger materialistisch Denkende werden die Frage nach dem Sinn wissenschaftlicher Forschung anders beantworten. Ihnen wird wesentlich erscheinen, daß sie dazu beitragen möge, uns selbst, den Menschen – in seiner Stellung innerhalb dieser Welt sowie in seiner physischen und psychischen Entwicklung – besser zu verstehen, und ebenso die Natur und den Kosmos als den engeren und den weiteren Lebensraum dieses Menschen. Zweifellos ist auch die zweite Forderung gerechtfertigt. Mögen die praktischen Bedürfnisse der Gesellschaft auch noch so gravierend sein und sich bei der künftigen Entwicklung noch so sehr steigern – ein Verzicht auf die Auseinandersetzung mit sich selbst, auf ein Ringen um die geistigen Grundlagen, um das Verständnis der Stellung des Menschen in dieser Welt, hätte katastrophale Folgen. Im zukünftigen, vollklimatisierten, vollautomatisierten, keimfreien Raum säße apathisch ein geschichts-, traditions- und kulturloses Wesen, dessen Denken vom Computer übernommen und dessen Gefühle biochemisch ausbalanciert wären. Brave new world . . .

Was auch immer die Zukunft bringen mag, beide übergeordneten Zielsetzungen wissenschaftlichen Forschens werden lebensnotwendig bleiben: das Schaffen oder Erhalten materieller Werte und das Ringen um geistige. In ihrem Rahmen vermag die Paläontologie innerhalb beider, ja ohnehin bezugsverbundener Aufgabenbereiche ihren Beitrag zu leisten. Vielleicht ist neben der naiven Freude am Forschen unterbewußt gerade dieser Umstand das hauptsächliche Motiv, das so manchen Vertreter dieses Faches dazu bewogen hat, auf einträglichere und mehr im Lichte der Öffentlichkeit stehende Laufbahnen zu verzichten.

Wo paläontologische Forschung den praktischen Bedürfnissen der Gesellschaft dient, geschieht dies vorwiegend im Rahmen der Suche nach bestimmten Rohstoffen. Um neue Lagerstätten von Erdöl oder Erdgas, Kohle, Steinsalz und Kalisalzen oder von schichtgebundenen Erzkörpern zu entdecken, bedarf es einer genauen Kenntnis der geologischen Struktur des unmittelbaren oder selbst des tieferen Untergrundes. Diese ist oft einfach, die vertikale Serienfolge der Gesteinsschichten blieb ungestört und wurde kaum bis nicht deformiert. In vielen anderen Fällen jedoch ist der innere Bau des betreffenden Teils der Erdkruste überaus kompliziert. Sie kann an großen Brüchen in gegeneinander versetzte oder sogar übereinander geschobene Schollen zerlegt oder in mehr oder weniger enge Falten zusammengeschoben sein, und beim Zerreißen des Zusammenhangs können sich ganze Faltensysteme als Decken auf kilometerweiten Schubbahnen übereinander gestapelt haben. Überschiebung und Verformung der Gesteinsserien können dabei so komplizierte Strukturen erzeugt haben, daß eine Rekonstruktion der ursprünglichen vertikalen Abfolge der Schichten zunächst fast unmöglich erscheint. Und doch ist gerade sie die erste Voraussetzung für jede Art der weiteren Untersuchung, die den geologischen Bau eines Gebietes erfassen will – sei es nun zum Zweck reiner Grundlagenforschung, sei es mit der Absicht, die genannten mineralischen Lagerstätten zu suchen, die Grundwasserverhältnisse zu klären, den tieferen Baugrund bei vorgesehenen Großkonstruktionen oder bei städtischen bzw. ländlichen Siedlungsplanungen zu überprüfen.

Hier setzt nun die Dienstleistung der paläontologischen Forschung ein. Da Gesteinsschichten desselben Bildungsalters im allgemeinen durch dieselben Fossilien gekennnzeichnet sind, hat sie die Möglichkeit, die Schichten auch an verschiedenen, voneinander entfernten Orten aufgrund dieser sogenannten Leitfossilien miteinander zu identifizieren. Die normale, vertikale Abfolge der verschiedenen fossilen Faunen und Floren ist der Paläontologie bereits recht gut bekannt. Sie ist in jahrzehntelanger Arbeit ganzer Generationen von Paläontologen weltweit an solchen Orten ermittelt worden, an welchen die Sequenzen von Sedimentgesteinen noch unverändert, noch ungestört sind. Diese Abfolge der sogenannten Leitfossilien entspricht der Reihenfolge ihres Auftretens in der Erdgeschichte, und sie ergibt eine weltweit gültige Skala (Stratigraphische Standard-Skala; vgl. Tab. I). Mit Hilfe der

Leitfossilien (Beispiele S. 55) und der Anwendung der genannten Skala ist der Paläontologe in der Lage, das relative Alter dislozierter Gesteinskörper und Schichten zu bestimmen und damit deren ursprüngliche Normalfolge zu rekonstruieren. Dies ist mit Hilfe von Mikrofossilien selbst dort möglich, wo Tiefbohrungen Gesteinskerne nur geringer Ausmaße zutage fördern können und die Chancen gering wären, Fossilien durchschnittlicher Größe zu erfassen.

So kommt es, daß z. B. geologische Landesämter auf die Mitwirkung von Paläontologen nicht verzichten können und daß insbesondere die großen Erdölfirmen in aller Welt eigene Forschungs- und Dienstleistungslaboratorien unterhalten, in denen die paläontologischen Abteilungen an Umfang und Personenzahl Universitätsinstitute oft um das Drei- oder Vierfache übertreffen.

Es war eingangs davon die Rede, paläontologische Forschung wirke sich nicht nur im Bereich der materiellen Bedürfnisse der Gesellschaft aus, sondern sie sei auch geeignet, einen Beitrag zu dem Bemühen des Menschen zu leisten, seine Herkunft, seine Stellung und seine Bedeutung innerhalb der ihn umgebenden Natur zu erkennen. Dabei geht sie recht gründlich vor, indem sie die Entwicklung des Lebens von seinen frühen Stadien durch über 3000 Millionen Jahre bis hin zum Erscheinen desjenigen Hominiden verfolgt, der den Namen *sapiens* erhielt. Die moderne Genetik und ihr jüngster Zweig, die Molekularbiologie, haben Erkenntnisse zutage gefördert, angesichts deren die Tatsache einer Evolution der Organismen nur noch von jenem bezweifelt werden kann, der – aus welchen Gründen auch immer – nicht gewillt ist, sich von objektiven Fakten überzeugen zu lassen. Allerdings, Molekularbiologie und Genetik weisen nur die grundlegenden Mechanismen nach, die auf verschiedenen Ebenen des biochemischen und biologischen Geschehens eine Evolution der Organismen bewirken – in ihrem detaillierten Verlauf rekonstruieren können diese Fächer die Entwicklung nicht. Längere Evolutionsketten kommen erfahrungsgemäß ja nur in Zeiträumen zustande, die der menschlichen Beobachtung entzogen sind. Dieser Faktor »Zeit« steht der Gegenwartsbiologie nicht zur Verfügung. Den tatsächlichen Ablauf der Evolution der Organismen oder zumindest seiner wesentlichen Züge vermag jedoch die Paläontologie zu rekonstruieren. Ihr liegen in den Fossilien die realen Dokumente der Stammesgeschichte vor, und durch viele Jahrmillionen der Vergangenheit hindurch kann sie die Entwicklung verfolgen: das Werden und Vergehen der verschiedenen Organismengruppen, die vergeblichen oder erfolgreichen Versuche, neue Baupläne hervorzubringen oder neue Lebensräume zu erobern und – in der Gesamtschau – die sich steigernde Zunahme der Organisationshöhe bis hin zum derzeit kompliziertesten Glied dieser Entwicklung, dem Menschen. Wäre es nicht töricht, wollte dieser – auf die ihn weit heraushebenden geistigen Potenzen pochend – den Gedanken an sein nach wie vor bestehendes Einbezogensein in die biologische Evolution verdrängen und damit zugleich die Augen vor den Möglichkeiten seiner weiteren Entwicklung verschließen?

Grenzen der paläontologischen Forschung

Nun ist es zwar richtig, wenn hervorgehoben wird, daß der reale Ablauf der Evolution nicht von der biologischen Situation der Gegenwart her beurteilt werden kann, sondern allein aufgrund der fossilen Überreste und deren Veränderung in langen Zeiträumen der Erdgeschichte. Ganz gewiß gilt dies für die allgemeinen Zusammenhänge innerhalb des stammesgeschichtlichen Ablaufs und zweifellos für die hauptsächlichen Entwicklungstendenzen. Betrachten wir jedoch die Details, d. h. die einzelnen Stammeslinien, so wird deutlich, daß der paläontologischen Forschung auch Grenzen gesetzt sind. Die Aussagekraft ihrer Ergebnisse wird durch drei Umstände zumindest eingeschränkt: die Unvollständigkeit der Überlieferung, die Unvollständigkeit des Erhaltungszustands und die Unvollständigkeit der in genetischer Hinsicht entscheidenden Befunde.

Es kann kein Zweifel daran aufkommen, daß aus der überwältigend großen Zahl der ursprünglich existenten Arten nur ein Teil fossil erhalten geblieben ist. Unsere Kenntnis der fossilen Floren und Faunen ist somit unvollständig: einerseits, weil manche der Arten keine fossil erhaltungsfähigen Hartteile hervorgebracht haben, andererseits, weil diese letzteren während der Umwandlung des Sediments in Gestein oder auch zu späteren Zeitpunkten häufig zerstört worden sind. Auch ist zu bedenken, daß in zahlenmäßig kleinen Populationen schon aufgrund des statistischen Wahrscheinlichkeitsgrades die Chance, fossil überliefert zu werden, ohnehin geringer war. Es zeigt sich also, daß paläontologische Evolutionsforschung stets mit der Lückenhaftigkeit der Überlieferung rechnen muß. Immerhin: wenn sie sich auf die günstiger gelagerten Fälle konzentriert, so z. B. auf Tiergruppen, die in der Regel fossilisierbare Hartteile hervorbringen oder auf solche, für die – z. B. im marinen Milieu – besonders gute Erhaltungsmöglichkeiten bestanden, kann sie zumindest die hauptsächlichen Züge ihrer Evolution erfassen.

Lückenhaftigkeit des Erhaltungszustandes besteht insofern, als ja zumeist nur die skelettalen Hartteile, und nur sehr selten auch die Weichteile der tierischen Organismen fossil erhalten blieben. Dieser Einwand gegenüber der paläontologischen Evolutionsforschung wird oftmals von Gegenwartsbiologen erhoben. Das wird verständlich, wenn man bedenkt, daß Biologen sich vorwiegend auf die Untersuchung der tierischen Weichteile konzentrieren und dazu neigen, den mineralischen Hartteilen weniger Bedeutung beizumessen. Und doch waren erfahrungsgemäß Kalkschalen, Gehäuse, Chitinpanzer, Zähne und Knochen evolutiven Veränderungen in demselben Umfang und mit der gleichen Intensität unterworfen wie die Weichteile der betreffenden Tiere. Hartteil-Evolution ist somit keineswegs etwa weniger wirksam gewesen als Weichteil-Evolution.

Sind die beiden erstgenannten, Grenzen setzenden Schwierigkeiten weniger gravierend, so ist es die dritte erwähnte Beeinträchtigung um so mehr, nämlich die Unvollständigkeit der genetisch beweiskräftigen Befunde. Sie besteht darin, daß der paläontologischen Forschung lediglich die Phänotypen, nicht auch die Genotypen der überlieferten fossilen Pflanzen und Tiere zugänglich werden. Niemals kann der Paläontologe hoffen, die Veränderungen des Erbgutes der fossilen Arten unmittelbar zu erfassen, niemals wird er im Kreuzungsexperiment oder auf andere Weise absolut sicherstellen können, daß die Veränderung eines äußeren Merkmals (eines Phäns) auch tatsächlich das Ergebnis einer mutativen Veränderung des Erbgefüges gewesen ist. Er wird also gut beraten sein, wenn er sich bei der genetischen Deutung seiner Befunde, vor allem aber auch bei der Verwendung eines ursprünglich genetischen Vokabulars Zurückhaltung auferlegt. Ob es sich bei gewissen Merkmalen seiner Fossilien um sogenannte »Allele« handelt, ob die Veränderung eines bestimmten Einzelmerkmals das Resultat einer erbfesten Mutation oder einer vorübergehenden Modifikation – eventuell einer Dauermodifikation – ist, wird er mit letzter Sicherheit nie entscheiden können.

Diese mehr im Prinzipiellen bestehende Einschränkung darf allerdings nicht zu dem entgegengesetzten Extrem, nämlich zu der etwaigen Annahme verleiten, aufgrund dieser Situation vermöge das fossile Untersuchungsmaterial zur Evolution überhaupt nichts auszusagen. Das wäre sicherlich ebenso falsch wie eine allzu unbekümmerte Sorglosigkeit. Die Zahl der fossilen Artenreihen, innerhalb deren eine schrittweise zunehmende Umbildung eines Merkmals oder Merkmalskomplexes vorliegt, ist so beträchtlich, daß hier das Wirken einer echten Evolution nicht bezweifelt werden kann. Dies gilt vor allem dort, wo innerhalb einer sogenannten morphologischen Reihe nicht nur ein einziges, sondern gleich mehrere Merkmale Entwicklungen mit bestimmten gleichbleibenden Tendenzen erkennen lassen. Gewiß könnte theoretisch auch in einem solchen Fall noch unterstellt werden, es handele sich nicht um echte mutative Veränderungen, sondern um die Auswirkungen einer von der Umwelt induzierten Dauermodifikation. Doch wenn die Entwicklung innerhalb einer solchen Artenreihe durch sehr lange Zeiten, ja Jahrmillionen hindurch, mit gleichbleibenden Tendenzen anhielt – und das ist üblicherweise der Fall gewesen – dann erscheint es mehr als unwahrscheinlich, daß der auslösende Umweltfaktor durch so lange Zeiträume unverändert fortbestanden haben sollte. Dann muß damit gerechnet werden, daß hier erbfeste Merkmale primär durch Mutation verändert und erst in zweiter Linie durch die Umwelt beeinflußt worden sind.

Klassische Fragestellungen

Die drei die Aussagekraft paläontologischer Befunde einschränkenden Umstände – Unvollständigkeit der Überlieferung, des Erhaltungszustandes und der genetisch aussagekräftigen Befunde – können wenigstens teilweise überwunden werden, wenn der Forschende über ein entsprechend reichhaltiges Material an fossilen Individuen verfügt.

Das ist wohl einer der hauptsächlichen Gründe dafür, daß echten Paläontologen ein stark ausgeprägter Sammeleifer innewohnt. Er muß schon zur Zeit der Anfänge dieser Wissenschaft vorhanden gewesen sein – ein liebenswertes Genrebild Carl Spitzwegs zeugt davon –, und in der Tat lag ursprünglich das Schwergewicht paläontologischer Aktivität beim Sammeln, Sichten und Ordnen der verfügbaren Fossilien. Diese durch lange Zeiten, bis zum Ende des 19. Jahrhunderts, anhaltende »deskriptive« Phase ließ dementsprechend nur eine einzige, recht statische Betrachtungsweise zu: die Erfassung der äußeren Form, also des morphologischen Aspektes. Zugleich beschränkte sich die Fragestellung im allgemeinen auf ein einziges Problem: die Ermittlung der Position der jeweils entdeckten Fossilien innerhalb des Systems der Tierwelt und des Pflanzenreiches.

Frühe Versuche, zu einer mehr dynamischen Betrachtungsweise überzugehen und entwicklungsgeschichtliche Zusammenhänge zu ergründen, blieben vereinzelt – so etwa die Anwendung der Cuvierschen Katastrophentheorie oder die Übertragung der Lamarckschen Lehre von der Vererbung erworbener Eigenschaften auf die Interpretation der fossilen Organismenwelt. Erst nach dem Durchbruch des Evolutionsgedankens, zur Zeit Ch. Darwins, trat zu der ursprünglich rein morphologischen Untersuchung und dem systematischen Klassifizieren der fossilen Organismen das allgemeine Interesse an deren stammesgeschichtlichen Zusammenhängen hinzu. Dennoch blieben im paläontologischen Bereich auch dann noch die Verfahrensweisen mehr oder weniger formalistisch. Zwar gab es keinen Zweifel daran, daß das Fossil Überrest eines vorzeitlichen Lebewesens ist. Aber die Erfassung seiner äußeren Gestalt, das Ordnen der morphologischen Typen und deren Vergleich standen so stark im Vordergrund, daß der auch über die Morphologie hinaus biologische Charakter der Fossilien kaum Berücksichtigung finden konnte. Vereinzelte funktionsmorphologische Versuche – Ansätze zur Klärung der Wechselbeziehungen im Faktorenkomplex Organismus-Funktion-Lebensweise oder Lebensraum (Palökologie) – oder Bemühungen um eine Synthese von Phylogenetik und Genetik fanden nur wenig Nachahmer; der innere Abstand des Paläontologen zur Biologie blieb noch immer recht beträchtlich. In seinem Selbstverständnis faßte dieser sich vorwiegend als Morphologe der Fossilien und allenfalls noch als Sonderfall eines erdgeschichtlich orientierten Geologen auf. Noch größer als sein innerer Abstand von der Biologie war in der Regel die Kluft, die ihn von den anderen naturwissenschaftlichen Disziplinen trennte.

Moderne Forschung: das Novum Paläobiologie

Diese Situation hat sich im Laufe eines kurzen Zeitraumes so grundlegend und so schnell geändert, daß man wohl von einem erstaunlichen Umbruch sprechen kann, von einer Innovation, wie sie noch vor zwanzig Jahren kaum für möglich gehalten worden wäre. Die neue, die moderne Paläontologie ist innerhalb kürzester Zeit erstaunlich vielseitig geworden. Die Anwendung neuer Methoden, der Einsatz modernster

Instrumente, die Entwicklung neuartiger Fragestellungen und nicht zuletzt ein völlig unkonventionelles Beschreiten neuer, in interdisziplinäre Grenzbereiche führender Wege bewirkten eine Wandlung, der sich auf die Dauer auch konservativere Einzelforscher nicht verschließen können. Viele der Forschungsrichtungen des Faches reichen heute bis in die Nachbardisziplinen hinein, und faszinierende, in ihrer Bedeutung erst jetzt erkannte Problemkomplexe schlagen Brücken zur Kristallographie, Biochemie und Histologie, zur Ökologie und Funktionsmorphologie, zur Ozeanographie, zur Geochemie der Isotope, ja selbst zur Osteologie und Zahnmedizin.

Auch die innere Einstellung des Paläontologen zu seinem Untersuchungsmaterial hat sich weitgehend geändert. Das Fossil aus den Urzeiten unserer Erde wird nicht mehr als nur morphologisch interessantes, klassifizierbares Museumsobjekt aufgefaßt, sondern mehr denn je und ganz entscheidend als die Repräsentation eines ursprünglich belebten Individuums, dessen Entstehung, Wachsen und Vergehen, dessen Funktion, Verhalten und Lebensraum, dessen Stellung als Teil einer Population und als Glied einer Evolutionskette in allererster Linie biologisch zu betrachten und zu beurteilen sind. Damit aber ist die Paläontologie zu einer wahren *Paläobiologie* geworden[1].

Den Weg zu dieser neuen Entwicklung haben jene technischen Möglichkeiten geebnet, die sich aus der Anwendung moderner Instrumente ergeben: Die Bewältigung jener unübersichtlichen Fülle von Einzelbefunden, die aus umfangreichen Serienuntersuchungen resultieren, ermöglicht heute die Datenverarbeitungsanlage. Eine moderne Arbeitsrichtung der Morphologie, nämlich das Experimentieren mit abstrahierten Gestalttypen, wäre ohne den Einsatz des Simulations-Computers kaum denkbar (Abb. 15, 16). Eine Untersuchung der Verteilung der chemischen Elemente – auch Spurenelemente – in Fossilien wurde nur durch den Einsatz der Elektronenmikrosonde ermöglicht. Erst die Chance, mit Hilfe des automatischen Aminosäuren-Analysators Aufschlüsse – etwa über Gerüsteiweiße – innerhalb kurzer Fristen zu gewinnen, ermutigte zu dem Versuch, erstmalig auch die organischen Bestandteile von Fossilien einer Untersuchung zu unterziehen (Abb. 37), und wo Massenspektrometer verfügbar wurden, lag der Gedanke nahe, sich der in Fossilien enthaltenen Isotope, also der Zerfallsprodukte gewisser chemischer Elemente, anzunehmen (Abb. 22).

Einer der bedeutendsten Fortschritte ist zweifelsohne mit Hilfe der Elektronenmikroskopie erzielt worden. Zwar hatte diese in der paläontologischen Forschung – ganz im Gegensatz zu der der Biologie oder Medizin – bisher kaum jemals nennenswerte Anwendung gefunden. Das wird verständlich, wenn man bedenkt, daß das lange Zeit allein verfügbare Transmissions-Elektronenmikroskop für die Untersuchung von aus Gestein bestehenden Objekten kaum geeignet war, da in ihm nur extrem dünne Präparate etwa von der Dicke 0,1–0,2 μ untersucht werden konnten. Derartige Dünnschnitte von mineralisierten Hartsubstanzen etwa mit Hilfe des Ultramikrotoms herstellen zu wollen, wäre jedoch illusorisch gewesen: In dem spröden, zum Zersplittern neigenden Material verschoben sich die Kristallkörner und Partikel entlang ihrer Grenzen, die zu untersuchende Struktur wurde beeinträchtigt. Die andere verfügbare Präparationsmethode aber, die Herstellung einer ultradünnen und daher durchstrahlbaren Replika der angeschliffenen Objektoberfläche, war zu mühselig und brachte nur beschränkte Erfolge. Unter diesen Umständen ist es nicht verwunderlich, daß der submikroskopische Bereich dem Paläontologen lange unzugänglich blieb. Diese Situation änderte sich plötzlich, als vor einer Reihe von Jahren eine völlig neue Konstruktion entwickelt wurde, das Raster-Elektronenmikroskop. Dieses hatte zwei unschätzbare Vorteile: Es bildete mit Hilfe rückgestreuter Sekundärelektronen auch unebene Objektflächen ab; auf die Herstellung ultradünner Präparatschnitte konnte also verzichtet werden. Der andere Vorzug bestand in einer so erstaunlichen Schärfentiefe der Abbildung, daß das dargestellte Untersuchungsobjekt selbst bei stärkster Vergrößerung scharf konturiert und beinahe plastisch erscheint (Abb. 55). Im Bereich der paläontologischen Forschung ist dieses Raster-Elektronenmikroskop erstmals in der Bundesrepublik angewendet worden – zunächst im Institut für Medizinische Physik in Münster, anschließend und intensiver noch im Bonner Institut für Paläontologie –, doch angesichts der erzielten Ergebnisse fand die paläontologische Rasterelektronenmikroskopie schnell weite Verbreitung im In- und Ausland. Sie hat neue Dimensionen erschlossen, zahlreiche neue Möglichkeiten eröffnet.

Mit Hilfe aller dieser modernen Geräte und Methoden sowie durchdachten, gezielten Einsatzes, aber auch aufgrund von neuen Betrachtungsweisen, konnte die paläontologische – nein, nennen wir sie jetzt doch besser und zutreffender die paläobiologische – Forschung neue Fragenkomplexe ins Auge fassen. Eine Darstellung mancher dieser Probleme und – soweit heute bereits möglich – auch ihrer Lösungen soll den Inhalt später folgender Kapitel bilden.

Diese Problemstellungen sind vielfältig und weit verzweigt, doch letzten Endes alle so geartet, daß aus den bereits gewonnenen oder den noch zu erzielenden Erkenntnissen direkte oder indirekte Rückschlüsse auf die Art und den Verlauf jenes Entwicklungsprozesses möglich werden, der uns alle einbezieht. Gemeint ist hier die Evolution der Organismen, die Entwicklung des Lebens von seinen Uranfängen bis zur Gegenwart. Sie war ein historischer Vorgang, der nur dann rekonstruiert werden kann, wenn seine Einzelereignisse datiert und aufgrund ihres jeweiligen Alters in ihrer tatsächlichen Reihenfolge betrachtet werden. Es erscheint daher angebracht, im folgenden Kapitel den Leser in jene Methoden einzuführen, die es uns heute ermöglichen, Ereignisse der geologischen Vorzeit und der Organismenwelt hinsichtlich ihres relativen oder sogar ihres absoluten Alters zu datieren.

II. Kapitel

Datierung von Äonen

In jeder Minute zermalmt uns die Vorstellung und die Empfindung der Zeit. *Baudelaire*

Was für ein gewöhnliches Ding eine verfaulte Muschel auch sein mag, so sind diese Denkmäler der Natur doch sicherere Zeichen des Altertums als Münzen und Medaillen, deren beste kopiert oder künstlich gefertigt sein können ... Und wenn es in der Tat recht schwierig ist, die Schriftzüge der Natur zu lesen, eine Chronologie aus ihnen aufzustellen und die zeitlichen Zwischenräume zu bestimmen, ... so ist es doch nicht unmöglich.

Robert Hooke, 1705

Fossilien sind seit langem als große Kuriositäten studiert ... Dies taten Tausende, die niemals auch nur im geringsten die wundervolle Ordnung und Regelmäßigkeit beachteten, mit der die Natur diese sonderbaren Erzeugnisse verteilt und jeder Klasse ihre besondere Schicht zugewiesen hat. *William Smith*, 1796

Die Paläontologie liefert die – freilich sehr wesentliche – chronologische Skala, die Skala der Schichtfolge, die auf der Überlagerung der Schichten beruht. *Louis Dollo*, 1910

Das Datum der Genesis

James Ussher, geboren 1581 zu Dublin, Erzbischof von Armagh und Primas der Anglikanischen Kirche in England, war fest davon überzeugt, das Datum der Genesis ermittelt zu haben. Da nach seiner Berechnung Adam im Jahre 4004 vor Christi Geburt in der Nacht vor dem 23. Oktober erschaffen worden war, mußte die Schöpfung am 18. Oktober begonnen haben, mußte das Alter unserer Erde und des Lebens auf ihr mit rund 5600 Jahren zu beziffern sein.

Theologisch weniger versierte Nachfolger vermochten Usshers Präzision nicht mehr zu erreichen. Ausgehend von der Beurteilung von Naturprozessen kamen auch sie noch nicht zu richtigen Resultaten, aber die in Betracht gezogenen zeitlichen Proportionen rückten den tatsächlich gegebenen doch bereits ein gutes Stück näher. Einen schon 1715 vorgebrachten Vorschlag des Astronomen Halley abwandelnd versuchte John Joly am Ende des 19. Jahrhunderts, mit Hilfe des Salzgehaltes der Ozeane das Alter der Erde zu errechnen. Er ging einerseits von der Natrium-Menge aus, welche die Flüsse den Ozeanen pro Jahr zuführen, und andererseits von dem annähernden Gesamtvolumen des Ozeanwassers in der Gegenwart. Mit Hilfe dieser Daten kalkulierte er den Zeitraum, der erforderlich gewesen wäre, um in den Weltmeeren nach einem ursprünglich salzfreien Zustand im Verlauf der Erdgeschichte den gegenwärtigen Salinitätsgrad zustande kommen zu lassen. Joly kam zu dem Schluß, daß die erste Bildung von Wasser zugleich mit der Entstehung unseres Planeten vor etwa 90 Millionen Jahren erfolgt sei – eine Kalkulation, die scheiterte, weil ihr Autor das Ausmaß des Natrium-Austausches weit unterschätzt hatte, der zwischen dem Wasser der Weltmeere und den Gesteinen der Erdkruste erfolgt.

Etwa zur gleichen Zeit rechnete Lord Kelvin mit weitaus geringeren Zeitbeträgen. Da die Temperatur gegen das Innere der Erde zu in einem bestimmbaren Ausmaß zunimmt (geothermische Tiefenstufe), nahmen er und andere Physiker an, daß Wärme vom Erdinneren her nach außen hin abgegeben wird und daß der Erdkörper ursprünglich beträchtlich wärmer, ja sogar schmelzflüssig gewesen sein muß. Aufgrund von Messungen des Wärmeverlustes gelangte Kelvin zu der Auffassung, die Auskristallisation der ersten, die Erdoberfläche bildenden Gesteine könne in der Vorzeit nicht allzuweit zurückliegen. Sein zweiter Gedankengang berücksichtigte die Sonnenenergie, von der er meinte, aufgrund des durch intensive Strahlung bewirkten Temperaturverlustes müsse sie in ständiger Abnahme begriffen sein. Dies führte ihn zu der Überzeugung, daß die Sonnentemperatur in früheren Zeiten beträchtlich größer gewesen sein müsse. Eine Berechnung der Differenz lieferte dann das Ergebnis, das Alter der Sonne betrage nicht mehr als 20 bis 40 Millionen Jahre. Da aber die Erde nicht etwa älter sein konnte als die Sonne, so folgerte Kelvin, konnte auch die Existenzdauer unseres Planeten und seiner Lebewesen dieses Zeitmaß nicht übersteigen.

Diese Ansicht stand im Gegensatz zur Hypothese eines Zeitgenossen Kelvins, nämlich zur Evolutionslehre Ch. Darwins, die für die Entwicklung der Organismenwelt durch natürliche Auslese weitaus längere Zeiträume annehmen mußte, allerdings keine exakt anmutenden, quantitativ erhärteten Argumente vorbringen konnte. Bereits vor dieser Kontroverse waren Geologen bemüht gewesen, das Alter der Erde aus der maximalen Gesamtdicke (Mächtigkeit) der Sedimentgesteine der Erdkruste und der jährlichen Zuwachsrate zu errechnen, und sie setzten ihre Versuche unvermindert auch zur Zeit der Auseinandersetzung Lord Kelvins und Darwins fort. Ein Vergleich der zwischen 1860 und 1909 von den verschiedenen geologischen Autoren veröffentlichten Ergebnisse[2] ist recht lehrreich: Es fällt auf, wie stark sie differierten, wobei sie zwischen einem Minimum von 3 Millionen und einem Maximum von 1584 Millionen Jahren schwankten. Ebenso auffällig ist allerdings, wie sehr sich zur Zeit des Einflusses der physikalischen Spekulationen Lord Kelvins die Resultate der Geologen dessen Zahlenwerten näherten. Die auch heute noch zu beobachtende Tendenz, sich von exakten Angaben und Zahlen beeindrucken zu lassen, ohne die Stichhaltigkeit jener Voraussetzungen zu prüfen, auf welchen sie beruhen, blickt also – wie unser Beispiel zeigt – auf eine lange Tradition zurück.

Wie wir heute wissen, waren alle diese Berechnungen trotz ihres Anspruchs auf durch quantitative Angaben garantierte Objektivität einfach falsch. War der irische Bischof bei seiner Berechnung dem Vertrauen auf die Botschaft der Bibel erlegen, so wurden seine naturwissenschaftlichen Nachfolger im 19. Jahrhundert zu Opfern ihrer Zuversicht, trotz unbekannter Faktoren und spekulativer Voraussetzungen zu exakten Ergebnissen gelangen zu können. Wie sehr sich Joly bei der quantitativen Einschätzung der Bilanzen des Natriumkreislaufs getäuscht hatte, wurde bereits erwähnt. Der Physiker Kelvin berechnete den Zeitpunkt der Erstarrung der Erdkruste, als die Kenntnis der Schmelzpunkte der Gesteine sowie deren Wärmeleitfähigkeit bei hohen Drücken und Temperaturen noch höchst unvollständig war, und seine Rechnung hinsichtlich des hypothetischen Wärme- und Energieverlustes der Sonne und der Erde hatte er ohne Kenntnis der radioaktiven Prozesse aufgemacht. Da aber die Prämissen falsch waren, konnte auch das rechnerische Resultat nicht richtig sein. In höchstem Maße spekulativ waren jedoch vor allem die Versuche, von den Sedimentmächtigkeiten her Zeitspannen ableiten zu wollen. In diesem Falle waren – und sind auch heute noch – beide Rechenfaktoren trügerisch: Die gegenwärtig vorliegende Gesamtdicke der Sedimentgesteine ist unvollständig; sie enthält zahlreiche Lücken, da in vielen Fällen bereits abgesetztes Sediment vor seiner Überlagerung durch spätere Schichten wieder abgetragen worden ist. Noch weniger verläßlich sind die Werte der angenommenen Zuwachsraten. Diese variieren nicht nur von einer Sedimentart zur anderen, sondern auch je nach gegebener Situation von Ort zu Ort und von Zeitpunkt zu Zeitpunkt.

Dimensionen der Vorzeit

Nach allen diesen Irrwegen hat schließlich eine moderne Entdeckung den Weg zur endgültigen Altersberechnung eröffnet, nämlich die Erkenntnis, daß eine absolute Datierung aufgrund der Zerfallsgeschwindigkeiten der Isotope (vgl. S. 59) möglich ist. Heute wissen wir, daß die ältesten bisher bekannten Gesteine vor etwa 4,8 Jahrmilliarden gebildet worden sind; das ist nach dem gegenwärtigen Stand unserer Kenntnis das durch unmittelbare Messungen gesicherte Mindestalter unseres Planeten. Wie noch zu zeigen sein wird, beträgt das Alter der frühesten uns zur Zeit bekannten Organismenreste 3,2 Jahrmilliarden, ein nicht weniger gesicherter Befund.

Fast fünftausend Millionen von Jahren, über dreitausend Jahrmillionen – enorme Zeiträume, fast schon Ewigkeiten. Man registriert sie und man akzeptiert sie – aber kann sich der menschliche Verstand eine Vorstellung von der Realität derartiger zeitlicher Dimensionen bilden? »Tausend Jahre werden sein wie ein Tag« – gewiß, das mag ein Versuch sein, doch bleibt er unbefriedigend. Leichter hat es die Phantasie, wenn sie zu dem Hilfsmittel der Allegorie greift. Die Ewigkeit: jener Zeitraum, welchen der Engel des Augustinus benötigt, um mit einer Muschelschale das Weltmeer auszuschöpfen. Ein Tag der Ewigkeit: die Zeit, in welcher der kleine Vogel des Märchens alle tausend Jahre einmal seinen Schnabel wetzend den hundert Meilen hohen Felsklotz zerstört. Jenes enorme Hochgebirge, das zur Karbonzeit quer durch Europa verlief, ist im Verlauf von etwa 20 Jahrmillionen durch die abtragende Kraft der fließenden Wässer eingeebnet worden. Ein Tag der Ewigkeit? Eine Woche? Die Konfrontation der Phantasie mit der Realität endet in Fragen, auf die es keine Antwort gibt.

Doch auch die auf Ratio und Erfahrung gestützte Vorstellungskraft versagt. Selbst der Zeitraum seiner eigenen Kulturgeschichte bleibt dem denkenden Menschen ein Abstraktum, denn wie sollte ihn seine über sechzig oder siebzig Jahre zurückreichende Zeiterfahrung in die Lage versetzen können, die Wirklichkeiten zu erfassen und zu begreifen, die jeder Tag, jede Stunde dieser etwa sechstausend Jahre darstellten – und noch darstellen, da sie ja nicht ungeschehen sind. Nur was bewußt erlebt wurde, kann in seinem innersten Wesen, kann in seiner Realität vollständig erfaßt werden.

Absolutes und relatives Alter

Auch dem Paläontologen sind die Zeiträume der Erdgeschichte und der Entwicklung des Lebens im Grunde unbegreiflich. Sie bleiben ebenso außerhalb der Sphäre der durch seine Sinne und seine persönliche Erfahrung erfaßbaren Dimensionen wie etwa das Ångström ($= \frac{1}{10\,000\,000}$ Millimeter) als extrem kleine und das astronomische Lichtjahr als überwältigend große Maßeinheit ($= 9{,}46 \times 10^{12}$ km $= 9{,}46$ Billionen Kilometer). Doch nicht die Quantität der verflossenen Zeiträume zählt in seinen Augen, denn Zeitablauf als leeres Kontinuum wäre weder von Interesse noch erfaßbar. Es sind die in der Zeit stehenden Ereignisse, die den Zeitverlauf einer Untergliederung zugänglich und damit meßbar machen. Und sie sind es eigentlich, die dem Ablauf der Zeit Inhalt verleihen. So stark stehen sie im Mittelpunkt seiner Betrachtung, daß daneben Ehrfurcht vor der immensen Größe der Zeiträume im Paläontologen kaum noch aufzukommen vermag. Gewiß, bei der Klärung spezieller Einzelprobleme spielen auch »kleinere« Zeitdifferenzen eine gewichtige Rolle. Was jedoch den Überblick über die Gesamtentwicklung betrifft, so neigt der Paläontologe oft dazu, etwas salopp zu werden. Wenn er etwa auf die Frage eines Journalisten nach dem Zeitpunkt des Aussterbens der Dinosaurier antwortet: »Vor 65 Jahrmillionen; es können aber auch 60 oder 70 gewesen sein», so fragt sich das Publikum sicherlich, was für ein sonderbarer Naturwissenschaftler das wohl sein mag, dem ein Ausmaß von zehn Millionen Jahren offenbar gleichgültig ist. Nun, gleichgültig ist es ihm nicht, doch erscheint ihm das absolute Datum weniger bedeutsam als die Stellung, die das Ereignis innerhalb des allgemeinen Entwicklungsablaufs einnimmt, und die zeitliche Beziehung, in der es zu vorausgehenden und nachfolgenden anderen Ereignissen steht. Im Falle des Aussterbens der Dinosaurier wird er u. a. registrieren, daß es so gut wie gleichzeitig mit dem Aussterben anderer Tiergruppen aus anderen Lebensräumen erfolgte, daß ihm ferner eine Phase der Hauptentwicklung der Reptilien vorausgegangen war, und daß ihm eine explosive Entfaltung der plazentalen Säugetiere unmittelbar nachfolgte.

Die Frage des Journalisten war auf das *absolute* Alter des Ereignisses »Aussterben der Dinosaurier« abgestellt, die Betrachtungen des befragten Paläontologen konzentrierten sich auf das im Vergleich zu den anderen Ereignissen *relative* Alter. Beide Arten der Datierung sind im Prinzip möglich und erst die Kombination beider Varianten der Altersermittlung ergibt ein vollständiges Bild.

Datierung mittels Zeitmarken

Die Datierung eines bestimmten Ereignisses vorzunehmen bedeutet, seine Position innerhalb des Kontinuums der abgelaufenen Vorzeit zu ermitteln. Das ist jedoch nur möglich, wenn einige Voraussetzungen erfüllt sind. Zunächst einmal muß das abstrakte Zeitkontinuum nach irgendeinem geeigneten Kriterium in Abschnitte untergliedert sein. Die Zeit wird meßbar, sowie sie in Zeiteinheiten zerlegt wird. Ferner muß das zu datierende Ereignis sich in der Überlieferung manifestiert haben, es muß eine erfaßbare Spur in der Abfolge der Gesteine hinterlassen haben.

Der Mensch hat eine Gliederung des Zeitkontinuums entwickelt, als er dessen gleichmäßigen Ablauf konventionell in Einheiten zerlegte: Grundeinheit dieses Schemas ist das Jahr, jene Zeitspanne, innerhalb welcher die Erde einen vollen Umlauf um die Sonne vollzieht. Da die Zeiteinheiten (Jahre) dieser Gliederung untereinander quantitativ so gut wie gleichwertig sind, ermöglicht ihre Verwendung bei Datierungen eine Angabe des absoluten Alters. So wäre also das Jahr eine überaus geeignete Maßeinheit für die Datierung solcher vorzeitlicher Ereignisse, die sich in der überlieferten Gesteinsabfolge manifestieren. Die Schwierigkeit besteht nur darin, daß nicht auch die sukzessiven Umläufe der Erde um die Sonne in der Sedimentfolge identifizierbare Spuren als Zeitmarken hinterlassen haben. Der Skala der abstrakten konventionellen Zeiteinheiten steht also zunächst keinerlei Skala materieller Einheiten gegenüber, die an der ersteren geeicht wäre. Die Schaffung einer solchen Skala materieller Einheiten und die Klärung ihrer Äquivalenzen im Bereich der Skala der abstrakten Zeiteinheiten ist aber die dritte Voraussetzung für die Möglichkeit, Ereignisse der geologischen Vorzeit zu datieren. Diese dritte Voraussetzung zu erfüllen gelang einer zwischen der Geologie und der Paläontologie angesiedelten Disziplin, der Stratigraphie[3].

Dem abstrakten Zeitkontinuum steht das materielle Quasi-Kontinuum der normalen Folge der Schichtgesteine gegenüber, die innerhalb des gesamten Zeitraumes abgelagert wurde und diesen sozusagen repräsentiert. Sollen diese Gesteine die Grundlagen einer weltweit gültigen, materiellen und zeitbezogenen Skala bilden, so gilt es, in ihnen Zeitmarken zu entdecken, die geeignet wären, absolute Daten der abstrakten Zeitskala anzugeben oder zumindest relative Altersverschiedenheit anzuzeigen. Ferner müssen derartige Zeitmarken aus praktischen Gründen drei Voraussetzungen erfüllen: (1) Es ist erforderlich, daß sie im Prinzip mit globaler Verbreitung auftreten können, also in möglichst vielen Regionen unserer Erdoberfläche registrierbar sind. (2) Sie müssen aus Gründen der Einheitlichkeit der Skala gleichartig sein, also allgemein demselben Bildungsprozeß entstammen. (3) Dennoch muß jede von ihnen unmißverständlich identifizierbar sein, d. h. sich unverwechselbar von den anderen – älteren oder jüngeren – Zeitmarken unterscheiden. Sie muß also das Ergebnis eines in der Zeit einmaligen, in dieser Art nicht wiederholbaren Einzelerzeugnisses sein.

Es liegt auf der Hand, daß stratigraphisch vollwertige Zeitmarken, d. h. solche, welche die genannten Forderungen zu erfüllen vermögen, ausschließlich aus einem Naturprozeß stammen können, der weltweit erfolgt, linear verläuft und nicht umkehrbar (also »irreversibel«) ist. Bisher konnten lediglich zwei Prozesse festgestellt werden, die im Verlauf der geologischen Vorzeit eindeutige Spuren in der Überlieferung, also im Gestein, zurückgelassen haben und die gleichzeitig weltweit erfolgten, linear verliefen und nicht umkehrbare Vorgänge beinhalteten. Der eine ist die Umwandlung der Isotope durch radioaktiven Zerfall, der andere die Evolution der Organismen.

Die Logik des oben skizzierten Gedankenganges und der in konsequenter Weise aus ihm resultierenden Prinzipien der stratigraphischen, also der Datierung dienenden Verfahrensweisen ist nicht zu allen Zeiten erkannt worden. Immer wieder hat es Ansätze zur Entwicklung von Datierungsmethoden gegeben, die erfolglos blieben, weil sie mit den Grundvoraussetzungen nicht im Einklang standen oder nur begrenzte, ausschließlich lokal verwertbare Ergebnisse lieferten.

Schon einer der sehr frühen Versuche scheiterte, allerdings erst nachdem er den Fortschritt stratigraphischer Erkenntnis sehr empfindlich blockiert hatte: Abraham Gottlob Werner, ab 1775 Professor an der Bergakademie Freiberg, hatte im zeitgenössischen Streitgespräch der Neptunisten und Plutonisten sehr nachdrücklich Stellung genommen. Nach seiner Überzeugung und sehr im Gegensatz zu den Auffassungen der Plutonisten waren ausnahmslos alle Gesteine, auch der Basalt, Ablagerungen eines unermeßlichen Weltmeeres. Sie traten zutage, als die Wasser abliefen – wohin blieb rätselhaft –, und bildeten nun, der Reihenfolge ihrer Entstehung nach übereinander geschichtet, die Oberfläche unserer Erde. Werner lehrte nun, daß jeder der verflossenen Zeitabschnitte durch die Bildung einer eigenen Gesteinsart gekennzeichnet sei, mit anderen Worten, daß der Gesteinscharakter überall im gesamten Verbreitungsbereich des ehemals weltumspannenden Meeres zeitspezifisch war.

Die Brillanz seiner Formulierungen, die Überzeugungskraft seiner eindrucksvollen Vortragsweise und vor allem seine menschliche Güte und Hilfsbereitschaft sicherten Werner einen umfangreichen Kreis von Schülern, die ihn als den Meister sehr verehrten und ihm blindlings vertrauten. Angesichts des internationalen Ansehens, das die Freiberger Bergakademie genoß, nahmen sie bald wichtige Positionen in anderen wissenschaftlichen Institutionen ein. So setzte sich die neue Lehre sehr schnell auch in den Fachkreisen der anderen europäischen Länder durch und blieb angesichts des überragenden Prestiges ihres Begründers lange Zeit unangetastet. Aber der große Theoretiker Werner hatte seine Schlußfolgerungen lediglich auf Beobachtungen aufgebaut, die er in seiner engeren Umgebung angestellt hatte. Die geologischen Verhältnisse außerhalb von Sachsen und Thüringen waren ihm aus eigener Anschauung nicht bekannt, sondern allenfalls aus Veröffentlichungen anderer Gelehrter. Sofern diese sich seinem Lehrgebäude nicht einfügten, ließ er sie nicht gelten, und als sie schließlich dazu führten, daß sein Dogma Schritt für Schritt widerlegt wurde, lehnte er es ab, die betreffenden Schriften überhaupt zu lesen.

So überzeugt Werner von der Richtigkeit seiner Auffassung war, so sehr hatte er sich doch getäuscht. Zahlreiche aus Traditionsgründen auch heute noch gebräuchliche Namen geologischer Zeitabschnitte wurden unter dem Einfluß der Wernerschen Lehre vom zeitspezifischen Charakter der Gesteine geprägt. Die Bezeichnungen Karbon, Zechstein, Buntsandstein, Kreide sind derartige terminologische Relikte. Doch die

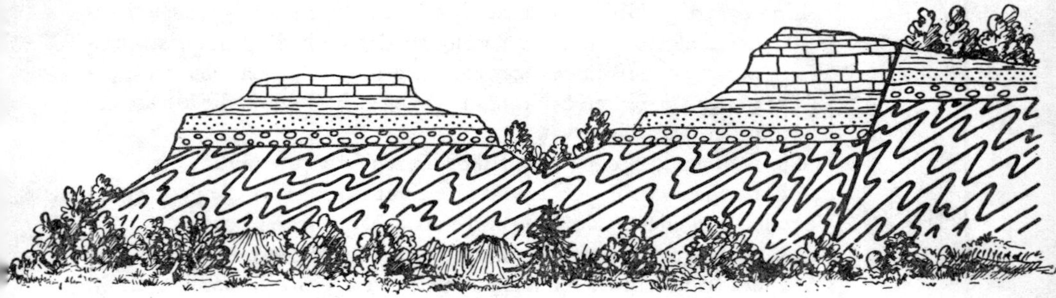

Abb. 2: Schematische Darstellung einer Diskordanz der Schichten im natürlichen Geländeaufschluß. Die tieferen, »liegenden« Schichten waren bei einer Phase der Gebirgsbildung (Orogenese) durch seitliche Druckkräfte stark gefaltet worden. Bei einer nachträglichen Heraushebung dieses Teils der Erdkruste wurde das so entstandene Gebirge durch Abtragung wieder eingeebnet, an der entstehenden Erosionsfläche wurden die Faltenscheitel abgeschnitten. Über dieser Einebnung setzten sich später jüngere, geschichtete Sedimente mit normaler, waagerechter Lagerung ab. – Die im rechten Bildteil sichtbare Verwerfung ist das Ergebnis späterer tektonischer Kräfte, das Geländerelief (Taleinschnitt) wurde durch allerjüngste und noch heute wirksame Erosion erzeugt.

Kohlebildung erfolgte nicht nur im Karbon, sondern auch in vielen anderen Zeitabschnitten der Erdgeschichte, ja sie findet örtlich selbst noch in der Gegenwart statt, und Entsprechendes gilt für so gut wie alle anderen Gesteine. Der Gesteinscharakter an sich ermöglicht also keine stratigraphische, über lokale Bereiche hinausreichende gültige Gliederung – und erst recht keine Datierung.

Aus neuerer Zeit stammt der von H. Stille unternommene Versuch, die geologische Vorzeit mit Hilfe der Manifestationen von gebirgsbildenden Prozessen zu gliedern: Immer wieder sind im Verlauf der Erdgeschichte aufgrund von innenbürtigen, sich in der Form von Druck und Zerrung sowie von Senkung und Hebung auswirkenden Kräften Teile der festen Erdkruste so verformt worden, daß Faltengebirge entstanden. (Diesen Vorgang einer kurzfristig ablaufenden Verfaltung eines Teils der Kruste bezeichnen wir als Orogenese.) Die bereits abgelagerten Schichtserien wurden dabei aus ihrer ursprünglichen Lage gebracht und in Falten zusammengeschoben. Im Gegensatz zu ihrer anfangs horizontalen Position waren sie nun nach der Faltung schräg, manchmal sogar vertikal verstellt. Anschließend schuf sodann eine nachfolgende Abtragung über den Resten dieses Faltenkomplexes ein waagrechtes Erosionsniveau, über welchem anschließend jüngere Sedimente nun wiederum in horizontaler Lage abgesetzt wurden. Das Ergebnis dieses Prozesses nennt der Strukturgeologe eine Diskordanz: aus der Zeit vor der Gebirgsbildung stammende Gesteinsserien stoßen in einem ausgeprägten Winkel gegen die nach der entsprechenden Faltungsphase abgelagerten (Abb. 2).

Eine derartige Diskordanz ist eine Zeitmarke; sie zeigt jenen Zeitpunkt der Erdgeschichte an, zu welchem der sie bedingende Faltungsakt erfolgte; er muß jünger gewesen sein als die jüngste der noch gefalteten oder verstellten Schichten und zugleich älter als die älteste der horizontalen nachfolgenden.

Die Aufeinanderfolge von Diskordanzen bzw. der sie hervorrufenden Faltungen wurde nun benützt, um mit ihrer Hilfe die geologische Vorzeit zu gliedern; die aufgrund von Diskordanzen bekannten Faltungsakte wurden als sogenannte »Phasen« freigiebig mit Namen versehen und in übergeordneten Einheiten, den »Ären« zusammengefaßt. Die so entstehende Skala sollte eine allgemeine, weltweit gültige Gliederung der Erdgeschichte ermöglichen.

Zwar hat sich inzwischen gezeigt, daß die Unterscheidung der großen Ären im weltweiten Maßstab halbwegs angehen mag. Was jedoch die feineren Elemente dieser »Geotektonischen Skala«, nämlich die Phasen betrifft, so ist heute klar, daß weitaus die meisten von ihnen in ihrem Auftreten auf einzelne Regionen beschränkt sind und daher keine weltweite Geltung beanspruchen können. Doch ebensowenig wie für eine allgemeine Gliederung sind die Diskordanzen für den Zweck unmittelbarer Datierung geeignet, denn ihr eigenes spezifisches Alter lassen sie ja nicht erkennen. Es muß erst auf indirektem Wege ermittelt werden, und zwar aus der Altersdifferenz der unter- und überlagernden Gesteinsserien, welche zuvor mit Hilfe anderer Methoden selbst datiert werden müssen. Stratigraphisch ist somit die »Geotektonische Skala« nicht allgemein anwendbar[4], und ebensowenig der ihr zugrunde liegende Prozeß der Gebirgsbildung.

Grundlagen der relativen Altersdatierung

Anders verhält es sich, wie bereits erwähnt, bei der Evolution der Organismen. Sie ist jener Naturprozeß, dessen einzelne Manifestationen Zeitmarken lieferten, welche die Erstellung einer weltweit verwendbaren Skala und daher auch eine Datierung vorzeitlicher Ereignisse ermöglichen. Bei dieser handelt es sich um relative Altersbestimmung.

Sichtbarer Ausdruck eines derartigen Evolutionsvorgangs ist die Umwandlung einer fossilen Spezies in ihre Nachfolger-Art; sie geht aus der morphologischen Gestaltung der fossilen Überreste hervor. Allerdings kann die zeitliche Aufeinanderfolge der beiden fossilen Arten nicht etwa ihrem morphologischen Status entnommen werden. Sie ergibt sich vielmehr ausschließlich aus der Verbreitung der den beiden fossilen Arten angehörenden Individuen in der überlieferten ungestörten Aufeinanderfolge der geschichteten Sedimente. Grundelemente dieser manchmal »biostratigraphisch« genannten Methode sind somit das Fossil – in diesem Fall das sogenannte Leitfossil – und sein Lager, d. h. seine vertikale, dem Zeitablauf entsprechende Verbreitung in den aufeinanderfolgenden Schichten.

Daß die Aufeinanderfolge der Gesteinsschichten bei ungestörter, ursprünglicher Lagerung ihrem relativen Entstehungsalter entspricht, ist eine der frühesten Erkenntnisse der Erdwissenschaften. Wir verdanken sie einem Gelehrten des 17. Jahrhunderts: Der Doktor der Medizin Niels Steensen aus Kopenhagen, auch unter dem Namen Nicolaus Steno bekannt, Leibarzt des Großherzogs Ferdinand II von Toscana, betrieb die verschiedensten Naturstudien. Er untersuchte z. B. das Gebiß des Haies, wobei er nachwies, daß dessen Zähne mit den fossilen »Zungensteinen« vergleichbar waren und daß derartige Versteinerungen entgegen den Angaben des Plinius und älterer Autoren somit weder aus dem Boden gewachsen noch während einer Mondfinsternis vom Himmel gefallen sein konnten. Doch nicht nur den Fossilien galt sein Interesse, sondern weit mehr noch den Gesteinsschichten, in welchen er sie antraf und die er in den Steinbrüchen des Arno-Tales untersuchte.

Als Steno 1669 seine Beobachtungen und Schlüsse unter dem Titel »De solido intra solidum naturaliter contento. – Dissertationis Prodromus« veröffentlichte, enthielt dieses Werk zahlreiche Irrtümer, die den Auffassungen seiner Zeit entsprachen: Die fossilen Muschelschalen und Haifischzähne sollten aus der biblischen Sintflut hervorgegangen sein, die von Steno entdeckten fossilen Knochen jüngeren Datums sollten den Elefanten und Tragtieren jener Armee entstammen, die Hannibal einst gegen Rom geführt hatte. So war also dieser Abriß der geologischen Geschichte der Toscana in vieler Hinsicht noch recht naiv, und doch enthielt er auch Beobachtungen von besonderer, ja sogar grundlegender Bedeutung.

Steno selbst verlor später das Interesse an der Medizin und der Naturforschung, er starb nach einem asketischen Leben als Bischof im mecklenburgischen Schwerin. Zuvor aber hatte er den Erdwissenschaften in diesem Werk eine Erkenntnis hinterlassen, die zwar aus heutiger Sicht banal erscheinen mag, die aber als sogenanntes »Lagerungsgesetz« die Grundlage und den Ausgangspunkt einer jeden stratigraphischen oder geologischen Forschung darstellt: *Alle Sedimentschichten wurden ursprünglich mit horizontaler Lagerung abgesetzt, und ihre ungestörte Aufeinanderfolge entspricht den Zeitpunkten ihrer Bildung. Von zwei im Verband stehenden Schichten ist die überlagernde stets die jüngere.*

Von dieser Erkenntnis war auch Abraham Gottlob Werner ausgegangen, als er nach 1775 lehrte, daß alle Gesteinsschichten Ablagerungen eines ehemals allumfassenden Weltmeeres sind und daß sich in den aufeinanderfolgenden Zeitabschnitten jeweils eine zeitcharakteristische Gesteinsart gebildet hat. Für Werner bestand also ein grundlegender Unterschied zwischen der geologischen Situation der Vorzeit und der der Gegenwart. Dieser Standpunkt wurde schließlich durch den »Uniformitarianismus« überwunden, der auf James Hutton, einen schottischen Landedelmann, und auf den Londoner Professor Charles Lyell zurückgeht. »The present is the key for the past» hieß die neue Devise, die bis heute ihre Gültigkeit hat. Sie begründete das sogenannte Aktualitätsprinzip, das besagt, daß die geologischen Prozesse der Vergangenheit auch heute noch wirksam sind, daß sie also in erster Linie aus der Sicht der gegenwärtigen Vorgänge beurteilt werden müssen. Dies bedeutete für die Wernerschen Auffassungen den Todesstoß, denn in der Gegenwart – das ergab die unmittelbare Beobachtung – bilden sich die allerverschiedensten Sedimente zwar an verschiedenen Orten, stets jedoch gleichzeitig.

Wenn nun aber erwiesen war, daß der Gesteinscharakter keine Rückschlüsse auf das Alter der verschiedenen Schichten erlaubte, was stand dann als Kriterium in allen jenen Fällen zur Verfügung, in welchen Stenos Lagerungsgesetz versagte, weil die ursprüngliche Schichtfolge gestört und verändert war? Gab vielleicht Cuviers Katastrophentheorie eine Antwort, die annahm, zu bestimmten Zeiten der Vergangenheit seien durch Naturereignisse ganze Floren und Faunen zerstört und durch neue ersetzt worden? Würden deren fossile Überreste nicht ideale Zeitanzeiger abgeben? Doch die Katastrophentheorie stand im Gegensatz zum Aktualitätsprinzip, sie widersprach somit der sich gerade durchsetzenden Grundphilosophie der Erdwissenschaft. Nicht der hochgeehrte und einflußreiche Zoologe und Diplomat George de Cuvier zeigte den Weg auf, sondern ein in einem einfachen Bauernhaus aufgewachsener Autodidakt aus Oxfordshire:

William Smith, später in zeitgenössischen Fachkreisen in einer Mischung von liebevollem Spott und Hochachtung »The Strata Smith« genannt, war ein Autodidakt. Als Halbwaise in dem Farmhaus seines Onkels heranwachsend, fehlte ihm jegliche geistige Anregung und Anleitung. Und doch eignete sich der wissensdurstige Junge, sehr gegen den verständnislosen Widerstand des alten Farmers, auf dem Gebiet der Geometrie und Vermessungstechnik die wesentlichsten Grundkenntnisse an. Daneben stand seine Neigung, eifrigst jene Fossilien zu sammeln, welche der heimatliche Boden in Fülle enthielt – als »ramshorn« (Ammoniten) klassifizierte sie der Volksmund, als »pundibs« (*Terebratula,* ein Brachiopode) und als »poundstones« (fossile Seeigel). Bald konnte der junge Smith als Gehilfe eines Feldmessers angestellt werden, und es dauerte nicht lange, bis er selbst als Ingenieur mit dem Bau eines durch Somerset führenden Kanals beauftragt wurde, den der Kohlenbergbau erforderlich gemacht hatte. Doch sein Interesse an den Fossilien war nicht erloschen. Unermüdliches Sammeln und Beobachten führten ihn bald zu einer Erkenntnis, die völlig neu war: *Gewisse Fossilien waren in ihrem Auftreten strikt auf bestimmte Schichten beschränkt. Jedes Schichtpaket war durch typische Fossilien charakterisiert, und der Aufeinanderfolge der Schichten entsprach eine äquivalente Folge der Fossilien.*

Smith veröffentlichte seine Erkenntnisse nicht, aber er stellte seine Tabellen freigiebig anderen zur Verfügung. In seinem eigentlichen Beruf war er eifrig tätig, freilich mit zahlreichen finanziellen Mißerfolgen. Doch auch als verarmter, beruflich nicht sehr erfolgreicher Ingenieur und Kanalbauer setzte er seine erdwissenschaftlichen Studien fort. Die erste wirklich verläßliche geologische Karte war sein Werk und schließlich – sehr spät, 1816, als sie bereits weithin bekannt und Allgemeingut geworden waren – veröffentlichte er auch seine die Fossilien betreffenden Beobachtungen unter dem Titel »Strata identified by organized fossils«.

Die Entdeckung William Smith's war von großer praktischer Bedeutung. Es ist nicht schwer, eine beliebige Schicht, die ja im Prinzip einen dünnen plattenförmigen Gesteinskörper von beträchtlicher horizontaler, flächenhafter Ausdehnung darstellt, in ihrem seitlichen Verlauf zu verfolgen, solange sie völlig freiliegt und nicht zerbrochen und verstellt ist. Über weite Strecken ist dies aber kaum möglich, denn gelegentliche Überlagerung durch den Lockerboden von Wäldern und Feldern, vielfache Überdeckung durch nachfolgende Schichten, häufige Verfaltung und willkürliche Anschnitte der Gesamtfolge durch das wechselnde Bodenrelief bewirken, daß die Übersicht zumeist verlorengeht. Mit Hilfe der Fossilien war es nun, wie Smith gezeigt hatte, trotzdem möglich, diese Schicht auch an verschiedenen, isolierten Stellen eines Gesamtbereiches wiederzuerkennen. Damit ergab sich die Möglichkeit, verläßliche geologische Karten aufzunehmen und komplexe Gebirgsstrukturen zu klären. Ferner konnte nun entschieden werden, ob zwei äußerlich ähnliche Schichten altersgleich (isochron) oder ungleichen Entstehungsalters (heterochron) sind, und umgekehrt, ob zwei in ihrem Stoffbestand und Aspekt des Gesteins völlig ungleiche Schichten verschiedener Regionen trotz dieser Verschiedenheit nicht doch etwa von gleichem Bildungsalter sind. Entscheidend waren die in ihnen auftretenden Fossilien, mit deren Hilfe es nun möglich wurde, gleichaltrige Gesteinskörper »miteinander zu korrelieren«[5] (Abb. 3).

Leitfossilien als Zeitmarken

Daß die Schichten aufgrund ihrer Fossilien identifizierbar sind und daß deren Übereinstimmung Altersgleichheit anzeigt, hatte William Smith auf empirischem Wege entdeckt. Der Versuch einer Erklärung für den Wechsel der fossilen Arten lag dem Pragmatiker fern. Sie ergab sich später aus der Lehre Charles Darwins und aus deren weiterem Ausbau: Die Abfolge der verschiedenen fossilen Spezies in der Zeit ist ein Ergebnis der Evolution der Organismen. Das erstmalige Auftauchen einer fossilen Art in der Schichtenfolge der Erdkruste entspricht dem Zeitpunkt ihrer Entstehung aus einer anderen, vorausgehenden Art, und zwar durch Mutation und Selektion.

Allerdings sind keineswegs alle Fossilien als Altersindikatoren in gleicher Weise geeignet: Für die Überreste mariner Organismen bestanden weitaus bessere Erhaltungsmöglichkeiten als für die festländischen Lebewesen. Daher kommen sie als Mittel der Datierung eher in Frage. Ein weiterer Vorteil zeigt sich, wenn wir die Möglichkeit der Populationen betrachten, ihren Lebens- bzw. Verbreitungsraum durch aktive Fortbewegung oder durch Driften im Plankton auszuweiten. Den Migrationen mariner Tiere scheinen weniger Grenzen gesetzt gewesen zu sein als den festländischen, so daß die Vertreter ihrer Arten in der Regel auch in weit voneinander entfernten Regionen registriert werden können. In Meeresströmungen frei schwebende Organismen

(Planktonten) und auch aktive Schwimmer (Nektonten) erreichten beträchtliche Verbreitungsgebiete, doch in sehr vielen Fällen konnten auch bodenlebige Tiere (Benthonten) zu einer bemerkenswerten Verbreitung gelangen, teils durch Wanderungen entlang von Küstensäumen, teils – und dies vor allem – durch die weite Verfrachtung ihrer planktonischen Larvenstadien.

Allgemein hat sich gezeigt, daß nur ein verhältnismäßig kleiner Teil der fossilen Arten – er ist für uns um so wichtiger – für die Kennzeichnung bestimmter Schichten oder Abschnitte der Schichtenfolge bzw. als Zeitmarke geeignet ist. Das wird verständlich, wenn man die folgenden Zusammenhänge bedenkt: Als Zeitmarke ist vor allem das erstmalige Auftauchen der betreffenden fossilen Art in der Schichtenfolge der Erdkruste aufzufassen. Das kann jedoch nur dann geschehen, wenn dieses erste Auftreten auch in sehr weit voneinander entfernten Regionen altersgleich ist. Die Entstehung neuer Arten scheint jedoch mehr oder weniger lokal zu erfolgen, und erst anschließend setzt eine regionale Ausweitung des Lebensraumes durch Migration von Teilen der nunmehr zahlenmäßig zunehmenden Population ein. Die Besiedlung neuer, zusätzlicher Räume erfordert aber Zeit. Strenggenommen können also das erste Auftauchen von Vertretern einer neuen Art außerhalb der Region ihres Ursprungs und der Zeitpunkt ihres ersten Auftretens am Entstehungsort gar nicht altersgleich sein.

Diese Bedenken verstärken sich, wenn wir uns erinnern, daß lebende Organismen weitgehend von ihrer Umwelt abhängig sind. Ihre Migration sollte also nur in dem Maße möglich sein, in welchem sich die betreffenden Umweltbedingungen ausbreiteten oder verlagerten. Da dieser Prozeß aber letzten Endes von sehr sanften Hebungen oder Absenkungen (Epirogenesen) der Erdkruste abhängig war, die sich über sehr lange Zeiträume erstrecken, muß unterstellt werden, daß auch die Erweiterung oder Verschiebung des Verbreitungsgebietes der fossilen Arten sehr zögernd erfolgte. Ihr erstes Auftauchen in verschiedenen Regionen mußte unter diesen Umständen zeitlich besonders stark differieren, und so mag man sich fragen, wieso es überhaupt möglich ist, daß Fossilien als Altersindikatoren Verwendung finden können.

Tatsächlich ist das Auftreten der ersten Vertreter in den verschiedenen Regionen bei weitaus den meisten fossilen Arten durchaus nicht altersgleich, wobei die Zeitdifferenz von Art zu Art ziemlich variabel ist. Es kann keinem Zweifel unterliegen, daß ihre Migrationen daher recht langsam vor sich gingen. Noch weit mehr gilt das von solchen Arten, die sich extrem stark an ein Leben in einem sehr speziellen Lebensraum angepaßt hatten und an diesen bzw. seine sehr langsame regionale Verschiebung gebunden waren.

Viele Eigenheiten des ursprünglichen Lebensraumes, der ja zugleich Ablagerungsraum des begleitenden Sediments war, äußern sich nachträglich in gewissen Merkmalen des heute vorliegenden Gesteinskörpers (vgl. S. 452[6]). Dessen sich aus diesen Merkmalen ergebenden Gesamtaspekt bezeichnet der

Geologe als »Fazies«. Da aber diese Bezeichnung oftmals auch umgekehrt auf die Art des ursprünglichen Sedimentationsraumes und damit auf den Lebensraum seiner Organismen übertragen wird, kann man die Vertreter von stark umweltgebundenen fossilen Arten auch als »Faziesfossilien« bezeichnen.

Daß das erste Auftauchen derartiger Faziesfossilien in verschiedenen Regionen fazies-abhängig und daher nicht altersgleich ist, mag recht anschaulich aus dem ersten Erscheinen der Pantoffelkoralle *Calceola sandalina* (Abb. 23) hervorgehen. Obwohl sie ursprünglich als ein Leitfossil angesehen worden war, dessen erstes Erscheinen die Grenze zwischen dem Unteren und Mittleren Devon anzeigt, erwies sich *Calceola sandalina* später als ein keineswegs verläßliches, sondern von der Umwelt abhängiges Faziesfossil. Wie wir heute wissen, differieren die Zeitpunkte des ersten Auftauchens dieser Art in verschiedenen Regionen nicht unbeträchtlich: In Anjou erscheint sie etwa im mittleren Unterdevon, in Böhmen im späteren Unterdevon, in der Eifel und im Harz zu Beginn des Mitteldevons. Die Migration ging hier offensichtlich mit derselben geringen Geschwindigkeit vor sich, mit der sich die Fazies der devonischen Korallenriffe während der frühen Abschnitte der Devon-Periode in Mitteleuropa ausbreitete.

Neben diesen langsam der Biotopverlagerung folgenden Arten hat es aber zu allen Zeiten – wie auch heute noch – eine weniger umfangreiche Zahl von Arten gegeben, die zwar nicht völlig unabhängig von ihrer Umwelt waren, die aber doch so weit gespannte Grenzen ihrer Reaktionsnorm aufwiesen, daß ihr Spielraum hinsichtlich der verschiedenen Umweltfaktoren sehr beträchtlich war. Die Geschwindigkeit ihrer Migrationen war unabhängig von der sehr langsamen, durch vertikale Krustenbewegungen bedingten Verlagerung bestimmter Umwelttypen. Wie Beispiele aus der Gegenwart erkennen lassen, erfordern selbst weiträumige Migrationen in diesem Fall Zeiträume in der Größenordnung von nur einigen hundert bis tausend Jahren, je nach den einzelnen Gegebenheiten. Derartige Zeitspannen wirken sich aber dort praktisch überhaupt nicht aus, wo es sich um Zeiträume handelt, die nach vielen Millionen von Jahren bemessen sind. Die Spezies der zweiten, weniger umfangreichen Gruppe sind nun diejenigen, deren fossile Individuen als sogenannte Leitfossilien (oder Index-Fossilien) Verwendung finden. Ihr erstes Erscheinen liefert insofern eine gültige Zeitmarke, als es in verschiedenen Regionen quasi-isochron oder, besser ausgedrückt, angesichts der enormen allgemeinen Zeitspannen »praktisch altersgleich« ist.

Nun kann man theoretisch mit Fossilien – auch mit Leitfossilien – bei der stratigraphischen Altersbestimmung von ganzen Faunen in recht verschiedener Weise verfahren. Schon Charles Lyell hatte 1833 versucht, das abnehmende Alter von Schichtenkomplexen und ihren fossilen Faunen quantitativ zu erfassen, als er darstellte, daß z. B. die Faunen des Pliozäns noch 49 %, die des Miozäns nur noch 18 % und die des Eozäns gerade noch 3,25 % der heute lebenden Molluskenarten enthalten[7]. Eine derartige Auszählung oder auch andere, im Prinzip ähnliche Verfahren bleiben allerdings von sehr begrenztem Wert, da sie den grundlegenden Unterschied von zeitrelevanten und zeitirrelevanten Arten nicht berücksichtigen[8].

Wesen und Bedeutung der Zone

Ausschließlich auf die zeitrelevanten Arten stützt sich jenes Verfahren, das heute allgemein Verwendung findet und das im Prinzip auf dem Begriff der sogenannten Zone basiert. Aufgrund der geologischen Verhältnisse des Schwäbischen Jura und anderer europäischer Gebiete durch Albert Oppel zwischen 1850 und 1860 eingeführt, stellt die Zone heute einen ambivalenten Begriff dar. Sie bedeutet einerseits einen kleinen Abschnitt der Schichtenfolge, der durch das Auftreten ganz bestimmter, bezüglich des Leitfossilverfahrens geeigneter Arten charakterisiert ist. In dieser Hinsicht und im Prinzip ist sie somit eine materielle Einheit. Andererseits repräsentiert sie gleichzeitig auch eine immaterielle, bestimmte Zeitspanne, nämlich den Zeitraum, innerhalb dessen ihre Sedimente abgelagert worden sind, und dessen relative Länge und Position innerhalb des Zeitkontinuums durch die Zonenfossilien gekennzeichnet werden[9].

Die vertikale Reichweite einer Zone innerhalb der Sedimentfolge wird durch zwei Zeitmarken bestimmt. Ihre Basis ist durch das erste Auftreten des sogenannten Zonenfossils und möglichst auch mehrerer weiterer für diese Zone charakteristischer Arten gekennzeichnet. Ihre obere Grenze wird neuerdings so definiert, daß sie durch die Basis der nächsten, nachfolgenden Zone gegeben ist. Innerhalb dieses vertikalen Bereichs ist die Zone durch alle jene fossilen Arten charakterisiert, die zeitrelevant sind, d. h. deren vertikale bzw. zeitliche Reichweite den Bereich der Zone weder nach unten noch nach oben überschreitet. Eine dieser Arten – prima inter pares – ist ausgewählt, um der Zone ihren Namen zu verleihen (ein Beispiel: die »Zone des *Monograptus uniformis*«).

Die natürliche Aufeinanderfolge aller Zonen liefert im Prinzip eine lückenlose Gliederung der gesamten Sedimentablagerung unserer Erdkruste. Diese Zonenfolge muß aber aus eben diesem Schichtenverband abgeleitet werden, bevor sie Verwendung finden kann, und hier setzt schon die erste Schwierigkeit ein, denn an keiner einzigen Stelle unserer Erdoberfläche ist die gesamte Schichtenfolge der Kruste lückenlos und ungestört anzutreffen. Daher waren die Stratigraphen und stratigraphisch orientierten Paläontologen gezwungen, zunächst die Zonenfolge größerer Abschnitte zu klären – und zwar in solchen Regionen der Erde, in welchen die entsprechenden Schichtenverbände lückenlos und mit primärer Lagerung erhalten geblieben sind – und dann diese Abschnitte schrittweise zu einem großen, umfassenden Ganzen zusammenzufügen. Diese Aufgabe ist heute bewältigt, wenn auch noch in Zukunft das Ausfeilen von Feinheiten, das Eliminieren kleinerer Lücken und geringfügiger Überlappungen in gut organisierter internationaler Zusammenarbeit erforderlich bleibt.

Die Zone hat aber auch eine laterale, d. h. geographische Reichweite. Theoretisch könnte nun angenommen werden – und das ist gelegentlich auch geschehen –, daß die Zone ohne Unterbrechung oder Veränderung weltweit verbreitet ist. Das kann zwar sicherlich für den ihr äquivalenten, immateriellen Zeitabschnitt gelten, doch da die Zone eine materielle, vom realen Vorhandensein ihrer Zeitmarken, der Fossilien, abhängige Einheit ist, kann sie sich geographisch nur so weit erstrecken wie der ursprüngliche Lebensraum der sie charakterisierenden fossilen Arten. Das sind aber im allgemeinen überaus große Teile der Erdoberfläche gewesen.

So sind beispielsweise die charakteristischen Leitfossilien der uns als Beispiel dienenden Zone des *Monograptus uniformis* aus Europa, Nordafrika, Asien, Australien und Nordamerika bekannt. (Daß sie mit Ausnahme von Australien auf der Südhalbkugel nicht nachweisbar sind, kann nicht verwundern, denn zu ihrer Zeit bestand hier ein Kontinent, kam es nicht zur Bildung mariner Ablagerungen.) Auch manche der Ammonitengruppen des Unteren Jura sind im allgemeinen sehr weit verbreitet (von Europa einerseits bis Ost-Grönland sowie Nord- und Südamerika, andererseits durch Rußland bis Japan und den Malayischen Inselarchipel), und den Verbreitungsraum oberdevonischer Conodonten-Zonen kann man als so gut wie weltweit bezeichnen.

Diesen Beispielen könnten zahlreiche weitere hinzugefügt werden. Aber sie alle entstammen solchen Abschnitten der Vorzeit, in denen die Faunen der Meere – aus welchen Gründen auch immer – die Tendenz zeigten, mehr oder weniger kosmopolitisch zu sein. Wesentlich weniger günstig ist die Situation im Falle jener Zeiträume, in welchen die Weltfauna ebenso wie heutzutage eine Untergliederung in einige zoogeographische Faunenprovinzen aufwies, wie z. B. zur Zeit des Unteren Devons oder während des Mittleren Jura. Hier muß in jeder dieser Provinzen eine eigene Zonenfolge ermittelt werden, und die Schwierigkeiten diese zu korrelieren, d. h. sie miteinander altersmäßig zu vergleichen und zu parallelisieren, sind stets sehr beträchtlich. Doch sind sie nicht unüberwindlich. Sehr ähnliche Probleme können gelegentlich selbst innerhalb einer Provinz auftauchen, wenn es nämlich gilt, endemische, also eng lokal gebundene, ungewöhnliche Faunen mit der offiziellen Zonenfauna zu korrelieren oder solche Faunen, die aus einer spezifischen Umwelt (Fazies) stammen, welche die Aufnahme von Vertretern der offiziellen Zonenfauna ausschloß. In beiden Fällen, dem der provinziellen Scheidung sowie dem der Faziesverschiedenheit, kann aber auf die Dauer indirekte und sehr mühevolle Korrelation doch zum Ziel führen: Entweder mittels vereinzelter, seltener »Überläufer« aus einem Bereich in den anderen, oder mittels sogenannter Mischfaunen, die Elemente beider Bereiche enthalten, oder schließlich mit Hilfe von seltenen örtlichen Vorkommen von Schichtfolgen, in welchen die Zonen bzw. die Fazies beider Bereiche in der Aufeinanderfolge und der Zeit alternieren.

Die globale stratigraphische Standard-Skala

Die lückenlose, normale Aufeinanderfolge der Zonen ermöglicht nicht nur eine Gliederung der Sedimente der Erdkruste nach ihrem jeweiligen Alter, sondern sie impliziert auch eine Unterteilung der verflossenen Zeit in identifizierbare, recht scharf begrenzte Abschnitte. Da aber die Gesamtzahl der Zonen sehr groß ist, was die Übersichtlichkeit der Gesamtgliederung beeinträchtigt, wurde diese mittels eines konventionellen, hierarchischen Systems von zusätzlichen Kategorien unterteilt. Mehrere Zonen wurden in einer Stufe zusammengefaßt, die üblicherweise nach einer Typus-Region bezeichnet wird (z. B. Eifel-Stufe = Eifelium; Oxfordium; Maastrichtium, usw.), mehrere Stufen ergeben eine Serie (z. B. Mittel-Devon, Ober-Jura, Ober-Kreide), die ihrerseits ein Teil eines Systems ist (z. B. Devon, Jura, Kreide). Mehrere Systeme setzen ein Erathem zusammen (z. B. Paläozoikum, Mesozoikum). Auf diese Weise entstand eine im großen und ganzen international anerkannte Gliederung. Ihre Grundeinheiten sind die Zonen. Was aber für die Zone gilt, trifft naturgemäß auch auf die ganze Gliederung zu: Sie besteht aus materiellen Einheiten (Schichtkomplexen), ist aufgrund von biologischen Zeitmarken unterteilt, die Ausdruck des Evolutionsprozesses der Organismen sind, und sie reflektiert Zeitabschnitte.

Wohlgemerkt: sie ist materiell, sie besteht nicht etwa aus Abschnitten der abstrakten Zeit. Aber sie ermöglicht es, das Zeitkontinuum in einer ihr analogen Weise zu untergliedern, da ihre materiellen Einheiten bestimmten Zeitabschnitten entsprechen. So wird der materiellen Zone der ihr äquivalente Zeitabschnitt als sogenannte Phase, der Stufe das Alter, der Serie die ihr entsprechende Epoche, dem System die analoge Periode und dem Erathem als Zeitäquivalent die Ära gegenübergestellt. Damit ergibt sich ein Grundschema der Zeitgliederung, das dem der materiellen Gliederung voll entspricht. Selbst die spezifischen Namen werden beibehalten: dem materiellen Schichtenkomplex Devon-System ist die Zeitspanne der Devon-Periode äquivalent, dem materiellen Erathem Paläozoikum als Zeitraum die Paläozoische Ära. Diese zweite Gliederung umfaßt reine Zeiteinheiten. Sie ist daher immateriell, abstrakt; aber da sie aus der auf materiellen Einheiten basierenden Gliederung abgeleitet wurde, ist sie in demselben Ausmaß genau und kontrollierbar wie ihr reales Gegenstück.

Die beiden einander entsprechenden Gliederungen ergeben gemeinsam eine Skala, deren jeweils materielles bzw. immaterielles Äquivalent sie darstellen. Es ist die sogenannte Stratigraphische Standard-Skala (vgl. Tab. I), die in allen Regionen unserer Erdoberfläche in der Regel unmittelbar – gelegentlich wenigstens mittelbar – Anwendung finden kann. Mit ihrer Hilfe werden Gesteine und Ereignisse der Vorzeit sowie neu entdeckte fossile Organismen ihrem relativen Alter entsprechend eingestuft (Abb. 3).

Datierung des absoluten Alters: Radioaktiver Zerfall

Diese Skala sagt allerdings nichts über die nach Jahren errechnete Dauer ihrer Zeiteinheiten aus, und ebensowenig über das absolute – d. h. nach Jahren bemessene – Alter ihrer Zeitmarken. Derartige Werte können jedoch unter Anwendung anderer Methoden ermittelt werden, und zwar solcher der radiometrischen Datierung. Diese beruht auf der Erkenntnis (Boltwood 1905), daß der Zerfall radioaktiver Elemente eine verläßliche Messung erdgeschichtlicher Zeiträume ermöglicht.

 Seit Becquerels Entdeckung der radioaktiven Strahlung ist bekannt, daß sich manche Elemente in andere, stabilere Abarten umwandeln, wobei Energie als Strahlung abgegeben wird. Ihre Atomkerne sind instabil, sie gehen im Laufe der Zeit zu einem anderen Energiestatus über. Dieser Prozeß des fortlaufenden Zerfalls ist von Außenfaktoren wie Druck, Temperatur und chemischer Bindung unabhängig, weil er ausschließlich den Atomkern betrifft. Das radioaktive Mutterelement geht innerhalb einer Zerfallsreihe von Zwischenstadien (Isotopen) in das völlig inaktive Endglied über. Wesentlich ist nun, daß dieser Prozeß zeitbezogen abläuft; innerhalb eines bestimmten Zeitraumes zerfallen stets die gleichen, für jedes Element typischen Bruchteile der vorhandenen Atome. Die Geschwindigkeit dieses Zerfallsprozesses kann mittels der sogenannten Halbwertszeit (T) gemessen werden; das ist jene Zeitspanne, innerhalb welcher in einem geschlossenen System die Hälfte der anfänglich vorhandenen Atome des radioaktiven Mutterelementes zerfallen ist. Unter Berücksichtigung dieser spezifischen Halbwertszeit kann aus dem Mengenverhältnis der noch vorhandenen Atome des Mutterelements zu den bereits gebildeten des inaktiven Endglieds die Zeitdauer errechnet werden, die zu diesem Zustand geführt hat.

Diese Verfahren können allerdings nur unter zwei Voraussetzungen korrekte Ergebnisse liefern: erstens dürfen vor dem Beginn des Zerfallsprozesses keine unabhängigen Endglied-Atome vorhanden gewesen sein, und zweitens muß das System geschlossen geblieben sein, d. h. es dürfen weder Atome des Mutterelements noch solche des Endglieds zusätzlich hinzugekommen oder entwichen sein. Im allgemeinen sind in den beim Einsatz dieser Methoden verwendeten Gesteinen bzw. Mineralen diese Voraussetzungen erfüllt. Wo dies für die erste der beiden nicht gilt, kann die Fehlerquelle ausgeschaltet werden.

Die zum Zwecke der radiometrischen Datierung geeigneten und am häufigsten benutzten Elemente sind:

Radioaktives Mutterelement		Inaktives Endglied
(Uran) ^{238}U	→ (T = 4,510 Mill. Jahre)	(Blei) ^{206}Pb
(Uran) ^{235}U	→ (T = 713 Mill. Jahre)	(Blei) ^{207}Pb
(Kalium) ^{40}K	→ (T = 1 300 Mill. Jahre)	(Argon) ^{40}Ar
(Rubidium) ^{84}Rb	→ (T = 47 000 Mill. Jahre)	(Strontium) ^{87}Sr

Wesentliche Voraussetzung für die erfolgreiche Anwendung dieser Methoden ist natürlich, daß der zu datierende Gesteinskörper ein Mineralkorn enthält, wie z. B. Zirkon, Uranpechblende, Muskovit, Sanidin usw., das als geschlossenes System die geeigneten radioaktiven Elemente und ihre Zerfallsprodukte umschließt. Ferner darf das betreffende Mineralkorn nicht etwa umgelagert, d. h. bei der Bildung eines jüngeren Sediments in dieses einbezogen worden sein, da es dann fälschlich ein höheres Alter anzeigen würde, als der Entstehung des Gesteinskörpers tatsächlich zukommt. Es darf sich jedoch auch nicht um eine nachträgliche Bildung dieses Materials innerhalb des bereits bestehenden Gesteins handeln, weil es sodann ein gleichfalls unzutreffendes, in diesem Fall zu geringes Alter anzeigen würde. Und schließlich darf das dieses Mineralkorn enthaltende Gestein nach seiner Entstehung nicht etwa unter späteren Temperatureinfluß geraten sein, da dieser die radiometrische Angabe des Bildungsalters des Gesteins verfälscht.

Die Möglichkeit einer Anwendung der radiometrischen Datierung ist also auf entsprechend günstig gelagerte Fälle beschränkt. Zudem liefert sie Ergebnisse, die unvermeidlich mit einem gewissen Fehler behaftet sind. Dieser wird gelegentlich dadurch bedingt, daß innerhalb des Mineralkorns im Zerfallsprodukt durch Entweichen bzw. Diffusion von Zerfallsprodukten ein gewisser Verlust eingetreten ist. Eine weitere Fehlerquelle ergibt sich bei der Isolierung und Analyse des zu untersuchenden Materials, denn aufgrund seiner sehr geringen Mengen bestehen verständlicherweise gewisse Schwierigkeiten. Daher werden die resultierenden Altersangaben in der Regel mit einer Angabe der Fehlergrenze versehen.

Alle diese radiometrischen Methoden der Datierung haben, wie sich zeigte, durchaus ihre Grenzen. Dennoch haben sie in der kurzen Zeit ihrer bisherigen Anwendung bereits Beträchtliches geleistet. Die Datierung so umfangreicher Gesteinsserien wie der des Präkambriums, in welchen die Leitfossilmethode versagt, wäre ohne Radiometrie nicht möglich gewesen, und welche Rolle die absolute Datierung bei der Untersuchung der ältesten fossilen Organismen spielt, wird aus den Darstellungen des nächsten Kapitels ersichtlich werden.

Einen weiteren Anwendungsbereich, in welchem die üblichen radiometrischen Datierungen von unschätzbarem Wert sind, stellt die altersmäßige Einstufung vulkanischer – und daher fossilleerer – Gesteinskörper dar. Das gilt nicht nur für sehr alte, sondern auch für geologisch jüngere Bildungen. Ein anschauliches und interessantes Beispiel liefert jene Kette von vulkanischen Inseln, deren östlichstes Glied Hawaii ist. Hier ergab die Kalium/Argon-Methode von West nach Ost die folgenden Altersangaben: Kauai 5,6 bis 3,8 Jahrmillionen →Oahu 3,4 bis 2,7 →Molokai West 1,8 →Molokai Ost 1,5 bis 1,3 →Maui West 1,3 bis 1,15 →Maui Ost 0,8 und weniger →Hawaii weniger als 1 Jahrmillion. In diesem Fall stellte sich neben der eigentlichen Datierung gleich ein weiteres Ergebnis ein, nämlich der Nachweis einer in der Zeit fortschreitenden Wanderung der vulkanischen Aktivität von West nach Ost.

Einen in mancherlei Hinsicht besonders gelagerten Fall der radiometrischen Datierung stellt die *Verwendung des radioaktiven Kohlenstoff-Isotops* ^{14}C dar. Dieses wird unter dem Einfluß der kosmischen Strahlung aus dem Stickstoff der oberen Atmosphäre gebildet und gerät im Verlauf der CO_2-Assimilation in die Gewebe der Pflanzen und über diese in die der Tiere. Stirbt der Organismus ab, so werden weitere Mengen an ^{14}C nicht mehr aufgenommen, während die vorhandende Menge laufend abnimmt. Stabiles Endprodukt des Zerfalls ist bei dem hier ablaufenden Umwandlungsprozeß ^{14}N, doch wird hier nicht das Mengenverhältnis von Mutterelement zu inaktivem Endglied gemessen, sondern das Verhältnis der noch vorhandenen Menge von ^{14}C zur Menge des in der Probe insgesamt vorhandenen Kohlenstoffs. Die zu berücksichtigende Halbwertszeit ist in diesem Fall besonders kurz; sie beträgt nur 5730 Jahre.

Auch diese Methode der radiometrischen Datierung hat sich als ein in hohem Maße wertvolles Verfahren herausgestellt. Zwar erstreckt sich ihr Anwendungsbereich wegen der kurzen Halbwertszeit lediglich auf die letzten 40 000 Jahre, doch gerade dieser Umstand verleiht ihr besonderen Wert, denn in den Sedimentablagerungen dieses jüngsten Abschnitts der Erdgeschichte verlieren die anderen beiden Datierungsmethoden – das Leitfossilverfahren und die Verwendung anderer Isotope – ihre Bedeutung: der zeitliche Abstand zur Gegenwart wird zu gering. Hier aber liefert die ^{14}C-Methode zahlreiche Möglichkeiten, von der Datierung selbst etwas älterer Vorgänge wie dem des letzten Rückzuges des Inlandeises oder dem des postglazialen Ansteigens des Meeresspiegels, bis hin zur Klärung von Einzelproblemen der frühesten Kulturgeschichte. Wo auch immer die Datierung solcher Proben erforderlich sein mag, die organische Substanzen enthalten, sei es Holz oder Torf, Muschelschale oder Knochen, sei es selbst das eine Mumie umgebende Stoffgewebe, kann die ^{14}C-Methode Anwendung finden.

„The Amino Acid Clock“

Der große Vorteil der radiometrischen Datierung besteht darin, daß ihre Altersangaben mit der Zahl von Jahren operieren können. In allerjüngster Zeit ist nun ein Versuch unternommen worden, ähnliches auf völlig anderem Wege zu erreichen[10]. Ein amerikanisches Nachrichtenmagazin hat diese neue Methode treffend als »The Amino Acid Clock« (Die Aminosäuren-Uhr) bezeichnet. Ein so einprägsamer Name bleibt haften, selbst wenn heute noch keineswegs abzusehen ist, ob sich das im Gedankenansatz höchst elegante Verfahren ausreichend bewähren wird. Ausgangspunkt sind einige altbekannte Beobachtungstatsachen:

Die Bausteine der Proteine, nämlich die einzelnen Aminosäuren, sind verhältnismäßig einfach gebaute Mikromoleküle[15] von konstanter, aber in sich asymmetrischer Konfiguration, die durch ein unsymmetrisch stehendes Kohlenstoffatom bedingt wird. Dementsprechend kommt eine Aminosäure in der Natur bei stofflich-chemischer und struktureller Gleichheit in zwei einander spiegelbildlich entsprechenden Ausbildungsformen vor, nämlich je nach der stereochemischen Position des genannten Kohlenstoffatoms entweder in linksorientierter oder rechtsorientierter Konfiguration. In den organischen Substanzen aller lebender Organismen treten die Aminosäuren – bis auf einige sehr seltene geringfügige Ausnahmen – in der Regel nur in ihrer L-Konfiguration auf (vgl. S. 84 und [22]).

Nach dem Tode des Individuums setzt jedoch der Prozeß einer Umbildung (Razemisierung) ein: Die L-Aminosäuren werden im Laufe der Zeit in ihre R-Konfiguration umgewandelt. Eine Art von »Halbwertszeit« gibt es auch hier – sie beträgt z. B. im Fall des Isoleucins 110 000 Jahre bei einer Temperatur von 20° C –, doch betrifft sie nicht, wie in der Radiometrie, das Atom, sondern das Molekül. Im übrigen geht die Aminosäuren-Datierung in ähnlicher Weise wie die ^{14}C-Methode vor. In organischen Überresten identifiziert sie die Menge der noch vorhandenen primären L-Moleküle und die Menge der nach dem Absterben durch Razemisierung gebildeten R-Moleküle einer Aminosäure. Aus dem Vergleich der beiden Mengen vermag sie sodann unter Berücksichtigung des Halbzeitwertes jene Zeitspanne zu berechnen, die seit dem Tode des die Probe liefernden Individuums verflossen ist.

Die »Aminosäuren-Uhr« ist bisher nur in wenigen Fällen angewendet worden, in welchen es sich zudem um Proben geringen Alters gehandelt hat. Ob sie im Anwendungsbereich der stratigraphischen Datierung wirklich Bedeutung erlangen wird, bleibt abzuwarten. Sehr wahrscheinlich ist dies allerdings nicht. Zwar hat sich gezeigt, daß organisches Material in sehr vielen Fällen fossil erhalten geblieben ist – weitaus häufiger, als anfangs zu vermuten war –, doch tritt bei der Fossilisierung etwa von Proteinen stets ein nicht unbeträchtliches Denaturieren ein, über dessen nähere Einzelheiten vorläufig noch sehr wenig bekannt ist. Hier mag bei der Anwendung der Methode ein beträchtlicher Störfaktor bestehen. Weitere Schwierigkeiten mögen aus zwei Überlegungen mehr grundsätzlicher Art hervorgehen: Erstens, das System kann kaum jemals geschlossen geblieben sein. Auch nach dem Tode des Lieferanten der Probe können zusätzlich L-Moleküle zugeführt worden sein, und zwar aufgrund von Kontamination durch Bodenbakterien und andere Mikroorganismen, oder – das ist vor allem bei stratigraphisch älteren Proben die Regel – aufgrund einer Durchtränkung des Fossils mit Grundwasser, das rezente Aminosäuren enthält. Zweitens, da die meisten Aminosäuren mehr oder weniger temperaturempfindlich sind und da fossilisierte Substanzen mit dem sie umgebenden Gestein im Laufe der Erdgeschichte kaum jemals von Temperatureinflüssen frei geblieben sind, muß mit einer beträchtlichen Verfälschung der Altersangabe gerechnet werden. Im Fall des Isoleucins bedingt allein schon eine Temperaturdifferenz von ± 2° C eine Fehlergrenze von ± 50 % in der Datierung. Mit dieser Uhr sollte man lieber nicht versuchen, paläozoische Proben datieren zu wollen.

Eine andere, schon seit langem diskutierte Methode bemüht sich, einen Diageneseprozeß in den Dienst der Datierung zu stellen, der sich besonders in subfossilen und fossilen Zähnen und Knochen einstellt. Diese pflegen in bestimmten Zeitspannen aus dem umgebenden Gestein Fluor aufzunehmen, so daß das Alter des Fossils aus dem *Fluorgehalt* berechnet werden kann. Da aber zusätzliche, aus zirkulierendem Grundwasser stammende Fluormengen das Ergebnis sehr stark beeinflussen können, gilt die Methode zu Recht als nicht gerade verläßlich. Immerhin hat sie – nach gewissen Verbesserungen – der Palanthropologie einen wertvollen Dienst erweisen können, als mit ihrer

Hilfe der Nachweis geführt werden konnte, daß der berühmte, dem sogenannten »Piltdown-Menschen« zugeordnete fossile Überrest nichts anderes als eine Fälschung darstellt.

Zeitmessung mittels Periodizitäten

Während die bisher genannten Methoden auf der Auswertung der Ergebnisse von linear verlaufenden Prozessen beruhen, versuchen andere Verfahren, sich jene Periodizitäten dienstbar zu machen, die wahrnehmbarer Ausdruck zyklischer Vorgänge sind. In diesem Zusammenhang bietet sich, was das Gestein betrifft, der Rhythmus von *Sedimentationszyklen* an, und im Fall der fossilen Organismen die ± regelmäßige Aufeinanderfolge der Wachstumszonen ihrer Hartteile.

In manchen sedimentären Serien fällt ein zyklischer Wechsel in der Beschaffenheit der Schichten auf, der sich in eng aufeinanderfolgenden Änderungen der Schichtdicke, der Korngröße, der stofflichen Zusammensetzung oder der Farbe äußern kann. Die Folge ist eine oft sehr deutliche Bänderung bzw. Feinschichtung, von der angenommen wird, daß sie einem Jahresrhythmus der Sedimentation entspricht. Allerdings ergab die Auszählung zumeist recht enttäuschende Resultate.

So wurde z. B. für den Zeitraum der unteren Teile der Visé-Stufe bei der Auszählung von Sedimentationsrhythmen in Thüringen auf einen Zeitraum von 740 000 Jahren geschlossen, für die Ablagerungen des permischen Zechsteinbeckens in Norddeutschland aufgrund von Jahresbänderung der Gipse und Salzablagerungen auf einen Zeitraum von 0,5 Millionen Jahren. Beide Zahlen sind angesichts der durch radiometrische Daten angezeigten allgemeinen Zeiträume bei weitem zu gering, was die mangelhafte Leistungsfähigkeit der Methode erweist: Entweder haben zahlreiche verborgene Schichtlücken das Resultat verfälscht, oder es liegt entgegen der ursprünglichen Annahme kein echter Jahresrhythmus vor.

Dieser ist mit Sicherheit im Falle der sogenannten Warven gegeben. Das sind gebänderte Tone, meist Ablagerungen von Seen, die Gletschern benachbart waren. Ein Rhythmus ergibt sich hier aus der vielfach wiederholten regelmäßigen Aufeinanderfolge von helleren, etwas gröber körnigen Gesteinslagen und dunkleren, besonders feinkörnigen. Hier liegt tatsächlich ein jahreszeitlicher Sedimentationswechsel vor, in dessen Verlauf jeweils die sommerlichen Schmelzwässer gröberes Silt-Material zuführten, während im Winter nur feinste Tonpartikel mit reichlichen organischen, das Sediment dunkel einfärbenden Substanzen zur Ablagerung kamen.

Derartige Warven sind in Skandinavien, Nordamerika, Chile und Patagonien untersucht worden, und zwar mit beträchtlichem Erfolg. So konnte in Schweden durch die Auszählung von Warven des Ostseebeckens, die bis 13 000 v. Chr. zurückreichen, das Datum der großen Aufspaltung der Inlandeisdecke mit dem Jahr 6839 v. Chr. ermittelt und die absolute Dauer der Nacheiszeit errechnet werden.

Es erwies sich, daß die rhythmische Warvenfolge das Resultat der regelmäßigen Wiederkehr der jahreszeitlichen Klimawechsel ist – jede einzelne Warve entspricht einem Jahr. Ähnliches gilt aber auch für jene Periodizität, der das *Wachstum der Hartteile vieler Organismen* unterworfen ist. Ein allgemein bekanntes Beispiel stellen die Jahresringe von Baumstämmen dar, mit deren Hilfe im Rahmen der sogenannten Dendrochronologie die Auszählung von nach Jahren bemessenen Zeiträumen möglich ist. Aber auch die kalkigen Außenskelette mancher wirbelloser Tiere lassen eine periodische Folge von Anwachszonen erkennen, und so lag der Gedanke nahe, sich ihrer zum Zweck der Zeitmessung zu bedienen.

In den kalkigen Außenwänden von rezenten und fossilen Einzelkorallen finden sich in der Wachstumsrichtung aufeinanderfolgende Wülste, die sukzessiven Wachstumsperioden entsprechen, die aber zugleich auch von zahlreichen zarteren Anwachsstreifen überlagert werden. Nachdem bereits verschiedentlich angenommen – aber keineswegs bewiesen – worden war, daß die gröberen Anwachswülste jährlichen Zuwachs ausdrücken, befaßte sich eine paläontologische Untersuchung[11] eingehender mit den feineren Anwachszonen. Dabei zeigte sich unter Berücksichtigung lebenden Materials, daß diese offenbar dem täglichen Zuwachs entsprechen, was verständlich wird, wenn man bedenkt, daß die Kalkbildung von Riffkorallen von der photosynthetisierenden Aktivität symbiontischer Algen beeinflußt wird und diese vom Tageslicht abhängt.

Die Untersuchung lieferte aber noch ein weiteres, recht interessantes Ergebnis. Bei fossilen Korallen des Ober-Karbons variierte die Zahl der täglichen Zuwachszonen pro Jahreswulst zwischen 385 und 390, bei Korallen des Devons zwischen 385 und 410; sie übertrifft im Durchschnitt also in recht beträchtlichem Umfang die Zahl von 365 Tagen, die unser Jahr heute aufweist. Dies führte zu der Schlußfolgerung, daß das Jahr in der geologischen Vorzeit eine größere Zahl von Tagen enthielt als in der Gegenwart. Da es aber die gleiche absolute Zeitdauer umfaßte wie heute – die eines vollen Umlaufs der Erde um die Sonne – und zugleich eine höhere Zahl von Tagen enthielt, muß die absolute Zeitdauer des Tages – nämlich die einer Umdrehung der Erde um die eigene Achse – kürzer gewesen sein.

Diese Hypothese steht in gutem Einklang mit gewissen theoretischen Vorstellungen geophysikalischer bzw. astronomischer Art. Die Astronomen hatten schon seit geraumer Zeit damit gerechnet, daß die Geschwindigkeit der Erdrotation aufgrund der Gezeiten-Reibung unmerklich aber andauernd abnimmt, und zwar um 0,0016 sec. pro 100 Jahre. Das ist zwar ein geringer Betrag, doch summiert er sich in langen Zeiträumen sehr beträchtlich. Eine entsprechende Berechnung ergab, daß unter dieser Voraussetzung und unter Berücksichtigung der radiometrisch ermittelten, nach Jahren bemessenen Altersdaten der Erdperioden das Jahr beispielsweise zu Beginn der Kambrischen Periode 421 Tage, zu Beginn des Devons 401, zu Beginn des Karbons 396 und zu Beginn der Kreidezeit 377 Tage enthalten haben müßte. Die beobachtete Jahresrate der täglichen Anwachszonen karbonischer und devonischer Korallen fügt sich diesem Bild recht gut ein – und schon wird die Hoffnung laut, hier sei wohl für die Zukunft eine höchst einfache Datierungsmöglichkeit zu erwarten, würde es doch genügen, bei einem Fossil die Zahl der Anwachsstreifen innerhalb der Jahresperiodizität auszuzählen, um damit festzustellen, ob es kambrischen, devonischen oder anderen Alters ist.

Die Freude aber ist sicherlich verfrüht, denn noch besteht eine große Zahl von Unsicherheitsfaktoren, die bisher nicht genügend Berücksichtigung fanden. Im Falle der Korallen steht keinesfalls bereits fest, daß die groben Anwachswülste dem Jahreszuwachs entsprechen. Da sie ferner keine scharfen Grenzen besitzen, sondern dazu tendieren, ineinander überzugehen, und da im Übergangsbereich die Zuordnung von täglichen Anwachsstreifen zu dem einen oder bereits dem nächsten Jahreswulst somit der rein subjektiven Entscheidung des Beobachters überlassen bleibt, ist auch die Angabe der genauen Tagesraten pro Jahr in jedem Einzelfall mit Skepsis aufzunehmen. Was andere skelettale Bildungen betrifft, nämlich die Schalen von Muscheln und Schnecken, so zeigte sich, daß die Periodizität ihrer Anwachszonen nicht nur dem Jahreszyklus entspricht, sondern auch den Mondphasen, ja selbst dem Gezeitenwechsel und möglicherweise auch noch der Einwirkung weiterer Faktoren. Die Situation scheint hier überaus kompliziert zu sein und ist zudem bei weitem noch nicht ausreichend geklärt. Ferner ist zu bedenken, daß in den Schalen lebender Mollusken ja nicht nur periodischer Anbau erfolgt, sondern auch eine nachträgliche partielle Auflösung bereits fertiggestellter Schalenzonen, ohne daß wir über das Ausmaß und die Periodizität dieses entgegengesetzt wirkenden Prozesses bereits genügend informiert wären und ihn daher entsprechend in Rechnung stellen könnten.

Zusätzliche Methoden

So interessant die Verfahren auch sein mögen, welche die oben beschriebenen Periodizitäten zum Zweck der stratigraphischen Korrelation und Datierung einsetzen wollen, so haben sie doch bisher noch keine weitere Verbreitung erlangt. Auch ist wohl nicht damit zu rechnen, daß sie jemals für eine Gliederung des gesamten Zeitraumes der Erdgeschichte und der ihm entsprechenden Gesamtserie der Sedimente in der Erdkruste herangezogen werden können. Dasselbe gilt für einige Korrelations- und Datierungsmethoden, die von gänzlich anderen Voraussetzungen ausgehen. Sie sind, vor allem im Zusammenhang mit der industriellen Suche nach Erdöl, zwar überaus häufig angewendet worden und haben sich in diesem Rahmen gut bewährt, besonders bei der Korrelation von in Bohrungen durchteuften Schichten des tieferen Untergrundes. Eines dieser Verfahren vergleicht die Schichten aufgrund ihrer spezifischen *elektrischen Leitfähigkeit*, ein anderes stützt sich auf Messungen des jeweiligen *geoelektrischen Widerstandes*. Ein drittes bedient sich der verschiedenen Leitfähigkeit der Gesteinsschichten bei der Fortpflanzung von künstlich erzeugten *Erschütterungswellen*. Allerdings basieren alle diese Methoden auf physikalischen Merkmalen der Gesteinskörper, die im seitlichen Verlauf der Schicht nur so lange konstant bleiben, als sich deren Gesteinscharakter nicht ändert. Über größere regionale Bereiche hinweg können diese Verfahren nur gelegentlich, für weiter reichende Korrelation und Datierung jedoch in keinem Fall herangezogen werden.

Korrelation in globalem Rahmen und möglichst auch die – zumindest relative – Altersdatierung werden ferner von einer anderen, sich schnell entwickelnden Methode angestrebt, die sich mit *paläomagnetischen Phänomenen* auseinandersetzt:

Wenn magnetische Eisenoxyd-Minerale aus einer – ein Erstarrungsgestein ergebenden – Schmelze auskristallisieren oder als Partikel im Sediment eingebettet werden, so richtet sich ihre magnetische Polarität in Übereinstimmung mit dem Magnetfeld der Erde, also dem existierenden Dipol, aus. Das sie enthaltende Gestein weist dann einen sog. remanenten Magnetismus auf, d. h. eine entsprechende Orientierung seiner Magnetisierung. In rezenten Sedimenten, ja selbst noch in solchen von spättertiärem Alter, stimmt der remanente Magnetismus, wie zu erwarten ist, durchaus mit dem gegenwärtigen Magnetfeld der Erde überein, doch Messungen in älteren, aus verschiedenen Perioden stammenden Gesteinen ergaben starke Abweichungen in der Orientierung. Daher scheint festzustehen, daß sich das Magnetfeld und die Position der beiden erdmagnetischen Pole im Verlauf der Erdgeschichte ständig verändert haben.

Die Position, welche die beiden Pole zur Zeit der Bildung des untersuchten Gesteins eingenommen haben, kann also durch paläomagnetische Messungen ermittelt werden. Das ist bereits in einer so großen Zahl von Fällen geschehen, daß die Geophysiker es wagen konnten, sog. *Polwanderungskarten* zu konstruieren (Abb. 4). Das sind Weltkarten mit geeigneter Projektion, in welche gegen den Hintergrund der heutigen Kontinente und Meere die in der Zeit aufeinanderfolgenden Positionen des paläomagnetischen Nord- oder Südpols eingetragen und durch eine (vielfach gekrümmte) Linie miteinander verbunden sind. Allerdings ist eines zu bedenken: Da die Kontinentalplatten im Verlauf der Zeit ihre Lage verändert haben, also »drifteten« (vgl. Abb. 4, rechts) und damit nachträglich ihr räumliches Verhältnis zu früheren Dipol-Positionen (aber auch zueinander) änderten, kann nicht erwartet werden, daß die in verschiedenen Kontinenten gemessenen Polpositionen übereinstimmen. In der Tat gibt es zahlreiche Differenzen zwischen den aus verschiedenen Regionen stammenden, an gleichaltrigen Schichten gewonnenen Befunden, und so sind auch schon Versuche unternommen worden (Abb. 4), die verschiedenen Kurven zur Deckung zu bringen. Bei vielen Geologen besteht immer noch die Hoffnung, die Polwanderungskurve für Zwecke der stratigraphischen Korrelation oder sogar Datierung verwenden zu können. Sie gehen davon aus, daß zumindest die Polwanderungskurve einer jeden größeren Region in ihrer ermittelten Form und Lage konstant bleibt. Sobald ihr Verlauf und somit auch die räumliche Aufeinanderfolge der sich in der

Zeit verschiebenden Polpositionen mit Hilfe der bereits anderweitig datierten Gesteine dieser Großregion ermittelt sind, müßte es theoretisch möglich sein, Gesteinskörper unbekannten Alters dadurch einzustufen, daß die Lage des von ihnen angezeigten Pols innerhalb dieser Kurve festgestellt wird. Würde z. B. die in einer Schicht noch unbekannter Altersstellung gemessene Polposition auf der für die Region gültigen Polwanderungskurve in den Positionsbereich des devonischen Pols fallen, so wäre dieser Schicht ein devonisches Alter zuzuschreiben.

Theoretisch wäre diese Methode für die Datierung des relativen Alters von Schichten und ihren Fossilien also durchaus geeignet. In der Praxis begegnet sie jedoch noch fast unüberwindlichen Schwierigkeiten. Die wenigen bisher erarbeiteten regionalen Polwanderungskurven enthalten nur eine sehr lockere, lückenhafte Folge von weit voneinander entfernten Polpositionen, die im allgemeinen jeweils einer einzigen Pollage aus jeder einzelnen Periode entsprechen; die den kürzeren Zeitspannen zugeordneten Zwischenpositionen sind innerhalb der Kurve allerdings noch nicht identifiziert. Eine wesentliche Verfeinerung der durch die gegliederte Kurve dargestellten Skala wird jedoch in vielen ihrer Bereiche kaum möglich sein, und zwar aus demselben Grunde, der sehr zahlreiche Gesteinskörper von einer paläomagnetischen Einstufung ausschließt. Für paläomagnetische Messungen sind nämlich nur solche Gesteine geeignet, welche die erforderlichen Eisenminerale enthalten, und damit scheidet automatisch eine große Zahl von Sedimenten aus. Schließlich tritt als bedeutsamer Unsicherheitsfaktor noch der Umstand hinzu, daß der remanente Magnetismus einer Schicht durch wesentlich spätere Prozesse verändert bzw. umgepolt sein kann und dann verständlicherweise irreführende Daten liefert.

Derartige sekundäre, lokale Veränderungen des remanenten Magnetismus eines Gesteins dürfen allerdings nicht mit einem anderen Phänomen verwechselt werden, welches das Resultat eines weltweiten Vorgangs ist: den *Umkehrungen des paläomagnetischen Erdfeldes.* Die Geophysik konnte nachweisen, daß – zusätzlich zur Polwanderung – im Laufe der geologischen Vorzeit wiederholt eine völlige Umkehrung (»reversal«) des Dipols erfolgte, die sich naturgemäß im remanenten Magnetismus der zum entsprechenden Zeitpunkt gebildeten Gesteine äußert. Über ihre Ursachen ist noch nichts Genaueres bekannt. Wohl aber zeigte sich, daß längere Zeiträume einer »normalen« (d. h. der heutigen entsprechenden) magnetischen Orientierung nach einem abrupten Wechsel von Zeitintervallen gefolgt werden, in welchen diese Orientierung »umgekehrt« erscheint. Es ist somit möglich, eine global gültige Skala derartiger aufeinanderfolgender »Epochen« jeweils verschiedener Magnetisierung aufzustellen. Ein in diese Richtung zielender Versuch ist bereits unternommen worden, und für die letzten 4 Jahrmillionen der Erdgeschichte wurden aufgrund der paläomagnetischen Umkehrungen vier derartige »Epochen« unterschieden:

Brunhes Epoche »normal« (Gegenwart bis – 0,7 Jahrmillionen)
Matuyama Epoche »umgekehrt« (– 0,7 bis – 2,4 ± 0,1 Mill.)
Gauss Epoche »normal« (– 2,4 ± 1 bis – 3,35 Mill.)
Gilbert Epoche »umgekehrt« (älter als – 3,35 Mill.)

Wie weit die Möglichkeit der Anwendung dieser Methode und die einer Verlängerung dieser Skala bis in sehr alte Zeiträume der Erdgeschichte zurückreicht, läßt sich heute freilich noch nicht überblicken, wenn auch zahlreiche Forschungsvorhaben der Klärung dieser Frage gewidmet sind.

Theoretisch würde diese Methode der paläomagnetischen Umkehrungen ein für die stratigraphische Korrelation geradezu ideales Verfahren darstellen – sind doch die »reversals« völlig unabhängig von der Fazies –, wenn nicht auch hier Schranken in der bereits zuvor erwähnten Weise gesetzt wären: Die Orientierung des remanenten Magnetismus kann bei einer sehr beträchtlichen Anzahl von Gesteinen mangels entsprechender Eisenminerale gar nicht erst festgestellt werden. Und wo dies doch möglich ist, kann nachträgliche, jüngere Umpolung das Meßergebnis verfälschen und damit zu einer fehlerhaften Altersangabe führen. Schließlich bleibt noch ein weiterer Umstand zu erwähnen. Auch wenn es dereinst gelingen sollte, eine allgemeine, durch den gesamten Zeitraum der Erdgeschichte reichende Skala der paläomagnetischen Umkehrungen zu schaffen, würde sie wohl doch nur zusätzlich herangezogen werden können. Die Feststellung nämlich, daß eine einzelne, einzustufende Schicht normalen bzw. umgekehrten Magnetismus aufweist, sagt über ihr Alter unmittelbar noch nichts aus, da ja die Umkehrungen in steter Wiederholung zu sehr verschiedenen Zeitpunkten der Vergangenheit erfolgten. Nur innerhalb längerer kontinuierlicher Schichtserien, in welchen einzelne Fixpunkte mit anderen Methoden bereits fest datiert worden sind, würde die paläomagnetische Skala als zusätzliches Hilfsmittel zur Geltung kommen können. Als solches würde sie möglicherweise wertvolle Dienste zu leisten vermögen, insbesondere dort, wo faziell so gegensätzliche Sedimentbildungen miteinander verglichen werden sollen wie die auf dem Festland und die in marinen Räumen entstandenen.

Zusammenfassung

Blicken wir nun auf die in diesem Kapitel vermittelte Übersicht zurück, so zeigt sich wohl als erstes, daß neben einigen altbewährten, bereits zur Routine gewordenen Methoden der stratigraphischen Korrelation bzw. Zeitmessung auch einige unkonventionelle, neue zu verzeichnen sind. Was die Zukunft bringen mag, was für zur Zeit noch nicht einmal zu erahnende Gedankengänge vielleicht noch leistungsfähigere Verfahren hervorbringen werden, läßt sich noch nicht absehen. Wohl aber kann aufgrund der bisherigen Erfahrungen vorausgesagt werden, daß nur solche Methoden Aussicht auf uneingeschränkten Erfolg haben werden, die in der Lage sind, unmißverständlich identifizierbare Zeitmarken von sehr weitgespannter globaler Verbreitung zu einer allgemein gültigen Skala zusammenzufügen.

Es wurde bereits betont, daß dies nur dort möglich ist, wo diese im Gestein zurückgelassenen Zeitmarken weltweit verbreiteten, linear verlaufenden, nicht-umkehrbaren Naturprozessen entstammen, und daß diese Voraussetzungen nach unserer gegenwärtigen Kenntnis lediglich für den radioaktiven Zerfall der Elemente und für die Evolution der Organismen zutreffen. Auf den Auswirkungen des ersten Phänomens basiert die Radiometrie und die ihr zugeordnete Geochronometrische Skala, d. h. die Aufeinanderfolge der astronomischen Jahre durch die Erdgeschichte. Auf die Ergebnisse des zweiten Prozesses und auf die Position ihrer Manifestationen in der allgemeinen Gesteinsfolge stützt sich die globale Stratigraphische Standard-Skala.

Innerhalb beider Skalen ist die geologische Vorzeit sehr weitgehend untergliedert, und zwar so, daß bei der Datierung zwar nicht letzte Präzision erreicht wird, wohl aber jenes Maß von angenäherter Genauigkeit, das mit heutigen Methoden überhaupt erreicht werden kann. Der Schwankungsbereich der Fehlergrenzen von radiometrischen Altersangaben reicht im allgemeinen von etwa 5 bis zu etwa 20 Jahrmillionen. Andere Größenordnungen der Zeitgliederung treffen wir bei der »biostratigraphischen« Methode an. Die absolute Zeitdauer der Zone als kleinster stratigraphischer Einheit variiert zwischen 500 000 Jahren (Conodonten im Oberdevon), 1 Jahrmillion (Ammoniten im Jura) und etwa 4,5 Jahrmillionen (Graptolithen im Ordovizium). Das sind Werte, die angesichts der Größenordnung und des enormen Ausmaßes der bisher insgesamt abgelaufenen Zeit akzeptabel sein dürften.

In großen Zügen sind die beiden Skalen bereits aneinander geeicht (vgl. Tab. I), und eine weitere, mehr ins Detail gehende Datierung auch der mehr untergeordneten stratigraphischen Einheiten wird in aller Welt eifrigst und mit Erfolg angestrebt. In immer stärker zunehmendem Maße ergänzen sich die beiden Gliederungen, und zwar insofern, als die aus der Stratigraphischen Standard-Skala stammenden relativen Altersangaben mit Hilfe der Geochronometrischen Skala in absolute Zeitwerte umgesetzt werden können. *Schon jetzt bilden diese beiden großen Skalen die Grundlage der stratigraphischen Gliederung und zugleich die der erdgeschichtlichen Datierung.*

Allerdings muß wohl erwähnt werden, daß die innerhalb der Stratigraphischen Standard-Skala eine so bedeutende Rolle spielende Leitfossil-Methode in dem ältesten und zugleich längsten Abschnitt der geologischen Überlieferung bisher keine Verwendung finden konnte. Das ist auf die Seltenheit bzw. das Fehlen von Fossilien in jener alten, mächtigen Gesteinsfolge zurückzuführen, die wir das Präkambrium nennen. Je älter die Gesteine dieses Zeitraums werden, desto primitiver und vor allem desto seltener werden die fossilen Organismen, bis sie in den ältesten Formationen völlig ausbleiben.

Wenn sich dies aber so verhält, bedeutet das nicht zugleich, daß es zur Zeit der Bildung dieser ältesten Gesteine noch keine Lebewesen gab, daß auf der Oberfläche unserer Erde das Leben ursprünglich fehlte? Tatsächlich weisen alle bisherigen Beobachtungen darauf hin, daß dies der Fall war, und so stellt sich sofort die nächste, die schwerwiegende Frage ein: Wie mag wohl dieses Leben entstanden sein, das sich heute in einer so erstaunlichen Fülle von Formen und Gestalten zu erkennen gibt – und vor dessen Anfang, vor den nunmehr datierten Äonen, doch ein Nichts gestanden hatte?

III. Kapitel

Chemo-Evolution und Bio-Evolution

Hier steht es nun dem Archäologen der Natur frei, aus den übriggebliebenen Spuren ihrer ältesten Revolutionen ... jene große Familie von Geschöpfen (denn so müßte man sie sich vorstellen, wenn die genannte zusammenhängende Verwandtschaft einen Grund haben soll) entspringen zu lassen. Er kann den Mutterschoß der Erde, die eben aus ihrem chaotischen Zustand hervorging (gleichsam als ein großes Tier) anfänglich Geschöpfe von minder zweckmäßiger Form, diese wiederum andere, welche angemessener ihrem Zeugungsplatze und ihrem Verhältnisse untereinander sich ausbildeten, gebären lassen ... gewagtes Abenteuer der Vernunft ...

Immanuel Kant, 1790

Omne vivum ex ovo – dieser alte, durch Jahrhunderte unerschütterte Satz muß seine Gültigkeit verlieren, wenn am Anfang weder aktives, voll entwickeltes, noch etwa zumindest latentes Leben existierte, sondern nur Unbelebtes: die allmählich erstarrende Erdkruste, der Schmelzfluß der noch tätigen Vulkane, die sich sammelnden Wässer der Urmeere und die über alles hinwegziehenden Schwaden und Nebel der entwichenen Gase. Anzunehmen, dieses Leben sei von anderen, extraterrestrischen Körpern des Weltraumes kommend auf unserem Planeten eingewandert, würde lediglich bedeuten, die Beantwortung der Frage nach der Art seiner Entstehung zu verlagern und aufzuschieben. So bleiben – sucht man nach einer Erklärung für den Ursprung des Lebens – nur noch zwei Denkmöglichkeiten bestehen: Es muß durch den Schöpfungsakt einer oder mehrerer transzendentaler Kräfte entstanden sein, oder es bildete sich spontan, durch die Umbildung von unbelebter Materie in belebte.

Beide Deutungsversuche sind uralt; sie reichen weit in der Kultur- und Geistesgeschichte zurück und beruhen in ihren Anfangsgründen auf reiner Intuition, später auf subjektiver Ausdeutung jener Eindrükke, die der noch naive Mensch von seiner engeren und seiner weiteren Umwelt empfing. Beide waren ursprünglich Glaubensinhalte von Lehrmeinungen, von welchen manche religiöser, andere wiederum philosophischer Art waren. Als nun der westliche Kulturkreis dazu überging, der Natur entstammende Grundprobleme rational und objektiv zu untersuchen, traditionelle alte Lehrsätze auf ihre Beweisbarkeit voraussetzungslos zu prüfen, mußte wohl – und muß auch heute noch – der zuerst genannte Deutungsversuch ausgeklammert werden; Transzendentales ist mit den Methoden der Wissenschaft nicht zu erfassen, hier beginnt die Sphäre individuellen Glaubens. Diese ist von dem Bereich des auf objektiven Befunden basierenden Wissens ihrem Wesen nach scharf geschieden, und wer diese Grenze verwischen wollte, würde den Eigenwert eines jeden dieser beiden Begriffe zerstören. Der zweite Deutungsversuch aber ist einer naturwissenschaftlichen Überprüfung durchaus zugänglich. Daher haben sich seit dem 17. Jahrhundert immer wieder Forscherpersönlichkeiten gefunden, die sich um eine endgültige Klärung des Sachverhaltes bemühten. Ihre Untersuchungen und Experimente konzentrierten sich auf das eine große Problem, das der Bildung belebter aus unbelebter Materie, das Problem der abiotischen Entstehung des Bios.

Die Idee der Urzeugung

Daß zwischen allen Dingen dieser Welt ein einziger wirklich grundlegender Unterschied besteht, muß dem besonders naturverbundenen Menschen der Urzeit schon frühzeitig aufgefallen sein. Die ihn umgebenden Tiere waren fähig, sich zu bewegen. Zur Aufrechterhaltung ihrer Existenz benötigten sie Nahrung. Sie entstanden durch Geburt, pflanzten sich fort und hörten mit dem Tode auf zu sein. Mit anderen Worten, sie »lebten«. Die anderen Dinge, der Stein, der Berg, waren unbewegt. Sie existierten ohne Geburt und Fortpflanzung, sie hatten Bestand, auch ohne Nahrungsaufnahme. Sie wirkten wie tot – sie waren »unbelebt«.

Dieser krasse Unterschied mag einem ursprünglichen Denken unbequem gewesen sein, und vielleicht liegt darin die Erklärung für die Tatsache, daß in den Mythologien und Religionen der verschiedensten Kulturen schon frühzeitig Versuche unternommen worden sind, ihn zu überbrücken. Vielen der unbelebten Dinge, vor allem den Elementen und Gestirnen, wurde in der Gestalt von personifizierten Gottheiten eine Art von Leben unterstellt. Andererseits wurde die Entstehung des Belebten so gedeutet, daß es in der einen oder anderen Weise – zumeist aber durch göttliches Zutun – aus dem Unbelebten hervorgegangen sei.

In den Mythen der alten Sumerer formten Götter im Zustand der Trunkenheit den Menschen aus Lehm. Aus demselben unbelebten Material schuf im jüdischen Mythenkreis Gott den ersten Menschen Adam (adamah, hebräisch »Erde«) und der Rabbi Löw im Prag des 17. Jahrhunderts seinen Golem. Anaximander nahm an, Fische seien als Vorstufe der Menschen aus Wasser und Erde entstanden, und Empedokles lehrte, daß von den Vulkanen Siziliens emporgeschleuderte Massen von Erde und Wasser das Ausgangsmaterial für Stiere mit Menschenköpfen sowie Menschen mit Stierköpfen gewesen seien. Und schließlich rechneten unter dem Einfluß von Aristoteles viele Denker der Antike und selbst die des Mittelalters mit einer spontanen Entstehung von Lebewesen aufgrund einer mystischen Kraft, vis plastica oder formativa, aus unbelebter Materie: Erde, Schlamm, Unrat.

Diese Vorstellung wurde als eine Art von wissenschaftlichem Dogma über sehr lange Zeiten hinweg aufrechterhalten. Noch im 17. Jahrhundert formulierte der Botaniker Johann van Helmont guten Glaubens ein Rezept, mittels dessen man innerhalb von 21 Tagen aus Reiskörnern und Schmutz Mäuse züchten könne. Im gleichen Jahrhundert aber meinte der italienische Naturforscher Francesco Redi bereits, den Glauben an die »spontane Generation« durch ein Experiment widerlegen zu können. Dabei wies er nach, daß aus faulendem Kadaverfleisch kriechende Maden in diesem nicht spontan entstanden sind, sondern aus Eiern stammten, die von Schmeißfliegen zuvor in das Fleisch abgelegt worden waren. Gegen die Vorurteile seiner Zeitgenossen vermochte Redi sich allerdings nicht durchzusetzen, und als nach der Erfindung des Mikroskops die große Zahl und scheinbare Allgegenwart von Mikroorganismen bekannt wurde, lieferten diese der These von der spontanen Generation nur noch zusätzlichen Diskussionsstoff.

Ein weiteres Experiment führte 1765 der Priester und Naturforscher Lazzaro Spalanzani aus, als er Fleischbrühe kochte, um die vorhandenen Mikroorganismen abzutöten, die Brühe in ihrem Gefäß luftdicht abschloß und nachwies, daß in ihr sodann nach längerer Zeit tatsächlich keine neuen, etwa spontan entstandenen Organismen auftraten. Aufgrund dieses Prinzips entwickelte kurz danach François Appert ein erstes primitives Verfahren zur Konservierung von Lebensmitteln in Dosen. Der Praktiker Appert erntete einen Preis der Academie Française, der Forscher Spalanzani die Skepsis seiner Kollegen.

Was Redi und Spalanzani nicht erreicht hatten, gelang einhundert Jahre später Louis Pasteur. Seinem Vorgänger war vorgehalten worden, er habe durch Entzug der Luft jene mystische »Vitalkraft« zerstört, welche die spontane Entstehung von Organismen aus unbelebter Materie hervorrufe. Diesem Einwand trug Pasteur Rechnung. 1860 konstruierte er ein bauchiges Glasgefäß mit einem engen, langen und horizontalen Hals, der unweit seiner Mündung kniеartig durchgebogen war. Der Inhalt dieses Gefäßes war ein Gemisch aus Rübensaft, Urin, gelöster Hefe und Pfeffer. Wie Spalanzani tötete auch Pasteur durch langes Kochen die im Gemisch vorhandenen Bakterien und anderen Mikroorganismen ab. Als der entstandene Dampf abgezogen war, konnte Luft langsam eindringen, wobei Verunreinigungen auf dem Boden des knieförmigen Flaschenhalses festgehalten wurden. Es zeigte sich, daß trotz des Hinzutretens von Luft auch in diesem Fall die spontane Bildung von Mikroorganismen ausblieb. Hartnäckige Kritiker meinten nun allerdings, auch dieses Experiment sei nicht beweiskräftig, denn die zur Einleitung einer spontanen Generation erforderliche Vitalkraft habe nicht wirksam werden können, weil die Fähigkeit der Flüssigkeit, Organismen hervorzubringen, durch Abkochen zerstört worden sei. Diesem neuen Einwand zu begegnen, war leicht. Pasteur sägte die oberen Teile des Glasbehälters ab, so daß die Luft unmittelbaren Zutritt erhielt. In kürzester Zeit fanden sich in der Flüssigkeit Mikroorganismen ein, wodurch sich erwies, daß in ihr trotz des vorherigen Abkochens Leben grundsätzlich möglich gewesen war.

Pasteurs Experimente brachten die Kritiker zum Schweigen. Fortan galt, daß Leben nur aus bereits bestehendem Leben hervorgehen könne, und daß somit eine tiefe, unüberbrückbare Kluft zwischen der unbelebten und der belebten Materie bestehe. Unter diesen Voraussetzungen wurde die Frage nach der Art der Entstehung des allerersten Lebens meist mit einem Hinweis auf die Schöpfungsgeschichte des Alten Testaments beantwortet, oder mit einem anderen subjektiven Glaubensbekenntnis: daß es sich nämlich um eines jener Rätsel handele, die wohl nie gelöst werden würden.

Probleme, bei welchen der Versuch einer Lösung schwierig oder gar aussichtslos erscheint, sind offenbar die Lieblingskinder der Spekulation.

In unserem Fall wurden – und werden auch heute noch – Erwägungen angestellt, die mit einem extraterrestrischen Ursprung des Lebens rechnen. Diese Hypothesen gehen von der Idee aus, daß – wenn auf unserer Erde Leben nur aus bereits bestehendem Leben hervorgehen kann – die ursprüngliche Form des Lebens auf einem anderen Himmelskörper entstanden und bei uns eingewandert sein muß. Als Transportmittel sollen Meteoriten gedient haben, welche die ursprünglich von Organismen freie Erde mit Primitivformen des Lebens (Panspermien) infiziert hätten. Doch wenn sich dies so verhalten würde, wäre zu erwarten, daß eine derartige Zufuhr von primitivsten Lebewesen auch heute noch stattfindet. Das ist offensichtlich nicht der Fall. Als in einem Meteoriten ausnahmsweise Pflanzensamen entdeckt wurden, handelte es sich um solche von gegenwärtigen, irdischen Spezies, also um eine Kontamination des Meteoritenkörpers nach seinem Eindringen in den irdischen Boden. Wohl sind inzwischen Aminosäuren an solchen Stellen von Meteoriten festgestellt worden, an welchen eine Bodenkontamination ausgeschlossen erscheint, doch könnten sie möglicherweise beim Durchgang durch die irdische Atmosphäre aufgenommen worden sein. Und selbst wenn sie tatsächlich extraterrestrischen Ursprungs sein sollten, bleibt immer noch zu bedenken, daß Aminosäuren allein ja noch keine belebten Organismen darstellen. Der bisher bekannte Stoffbestand der Meteoriten, aber auch der Umstand, daß bisher keinerlei Anhaltspunkte für die Existenz von extraterrestrischem Leben gewonnen werden konnten, spricht also sehr nachdrücklich gegen die Hypothese einer Einwanderung des Lebens aus dem Weltraum.

(Damit soll allerdings nicht ausgeschlossen werden, daß sich eine Art von Leben – unähnlich dem unserer Erde – auf anderen Himmelskörpern gebildet haben könnte. Aufgrund von theoretischen Erwägungen halten manche Molekularbiologen und Biochemiker, vor allem auch Manfred Eigen, dies durchaus für möglich. Dagegen meint R. W. Kaplan[12]: »Das irdische Leben könnte ein einmaliger Zufall in der Weltentwicklung sein. Dieser Verdacht wird erweckt, wenn man bedenkt, daß die Sequenz eines bestimmten Enzymmoleküls von z. B. 100 Aminosäuregliedern Länge nur einmal unter $20^{100} = 3 \cdot 10^{130}$ möglichen Sequenzen von »Zufalls-Protein« vorkommt. Das gesamte All enthält aber nur etwa 10^{80} Atome!«)

Ob Meteoriten-Hypothese, ob Resignation, beide Antworten auf die Frage nach dem Ursprung des Lebens gingen davon aus, daß die Ergebnisse der Pasteurschen Experimente die Vorstellung einer spontanen Entstehung von Belebtem aus Unbelebtem in jeder Hinsicht und vollständig widerlegt hätten. Bei sorgfältiger und logischer Überlegung zeigte sich allerdings, daß diese Ergebnisse nur einen einzigen Schluß zuließen, nämlich den, daß der heutige Organismus, das Leben in seiner *gegenwärtigen* Form, nicht spontan aus unbelebten Substanzen hervorgehen kann. Was jedoch die Entstehung des allerersten Lebewesens, also den frühesten Ursprung des Lebens betrifft, so sagten diese Resultate überhaupt nichts aus. Dem Naturwissenschaftler, der die Pasteurschen Experimente und ihre Ergebnisse nüchtern bewertete, mußte die abiotische, also spontane Entstehung des ursprünglichen Lebens aus unbelebten Naturstoffen auf der urzeitlichen Erdoberfläche nach wie vor zumindest möglich erscheinen. Doch stellten sich unüberbrückbar erscheinende Schwierigkeiten ein, sobald der Versuch unternommen wurde, die materiellen Grundlagen eines derartigen Vorgangs zu ergründen.

Spontane Entstehung organischer Mikromoleküle

Pioniere dieses Versuchs waren in den zwanziger und den dreißiger Jahren der englische Biologe J. B. S. Haldane und der russische Kolloidchemiker A. I. Oparin[13], welcher aufgrund seiner Experimente davon ausging, Vorstufen des Lebens seien sogenannte Koazervate[18] gewesen (– auf sie wird noch näher einzugehen sein). Schon zu diesem Zeitpunkt tauchte auch die Vorstellung von einer urzeitlichen »organischen Brühe« auf, einer enormen Anreicherung von organischen Verbindungen und Mikromolekülen in den Ozeanen und Seen der ursprünglichen Erdoberfläche[14]. Sie, die Bausteine der späteren belebten Materie, sollten spontan aus anorganischen Substanzen entstanden sein, und ihr auf chemischem Wege über Zwischenstufen erreichter Zusammenschluß sollte zur Bildung belebter Systeme geführt haben. Der Bio-Evolution, also der Entwicklung von der primitivsten Zelle bis zum hochorganisierten Lebewesen der Gegenwart, sollte eine Chemo-Evolution vorausgegangen sein, eine Entwicklung von den anorganischen über organisch-chemische Verbindungen bis hin zu den noch unbelebten Vorstufen einer biologischen Zelle.

Das war eine recht neuartige Vorstellung, der man jedoch entgegenhalten konnte, daß eine sogenannte spontane Bildung der organischen Bausteine und Grundstoffe des Lebens unbewiesen, da in der Gegenwart noch nie beobachtet worden sei. Zwar war der Gedanke an eine abiotische Entstehung des Lebens keineswegs abwegig. Es war bekannt, daß die Grundbestandteile belebter Systeme (Wasser, Kohlenhydrate, Fette, Adenosinphosphate und vor allem Proteine sowie Nukleinsäuren) chemische Verbindungen sind, die sich durchwegs, wenn auch in verschiedener Weise, aus sechs Elementen zusammensetzen: Wasserstoff, Sauerstoff, Kohlenstoff, Stickstoff, Schwefel und Phosphor. Wie die Spektralanalyse des Sonnenlichtes und des Lichtes der Planeten sowie chemische Analysen von Meteoriten ergeben hatten, gehören diese sechs zu den häufigsten Elementen unseres Sonnensystems. Da nun die Erde zusammen mit der Sonne und den Planeten durch lokale Verdichtung aus derselben Wolke kosmischen Staubes hervorgegangen sein dürfte, konnte angenommen werden, daß diese Elemente auch schon auf der ersten, verfestigten Erdoberfläche mit der gleichen Häufigkeit vorhanden waren. Daß die erforderlichen Grundelemente schon vor dem Auftreten des Lebens zur Verfügung standen, konnte also zugestanden werden. Unbeantwortet blieb jedoch die Frage, auf welche Weise und durch welche Vorgänge sie sich zu den komplizierten Grundbestandteilen belebter Systeme zusammenfügen konnten, etwa zu den Mikromolekülen der Aminosäuren[15] und weiterhin zu Proteinen, deren überaus komplexe Makromoleküle aus zahlreichen, höchst verschiedenartig kombinierten Aminosäuren zusammengesetzt sind.

Angesichts solcher und weiterer unbeantworteter Fragen wurde Oparins Theorie zwar mit Interesse, aber anfangs auch mit merklicher Zurückhaltung zur Kenntnis genommen. Zwar war es zwei deutschen Physikochemikern, W. Groth und H. Sueß, bereits 1938 gelungen, durch Einwirkung ultravioletter Strahlung auf ein Gasgemisch von Kohlendioxyd und Wasserdampf die spontane Bildung von Formaldehyd und Glyoxal hervorzurufen. Sie simulierten im Experiment urzeitliche Verhältnisse und erzeugten in dem Gasgemisch, das sie für ein Äquivalent der Uratmosphäre halten konnten, eine abiotische Synthese zweier Kohlenstoffverbindungen. Bei diesen handelte es sich zwar bereits um organische Makromoleküle, die mit belebten Systemen eng verknüpft sind, aber doch wohl nicht um Bausteine von wirklich primärer und zentraler Bedeutung, und so fand das Ergebnis dieses wichtigen Versuchs in der breiten Öffentlichkeit nur ungenügende Beachtung.

Da brachte 1953 die Entdeckung eines Forschers der University of Chicago die große Wende. S. L. Miller berücksichtigte den Denkansatz seines Lehrers Urey, demzufolge auf der ursprünglichen Erdoberfläche auch die Energie und vor allem die Uratmosphäre eine Rolle gespielt haben müssen. Spektralanalysen der Atmosphäre der größeren Planeten, die im Gegensatz zur Erde so starke Gravitationsfelder besitzen, daß sie auch die leichtesten Elemente als atmosphärische Gase festgehalten haben, hatten auf das Vorhandensein von Wasserstoff- und Heliumgasen, aber auch von Methan (CH^4) und gasförmigem Ammoniak (NH_3) schließen lassen. Daher lag der Gedanke nahe, daß auch die ursprüngliche Atmosphäre der aus derselben Wolke kosmischen Staubes entstandenen Erde im Gegensatz zur gegenwärtigen Atmosphäre aus diesen Gasen bestanden hatte, bevor diese ihr aufgrund des schwächeren Gravitationsfeldes verlorengingen[16].

Diese Erwägungen machte sich Miller zu eigen. Er rekonstruierte die Uratmosphäre mittels einer Mischung von Wasserdampf, Ammoniak, Methan und gasförmigem Wasserstoff, ließ diese unter Verschluß zirkulieren und simulierte Blitze als Urform der Energieeinwirkung durch elektrische Entladungen, welche er in das Gasgemisch entsandte. Nach einer Woche hatten sich auf dem Boden des Gefäßes im kondensierten Wasser Aminosäuren gebildet, die unter diesen Bedingungen entstanden waren[17].

Millers aufsehenerregendes, heute schon klassisches Experiment ist von anderen Forschern nicht nur wiederholt, sondern auch weitgehend abgewandelt worden. Bald zeigte sich, daß mehrere Formen der Energieeinwirkung, nämlich elektrische Entladung, ultraviolette Strahlung, Röntgenstrahlung und Erhitzung die Bildung von Aminosäuren herbeiführen können. Alle diese Faktoren waren auf der ursprünglichen

Erdoberfläche zweifellos vorhanden, und ebenso das ein geeignetes Ausgangsmaterial darstellende Gasgemisch. So kann heute kaum noch ein Zweifel daran aufkommen, daß unter den natürlichen Bedingungen der frühesten urzeitlichen Erdoberfläche organische Mikromoleküle, wie z. B. Aminosäuren spontan, auf abiotischem Wege, entstanden sind.

Die „organische Brühe"

In irgendeiner Weise und in unbekanntem Ausmaß muß es sodann zu einer Konzentration der entstandenen organischen Verbindungen und Mikromoleküle gekommen sein. Wie bereits erwähnt, besteht bei vielen Forschern die Vorstellung von einer sogenannten »organischen Brühe«, also einer allgemeinen Anreicherung dieser Komponenten in den Wasserkörpern der urzeitlichen Erdoberfläche. Zwar haben einige Bio- und Geochemiker Bedenken angemeldet und darauf verwiesen, daß die betreffenden Verbindungen in wäßriger Lösung recht instabil gewesen sein müssen und daß sie bei der bestehenden ultravioletten Strahlung eher aufgespalten als synthetisiert worden wären. Andererseits muß bedacht werden, daß es trotz dieser Tatsachen zu einer Konzentration gekommen sein muß, wenn der Prozeß der Synthese den der Aufspaltung quantitativ übertraf. Immerhin, selbst diejenigen, welche die Existenz einer »organischen Brühe« anzweifelten, konnten nicht umhin, auch ihrerseits mit einer Anreicherung der entstandenen und fortdauernd gebildeten organischen Mikromoleküle zu rechnen, wenn auch aufgrund von recht speziellen Mechanismen: einer Adsorption an Oberflächen der losen Mineralkörner von Küstensedimenten, einer Eindunstung der Wässer von Lagunenbereichen oder einer lokalen klima- und temperaturbedingten Konzentration in bestimmten Meeresregionen.

Mit dem Nachweis des anfänglich spontanen Ursprungs organischer Mikromoleküle war zweifelsohne ein wichtiger Schritt auf dem Wege zur Erklärung der abiotischen Entstehung des Lebens getan. Eine weitere, gewichtige Frage blieb jedoch nach wie vor unbeantwortet: Auf welche Weise konnten sich die angereicherten organischen Mikromoleküle zu so hochkomplexen Strukturen zusammenschließen, wie sie die organischen Makromoleküle darstellen, etwa die der Proteine? Rund zwanzig Aminosäuren sind in der Gegenwart bekannt, die meisten von ihnen müssen schon in den Frühzeiten der Erde entstanden sein. Daß und wie sich diese Mikromoleküle heutzutage unter Ausbildung von Querverbindungen (kovalenten Bindungen) kettenförmig zu den Makromolekülen eines Proteins zusammenfügen, ist bekannt. Doch das geschieht heute *innerhalb* des belebten Systems, wird vom bestehenden, lebenden Organismus in komplizierter Weise selbst ausgelöst und gesteuert. Konnte ein solcher Vorgang in Abwesenheit von Leben, konnte er in der Frühzeit der Erde abiotisch erfolgt sein? Konnten sich ferner derartige Makromoleküle zu Systemen entwickelt haben, welche bereits einzelne charakteristische Eigenschaften des Lebens wie etwa spezifische Eigengestalt, Stoffwechsel, identische Fortpflanzung andeutungsweise vorwegnehmen?

Oparin hatte sich bemüht, eine Theorie zu entwickeln, welche diese Fragen beantworten sollte. Aus seiner Sicht waren Vorläufer des ersten echt belebten Systems, der biologischen Zelle, sogenannte »Protobionten«. Darunter verstand er Komplexe von einigen wenigen organischen Makromolekülen, welche katalytische Fähigkeiten aufwiesen und erstmals durch eine Grenze oder Membran gegen ein sie umgebendes Medium scharf abgegrenzt waren. Im Modellversuch schuf Oparin mit seinen Schülern aus Polypeptiden, Polysacchariden bzw. Ribonukleinsäuren die bereits genannten Koazervate[18], die, in wäßrigen Medien suspendiert, die beschränkt beständige Gestalt von kleinen Tröpfchen annahmen und eine scharfe Außenbegrenzung aufwiesen. Oparins Koazervate hatten ferner die Fähigkeit des Wachstums, und zwar durch Aufnahme weiteren Materials aus dem umgebenden wäßrigen Medium. Durch Einschleusen von Enzymen in das Innere des Tröpfchens wurde dieses sogar in die Lage versetzt, entsprechende Synthesen durchzuführen. Aufgrund aller dieser experimentellen Ergebnisse nahm Oparin an, daß die Protobionten der urzeitlichen Erde in der »organischen Brühe« suspendierte Koazervate gewesen sind, hohe Polymerkonzentrate in Tropfenform, die eine sehr einfache Art von Stoffwechsel erreichten, als sie andere Mikromoleküle – etwa Glukose – und einen Katalysator eingefangen hatten.

Vorstufe der Zelle: Koazervat oder Mikrosphäre?

Allerdings, Oparins experimentell erzielte Modell-Koazervate waren Kunstformen, deren Ausgangsmaterial nicht etwa aus Mikromolekülen bestand, wie sie abiotisch auf der frühen Erdoberfläche gebildet worden sind, sondern bereits aus fertigen, von belebten Systemen erzeugten Makromolekülen. Ferner war zu bedenken, daß derartige Koazervate unbeständig sind und nach einiger Zeit zerfallen. Daher war kaum anzunehmen, daß die urzeitlichen Vorstufen der belebten Zelle lediglich Koazervate gewesen sind. Die Antwort auf die Fragen nach der präbiotischen Entstehung von organischen Makromolekülen oder sogar Molekularkomplexen war somit vorläufig noch recht unbefriedigend.

In dieser Situation gelangen dem amerikanischen Biochemiker Sidney Fox und seinen Schülern Experimente, die aufzeigen, auf welche Weise unter den Bedingungen der primitiven Erdoberfläche, also in Abwesenheit belebter Systeme, der Zusammenschluß von organischen Mikromolekülen zu nächsthöheren komplexen Einheiten erfolgen konnte[19]. Fox stellte Mischungen aus einzelnen Aminosäuren, also Mikromolekülen, her und erhitzte sie während einiger Stunden mäßig, nämlich bei 170° bis 190° C. Das Ergebnis waren kettenförmige Zusammenschlüsse von Aminosäuren (Polymere), die in jeder Hinsicht bereits Proteinen entsprechen. Angesichts ihrer abiogenen Entstehung bezeichnete Fox sie jedoch als »Proteinoide«.

In Anbetracht dieser Entdeckung fällt es nun nicht mehr schwer, den präbiotischen Zusammenschluß von abiogenen Aminosäuren zu abiogenen Proteinen unter den Bedingungen der frühen Erdoberfläche zu verstehen, denn die erforderlichen Temperaturen standen auf den Oberflächen abkühlender Lavaströme und in heißen vulkanischen Aschen durchaus zur Verfügung.

Das Foxsche Experiment zeitigte jedoch noch ein weiteres Ergebnis. Wenn heiße konzentrierte Lösungen von Proteinoiden bei geeigneten pH-Werten und Salzkonzentrationen über mehrere Wochen abgekühlt werden, bringen sie spontan und in großen Mengen höchst erstaunliche Gebilde hervor, die sogenannten »Mikrosphären« (Abb. 5). Schätzungen von Fox zufolge vermag 1 Gramm des proteinoiden Ausgangsmaterials im allgemeinen 10^8 bis 10^9 Mikrosphären zu liefern, wobei jede einzelne etwa 10^{10} Proteinoidmoleküle enthalten dürfte. Diese Mikrosphären haben Eigenschaften, die in einer gewissen Weise bereits an manche Merkmale belebter Systeme bzw. Zellen anklingen: Innerhalb eines gewissen Schwankungsbereiches weisen sie eine einheitliche Durchschnittsgröße auf (etwa 1 bis 10 μ). Ihre Gestalt ist verhältnismäßig konstant. Unter bestimmten Bedingungen können sie eine doppelwandige Außenbegrenzung hervorbringen, die einer Membran ähnelt. Sie besitzen die Fähigkeit des Wachstums durch Vergrößerung. Sie vermögen sich durch Knospung und Abspaltung von Tochtersphären zu vermehren. Sie sind bei pH-Werten zwischen 3 und 7 bemerkenswert stabil und können selbst Zentrifugierung überstehen.

Dennoch: so erstaunliche Eigenschaften die Foxschen Mikrosphären auch aufweisen, auf dem Wege zum ersten wirklich belebten System, zur Zelle, können sie allenfalls eines von mehreren Zwischenstadien gewesen sein. Zudem waren sie trotz ihrer bemerkenswerten Resistenz gegen mechanische Einwirkung wahrscheinlich nur kurzlebig, denn Peptidbindungen sind in wäßriger Lösung thermodynamisch instabil.

Immerhin hat Fox durch seine Experimente zumindest gezeigt, daß ein abiotischer Zusammenschluß von Aminosäuren zu hochkomplexen Makromolekülen allein unter Temperatureinfluß möglich ist. Später erzielten andere Forscher bei einem Einsatz von elektrischen Entladungen das gleiche Resultat. So kann wohl heute kaum noch ein Zweifel daran aufkommen, daß derartige Prozesse auch auf der urzeitlichen Erdoberfläche ablaufen konnten und wohl auch tatsächlich zur spontanen Bildung der ersten Proteinmoleküle geführt haben dürften. Dabei scheint die Natur verhältnismäßig haushälterisch vorgegangen zu sein: Aus den heute bekannten 20 Aminosäuren hätten aufgrund aller theoretischen Kombinationsmöglichkeiten 10^{300} verschiedene Proteine gebildet werden können, aber nur 10^{12} sind in den heute lebenden Organismen bisher angetroffen worden.

Das Problem der Protozelle

Doch nicht nur für die Proteine gilt, daß sie unter den Bedingungen der primitiven Erdoberfläche spontan entstehen konnten. Experimentell bzw. auch durch ihren Nachweis in sehr früh gebildeten Gesteinen hat sich inzwischen Gleiches im Falle der Purine, Pyrimidine, Fettsäuren und vor allem der Nukleotide und der Nukleinsäuren erwiesen. So waren offenbar schon vor dem Auftreten des Lebens dessen potentielle

Trägersubstanzen vorhanden. Die Frage ist nur, wie es zu einer Kombination und einem Zusammenwirken ihrer Moleküle in einer solchen Weise kommen konnte, daß ein erstes belebtes System entstand.

Ein solches System hätte die Bezeichnung »belebt« nur dann gerechtfertigt, wenn es in sich alle jene charakteristischen Züge vereinigt hätte, welche für den lebenden Organismus kennzeichnend sind. Es mußte ein in sich streng organisierter Körper sein, im Gegensatz zu den Komplexen von unbelebter Materie, welche in der Regel Mischungen von einfachen chemischen Verbindungen bei verhältnismäßig geringer Organisation der Struktur sind. Es mußte sich ferner um ein Funktionsgefüge handeln, wiederum im Unterschied zu den Komplexen von unbelebter Materie, bei welchen funktionelle Bezüge ihrer Einzelteile niemals gegeben sind. Es mußte die Fähigkeit des Stoffwechsels besitzen, d. h. Energie aufnehmen, umwandeln und teils zur Erhaltung und zum Ausbau seiner Struktur, teils zur Wahrnehmung seiner Funktionen verwenden können. Es mußte ferner zur Selbst-Reproduktion befähigt sein, d. h. sich im Gegensatz zu unbelebten Komplexen in gleicher stofflicher Masse, Gestalt und innerer Struktur von Generation zu Generation reproduzieren.

Koazervate und Mikrosphären besitzen diese Charakterzüge noch nicht in ihrer vollen Ausbildung, bzw. allenfalls erst in höchst unvollkommener Andeutung. Vor allem aber fehlt diesen eventuellen Vorstufen des ersten voll belebten Systems, der sog. »Protozelle«, die Fähigkeit der innenbürtigen, kontinuierlichen Selbstreproduktion. Diese muß bei der »Protozelle« auf ungeschlechtlichem Wege vor sich gegangen sein, und zwar ebenso wie bei den primitivsten heute noch lebenden Einzelzellen, den sozusagen kernlosen (»prokaryotischen«), noch ohne Mitose und Meiose. Im nächsten Entwicklungsstadium, das auf diese einen organisierten Kern noch entbehrenden Zellen folgte, muß der bereits weiter fortgeschrittene Typus jener Zelle stehen, die nun schon einen strukturell definierten Zellkern aufweist, also »eukaryotisch« ist, und bei der Zellteilung zu Mitose und Meiose befähigt ist. Bei der hierbei erfolgenden Verdoppelung und Reduktion des Chromosomensatzes spielen aber die Nukleinsäuren als Träger der genetischen Information eine sehr gewichtige, spezifische Rolle.

In der »Protozelle« muß eine sehr beträchtliche Menge der verschiedensten Makromoleküle zusammengeschlossen gewesen sein. Im Falle des lebenden Bakteriums *Escheria coli* wird geschätzt, daß die Zelle etwa 5000 verschiedene organische Verbindungen enthält, davon allein etwa 3000 verschiedene Proteine[20]. Diese Zahl kann in der Protozelle nicht sehr viel geringer gewesen sein, und ebenso wie bei der echten Zelle muß den Gesamtkomplex eine membranöse Außenwand umschlossen haben, wobei die Frage auftaucht, wie diese sich gebildet haben mag. Hier erscheint eine Erklärung nicht allzu schwierig; zumindest war es möglich, ein – stark vereinfachendes – Denkmodell für die Entstehung dieser Grenzmembran zu entwickeln (Abb. 6): Im Gegensatz zu der von Lipiden freien Außenwand einer proteinoiden Mikrosphäre muß diese Membran ebenso wie die Zellmembran zum wesentlichen Teil von zwei monomolekularen Lipidschichten gebildet worden sein, deren abiotische Entstehung ohne Schwierigkeiten denkbar ist[20]. Polare Lipidmoleküle bilden erfahrungsgemäß an der Grenzfläche von Wasser zu Luft spontan eine monomolekulare Schicht, innerhalb welcher die hydrophilen Molekülpole dem Wasser zugekehrt, die hydrophoben Kohlenwasserstoffketten vom Wasser abgekehrt sind. Diese Situation dürfte auch auf der Oberfläche der »organischen Brühe« der Urozeane bestanden haben. Wurde nun mit dem Wellenschlag ein Aggregat von Biomolekülen und Enzymen nach Art einer potentiellen Protozelle aus der Wassermasse der »organischen Brühe« herausgeschleudert, so drang es durch diese Lipidschicht hindurch und wurde dabei mit einer monomolekularen eigenen Lipidschicht überzogen. Beim erneuten Eintauchen und damit beim zweiten Durchbrechen der Lipidschicht des Wasserkörpers wurde der Oberfläche dieser Protozelle ein zweiter monomolekularer Überzug hinzugefügt, so daß eine insgesamt bimolekulare Doppelschicht von Lipiden entstand, mit Eigenschaften, welche denjenigen natürlicher Membranen weitgehend ähneln.

Wenn es nun, wie gezeigt, auch nicht allzu schwer sein mag, sich die Bildung der Membran einer »Protozelle« vorzustellen, so entstehen doch weit größere Schwierigkeiten, will man ergründen, in welcher Weise sich die übrigen, vielfachen Funktionen dienenden Komponenten zu einer lebenden Zelle zusammenschließen konnten. Wie konnte es zu einer funktionsgerechten Kombination von Proteinen als Empfängern, Übersetzern und Realisatoren genetischer Information mit den Nukleinsäuren als Trägern und Vermittlern dieser Information kommen?

Vor allem ist eine Schwierigkeit zu bedenken, auf die Manfred Eigen aufmerksam gemacht hat: Es kam gar nicht so sehr darauf an, daß Nukleinsäuren und Proteine sich überhaupt zusammenschlossen, sondern daß »... irgendwann in einem Volumenelement gerade die ›richtige‹ Auswahl von Proteinen beisammen war, die für einen kurzen Augenblick eine eindeutige Übersetzung (der genetischen Information – Verf.) ermöglichen konnte«. Dazu kommt die Forderung, daß die gleichfalls vorhandenen Nukleinsäuren, die »... jetzt für einen kurzen Moment eindeutig übersetzt werden, Proteine ergeben, die dieselbe Funktion ausführen und damit verstärken«. Es ist dieses Rückkopplungssystem, dessen Entstehen und Verankerung der Protozelle Leben verlieh. Doch wie kam das zustande?

Nun, eine endgültige Antwort auf diese Frage gibt es zwar vorläufig noch nicht. Wohl aber liegen bereits theoretische Erklärungen vor und vor allem auch erste Ergebnisse von Experimenten, die darauf hindeuten, daß chemisch ein spontanes »Sich-Zusammenschließen« möglich ist, etwa in der Weise, in der in Lösung befindliches Kollagen sich in Fibrillenform spontan wieder aufbauen kann. Auf nähere Einzelheiten der gesamten auch chemisch sehr komplexen Problematik einzugehen, ist an dieser Stelle kaum möglich. Nur soviel sei erwähnt, daß weitere Erwägungen biochemischer Art[19, 20, 21] plausible Erklärungen zu liefern vermögen, wenn sie auch experimentell zur Zeit noch nicht genügend unterbaut erscheinen. Die von Manfred Eigen aufgezeigte zusätzliche – und schwerwiegende – Problematik aber bleibt bestehen. Sie wird zu einer Frage der zufällig eingetretenen Kombination, zu einer Frage der statistischen Wahrscheinlichkeit dieses Ereignisses eines geeigneten Zusammentretens.

Die Erklärung für den Zusammenschluß aller erforderlichen Komponenten zum Funktionsgefüge des ersten voll belebten Systems bleibt also vorläufig noch sehr unvollständig. Die Brücke zwischen der Foxschen Mikrosphäre und der primitivsten, aber bereits voll belebten Zelle ist noch nicht endgültig geschlagen, die Verbindung experimentell noch nicht voll erwiesen. Jedenfalls, mit dem Auftreten dieser ersten Zelle war jener Entwicklungsabschnitt abgeschlossen, der heute üblicherweise als »Chemo-Evolution« bezeichnet wird – die »Bio-Evolution« hatte begonnen.

Wie hat sie begonnen? Stand an ihrem Beginn eine einsame, erste, einzige Zelle, eine Mutterzelle für alle jene unzähligen Milliarden, die teils als Einzelindividuen, teils als integrierte Bestandteile mehrzelliger Organismen nachfolgen sollten? Oder gingen aus der »organischen Brühe« von vornherein unabhängig voneinander Hunderte, ja Tausende derartiger Primitivzellen hervor? Stammt das irdische Leben aus einer einzigen Wurzel oder zahlreichen, ist es also monophyletischen oder polyphyletischen Ursprungs? Gewisse Anzeichen deuten darauf hin, daß wohl das erstere der Fall sein dürfte. Dafür spricht jedenfalls der Umstand, daß der Genetische Kode im gesamten Organismenreich dem gleichen Grundprinzip folgt, und ferner, daß die Proteine aller lebenden Organismen fast ausschließlich von Aminosäuren mit Links-Konfiguration zusammengesetzt werden (vgl. S. 61). Das läßt darauf schließen, daß alle Lebewesen wahrscheinlich von einer einzigen Zelle (oder einigen wenigen gleichgearteten Zellen) abstammen, bei der wohl zufällig nicht die Rechts- sondern die Links-Konfiguration der Aminosäuren-Moleküle ausgebildet war[22].

Die ältesten fossilen Organismen

Logische Überlegungen führen nun zu der Vermutung, daß diese ersten, einzelligen Organismen anaerobe, d. h. von Sauerstoff unabhängige Lebewesen gewesen sein müssen. Erst später können ihnen einzellige Pflanzen mit der Befähigung zur Photosynthese nachgefolgt sein, und noch viel später einzellige und schließlich vielzellige tierische Lebewesen. Es lag nun nahe, nach den fossilen Überresten dieser frühesten Organismen in den ältesten Gesteinen der Erdkruste zu forschen, also in den Ablagerungen aus jener Periode, die Präkambrium genannt wird (vgl. Tab. I). Allerdings gleicht die Fahndung nach präkambrischen Fossilien allgemein der sprichwörtlichen Suche nach der

Stecknadel im Heuschober: Die ursprünglichsten Lebewesen sind sicherlich nicht sehr zahlreich gewesen, was die Chancen der fossilen Erhaltung einzelner Individuen allein schon von der statistischen Wahrscheinlichkeit her beeinträchtigt haben muß. Ferner handelte es sich durchwegs um Organismen, die noch keine skelettalen, starren Hartteile ausschieden, so daß auch aus diesem Grund die Möglichkeiten einer Fossilisation eingeschränkt waren. Schließlich tritt als weiterer Faktor hinzu, daß der weitaus überwiegende Teil der präkambrischen Gesteine im Laufe der Jahrmillionen durch Gebirgsdruck stark deformiert und durch hohe Temperaturen strukturell sowie stofflich völlig verändert worden ist, so daß in der von vornherein geringen Zahl ihrer Fossilien durch deren Zerstörung eine zusätzliche Reduktion eingetreten ist. Trotz dieser geringen Chancen wurde die Hoffnung nie ganz aufgegeben, und seit Bestehen einer paläontologischen Forschung ist viel Mühe und Zeit auf die Suche nach den präkambrischen, ältesten Lebewesen verwendet worden. Bis vor wenigen Jahren haben sich Erfolgsmeldungen aber immer wieder als Irrtümer erwiesen.

Die einzigen Funde, die einer strengen Prüfung standhielten, waren die schon seit langer Zeit bekannten Stromatolithen. Das sind komplexe Kalkgebilde von sehr verschiedenartiger Größe und Gestalt, die als unregelmäßig brotlaibartige bis halbkugelige oder flachere, in Lagen angeordnete Körper im präkambrischen Gestein auftreten können. Allen ist gemeinsam, daß ihr innerer Bau einer Aufeinanderfolge von dünnen Kalkkrusten entspricht, wie sie heutzutage in flachen tropischen Meeresbereichen von Blau-Grün-Algen erzeugt werden. Waren die Stromatolithen Nordamerikas, Mexikos, Marokkos oder Sibiriens also Kalkabscheidungen auf präkambrischen Blau-Grün-Algen, woran kaum ein Paläontologe zweifelte, dann dokumentieren sie die Existenz von zwar noch sehr primitiven, aber eben doch bereits photosynthetisierenden pflanzlichen Lebewesen.

Daß es sich tatsächlich so verhält, wiesen 1954 der Geologe S. A. Tyler und der Paläobotaniker E. S. Barghoorn nach[23]. Entlang des Lake Superior tritt im nördlichen Minnesota und im Staat Ontario innerhalb der präkambrischen Gesteinsfolge eine auffallende, etwa 3 m dicke Zone auf, die von sehr dünnen Lagen weißen, roten und schwarzen Feuersteins gebildet wird und die den Namen Gunflint Chert erhielt. Hier bestand der Verdacht, daß es sich ursprünglich um den Stromatolithen ähnliche, von Algen stammende Kalkkrusten handelte, welche kurz nach ihrer Bildung von gelförmigem SiO_2 durchsetzt und bei schneller Verhärtung und Verkieselung in Feuerstein umgebildet worden waren. Eine solche Situation, d. h. schnelle Einbettung in feines SiO_2-Gel, führte erfahrungsgemäß dazu, daß gelegentlich auch empfindliche Organismenreste als Fossilien im Feuerstein konserviert bleiben, so etwa in den Flintsteinen der Schreibkreide von Rügen.

Ähnliches zeigte sich auch im Fall des Gunflint Chert. Als Barghoorn dünne durchscheinende Partien des Feuersteins im Mikroskop untersuchte, stieß er auf damals aufsehenerregende, winzige zarte Gebilde von regelmäßiger Form. Nach Auflösung des Gesteins in Flußsäure war es möglich, diese kleinen Körper in den Rückständen zu isolieren. Daß es sich nicht um anorganische Zufallsbildungen handelte, ergab eine chemische Überprüfung. Manche dieser Mikrofossilien zeigten sternförmige oder hantelförmige Gestalt und stellten Organismen unbekannter Zugehörigkeit dar. Daneben fanden sich kugelige und fadenförmige Körper, von denen manche fadenförmigen Bakterien, andere wiederum einzelligen, gerundeten (»coccoidalen«) bzw. fadenförmigen (»filamentösen«) Blau-Grün-Algen entsprachen.

Radiometrische Datierung – auf diese Methode ging das vorausgehende Kapitel bereits ein – hat für den Gunflint Chert ein Alter von rund 1900 Millionen Jahren ergeben. Inzwischen sind allerdings noch weitaus ältere fossile Organismen bekanntgeworden. Barghoorns Entdeckung hatte zweierlei zusätzliche Erkenntnisse gebracht, die eigentlich so neu nicht waren, die aber zuvor viel zu wenig Beachtung gefunden hatten: erstens zeigte sich nun, daß die ältesten, primitivsten Fossilien winzig klein sind. Die übliche Suche in Steinbrüchen und auf Gesteinshalden, mit bloßem Auge oder allenfalls mit der Handlupe, war also so gut wie zwecklos. Nur die Durchmusterung größerer Gesteinsmengen im Labor, unter starker mikroskopischer Vergrößerung, konnte Erfolg versprechen. Zweitens hatte sich ergeben, daß präkambrischen Feuersteinen und anderen kieseligen Bildungen wegen der besonders günstigen Erhaltungsmöglichkeit von Fossilien besondere Beachtung zu schenken war.

Der Impuls, der von Barghoorns Ergebnissen in der Folgezeit ausging, war bedeutend. Er regte zahlreiche Paläontologen dazu an, in immer älteren Gesteinsserien nachzuforschen, selbst in solchen, die bisher kaum Aussicht geboten hatten, Funde zu liefern. Diese verstärkte Suche führte dazu, daß wir heute in Südafrika, Australien, Nordamerika und Grönland acht weitere Vorkommen von fossilen Mikroorganismen kennen, die alle älter – z. T. sogar beträchtlich älter – als die des Gunflint Chert sind. Daneben ergaben sich neue Funde primitiver Lebewesen auch in Horizonten, die innerhalb des Präkambriums ein etwas geringeres Alter besitzen.

Sieht man von Gebilden ab, die fossile Koazervate oder Mikrosphären darstellen dürften[24], und berücksichtigt man lediglich solche Funde, die echten primitiven Organismen entsprechen, so ergibt sich nach dem gegenwärtigen Stand unserer Kenntnis und mit Hilfe radiometrischer Altersdatierung der Begleitgesteine eine aufschlußreiche Übersicht:

Vor etwa 3200 Jahrmillionen tauchten die bisher ältesten uns bekannten Lebewesen auf, und zwar in Gesteinen der südafrikanischen Onverwacht-Gruppe. Es handelt sich um Bakterien und einige Funde, die vielleicht schon einzellige Algen sein können.

In den etwa 2800 Jahrmillionen alten Gesteinen der südafrikanischen Bulawayo-Gruppe wurden die ältesten wohl bereits photosynthetisierenden, also pflanzlichen Organismen angetroffen, und zwar einzellige, noch nicht fadenförmige Blau-Grün-Algen.

Fadenförmige Blau-Grün-Algen konnten mit Sicherheit erst im Gunflint Chert nachgewiesen werden, könnten aber vielleicht bereits in 2300 Jahrmillionen alten Gesteinen vorhanden sein, und zwar aufgrund von noch nicht ganz gesicherten Funden im Pokegama Quarzit. Bezeichnenderweise werden zum gleichen früheren Zeitpunkt die Stromatolithen häufiger.

Die ersten Grünalgen scheinen – falls sich noch nicht ganz gesicherte Funde bestätigen sollten – in den etwa 1300 Jahrmillionen alten Gesteinen der kalifornischen Beck Springs-Formation aufzutauchen. Dabei würde es sich um die ersten Organismen mit strukturell definierten Zellkernen, also um bereits eukaryotische Zellen handeln.

Das gleiche gilt für die ältesten Reste von Pilzen (Fungi), die – offenbar durch Fäden (Hyphen) vertreten – in den etwa 900 Jahrmillionen alten Ablagerungen der nordaustralischen Bitter Springs-Formation und mit ihren Sporen in anderen, etwa gleichaltrigen Gesteinen angetroffen wurden.

Rotalgen und Braunalgen stellten sich erst in den jüngsten Horizonten des Präkambriums ein.

Dies also sind die ältesten bekannten, paläontologisch dokumentierten Lebewesen, die nahe der Wurzel der einsetzenden Bio-Evolution stehen: Bakterien und später auch Blau-Grün-Algen. Ob diese Bakterien wie die meisten gegenwärtigen bereits zur Photosynthese befähigt waren, muß mehr als fraglich erscheinen. Als so gut wie sicher muß dies aber für die genannten Blau-Grün-Algen gelten. Nun ist es zwar einfach, sich vorzustellen, daß sich diese Algen durch Photosynthese von atmosphärischem Kohlendioxyd (CO_2) und Sonnenlicht ausreichend ernährten, sich fortpflanzten und so vermehrten, daß sie ganze Algenmatten und Anhäufungen bildeten, dabei Kalkkrusten in Form von Stromatolithen hervorbringend. Es fällt auch nicht schwer zu rekonstruieren, wie sich durch Mutation des Erbgutes und aufgrund natürlicher Auslese aus den späteren eukaryotischen Zellen die ersten tierischen Einzeller entwickelt haben müssen. Und doch ergibt sich die Notwendigkeit, sich zuvor mit einem gewichtigen Problem auseinanderzusetzen, wie dies insbesondere zwei Forscher aus ihrer Kenntnis der Physik der Atmosphäre, aber auch mehrere Paläontologen und Geologen aufgrund der geologischen Situation getan haben[25, 26]. Das Problem besteht in jenem Widerspruch, der sich daraus ergibt, daß einerseits die frühesten, aus einem anaeroben Stadium herausgetretenen Lebewesen für ihre Existenz und als Strahlenschutz ausreichende Mengen von freiem Sauerstoff benötigt haben und daß andererseits die Uratmosphäre mit großer Wahrscheinlichkeit keinen oder nur sehr wenig Sauerstoff enthalten hat.

Die Primitiv-atmosphäre

Geochemiker haben darauf aufmerksam gemacht, daß bei der Erkaltung und Erstarrung der ersten Erdoberfläche Sauerstoff nur in außerordentlich geringen Mengen – etwa durch vulkanische Entgasung – frei geworden sein kann. Wenn sich dies aber so verhält, dann kann die gegenwärtige Zusammensetzung unserer Atmosphäre, d. h. ihr Gehalt an Stickstoff (N_2), Sauerstoff (O_2) und Kohlendioxyd (CO_2) nicht den ursprünglichen Zustand darstellen. Es muß sich dann um einen sekundären, zu einem späteren Zeitpunkt der Erdgeschichte erreichten Zustand handeln. Dies gilt in erster Linie für den Gehalt an Sauerstoff, dessen heutige Anreicherung in der Atmosphäre vermutlich im wesentlichen auf zwei Prozesse zurückzuführen ist: einerseits auf die Dissoziation atmosphärischen Wasserdampfes durch Sonneneinstrahlung sowie das Entweichen des resultierenden leichten Wasserstoffgases aus dem Gravitationsfeld der Erde und andererseits auf die Photosynthese der Pflanzen, die große Mengen von Sauerstoff freisetzt. Der zweite Prozeß kann in den ersten Frühstadien des Lebens jedoch noch nicht wirksam gewesen sein, und der bei der Dissoziation von Wasserdampf frei werdende Sauerstoff ist wahrscheinlich weitgehend durch die automatisch erfolgende Oxydation der enorm weiten frühesten Landoberflächen verbraucht worden. Folglich ist wahrscheinlich die Primitivatmosphäre extrem arm an Sauerstoff gewesen.

Dieser Umstand muß aber besonders schwerwiegende Folgen gehabt haben. In den oberen Zonen unserer heutigen Atmosphäre bildet der Sauerstoff einen Ozon(O_3)-Mantel, der die für die Lebewesen der Erdoberfläche tödliche ultraviolette Strahlung der Sonne weitgehend absorbiert. Der überaus sauerstoffarmen Uratmosphäre unserer Erde und somit den frühen Urformen des Lebens muß aber ein derartiger Schutzschild gefehlt haben. Daß unter diesen in höchstem Grade widrigen Umständen Leben überhaupt Bestand haben konnte, daß es sich sogar zu tierischen Formen entwickelt hat, die ja zur Atmung freien Sauerstoff benötigen, wirkt rückblickend wie ein großes, beinahe unbegreifliches Wunder.

Unbegreiflich? Vielleicht doch nicht. Vielleicht ergibt sich nämlich eine Erklärung, wenn wir uns einen knappen Überblick über den allgemeinen Gang der Entwicklung verschaffen. Wie schon erwähnt: Für die Entstehung unserer Erde ist ein Zeitpunkt errechnet worden, der etwa 4550 bis 4800 Jahrmillionen zurückliegt. Und die ältesten Bakterien kennen wir aus rund 3200 Jahrmillionen alten Gesteinen, die ältesten photosynthetisierenden pflanzlichen Organismen aus präkambrischen Schichten, die rund 2800 Millionen Jahre alt sind. Die ältesten vermutlich tierischen Einzeller treffen wir, wie anschließend berichtet wird, in präkambrischen Schichten eines Alters von etwa 1100 Jahrmillionen an; die ersten vielzelligen Tiere sind rund 600 Jahrmillionen alt, doch erst in 570 Millionen Jahre alten Schichten werden sie häufiger. Diese und die nachfolgenden Organismen waren durchwegs an einen Lebensraum unter Wasserbedeckung gebunden: erst später, während der etwa 350 Jahrmillionen zurückliegenden Devon-Periode erfolgte durch die Organismenwelt eine erste nennenswerte Besiedelung der Landoberflächen. Diese Aufeinanderfolge der wesentlichen Entwicklungsschritte und weitere Beobachtungen dürften tatsächlich eine Deutung der ansonsten widersprüchlich wirkenden Beziehungen in dem Faktorendreieck »Sauerstoffarmut – UV-Strahlung – Entwicklung des Lebens« ermöglichen. Dabei ergeben sich die folgenden Erwägungen (Abb. 7):

Photosynthese contra Strahlung

Die fossile Überlieferung bestätigt die Vermutung, daß die ersten, primitiven Bionten noch nicht zur Photosynthese befähigt gewesen sind, die ja schon einen ziemlich komplizierten Prozeß darstellt. Daher ist anzunehmen, daß sie als Rohmaterial ihrer Bausteine die abiotisch entstandenen Kohlenwasserstoffverbindungen der »organischen Brühe« verwendeten, der sie entstammten, und als Energiequelle möglicherweise die in diesen Verbindungen stattfindenden Fermentationsvorgänge. So muß die Anreicherung des wäßrigen Raumes mit organischen Verbindungen allmählich abgenommen haben, einmal, weil diese als Nahrung der Primitivzellen laufend verbraucht wurden, zum anderen, weil sich mit abnehmendem Ammoniak- und Methangehalt der Atmosphäre der Nachschub an weiteren abiotisch gebildeten Mikromolekülen verringerte. Unter diesen Umständen konnten beim endgültigen Versiegen der Nahrungsquelle nur solche Zellen überleben und sich fortpflanzen, die in der Zwischenzeit die Fähigkeit hervorgebracht hatten, die einfacheren Kohlenstoffverbindungen, wie etwa Kohlendioxyd, zu verwerten, und als Energiequelle das Sonnenlicht zu benutzen. Sie hatten sich damit zu photosynthetisierenden Zellen, nämlich zu einzelligen Algen, d. h. also Pflanzen entwickelt.

Allerdings war dies wohl ein höchst kritischer Punkt der Bio-Evolution. Sauerstoff zur Bildung des erforderlichen Kohlendioxyds stand ja ursprünglich kaum zur Verfügung, denn der bei der Dissoziation von Wasser frei werdende wurde, wie erwähnt, durch die Oxydation der Gesteine auf den Landoberflächen wohl weitgehend verbraucht – aber doch wohl offenbar nicht vollständig, so daß wenigstens geringe Mengen erhalten blieben. Ferner mag das Entweichen des zweiten, extrem leichten Dissoziationsproduktes, des H_2, in den Weltraum die Tendenz des Kohlenstoffs beeinträchtigt haben, sich mit Wasserstoff zu Methan zu verbinden, und zwar zugunsten seiner Verbindung mit Sauerstoff zu Kohlendioxyd. Beträchtlich können diese Mengen des entstehenden CO_2 jedoch noch immer nicht gewesen sein. Und doch müssen es die Blau-Grün-Algen mit ihrer Hilfe fertiggebracht haben, sich zu ernähren, sich zu vermehren, ja sogar sich weiterzuentwickeln von der rundlichen Einzelzelle zu faserigen (filamentösen) Gebilden. Wie bereits angedeutet, muß die zweite Beeinträchtigung, ja sogar permanente Bedrohung darin bestanden haben, daß die angesichts des geringen Sauerstoffgehalts der Atmosphäre ungehindert und voll einwirkende Dosis der ultravioletten Strahlung für alles Belebte höchst gefährlich war. Zwar wirkt sie sich unter einer Wasserbedeckung von 19 m nicht mehr aus; unterhalb dieser Tiefe wären die präkambrischen Algen vor ihr sicher gewesen. In diese Region drang jedoch – vor allem bei Wassertrübung – jenes Sonnenlicht kaum vor, das für ihre Photosynthese lebensnotwendig war. Mit diesem Dilemma konfrontiert, müssen sie während Hunderten von Jahrmillionen wohl hart oberhalb ihrer Sicherheitszone gelebt haben – und dabei jene zwar unvollständige aber doch recht ungewöhnliche Resistenz gegen ultraviolette Bestrahlung hervorgebracht haben, welche noch die heute lebenden Blau-Grün-Algen auszeichnet.

Im Verlauf ihrer Photosynthese verbrauchten die präkambrischen Algen nicht nur Sauerstoff (in Form von CO_2), sie gaben als Abfallprodukt ihres Stoffwechsels auch Sauerstoff ab. Zwar ist auch dieser sicherlich schnell wieder gebunden worden. Es ist eine bekannte Tatsache, daß innerhalb der Gesteinsserien des Präkambriums in engster Nachbarschaft von stromatolithischen Algenkrusten mit auffallender Häufigkeit gebänderte Eisenerze auftreten. Das ist wohl so zu deuten, daß sich der von den Algen produzierte Sauerstoff im Wasser zumeist unmittelbar mit gelöstem Eisen zu Eisenoxyden verbunden hat. Trotzdem müssen geringe Reste von Sauerstoff unverbraucht geblieben sein, denn sonst hätte es nicht zur Entstehung tierischer Lebensformen kommen können.

Pflanzliche Organismen sind befähigt, mit Hilfe der Sonnenenergie anorganische Verbindungen als Nahrung zu verwerten und im Verlauf ihres Stoffwechsels organische aufzubauen. Dagegen sind tierische Lebewesen in ihrem Stoffwechsel auf die Ernährung mittels der biogen vorproduzierten organischen Substanzen angewiesen, und als Energiequelle auf freien Sauerstoff. Tierische Organismen konnten somit erst nach den als Nahrung unentbehrlichen pflanzlichen Lebewesen und erst bei Anreicherung einer bestimmten Menge von zur Atmung benötigtem O_2 entstehen. Diese war anfangs sicherlich sehr gering, doch mag sie ausgereicht haben, um in der unmittelbaren Umgebung der Algenklumpen kleine »Sauerstoff-Oasen« entstehen zu lassen[26], in welchen die ersten, primitiven tierischen Einzeller existieren konnten.

Langsam, sehr langsam, aber doch in zunehmendem Maß, muß sich der von den Algen produzierte Sauerstoff angereichert haben. Schließlich aber mußte seine Menge ausgereicht haben, um auch vielzelligen tierischen Organismen als Energiequelle zur Verfügung stehen zu können und um die UV-Strahlung teilweise wenigstens so weit abzuschirmen, daß nun auch flachere Meeresbereiche besiedelt werden konnten. Es besteht Anlaß zu der Annahme, daß dieser Zustand erreicht war, als der Sauerstoffgehalt auf etwa 1 % von dem in der heutigen Atmosphäre enthaltenen angestiegen war. Das Alter der frühesten uns bekannten vielzelligen Tiere – sie werden anschließend zu besprechen sein – läßt darauf schließen, daß dieser Schwellenwert im spätesten Präkambrium, also vor mindestens 600 Jahrmillionen erreicht worden ist.

Auch der anschließende weitere Anstieg des Sauerstoffspiegels der Atmosphäre muß ziemlich langsam erfolgt sein. Pflanzliches und tierisches Leben haben sich durch 200 weitere Jahrmillionen ihrer Entwicklung auf das Wasser als ihren möglichen Lebensraum beschränken müssen. Erst zur Zeit der Devon-

Periode, vor rund 350 Millionen Jahren, waren sie imstande, die zuvor ungeschützten Oberflächen der Festländer zu besiedeln. So dürfte die Vermutung gerechtfertigt sein, daß erst zu diesem Zeitpunkt die sich allmählich anreichernde Menge des atmosphärischen Sauerstoffs – wahrscheinlich mit etwa 10 % der heutigen – ein Leben auf der Landoberfläche und eine voll ausreichende Abschirmung der ultravioletten Strahlung ermöglichte.

Soweit die Rekonstruktion jener Wechselbeziehungen, die in den frühen Phasen der Bio-Evolution zwischen dem sich nur allmählich behauptenden Leben und den lebensfeindlichen Bedingungen der urzeitlichen Erdoberfläche wahrscheinlich bestanden haben. Trifft sie zu, dann haben die Träger des Lebens die kritische Phase ihrer Existenz dadurch überwunden, daß sie durch Hunderte von Jahrmillionen mühselig und Schritt für Schritt eine geeignete, ihren Bedürfnissen angemessene Erdatmosphäre und einen wirkungsvollen Schutzschild gegen die UV-Strahlung der Sonne aufgebaut haben. Gewiß, dies ist eine Deutung, und sie verleugnet auch nicht ihren hypothetischen Charakter. Doch steht sie mit Beobachtungstatsachen und Indizien in einem so guten Einklang, daß sie durchaus plausibel erscheint.

Das Erscheinen einzelliger Tiere

Befassen wir uns nun ausführlicher mit dem bereits mehrfach erwähnten ersten Auftreten von Vertretern des Tierreiches. Sie tauchen erst sehr spät im Präkambrium auf. Eine überaus lange Zeitspanne – rund 2100 Jahrmillionen beträgt sie – klafft zwischen dem Auftreten der frühesten belebten, bakteriellen Zellen und dem Erscheinen jener Organismen, die als einzellige Tiere, also als Protozoen, gedeutet werden können. Verwunderlich ist dies nicht, denn tierisches Leben konnte sich erst entwickeln, nachdem zwei Voraussetzungen erfüllt waren. Einerseits mußte die oben erwähnte, für eine Existenz tierischen Lebens wenigstens halbwegs ausreichende Menge von Sauerstoff entstanden sein. Andererseits mußten die als Vorfahren in Frage kommenden Einzelzellen im Zuge ihrer Evolution eine entsprechende Entwicklungsstufe erreicht haben. Sie mußten den »kernlosen«, prokaryotischen Zustand hinter sich gelassen und sich zur eukaryotischen Zelle entwickelt, d. h. einen strukturell und funktionell vollwertigen Zellkern hervorgebracht haben. Der zweite der beiden Faktoren, nämlich das Erreichen einer entsprechenden Organisationshöhe, war zur Zeit der Ablagerung der 1300 Jahrmillionen alten Beck Springs-Formation gegeben, in der die ersten Zellen, die echte Kerne aufwiesen, angetroffen worden sind.

Nur nebenbei sei eine interessante Schlußfolgerung erwähnt, die sich aus dieser Entdeckung zusätzlich ergibt. Sie impliziert nämlich gleichzeitig, daß während fast zwei Drittel der gesamten bisherigen Existenz der Lebewelt die sogenannte »eukaryotische Sexualität« der Zellen noch nicht bestanden hat, daß die Zellteilungen ohne Beteiligung von Chromosomen erfolgten und daher – strenggenommen – das Konzept der biologischen Spezies noch nicht anwendbar gewesen wäre[27].

Sonderbarerweise ist der früheste Abschnitt in der Entwicklung des Tierreiches bisher nur höchst unvollkommen belegt. Gewiß, das geeignete Lebensmilieu muß anfangs nur in äußerst geringem Umfang vorhanden gewesen sein, muß sich auf die kleinen »Sauerstoff-Oasen« im engsten Umkreis der photosynthetisierenden Algenkolonien beschränkt haben. Trotzdem sollte man erwarten, daß sich nun zumindest ein Teil jener tierischen Einzeller, jener Protozoengruppen einstellte, die wir aus späteren Zeiten und aus der Gegenwart kennen. Doch die bisher vorliegenden Fossilfunde, die als präkambrische tierische Einzeller gedeutet werden können, sind spärlich. Sie stammen aus den Rocky Mountains, und zwar aus den 1100 Jahrmillionen alten Gesteinen der Belt-Serie und beziehen sich auf eine einzige Protozoengruppe, die Foraminiferen.

Obwohl somit unsere Kenntnis der präkambrischen tierischen Einzeller sehr begrenzt ist, muß angenommen werden, daß sie zumindest in den späteren Abschnitten der Periode schon weitgehend zur Entfaltung gekommen sind. Dabei dürfte, wie dies bei belebten Systemen grundsätzlich der Fall ist, auch die sich vorteilhaft auswirkende Tendenz zu einer Zunahme an Körpergröße bestanden haben. Aber dem Wachstum einer Zelle sind natürliche Schranken gesetzt, denn bei der Vergrößerung des Volumens erfolgt die Zunahme der Oberfläche keineswegs proportional. So z. B. würde sich bei einer Steigerung des Volumens um das Achtfache die Oberfläche nur um das Vierfache des ursprünglichen Ausmaßes vergrößern. Das bedeutet, daß die Größenzunahme einer Zelle nur bis zu einem bestimmten Schwellenwert fortschreiten kann. Bei dessen Überschreiten würde die Fläche der Zellmembran nicht mehr ausreichen, um eine genügende Diffusion von Nährstoffen und Sauerstoff zu gewährleisten. Eine weitere Wachstumsgrenze wird durch die gleichfalls erfolgende Verlängerung aller innerhalb der Zelle bestehenden Transportbahnen gesetzt. Werden diese zu lang, dann beeinträchtigen die Verlangsamung des Stoffwechsels sowie die Verzögerung in der Ausscheidung der Stoffwechselprodukte die Vitalität.

Die Tendenz zu automatischem Größenwachstum fand also im Rahmen der Zelle eine nicht zu überwindende Schranke. Sollte eine weitere Größenzunahme des belebten Systems erfolgen, mußten neue Wege beschritten, neue Konstruktionen hervorgebracht werden. Dies gelang sowohl im Pflanzen- als auch im Tierreich, als ganze zusammenhängende Zellengruppen eine neue Individualität höherer Ordnung mit einem eigenen Funktionsgefüge entwickelten. So entstanden mehrzellige Tiere (Metazoen) als größere Zellenkomplexe, innerhalb welcher einzelne Gruppen von Zellen als Gewebe eigene Funktionen übernahmen. Derartige Systeme neuer Art waren in den Möglichkeiten einer Größenzunahme weniger eingeschränkt. Sie boten ferner einen weiteren Vorteil: Mit dem Tode eines einzelligen Organismus war ein ganzes belebtes System als solches vernichtet. Innerhalb des komplexen vielzelligen Organismus war der Fortbestand der belebten Einheit durch das Absterben einer einzelnen Zelle jedoch in keiner Weise gefährdet.

Wie entstanden die Vielzelligen?

Aus den präkambrischen tierischen Einzellern haben sich primitivste vielzellige Tiere verhältnismäßig schnell entwickelt. Theoretisch wäre denkbar, daß dies auf dem Wege eines spontanen Zusammentretens von Einzelzellen zu geschlossenen, eine neue Ganzheit ergebenden Kolonien erfolgte. Ähnliches spielt sich ja auch heute noch vor unseren Augen ab, wenn bei der Amoeben-Gattung *Dictyostelium* aufgrund von chemischen körpereigenen Auslösern Tausende von Einzelzellen zu einer neuen, übergeordneten Einheit zusammentreten[28]. Dadurch entsteht ein dem »Metazoon« durchaus vergleichbares vielzelliges, walzenförmiges Wesen, das eine charakteristische Eigengestalt aufweist, in seiner Form und in seinem Verhalten mutativer Veränderung unterworfen ist und in dem sogar eine morphologische und funktionsbezogene Differenzierung der Einzelzellen in der vorderen (»Kopf«)- und rückwärtigen (»Schwanz«)-Region des Gesamtkörpers eintritt. Hier liegt zweifellos ein eigenartiges, höchst bemerkenswertes Phänomen vor, und es ist nicht verwunderlich, daß es bei seiner Entdeckung Interesse, ja sogar Aufsehen erregte. Allerdings, der entstehende, vielzellige, in sich organisierte Komplex ist nicht von Dauer, und so dürfte es sich bei dieser Art von spontanem Zusammenschluß wohl doch nicht um ein geeignetes Modell für die ursprüngliche Entstehung von vielzelligen Organismen handeln.

Ein wohl eher zutreffendes Modell liefern uns die langen Fäden etwa der Grünalgen oder die kugelförmigen Kolonien eines geißeltragenden Einzellers der gegenwärtigen Gattung *Volvox*. In beiden Fällen verbleiben die bei den Zellteilungen resultierenden Tochterzellen in räumlichem Zusammenhang und setzen auf diese Weise größere Zellenkomplexe zusammen. In der *Volvox*-Kolonie erfolgt neben einer koordinierten Geißelbewegung und einheitlichen Bewegungsrichtung des Gesamtkomplexes sogar eine Funktionsteilung aller beteiligten Zellen in solche, welche die Aufgabe der aktiven Bewegung und andere, welche die Aufgabe der Fortpflanzung und Vermehrung übernehmen. Nach demselben Modus geht heute noch die Fortpflanzung und Keimentwicklung aller vielzelligen Organismen vor sich. Sei es nun ungeschlechtliche, sei es geschlechtliche Vermehrung – stets erfolgt sie so, daß die bei der Zellteilung entstehenden Tochterzellen mit der ursprünglichen Zelle bzw. untereinander in einem Verband bleiben. Hier entsteht nicht mehr eine größere Zahl von freien Einzelzellen, sondern ein in sich zusammenhängender Zellenkomplex als Individuum höherer Ordnung.

Möglicherweise könnte auch das erste vielzellige Lebewesen auf diese Weise entstanden sein und diese Art der Individualentwicklung an alle seine Nachfolger bis heute weitervererbt haben. Diese bereits von Ernst Haeckel entwickelte Hypothese ist in neuerer Zeit weiter ausgebaut worden: Während der Individualisation einer volvoxähnlichen Kolonie von »Geißeltierchen« (Flagellaten) soll durch Einstülpung eines Teils der Oberfläche (Gastrulation) ein ursprünglicher Leibeshohlraum entstanden sein, wobei das neue vielzellige Individuum vom planktonischen zum benthonischen Leben überging. Aufgrund der neuen Lebens-, Fortbewegungs- und Ernährungsweise am Meeresboden muß es nun eine entsprechende Gestalt angenommen haben, und die so entstandene sogenannte »Bilaterogastraea«[29] würde nun einen ausgeprägten vorderen und rückwärtigen Pol sowie eine (dem Boden zugekehrte) Ventralzone aufgewiesen haben. Der Vorzug dieser Hypothese besteht darin, daß sie durch die Annahme einer Einstülpung die Entstehung der Keimblätter (also des Ektoderms und des Entoderms) sowie des Gastralraums zu erklären vermag, die schon bei den ursprünglichen Metazoen vorhanden sind. Sie steht daher mit jenem Vorgang der Keimblätterbildung in gutem Einklang, der den frühontogenetischen Stadien aller Metazoen gemeinsam ist.

Die »Bilaterogastraea« stellt eine logisch postulierte aber bisher rein hypothetische, vermittelnde Zwischenform dar. Durchaus real ist hingegen eine heute noch lebende Organismengruppe, die morphologisch gleichfalls eine ausgeprägte Zwischenstellung einnimmt. Zwischen den nur aus einer einzigen Zelle bestehenden Protozoen und den jeweils mehrere Tausende bis einige Trillionen von Zellen enthaltenden Metazoen steht die kleine Gruppe der Mesozoen, deren Körper von nicht mehr als 20 bis 30 Zellen gebildet wird. Diese 0,5 bis 7 mm langen, mit Wimpern besetzten, meist wurmförmigen Lebewesen haben sich in einem höchst ungewöhnlichen, aber ein geeignetes Refugium darstellenden Lebensraum erhalten: in den Nieren von benthonischen Kopffüßern (Cephalopoden), wie z. B. des Kraken (*Octopus*) oder des Tintenfisches (*Sepia*). Wegen ihrer äußeren Gestalt und ihrer pseudoparasitären Lebensweise sind die Mesozoen bisher für sekundär primitiv wirkende Nachkommen von parasitären Plattwürmern gehalten worden. Neuere Untersuchungen[29] ergaben jedoch nicht nur höchst auffallende und eigenständige Züge, sondern auch eine sehr enge biochemische Verwandtschaft der Erbsubstanz (DNA) der Mesozoa mit der DNA der Wimpertierchen (Ciliata) und der oben bereits genannten Amoebe *Dictyostelium*. Das spricht sehr eindringlich für eine direkte Herkunft der Mesozoen von den Protozoen, also von einzelligen Vorfahren.

Allerdings ist nicht anzunehmen, daß die heute noch lebenden Mesozoen etwa Relikte der ursprünglichen, zu den Metazoen überleitenden Wurzelformen sind. Es ist schwer vorstellbar, wie bei ihrem ungewöhnlichen Bauplan jene spätere Ausdifferenzierung in die beiden Keimblätter (Ektoderm und Entoderm) erfolgt sein sollte, die eine der Voraussetzungen für die Bildung eines echten Metazoons ist. Weitaus wahrscheinlicher ist wohl, daß hier eine Parallelentwicklung aus gemeinsamer Wurzel stattgefunden hat und daß sie in zwei voneinander unabhängigen Linien einerseits zu den Mesozoa, andererseits – unter Gastrulation – zu den echten Metazoa führte.

Wie auch immer die Zwischenformen und die ursprünglichsten Vielzeller des Präkambriums entstanden sein mögen, sie sind bisher noch nicht entdeckt worden. Ebensowenig wurden die primitivsten heute noch lebenden Metazoen, die Schwämme (Spongien), fossil in präkambrischen Sedimenten nachgewiesen. Das spricht nicht etwa gegen ihre Existenz im Präkambrium, denn ohne diese primitivsten Vorstufen hätte es kaum zur Entwicklung jener bereits etwas fortgeschritteneren tierischen Organismen kommen können, die wir in späten präkambrischen Schichten antreffen. Immerhin besteht durchaus die Möglichkeit, daß ihre fossilen Reste bei weiteren Nachforschungen doch noch entdeckt werden. Eine verstärkte Suche an bereits bekannten Fundstellen mit entsprechend günstigen präkambrischen Gesteinsserien oder eine stärkere Berücksichtigung von bisher noch nicht ausreichend durchforschten aber Erfolg versprechenden Vorkommen, so etwa in Sibirien, werden noch so manches wichtige und aufschlußreiche Ergebnis zutage fördern.

Die Fauna von Ediacara

Vielleicht liegen entsprechende Funde bereits vor, ohne in ihrer Bedeutung bisher erkannt worden zu sein. Ähnliches geschah in Südaustralien. Hier entdeckte ein Feldgeologe 1947 in den Ediacara-Bergen einige Abdrücke von fossilen Quallen (Medusen) in Sandstein, für welchen zur damaligen Zeit ein kambrisches Alter angenommen wurde. Allerdings schenkte er seinen Fundstücken wenig Beachtung. Einige Jahre später nahm sich ein Privatsammler der Fundstelle an, und seine intensivere Suche führte zur Entdeckung höchst merkwürdiger und problematischer Organismen. Als diese später dem bekannten Paläontologen M. F. Glaessner in Adelaide zu Gesicht kamen, muß dieser sich ihrer Bedeutung sofort bewußt gewesen sein. Jedenfalls widmete er diesem Vorkommen unverzüglich sehr umfangreiche und sorgfältige Untersuchungen[30], welchen wir heute die Kenntnis der ältesten fossilen vielzelligen Tiere verdanken.

Zunächst zeigte sich, daß der fossilführende Horizont Teil einer ungestörten und kaum veränderten Serie von Sedimentgesteinen ist und daß er innerhalb dieser etwa 150 m unter solchen Schichten liegt, die aufgrund ihrer Leitfossilien aus dem frühesten Kambrium stammen. Der Ediacara-Sandstein erwies sich daher als grundsätzlich präkambrisch. Seine spätere radiometrische Datierung ergab ein Alter von ± 600 Jahrmillionen und führte somit zu seiner Einstufung in den spätesten Zeitabschnitt des Präkambriums.

Rund 1500 Fundstücke konnte Glaessner bergen, eine ungewöhnlich reiche Ausbeute, wie sie in präkambrischen Serien in diesem Umfang zuvor noch nie erreicht worden war. In allen Fällen handelte es sich um Abdrücke von marinen vielzelligen Tieren, und wenn aufgrund der Grobkörnigkeit des Gesteins die Konturen auch oft genug unscharf bleiben, so war es doch möglich, die Morphologie dieser zum Teil überaus merkwürdigen Fossilien zu erkennen.

Besonders häufig traten hier Gebilde auf (Abb. 8, A), die in ähnlicher Form auch aus dem Präkambrium Südwestafrikas und Englands bekannt sind. Da ihre Gestalt an die heutigen, zu den Oktokorallen gehörenden Seefedern erinnert, wird vermutet, daß es sich um Hohltiere (Coelenteraten) gehandelt hat[31]. Mit Gewißheit gilt dies sodann für die gleichfalls häufigen Medusen (Abb. 8, B).

Andere Fossilfunde können mit großer Wahrscheinlichkeit (Abb. 8, D) oder mit Vorbehalt (Abb. 8, C) zu den Ringelwürmern gestellt werden. Besonders bedeutsam ist ferner ein winziges, als *Praecambridium* bezeichnetes Fossil, das möglicherweise den Urahnen jener Trilobiten darstellt, die als Gliederfüßer (Arthropoden) später, vom frühesten Kambrium an, eine gewichtige Rolle spielten.

Wiederum andere, recht absonderliche Formen (Abb. 8, E, F) sind sehr problematisch und mit keiner der bisher bekannten lebenden oder fossilen Tiergruppen vergleichbar.

Das also ist die Ediacara-Fauna: Medusenartige Coelenteraten, bereits weiterentwickelte Würmer, ein vermutlicher Arthropode sowie Organismen, deren Stellung innerhalb des Stammbaumes und des taxonomischen Systems des Tierreiches noch unklar bleibt. Diese Fauna läßt uns erkennen, daß gegen Ende des präkambrischen Zeitraumes die Tierwelt der Urozeane das Stadium einer von Sauerstoffmangel und ultravioletter Strahlung bedrohten Kümmerexistenz zum Teil bereits überwunden hatte.

Der kambrische Umschwung: ein Faunenschnitt?

In den meisten Lehrbüchern wird nun darauf verwiesen, daß mit der Zeitenwende zur Periode des Kambriums ein revolutionärer Umbruch in der Bio-Evolution stattgefunden habe. Ein solches Phänomen wird allgemein als »Faunenschnitt« bezeichnet, und es besteht darin, daß zu einem bestimmten Zeitpunkt der geologischen Vorzeit wichtige und umfangreiche Organismengruppen plötzlich aussterben, während im unmittelbaren zeitlichen Anschluß völlig neuartige Gruppen auftauchen und sich beinahe explosiv entfalten. Auf diese auffallende Beobachtungstatsache wird in anderem Zusammenhang zurückzukommen sein. Hier interessiert lediglich, ob an der Zeitenwende vom Präkambrium zum Kambrium tatsächlich ein solcher Umbruch in der Entwicklung der Organismen erfolgte, daß er jenen abrupten Faunenschnitten vergleichbar wäre, die weltweit an den Zeitgrenzen zwischen der Perm- und der Trias-Periode und zwischen der Kreide- und der Tertiär-Zeit zu verzeichnen sind[32].

Die tiefere Motivation für die Vorstellung eines präkambrisch/kambrischen Umbruchs dürfte bis in jene Frühstadien paläontologischer Forschung zurückreichen, in welchen die Altmeister der Petrefaktenkunde unter dem Einfluß des hochangesehenen George de Cuvier das Vergehen und Auftauchen von ganzen Faunen auf die Auswirkung von großen Naturkatastrophen zurückführten. Zusätzlich gefördert wurde die Konzeption eines derartigen Faunenschnitts gewiß auch durch die Annahme eines völlig abrupten Erscheinens der sogenannten »Primordialfauna« im Unterkambrium, welche ohne bekannte Vorläufer alle wesentlichen Tiergruppen bereits enthalten haben soll.

Beachten wir, daß die Diskrepanz zwischen dem Individuenreichtum der Fauna des Unterkambriums und der früher so betonten Individuenarmut des Präkambriums lange nicht mehr so prägnant erscheint, seitdem die so individuenreiche Fauna von Ediacara bekannt wurde. Prüfen wir ferner das Verteilungsbild der sich vom Präkambrium in das Kambrium fortsetzenden, der zuvor aussterbenden und der mit dem Beginn des Unterkambriums neu einsetzenden Tiergruppen (Abb.

9)! Da zeigt sich nun, daß sich wesentliche Teile der präkambrischen Fauna, nämlich die Foraminiferen, Medusen, Ringelwürmer und Arthropoden, durchaus in die kambrische Zeit fortsetzten und daß nur Teile der Ediacara-Fauna (Abb. 8 A, E, F) zuvor ausstarben. Im Unterkambrium stellten sich zwar zahlreiche Gruppen von wirbellosen Tieren erstmals ein, doch in den meisten Fällen (mit Ausnahme der Trilobiten) erst zögernd, mit einer noch überaus geringen Zahl von Gattungen und Arten. So wichtige Gruppen der Wirbellosen wie etwa die Schnekken und Muscheln sind aus dem Unterkambrium bisher nur mit vereinzelten Funden belegt, die Kopffüßer (Cephalopoden) tauchen erst im spätesten Abschnitt des Kambriums – und auch dann noch spärlich – auf, und weitere, so die Moostierchen (Bryozoen) und die weiter fortgeschrittenen Gruppen der Stachelhäuter (Echinodermen), erscheinen erst zu Beginn der nächsten Periode, also des Ordoviziums. Manche dieser Einheiten setzen somit erst zu Zeitpunkten ein, die 70 bis 80 Jahrmillionen nach dem angeblichen Faunenschnitt liegen, und keine der Wirbellosen-Gruppen (mit Ausnahme der Trilobiten) läßt im Unterkambrium eine intensive Auffächerung in zahlreiche Stammeslinien erkennen. Wer bei dieser Situation an der These eines präkambrisch/kambrischen Faunenschnitts festzuhalten wünscht, wird dies nur unter Berufung auf die bereits im Unterkambrium prinzipiell erscheinenden Tiergruppen tun können; er wird aber einräumen müssen, daß hier jene Prägnanz wohl doch nicht erreicht ist, welche die Faunenschnitte an der Zeitgrenze Perm/Trias und Kreide/Tertiär kennzeichnet.

Löst man sich von einem reinen Zahlenvergleich der aussterbenden und der neu auftauchenden Einzelgruppen und berücksichtigt man weniger die Einzelzüge der anatomischen Baupläne als vielmehr die funktionsmorphologische Gesamtentwicklung, dann gewinnt man allerdings den Eindruck eines gleitenden, kontinuierlichen Evolutionsverlaufs. Er war keineswegs kurzfristig, sondern erstreckte sich vom späten Präkambrium bis etwa zum mittleren Ordovizium. Während dieses langen Zeitraumes kam es zur Herausbildung von skelettalen Hartteilen, und das war ein Entwicklungsprozeß, der keineswegs sprunghaft, sondern nachweislich nur langsam und stufenweise, in aufeinanderfolgenden Schritten ablief.

Erste Skelettbildungen

Allen Vertretern der Ediacara-Fauna ist eines gemeinsam: sie waren ausnahmslos weichhäutige Tiere mit einer elastischen, verformbaren Körperdecke. Deren Verfestigung mittels organischer Baustoffe wie Chitin oder Scleroproteinen erscheint hier unwahrscheinlich, denn diese Substanzen hätten sich fossil ohne weiteres erhalten können. Und von der Befähigung, mineralische Schalen als Außenskelette zu bilden, waren die präkambrischen Organismen ganz offensichtlich noch weit entfernt.

In der Tierwelt des frühen Kambriums wurde dieses Stadium überwunden. Die neu hinzukommenden Tiergruppen brachten nun die Fähigkeit hervor, ihre Körperdecke zumindest lokal durch die Ausscheidung geformter organischer Substanzen zu verstärken und zu versteifen. Sie bauten Panzer aus Chitin-Lamellen (Arthropoda) bzw. Schalen oder Gehäuse aus hornähnlicher Substanz (schloßlose Brachiopoden, weitere Gruppen). Das war im Vergleich zur empfindlichen weichen Körperoberfläche der Ediacara-Tiere bereits ein merklicher Fortschritt, wenn es sich auch noch nicht um harte, voll mineralisierte Kalkgebilde handelte. Wo diese Organismen imstande waren, eine Mineralisation ihrer Oberflächenbildungen zumindest einzuleiten, blieb sie noch recht unzureichend. In die Lamellen und Schichten der organischen Substanzen konnten allenfalls geringe Mengen winziger Kristalle eingeschaltet werden. Dabei fällt auf, daß es sich bei diesen mineralischen Ausscheidungen der Organismen des frühen und mittleren Kambriums vorwiegend um Calciumphosphate handelt.

Ein weiterer, wesentlicher Entwicklungsschritt war das Erwerben der Fähigkeit, unter der ursprünglichen organischen Decklamelle mineralisches Calciumkarbonat auszuscheiden und aus seinen Kristallen kräftige, widerstandsfähige Schalen, Gehäuse und andere Außenskelette zu bilden. Dieser Schritt bahnte sich im mittleren und oberen Kambrium nur sehr langsam an. Erst im frühen und mittleren Ordovizium hatte sich diese neue Fähigkeit weiter verbreitet, und erst zu diesem Zeitpunkt setzte – offenbar durch den erwähnten Entwicklungsschritt ermöglicht – fast schlagartig jene reiche Entfaltung der meisten Gruppen von wirbellosen Tieren ein, die man im Falle eines echten Faunenschnittes eigentlich schon im frühen Kambrium hätte erwarten müssen.

Vom ersten, im späten Präkambrium beobachteten Auftreten vielzelliger Tiere bis hin zur allgemeinen, weiten Verbreitung leistungsfähiger kalkiger Außenskelette zur Zeit des frühen Ordoviziums waren etwas mehr als 100 Jahrmillionen vergangen. Angesichts der biologischen Bedeutung derartiger Strukturen ist das eine verhältnismäßig lange Zeitspanne, und so mag sich die Frage stellen, warum wohl dieser wichtige Entwicklungsgang so langsam verlief. War der Vorteil, den kalkige Schalen ihren Trägern verliehen, in der damaligen Umwelt etwa so gering, daß eine natürliche Auslese, ein entsprechender Selektionsdruck nur allmählich zustande kam? Oder mußten jene biologischen und chemischen Mechanismen erst allmählich entwickelt werden, die eine Sekretion der organischen und mineralischen Schalenbestandteile ermöglichen? Die Beantwortung dieser Fragen ist nicht leicht. Wahrscheinlich spielten beide Faktoren eine Rolle:

Einen Selektionsvorteil verleiht ein hartes Außenskelett dem Individuum nur dann, wenn es eine oder mehrere Funktionen zu erfüllen vermag und diese im Einklang mit bestimmten, von der Umwelt gestellten Forderungen stehen. In unserem Fall wären vier verschiedene Funktionen der frühesten Außenskelette denkbar. Die erste wäre, schädliche UV-Strahlung abzuschirmen. Doch wie sich bereits zeigte, dürfte diese im Kambrium aufgrund des etwas angestiegenen Sauerstoffgehalts der Atmosphäre in ihrer Dosis ohnehin schon herabgesetzt und für unter Wasserbedeckung lebende Tiere nicht mehr allzu gefährlich gewesen sein. Die zweite denkbare Funktion wäre die einer äußeren Stütze für den Weichkörper. Sie war im Fall der Gliederfüßer (Arthropoden) sicherlich, im Fall der anderen Gruppen der wirbellosen Tiere sehr wahrscheinlich gegeben. Die dritte mögliche Funktion wäre die eines Schutzes vor mechanischer Beschädigung des Weichkörpers, und ein Schutz dieser Art dürfte in allen Fällen erforderlich gewesen sein, denn Brandung und Wellenschlag hat es zweifellos auch schon zu kambrischen Zeiten gegeben. Die vierte Funktion wäre die des Schutzes vor räuberischen Feinden. Diese aber existierten innerhalb der kambrischen Fauna offensichtlich noch nicht, denn als Räuber kamen die an sich häufigen Trilobiten nicht in Betracht, und potente, fischähnliche Raubtiere tauchten erst wesentlich später auf. Auch die als Räuber allenfalls noch in Frage kommenden Kopffüßer (Cephalopoden) erschienen erst zu einem späteren Zeitpunkt[33]. Zudem waren sie anfangs noch so kleine und seltene Lebewesen, daß von ihnen Gefahr wohl kaum drohen konnte. So scheint es, daß offenbar aufgrund des nur geringen Bedürfnisses nach Strahlenschutz und wegen des Fehlens räuberischer Feinde ein stärkerer Selektionsdruck zugunsten eines kräftigen Außenskeletts ursprünglich nicht bestand. Der Vorteil aber, der beim Abstützen des Weichkörpers gegeben war, und derjenige, der sich beim Schutz vor mechanischer Beschädigung ergab, muß sich in der Form eines nur mäßigen Selektionsdrucks wohl ziemlich langsam ausgewirkt haben.

Zur zweiten der beiden gestellten Fragen muß bemerkt werden, daß die Befähigung, harte und kalkige Außenskelette zu bilden, sicherlich nur im Laufe einer längeren Entwicklung erlangt werden konnte. Der Vorgang einer Ausscheidung und Ausformung der organischen und mineralischen Bestandteile von Außen- und Innenskeletten ist sowohl biologisch als auch chemisch und kristallographisch überaus kompliziert, und es müssen zahlreiche Voraussetzungen erfüllt sein, wenn ein Organismus in der Lage sein soll, diesen genetisch kontrollierten Prozeß der »Biomineralisation« (vgl. das Glossar) durchzuführen. Es ist völlig undenkbar, daß die Befähigung zur Ausführung eines so vielschichtigen Vorgangs im Verlauf der Evolution von den vielzelligen tierischen Organismen unvermittelt oder auch nur in kurzen Zeiträumen hervorgebracht worden sein sollte. Dieser gesamte Abschnitt der Evolution muß vielmehr in zahlreichen Einzelschritten verlaufen sein und daher eine beträchtliche Zeitspanne erfordert haben.

Der ordovizische Umschwung: neue Äste am Stammbaum

Nach Ablauf dieser Entwicklung bewirkte die nunmehr weit verbreitete Fähigkeit, durch Biomineralisation harte, widerstandsfähige Außenskelette hervorzubringen, innerhalb der Evolution des Tierreiches einen Impuls, der dem des kambrischen Umschwungs an Bedeutung in keiner Weise nachsteht (Abb. 9). Hatte sich zur Zeitenwende vom Präkambrium zum Kambrium die Zahl tierischer Individuen und Populationen beschleunigt erhöht, und waren hier nur diejenigen

Gruppen erstmals in den Vordergrund getreten, die noch unmineralisierte oder nur wenig verkalkte, zumeist phosphatische Außenskelette entwickeln konnten, so erfolgte nach der Zeitenwende zum Ordovizium ein mindestens ebenso bedeutsamer Umschwung. Plötzlich gewinnen nun alle jene Gruppen wirbelloser Tiere eine besondere Bedeutung, die stark verkalkte Außenskelette auszubilden vermögen. Erst jetzt wird die reichere Entwicklung der Korallen, der Moostierchen (Bryozoen), der schloßtragenden Armfüßer (Brachiopoden), der Weichtiere (Mollusken) sowie bedeutsamer Gruppen der Stachelhäuter (Echinodermen) eingeleitet – und mit nur geringer Verspätung erscheinen im mittleren Ordovizium selbst die ersten fischähnlichen Wirbeltiere, noch ohne verkalktes Innenskelett, aber mit kräftigen, außenskelettalen Panzerplatten versehen.

Während sich mit dem frühkambrischen Umschwung – möglicherweise aufgrund eines erreichten Schwellenwertes des atmosphärischen Sauerstoffspiegels – das Leben als solches durchgesetzt hatte, führte der früh-ordovizische Impuls zu einer Konsolidierung in der Entwicklung des Tierreiches. Bei weitgehender Fähigkeit zur Ausbildung kalkiger Außen- und Innenskelette erfolgte nunmehr die Bildung bzw. Erstarkung aller Äste am Stammbaum der tierischen Organismen.

Die Entwicklung ging weiter, die Äste wuchsen, brachten zahlreiche Verzweigungen hervor. Viele starben ab, doch neue entstanden und ersetzten sie. Im allgemeinen verlief die Evolution so, daß sie in ihren Hauptzügen vom Einfachen zum Komplizierten fortschritt und daß stets neue, höher organisierte Baupläne entwickelt und zusätzliche Lebensräume erschlossen wurden.

Die weiteren Etappen

Noch im älteren Paläozoikum war das Leben auf das zu dieser Zeit bereits reich bevölkerte Meer beschränkt, während die Landflächen der Kontinente noch unbesiedelt blieben. Die Pflanzenwelt hatte als Lebensraum nur das Wasser zur Verfügung und bestand aus Formen, die über den Entwicklungsstand der Algen nicht hinausgingen. Im Rahmen des Tierreichs dominierten noch die Wirbellosen, unter ihnen vor allem die Trilobiten und die nautiloiden Cephalopoden, während die Wirbeltiere anfangs nur durch kieferlose Fischähnliche und später, im Silur und Devon, auch schon durch primitive, gepanzerte Fische vertreten waren.

Zu Beginn des Devons drang das Leben sodann auf das Festland vor: Die ersten, noch sehr einfach gebauten Landpflanzen (Nacktfarne = Psilophyten) entstanden, nachdem ihnen aufgrund von inneren versteifenden Leitbündeln die Existenz außerhalb des Wassers ermöglicht war. Die Tierwelt folgte nach. Mit der Höherentwicklung der Pflanzen zu Bärlapp- und Schachtelhalm-Gewächsen sowie primitiven Farnen und Farnsamerähnlichen im Mittel- und Oberdevon besaß das Festland nun eine Vegetation, die es bewohnbar machte. Die ersten Milben und Spinnen entstanden, und ebenso die ungeflügelten, ja sogar auch schon die geflügelten Insekten. Fast gleichzeitig mit dem Vorstoß zur Besiedlung des trockenen Landes durch die Wirbellosen erfolgte also auch schon der erste Ansatz, in den Luftraum vorzudringen. Erst im späten Oberdevon entwickelten sich aus Fischvorfahren die ältesten vierfüßigen Landwirbeltiere, primitive Formen (Ichthyostegalia), teils noch Fisch, teils aber bereits Amphibium (S. 191).

Im Karbon bildeten die Pflanzen bereits ausgedehnte Wälder. Die ersten Samenpflanzen, nämlich die Farnsamer (Pteridospermen) und die Cordaiten, nahmen nun neben den bereits im Devon entstandenen Bärlapp-, Schachtelhalm- und Farngewächsen zu, welche nun den Höhepunkt ihrer Entwicklung erreichten. Zahlreiche Insektengruppen entstanden, und die Schnecken schickten sich an, den Bereich des Süßwassers zu besiedeln. Die Amphibien erlebten die Blütezeit ihrer Evolution. Aus ihnen entwickelten sich im Oberen Karbon die ersten, noch sehr ursprünglichen und seltenen Reptilien (S. 191).

Während der Perm-Zeit traten zögernd die frühesten Nadelhölzer in Erscheinung, die jedoch erst später eine bedeutsamere Rolle spielen sollten. Jetzt erfolgte jedenfalls der erste größere Florenwechsel – die karbonischen Pflanzen verschwanden weitgehend oder völlig, die Nadelhölzer, Ginkgoartigen und Cycadophyten traten an ihre Stelle. Die Zeit der Nacktsamer (Gymnospermen) war angebrochen. Noch waren die großen gepanzerten Amphibien vorhanden, doch ging ihre Zahl bereits zurück, und die der Reptilien nahm beträchtlich zu. In ihrem Kreis entwickelten sich die ersten, die bereits einige säugetierähnliche Merkmale besaßen (Therapsiden – vgl. S. 191).

Die Zeitenwende vom Perm zur Trias brachte sodann den ersten großen Faunenschnitt: Im Meer starben wichtige Gruppen der Wirbellosen aus (Trilobiten, Alt-Ammonoideen = Goniatiten, Pterokorallen, u. a.), auf dem Festland die Masse der großen Amphibien. Eine ganze Reihe von neuen Gruppen stellte sich nun ein, sowohl im Meeresbereich (Mittlere Ammonoideen = Ceratiten, echte Belemniten, Cyclokorallen usw.) als auch auf dem Land, auf dem nun das Zeitalter der großen Reptilien, besonders der Dinosaurier, begann.

In der späteren Trias entwickelten sich aus den therapsiden Reptilien die ersten Säugetiere (S. 191), kleine und unscheinbare, primitive Formen, welche die Vorfahren der Beutel- und Plazentatiere darstellen. Manche der übrigen Reptilien waren mittlerweile in neue Lebensräume vorgedrungen; die Meeressaurier waren in das Meer zurückgewandert, die Flugsaurier besetzten den Luftraum. Unabhängig von ihnen erschien im Oberen Jura sodann der erste Vogel (*Archaeopteryx*), der noch zahlreiche Reptilienmerkmale aufwies.

Etwa in der Mitte der Kreidezeit entstanden während des zweiten großen Florenwechsels plötzlich die Bedecktsamer (Angiospermen), die bis heute in der Pflanzenwelt vorherrschen. Die nachfolgende Zeitenwende von der Kreide zum Tertiär brachte den zweiten großen Faunenschnitt: Fast schlagartig starben nun im Meer zahlreiche Gruppen von Wirbellosen aus (Ammonoideen, Belemniten, manche Muschelgruppen u. a. m.) und ebenso die Meeressaurier. Auf den Festländern verschwanden plötzlich die Flugsaurier und insbesondere die Dinosaurier. Das Zeitalter der Herrschaft der Reptilien war zu Ende, explosiv setzte mit dem Beginn des Tertiärs die Entwicklung der plazentalen Säugetiere und der Vögel ein, die beide nun ihrerseits in alle Lebensräume vordrangen, Land, Luft und erneut das Wasser besiedelten, von den feuchten Tropen und der Wüste bis in die arktischen Regionen, von der Tiefebene bis in das Hochgebirge.

Mit dem Beginn des Quartärs stellte sich schließlich auch der Mensch ein. Trotz seiner anfangs beschränkten Möglichkeiten und aufgrund seiner Befähigung zu rationalem Denken erschloß auch er sich neue Umwelten, nun aber mit Hilfe von künstlichen, technischen Einrichtungen. Seine »Prothesen« ermöglichen ihm das Tauchen oder Sondieren in der Tiefe der Ozeane, den Eintritt in den Luftraum, ja sogar den Vorstoß in extraterrestrische Regionen.

Blicken wir zurück: Aus der Chemo-Evolution war die Bio-Evolution hervorgegangen, aus dem »hasard« die »necessité«[34]. Die Würfel waren gefallen, als die Photosynthese Sauerstoffmangel und tödliche Strahlungsdosis überwunden hatte. Die ersten Weichen waren gestellt, als im Präkambrium tierisches Leben entstanden war, als es sich mit Beginn des Kambriums durchgesetzt hatte, als am Anfang des Ordoviziums alle Äste seines Stammbaums den künftigen Zweigen ihre Grundrichtung fest zugewiesen hatten. Der Weg vom Einzeller zum vielzelligen tierischen Organismus, vom wirbellosen zum Wirbeltier, vom Fisch über das Amphib zum Reptil, von diesem zum warmblütigen Säugetier und innerhalb dessen Rahmen zum Menschen war eine stetige »Höherentwicklung«. Nicht wertend ist das gemeint, oder vielmehr nur insofern, als hier in großen Zügen Abschnitte einer Entwicklung zurückgelegt wurden, die von einfacheren Bauplänen stufenweise zu immer komplexeren führten, welche eine bessere Erschließung der verschiedenen Lebensräume ermöglichten. Zugleich stieg der Grad der relativen Unabhängigkeit von der Umwelt, bis er schließlich beim Menschen ein Ausmaß erreichte, das ihn gelegentlich zu dem Gefühl verleiten mag, er stehe außerhalb der Natur.

Das symbolische Kalenderjahr

Diese Entwicklung hat unendlich langsam begonnen, aber ihre Geschwindigkeit steigerte sich und erfuhr schließlich eine Beschleunigung, die erst dann anschaulich wird, wenn man das so oft zitierte Modell L. Rügers betrachtet, der die gesamte Vorzeit einem Kalenderjahr gleichsetzte (Abb. 10 – hier nach dem neuesten Kenntnisstand berichtigt und etwas abgewandelt). In den Ablauf dieser der unmittelbaren menschlichen Erfahrung besser zugänglichen 12 Monate sind nun in übertragenen, proportionalen Zeitabständen die Marksteine der Bio-Evolution eingefügt.

Diesem Vergleich zufolge würde die gesamte Zeitspanne von der Bildung der ältesten bekannten Gesteine bis zum Auftauchen des Lebens etwas mehr als das erste Viertel dieses symbolischen Jahres einnehmen. Haben sich am 1. Januar die ältesten Gesteine gebildet, so erscheint das ursprünglichste Leben in den ersten Maitagen. Die frühesten photosynthetisierenden, prokaryotischen Zellen treffen wir Anfang Juni an, die eukaryotischen jedoch erst ab letztem Drittel des September. Tierische Einzeller, die Protozoen, tauchen Anfang Oktober auf. Die Beschleunigung der Entwicklung steigert sich: Mitte November setzen die ersten Metazoen, die wirbellosen Tiere ein, am 29. November die Fischähnlichen als erste Wirbeltiere. Schon am 6. Dezember erscheinen die Amphibien, am 18. Dezember die aplazentalen Säugetiere. Am 27. Dezember tauchen die plazentalen Säugetiere auf, und in der Nacht vom 30. zum 31. Dezember trennt sich die zu den Hominiden führende Stammeslinie von der ihrer rein tierischen Vorfahren.

Am letzten Abend unseres symbolischen Jahres, am 31. Dezember um 21 Uhr 12 Minuten entsteht die Gattung *Homo* (hier von manchen noch »*Pithecanthropus*« genannt), 27 Minuten vor Mitternacht stellt sich der Steinheimer Mensch als erster Vertreter unserer Spezies *Homo sapiens* ein. Und unsere gesamte, etwa 6000jährige Geschichte entspricht den letzten 39 Sekunden vor dem Glockenschlag, der das Ende des symbolischen Jahres anzeigt. – Silversternacht, Zeit des Bleigießens, der Erforschung der Zukunft. Doch stellen wir das besser noch bis zu dem letzten Kapitel dieses Buches zurück!

Bei der Konstruktion des oben wiedergegebenen Vergleichs mag man sich rechnerisch noch so viel Mühe geben, kleine Unschärfen bleiben dennoch unvermeidbar. Was er aber in den Proportionen sicherlich zutreffend wiedergibt, das ist einmal das Wesentliche dieses Entwicklungsganges: die stetige »Höherentwicklung« im Sinne der beständigen Zunahme an Organisationshöhe, an Möglichkeiten einer verbesserten Ausnutzung der Lebensräume und an relativer Unabhängigkeit vom Diktat der Umweltverhältnisse. Zum anderen ist es die sich zunehmend steigernde Beschleunigung dieses Evolutionsprozesses.

Wir wüßten nichts vom wirklichen Ablauf dieses Geschehens – das uns so sehr betrifft, da wir als Menschen doch eines der vorläufigen Endprodukte dieser Entwicklung sind –, bestünde nicht die Möglichkeit, es aus seinen hinterlassenen Spuren zu erkennen. Das stetige Werden und Vergehen der Stammeslinien, ihre Rekonstruktion und die Erforschung der stammesgeschichtlichen Zusammenhänge, das Erkennen der Wege und Gesetzmäßigkeiten der Evolution sind die reizvollsten Aufgaben des Paläobiologen. Evolution aber ist ein in der biologischen Population wirkender Grundprozeß, der auf einer Wechselbeziehung beruht, welche zwischen den Anforderungen der Umwelt und den Möglichkeiten des im Individuum verwirklichten Funktionsgefüges besteht: Die Umwelt erfordert zwingend bestimmte Funktionen, welche der Organismus vorwiegend mit Hilfe der Form seiner funktionstragenden Organe zu leisten vermag. Andererseits muß eine Änderung der Umweltbedingungen mit einer angemessenen Veränderung der Funktionen und damit der Formen der Organe beantwortet werden, wodurch die Population ihre weitere Existenz sichert und sich zugleich evolutiv umbildet. Die biologische Evolution basiert also auf einem abgestimmten Zusammenspiel zwischen Form, Funktion und Umwelt, dessen Wesen und Problematik aus dem nächsten Kapitel ersichtlich werden soll.

IV. Kapitel

Die Trinität
Form – Funktion – Umwelt

Es ist der Geist, der sich den Körper baut. *Schiller*

Also bestimmt die Gestalt die Lebensweise des Tieres; und die Weise zu leben, sie wirkt auf alle Gestalten mächtig zurück.

Goethe

... und für unser Problem, ob die Form oder die Funktion das primäre sei, bleibt nur die Möglichkeit, die Funktion als das formbildende Moment zu betrachten. *Otto Jaekel,* 1922

... so ist es, wie hier einmal unzweideutig festgestellt sei, eine einfache logische Selbstverständlichkeit, daß die Form als das Primäre gelten muß; denn keine Kraftäußerung, keine Bewegung, keine Funktion ohne materielle Grundlage, ohne Maschine oder organische Form. Die Form ist also in jedem Fall zuerst da und bestimmt die auszuübende Funktion.

Otto H. Schindewolf, 1931

Form, Funktion und Umwelt

Es ist eine alte Streitfrage, was früher dagewesen ist, das Ei oder die Henne, da doch beide sich gegenseitig voraussetzen. Ein vergleichbares Problem stellt das Zwillingspaar »Funktion und Form« dar. Die Nashörner bilden auf ihrer Nase ein oder zwei Hörner aus, die als Stoßwaffe funktionieren. Aber wie verhält es sich da: Haben diese Tiere zunächst Stoßbewegungen (»die Funktion«) ausgeführt und daraufhin das Horn (»die Form«) hervorgebracht? Oder bildeten sie das Horn aus und stießen damit, sobald es existierte? Mit anderen Worten: Rief der Bedarf an einer Funktion bzw. die Ausübung einer Funktion die Bildung einer geeigneten Form hervor? Oder war es vielleicht umgekehrt, bewirkte das Vorhandensein einer bestimmten Form, daß das Tier nun mit ihrer Hilfe nachträglich eine entsprechende Funktion wahrnehmen konnte? Was war zuerst da, was ist das Primäre: Form oder Funktion?

»Die Spannung zwischen Funktion und Form ... liegt ... darin, daß nach lamarckistischer Auffassung die Form nur aus der Funktion zu verstehen ist, in der sie sich bildet; während nach der darwinistischen Selektionstheorie die Funktion nur aus der schon gegebenen Form zu verstehen ist, die sich unabhängig zuvor schon gebildet hat« (H. Hölder). Man sieht, die Beantwortung der Frage setzt voraus, daß wir uns mit den biologischen Grundlagen der Evolutionslehre befassen. Stellen wir daher diese Frage zunächst noch zurück, und bemühen wir uns um ihre Beantwortung später (S. 136). Eines aber sollte unser erstes Beispiel bereits gezeigt haben, nämlich den engen, untrennbaren Zusammenhang zwischen Form und Funktion.

Wenden wir uns nun zwei weiteren Fällen zu, in welchen die Form und die Funktion eine bestimmte Rolle spielen: Aus der Eikapsel der gegenwärtigen Meeresschnecke *Aporrhais* schlüpft als winzige Larve ein Individuum, das im Laufe seiner kurzen Entwicklung eine auffallende Form annimmt (Abb. 11 c). Es besitzt sechs große, allseits ausstrahlende Lappenfortsätze, die mit feinen Wimpern besetzt sind (das sogenannte Velum. Ferner weist das kleine Gehäuse dieser Larve einen glatten, ungegliederten Mündungsrand auf. Das erwachsene Tier zeigt jedoch einen ganz anderen, radikal veränderten Bau (Abb. 11 b). Das bewimperte Velum ist nun verschwunden, ein großer Kriechfuß ist ausgebildet, der Kopf trägt zwei lange Fühler (Tentakel), während der Mündungsrand des Gehäuses erweitert und durch mehrere Vorsprünge untergliedert ist.

Im Ordovizium, Silur und Devon lebten Trilobiten (Dreilappen-»Krebse«) aus der Verwandtschaft der Gattung *Scutellum*, deren Larvenpanzer eine nicht allzu große Körperfläche, aber weit nach außen strahlende Stachelfortsätze seiner Segmente aufweist (Abb. 12 b1). Er ähnelt in dieser Hinsicht der noch reichlicher bestachelten Larve mancher heutiger Meereskrebse (Abb. 12 a). Das ausgewachsene Tier hat seine Form jedoch stark verändert, denn die randlichen Stacheln sind nun abgebaut; dafür aber ist die Körperfläche des platten Panzers um eine beträchtliche Randausdehnung verbreitert (Abb. 12 b2).

In beiden Fällen, sowohl bei der Schnecke *Aporrhais* als auch bei dem Trilobiten *Scutellum*, sind die genannten Merkmale (»die Form«) und ihre Bedeutung (»die Funktion«) nur aus der jeweiligen Lebensweise und dem Lebensraum (»die Umwelt«) verständlich. Beide Larven leben im Plankton, nahe der Meeresoberfläche. Eine aktive Fortbewegung ist hier nicht oder kaum erforderlich, wohl aber werden weit ausgebreitete Schwebeorgane in der Form von Velum-Lappen bzw. von Schwebestacheln benötigt. Nach Beendigung der Larvenphase ändern die Tiere jedoch ihren Lebensraum und ihre Lebensweise. Sowohl *Aporrhais* als auch *Scutellum* gehen nun zum Leben in bzw. auf dem Meeresboden über. *Aporrhais* lebt jetzt als Strudler vorwiegend eingegraben im Sediment, *Scutellum* frei schwimmend in der Nähe des Bodens oder auf diesem kriechend. Bei *Aporrhais* dient der nun stärker entwickelte Fuß als Kriechsohle, die Tentakel treten als Fühler in Funktion, die Randfortsätze der Gehäusemündung werden als Schaufelrand benützt, wenn sich das Tier in das Sediment hineinschiebt. Die Randerweiterung der Gehäusemündung schließlich dient als eine Art von Höhlendach (Abb. 11 a), unterhalb dessen der Eintritt des Atemwasser und Nahrungsteilchen zuführenden Stroms und der Austritt des mit Exkrementen beladenen Abwasserstroms voneinander geschieden werden[35]. Bei *Scutellum*, das nun teils zum Kriechen auf dem Boden, teils zum aktiven Schwimmen übergegangen ist, steht die neue Panzerform ganz im Dienst dieser letzteren Lebensweise. Freie Schwimmer bilden häufig eine allgemeine Spindelform ihres Gesamtkörpers (Torpedo-Typ) aus, wobei die Augen zur freieren Sicht seitlich sitzen. *Scutellum* aber folgt als bodennah lebendes Tier der Flachboot-Form: der Körper ist horizontal abgeplattet, die Augen befinden sich weit innen auf der Oberseite. Die eine Tragfläche bildende Randausbreitung des Panzers und der Besitz von zusätzlichen, vermutlichen Lichtsinnesorganen auf der Unterseite des Kopfes aber deuten auf freies Schwimmen hin.

Hat uns die Betrachtung der Stoßwaffe des Nashorns die enge Beziehung zwischen Form und Funktion vor Augen geführt, so können wir den von *Aporrhais* und *Scutellum* gelieferten Beispielen dasselbe, darüber hinaus aber auch noch etwas weiteres entnehmen: Das Zwillingspaar Form-Funktion ist in dem einen Lebensraum, der Nähe der Meeresoberfläche, ganz anders beschaffen als in dem anderen, nämlich auf dem Meeresboden. Bei einem Wechsel der Lebensweise und/oder des Lebensraumes werden funktionell bedeutungslos gewordene Merkmale der Form häufig abgebaut und funktionell erforderliche hervorgebracht. Es tritt also zu dem Faktoren-Paar Form-Funktion noch ein dritter Faktor hinzu, nämlich Lebensweise und Lebensraum, allgemeiner ausgedrückt: die Umwelt.

Innerhalb dieser Trinität Form-Funktion-Umwelt bestehen enge Wechselbeziehungen. Sie zu erforschen ist – auf dem Gebiet der fossilen Organismen – die Aufgabe einer speziellen Arbeitsrichtung, die wir Palökologie nennen. Einen eigenen Ausschnitt bildet dabei die Funktionsmorphologie, also jene Betrachtungsweise, bei welcher der Schwerpunkt bei der Beurteilung solcher Beziehungen liegt, die zwischen Form und Funktion bestehen – oder zu bestehen scheinen.

Die Funktion der Teile eines Fossils kann der Palökologe nicht unmittelbar erkennen, er muß sie – wie noch gezeigt werden wird – aufgrund von Rückschlüssen ausdeuten. Ähnliches gilt für die ehemalige Umwelt des fossilen Organismus, die gleichfalls nur auf indirektem Weg rekonstruiert werden kann. Die Form aber ist ihm unmittelbar zugänglich, von ihr kann und muß er ausgehen. Da aber Form nie von vornherein vorliegt, sondern stets erst herausgebildet wird, muß er auch diesen Werdegang der Form, die sogenannte Morphogenese, verstehen lernen.

Der Werdegang der Form

Legen wir uns nun die Frage vor, wie Form entsteht, so müssen wir uns darüber im klaren sein, daß dieser Begriff zahlreiche, abgestufte Aspekte enthält: Bei *Aporrhais* hat jede einzelne Zelle ihre Form, seine eigene Form zeigt aber auch jedes Gewebe, jedes Organ und schließlich auch der Gesamtkörper. Dasselbe gilt für die Schale des Kalkgehäuses; dieses besitzt eine Gesamtform, doch auch die Mikrostruktur in den einzelnen Schichten der Gehäusewand, auch die Aggregate der diese aufbauenden Biokristalle, sie alle haben jeweils ihre eigene Form aufzuweisen. Schließlich sei noch hervorgehoben, daß sowohl der Weichkörper als auch das Gehäuse in den verschiedenen Lebensabschnitten des Individuums jeweils eine verschiedene Form annehmen. Doch welche dieser Formenbereiche auch immer angesprochen werden, stets sind sie das Ergebnis eines physiologischen Wachstums- und Veränderungsprozesses, der im Verlauf der Entwicklung des Einzelindividuums (Ontogenese) vor sich geht, von den frühesten Phasen (embryonal bzw. larval) über das jugendliche (juvenile) Stadium bis in das ausgewachsene (adulte) und manchmal noch bis in frühe Abschnitte des Alters (gerontische Phase) andauernd. Der Grundverlauf dieser Ontogenese ist vom Erbgut kontrolliert, er bleibt daher bei allen Individuen einer biologischen Spezies im Prinzip gleich, wobei Umwelteinflüsse nur graduelle, nicht aber grundsätzliche Abwandlung bewirken können, und all dies gilt auch für die jeweilige Veränderung der Form.

Dieser Morphogenese, also der während der Entwicklung eines Individuums erfolgenden Heraus- und Umgestaltung der Organteile und Merkmale, liegen Veränderungen durch Anbau- und Abbauprozesse zugrunde, welche genetisch festgelegt sind und mit Hilfe von auslösenden, fördernden oder hemmenden Wirkstoffen (Hormonen) gesteuert werden: Weichteilgewebe und -organe oder deren Teilabschnitte vergrößern sich durch verstärkte Zellteilung oder bleiben im Wachstum aufgrund einer Einschränkung oder Blockierung der Zellteilungsprozesse zurück. In skelettalen Hartteilen erfolgt die ontogenetische Größenzunahme durch Anlagerung von winzigen, aus körpereigenen Ausscheidungen stammenden und aufgrund von Biomineralisation entstehenden anorganischen Biokristallen (Abb. 55). Daneben kann, so z. B. beim Knochen, auch ein Umbau stattfinden, und zwar durch Abbau der Biokristalle an bestimmten Stellen sowie gleichzeitige Anlagerung an anderen.

Der jeweilige Zustand der Form ist also das Resultat eines Zusammenwirkens unterschiedlicher Wachstumsgeschwindigkeiten ihrer sie zusammensetzenden Teile: im Raum allseits gleichmäßig schnelles Wachstum ergibt eine Kugel, einachsig beschleunigtes eine Spindel; das Stagnieren des Durchmessers eines wachsenden Rohrs bedingt gleichbleibende Zylinderform, eine plötzliche, schnelle Zunahme des Durchmessers bringt eine trompetenförmige Erweiterung hervor. Umbildungen, die während der Morphogenese stattfinden, werden also auf dem Weg über Veränderungen der Wachstumsgeschwindigkeiten ihrer Einzelabschnitte erzielt. – Der englische Forscher d'Arcy Thompson hatte in einer zu seiner Zeit kaum beachteten Veröffentlichung darauf aufmerksam gemacht, daß hinsichtlich der Wachstumsgeschwindigkeiten innerhalb des ein Individuum ergebenden Formenkomplexes Verschiedenheit besteht. Vergrößern sich zwei Organe mit gleicher Wachstumsgeschwindigkeit, so handelt es sich um »isometrisches« Wachstum. Wenn aber die Wachstumsgeschwindigkeit eines einzelnen Organs oder Körperabschnitts gegenüber der eines anderen beschleunigt oder verzögert wird, so liegt »allometrisches« Wachstum vor. In der Regel herrscht beim Wachstum, also beim Formbildungsprozeß, innerhalb des Individuums ein »Kampf aller Teile« gegeneinander.

Veränderungen der Form durch allometrisches Wachstum können graphisch erfaßt und dargestellt werden. Abbildungen der zu vergleichenden Formen der verschiedenen Stadien (ontogenetischen oder auch phylogenetischen, also stammesgeschichtlichen) werden auf gleiche Größe gebracht, und die Darstellung der Ausgangsform (Abb. 13) wird mit einem Koordinatennetz überdeckt. Wesentlich sind nun die Schnittpunkte der horizontalen und vertikalen Netzlinien mit bestimmten Linien und Punkten der betrachteten Ausgangsform. Sie können auch in der Nachfolgerform (Abb. 13) identifiziert werden. Wenn man sie dort zeichnerisch miteinander verbindet, so zeigt das sich nun ergebende zweite Netz Deformationen, aus welchen die Beschleunigung (positive Allometrie) oder Verringerung (negative Allometrie) der Wachstumsgeschwindigkeiten einzelner Formabschnitte ersichtlich wird.

Die mühevolle Arbeit der Herstellung d'Arcy Thompsonscher Netze bleibt heutzutage dem Paläobiologen erspart – sie kann mit größter Exaktheit und weitaus schneller vom Computer geleistet werden. Dabei zeigen sich dann jene Proportionsverschiebungen, um die es sich hier letzten Endes handelt und die zum Heranwachsen eines Formmerkmals oder Organs aus einem Oriment (= kleines Anfangsstadium) oder zu seiner weitgehenden Rückbildung (Rudiment als Überbleibsel) führen. Unverhältnismäßig große Organe, wie z. B. die überlangen Eckzähne des Säbelzahn-»Tigers«, sind in der Regel positive Allometrien. Hingegen waren die unproportioniert kleinen Vorderbeine des *Tyrannosaurus,* die kaum mehr in der Lage waren, irgendeine Funktion zu erfüllen, das Ergebnis negativ allometrischen Wachstums, also sicherlich Rudimente (Abb. 52 b).

Angepaßte Form

Umbildungen der Form, wie sie häufig durch allometrisches Wachstum erzielt werden, stehen in der Regel in engster Beziehung zu einer erforderlich gewordenen, bestimmten Funktion oder zu entsprechenden Anforderungen der Lebensweise oder des Lebensraums. Das führt dazu, daß die Form zu der betreffenden Funktion in auffallender Weise »paßt«. Pflanzen mit kletternder Lebensweise bringen sehr zweckmäßig geformte Klammerorgane der verschiedensten Art hervor, eine ganze Reihe von »fleischfressenden« Pflanzen besitzt die raffiniertesten Insektenfallen, und zahlreiche Pflanzen der Trockengebiete bilden in mannigfacher Form Einrichtungen aus, die der Wasserspeicherung dienen. Aus tiefen Blütenkelchen Nektar saugende Vögel, so etwa die Kolibris, haben in der Regel schlanke, pfriemenförmige Schnäbel. Der hakenförmige, scharf zugespitzte Schnabel der Raubvögel dient dem Töten und Reißen der Beute – während dieselbe Form beim Papagei die Funktion einer zusätzlichen Hilfe beim Klettern übernimmt. Der zum Schöpfen und Abseihen von Wasser benützte und entsprechend geformte Flamingo-Schnabel, der spezielle Greiffuß des kletternden Chamäleons, die Leuchtorgane von Organismen der lichtlosen Tiefsee, sie und alle die unzähligen weiteren, hier nicht erwähnten Beispiele lassen eindrucksvoll die bestehenden Beziehungen zwischen Form, Funktion und Umwelt erkennen.

Was für die Form zutrifft, gilt in ähnlicher Weise auch für das Verhalten, wie sich u. a. aus den Darstellungen von I. Eibl-Eibesfeldt ergibt[36]. Hier sind es vor allem Verhaltensweisen, die sich zweckmäßig auf den jeweiligen Freßfeind einstellen: Spezifische Abwehrbewegungen bei Schmetterlingsraupen; das irreführende »Verleiten«, mit dem manche Vögel Räuber vom Nest und den Jungtieren fortlocken; das Verhalten der Maulbrüter unter den Buntbarschen, welche bei Feindangriff der Brut Schutz in ihrem Maul gewähren. Ähnliches gilt auch für das Fluchtverhalten, so etwa, wenn das Haushuhn in überaus zweckmäßiger Weise vor Raubvögeln in Bodendeckung geht, vor Bodenfeinden aber auf Bäume flüchtet. Doch auch die Berücksichtigung parasitärer Nahrungskonkurrenten dürfte zu »passendem« Verhalten führen, so z. B., wenn auf den Galapagos-Inseln die Gabelschwanzmöwe nur nachts fischt, wahrscheinlich um die sie tagsüber bedrängenden und ihr die Beute abjagenden Fregattvögel zu meiden. Schließlich seien zwei weitere, sehr spezielle Verhaltensformen zitiert, die eng mit der Ernährungsweise zusammenhängen, und die insofern erstaunlich wirken, als hier eine Art von Werkzeuggebrauch bei Vögeln vorliegt: Das Zerschlagen von Schalen der als Nahrung dienenden Straußeneier mittels eines Steines, wie es der afrikanische Schmutzgeier praktiziert, und die Verwendung eines abgebrochenen Kakteenstachels oder Ästchens zum Herausstochern von Beuteinsekten aus Baumstämmen, wie es bei Spechtfinken vorkommt.

Man sagt üblicherweise, die Form – bzw. das Verhalten – »ist angepaßt« oder »adaptiert«. Dabei wird der Ausdruck Adaptation oder Anpassung leider in verschiedener Weise benützt: Manche Biologen verwenden ihn für die Bezeichnung des Vorgangs, der zur Herausbildung der »passenden« Form führt. Andere bezeichnen das Endergebnis dieses Vorgangs – also die »passende« Form selbst – als eine Anpassung. Wiederum andere Biologen meinen damit ganz allgemein die Fähigkeit eines Lebewesens, in seiner Umwelt existieren zu können. Allerdings sollte man im letzteren Fall besser von einem »Angepaßtsein« als bestehendem Zustand sprechen.

Diese Umwelt hält für eine Spezies bzw. deren Populationen eine ganze Reihe von Anforderungen und Zwängen bereit, und so stehen diese Populationen in steter Abhängigkeit sowohl von den abiotischen Faktoren ihres Standorts (chemische, physikalische, klimatische Gegebenheiten) als auch von den biotischen (Nahrungsangebot, Konkurrenten, Feinde, Parasiten usw.). Das Überleben der Populationen hängt nun davon ab, wieweit sie in der Lage sind, die von der Umwelt gestellten Anforderungen zu erfüllen, wieweit sie also an diese harmonisch angepaßt sind. Jede Fehlanpassung der Individuen, aber auch jede ungünstige Veränderung ihres Lebensraums gefährdet die an ihn angepaßte Population. Andererseits bedeutet schon die geringste Möglichkeit von Einzelindividuen, den Beginn einer adäquaten Anpassung einzuleiten, für die Population einen beträchtlichen Vorteil: Bei den Vorfahren der am Anfang dieses Kapitels genannten Nashörner waren zweifellos jene Individuen bevorzugt, die auf der Nase nicht etwa nur die anfängliche winzige Verdickung (Oriment) besaßen, sondern aufgrund einer Veränderung des Erbguts bereits ein kleines Horn. Sie fielen seltener Feinden zum Opfer und besaßen auch bessere Chancen, während ihrer Rivalenkämpfe zu bestehen. Aufgrund dieses Vorteils bei der Fortpflanzung setzte sich die neue Form nun schnell in der ganzen Population durch, die damit zu einer neuen, besser angepaßten Art wurde. Der durch die Existenz von Feinden erzeugte Selektionsdruck (= Richtung der natürlichen Auslese) bezog sich hier also auch auf kräftigere und längere Nasenhörner, die als Stoßwaffe besser geeignet waren.

Ein Rätselraten: das Ausdeuten von Funktion aus Form

Bei diesem (etwas vereinfacht dargestellten) Beispiel wird die Bedeutung der Anpassung, der Zusammenhang zwischen Form und Funktion, ohne weiteres ersichtlich, weil uns Beobachtungen beim lebenden Nashorn das Feststellen der Funktion ermöglichen. Im Fall der fossilen Organismen verhält sich dies aber anders, denn hier kann die Funktion ja nicht mehr unmittelbar identifiziert werden; sie muß vielmehr ausgedeutet werden, und zwar durch Rückschlüsse aus der Form selbst und gegebenenfalls auch aus der rekonstruierten Umwelt. Dabei bestehen nun einige Möglichkeiten und Verfahren: (a) der Analogieschluß von gegenwärtigen auf fossile Lebewesen, (b) der Rückschluß vom »Paradigma« und (c) die Simulation im Modellexperiment oder im Computer.

Den Befund am rezenten Lebewesen in den Dienst der Ausdeutung der Form beim fossilen zu stellen, ist ein schon seit vielen Jahrzehnten geübtes Verfahren. Oft kann es mit Leichtigkeit angewendet werden: Paddel bei den fossilen Meeressauriern besaßen dieselbe Ruderfunktion wie die Flossen der gegenwärtigen (und fossilen) Fische, gespannte Häute an den Vorderbeinen und Fingern dienten bei den Flugsauriern der Funktion des Fliegens ebenso wie heute bei den rezenten Fledermäusen. In anderen Fällen bestehen manchmal Schwierigkeiten, vor allem aber dann, wenn in der gegenwärtigen Tierwelt dieselbe Form bei verschiedenen Trägern verschiedenen Funktionen dient. Sie kann dann beim Fossil recht unterschiedlich und jedenfalls nicht eindeutig interpretiert werden (z. B. Randstacheln, die entweder dem Schutz als Schwebeeinrichtung oder der Tarnung dienen können). Im übrigen aber ist das Verfahren des direkten, vom gegenwärtigen Tier ausgehenden Analogieschlusses ziemlich einfach, so daß eine breitere Erörterung entbehrlich ist.

Paradigma, das Musterbeispiel

Anders verhält es sich mit dem Rückschluß vom Paradigma, einem Verfahren, das zwar genauer besehen auch nicht gerade neu ist, das aber heute einen Anspruch auf besondere Aktualität anmeldet. Der etwas gespreizt barocke Ausdruck »Paradigma« bedeutet Musterbeispiel, und nichts anderes als eben dieses hatten schon im ersten Drittel dieses Jahrhunderts die Paläontologen im Sinn, als sie – wie etwa Othenio Abel in Wien und Rudolf Richter in Frankfurt – von einem »Torpedotyp« oder »Flachboottyp« schwimmender Tiere sprachen oder von einem »Wellblechprinzip« der Schalenversteifung, von einer »Schlammschuhform« jener Randausbreitungen, die ein Versinken im schlammigen Sediment verhindern sollten, und dergleichen mehr.

Wortgewandter, aber nach demselben Rezept gehen die Verkünder der Paradigma-Methode vor. Auf kürzeste Form gebracht lautet es: Man fasse den Organismus als Analogon einer Maschine auf, deren einzelne Teile bestimmte Funktionen wahrnehmen. Kann man für einen Teil des fossilen Lebewesens aus seiner Form eine bestimmte Funktion »voraussagen«, so suche man nach einem Paradigma (Rudwick 1961), einem Musterbeispiel, das – möglichst in der technischen und mechanisierten Welt – diese Funktion besonders exemplarisch oder sogar in idealer Weise erfüllt. Berücksichtigt man dieses Musterbeispiel, so können Form und Funktion beim Fossil aus den mechanischen Prinzipien erklärt werden, die in ihm, dem Paradigma, wirksam sind. Die Verfahrensweise ist also die eines (nicht immer milden) mechanistischen Reduktionismus: »Ein Organismus als physikalisches Objekt ist den Gesetzen der Mechanik unterworfen; seine Komplexität kann oft durch einige einfache geometrische Instruktionen gesteuert werden, ähnlich wie ein Ingenieur den Wirkungsgrad einer Maschine beurteilt, die für eine spezifische Arbeit gebaut ist.[37]«

Demnach wäre, um hier nur ein Beispiel herauszugreifen[38], das Paradigma für den Rumpf eines vierfüßigen Säugetiers der bautechnische Typ einer Bogensehnenbrücke (Abb. 14). Der inneren Statik des Rumpfes entspricht die des genannten Brückentyps: Der Wirbelsäule wäre der Bogen mit seinem druckfesten Untergurt (Dornfortsätze der Wirbel) und seinem Obergurt (Ligamente und Muskelverspannung) analog; der Sehne entspräche die Linie vom Brustbein über die geraden Bauchmuskeln; und den seitlichen Spannungstrajektorien der Brücke wären die Rippen und gewisse Muskeln gegenüberzustellen. So liegt also ein tragendes, in Leichtbauweise erzieltes, auf Druck und Zug konstruiertes und doch in sich festes System sowohl bei dem technischen beispielhaften Muster als auch bei dem lebenden Organismus vor. (Betrachtet wurde hier die organische Form und Funktion im Spiegel des künstlichen, technischen Erzeugnisses. Das läßt sich manchmal auch umkehren, denn man bedenke, daß z. B. das Flugzeug den Vogel, das Unterseeboot die Fischform, das Mikrophon das Trommelfell imitiert.)

Im allgemeinen wäre gegen das Paradigma-Verfahren eigentlich nichts einzuwenden. Im Gegenteil, es hat als Hilfsmittel bei der Beurteilung von theoretischen Möglichkeiten zweifellos eine beträchtliche praktische Bedeutung. Mehr aber auch nicht. Schon S. J. Gould betont: »Zu zeigen, daß eine Struktur (hier im Sinn von »Form« benutzt, Verf.) eine Funktion hätte erfüllen können, beweist noch nicht, daß dies der Fall war« – was Gould allerdings nicht davon abhielt, schon einige wenige Zeilen weiter von einer »mechanistischen Beweisführung, die in die Wissenschaft von der Anpassung« eingehe, zu sprechen.

Das simulierende Modell

Befassen wir uns nun mit den nächsten beiden Verfahren, die sich beide des simulierenden Modells bedienen! Dabei geht das mechanische Experiment von der vollständig vorliegenden, endgültig erreichten Form aus, die es in einem künstlichen Modell nachahmt und verschiedenen Test-Bedingungen aussetzt. Da dieses Verfahren nicht allzu kompliziert ist, kann es wohl durch ein einziges Beispiel hinreichend erklärt werden: Ammonoideen und Nautiloideen (Glossar!) waren in der Regel frei schwimmende Tiere, deren Schalengehäuse einerseits als Schwebe- und Tauchapparaturen bei Vertikalbewegungen dienten (S. 125), andererseits beim horizontalen Schwimmen behindernde Reibungsflächen im Wasser boten. Es ist somit von vornherein zu vermuten, daß z. B. scheibenförmig schlanke Gehäuse weniger Wasserwiderstand antrafen als dick kugelige, allgemein gesprochen, daß die jeweilige Gehäuseform ihrem Träger ein besseres oder schlechteres Schwimmvermögen verlieh. Eine gewisse Rolle spielt auch die Stabilität dieses Gehäuses, denn es ist anzunehmen, daß es eine ausgewogene Gewichtsverteilung besaß, weil es im Wasser ja eine möglichst konstante Lage einhalten mußte. Alle diese Faktoren können nun experimentell überprüft werden, wenn man – und das ist mehrfach geschehen – das Gehäuse des lebenden *Nautilus* oder aus Kunststoff nachgebildete Gehäuseformen der Fossilien im Strömungskanal und im Experimentierbecken verschiedenartigen kontrollierten Bedingungen unterwirft. Die Ergebnisse lassen dann die Eignung der jeweiligen Form für die jeweilige Funktion erkennen.

Mehr abstrahierend geht jenes Verfahren vor, das sich des Analog-Computers zur Simulation des zu einer bestimmten Form führenden Wachstumsverlaufs bedient. Hier wird die Form als das Ergebnis eines spezifischen Werdegangs (Morphogenese) aufgefaßt, eines Bildungs- und Wachstums-Programms, das durch entsprechende Anweisungen an den Analog-Computer kopiert werden kann. Die beobachtete Form wird analysiert, und ihre Grundgestalt wird auf einige wenige geometrische Parameter zurückgeführt, die entweder in Befehle an den Computer umgesetzt werden können oder in diesem beliebig variiert werden. Entsteht nun aufgrund derartiger Programmierung im Analog-Computer das Abbild der zu untersuchenden Form, so kann das dahin führende spezifische Programm als eine wahrscheinlich zutreffende Kopie des in der Natur gegebenen morphogenetischen Programms aufgefaßt werden. Das klingt sicherlich sehr abstrakt, wird aber durch die beiden nachfolgenden Beispiele verständlicher:

Die Oberfläche des Meeresbodens abweidende wirbellose Tiere hinterlassen sogenannte Weidespuren, welche bestimmten, offensichtlich erblich festgelegten Verhaltensmustern entsprechen. Derartige Weidespuren sind in großer Zahl auch als sogenannte Spurenfossilien bekannt. Ein sehr häufiger Formtyp ist dabei der des »geführten Mäanders« (Abb. 15 1 a–3 a), der es dem Tier erlaubt, eine Weidefläche optimal auszunutzen, und der in einer Population von weidenden Individuen zu einer möglichst geringen Überschneidung der einzelnen Weidegründe führt. Schon Rudolf Richter hatte in den zwanziger Jahren vermutet, daß diese Formen der Weidespuren auf bestimmte Prinzipien des Verhaltens zurückgeführt werden können, nämlich: (1) Strophotaxis, also das Prinzip, in bestimmten Streckenabständen eine Wendung von rund 180° durchzuführen, (2) Phobotaxis, d. i. die Scheu, andere, bereits angelegte Spuren einschließlich der eigenen zu kreuzen, und (3) Thigmotaxis, die das Tier zwingt, den Berührungskontakt mit seiner bereits erzeugten Spur zu halten, also nach der Wendung parallel zur alten Spur weiterzukriechen bzw. zu weiden.

Diese Vermutung wurde später von D. M. Raup und A. Seilacher aufgegriffen, die ein Computer-Programm zur graphischen Erzeugung von Spurenlinien aufstellten und dabei die unter (1) bis (3) genannten Determinanten als Anweisungen benutzten. Sobald sie die Einzelfaktoren, wie z. B. Länge der Mäanderstrecke, Größe des Umkehrwinkels und Abweichung von paralleler Führung, variierten, lieferte der Computer simulierte Spuren, welche sehr weitgehend den tatsächlichen Typen der fossilen Weidespuren entsprachen (Abb. 15 1 b–3 b). Das zeigt, daß eine große Zahl der verschiedenen, zweidimensionalen Weidespuren wahrscheinlich auf ein einziges Verhaltensmuster zurückgeführt werden kann, das auf nur wenigen Prinzipien beruht. »Was in Wirklichkeit unseren Programmen in einem bestimmten Tier entspricht, ist nicht bekannt, aber es ist klar, daß die genetische Kontrolle nicht komplizierter zu sein braucht als unser Modell. Der weite Anwendungsbereich eines einzelnen Computer-Programms legt nahe, daß das biologische Analogon sich von ihm wahrscheinlich nicht sehr unterscheidet«[39]. Die lenkenden Prinzipien scheinen somit tatsächlich die von Rudolf Richter bereits vermuteten zu sein, und zusätzliche Besonderheiten der Form bzw. des Spurenverlaufs lassen sich aus dem jeweils abgewandelten Ausmaß der Beteiligung einer jeden der Determinanten erklären.

Die Abwandlung von Determinanten der Formbildung erfaßte D. M. Raup auch in einem anderen Fall: Da viele Gruppen der wirbellosen Tiere ihre Gehäuse in der Form einer Spirale bauen und diese in vielfacher Weise abgewandelt bei den allerverschiedensten Tiergruppen immer wieder auftaucht, unterzog er diese Spiralformen einer geometrischen Analyse. Dabei zeigte sich, daß selbst so unterschiedlich gebaute Schalen wie die scheibenförmig eingerollte der Ammonoideen, die turmförmige der Schnecken und die flach schüsselförmig wirkende der Muscheln und Brachiopoden letztlich alle auf die Grundform eines spiralig eingerollten, sich mehr oder weniger erweiternden Rohres zurückgeführt werden können[40].

An sich war diese Beobachtung keineswegs neu, und ebensowenig die Erkenntnis, welche wichtigsten Determinanten hier für die erwähnten Formabwandlungen verantwortlich sind. Raup aber hat sie schärfer definiert und sich ihrer zu Simulationszwecken bedient. Er faßte das wachsende Gehäuserohr in seiner Gänze als eine sich bildende spiralige Kurve (generating curve) auf, und er legte als wichtigste Determinanten der Gehäuseform die folgenden Parameter fest (Abb. 16 obere Ecke links): (1) Rohr-Querschnitt = RQ (shape of generating curve), (2) Zunahme der Weite des Rohr-Querschnitts pro Umgang um die Einrollungsachse = RQ_0 / RQ_4 (rate of whorl expansion), (3) Abstand und Lage des Rohr-Querschnitts im Verhältnis zur Einrollungsachse = α/β (position and orientation of the generating curve), und (4) Windungsverlauf (whorl translation), d. i. der Quotient aus der jeweiligen Höhenverschiebung des Rohr-Querschnitts gegen die Einrollungsachse und der seitlichen Entfernung von dieser.

Die Verwendung dieser vier Parameter in einem Programm ermöglichte es Raup, im Analog-Computer das graphische Abbild bestimmter Gehäuseformen auf dem Bildschirm zu erzeugen und deren Wachstum bzw. das Entstehen ihrer Gesamtform zu simulieren. Doch ging er über dieses Ergebnis noch hinaus. Durch variierte Beschleunigung der Zunahme einzelner Parameter und verschiedene Kombinationen dieser Beschleunigungen erreichte er es, sämtliche Abwandlungstypen des spiraligen Grundtyps zu erzeugen, die theoretisch möglich sind. Allerdings geschah dies unter der Voraussetzung, daß es sich stets um einen kreisrunden Rohr-Querschnitt handelt, während in der Natur sehr verschieden geformte Querschnitte (sogenannte Windungsquerschnitte) auftreten und außerdem der Fall häufig ist, daß ein solcher Querschnitt während des Gehäusewachstums seine Form mehrfach ändert. Doch abgesehen von dieser Einschränkung kann in der Tat festgestellt werden, daß hier der Computer ausnahmslos alle geometrischen Formen konstruiert hat, die bei der Abwandlung der genannten vier wesentlichsten Determinanten entstehen können.

D. M. Raup hat sodann diese Variationsmöglichkeiten des spiraligen Gehäuses von kreisrundem Windungsquerschnitt in einem Blockdiagramm zusammengestellt (Abb. 16). Dabei wurden die Werte für die Weitenzunahme des Rohr-Querschnitts an der linken vorderen Vertikalkante (von 1 bis 10^6) aufgetragen, und die für den Windungsverlauf an der vorderen Basiskante (von 4 bis 0). Die Werte für den Abstand von der Einrollungsachse sind auf der von vorn nach hinten führenden Basiskante dargestellt. In diesem Blockdiagramm sind alle jene Raumabschnitte schraffiert, die von solchen spiraligen Gehäusetypen eingenommen werden, welche bei den Schnecken (Blockregion A), den Muscheln (Blockregion C), den Brachiopoden (Blockregion D) und den eingerollten Cephalopoden (Blockregion B) allgemein typisch sind. Abgesehen von den geringen Überlappungen läßt dieses Verteilungsbild nun sehr deutlich erkennen, daß die Beteiligung und Kombination der vier Determinanten bei der Bildung der spiraligen Gehäuse dieser vier Tiergruppen sehr verschieden und jeweils charakteristisch ist.

Zur Funktion vermag dieses Untersuchungsergebnis wenig auszusagen – sie ist in allen diesen Fällen ein wenig verschieden –, wohl aber zeigt es jene versteckten geometrischen Regelhaftigkeiten auf, welche in den vier Gruppen von Wirbellosen die Formgebung beherrschen. Und noch etwas weiteres, sehr Überraschendes fällt auf: Große Teile des Blockdiagramms sind weiß geblieben, hier haben die theoretisch ermittelten Spiralformen kein reales Gegenstück in der Natur.

Das Interpretationsdreieck

Ist die Natur so sparsam gewesen, daß sie einen so großen Teil ihrer Möglichkeiten nicht ausschöpfte und diese Formen nicht realisierte? Oder trifft eine der drei möglichen Erklärungen zu, die Raup erwogen hat? Die Zeitspanne der Evolution der vier Tiergruppen könnte zu kurz gewesen sein, als daß sie alle gegebenen Formmöglichkeiten hätte ausnützen können. Doch das erscheint angesichts der tatsächlichen Zeitspanne von fast 500 Jahrmillionen keineswegs einleuchtend. Für wahrscheinlicher hält Raup, daß die unbesetzten Blockregionen, also die nicht realisierten Formen, von geringem Anpassungswert (adaptive valleys) sind und daher nicht zur Ausbildung kamen, und diese Möglichkeit besteht durchaus. Noch wahrscheinlicher ist allerdings, daß sie »biologisch nicht möglich« waren und sind.

Damit aber sind wir auf ein Element gestoßen, das phylogenetisch forschende Paläontologen des öfteren betont haben, das aber in der Funktionsmorphologie bisher kaum Beachtung gefunden hatte, bis es durch A. Seilacher auch hier erneut hervorgehoben wurde. Es ist der »historisch-phylogenetische Aspekt«:

Daß man entgegen der oft benützten Redensart aus einer Mücke keinen Elefanten machen kann, liegt auf der Hand; weniger klar dürfte aber den meisten Laien sein, warum dieser und der umgekehrte Fall nicht möglich sind: Sie sind nicht möglich, weil jeder von beiden, die Mücke sowohl als auch der Elefant, das Ergebnis eines historischen Bildungsprozesses ist, eines langen stammesgeschichtlichen Werdegangs, der aus zahlreichen Entwicklungsschritten bestand und nun praktisch nicht mehr umkehrbar ist. Er führte zur Schaffung verschiedener Baupläne – hier dem der Insekten, dort dem der Säugetiere. Und auch innerhalb dieser Baupläne sind einerseits die Mücke, andererseits der Elefant das bisherige Endergebnis zahlreicher weiterer Entwicklungsschritte. Die vorausgegangene Stammesentwicklung bedingte somit bei beiden ein bestimmtes, genetisch verankertes Formenpotential, das ich die »phylogenetische Konstitution« der Spezies bzw. ihrer jeweiligen Population nennen möchte (vgl. S. 249). Nun aber war jeder einzelne der vorherigen Entwicklungsschritte der einer zunehmenden Spezialisation im Sinne besonderer Anpassungen. Sich steigernde Spezialisation schafft jedoch in zunehmendem Maße eine automatische Einschränkung der weiteren Adaptationsmöglichkeiten, also eine Einengung der evolutiven Bandbreite (S. 249): ein Tier von der Größe und dem Körpergewicht sowie dem anatomischen Bau eines Elefanten könnte nicht zum Fliegen übergehen, selbst wenn es Flugorgane ausbilden würde.

Für die Form und die Funktion ergeben sich also Beschränkungen und Möglichkeiten unter anderem auch aus dem historisch gewordenen, phylogenetisch erreichten Bauplan. Die Einführung dieses »historisch-phylogenetischen Aspekts« in die konstruktionsmorphologische Betrachtung sichert dieser wenigstens einen Teil ihrer biologischen Basis.

Insgesamt entwickelte A. Seilacher eine Konzeption der funktionsmorphologischen Betrachtungsweise, welche die bereits beschriebene mechanistisch orientierte Interpretation (Paradigma) mit einbezieht, deren Einseitigkeiten aber vermeidet, und sich bemüht, »den Wirkungsbereich aller formbestimmenden Faktoren zu erfassen und diese gegenseitig abzuwägen«[41]. Für die Verwendung einer eigenen, neuen Bezeichnung als »Konstruktionsmorphologie« (Weber, 1955) scheint mir aber keine Veranlassung zu bestehen, denn was sonst bedeutet wohl diese Konzeption, wenn nicht »Funktionsmorphologie, wie sie sein sollte«?

Betrachtet man die gegebene Form oder den Formkomplex unter Berücksichtigung der kausalen Faktoren, so erscheint die Form als Kompromiß zwischen Bauplan, Paradigma und »bautechnischem Programm«. In diesem Zusammenhang hat man sich ein dreieckiges Interpretationsfeld vorzustellen, dessen Ecken von den formbestimmenden Faktoren eingenommen werden:

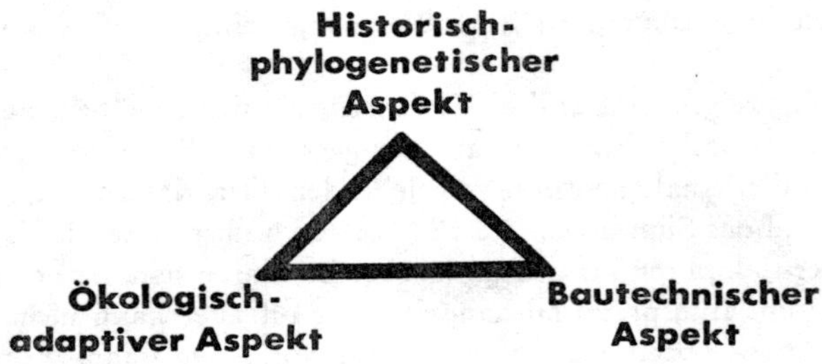

Was mit der Bezeichnung »historisch-phylogenetischer Aspekt« gemeint ist, wurde bereits erklärt. Es handelt sich um den Status, die Grenzen und die Möglichkeiten, die sich für die Form und die Funktion aus dem jeweils erreichten Bauplan als phylogenetischem Erbe ergeben. Auch der Begriff des »ökologisch-adaptiven Aspekts« ist leicht zu erklären. Er bezieht sich auf das, was Gegenstand der »Funktionsmorphologie im engeren Sinne« ist, also auf die unmittelbar vordergründige Beziehung zwischen Form und Funktion, wie sie sich im Paradigma widerspiegelt und wie sie das Ergebnis des jeweiligen Anpassungsvorgangs ist. Weit schwieriger, wohl auch noch nicht völlig geklärt und somit auch noch nicht unmißverständlich definiert ist der dritte Faktor, der »bautechnische Aspekt«. Er soll die sogenannten »bautechnischen Lizenzen« mit einschließen, »die weder adaptiven, noch im eigentlichen Sinn phylogenetischen Elemente organischer Gestaltung«. Gedacht ist dabei offenbar an solche geometrischen und anderweitigen Regelmäßigkeiten der Form und der Formentwicklung, die nicht auf Anpassung und auch nicht auf einen stammesgeschichtlichen Werdegang zurückgeführt werden können. Unter diese Rubrik sollen beispielsweise auch jene auf wenige Parameter reduzierten morphogenetischen Programme fallen, die Raup im Simulationsmodell bei den Schnecken, Muscheln, Brachiopoden und Cephalopoden antraf.

(Hier, beim »bautechnischen Aspekt« liegt wohl noch eine gewisse Schwäche dieser ansonsten voll vertretbaren gedanklichen Konstruktion. Zwar scheint es sich so zu verhalten, daß es tatsächlich Merkmale und Formen ohne Anpassungswert gibt (S. 224), sogenannte »non-functional« oder »inadaptive characters«. Doch muß sehr bezweifelt werden, daß es bei den nur halbwegs höher organisierten Lebewesen irgendein Formbildungsprogramm gibt, das nicht phylogenetisch hervorgebracht und verankert wäre.)

Form und Funktion als Antwort auf biotische Einflüsse

Innerhalb des beschriebenen Interpretationsdreiecks findet die jeweils untersuchte Form die ihr zukommende Position. Bei gleichzeitiger Berücksichtigung aller drei Aspekte wird diese jeweils demjenigen Pol des Dreiecks genähert sein, dessen Kriterium oder Aspekt über die beiden anderen dominiert. So kommt der zu erwartende Kompromiß zwischen Bauplan, Paradigma und dem noch etwas nebulösen »bautechnischen Aspekt« auch graphisch zum Ausdruck. Als wesentlich erscheint aber bei dieser synthetisierenden Betrachtungsweise, daß sie Überspitzungen vermeidet, das Zusammenspiel mehrerer formgebender Faktoren in Rechnung stellt und deren jeweilige Einflußnahme abwägt.

Wie sich zeigte, gibt es drei Verfahren, die sich bemühen, Funktion, Lebensweise und Lebensraum aus der gegebenen Form des Fossils abzuleiten: den Analogieschluß vom lebenden Tier, das Paradigma-Verfahren und das Simulieren. Sie alle können höchst plausible Erklärungen liefern, doch muß man sich darüber im klaren sein, daß es sich immer nur um Interpretation handelt. Sehr oft aber kann nicht einmal eine Deutung erzielt werden, und zwar vor allem dann, wenn allzu viele Möglichkeiten bestehen, ohne daß einer von ihnen mehr Wahrscheinlichkeit des Zutreffens zukäme als den anderen. Entsprechendes gilt gelegentlich auch für die biotischen und abiotischen Einflüsse.

Innerhalb der biotischen, sich auf die Auslese der Form und auch der Funktion auswirkenden Umweltfaktoren spielen die Art des Nahrungsangebots und die Ernährung eine gewichtige Rolle. Daher kommt es, daß bei sehr verschiedenen, auch nicht näher miteinander verwandten Gruppen bei gleicher Ernährungsweise sehr ähnliche Lebensformen entstanden: Viele Wassertiere ernähren sich so, daß sie mit Hilfe spezieller Einrichtungen kleine Wasserströme erzeugen, in welchen die Nahrungspartikel zum Munde geleitet werden. Solche Tiere sind also Strudler. Leben die Individuen festgeheftet auf dem Meeresboden (sessiles Benthos) oder anderem festem Substrat, so sind sie wegen der Unmöglichkeit eines aktiven Ortswechsels auf jene winzigen Nahrungsteilchen (meist Plankton) angewiesen, die von der Meeresoberfläche nach unten absinken. Sie alle sind somit zu Körperformen gezwungen, bei welchen der Mund nach oben gerichtet ist. Ferner tritt hier als Lebensform sehr häufig der Typ des »Busches« oder des »Baumes« auf, und zwar ganz unabhängig bei verschiedenen Gruppen der wirbellosen Tiere, z. B. bei den Hydrozoen-Polypen, den Moostierchen (Bryozoen), den Seeanemonen, Ringelwürmern, Seelilien (Crinoiden) und einigen weiteren Stachelhäutern.

Das hier waltende Form- und Funktionsprinzip ist leicht zu ergründen: Wie der Baum die Äste seiner Krone dem Sonnenlicht entgegenstreckt, das er für seine Photosynthese benötigt, so wenden die meisten festsitzenden Strudler ihre Körperoberseiten mit ihrem Mund und den bisweilen verzweigten Armen, Tentakeln, Cirrhen und anderen Körperfortsätzen dem durch das Wasser herabsinkenden »Regen« von

Nahrungsteilchen zu. Diejenigen, die starr festsitzen, erreichen nur einen kleinen Anteil dieses Regens, während solchen ein weit größerer Bereich der Nahrungszulieferung zugänglich wird, die ihre enge Ortsgebundenheit anderweitig auszugleichen vermögen. Das kann geschehen, wenn zwar die Basis fixiert bleibt, der eigentliche Körper über ihr jedoch seine Position innerhalb des Zufuhrbereichs ständig verändern kann, so daß er abwechselnd verschiedene Ausschnitte dieses Nahrungsregens erfaßt. So bilden sich also flexible Stiele heraus, welche dem Körper weit entfernt von der starren Basis eine gewisse Eigenbewegung und wenigstens innerhalb enger Grenzen eine beschränkte Ortsveränderung gestatten. Das z. T. paradigmatische Bild des Baumes wird durch den einem Stamm ähnlichen Stiel vervollständigt.

Besonders exemplarisch war diese Lebensform bei gewissen festsitzenden Stachelhäutern entwickelt, den Crinoiden oder »Seelilien«. Und hier liegt nun ein Fall vor, der die Wege einer funktionsmorphologischen Analyse besonders anschaulich vor Augen führt: Auf dem Meeresboden fixierte Crinoiden können natürlich dort nicht leben, wo stagnierendes, fauliges Bodenwasser ein lebensfeindliches Milieu schafft, dem der freie Sauerstoff weitgehend fehlt. Derartige Bedingungen müssen während des Unteren Jura in Süddeutschland dort geherrscht haben, wo die schwarzen bituminösen Ölschiefer (Posidonienschiefer) abgelagert worden sind. Trotzdem finden sich regelmäßig gerade in diesen Gesteinen die prachtvollen Exemplare der Crinoiden-Gattung *Seirocrinus*. Auf dem dünnen, bis 15 m Länge erreichenden Stiel sitzt hier eine bis zu 80 cm breite Krone, deren zahlreiche, mit schlanken Fortsätzen versehenen Arme jenes Aussehen hervorrufen, das die Bezeichnung »Schwabens Medusenhaupt« voll rechtfertigt. Wie aber konnten die Individuen von *Seirocrinus* in diesem vergifteten Bodenwasser leben? Gewiß, die Länge der Stiele hätte bewirkt, daß die Kronen, also die den eigentlichen Körper und die Arme enthaltenden Teile des Tieres sich oberhalb der kritischen Zone in Sicherheit befanden. Aber der Beginn des Stielwachstums und die Reichweite des Stiels bei Jungtieren, bei welchen er ja noch nicht voll ausgewachsen war, müßten dann eben doch im tödlichen Bereich nahe der Bodenoberfläche gelegen haben.

Der Lösung dieses Problems kommt man ein Stück näher, wenn man beobachtet, daß *Seirocrinus* sich spezialisiert hatte, denn abweichend von den übrigen Crinoiden lebte er – das ist durch Fossilfunde erwiesen – festgeheftet an im Meer lose driftenden Baumstämmen. Doch hier taucht gleich eine neue Schwierigkeit auf: Unterstellt man, daß *Seirocrinus* diese Stämme besiedelte, nachdem sie zu Boden gesunken waren, so steht man erneut vor dem Problem des lebensfeindlichen Bodenmilieus. Vermutet man jedoch, daß seine Larven sich auf den Baumstämmen festsetzten, als diese noch an oder kurz unter der Meeresoberfläche trieben, so impliziert das eine weitere Annahme, nämlich daß bei dieser Gattung die gestielten Kelche nicht aufwärts, sondern abwärts wuchsen. (Dann wäre jene Orientierung von Museumsstücken falsch, bei welcher der fossile Stamm unten liegt, die Stiele und Kelche von *Seirocrinus* aber nach oben weisen.)

Der Verdacht, daß eine abwärts gerichtete Lebendstellung die richtige Deutung darstellt, verstärkte sich, als auf einer riesigen, 4,5 x 7 m großen Schieferplatte mit etwa 50 voll ausgewachsenen *Seirocrinus*-Exemplaren (Abb. 17) festgestellt wurde, daß jede der auf der Schichtfläche liegenden Kronen von ihrem Stiel nicht etwa unter-, sondern überlagert wird[42]. Das deutete ja darauf hin, daß bei der Annäherung des die Tiere tragenden Baumstammes an den Meeresboden und bei seinem Aufsetzen auf den Grund zuerst die Kronen und erst danach die Stiele der Bodenfläche aufgelagert wurden.

Aber das Bild eines Crinoiden, also eines festsitzenden Strudlers, welcher der Nahrungsquelle, nämlich dem Planktonregen, nicht entgegenwächst, sondern in die abgekehrte Richtung tendiert, ist so ungewöhnlich, daß es zunächst kaum glaubhaft erscheint. Diese Situation wäre doch nur dann möglich, wenn eine zusätzliche Anpassung die entstehenden, schwerwiegenden Nachteile wieder ausgleicht. So könnte man annehmen, daß ungewöhnliche Länge und eine besondere Schmiegsamkeit der Stiele es den Kronen ermöglichte, sich trotz der entgegengesetzten Wachstumsrichtung des Stiels der Wasseroberfläche wieder zuzukehren. Diese Vermutung erwies sich als richtig, denn eine Untersuchung der Stiele, die bei allen Crinoiden aus aufeinanderfolgenden kleinen Kalkscheibchen bestehen, welche hinter dem Kelch entstehen, zeigte[42], daß bei *Seirocrinus* besondere Verhältnisse geschaffen worden sind:

Bei den bodenverhafteten Crinoiden werden die Stielglieder so ausgebildet, daß der Stiel in Bodennähe schwerer und steifer ist, auf den Kelch zu aber immer leichter und flexibler wird. Aufgrund der normalen Wachstumsrichtung ist der Kelch ohnehin der Nahrungsquelle zugekehrt. Die basalen Stielabschnitte können daher steif sein; Biegsamkeit ist nur in der Nähe des Kelchs erforderlich, der ja »schwenken« soll. Bei *Seirocrinus* jedoch werden die Bedingungen mit der neuen Wachstumsrichtung konträr verändert: Der Schwenkbereich muß hier nun in den tieferen Stielabschnitten liegen, damit während des Wachstums möglichst frühzeitig eine Wendung der Krone um 180°, also gegen oben, in Richtung zur Wasseroberfläche, erfolgen kann. Hat sie erst stattgefunden, so ist in Kelchnähe eine besondere Biegsamkeit des Stiels nicht mehr von Bedeutung. Als erforderlich gewordene Neuanpassung an seine pseudoplanktonische Lebensweise hat *Seirocrinus* diese außergewöhnliche Konstruktion tatsächlich hervorgebracht, er hat »die Dinge auf den Kopf gestellt«: bei ihm sind die basalen Stielabschnitte die flexiblen, und die Biegsamkeit des Stiels nimmt in Richtung auf den Kelch ab. Das Konstruktionsprinzip wurde hier also abgewandelt, im Einklang mit der besonderen Lebensweise.

 Nicht nur die baumförmigen festsitzenden Strudler entwickelten eigene allgemeine und, wie *Seirocrinus* zeigt, manchmal sogar sehr spezielle Anpassungen. Auch die anderen Strudler mußten Einrichtungen schaffen, die den jeweiligen Anforderungen gerecht wurden. Mollusken und Armfüßer (Brachiopoden) mußten darauf bedacht sein, den eintretenden, die Nahrung mitführenden Wasserstrom vor einer Vermischung mit dem das Gehäuse verlassenden, verunreinigten Wasser zu bewahren. Zum Zweck der – hier im wahrsten Sinne des Wortes – säuberlichen Scheidung von nahrungsreichem Eintrittsstrom und mit Exkrementen beladenem Abwasserstrom schufen solche Strudler zweckmäßige Einrichtungen, in welchen die Form zur Funktion vorzüglich paßt. *Aporrhais* ist ein Beispiel hierfür (S. 108). Ein weiteres liefert die fossile Brachiopoden-Gattung *Pygope* (Abb. 23 c, d), welche offensichtlich in tiefem, sehr ruhigem Wasser lebte und einen Teil ihres Abwasserstroms (weiße Pfeile) daher durch eine das Gehäuse querende Öffnung, möglicherweise unter Druck, als Wasserstrahl weit von sich lenkte[43].

Rückschlüsse auch auf andere Einzelheiten der Ernährungsweise der fossilen Lebewesen können auf mancherlei verschiedenen Wegen gewonnen werden. Ein fossiler Mageninhalt vermag über die Speisekarte Auskunft zu geben, so etwa, wenn er wie bei triassischen Fischsauriern (Ichthyosauriern) vorwiegend aus kleinen Hornhäkchen besteht, wie sie bei manchen fossilen Tintenfischen (Teuthoideen) an der Innenseite der Tentakel auftreten; oder etwa, wenn der Mageninhalt eines jurassischen Ammoniten von Foraminiferen und Schalenkrebschen gebildet wird[44]. Aber auch die Ausbildung des Gebisses kann vielerlei Information vermitteln: ob das Tier etwa ein Allesfresser war (»bunodonte«, d. h. höckerige Backenzähne) oder ein fleischfressendes Raubtier (Brechscheren-Gebiß) oder vielleicht ein Nager (meißelartige Schneidezähne) usw.

Daß sich die Ernährungsweise eines fossilen Lebewesens zusammen mit seinem diesbezüglichen Verhalten aus der Form und dem Verlauf seiner Weidespur rekonstruieren läßt, wurde bereits erwähnt (S. 115). Das gilt aber nicht nur für weichhäutige, über den Boden gleitende Organismen wie Würmer, Schnecken und dergleichen, sondern auch für Gliederfüßer, wie z. B. unsere Trilobiten, deren Kriech- und Laufspur sich von der Weidespur sehr deutlich unterscheidet, wie die Spurenanalyse[45] erweist.

In den Bereich der biotischen Umweltfaktoren gehören auch alle Fälle von symbiontischem Zusammenleben und ähnlichen Phänomenen der gegenseitigen Abhängigkeit und Beeinflussung zwischen verschiedenen Individuen. Nur einige wenige Beispiele seien hier herausgegriffen, so etwa die entökische Lebensweise, also der dauernde Aufenthalt eines Lebewesens in einem anderen, wie der des fossilen Wurms *Hicetes* in den Bauten der devonischen Koralle *Pleurodictyum*. Kommensalismus lag dort vor, wo gewisse fossile Napfschnecken (Platyceraten) sich von den Exkrementen der paläozoischen Crinoiden ernährten.

Echtes Parasitentum aber war u. a. dort gegeben, wo spezialisierte Ringelwürmer, die Myzostomiden, ebenso wie dies heute noch geschieht, die Stiele der Crinoiden anbohrten. Deren zystenartige Auftreibungen legen Zeugnis von einem derartigen Befall ab, besonders häufig bei Fundstücken aus dem Devon der Eifel und des Bergischen Landes.

Form und Funktion als Antwort auf abiotische Einflüsse

Doch nicht nur die biotischen, auch die sich auf die natürliche Auslese fossiler Spezies auswirkenden abiotischen Umweltfaktoren können häufig aus den Merkmalen der Form abgeleitet werden; auch sie erfordern eine angemessene Erörterung. In diesen Zusammenhang gehört unter anderem die Auseinandersetzung mit dem allgemeinen Medium (Wasser, Luft usw.), in welchem die Tiere lebten und das bestimmte Anpassungen der Form erforderlich machte. Bei Tieren, die den Luftraum erobert haben, sind ganz andere Formen zu erwarten als bei auf dem Boden lebenden. Darüber hinaus kann aus der Form so manches über das Flugvermögen ausgesagt werden: Bei den riesigen Libellen-Vorläufern des Karbons deutet die Größe (*Meganeura* mit einer Flügelspannweite von weit über 60 cm) darauf hin, daß die Flugfähigkeit noch nicht sehr entwickelt war. Ähnliches ist für den Urvogel *Archaeopteryx* anzunehmen (Abb. 29 c), an dessen noch wenig entwickeltem Brustbein noch keine besonders starke Flugmuskulatur ansetzte und dessen im vorderen Flügelrand noch bestehende Greiffinger darauf schließen lassen, daß er wohl eher ein Kletterer und Gleitflieger war als ein echter Flatterflieger.

Nur nebenbei sei vermerkt, daß hier unsere eingangs bereits gestellte Frage wieder anklingt: Bildete der *Archaeopteryx* seine Flügel aus, weil er bereits den Gleitflug erprobte? Oder segelte er im Gleitflug von den erkletterten Bäumen, da er nun schon einmal Flügel besaß? Form oder Funktion, wo lag der Anfang? – Doch hier, vom Fall des Urvogels aus, wird man zur Beantwortung dieser Frage wohl nicht allzuviel beitragen können.

Sehr mannigfache Einrichtungen brachte die Organismenwelt auch im Zusammenhang mit dem Leben im Wasser hervor. Daß der Flachboot-Typ des langsamen Schwimmers die Auftriebskräfte des Wassers durch besondere Randausbreitungen ausnützte, wurde bereits erwähnt. Manche Meerestiere, wie etwa die Trilobiten des *Radiaspis*-Typs (Abb. 45 e) erreichten das von vornherein mittels dünner und leichter, randlicher Schwebestacheln. Andere hingegen bildeten flächige Randerweiterungen aus, die zwar wirksam waren, aber auch schwer und materialaufwendig. Ökonomischer, weil materialsparend, waren offenbar doch die Randstacheln, und das mag der Grund dafür sein, daß im Rahmen der großen Gruppen um *Scutellum* zu verschiedenen Zeiten und in verschiedenen Stammeslinien gleich dreimal der Versuch unternommen wurde, zumindest im Schwanzschild die schwerfällige Randausbreitung durch Schwebestacheln zu ersetzen[46]. Dadurch wurde der gleiche Effekt, nämlich die Ausnützung des Auftriebs, mit geringerem Materialaufwand erzielt (Abb. 12 c–f von oben nach unten: Schwanzschilder von *Bojoscutellum, Thysanopeltella, Weberopeltis, Ancyropyge.*)

Eine besondere, sehr komplizierte Anpassung an das Bedürfnis der freien Ortsveränderung im Wasser bildeten jene Cephalopoden aus, welche Außenschalen besitzen. Hier sind wir bei der Ausdeutung der beobachteten Formen nicht nur auf Analogien angewiesen: Was wir beim lebenden *Nautilus* antreffen (Abb. 18 A) und was in so gut wie identischer Form bei den fossilen Nautiloideen und Ammonoideen vorhanden war, ist durchaus homolog.

Zum horizontalen Schwimmen benützt der *Nautilus* ein trichterförmiges Organ (Abb. 18 »T«), mit dessen Hilfe er in die Mantelhöhle aufgenommenes Wasser wie durch eine Düse wieder ausstößt. Seine waagrechte Fortbewegung erfolgt also durch Rückstoß-Schwimmen, das ihm dadurch ermöglicht wurde, daß er den Kriechfuß seiner Vorahnen zu dem erwähnten Trichter umgebildet hat. Im Vergleich zu den übrigen Mollusken stellt allein schon dieser Umstand eine bemerkenswerte Anpassung mit beträchtlichen Konsequenzen für die Form des betroffenen Organs dar.

Das Tier lebt tagsüber in Meerestiefen von über 300 bis mindestens 100 Metern, jagt aber seine Beute nächtlich in weitaus flacheren Bereichen, meist etwa 40 Meter unter der Meeresoberfläche. *Nautilus* muß im Wasser also täglich eine Strecke von durchschnittlich 250 Metern in vertikaler Richtung zurücklegen. Für diese Art der Fortbewegung ist der Trichter aufgrund seiner Position aber völlig ungeeignet. Dieses Problem wurde nun so gelöst, daß das gesamte Kalkgehäuse, das noch bei den phylogenetischen Vorfahren (Monoplacophoren[114], S. 240) ausschließlich dem Schutz gedient hatte, nun in den Dienst der vertikalen Fortbewegung gestellt worden ist. Es wurde zu einem hydrostatischen Apparat ausgebaut[47], welcher auf zweckdienliche Weise ein senkrechtes Hochsteigen und Absinken ermöglicht.

Während des Aufenthaltes in der Tiefe ist das Gesamtgewicht des Tieres so ausbalanciert, daß es dem Gewicht des von ihm verdrängten Wasservolumens entspricht; der *Nautilus* befindet sich im Schwebegleichgewicht. In dessen Bilanz gehen ein: das Gewicht des Weichkörpers, das des Kalkgehäuses und das Gewicht des Kammerinhalts. Dieser besteht im wesentlichen aus einem körpereigenen Gas, doch befindet sich in den vordersten Kammern auch eine geringe Menge einer vom Tier produzierten Kammerflüssigkeit (Abb. 18 A1: »Kf«). Will der *Nautilus* aufsteigen, so pumpt er diese Kammern leer, und aufgrund der Gewichtsverminderung schwebt nun das Gehäuse mit dem Tier als seinem Fahrgast empor. Das spätere Absinken wird dadurch bewirkt, daß Flüssigkeit als eine Art von Ballast erneut in die Kammern eingepumpt wird.

Diese Pumpvorgänge werden von einem fleischigen Körperfortsatz bewerkstelligt, der als »Sipho« sämtliche Kammern durchzieht (Abb. 18 A1, a1: »Si«). Die Kammerflüssigkeit wird dabei nach dem

»Löschpapier-Prinzip« von aus organischer Substanz bestehenden Membranenpaketen bis in die entferntesten Ecken weitertransportiert und in den Kammerhohlraum entlassen bzw. aus diesem wieder aufgesogen. Derartige organische Deckgebilde sind: die äußere Hülle des Sipho, die den kalkigen Kammerscheidewänden (Septen) auflagernden »braunen Membranen« (Abb. 18 a, »BM«) sowie der innere Wandbelag der Gehäusewand (Abb. 18 a, »iW«). Sie alle bilden ein ausgedehntes System von Membranenkomplexen, die untereinander und letztlich auch mit dem Sipho in Verbindung stehen. Alle diese Vorrichtungen können auch bei den fossilen Nautiloideen nachgewiesen werden[48].

Ist allein schon diese Anpassung des Gehäuses der Nautiloideen vorteilhaft gewesen (denn sie ermöglichte es ihnen, sich neue, meeresoberflächennahe Jagdgebiete zu erschließen), so wurde sie bei den Deszendenten, also den Ammonoideen, noch weiter entwickelt (Abb. 18 b1, c1). Hier wurde in jeder der Kammern zusätzlich eine zweite »braune Membran« ausgebildet, und zudem wurde der Sipho aus seiner in der Kammer ursprünglich zentralen Position in eine randliche verlagert, in welcher seine Hülle über eine nunmehr längere Strecke von der Kammerflüssigkeit umspült war (Abb. 18 b1). Ferner haben die Ammonoideen im Verlauf ihrer Evolution die randlichen Partien ihrer Septen zunehmend durch Vorwölbungen (Sättel) und Rückbiegungen (Loben) modifiziert, was nicht nur eine Wellblechversteifung des Gehäuses bedingte, sondern auch eine Vergrößerung der Oberfläche der braunen Membranen und damit deren Transportleistung steigerte. Das alles bedeutet, daß die Ammonoideen ihre Kammern vermutlich schneller leerzupumpen vermochten als die Nautiloideen und daß sie daher offenbar schneller auf- und abtauchen konnten – ein gewiß sehr bedeutsamer Vorteil.

Die Ausführung einer auf die dargestellte Weise bewirkten Vertikalbewegung setzt voraus, daß das Gehäuse in zahlreiche Kammern unterteilt ist. Das war jedoch im eigentlichen Gehäuseanfang der Ammonoideen, im kugel- bis eiförmigen Protoconch (Abb. 19, »P«) und der nachfolgenden Windung ursprünglich nicht der Fall. Wie also verhielten sich diese jungen Individuen? Die Antwort auf diese Frage kann eine funktionsmorphologische Deutung jener Beobachtungen liefern, die hinsichtlich der morphologischen[49] und der schalenstrukturellen[48] Entwicklung an ammonoiden ontogenetischen Frühstadien gewonnen worden sind:

Im Frühabschnitt der Ontogenese der Ammonoideen fallen zwei sehr ausgeprägte Entwicklungszäsuren auf, welche sich als die 1. und die 2. Wachstumsänderung äußern (Abb. 19 b), eine Metamorphose des Tiers andeuten und den Entwicklungsablauf in drei Phasen unterteilen. In der ersten Phase ist das Anfangsgehäuse (der Protoconch) noch nicht gekammert, die Schalenstruktur noch höchst irregulär und der Mündungsrand noch gerade, ungegliedert. Sie entsprach offenbar dem embryonalen Stadium (vor dem Schlüpfen aus der Eikapsel). In der zweiten Phase wurden zwar bereits zwei Septen gebildet, und die Schale wurde nun von einer regulären Prismenschicht aufgebaut. Wie bei rezenten Molluskenlarven fehlt aber noch die Perlmuttschicht, und ein jetzt entstehender breiter Konkavbogen des Mündungsrands (Abb. 19 c) scheint dem Austritt eines Velums gedient zu haben: Das Tier war in diesem Stadium offenbar eine planktonische Larve, möglicherweise ein Veligerstadium (vgl. S. 107; Abb. 11, 26). Erst zu Beginn der dritten Phase erscheint in der Wand das post-larvale Perlmutt, ein weiteres, nunmehr gleichfalls aus Perlmutt bestehendes Septum und im Mündungsrand eine schmale Trichterbucht (Abb. 19 c). Sie alle zeigen an, daß das Tier nun in die post-larvale, früh-juvenile Phase seiner Entwicklung eingetreten ist und zu aktiver, horizontaler Fortbewegung mittels eines funktionierenden Trichters übergehen konnte (allerdings wird sich die Fähigkeit zur Vertikalbewegung erst allmählich, nach Anbau weiterer Kammern eingestellt haben).

Aus dieser Darstellung geht hervor, in welcher Weise das Gehäuse der Cephalopoden zu einem bei Mollusken wirklich einzigartigen Apparat »umfunktioniert« ist, der ein gesteuertes Aufsteigen und Absinken zu leisten vermag. Dabei ist nun seine Konstruktion und Funktionsweise so kompliziert, daß es schwerfällt, sich vorzustellen, wie dieses gesamte Funktionsgefüge bei den ursprünglichsten Vertretern dieser Gruppen langsam, Schritt für Schritt durch natürliche Auslese »ausselektiert« worden ist. Und doch muß diese Anpassung an den Vorteil, durch senkrechtes Hochsteigen zusätzliche Jagdgründe zu erschließen, auf diesem Weg erreicht worden sein. Wo aber ein Funktions- und Formengefüge so hochkomplex ist, daß viele Formteile und zahlreiche Teilfunktionen aufeinander abgestimmt sein müssen, damit ein tatsächliches Funktionieren überhaupt möglich wird, dort sind sogar Zweifel daran geäußert worden, daß es auf natürlichem Weg entstand.

Oft ist in diesem Zusammenhang das so hoch komplizierte menschliche Auge genannt worden. Allerdings kennen wir bei niederen Tieren als vorgeschaltete Gradstufen vom einzelnen Augenfleck bis zum Pigmentbecherauge und sogar zum Linsenauge alle sich höher entwickelnden Abstufungen dieses optischen Sinnesorgans. Was seine Leistung betrifft, also die Wahrnehmung optischer Reize aus der Umwelt, so sind neben dem inneren Bau oft auch die Position und die äußere Form des Auges maßgeblich. Ein Beispiel aus dem Kreis der Trilobiten soll dies verdeutlichen[50]:

Ebenso wie viele andere Gliederfüßer besaßen die Trilobiten sogenannte Komplex- oder Facetten-Augen, also solche, die wie bei unserer Stubenfliege aus einer Anhäufung von Einzellinsen bestehen. Eine jede dieser Linsen lag am äußeren Ende eines Zylinders, durch welchen das die Linse querende Licht zu den photorezeptorischen Zellen weitergeleitet wurde.

Die Zahl und die Verteilung dieser Linsen auf der Sehfläche sind sehr verschieden, ebenso aber auch die Position der Augen auf dem Kopfschild. Üblicherweise sitzen diese – wie das bei auf dem Meeresboden lebenden Tieren zu erwarten ist –, auf der Rückenseite, der Körperachse genähert, wobei sie sich nicht allzu hoch über die Oberfläche des Kopfes erheben. Von diesem »Normaltyp«, wie er etwa bei der silurischen Art *Acaste downingiae* verwirklicht ist (Abb. 20 A, A1), unterscheiden sich jedoch einige andere Trilobiten-Arten beträchtlich. Das gilt vor allem für solche, deren Augen auf hochgesetzten Sockeln über das Niveau der Rückenfläche erhoben oder sogar auf Stielen hochgerückt waren. Wohl am stärksten ist diese Tendenz bei dem devonischen *Ceratarges armatus* (Abb. 20 B; vgl. auch Abb. 45 A) und dem ordovizischen *Ectenaspis* (Abb. 20 C) ausgeprägt gewesen, und so könnte man versucht sein, dieser Besonderheit in beiden Fällen dieselbe funktionelle Bedeutung beizumessen.

Für die Beurteilung eines Auges ist neben seiner Konstruktion auch das von ihm erreichte Gesichtsfeld von Bedeutung. Beides überprüfte E. N. K. Clarkson bei *Acaste downingiae,* indem er mit einer eigenen Apparatur die Orientierung und Reichweite der einzelnen Linsen maß und aus dem Gesamtergebnis das Gesichtsfeld der Spezies rekonstruierte[51]. Dabei zeigte sich zunächst, daß die nicht sehr zahlreichen, in Reihen angeordneten Einzellinsen kein Formensehen erlaubten, sondern allenfalls in der Lage waren, die Bewegungsrichtung, Geschwindigkeit und Größe eines Objekts aufgrund von Helligkeitsunterschieden zu registrieren, sobald es in das Sichtfeld eines der beiden Augen trat. Dieses aber bestand jederseits aus einem schmalen, streifenförmigen Ausschnitt aus der Umgebung des Tieres (Abb. 20, A1).

Betrachtet man (Abb. 20 A) die Rückenansicht des Panzers, so wird klar, daß jeder der beiden Sichtstreifen nur so weit nach vorn und rückwärts reichen konnte, wie die horizontale Krümmung der Sehfläche es erlaubte. Ein 360^0 erfassender, horizontaler Panoramablick des Tieres war hier sicherlich nicht möglich, denn die beiden Sichtstreifen blieben sowohl in ihrem vorderen als auch in ihrem hinteren Endbereich weit voneinander geschieden. Trilobiten des »Normaltyps« konnten also weder ihr eigenes rückwärtiges Körperende sehen, noch den unmittelbar vor ihrer Körperachse liegenden Raum. Insofern erging es ihnen wie der gegenwärtigen afrikanischen Fliege *Diopsis somaliensis* (Abb. 20, unten), vor deren Kopfende sich aufgrund der Augenstellung gleichfalls ein »blindes Feld« befindet[52]. Doch während dieses dreieckig und relativ kurz ist, muß es sich bei den »Normal-Trilobiten« um einen weit reichenden, in Verlängerung der Körperachse verlaufenden Streifen gehandelt haben, der nicht eingesehen werden konnte. Die Fliege *Diopsis* kompensiert das Handicap ihres Blindfeldes durch Tastbewegungen ihrer Vorderbeine, die Trilobiten bewerkstelligten wohl dasselbe mit ihren langen Antennen.

 Dieses Blindfeld vor dem vorderen Kopfrand können Insekten überwinden, wenn sie wie die Libellen fast kugelig vorgewölbte Sehflächen ihrer Komplexaugen ausbilden, so daß sich die vorderen Endbereiche ihrer Sichtfelder überlappen. Ein solcher Fall tritt als sehr seltene Ausnahme auch bei Trilobiten auf, so bei dem ordovizischen *Opipeuter* (Abb. 20 E) und bei manchen Gattungen der Familie Cyclopygidae, bei welchen die extrem vergrößerten und fast kugelig gewölbten Sehflächen der beiden Augen vor der Stirn sogar zu einem einzigen großen Komplex verschmelzen können (Abb. 20 D). Da hier die Augen weit über die Körperkante auch noch auf die Bauchseite übergreifen, ist bei diesen Tieren ein nach vorn, nach den Seiten und auch nach unten reichendes, ungewöhnlich großes Sichtfeld vorhanden gewesen. Die extrem hohe Zahl von Linsen (mehrere tausend) garantierte dabei auch ein verhältnismäßig lichtstarkes und relativ detailliertes Bild. Derartige Tiere müssen sehr bewegliche, aktive Schwimmer gewesen sein, vermutlich bei nächtlicher Lebensweise, vielleicht sogar – falls die Mundgliedmaßen entsprechend angepaßt wurden – Räuber, für die gute Sicht von Vorteil war. (Ob hier ein Wechsel von Hell- zu Dunkelstellung der Einzelzylinder möglich war, kann allerdings nicht mehr beurteilt werden.)

Läßt diese besondere Lage und Form der Augen bei den Cyclopygiden auf eine spezielle Anpassung schließen, so möchte man das ganz allgemein wohl auch für die Stielaugen von *Ceratarges* und *Ectenaspis* annehmen. Ähnliche Augen besitzen auch einige gegenwärtige Krebse, doch sitzen sie auf beweglichen Stielen, während die der beiden genannten Trilobiten starre Sockel besaßen. So müssen wir wohl andere Paradigmen suchen.

Bei *Ceratarges* war bereits der Gedanke geäußert worden, die langen Augenstiele (Abb. 20 B1, B2) hätten als Balancierstangen gedient – doch das Tier war ja ein Bewohner des wenig bewegten Stillwassers; zudem besaß es mehr als genügend Stacheln, welche die Funktion des Ausbalancierens hätten übernehmen können, wäre dies erforderlich gewesen. Nein, eher kommen zwei andere Mustermodelle in Frage: einmal das des Periskops (»wie beim Unterseeboot«; Beobachten aus versteckter Position), zum anderen das des Aussichtsturms (»Rundblick aus größerer Höhe«).

Für im Sediment oberflächlich »pflügende« Trilobiten oder auch solche, die sich in Ruhepausen wie viele andere bodenlebige Meeresbewohner ein wenig einscharrten und zur Tarnung mit Sediment bedeckten, war es sicherlich von Vorteil, wenn die Augen frei blieben oder sogar über den Sedimentspiegel hinausragten. Sehen ohne selbst gesehen zu werden – das ist der Sinn der Verwendung eines Periskops. Dieses Paradigma paßt ausgezeichnet zu den Stielaugen von *Ectenaspis,* zumal hier Scharren oder Wühlen auch aufgrund von anderen Formmerkmalen wahrscheinlich ist. (Es sind dies die glatte, wenig gegliederte Oberfläche im Kopf- und Schwanzschild, die walzen- bis spindelförmige Gesamtform des Panzers, das völlige Fehlen jeder Stachelbildung und vor allem der schaufel- bis spatenförmige Vorsprung des vorderen Kopfrandes.) Auch *Acaste downingiae* scharrte sich wohl in der Ruhelage ein, wie wahrscheinlich der Großteil aller »Normal-Trilobiten«, aber da ihre Augen sich kaum über die Rückenfläche erhoben (Abb. 20 A1), konnte sich das Tier nur mittels einer dünnen, unzusammenhängenden Streudecke von Sand maskieren. *Ectenaspis* aber war in der günstigen Lage, sich tiefer einscharren zu können, dabei gänzlich vom Sediment bedeckt zu sein und sich damit der Sicht seiner Feinde vollständig entziehen zu können, ohne selbst seine Sehmöglichkeiten aufgeben zu müssen: Seine hochgestellten »Periskop«-Augen erlaubten es ihm, denn sie ragten auch dann noch ins Freie, wenn der Rücken bereits völlig mit Sediment bedeckt war.

Ceratarges aber war sicherlich keine grabende Bodenform, sondern offenbar ein langsamer freier Schwimmer. Seine Augen sind trotz der verhältnismäßig kleinen Sehfläche auf gute und weiträumige Sicht konstruiert, denn die Zahl ihrer sehr kleinen Linsen ist groß, und die Sehfläche ist kugelig gewölbt, so daß die Achsen der randlichen Sehzylinder bzw. -linsen weit nach vorn und hinten gerichtet sind. Zwar wird auch hier ein 360° betragender Panoramablick nicht erreicht, aber das vordere Blindfeld ist doch erheblich enger als das der »Normal-Trilobiten«. Vor allem aber ist jetzt der seitliche Sichtstreifen in vertikaler Erstreckung bei weitem breiter als bei *Acaste* (vgl. Abb. 20 B1, B2 mit A1), und seine untere Begrenzung ist sogar unter das Körperniveau verlagert. Mit diesen gestielten Augen konnte *Ceratarges* auch Feinde wahrnehmen, die sich ihm seitlich in gleicher Höhe oder von schräg unten näherten. Hier trifft also ganz offensichtlich das Paradigma »Aussichtsturm« zu.

Fossile Lebewesen und das Klima

Zu den abiotischen, also im weitesten Sinn physikalischen oder chemischen Bedingungen der Umwelt gehören insbesondere auch das sich aus der Temperatur, dem Feuchtigkeitsgrad usw. ergebende Klima, oder im Meereswasser außer der Temperatur auch der Salzgehalt. Alle diese Faktoren wirken sich auf die eigentliche Form der Lebewesen jedoch verhältnismäßig wenig aus. Zwar zeigen sich bei der Betrachtung der gegenwärtigen Tierwelt gewisse regelhafte Sachverhalte, so etwa der Umstand, daß bei Warmblütern die Tiere einer verwandtschaftlich zusammenhängenden Gruppe in kalten Klimabereichen immer größer werden (Bergmannsche Regel). Ebenso ist es eine Beobachtungstatsache, daß bei den Arten und Rassen häufig die Fortsätze des Körpers, wie z. B. Ohren, Nasen, Schwänze, im Vergleich zur Gesamtgröße um so kleiner werden, je kälter das Klima des Siedlungsbereiches wird (Allensche Regel). Auffallend ist ferner, daß im allgemeinen bei Vögeln die Flügel spitzer und das Gefieder dicker, bei Säugetieren die Felle im kalten Klima dichter werden als im warmen. Doch sind das alles Veränderungen, die bei den fossilen Lebewesen – z. T. mit Ausnahme der relativ jungen eiszeitlichen Faunen – zumeist nicht festgestellt werden können.

Beeinflussen Klima und Temperatur die Gestalt nur unwesentlich, so führen sie doch im physiologischen Bereich zu sehr wichtigen Anpassungen. Sie kontrollieren weniger die Form als vielmehr die geographische Verbreitung der Lebewesen und bedingen, sieht man von kosmopolitischen Arten ab, bestimmte tier- bzw. pflanzengeographische Verteilungsmuster. So können also im gegenwärtigen Verbreitungsbild der Landfaunen über die Kontinente hinweg mehrere Regionen mit untergeordneten Provinzen unterschieden werden, die jeweils durch verschiedene Tiergruppen gekennzeichnet sind. Deren Zusammensetzung ist jedoch nicht allein vom Klima her zu erklären, sondern auch aus der historischen Entwicklung und den geschaffenen (Landbrücken) oder unterbundenen (Barrieren) Migrationsmöglichkeiten.

Vielfach handelt es sich bei den provinziellen Tiergruppen um solche, die sich in Rückzugsgebieten befinden, oder um solche, die ursprünglich ein gemeinsames, größeres Verbreitungsareal besaßen. Dieses ist aber später durch die Auswirkung geologischer Kräfte unterteilt worden, so daß sich die nun voneinander geschiedenen Gruppen (geographische Isolation) jede für sich speziell weiterentwickelt haben. Die Häufigkeit besonders altertümlicher Formen in der südlichen Hemisphäre unserer Erde beruht darauf, daß hier ursprünglich ein enormer Südkontinent (Gondwana-Land) bestand, der im Laufe der geologischen Vorzeit in große Teilstücke zerlegt wurde, bis in jüngerer Zeit auch noch die letzten Landbrücken verschwanden. So kommt es, daß in entfernten Regionen die Relikte alter Faunen heute weit voneinander geschieden vorkommen und sich hier jeweils speziell weiterentwickelt haben, wie etwa die Beuteltiere in Australien einerseits und in Südamerika andererseits. Aus derartigen getrennten (»disjunkten«) Verbreitungsarealen ergeben sich wertvolle Rückschlüsse auf einstige Zusammenhänge bzw. Landverbindungen und auf deren Unterbrechung. Das Auftreten fossiler Eischalen der ja flugunfähigen Straußenvögel auf der Insel Lanzarote beweist, daß die Kanarischen Inseln auch noch in geologisch etwas jüngeren Zeiträumen mit dem afrikanischen Festland verbunden waren. Auf Madagaskar läßt das Fehlen der großen Raubtiere, des Elefanten, des Nashorns und vor allem der echten Affen sowie umgekehrt die Häufigkeit der Lemuren (Halbaffen) darauf schließen, daß die Verbindung der Insel mit dem Festland recht frühzeitig, bald nach der Entwicklung der plazentalen Säugetiere verlorengegangen ist, nämlich im Paläozän oder im Unteren Eozän[53]. Und wenn auf Neuguinea und in Tasmanien heute noch Tiere vorkommen, wie der Beutelwolf und andere, die im benachbarten Australien längst ausgestorben sind, so bedeutet dies, daß die Verbindung dieser Inseln mit dem Kontinent durch das spät- und nacheiszeitliche Ansteigen des Meeresspiegels unterbrochen worden ist. Damit wurden diese Regionen zu Inseln und zu isolierten Refugien.

Zwei mächtige Faktoren scheinen – jedenfalls in großen Zügen – das zoogeographische Verteilungsbild sehr nachdrücklich beeinflußt zu haben: Der eine ist das Auseinanderdriften der alten Kontinente, das heute aufgrund von Ergebnissen der modernen geophysikalischen Forschung wahrscheinlicher geworden ist denn je – eine späte Rechtfertigung der Wegenerschen Hypothese der Kontinentalverschiebung. Der andere Faktor, der vor allem in der jüngeren, die plazentalen Säugetiere enthaltenden Zeit wirksam war, ist das soeben erwähnte Versinken und Auftauchen großer Landbrücken, welches durch die Schwankungen des nacheiszeitlichen Meeresspiegels hervorgerufen wurde.

Auch in der Verteilung unserer Meeresfaunen können zoogeographische Regionen und Provinzen unterschieden werden, obwohl deren Verschiedenheit hier nicht ganz so ausgeprägt ist wie bei den Landtieren. Ähnliche faunenprovinzielle Unterschiede beobachtet der Paläobiologe, wobei auffällt, daß sie in manchen Perioden der geologischen Vorzeit stärker, in anderen schwächer ausgebildet waren. Hier ist es äußerst schwierig, die kausalen Einzelfaktoren zu erfassen. Immerhin kann die Lage der vergangenen Festländer und ihrer Küstenlinien wenigstens annähernd rekonstruiert werden, und ebenso der vermutliche Verlauf von Meeresverbindungen, die Faunenwanderungen ermöglichten. Schwieriger ist vor allem die Deutung der klimatischen Bedingungen, doch können gewisse Hinweise manchmal aus den Faunen selbst sowie aus manchen Merkmalen ihrer Begleitgesteine abgeleitet werden. Die zur Zeit des Unterdevons und Mittleren Devons, vor rund 370 Jahrmillionen, auf der Erde gegebene Situation vermag ein anschauliches Beispiel[54] dafür zu liefern (Abb. 21):

Auf der nördlichen Halbkugel gab es damals ausgedehnte Meeresbereiche, die miteinander in offener Verbindung gestanden haben müssen, weil ihre Faunen Beziehungen zueinander aufweisen. Vergleicht man nun die Trilobiten der verschiedenen Regionen miteinander, so zeigt sich, daß damals mehrere Faunenprovinzen bestanden haben: die »europäische«, die vom nordamerikanischen Staat Maine über West-, Mittel- und Südeuropa sowie das westliche Nordafrika und über Kleinasien weit nach Osten reichte; die »zentralasiatische« Provinz, die sich von Tadschikistan, Usbekistan und Kasachstan durch die Uralische Straße über Nowaja Zemlja und die arktischen Inseln Kanadas bis fast in das Yukon-Gebiet fortsetzte; und die »nordamerikanische« Provinz, die westlich der Appalachen durch die südlichen Staaten der USA bis Nevada und dann nördlich bis Alaska reichte. (Eine fast identische faunenprovinzielle Gliederung zeigen die unterdevonischen Brachiopoden an[55].)

In allen diesen Regionen herrschte damals ein warmes Klima, denn vom Polnischen Mittelgebirge über den Harz, das Bergische Land und die Eifel bis nach Südengland, aber auch in Böhmen und Teilen der österreichischen Alpen treffen wir in den Sedimenten neben Kalkbildung auch reichlich vorhandene Riffkorallen an. Dasselbe ist in der zentralasiatischen und der nordamerikanischen Provinz der Fall. Riffbildende Korallen aber, das zeigt ihre geographische Verbreitung in der Gegenwart sehr deutlich, sind Lebewesen, die nur in ausgesprochen warmem Klima existieren können.

Auf der Süderde bestand zur damaligen Zeit ein noch umfangreicheres Festland, das Gondwana-Land. Es setzte sich aus großen Teilen des heutigen Südamerika, Afrika (einschließlich der Arabischen Halbinsel), Indien, Australien und Antarktika zusammen. Hierher, auf die Süderde, drang die nordamerikanische Fauna über Mexiko, Venezuela und Kolumbien bis in das Amazonas-Gebiet vor. Doch schon in Bolivien setzt eine andere, sehr typische Faunenprovinz ein, die »malvinokaffrische«. Sie ist auf ein scharf begrenztes Verbreitungsgebiet beschränkt gewesen, nämlich außer Bolivien nur noch auf das brasilianische Paraná-Becken, Chile, Argentinien und die Falkland-Inseln, sodann aber auch auf den äußersten Südzipfel Afrikas und auf Teile der Antarktis.

Die Geschlossenheit dieser in sich ziemlich einheitlichen malvinokaffrischen Faunenprovinz steht in gutem Einklang mit der gegenwärtig von vielen Geologen akzeptierten Annahme eines ursprünglichen Zusammenhängens der Kontinente (Abb. 4). Sie ist aber auch noch aus einem anderen Grund von Interesse, denn manches deutet darauf hin, daß die sie enthaltenden Meere kühl oder sogar kalt waren. Zwar hat sich die Deutung mancher südamerikanischer frühdevonischer Gesteine als fossile Gletschermoränen (Tillite) nicht bestätigen lassen, doch das so gut wie vollständige Fehlen kalkiger Ablagerungen könnte allein schon für sich auf kühlere Temperaturen hinweisen. Noch deutlichere Indizien ergeben sich aber bei der Bewertung der Faunen, die in der Regel reichhaltig sind, was die Menge der Individuen betrifft, aber eine relativ geringere Anzahl von Arten und Gattungen enthalten. Diese sind durchwegs Einheiten, die den anderen Provinzen fehlen, und umgekehrt bleiben deren Arten und Gattungen der malvinokaffrischen Provinz sehr weitgehend fern. Auffallend ist ferner, daß wärmeliebende Tiergruppen wie die Korallen und Moostierchen völlig ausbleiben und daß hornschalige Lebewesen weit vorherrschen, während die kalkschaligen sehr deutlich zurücktreten. Alle diese Beobachtungen führen zu der Deutung, daß es sich hier um eine Kaltwasser-Fauna gehandelt hat, und damit steht in gutem Einklang, daß die ursprüngliche Ermittlung des paläomagnetischen Südpols (S. 66) für das Unterdevon eine Position ergab, die in der Südspitze von Afrika liegt (Abb. 4).

Eine solche Häufung von Indizien, die auf die vorzeitlichen Klimaverhältnisse und Temperaturen hinweisen, ist sonst keineswegs die Regel. Doch neben derartigen indirekten Möglichkeiten der Deutung besteht seit etwa zwei Jahrzehnten auch die Möglichkeit, die mittleren Jahrestemperaturen der fossilen Umwelt (Paläotemperaturen) mit Hilfe einer anderen Methode zu erfassen, und zwar unter Berücksichtigung der Isotope des Sauerstoffs.

Die Idee ging von dem amerikanischen Chemiker Urey aus (1947), der darauf verwies, daß es möglich sein müßte, nachträglich die Temperatur des Meereswassers zu ermitteln, aus welchem die Kalkschalen bildenden Lebewesen den Sauerstoff entnehmen, den sie beim Aufbau ihres Schalenkalks ($CaCO_3$) verwenden. Im Ozeanwasser schwankt das Mengenverhältnis der Sauerstoffisotope ^{18}O und ^{16}O nicht etwa in zufälliger Weise, sondern in Abhängigkeit von der Wassertemperatur: bei steigender Temperatur nimmt die relative Menge an ^{18}O ab. Epstein und andere haben 1953 die genaueren Werte der Abhängigkeit zwischen dem Isotopenverhältnis gegenwärtiger Kalkschalen und der ja bekannten Wassertemperatur des jeweiligen Lebensraums festgestellt. Unter der Voraussetzung, daß das $^{18}O/^{16}O$-Verhältnis des Meereswassers in der geologischen Vorzeit genauso beschaffen war wie in der Gegenwart und daß der Sauerstoff im Schalenkalk der Organismen tatsächlich aus dem umgebenden Wasser stammt, kann der Geochemiker heute also die ursprüngliche Wassertemperatur mit Hilfe der Isotopenverhältnisse im Calciumkarbonat fossiler Kalkspat-Schalen berechnen. Dabei verwendet er einen international festgesetzten Standard (PDB-Standard)[56], und er erhält nach einer bestimmten Formel[57] einen Wert, der $\delta^{18}O$ genannt wird. Dieser stellt die relative Abweichung in Promille vom internationalen PDB-Standard dar. Dabei drückt ein positiver $\delta^{18}O$-Wert aus, daß der ^{18}O-Gehalt der Probe »schwerer«, ein negativer Wert, daß er »leichter« ist, also weniger ^{18}O enthält als dieser Standard. Aus dem $\delta^{18}O$ kann sodann auf weiterem Wege die Wassertemperatur errechnet werden.

Diese Methode ist u. a. dazu verwendet worden, auch jahreszeitliche Temperaturschwankungen zu ermitteln. Bei den fossilen Vorläufern unserer Tintenfische, den Belemniten, ergab sich dazu die Gelegenheit. Bei diesen Tieren war das Kalkskelett bereits in das Innere des Weichkörpers verlegt, und es enthielt einen keulenförmigen kalkigen Fortsatz, das sogenannte »Rostrum« (Abb. 22 unten). Im Querschnitt ist zu beobachten, daß dieses Rostrum aus konzentrisch angeordneten Kalk-Lamellen besteht, wobei das entstandene Muster den Jahresringen von Baumstämmen in überraschender Weise ähnelt. Aus solchen Rostren konnten nun nicht nur die durchschnittlichen Jahrestemperaturen ermittelt werden (17–19° C), bei welchen das Tier gelebt hatte, sondern auch die periodischen Schwankungen, welche durch das Abwechseln hellerer und dunklerer Lamellen und ihrer $\delta^{18}O$-Werte angezeigt werden (Abb. 22 oben rechts).

Zwar können gegen manche Einzelheiten dieser Methode noch gewisse Einwände erhoben werden. So z. B. ist zu bedenken, daß der Sauerstoff nicht direkt dem Ozeanwasser entnommen wird, sondern erst durch den Stoffkreislauf des Tieres geht, bevor er in das Schalenkarbonat eingebaut wird. Da aber gerade dieser Stoffwechsel bei verschiedenen Tiergruppen recht unterschiedlich verläuft, muß damit gerechnet werden, daß sich das $^{18}O/^{16}O$-Verhältnis bei verschiedenen Tieren unterschiedlich verändert, bevor der Sauerstoff zur Kalkbildung herangezogen wird. Das bedeutet aber, daß sich hier ein Störfaktor ergibt, der im einzelnen noch nicht völlig erkannt ist, und der in Zukunft ausgeschaltet werden müßte. Doch trotz der hier sichtbar werdenden, noch nicht gänzlich beseitigten Mängel dieser Methode sind mit ihr bereits brauchbare Ergebnisse erzielt worden, auch wenn diese einen Anspruch auf letzte Exaktheit natürlich nicht erheben können.

Unter Verwendung von Methoden der Isotopenchemie kann bis zu einem gewissen Grad auch ein anderer abiotischer Umweltfaktor erfaßt werden, nämlich der Salzgehalt des als Lebensraum in Anspruch genommenen Wassers. Hier handelt es sich um das Verhältnis zweier Kohlenstoff-Isotope, nämlich um die Relation $^{13}C/^{12}C$. Sowohl Pflanzen als auch die Kalkschalen wirbelloser Tiere weisen sehr verschiedene $^{13}C/^{12}C$-Verhältnisse auf, je nachdem ob die Lebewesen aus dem Süßwasser oder dem brackischen Bereich stammen. Bei den Kalkschalern kann ferner auch die Herkunft aus Ozeanwasser nachgewiesen werden. Wie im Fall der Sauerstoff-Isotope geht man auch hier von einer Art von Skala bereits vorliegender Messungen aus, wenn man die $^{13}C/^{12}C$-Verhältnisse fossiler Überreste auswerten will, um festzustellen, welche Ausbildung das Wasser ihres Lebensraumes aufwies. Die $\delta^{13}C$-Werte werden analog zu dem bei den Sauerstoffisotopen beschriebenen Verfahren ermittelt. Da auch hier, wie bei den Sauerstoffisotopen, der Stoffwechsel der Tiere eine gewichtige Rolle spielt, ist es zusätzlich möglich, einen etwa erfolgten Wechsel in der Ernährungsweise der Tiere festzustellen.

Zu den abiotischen, also den physikalischen und chemischen Gegebenheiten der Umwelt ist neben dem Klima, der Temperatur, dem Salzgehalt des Wassers und dergleichen auch der feste Untergrund zu zählen, welchen die Organismen als frei bewegliche oder festsitzende Lebewesen besiedeln. Pflanzen hängen unter anderem sehr von der chemischen Zusammensetzung der Böden ihres Standortes ab, Säugetiere des Waldes bringen andere Anpassungen hervor als Läufer über den Boden der freien Steppe (S. 217). Auch bei den wirbellosen Tieren des Meeresbodens spielt der Untergrund eine wichtige Rolle, vor allem dann, wenn es sich um sessile, also auf dem Boden festgeheftete Formen handelt. Das gilt unter den Strudlern nicht nur für die als »Baum-Typen« bereits erwähnten Lebensformen (S. 120), sondern auch für diejenigen, die man als »korallopsid« zu bezeichnen pflegt, als korallenähnlich. Derartige Lebensformen haben massive, starre, kalkige Gehäuse von der Gestalt eines auf die Spitze gestellten Kegels. Um der Gefahr des Begrabenwerdens im sich anhäufenden Sediment zu entgehen, müssen die Schalen schneller wachsen, wobei oft die Weichteile des Tieres nach oben rücken und hinter sich sodann Kalkböden in den Gehäusehohlraum einbauen. Solche korallopside Formen sind im Verlauf besonderer Anpassungen von Einzelgängern in sehr verschiedenartigen Gruppen der wirbellosen Tiere ausgebildet worden: zur Zeit des Perms von gewissen Brachiopoden (*Richthofenia*), in der Kreidezeit von einer ganzen Gruppe von Muscheln (Rudisten), im Tertiär sogar von speziell angepaßten Gliederfüßern (*Pyrgoma, Tamiosoma* – beide Rankenfüßer) usw. Und in erster Linie sind hier natürlich die Korallen selbst zu nennen.

Funktion vor Form oder umgekehrt?

Diese sind wohl das Musterbeispiel für starr an das Substrat aufgewachsene Tiere. Und doch gibt es hier eine Spezies, die sich von dieser Unterlage löste: *Calceola sandalina,* die devonische Pantoffelkoralle (vgl. S. 55). Eine bemerkenswerte Form, wenn man bedenkt, wie sehr sie sich von anderen, typischen Korallen unterscheidet (Abb. 23 b). Der kalkige Kelch hat hier im Unterschied zu den anderen, gleichfalls keine Kolonien bildenden Einzelkorallen keinen etwa kreisrunden Querschnitt, sondern er besitzt eine breit abgeflachte Seite. Ferner wurde hier ein an einem Scharnier schwenkbarer Deckel ausgebildet, was unter Korallen fast einzigartig ist. Schließlich ist zu bemerken, daß *Calceola* nicht auf dem Boden fixiert war, sondern diesem mit ihrer flachen Seite auflag (Abb. 23 b1).

Form und (als Lebensweise) Funktion sind hier sehr eng gekoppelt: Die abgeflachte Kelchseite mit der freien Lage auf dem Sediment – – mit dieser Lage die Notwendigkeit eines Sedimentpartikel abweisenden, schwenkbaren Deckels – – mit dessen geraden Scharnierrand die Abflachung der Kelchseite – – mit der abgeflachten Kelchseite die freie Lage auf dem Sediment – – mit dieser Lage die Notwendigkeit eines Deckels – – usw.

Wir sind, wie man sieht, in einen Teufelskreis geraten, und laufen nun Gefahr, sozusagen Funktion aus Form, diese Form aus Funktion, diese Funktion wiederum aus Form ... usw. abzuleiten, also einen unzulässigen Zirkelschluß zu ziehen. Natürlich handelt es sich hier um eine kausal verknüpfte Kette, aber sie ist nicht ringförmig geschlossen, irgendwo hat sie einmal begonnen. Und so stehen wir erneut vor der Frage, die wir bereits mehrfach streiften: Was ist – was war im Fall von *Calceola* – zuerst da, die Funktion oder die Form, das freie Liegen auf dem Boden oder die abgeflachte Seite?

In diesem Fall bringt uns eine Untersuchung, die auch einmal den phylogenetischen, historischen Werdegang berücksichtigt, der Lösung etwas näher.[58] Schon zur Zeit des Silurs gab es nämlich Gattungen, die offenbar mit *Calceola* so nahe verwandt sind, daß man sie alle in einer einzigen Familie vereinigen wollte. Und diese älteren Vorläufer (*Goniophyllum, Protaeropoma*) besaßen sowohl abgeflachte Seiten als auch schwenkbare Deckel – allerdings jeweils vier. Ihre Kelche aber waren fest mit dem Boden verwachsen und außerdem durch kalkige, wurzelähnliche Auswüchse in ihm verankert. Derartige Stützwurzeln entwickelte auch noch die im Silur und im Unteren Devon auftretende Gattung *Rhizophyllum,* die gleichfalls noch festgewachsen war, aber nur noch eine einzige abgeflachte Seite sowie nur einen einzigen Deckel besaß (Abb. 23 a). Sie ist ganz offensichtlich der unmittelbare Vorläufer von *Calceola,* und dieser besaß also bereits den Deckel und die abgeflachte Seite, ohne frei auf dem Boden zu liegen!

Diese Befunde zeigen, daß bei *Calceola* die Abflachung mit Sicherheit keine Folge des freien Aufliegens ist. Sie führen dazu, daß man sich die Entwicklung so vorstellen muß: Durch zufällige Mutation bildeten sich bei den älteren Gattungen Kalkschuppen, die wegen des Schutzes der niedrigen Öffnung der kurzen und breiten Kelche vorteilhaft waren. So konnten sie sich, begünstigt durch die natürliche Auslese, zu vier Deckeln entwickeln. Die vier geradegestreckten Scharnierränder des Kelches werden sich vermutlich als dazu passende, gleichfalls bevorzugte »Ko-Adaption« ausgebildet haben. Sie bedingten vier Abflachungen der Kelchwand, denn ein Scharnier macht einen für das Ansetzen geeigneten, also geradegestreckten Rand zwingend erforderlich, der seinerseits nur bei einer Abflachung des Kelches möglich wird. *Rhizophyllum* hat sodann die allgemeine Veranlagung zur Dekkelbildung und zur Erzeugung eines geraden Scharnierrandes mit der dazugehörenden Kelchabflachung von seinen Vorläufern übernommen. Dabei hat es nur noch einen einzigen, größeren Deckel gebildet, der aber ebenso zweckdienlich war wie früher die vier. Alle diese Merkmale behielt die nachfolgende *Calceola* bei. Da sie aber im Gegensatz zu *Rhizophyllum* keine Wurzelstützen zu bilden vermochte, kippte ihr für seine Aufwachsfläche zu breiter und niedriger Kelch um und lag nun naturgemäß mit seiner abgeflachten Seite dem Sediment auf.

Es scheint somit, als habe sich der drohende Zirkelschluß gelöst. Trifft die deutende Rekonstruktion des Entwicklungsablaufs zu, dann lautet die Kausalkette hier: Deckel →gerades Scharnier →gerader Kelchrand →Abflachung des Kelchs →Liegen auf der flachen Seite. Damit aber wäre die Prioritäts-Frage gelöst, und zwar im Sinne der Antwort »Form kam vor Funktion«.

Noch ein anderes Beispiel mag geeignet sein, zur Lösung dieser Frage beizutragen: Zu allen Zeiten haben einzelne Stammeslinien oder sogar ganze Gruppen von Trilobiten zur Reduktion ihrer Augen oder sogar zur völligen Erblindung tendiert (S. 261). Auffallend häufig war das bei einer bestimmten Familie, den Proetiden, der Fall, wobei diese Erscheinung zur Zeit des Oberen Devons und Unteren Karbons so häufig wurde, daß sie hier beinahe schon als typisch gelten kann (Abb. 50).

Ohne an dieser Stelle näher auf Einzelheiten einzugehen sei lediglich erwähnt, daß in diesem Fall die Rudimentierung bzw. der Verlust der Augen (»die Form«) mit einem Leben in lichtlosen Meeresregionen (»die Funktion«) gekoppelt war. Das ergibt sich aus einer Analyse des Aspektes der Begleitgesteine und der Begleitfaunen, die auf einen Lebensraum in tieferen und daher dunklen Meeresbereichen schließen läßt. Nun konnte ich aber eine dieser Stammeslinien bis in frühere Zeiten, bis in das Untere Devon rückschreitend, rekonstruieren, wobei die Augenreduktion Schritt für Schritt, wie in einem rückwärts laufenden Film, bis zu ihrem Ursprung zurückverfolgt werden konnte[59]. Dabei zeigte sich, daß die allerersten, noch geringen Reduktionsschritte in einem Lebensraum eingetreten waren, der sich aufgrund der Begleitfauna und Begleitgesteine als Flachwasserbereich ausweist und in dem daher gute Lichtverhältnisse geherrscht haben müssen[60].

Auch hier scheint es also, daß die Formtendenz schon vor der zu ihr passenden Funktion vorhanden war: Eine zufällige Mutation war aufgetaucht, die eine Verkleinerung der Augen bewirkte. Sie war gewiß nicht vorteilhaft, wurde durch die Selektion aber gerade noch toleriert. Vor allem konnte sie in der Population weiter Bestand haben, ohne »hinausselektiert« zu werden, als die Tiere aufgrund von sogenanntem Präferenzverhalten vermutlich dazu übergingen, sich häufig und schließlich sogar ständig in etwas tieferen und daher ein wenig dunkleren Teilen ihres Lebensraums aufzuhalten. Hier »paßte« nun das reduzierte Auge zum Milieu, muß also von der Auslese wohl sogar ein wenig begünstigt gewesen sein. Förderte aber die Selektion in dieser neuen Umgebung die Augenverkümmerung, und mag dies anfangs auch nur in sehr geringem Umfang der Fall gewesen sein, so war das schließlich erfolgte Abwandern in noch tiefere und damit wirklich dunkle Meeresbereiche nur folgerichtig. Aus dem zufällig entstandenen, anfangs völlig funktionslosen Merkmal wurde so nachträglich ein angepaßtes, adaptiertes.

Hier liegt nun ein Fall vor, dessen Möglichkeit von manchen Biologen auch heute noch bezweifelt wird, der Fall einer ursprünglich funktionslosen, inadaptiven Form. Der Umstand, daß dieses Merkmal nachträglich doch eine Funktion übernahm, »eine Adaptation wurde«, macht die Sache noch schlimmer, denn damit stellt es sich als eine sogenannte »Präadaption« heraus. Das ist eine Erscheinung, die zwar von Paläontologen nicht selten beobachtet worden war (S. 224), deren mögliche Existenz von manchen Biologen aber bis vor kurzem energisch bestritten worden ist.

Und doch sind derartige Fälle auch bei den gegenwärtigen Lebewesen gar nicht so selten. Erinnern wir uns nur des Beispiels, das uns in anderem Zusammenhang (S. 107) die Larve der Schnecke *Aporrhais* lieferte. Sie lebt planktonisch, und an diese Lebensweise ist sie mit Hilfe ihres bewimperten Schwebe- und Schwimmorgans, des Velums, angepaßt. Aber schon in diesem Entwicklungsstadium besitzt sie – und besitzen viele andere Molluskenlarven – einen kleinen Fuß und ein Paar winziger Tentakel (Abb. 11 c). Diese Organe sind in diesem Stadium völlig nutzlos, ohne Funktion, werden aber von der natürlichen Auslese toleriert, und sind wohl auch schon bei den Vorfahren »geduldet« gewesen. Erst beim späteren Übergang zum Leben auf dem Meeresgrund übernimmt dieser Fuß die Funktion des Kriechens, und die Tentakel treten als Fühler in Funktion. Auch hier geht also die Form der Funktion voraus. Auch hier ist die Form »präadaptiert« und potentiell befähigt zur späteren Übernahme einer Funktion.

Unsere von *Calceola* und den erblindenden Proetiden gelieferten Beispiele haben gezeigt, daß es Form ohne Funktion, daß es nichtadaptierte Merkmale sehr wohl gibt. Mehrere weitere, im Bereich der

Gesamtevolution überaus wichtige Fälle (S. 227), stehen damit durchaus im Einklang. Und was dort im Rahmen der stammesgeschichtlichen Zusammenhänge anzutreffen ist, kann – mindestens bei der Molluskenlarve – auch im Laufe der Entwicklung des einzelnen Individuums beobachtet werden.

Warum ursprünglich viele Biologen der Vorstellung von der »Präadaptation« so nachdrücklich ablehnend gegenüberstanden, ist nicht allzuschwer zu verstehen. Vermutlich waren zwei Beweggründe vorhanden: Einesteils war die »Präadaptation« wohl suspekt, weil das vorzeitige »Passen« eines Merkmals zu einer sich erst später einstellenden Funktion in fataler Weise mit den Vorstellungen der Finalisten im Einklang zu stehen schien, die ja meinten, jede Entwicklung der Lebewesen sei vom Ende her, von einem vorgegebenen Ziel her, gelenkt und auf dieses ausgerichtet. Andererseits war hier ein Fall gegeben, bei dem die Selektion sozusagen die Hände in den Schoß legte und einem Merkmal bzw. seiner Form gegenüber gleichgültig blieb. Das mußte bei solchen Evolutionsforschern Unbehagen hervorrufen, die von der Allmacht der Selektion so überzeugt waren, daß sie sich deren Indifferenz selbst im Einzelfall nicht vorstellen konnten oder wollten.

Immerhin, die Zeiten haben sich geändert, neue Erkenntnisse wurden gewonnen, und unter der veränderten Bezeichnung »Prädisposition« ist die der »Präadaption« zugrunde liegende Erscheinung schließlich doch noch anerkannt und in Gnaden aufgenommen worden. Das geschah wohl nicht von ungefähr, denn sie spielt – wie bereits Ernst Mayr betonte – im Evolutionsgeschehen durchaus eine bedeutsame Rolle (S. 229), sobald das Verhalten der Lebewesen als Schrittmacher hinzutritt[61].

Ein ähnliches Schicksal wie das der »Präadaption« war auch einigen anderen Vorstellungen beschieden. So manche Auffassung des Wesens, insbesondere aber auch gewisser regelhafter Abläufe der Evolution, schien jahrzehntelang mit den genetischen Grundtatsachen nicht im Einklang zu stehen. Obwohl die Kontroversen noch gar nicht so weit zurückliegen, scheinen sich die Wogen aber jetzt doch einigermaßen geglättet zu haben. Die Bereitschaft zu einsichtiger, unvoreingenommener Diskussion hat sich offenbar doch noch eingestellt: Man kann heute von einer Nichtumkehrbarkeit der Evolution oder von einem gerichteten Verlauf der Entwicklung sprechen, ohne daß einem sofort vorgehalten wird, man rede einem metaphysischen »élan vital« das Wort. Man kann jetzt, wenn man nur das Reizwort »Präadaption« vermeidet und brav »Prädisposition« sagt, von ihr reden, ohne in den Ruf zu geraten, ein schlimmer Mystiker zu sein. In dieser nun hoffentlich genügend entspannten Atmosphäre sollte es leichterfallen, das zu tun, was in den nächsten Kapiteln beabsichtigt ist: die nun schon klassischen Vorstellungen über regelhafte Abläufe der Evolution Revue passieren zu lassen und zu prüfen, welche von ihnen sich auch unter dem Aspekt der modernen biologischen Forschung bewähren.

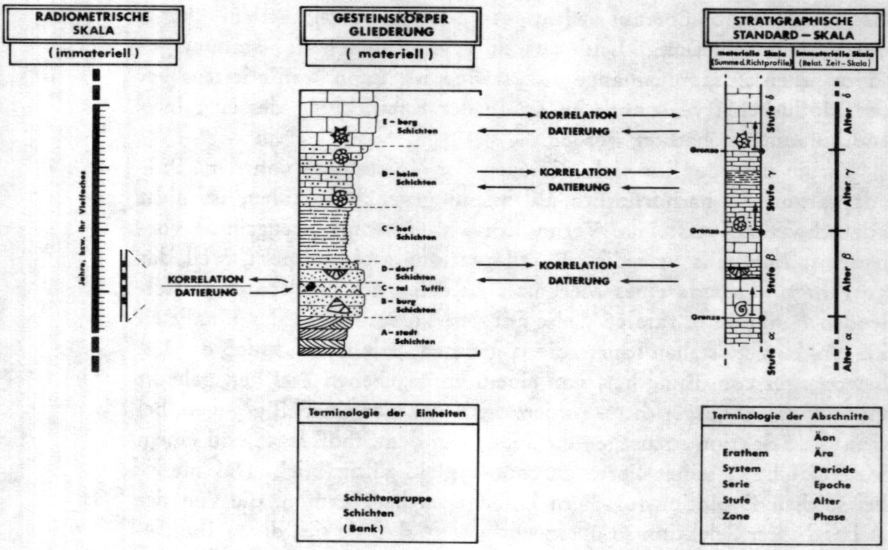

Abb. 3: Schema der Korrelation und Datierung von aufeinanderfolgenden Schichten einer Region (Bildmitte) mit Hilfe der Stratigraphischen Standard-Skala (aufgrund von Leitfossilien = relatives Alter) und ihre Datierung anhand der Radiometrischen Skala (aufgrund des radioaktiven Zerfalls der Isotope eines Mineralkorns = absolutes Alter in Jahren). (Nach Erben, 1972; abgeändert)

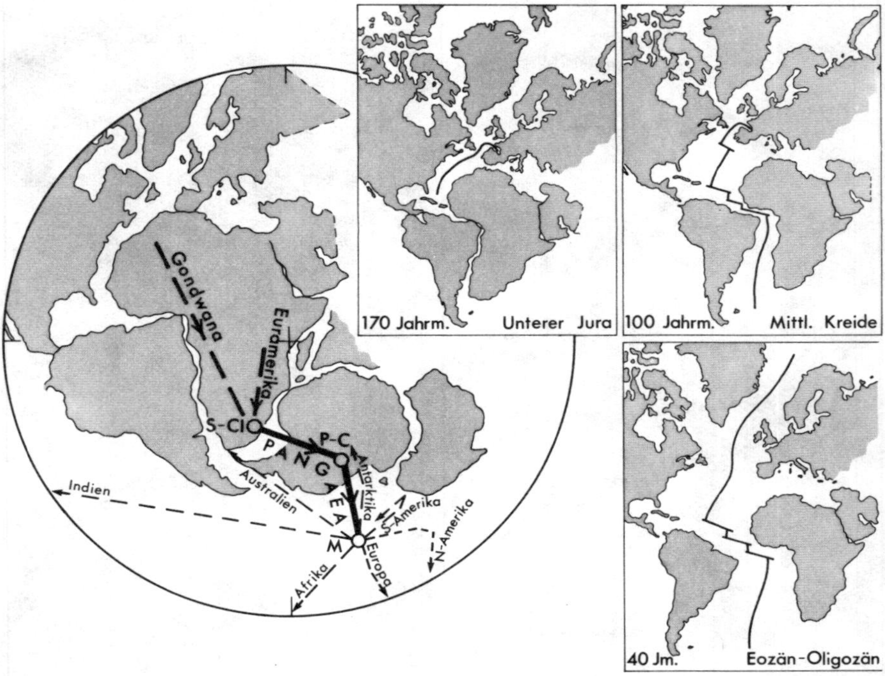

Abb. 4: Vereinfachte Wanderungskurve des paläomagnetischen Südpols (dicke Linie) und seine Positionen in den Zeitspannen von Silur bis Karbon (S-Cl), Perm bis Kreide (P-C) und des übrigen Mesozoikums (M). Der paläogeographischen Rekonstruktion liegt die Vorstellung eines ursprünglichen Zusammenhängens der Kontinente zugrunde. Unterbrochene Pfeile geben die Richtungen des späteren Driftens der Kontinentalplatten an. Eingerahmt: Phasen des Auseinanderrückens (»plate tectonics«) der Kontinentalplatten und des Anwachsens der Ozeanböden (»sea floor spreading«) zur Zeit des Unteren Jura, der Mittleren Kreide und der Zeitspanne Eozän-Oligozän im Bereich des Atlantik (schwarze Trennlinie = Atlantische Spalte, im Verlauf des Mittelatlantischen Rückens). (Zusammengestellt aus McElhinny, 1973, teils nach Francheteau, 1970)

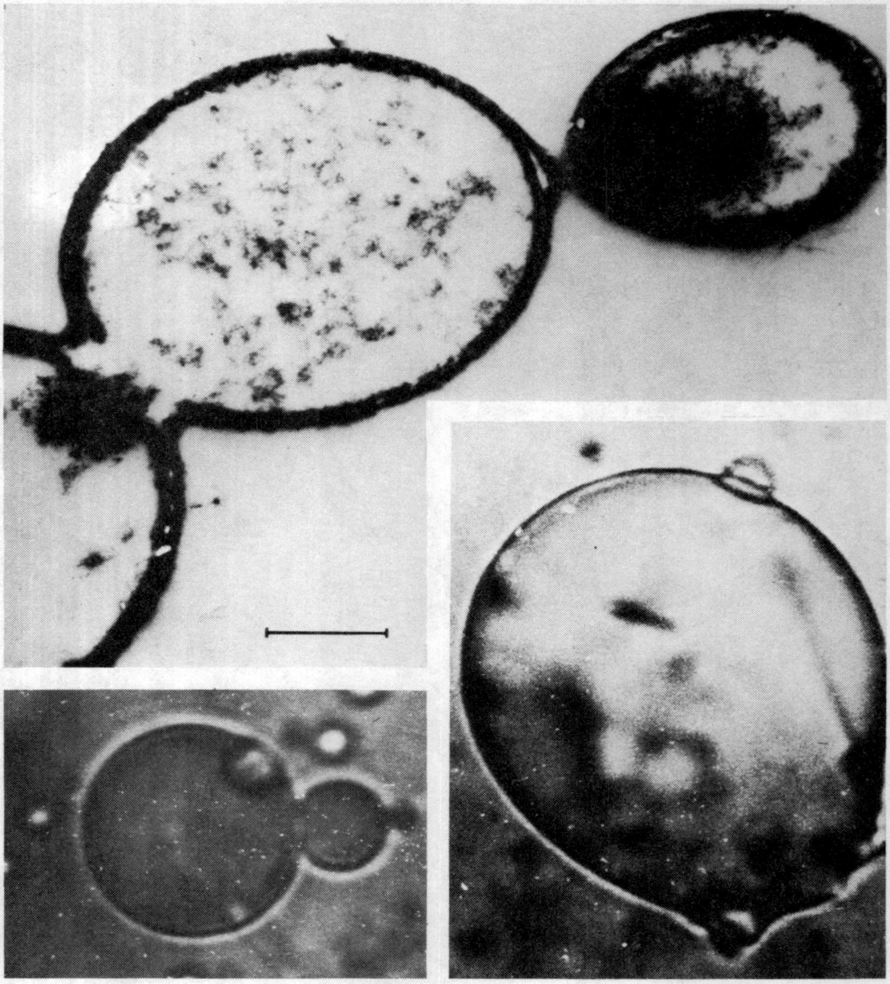

Abb. 5: Proteinoide Mikrosphären nach Sidney Fox. Oberes Bild: Transmissions-Elektronenmikrographie eines Schnittpräparats (Meßstrich = 1 μ). (Zur Verfügung gestellt von Prof. Dr. G. Krampitz, Bonn)

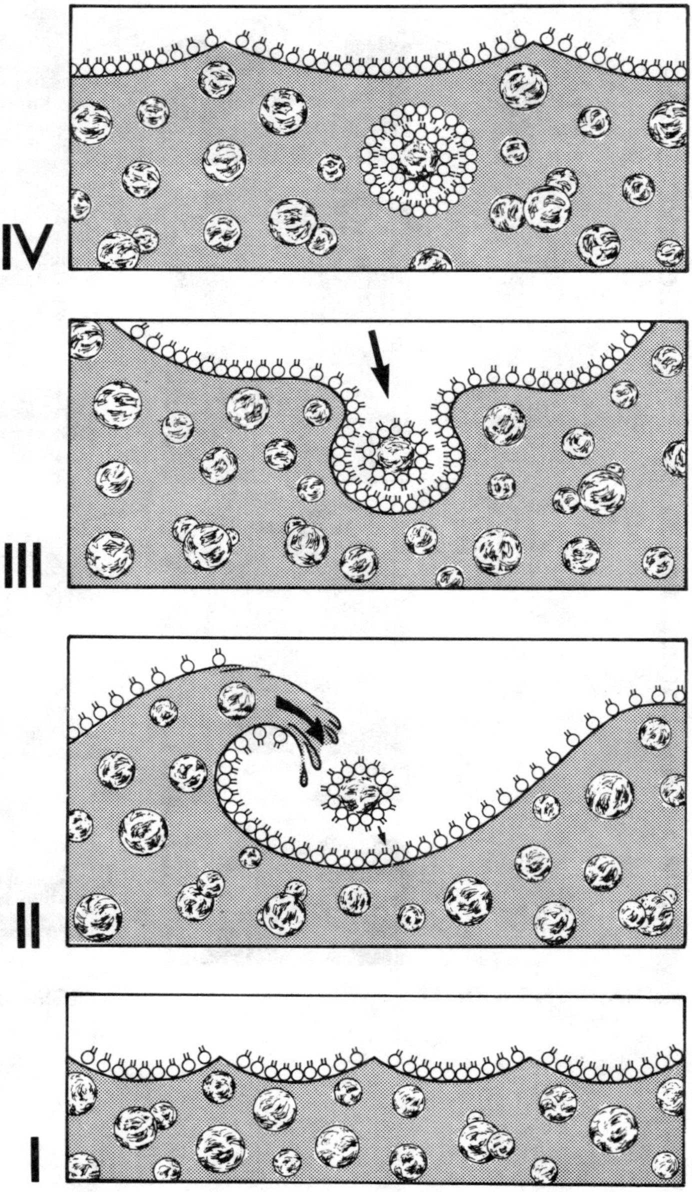

Abb. 6: Hypothetischer Ursprung der Zellmembran, im schematischen Modell dargestellt. – I: In der »organischen Brühe« schweben präbiotische Komplexe aus Proteinen, Nukleinsäuren und Enzymen. Die Wasseroberfläche ist mit einer monomolekularen Schicht von Lipiden bedeckt, wobei die hydrophoben Kohlenwasserstoffketten der Moleküle vom Wasserspiegel abgekehrt sind. – II bis IV: Bildung zweier monomolekularer Lipidschichten über der Oberfläche eines der präbiotischen Komplexe, wenn dieser aufgrund von Wellenschlag die Lipidschicht der Wasseroberfläche zweimal durchbricht (einmal beim Austritt, einmal beim erneuten Eintauchen). (Nach Lehninger, 1970; leicht abgewandelt, umgezeichnet)

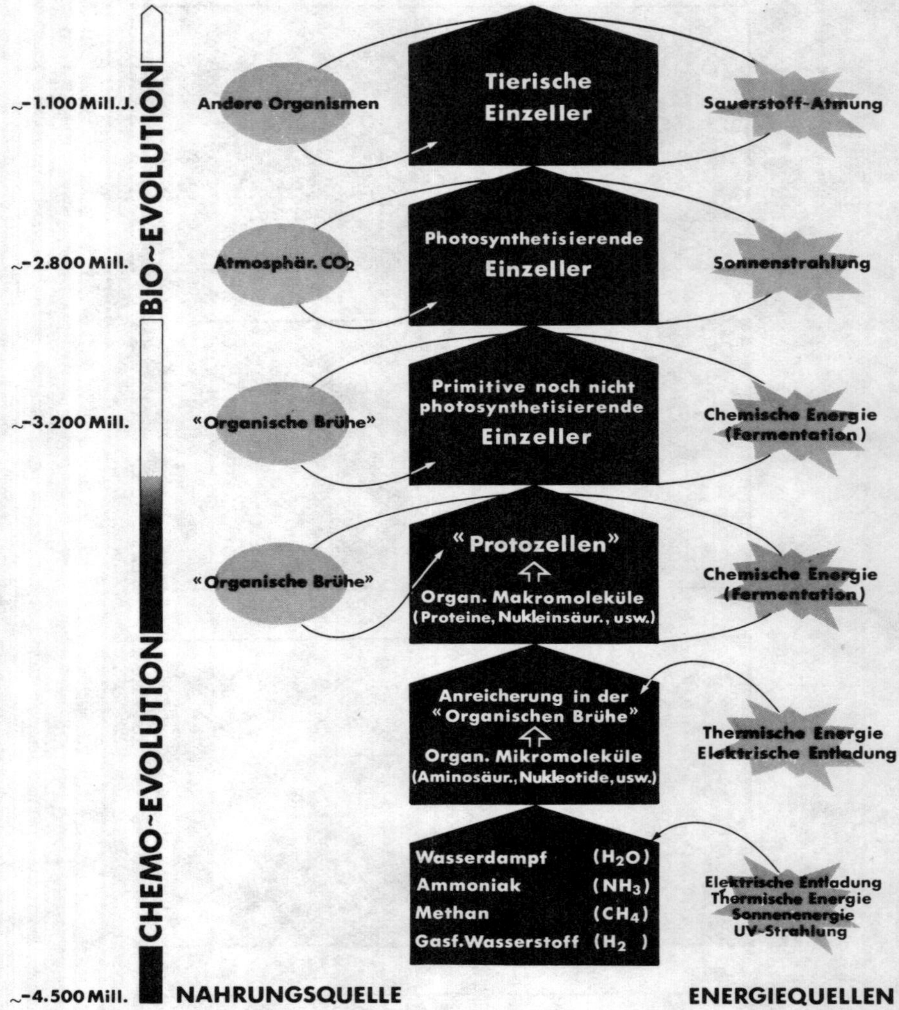

Abb. 7: Schema des Ablaufs der Chemo-Evolution und des Übergangs zu den frühen Phasen der Bio-Evolution.

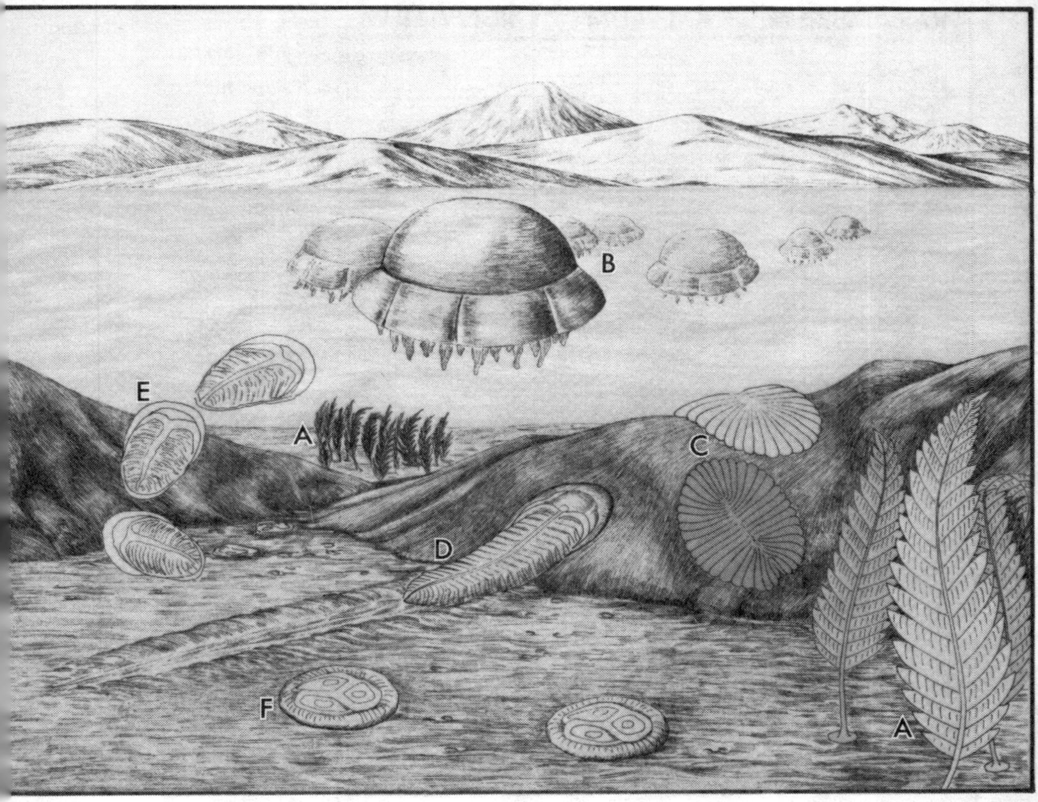

Abb. 8: Rekonstruktion der präkambrischen, aus sehr frühen vielzelligen Organismen bestehenden Ediacara-Fauna in ihrem Lebensraum. A = *Rangea* (seefederähnlicher Coelenterat?); B = Quallen (Medusen, also Coelenteraten); C = *Dickinsonia* (ein Ringelwurm?); D = *Spriggina* (ein Ringelwurm); E = *Parvancoria* (ein Tier unbekannter Stellung); F = *Tribachidium* (ein Tier unbekannter Stellung). (Zusammengestellt aufgrund der Einzelabbildungen M. F. Glaessners)

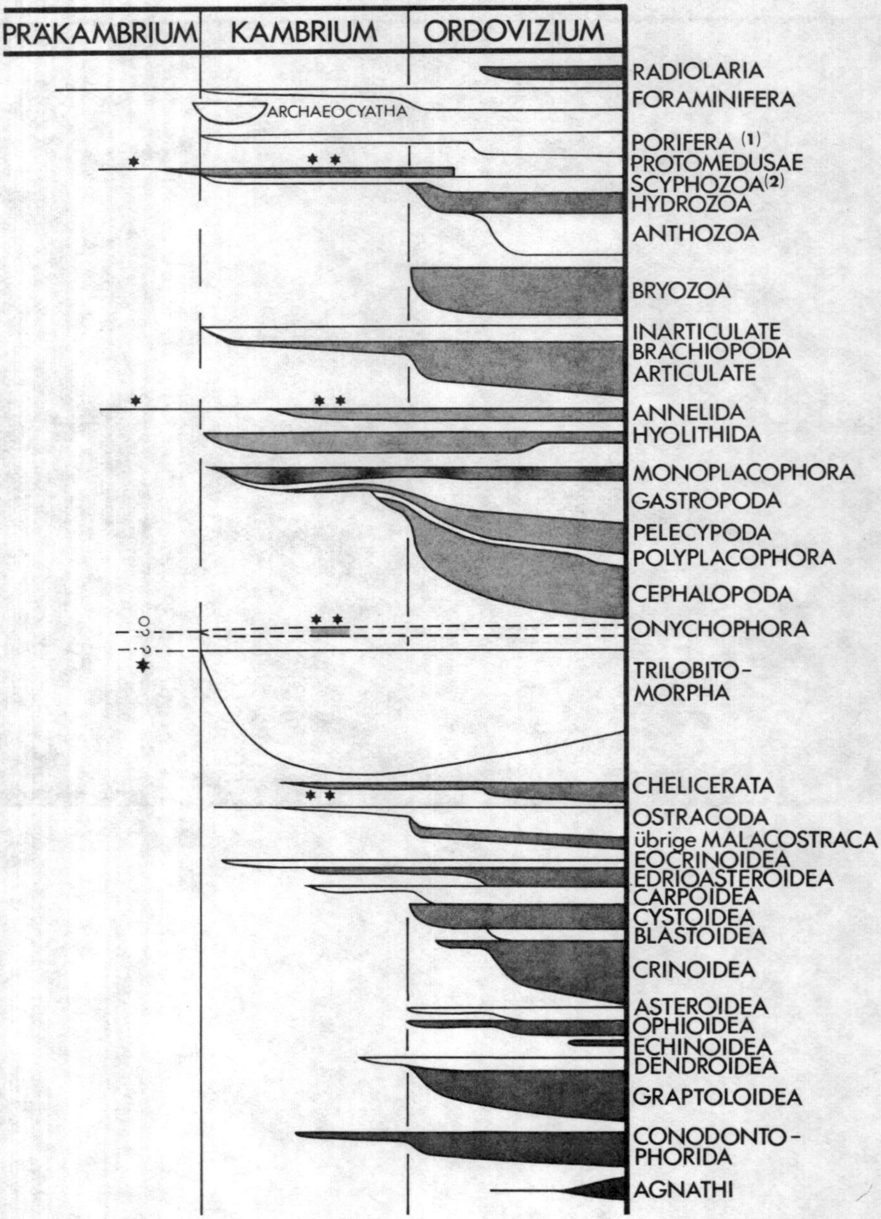

*= Ediacara Fauna, **= sog. Burgess-Fauna, o= Eiszeitliches Geschiebe unsicheren Alters, (1) Einschl. Stromatoporoidea, (2) Einschl. Conularien,

Abb. 9: Schema des ersten Auftretens der wichtigsten Tiergruppen im Präkambrium, Kambrium und Ordovizium. Der präkambrisch/kambrische Umbruch (»Faunenschnitt«) und der ordovizische Umschwung.

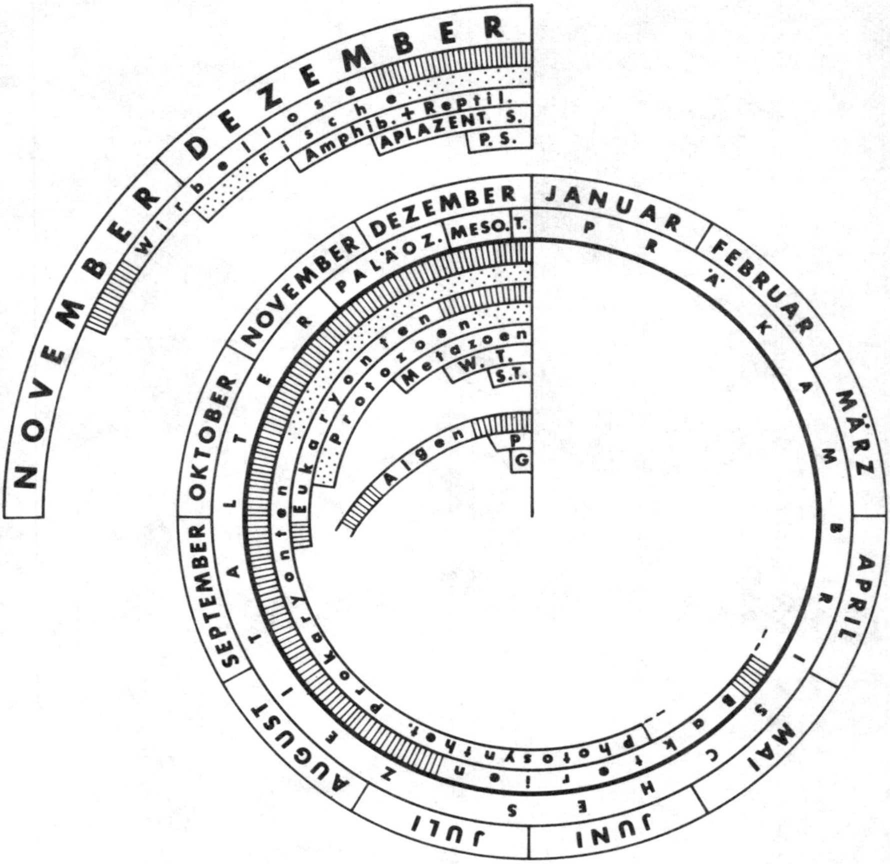

Abb. 10: Das symbolische Kalenderjahr: Die Erdgeschichte und die Geschichte des Lebens, maßstäblich einem Zeitbetrag gleichgesetzt, der den 12 Kalendermonaten entspricht. Links oben, angefügt: Detailliertere Darstellung hinsichtlich der Wirbeltiere = W. T. (Aplazent. S. = Aplazentale Säugetiere; G = Gymnospermen; P = Psilophyten und Gefäßkryptogamen; P. S. = Plazentale Säugetiere; S. T. = Säugetiere, allgemein; T = Tertiär und Quartär; W. T. = Wirbeltiere, allgemein). (Nach L. Rüger, 1947, auf modernen Stand gebracht)

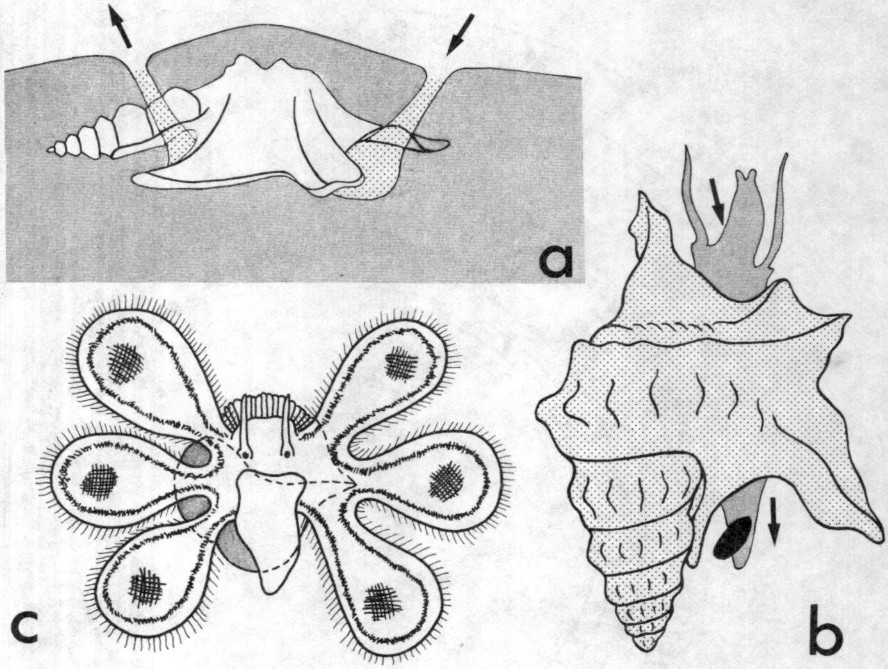

Abb. 11: Die rezente Meeresschnecke *Aporrhais pes pelicani.* a = Lebendstellung, im Sediment eingegraben (Pfeile: Wasserströme); b = Rückenaufsicht auf das ausgewachsene Stadium; c = Bauchaufsicht auf die Larve des Veliger-Stadiums. (Nach und aus W. Schäfer, 1962, sowie Lebour, 1937)

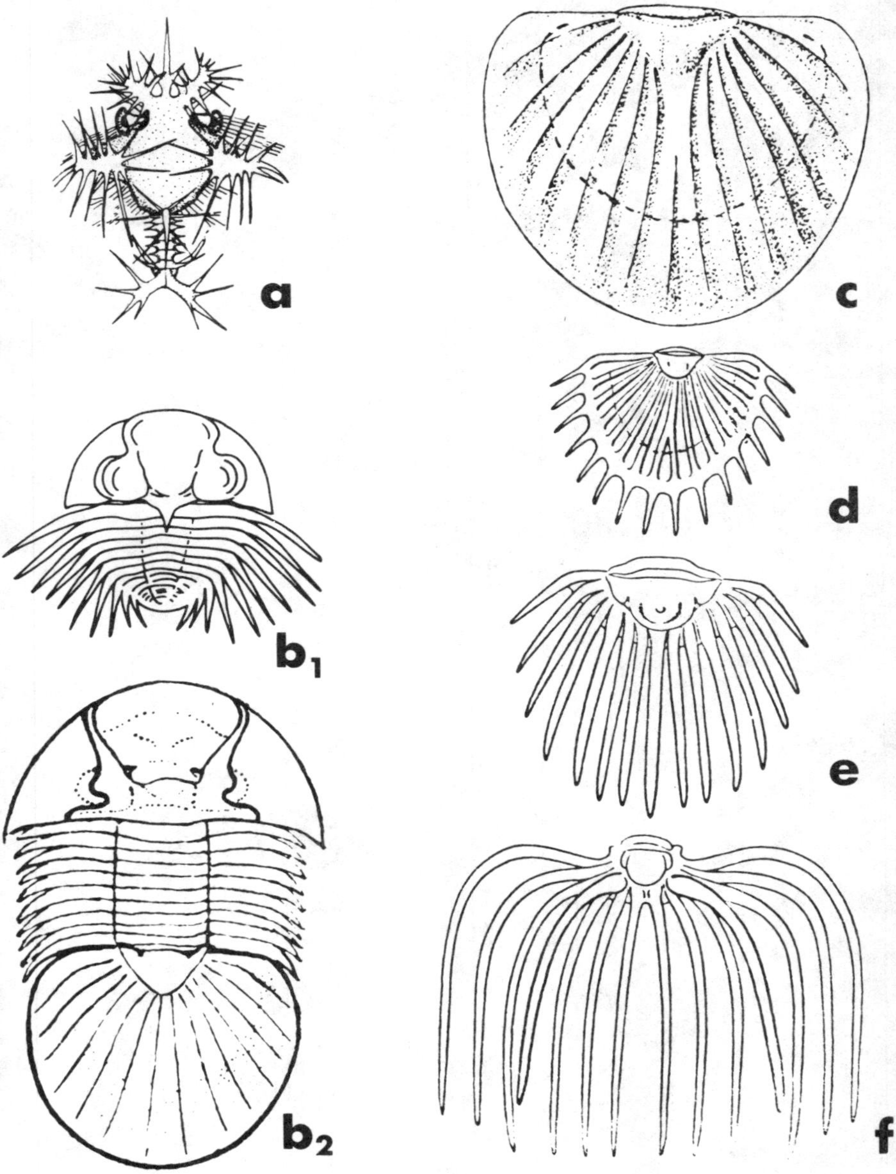

Abb. 12: Funktionsmorphologisch interessante Merkmale im Rückenpanzer und seinen Einzelheiten bei Trilobiten. a = Sergestes-Larve des Meereskrebses *Elaphocaris;* b_1 = Meraspis-Larve eines scutelluiden Trilobiten; b_2 = ausgewachsenes Stadium eines scutelluiden Trilobiten; c = Schwanzschild des scutelluiden Normal-Typs *(Bojoscutellum);* d = derselbe bei *Thysanopeltella;* e = derselbe bei *Weberopeltis;* f = derselbe bei *Ancyropyge.* (Zusammengestellt aus H. Wurmbach, Rud. Richter, R. Feist sowie Erben)

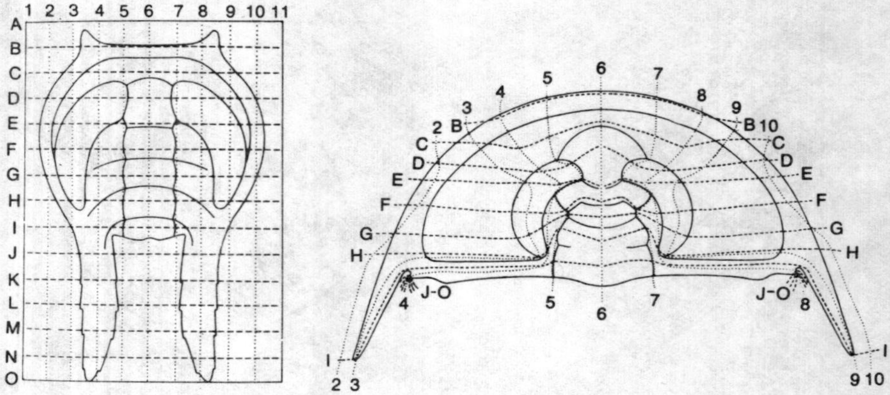

Abb. 13: Allometrisches Wachstum. – Beispiel: Protaspis-Larve (links) und Kopfschild eines ausgewachsenen Stadiums (rechts) beim unterkambrischen Trilobiten *Olenellus gilberti.* Zu beachten: das d'Arcy Thompson'sche Netz und seine Transformation, welche im rechten Bild die positiv (z. B. Gesamtstrecke B4 bis B8) oder negativ (z. B. Strecke E4 bis E8) allometrischen Wachstum-Tendenzen anzeigt. (Aus Palmer, 1957)

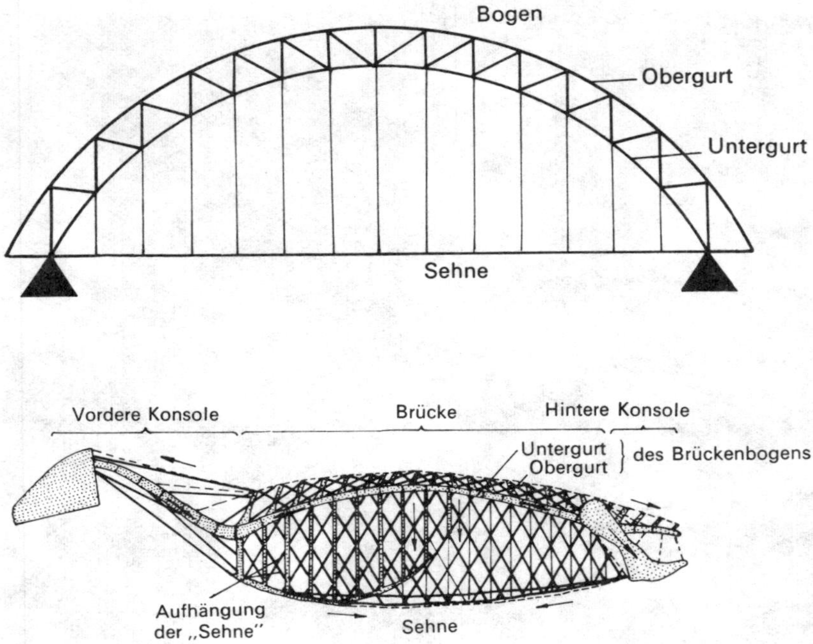

Abb. 14: Die Bogensehnenbrücke (oben) als funktionsmorphologisches Paradigma der Rumpfanatomie (unten) von vierfüßigen Säugetieren. (Nach Nickel-Schummer-Seiferle, 1954)

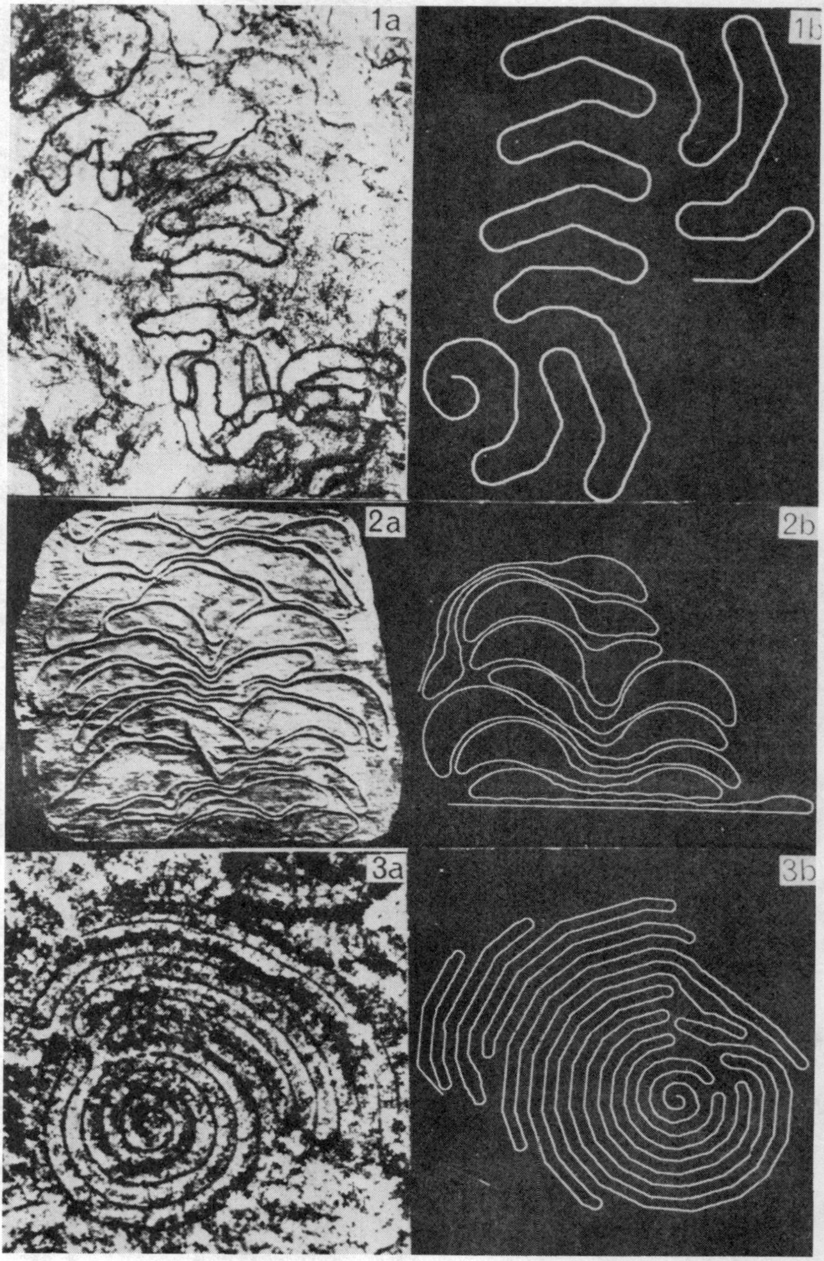

Abb. 15: Mäandrierende fossile und rezente Weidespuren (1a bis 3a) und ihre Simulation im Computerbild (1b bis 3b). 1a = lockere Mäander des Spuren-Typs *Dictyodora* (Ordovizium); 2a = komplexer Mäander-Typ (Kreide); 3a = Spur des rezenten Sandwurms *Paraonis fulgens.* (Aus Raup und Seilacher, 1969)

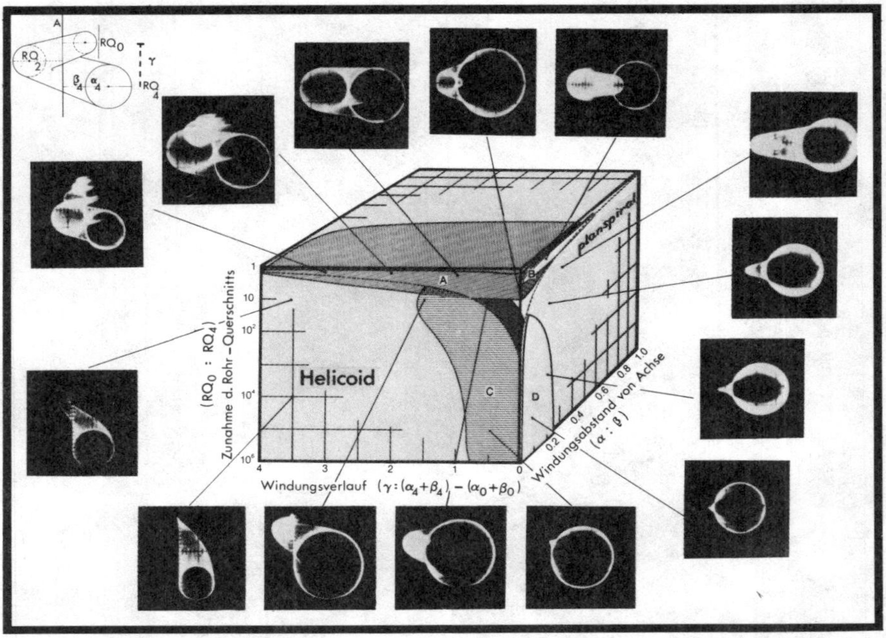

Abb. 16: Annähernde Verteilung der durch Computer-Simulation erzielten Formtypen in einem Blockdiagramm und ihre typischen Formäquivalente bei den Schnecken (A), eingerollten Cephalopoden (B), Muscheln (C) und Brachiopoden (D). Von Schraffur und Bezeichnung freigebliebene Raumbereiche enthalten jene theoretischen Möglichkeiten der Form, die von diesen Tiergruppen nicht ausgenutzt bzw. nicht realisiert wurden (weitere Erläuterungen im Text). (Aus Raup, 1966 und 1971)

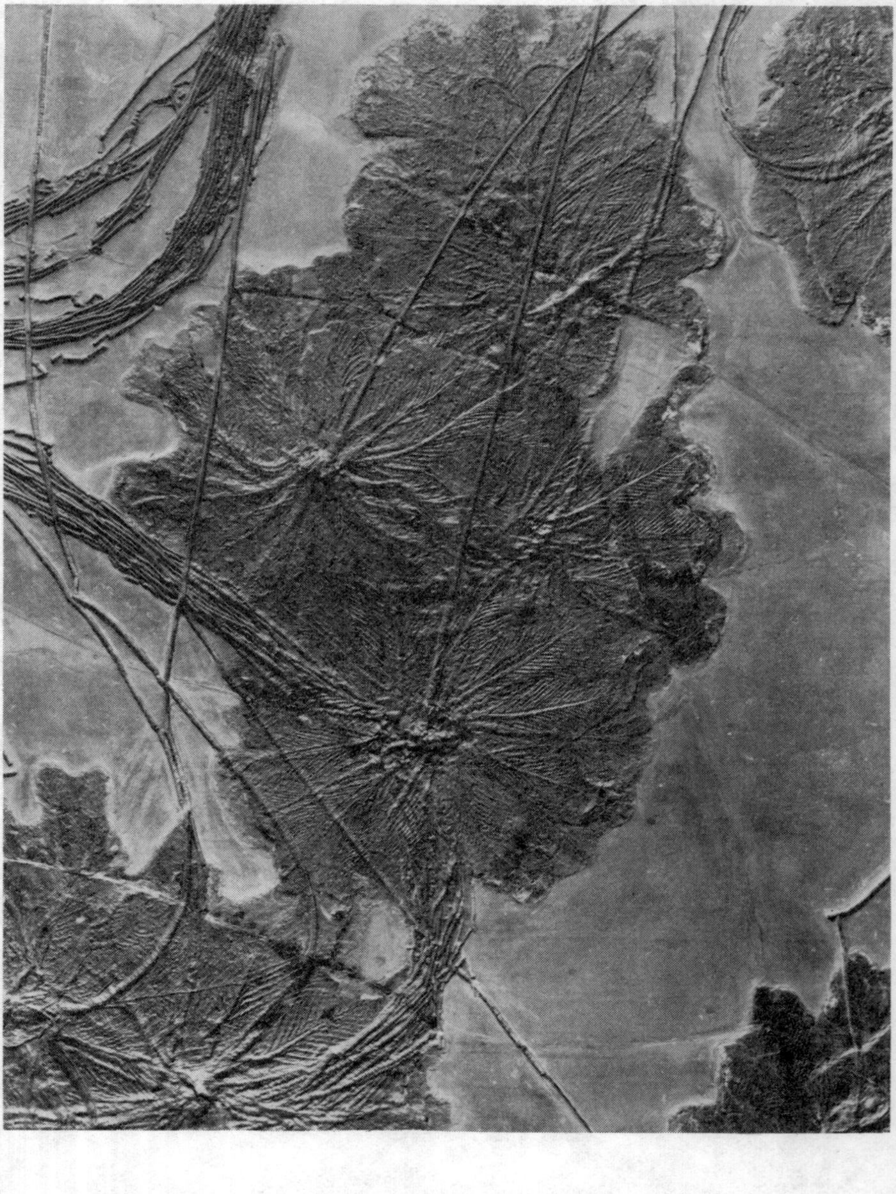

Abb. 17: Auf der Schichtfläche abgelagerte Kronen und Stiele der unterjurassischen Seelilie (Crinoidee) *Seirocrinus.* Überaus stark verkleinert. (Originalvorlage von Prof. Dr. A. Seilacher, Tübingen, zur Verfügung gestellt)

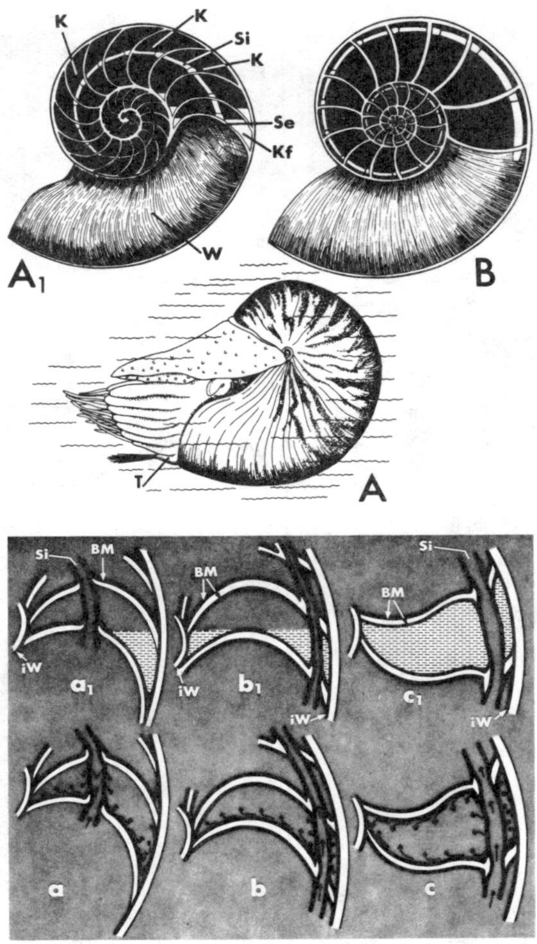

Abb. 18: Obere Hälfte: Gehäuse von Cephalopoden mit Außenschalen. A = Lebensbild des rezenten *Nautilus pompilius;* A1 = Längsschnitt durch das Gehäuse von *Nautilus*; B = Längsschnitt durch das Gehäuse der Ammonoideen im Mesozoikum. (Nach Fenton und Fenton, 1958, sowie Denton und Gilpin-Brown, 1966, und einem eigenen Entwurf)
K = Kammern; Kf = Kammerflüssigkeit; Se = Septen; Si = Sipho; T = Trichter; W = Wohnkammer.
Untere Hälfte: Schematische Darstellung der hydrostatischen Funktion der Kammern im Cephalopoden-Gehäuse (jeweils nur eine Kammer dargestellt. Längsschnitt, in Lebendstellung des Gehäuses orientiert – vgl. A1, B).
a = *Nautilus pompilius;* b = primitiver Vertreter der Ammonoideen; c = fortgeschrittener Vertreter der Ammonoideen.
a bis c = Vorgang beim Einpumpen der Kammerflüssigkeit durch das Sipho-Rohr in die leere Kammer; Pfeile: Leitungswege; a1 bis c1 = mit Kammerflüssigkeit (weiß, horizontal gestrichelt) gefüllte Kammer.
Weiße Flächen = Kalkmaterial der Septen und der Gehäusewand; dicke schwarze Linien = Conchiolin-Beläge bzw. organische Hülle des Sipho-Rohrs; BM = Braune Membran als organischer Belag der Fläche des Septums; Si = Sipho; iW = innerer Wandbelag des Gehäuserohrs.

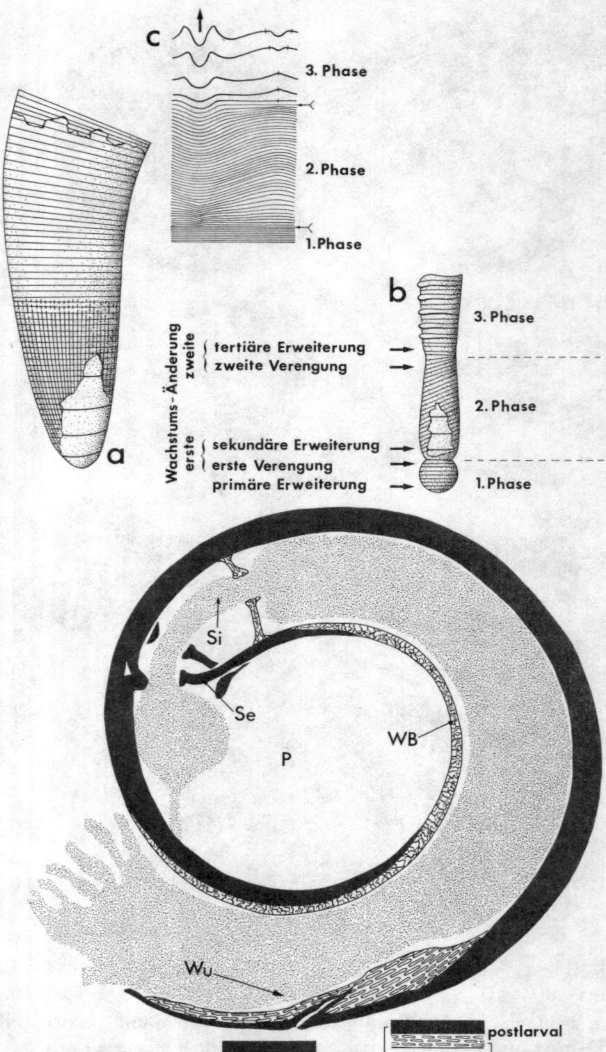

Abb. 19: Obere Hälfte: Frühjugendliches Stadium (Gehäuseanfang) bei typischen Nautiloideen (a) und primitiven Ammonoideen (b); der Übersichtlichkeit wegen ausgerollt gedacht und in seitlicher Ansicht dargestellt. Stark vergrößert. c = Diagramm der frühontogenetischen Entwicklung der Anwachsstreifen (ursprüngliche Mündungsränder) bei den primitiven Ammonoideen (Beispiel: *Mimagoniatites*). Die Streifen sind in eine Ebene abgerollt gedacht (Pfeil = Außenseite, Querstriche = Innenseite). (Aus Erben, 1964)
Untere Hälfte: Frühontogenetisches Stadium (wahrscheinlich früh post-larval) eines Ammonoideen, schematischer Längsschnitt (Weichteile gerastert, rekonstruiert). P = Protoconch; reicht vom Wachstums-Beginn (WB) bis zur Verengung vor dem ersten Septum (1. Wachstums-Änderung); Se = Septum; Si = Sipho; Wu = Wachstumsunterbrechung an der 2. Wachstums-Änderung, mit erstem Einsetzen der Perlmuttschicht. (Nach Erben, Flajs und Siehl, 1969; umgezeichnet)

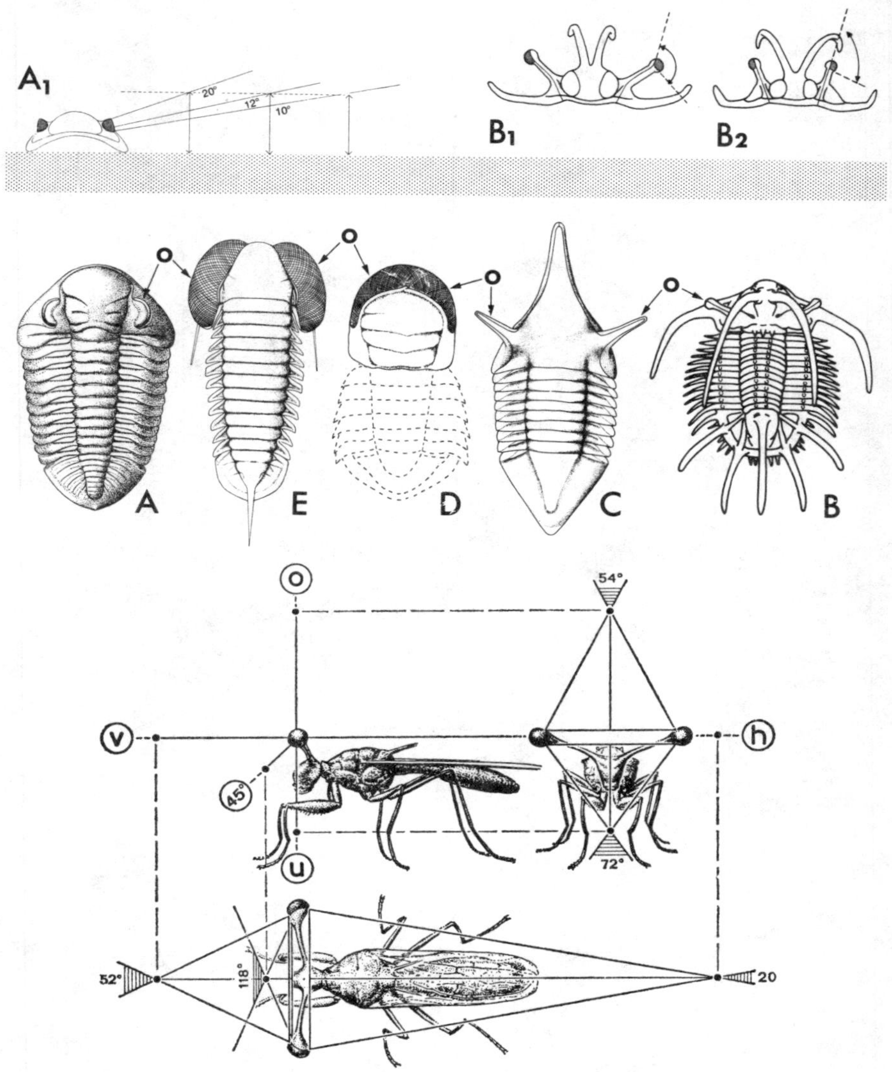

Abb. 20: Obere Hälfte: Funktionsmorphologie von Augen (o) der Trilobiten. A bis E = Aufsicht auf die Rückenpanzer von: A = *Acaste downingiae* (Silur); B = *Ceratarges armatus* = (Mittel-Devon); C = *Ectenaspis beckeri* (Oberes Ordovizium); D = *Ellipsotaphrus monophthalmus* (Unteres Ordovizium); E = *Opipeuter inconnivus* (Ordovizium).
A_1 bis B_2 = Stirnansicht der Tiere in Lebensposition, auf dem Boden kriechend (A_1 = *Acaste downingiae*) bzw. frei schwimmend (B_1, B_2 = Varianten bei *Ceratarges armatus*). Größe, Position, Richtung und Grenzen des jeweiligen Sehfeldes eingezeichnet. (Zusammengestellt aus und nach Clarkson, 1966, Harrington et al., 1959, Fortey, 1974, sowie nach eigenen Entwürfen)
Untere Hälfte: Zum Vergleich die Blindfelder vor der Stirn und am Körperende der rezenten Stielaugenfliege *Diopsis somaliensis*, angegeben als Dreiecke über der Augenstielgrundlinie. v = vorn; h = hinten; o = oben; u = unten, bezogen auf die Seitenansicht des Tieres. (Aus W. Wickler, 1972)

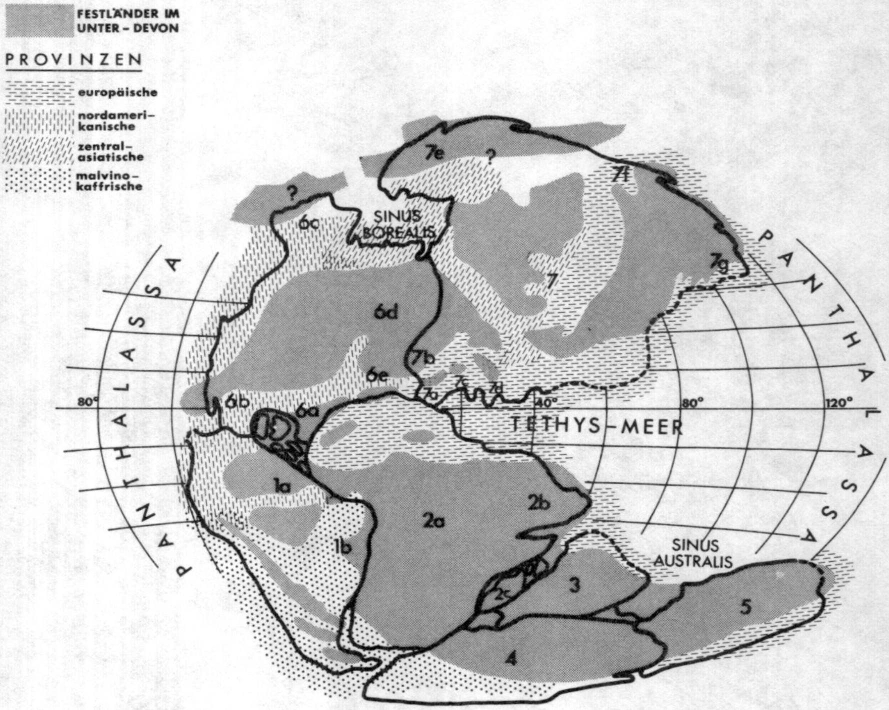

Abb. 21: Verteilung der zoogeographischen Faunenprovinzen nach Trilobiten zur Zeit des Unter-Devons. Rekonstruktion der paläogeographischen Verhältnisse unter der Annahme eines ursprünglichen Zusammenhängens der Kontinentalplatten. Als Orientierungshilfe: 1a = Guayana-Schild; 1b = Brasilia-Schild; 2a = Afrika mit Arabischem Schild (2b); 2c = Madagaskar; 3 = Indischer Subkontinent; 4 = Antarktika; 5 = Australien; 6a = Florida; 6b = Nordmexiko; 6c = Alaska und Arktische Inseln; 6d = Kanadischer Schild und Arktische Inseln sowie Grönland; 6e = Labrador; 7a = Iberische Region; 7b = Skandinavischer Schild; 7c = Apenninische Region; 7d = Dinarische Region und Balkan; 7e = Nordostasien; 7f = Ostasien; 7g = Südostasien.

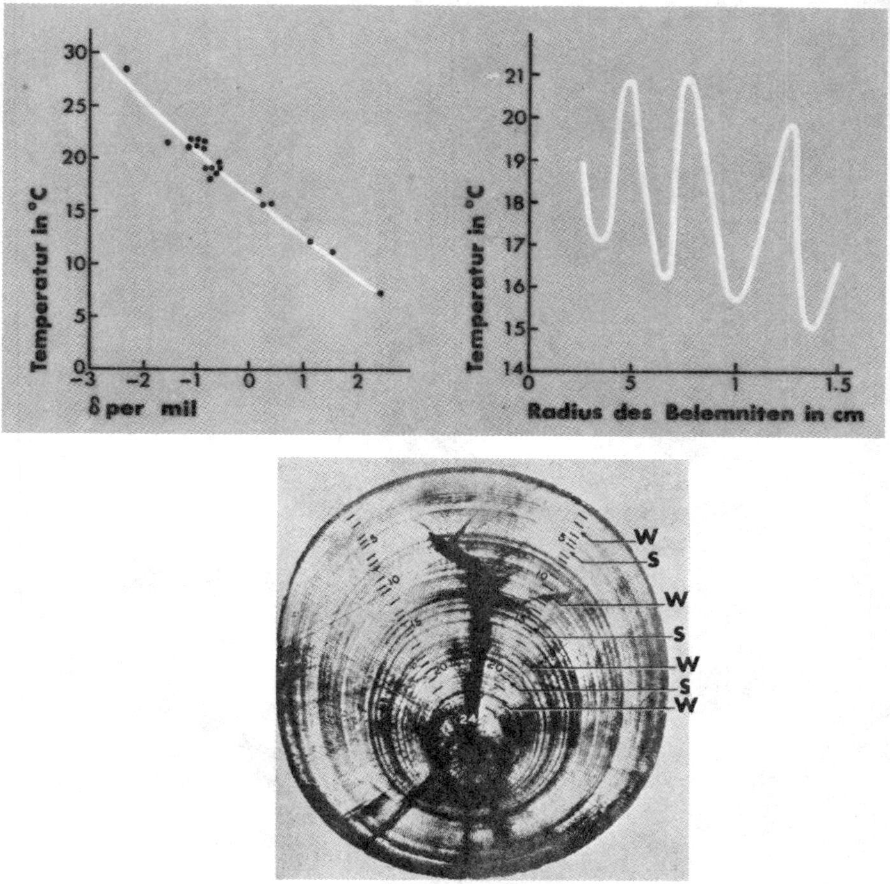

Abb. 22: Rekonstruktion der Paläotemperatur (mittlerer Jahreswert) des Meereswassers mit Hilfe des $^{18}O/^{16}O$-Verhältnisses im Calciumkarbonat eines Fossils.
Oben links: Abnahme des relativen ^{18}O-Gehaltes (δ per mil) mit steigender Wassertemperatur (in °C) im heutigen Meerwasser.
Oben rechts: Periodische, jahreszeitliche Temperaturschwankungen, die sich aus den $\delta\,^{18}O$-Werten der konzentrischen Anwachszonen eines Belemniten ergeben.
Unten: Querschliff durch das Kalkskelett (Rostrum) eines Belemniten, die dunkleren (Winter = W) und helleren (Sommer = S) konzentrischen Anwachszonen erkennen lassend. (Aus Kay und Colbert, 1965)

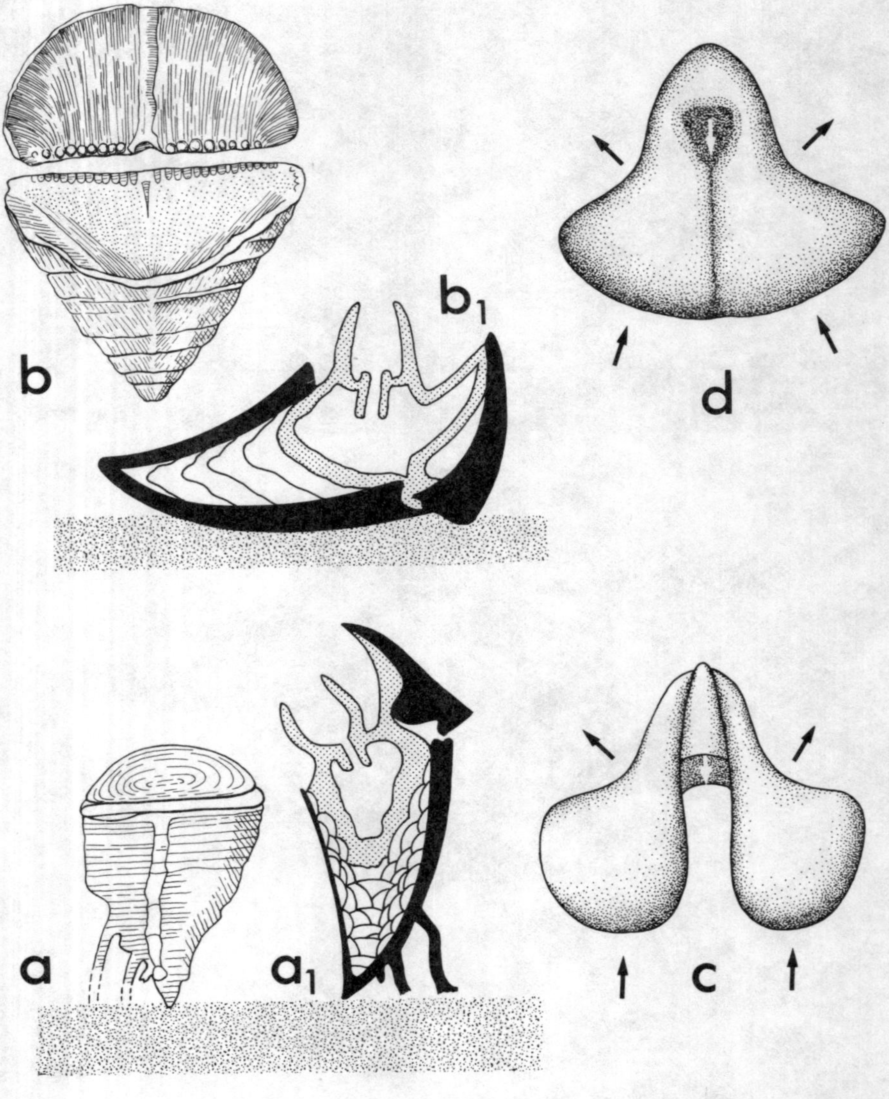

Abb. 23: a = Die silurische und unterdevonische Deckelkoralle *Rhizophyllum* in Lebendstellung (a1 = schematischer Längsschnitt durch den kalkigen Kelch und [gerastert] den Weichkörper).

b = Die unter- bis mitteldevonische, gleichfalls einen schwenkbaren Deckel aufweisende Pantoffelkoralle *Calceola sandalina* (b = Aufsicht, mit aufgeklapptem Deckel; b1 = Position in Lebenslage; Längsschnitt).

c, d = Die oberjurassische bis unterkretazische Brachiopoden-Gattung *Pygope* (c = *P. sima;* d = *P. diphya*). Schwarze Pfeile = Einstrom des Atem- und Nahrungswassers sowie Ableitung des verbrauchten und mit Exkrementen beladenen Wassers. Weiße Pfeile = Ableitung und Ausstrom durch die bei (d) gebildete neue Schalenöffnung (»Loch«). (c, d aus Vogel, 1966)

ZWEITER TEIL

V. Kapitel

Evolution: Das Entstehen des Neuen

Es gibt so viele Arten, wie viele verschiedene Formen das Unendliche Wesen (Infinitum Ens) von Anfang an hervorgebracht hat.

Carl von Linné, 1737

Wir glauben daher, daß alle Pflanzen und Tiere durch eine uns unbekannte Naturkraft ursprünglich geschaffen, nicht aber durch Umbildung aus einigen wenigen Urformen entstanden sind ...

Heinrich G. Bronn, 1858

Und ich bin beinahe überzeugt (der Meinung, mit der ich an die Frage herangetreten bin, völlig entgegengesetzt), daß die Spezies (mir ist es, als gestände ich einen Mord ein) nicht unveränderlich sind ...

Charles Darwin, 1837

Der Baum des Lebens sollte vielleicht Korallenstock des Lebens genannt werden: Basis der Zweige abgestorben, so daß Übergänge nicht zu sehen sind.

Charles Darwin, 1844

Mit Recht besteht daher die ... drastische Formulierung: Der erste Vogel kroch aus einem (abgewandelten) Reptilei. Es gilt durchaus der Satz »Natura facit saltus«.

Otto H. Schindewolf, 1950

Es ist nahezu unmöglich, sich solche Vorgänge ohne Übergänge während langer Generationsfolgen vorzustellen ...

George G. Simpson, 1951

Evolution, ein ungeliebter Begriff

Wer in einem unserer Zoologischen Gärten vor dem Käfig der Schimpansen oder der Gorillas verweilt und in die erst forschenden, dann gleichgültigen und schließlich stumpf blickenden Augen schaut, den mag wohl ein leises Unbehagen beschleichen. Hände, Körper, Gesicht – ja, das ist verwandte Gestalt. Und doch springt kein Funke des Verstehens über; Menschenaffe und Mensch, sie trennt mehr als ein Gitter, sie scheidet eine Kluft. Gleichwohl empfindet man widerstrebend, daß dieses behaarte Wesen mit seinen schwieligen, runzeligen Handflächen und seinen geschürzten Lippen einem wohl näher stehen muß als jedes der anderen Tiere. Nein, trotz allem, hier hat man eine Spur von Menschlichem vor sich:

Vor vielen Jahren erlebte ich in noch unerforschten Teilen des Urwalds von Südmexiko, nahe der guatemaltekischen Grenze, zwei unvergeßliche Episoden. Unsere kleine Expedition war plötzlich von einer großen Horde Affen umgeben, die in höchstem Zorn auf unser Eindringen in ihr Gebiet reagierten, aus den Baumkronen in großer Erregung auf uns herabkreischten, ja sogar abgebrochene Äste nach uns warfen. So viel entfesselte Wut, so viel bösartiger, enthemmter Haß keifte da auf uns herab, eine zügellose, animalische Publikumsbeschimpfung (wenn auch aus verständlicheren Motiven des Verhaltens, das in diesem Fall der Revierverteidigung diente). Eine so maßlose Wut mußte in ihrer Ohnmacht komisch wirken, und doch vielleicht auch etwas ansteckend, denn da standen wir unten, erwachsene Menschen, und wir merkten plötzlich, daß wir alle ganz spontan, wenn auch lachend, begonnen hatten, eifrig in die Baumwipfel zurückzuschimpfen. *Ateles niger* und *Homo sapiens*, hier war der Funke übergesprungen, nichts Menschliches war den beiden Gruppen fremd; sie fanden sich beim – wie heißt das heute doch gleich? – Austragen gesellschaftlicher Gegensätze.

Die zweite kleine Begebenheit: Unseren Fleischvorrat deckten wir durch die Jagd. Die großen Hokkovögel und die Halsbandpekaris waren unsere begehrte Jagdbeute, Affen aber verschonten wir stets. Und ich erinnere mich noch unserer Ablehnung, ja unseres Zorns, als einer der Träger dennoch einen Affen schoß und die leblose, menschenähnliche Leiche zu unseren Füßen lag. Auch denke ich noch an den Schauder, den der abgezogene, blutige Körper – wie der eines menschlichen Kleinkindes – in uns erweckte, bevor er in den Kochkessel der Indios wanderte.

Warum ich diese beiden Geschichten erwähne? Weil ich zeigen will, daß von allen Tieren der Affe dem Menschen wohl am wenigsten gleichgültig ist. Weil Nietzsche wohl recht haben mag: »Was ist der Affe für den Menschen? Ein Gelächter oder eine schmerzvolle Scham.« Für den einsichtigen Gebildeten ist er gefühlsmäßig wohl das letztere, und ich glaube, daß das Verdrängen des Gedankens an ihn wohl der tiefere, emotionale Grund dafür ist, daß die Abstammungslehre auch heute noch so oft auf instinktive Ablehnung stößt, obwohl sie als so gut wie erwiesen gelten muß. Wenn alle Spezies im Verlauf einer Evolution auseinander hervorgegangen, wenn sie also abstammungsmäßig miteinander verknüpft sind, dann muß der Mensch den Affen zum Vetter haben – für so manchen unter uns ein nur schwer erträglicher Gedanke!

Verständlich ist es schon, daß die Evolution für den auf seine Sonderstellung als Mensch vertrauenden Laien ein unbehaglicher, ein ungeliebter Begriff ist. Und es ist sicherlich nicht verwunderlich, daß sie dort auf Zurückhaltung, ja sogar Ablehnung stößt, wo sie weltanschaulichen Vorstellungen im Wege zu stehen scheint. Sein eigenes, von Kindheitstagen an vertrautes Weltbild und seine Überzeugung vom Herausgehobensein des Menschen aus der Natur zu korrigieren, fällt keinem von uns leicht. Ebenso wird man Verständnis dafür haben müssen, daß es den großen Weltkirchen nicht leicht fällt, einerseits die naturwissenschaftlichen Erkenntnisse sowie die Tatsache einer Evolution der Organismen und andererseits jene Teile der Glaubenslehre miteinander in Einklang zu bringen, die vor fast zweitausend Jahren in der Genesis aus der Intuition heraus festgeschrieben worden sind. Der Versuch Teilhard de Chardins, eines gläubigen Jesuiten, erfahrenen Paläontologen und beachteten Naturphilosophen könnte vielleicht einen Ansatz hierzu darstellen[62, 63]. Zumindest zeigt er eine Möglichkeit auf, unter Verzicht auf das Naiv-Vordergründige der biblischen Schöpfungsgeschichte dem religiösen Glauben das zu bewahren, was des Glaubens und was dessen Essenz ist, und gleichzeitig die objektiven, der diesseitigen Natur entnommenen Befunde relativ unangetastet zu lassen.

Anders scheint es mit solchen Kreisen zu stehen, die zu engstirnigem, übersteigert orthodoxem Beharren neigen. Sektierertum pflegt oft zu schroffer und unkluger Intoleranz zu führen und auf alles mit strikter Ablehnung oder sogar mit Aggression zu reagieren, was sich der vorgefaßten Lehrmeinung nicht von vornherein einfügt. Das gilt vor allem auch für die Evolutionsvorstellung. Erstaunlich ist nur, daß derartige Angriffe jetzt in einem Land häufig werden[64], dessen Bewohnern man ansonsten mit Recht eine besondere Fortschrittlichkeit und auch Toleranz nachsagt.

 Noch 1925 konnte es in Dayton geschehen, daß in einer Gerichtsverhandlung, die als »Affenprozeß von Tennessee« Aufsehen erregte, der Lehrer John T. Scopes zu einer Strafe von zunächst 100 $, dann 50 $ verurteilt wurde, weil er im Unterricht die Evolution der Lebewesen behandelt hatte. Das betreffende Anti-Evolutionsgesetz von Tennessee wurde danach zwar stillschweigend nicht mehr angewendet, aber erst vor einigen wenigen Jahren offiziell aufgehoben. Heute, so möchte man meinen, sollten diese Zeiten endgültig vorbei sein. In einem Land, dem es gelang, den ersten Menschen auf den Mond zu entsenden, sollten naturwissenschaftliche Erkenntnisse so weitgehend anerkannt sein, daß die Evolution uneingeschränkt Gegenstand der Lehre an Schulen ist und bleibt. Das ist im allgemeinen auch tatsächlich der Fall – und doch mehren sich in den letzten Jahren die Versuche, die in manchen Kreisen verpönte Evolutionslehre nach Möglichkeit zurückzudrängen. Erst 1972 wurde im Senat des Staates Kalifornien eine Verordnung vorbereitet, der zufolge in den Lehrbüchern für den Biologie-Unterricht die Evolutionslehre als eine Hypothese dargestellt werden sollte, welcher kein höherer Wahrscheinlichkeitsgrad beizumessen ist als der biblischen Schöpfungsgeschichte. Dasselbe Gesetz wurde 1973 in Tennessee angenommen[65], ohne Rücksicht auf eine warnende Resolution der Commission of Education in der American Association for the Advancement of Science (vom 13. Oktober 1973).

Advokaten der Sintflut

Die Bedeutung einer naturwissenschaftlichen Erkenntnis mit der des metaphysisch fundierten Schöpfungsmythos auf dieselbe Stufe zu dirigieren ist jedoch nur eine der puritanischen Bestrebungen. Weitaus zahlreicher sind die Versuche rühriger baptistischer und presbyterianischer Gruppen, moderne Ergebnisse der Geologie, Paläontologie und Geochemie so umzudeuten, daß sie der Vorstellung von den biblischen 6000 Jahren der Erdgeschichte entsprechen und vor allem auch den wörtlichen Darstellungen der Sintflut. Eine beträchtliche Zahl von kleineren Kampfschriften bemüht sich um das, was ihren Verfassern als Aufklärung erscheint, und sie sind von recht verschiedener Herkunft. Das San Francisco Baptist Theological Seminary ist vertreten, das Los Angeles Baptist College und das Institute for Creation Research in San Diego, aber auch die Bible-Science Association in Caldwell, Idaho, die Gospel Advocate Company in Nashville, Tennessee, und manche andere Stelle. Vor allem aber die Presbyterian and Reformed Publishing Company in Philadelphia, die ein voluminöses Werk herausgegeben hat[66], welches über Cromwells Zeitgenossen insofern herausgeht, als seine Verfasser, ein Professor of Civil Engineering und ein Professor of Old Testament, über die neueren und allgemeineren Forschungsergebnisse der Erdwissenschaften ungewöhnlich gut unterrichtet sind.

Während die erwähnten Broschüren teils ziemlich oberflächlich und polemisch bleiben und im ganzen mit den Tatsachen nicht gerade zimperlich umgehen, bemüht sich das Buch »The Genesis Flood« um eine umfassendere und vertiefte Darstellung. Und doch trifft man auch in ihm auf höchst abenteuerliche Schlußfolgerungen und auf ein Zurechtbiegen wissenschaftlicher Befunde, das man als kritischer Naturwissenschaftler nur fassungslos zur Kenntnis nehmen kann. Im übrigen ist erstaunlich, wie einheitlich – abgesehen von einigen unmaßgeblichen Details – sich das neue Lehrgebäude darstellt, das von dem Buch und den Broschüren errichtet wird:

Ihm zufolge ist die radiometrische Datierung des absoluten Alters der Erde und ihrer Gesteine (S. 58) irrig und wertlos, denn das angezeigte hohe Alter soll fiktiv sein. Die »Altersanzeige« sei ein schon bei der Schöpfung vorhanden gewesenes, zeitunabhängiges Merkmal. »Zusammen mit jedem Mineral, das ein radioaktives Element enthielt, waren bei der ursprünglichen Schöpfung (auch) alle Tochterelemente der Zerfallsserien vorhanden, einschließlich eines Anteils vom stabilen Endprodukt[67].« Daher sei es nur »sehr logisch und vernünftig, zu glauben, daß die Erde mit dem Aspekt eines (bestimmten) Alters erschaffen worden ist, genauso wie alle die anderen Dinge, die Gott schuf, einschließlich Adam und Eva. Als Adam eine Minute alt war, hätte man ihn (aufgrund seiner äußeren Erscheinungsform bei der Schöpfung – Zusatz v. Verf.) für viele Jahre alt halten können«[68].

Wesentlicher als diese scholastisch-spitzfindige Argumentation ist sodann der Einwand, es sei durch nichts erwiesen, daß die Halbwertszeiten des radioaktiven Zerfalls stets gleich geblieben sind und in der Vergangenheit den heutigen gleich waren. Davon wird offenbar die ^{14}C-Methode ausgenommen, denn ihrer bedient sich einer der Autoren schließlich doch, und zwar um zu beweisen, daß die Sintflut vor 4940 Jahren und die Schöpfung etwa vor 7000 Jahren stattgefunden hat. Dabei benützt er alle diejenigen ^{14}C-Datierungen, die sich auf Menschen und Tiere beziehen, »welche in einem Ding anwesend gewesen sein dürften, das wir die Arche Noahs nennen«. Tatsächlich gelingt ihm dieser Altersnachweis – allerdings nur mittels eines Kunstgriffs, mit dem er »die Daten einem entsprechend früh erfolgten, durch die Radio-Carbon-Methode selbst verursachten Grundfehler korrigiert, was jedes der Daten jünger werden läßt«[69]. Das Rezept für diese Korrektur teilt der Verfasser allerdings nicht mit, was bei einem Professor of Mechanical Engineering natürlich besonders bedauerlich ist.

Nicht bestritten wird die Abfolge der fossilen Faunen und Floren in den übereinanderliegenden Gesteinen der Erdkruste, und ebensowenig der Umstand, daß in immer jüngeren Schichten immer höher organisierte Lebewesen vorkommen. Das darf aber nicht das geringste mit einer Evolution zu tun haben. So werden also zwei andere Erklärungen angeboten, die beide unterstellen, daß die fossilführenden Sedimente sich nicht im Laufe einer mehr als 500 Jahrmillionen währenden Erdgeschichte abgesetzt haben, sondern in den wenigen Monaten, welche die Bibelexperten der Sintflut als Dauer zubilligen.

Die eine der beiden Erklärungen versucht sich in dem Hinweis, die fossilen tierischen Lebewesen seien während der Sinflut der Reihe nach eingebettet worden, und zwar nach dem in der Paläontologie wohlbekannten Prinzip der Transportsonderung. Doch ist nicht einzusehen, warum etwa kambrische Trilobiten früher auf dem Boden angekommen sein sollen als silurische oder devonische, die sich im Gewicht, Körperbau und dergleichen doch nicht wesentlich unterscheiden. Daß die Leichen der großen karbonzeitlichen Panzerlurche oder der schweren jura- bis kreidezeitlichen Fischsaurier nicht schon in den weichen, noch ordovizischen oder silurischen Schlamm herabsanken, was bei ihrem Körpergewicht doch zu erwarten gewesen wäre, wird mit leichter Hand aus der Welt geschafft: Ihre Kadaver wurden von Verwesungsgasen im Wasser so lange in Schwebe gehalten, bis sie endlich absinken durften, ohne daß ihre spätere Position in der Gesteinsfolge die »Wissenschaft von der weltweiten Sintflut« widerlegt.

Die andere Erklärung legt dar, daß die Abfolge der Lebewesen in den Sedimenten und ihre in dieser Reihenfolge zunehmende Organisationshöhe allgemein mit den Fluchtmöglichkeiten zusammenhängen. Im Verlauf der Katastrophe sollen zuerst die einfach gebauten Tiere umgekommen und im (kambrischen) Schlamm eingebettet worden sein, später die komplexeren, noch später diejenigen, die sich wegen ihrer höheren Organisationsstufe der Vernichtung bis dahin besser und länger hatten entziehen können. Nun müßte man natürlich sofort fragen, wieso z. B. die ohnehin wasserlebigen Ammoniten, Seeigel, Muscheln und anderen Wirbellosen der Kreidezeit dieser sagenhaften Flut besser und länger widerstanden haben sollten als die grundsätzlich gleich gebauten Formen etwa der Jurazeit? Und wie sollten marine Tiere in einer Wasserflut überhaupt umgekommen sein? Aber auch hier liegt natürlich eine Antwort bereit: »Genesis 7 behauptet nicht, daß jedes Lebewesen umkam, das nicht in der Arche war. Die Verse 21–22 besagen vielmehr, daß alles zugrunde ging, was sich auf dem Lande bewegte, daß alles starb, was auf dem trockenen Festland war. Das marine Leben war nicht das direkte Objekt des Schicksalsspruchs«[70]. Trotzdem: auch wenn nur die landlebigen Organismen in Betracht gezogen werden, ergeben sich bei dieser Ausdeutung sehr zahlreiche Widersprüche. Die Verfasser verschwenden auch keinen Gedanken daran, daß sich z. B. ortsfeste Landpflanzen einer Flut- und anderweitigen Katastrophe überhaupt nicht entziehen konnten und daß dennoch die höher entwickelten Floren in den späteren und die einfacher organisierten Pflanzen in den früheren Ablagerungen auftreten.

Doch mit allzu unwillkommenen Widersprüchen geben sich die Verfasser der baptistischen und presbyterianischen Evolutionskritik nicht ab. Ihre in fast allen Punkten anfechtbaren Gedankenkonstruktionen rechtfertigen in ihren Augen die Behauptung, daß die fossilführenden Gesteine der Erdkruste als Ablagerungen der Sintflut in der Zeit von etwa einem Jahr (nach Ansicht anderer Sintflut-Experten: 150 Tagen) entstanden sind, und daß unsere fossilen Lebewesen Zeitgenossen des Menschen waren. Als Beweis werden dabei immer wieder Fälle zitiert, in welchen menschliche Fußabdrücke auf den Schichtflächen vorzeitlicher Gesteine angetroffen wurden[71], so etwa in den karbonischen Sedimenten »von Virginia und Pennsylvania durch Kentucky, Illinois,

Missouri und westwärts bis zu den Rocky Mountains«. Ähnliche Fälle werden aus den kreidezeitlichen Paluxy River Schichten von Glen Rose in Texas zitiert, aber auch aus Arizona, aus dem Gebiet des Mount Whitney in Kalifornien und von White Sands in New Mexico. Bei Glen Rose sollen sie sogar gemeinsam mit den Fußstapfen von Dinosauriern auftreten. Daß aber diese menschlichen Fußspuren nicht weniger als 38 cm (15 inches) Länge aufweisen, stört dabei nicht weiter, denn das steht ja durchaus in Einklang mit dem Text in Genesis 6,4, demzufolge es »in jenen Tagen Riesen auf der Erde« gab.

Wären diese Funde wirklich echte, fossile Menschenspuren, dann wäre tatsächlich »the whole science of geology ... so completely wrong that all the geologists will resign their jobs and take up truck driving ...« (... die gesamte Wissenschaft der Geologie so falsch, daß alle Geologen ihren Beruf aufgeben und Lastkraftwagenfahrer werden würden). Dazu besteht aber vorläufig noch keine Veranlassung: Bei den nordamerikanischen Indianerstämmen – insbesondere auch bei den prähistorischen – diente das mythologische Symbol des Fußabdrucks teils kultischen, teils ornamentalen Zwecken und war somit ein beliebtes Motiv der Darstellung. Die »fossilen« überdimensionalen Menschenspuren Nordamerikas sind von den Geologen, die sie auffanden, daher mit Berechtigung als künstliche, von prähistorischen Indianern hergestellte Gebilde gedeutet worden, deren Meißelspuren von späterer Verwitterung verwischt worden sind, so daß sie den Eindruck echter Fährten erwecken. Sie sind also nicht etwa eine »plain and powerful evidence« dafür, daß etwa Noah oder einer seiner Familienangehörigen – denn andere Menschen könnte es ja damals nicht mehr gegeben haben – über den feuchten, von der Sintflut hinterlassenen Schlamm hinter dem letzten, aus der Arche entlassenen Dinosaurier-Pärchen einherwanderten (vom Berge Ararat nach Glen Rose, Texas).

Auf alle diese Dinge, die zwar viel mit dem subjektiven Glauben und mit der Auslegung schriftlicher Textstellen zu tun haben, aber nichts mit wissenschaftlicher Analyse und Synthese, bin ich so ausführlich nur aus zwei Gründen eingegangen. Zum ersten liefern die hier erwähnten Kampfschriften ein eindrucksvolles Beispiel für jenes allgemeine Phänomen, das nicht nur menschlich, sondern allzumenschlich ist: die Erscheinung des vorgefaßten Urteils und des Wunschdenkens. Der andere Grund für mein Eingehen auf die baptistischen und presbyterianischen Stellungnahmen zur Evolution ist anderer Art. Es sollte hier gezeigt werden, in was für ein Labyrinth von Irrungen und Wirrungen es führt, wenn naturwissenschaftliche Forschung und metaphysischer Jenseitsglaube wahllos – oder auch sehr bewußt auswählend – miteinander vermengt werden. Das Ergebnis, eine zweifelhafte mixtura mirabilis, ist ungenießbar, ganz gleich, ob ein Sektenangehöriger seine metaphysischen Kosmologien mit naturwissenschaftlichen Befunden verbrämt oder ob ein seiner materialistischen Arbeitshypothesen überdrüssiger Kernphysiker beginnt, von seinen Elementarteilchen

Rückschlüsse auf die Transzendenz zu ziehen. Wer sich für den Glauben an Jenseitiges entschieden hat, ist nicht darauf angewiesen, Diesseitiges zu prüfen. Wer Diesseitiges objektiv prüfen will, muß die Physik, nicht die Metaphysik bemühen.

Wollen wir also ein qualifiziertes Urteil über die Vorstellung einer Evolution der Organismen abgeben, so müssen wir zunächst die Befunde der »Physik und Chemie der Lebewesen«, also der Biologie, kennenlernen. Im Licht der paläontologischen Dokumentation wäre sodann zu prüfen, wie weit diese Aussagen und die wirklichen Abläufe der vergangenen Entwicklung übereinstimmen. Diesen beiden Zielen soll der weitere Verlauf dieses Kapitels gewidmet sein.

Genetische Grundlagen der Erbkonstanz

Daß innerhalb einer biologischen Spezies im Normalfall die Nachkommen grundsätzlich den Eltern gleichen, daß also deren morphologische, physiologische und z. T. auch psychische Merkmale auf die Nachkommenschaft kontinuierlich übertragen werden, ist bereits angedeutet worden. Diese Erbkonstanz der Arten führt dazu, daß umgrenzte Einheiten des zoologischen und des botanischen Systems unterschieden werden können. Ohne diese Konstanz gäbe es lediglich ein kunterbuntes Vielerlei, in welchem jedes Individuum seine von allen anderen abweichende Eigengestalt hätte, ohne daß definierbare, unterschiedliche, aber in sich ziemlich einheitliche Gruppen bestehen würden.

Träger dieser Vererbung sind die Erbanlagen, die von Generation zu Generation weitergegeben werden. Ihre Verkörperung sind die Gene, deren Gesamtheit den sogenannten Genotyp des Individuums ergibt, sein Erbgut. Sie sind in großer Zahl vorhanden, und je nach seiner Art wird geschätzt, daß ein Genotyp zwischen etwa 100 000 und 5 Millionen Gene besitzt.

Diesen Genen stehen die von ihnen bewirkten Eigenschaften und Merkmale des Individuums gegenüber, die sogenannten Phäne, deren Summe die äußere Erscheinungsform, den Phänotyp darstellt. Allerdings sei schon hier betont, daß der Genotyp nicht allein, also auch nicht unmittelbar, den in jedem Einzelfall entstehenden Phänotyp bewirkt. Er legt lediglich die sogenannte Reaktionsnorm des Individuums fest, d. h. einen Bereich der latenten Möglichkeiten, innerhalb dessen Grenzen ein Phän sodann unter verschiedenen Bedingungen – besonders solchen der Außenwelt – seine spezifische Merkmalsausbildung erlangt.

Es stand schon lange fest, daß die Erbanlagen Stoffe und Strukturen der lebenden Zelle sein müssen, denn nur so ließen sich die bei der Merkmalsübertragung auf die Nachkommen waltenden Gesetzmäßigkeiten erklären, die Gregor Johann Mendel (1865) entdeckt hatte[72]. Diese wurden nur dann verständlich, wenn man annahm, daß a) jedes Lebewesen bei der geschlechtlichen Zeugung zwei Sätze von Genen erhält, nämlich einen väterlichen und einen mütterlichen, und daß b) dieses Lebewesen jeder seiner eigenen Keimzellen einen einfachen Gensatz überträgt, in welchem sich für jedes Merkmal entweder das mütterliche oder das väterliche Gen befindet.

Bald zeigte sich, daß eine vollkommene Parallelität zwischen einerseits dem Mendelschen Verteilungsmodus der Merkmale bzw. ihrer Gene und andererseits dem Verhalten der Chromosomen[73] bei der Keimzellenreifung besteht. Auch die Chromosomen sind ja in den Zellkernen üblicherweise in einem väterlichen und einem mütterlichen Satz vorhanden, und auch sie werden – bei der Keimzellenreifung, nach zwei erfolgten Teilungen – in freier Kombination der elterlichen Sätze auf die Keimzellen des Individuums verteilt. Schon diese Parallelität der Sachverhalte deutete darauf hin, daß die Gene Teile der Chromosomen sein müssen (Chromosomentheorie der Vererbung).

Einen Beweis erbrachten sodann Kreuzungsexperimente und der Austausch von zufällig abgebrochenen oder durch Röntgenbestrahlung abgetrennten Chromosomenstücken: Bei den Versuchstieren, vor allem bei der Fruchtfliege *Drosophila melanogaster*, konnte gezeigt werden, daß jedem vernichteten Chromosomenabschnitt eine bestimmte Zahl von Genen entspricht, die im Erbgang verlorengehen und deren Phäne bei der nächsten Generation daher nicht mehr verwirklicht werden. Diese Untersuchungen lieferten den Beweis dafür, daß die Gene in bestimmter Reihenfolge im Chromosom vorhanden und angeordnet sind (Morgansche Genlokalisations-Theorie) und daß jedem Gen ein materielles Teilchen innerhalb des Chromosoms entspricht. Darüber hinaus wurde es möglich, sogar »topographische Chromosomenkarten« zu konstruieren, d. h., die relative Lage und die Folge der für die einzelnen Phäne zuständigen Gene innerhalb des Chromosoms zu ermitteln (Abb. 24).

Ein weiteres Ergebnis dieser Experimente und Untersuchungen war die Klärung der grundsätzlichen Beziehungen, die zwischen dem Phänotyp und dem Genotyp bestehen. Es zeigte sich nämlich, daß das einfache Verhältnis »1 Gen → 1 Phän« nur gelegentlich gegeben ist. Sehr viel häufiger kontrolliert das einzelne Gen gleichzeitig mehrere Merkmale (= Polyphänie der Gene). Andererseits wird ein einzelnes Merkmal so gut wie niemals durch nur ein einziges Gen bestimmt, sondern fast stets durch die gleichzeitig oder ungleichzeitig erfolgende Auswirkung mehrerer, meist sogar zahlreicher Gene (= Polygenie oder »Pleiotropie« der Phäne).

Zu bedenken war nun, daß die Ausbildung eines Merkmals nur auf stofflicher Grundlage erfolgen kann, also auf dem Weg über zahlreiche, miteinander gekoppelte chemische Reaktionen, welche u. a. die Baumaterialien für die »Materialisation« dieses Merkmals liefern. Damit aber lag der Gedanke nahe, daß das Gen gewissermaßen ein »Rezept« darstellt, eine Art von Anweisung zur stofflichen Herstellung eines phänotypischen Merkmals, mit Hilfe von bestimmten chemischen Synthesen, Verfahren zur sinnvollen Aneinanderlagerung von Molekülen, Ausbildung von übergeordneten Strukturen, bis hin zum Endergebnis, nämlich der Fertigstellung des betreffenden Merkmals selbst. Die Gene schienen also verschlüsselte Bauprogramme für bestimmte, nach einer Reihenfolge geordnete, chemische Reaktionen und Molekularprozesse zu sein. Verhielt sich das so, dann war Vererbung nichts anderes als die Weitergabe »genetischer Information« in der Form von chemischen Konstruktionsanweisungen.

Worin aber besteht die stoffliche Grundlage dieser Information und des gesamten Prozesses ihrer Speicherung und Weitergabe? Ein Gen, was ist das in materieller Hinsicht? Da es ein integrierter Bestandteil des Chromosoms ist, konnte davon ausgegangen werden, daß es stofflich mit diesem zusammenhängt. Die Chromosomen aber, die wichtigsten Bestandteile des Zellkerns, bestehen zu wesentlichen Teilen aus Desoxyribonukleinsäure = DNA[74], zumindest in denjenigen ihrer Abschnitte, in welchen die Stellen der Erbanlagen nachgewiesen worden sind. Stellt also die DNA die materielle Basis der genetischen Information dar?

Molekulargenetische Grundlagen der Erbkonstanz

Daß sich dies tatsächlich so verhält, haben Oswald Theodore Avery und seine Mitarbeiter 1944 nachgewiesen. Sie leiteten damit eine neue Phase der genetischen Forschung ein, die molekulargenetische, deren erster Höhepunkt 1953 in der Klärung der Molekularstruktur der DNA durch Francis Crick und James D. Watson bestand. Diese ermöglichte fast schlagartig die Beantwortung einer ganzen Reihe von wichtigen Fragen.

Das DNA-Molekül erwies sich als eine etwa 20 Å dicke und etwa 1000mal so lange Doppel-Helix. Es besteht aus zwei wendelartig verdrillten Strängen von gegenläufiger Richtung (Abb. 25), in denen Querbrücken bestehen, deren jede aus zwei gegenüberstehenden Basen gebildet wird, die jeweils komplementär sind: Adenin (A), Thymin (T), Guanin (G) und Cytosin (C). Aufgrund der jeweiligen chemischen Zusammensetzung kann sich Adenin stets nur mit Thymin paaren und Guanin sich lediglich mit Cytosin verbinden. Der genetischen Information liegt also ein sehr einfacher Kode zugrunde, dem zunächst einmal die vier Grundelemente A, T, G und C angehören. Aber auch wenn stets nur die Einzelkombinationen A-T, T-A, G-C und C-G möglich sind, so ergeben sie doch, was die Aufeinanderfolge dieser Kombinationen innerhalb des Moleküls betrifft, unzählige Möglichkeiten der Variation, denn die Zahl der Querverbindungen im DNA-Molekül kann aufgrund seiner Länge und seines Molekulargewichts (10^7) enorm sein.

Crick und Watson hatten die Molekularstruktur der DNA aufgrund von logischen Überlegungen, also rein theoretisch erschlossen. Daß ihr räumliches Modell dennoch richtig war, zumindest was die Helix-Form der Struktur betrifft, ergab sich aus röntgenanalytischen Befunden von M. F. H. Wilkins, Rosalind Franklin und anderen. Die letzte Bestätigung aber erbrachten Arthur Kornberg und Severo Ochoa, welchen es gelang, die DNA und die RNA (Ribonukleinsäure) künstlich, also außerhalb der Zelle, zu synthetisieren. In jüngster Zeit wurde es sogar möglich, selbst einige Gene nicht nur zu isolieren sondern auch synthetisch herzustellen.

Die DNA hat sich also als eine der Schlüsselsubstanzen des Lebens erwiesen, und zwar als diejenige, die zwei seiner wichtigsten Kriterien bedingt: Selbstvermehrung und Steuerung. Das DNA-Molekül besitzt ja selbst diese Fähigkeit zur identischen Verdoppelung (Abb. 25 unten), und zwar dadurch, daß seine beiden Stränge sich trennen und jeder von ihnen – wie eine Matrize wirkend – die komplementären Basen anzieht, so daß er auf diese Weise seinen Partnerteil erneut herstellt. Diese Befähigung zur Selbstverdoppelung teilt sich auch dem Chromosom mit, das ja aus DNA-Fäden zusammengesetzt ist (Abb. 24 oben).

Die erwähnte Steuerung aber besteht in der indirekten Auswirkung der genetischen Information – also der spezifischen Basenfolge eines DNA-Moleküls – auf die in der Zelle erfolgende Proteinsynthese, die ja der Materialisierung eines Phäns letzten Endes zugrunde liegt. Dabei handelt es sich um einen komplizierten, vorprogrammierten chemischen Vorgang, an dem Enzyme und Ribonukleinsäuren-Moleküle (Boten-RNA, Überträger-RNA) beteiligt sind. Dieser Prozeß besteht darin, daß die 4-Buchstaben-Information der DNA über eine Zwischenphase mit Dreiergruppen der Überträger-RNA (Tripletts) in die 20-Buchstaben-Sprache (Zahl der Aminosäuren) der Eiweiße übersetzt wird und auf diese Weise jeweils ein spezifisch vorprogrammiertes Protein hergestellt wird[75, 76]. Dieser gesamte Kode ist allen Lebewesen gemeinsam, vom allerprimitivsten bis hin zum hochentwickelten. Und seine Grundlage ist durch die vielen Millionen von Jahren der Erdgeschichte unverändert geblieben. Eine wundervolle Bestätigung für die Einheit alles Belebten!

Wie wir jetzt wissen, besteht also die genetische Information in einer linearen Abfolge von Basen der DNA-Moleküle, und einzelne Abschnitte dieser Sequenz entsprechen dem, was bisher ein Gen genannt worden ist. Wenn sich nun das DNA-Molekül durch Aufspaltung seiner Stränge und aufgrund ihrer chemischen Matrizenwirkung in identischen Kopien redupliziert (Abb. 25 unten), so wird die spezifische genetische Information an jedes der beiden neu entstandenen DNA-Moleküle und damit innerhalb der Chromosomen des Zellkerns der Keimzellen weitergegeben. Das ist, vereinfacht ausgedrückt, die molekulargenetische Grundlage der Erbkonstanz der Organismen.

Inkonstanz der Vererbung

Manchmal jedoch entstehen beim Kopieren der genetischen Information »Schreibfehler«, so etwa, wenn innerhalb der Basenfolge der DNA-Kopie eine Base vom Matrizenoriginal des DNA-Strangs falsch »abgeschrieben« wird. Daher kann schon vor dem weiteren, komplizierten Übermittlungsweg der Botschaft in der Zelle die Information in einzelnen Punkten verändert oder verstümmelt werden. Betrifft nun der Fehler, also die Veränderung der genetischen Information, lediglich das Gen, oder genauer gesagt einen seiner Teile, dann hat sich eine sogenannte Gen-Mutation ereignet.

Ferner kann es bei der Zellteilung zu einem Bruch und Austausch von Chromosomenstücken kommen, wobei sich die Lage und Folge der Gene im Gesamtverband verändert. Einzelne Ausschnitte der genetischen Gesamtinformation werden also aus ihrem Zusammenhang gerissen und in einer neuen, abweichenden Weise miteinander kombiniert. Hier liegt sodann eine Chromosomen-Mutation vor. Die dritte, allerdings am wenigsten häufige Art der Veränderung ergibt sich aus einer Verdoppelung oder Vervielfachung des Chromosomensatzes. Sie betrifft also das gesamte Erbgut (Genom-Mutation).

In allen diesen Fällen einer Veränderung der genetischen Information wird die Kontinuität in der Weitergabe von Gen und Phän unterbrochen. Die Nachkommen, die sogenannten Mutanten, weichen dann in jenem Merkmal von ihren Eltern ab, dessen Erbanlage mutiert hat. Derartige Mutationen können künstlich hervorgerufen werden, z. B. durch ionisierende Strahlen oder chemische Stoffe, sie kommen jedoch auch unter natürlichen Bedingungen häufig vor.

Eine weitere Veränderung – oder besser gesagt Abwandlung – der genetischen Information kann durch die sogenannte Rekombination erfolgen. Diese kommt dadurch zustande, daß bei den Nachkommen neue Genkombinationen auftreten, und zwar aufgrund der zufälligen Verteilung der Chromosomen auf die Keimzellen der Eltern und durch die zufällig und ungeregelt erfolgende Vereinigung verschiedener Keimzellen bei der Befruchtung.

Es zeigt sich also, daß dem konservativen, auf Erhaltung der spezifischen Merkmale und Baupläne der Lebewesen bedachten Prinzip der Erbkonstanz ein entgegengesetztes gegenübersteht. Die Kontinuität des Erbgangs, die »traditionelle« Weitergabe der genetischen Information wird gelegentlich unterbrochen durch Einzelfälle von Inkonstanz.

Solange die entsprechenden Veränderungen der Erbanlagen in den Körperzellen (somatischen Zellen) des Individuums erfolgen, wirken sie über dessen Rahmen nicht hinaus. Stellen sie sich jedoch in den Keimzellen ein, so werden sie an die Nachkommen weitergegeben. Sie gehen dann in den eigentlichen Erbgang ein.

In diesem Zusammenhang wird es nun notwendig, sich von der Betrachtung des isolierten Einzelindividuums zu lösen und nun auch seine Rolle innerhalb der Population zu sehen. Populationen stellen im Prinzip Fortpflanzungsgemeinschaften dar. Sie sind in der Natur vorhandene Gruppen von artgleichen Individuen, welche sich miteinander paaren können, jedoch nicht mit Individuen aus anderen artgleichen Gruppen, und zwar aufgrund von geographischen Barrieren, kleinen physiologischen Unterschieden, Verschiedenheit des Verhaltens oder anderen Schranken. In einer derartigen Fortpflanzungsgemeinschaft kann man die Summe sämtlicher Erbanlagen aller Individuen als das Gen-Reservoir der Population (gene pool) auffassen. Beide oben genannten Phänomene der Inkonstanz der Vererbung spielen nun gerade in diesem Zusammenhang eine sehr wichtige Rolle: Mutation und Rekombination bereichern das Gen-Reservoir der Population. Sie bewirken, daß innerhalb dieser Fortpflanzungsgemeinschaft nicht nur »das Erprobte« kontinuierlich weitergegeben wird und somit erhalten bleibt, sondern daß potentiell auch eine Erneuerung möglich wird, weil Träger von mutierten und rekombinierten Erbanlagen vorhanden sind, die in latenter Weise »andere Möglichkeiten« bieten oder zumindest bereithalten.

Wenn die grundsätzliche Erbkonstanz gelegentlich durchbrochen wird, dann kann eine evolutive Entwicklung eingeleitet werden, falls die neue, veränderte genetische Information nicht etwa mit ihrem Trägerindividuum untergeht, sondern propagiert wird, also auf dem Weg der Fortpflanzung über mehrere Generationen in großen Teilen der Population auftaucht. Das heißt aber zugleich, daß die biologischen Spezies nicht unveränderlich sind und daß sie sich weiterentwickeln können. Die Frage ist nur, auf welche Weise diese Evolution vor sich geht. Mutation und Rekombination sind rein zufällige, keinerlei Gesetz- oder Regelhaftigkeit ihres Auftretens oder ihrer Ausbildung unterworfene Phänomene. Sie würden, wenn sie allein wirkten, zu einer chaotischen Vielzahl von sehr verschiedenartigen Individuengruppen führen, ohne daß sich über lange Zeiten hinweg bestimmte Entwicklungstendenzen und jene allgemeine »Höherentwicklung« der Lebewesen einstellen könnten, die aus der tatsächlich abgelaufenen Evolution ersichtlich sind. Hier stellt sich also die Frage nach den bestehenden Evolutionsfaktoren. Sie ist in der Vergangenheit auf recht verschiedene Weise beantwortet worden, doch lassen sich fast alle bisher vertretenen Auffassungen in insgesamt vier Vorstellungskreise einordnen:

Die Frage nach den Evolutionsfaktoren

Im *Vitalismus/Finalismus* wird die Ansicht vertreten, daß die Evolution der Lebewesen von naturwissenschaftlich nicht erfaßbaren Kräften gelenkt wird. In dem einen Fall soll es sich um einen »élan vital«, eine noch unbekannte mysteriöse, dem Leben selbst immanente Formativkraft handeln. Die Finalisten ihrerseits gehen davon aus, daß die Evolution auf ein vorgegebenes, von ihr angestrebtes Endziel (latein. finis) ausgerichtet worden sei, daß also ihr Verlauf im einzelnen und im Generellen von diesem Ziel her durch eine übernatürliche Kraft determiniert werde.

Natürlich kann die Existenz derartiger nicht physischer, sondern metaphysischer Kräfte seitens der Naturwissenschaften weder bewiesen noch widerlegt werden. Andererseits muß aber betont werden, daß die absolut diesseitigen Phänomene der Evolution und ihr realer, physischer Verlauf ohne weiteres naturwissenschaftlich erklärt werden können, ohne irgendeinen »deus ex machina« oder mystische Hilfskonstruktionen. Das Entstehen neuer Baupläne und Lebensformen, ihre Abwandlung in der Zeit und ihr Aussterben sowie die zu diesen Erscheinungen führenden physischen Kausalitäten, das sind durchwegs sehr diesseitige Dinge, zu welchen sich verbindlich zu äußern das Recht und die Pflicht des Naturwissenschaftlers ist. Auch der sich an objektiven Sachverhalten orientierende Philosoph ist aufgerufen, sie in seinen Gedankengebäuden zu berücksichtigen. Erst jenseits dieser Bereiche beginnt die Sphäre der subjektiven Intuition und des Glaubens. Hier bleibt jedem – dem mehr dem Metaphysischen zugeneigten Philosophen, dem Theologen, dem gläubigen Laien – unbenommen, an eine übernatürliche, lenkende Kraft zu glauben, die jenseits der Sinneswelt dem DNA-Molekül und den Proteinen das mitgegeben habe, was diese vollziehen. Nur: mit Wissenschaft hat eine solche Auffassung dann nichts mehr zu tun, und darüber sollte Klarheit bestehen.

Der *Lamarckismus,* benannt nach Jean Baptiste de Monet de Lamarck (1744–1829), geht in seiner allgemeineren Form von der Vorstellung einer »Vererbung erworbener Eigenschaften« aus. Veränderungen von Körpermerkmalen, wie sie sich unter dem Einfluß der Umwelt oder durch den spezifischen Gebrauch eines Organs während der Lebensdauer ergeben haben, sollen dabei erbfest werden und auf die Nachkommen übertragen werden können. Der Lamarckismus unterstellt also, daß die Umwelt unmittelbar auf das Erbgut einwirkt und daß sie die Erbanlagen im Sinn der erzielten individuellen Anpassung verändert.

Die Richtigkeit dieser Auffassung, die noch in den 40er und frühen 50er Jahren in der Sowjetunion sehr protegiert worden war (Neolamarckismus), die inzwischen aber stillschweigend verlassen worden ist, konnte experimentell niemals eindeutig bewiesen werden. (Hinsichtlich der einzigen scheinbaren Ausnahme, der Dauermodifikation, vgl.[77]). Im Licht der modernen molekulargenetischen Erkenntnisse wird die unmittelbare und endgültige Vererbung erworbener Merkmale sogar unwahrscheinlicher denn je: Der Fluß der genetischen Information geht so gut wie stets von der DNA (also vom Gen) zum Protein des Cytoplasmas (also in Richtung zum Phän), nicht jedoch in umgekehrter Richtung.

Der *Darwinismus,* eine Konzeption, die den Namen Charles Darwins (1809–1882) trägt, stellt die Auswirkung der »natürlichen Zuchtwahl durch Auslese« in den Mittelpunkt. Innerhalb einer natürlichen Population gibt es weder eine Gleichheit der Individuen noch eine Chancengleichheit der Fortpflanzung. Stets herrscht hier eine gewisse Variabilität der Merkmale und Eigenschaften, wobei es nicht vererbbare modifikatorische[77] Varianten gibt, aber auch erbliche. Verleiht eine dieser Merkmalsvarianten ihrem Träger einen gewissen Vorteil gegenüber den anderen Individuen, so wird das Trägerindividuum im Rahmen der allgemeinen Fortpflanzungsgemeinschaft besser und häufiger »zum Zuge kommen« als die anderen. Hat es sich um ein erbliches Merkmal gehandelt, dann werden sich seine Träger schnell vermehren, bis die ganze Population nur noch aus solchen Individuen besteht.

Die Umwelt und ihre spezifischen Faktoren wirken, wie wir heute wissen, nicht etwa lamarckistisch direkt auf das Erbgut ein. Wohl aber bewirken sie eine natürliche Auslese (Selektion) innerhalb der Population, und damit eine Verschiebung des allgemeinen »Mittelwertes« der Variabilität.

Der so oft mißverstandene »Kampf ums Dasein« und der »struggle for survival« beziehen sich also nicht so sehr auf das Einzelindividuum und auf etwa erbitterte und blutig ausgetragene Kämpfe um die individuelle, physische Existenz. Vergleichbar ist wohl mehr der Begriff »Konkurrenz in einer Leistungsgesellschaft«. Auch hier geht es ja nicht etwa um eine Vernichtung der Existenz des minderbefähigten Individuums, sondern nur um seinen geringeren Erfolg und um den relativ größeren Erfolg des Befähigteren. Dabei ist der Begriff »Erfolg« nun auf die Fortpflanzungsmöglichkeiten bezogen: Leistungs- und befähigungssteigernde Eigenschaften erhalten bessere Chancen, an die Nachkommen weitergegeben zu werden, als mittelmäßige oder gar minderwertige. So dient also der gesamte Mechanismus letzten Endes dem Ziel der Arterhaltung.

Daß innerhalb der natürlichen Populationen je nach den Gegebenheiten der Umwelt eine natürliche Auslese besteht und daß Selektion eine überragende regulative Rolle spielt, zeigen die unmittelbare Beobachtung und die Untersuchungen der Populationsgenetik. Darwin und seinen Zeitgenossen (mit Ausnahme von Gregor Mendel) waren allerdings die Grundlagen der Vererbungslehre noch nicht bekannt. Auch hatten sie noch keine feste Vorstellung vom Wesen der »erblichen Variation«, also der Mutation. Bereichert um diese und einige weitere Erkenntnisse ist es heute möglich, die Mechanismen der Evolution aus der Sicht der *»Synthetischen Theorie«* zu erfassen, die in der modernen Biologie mit Recht weithin akzeptiert und vertreten wird. Ihr zufolge sind an der Evolution der Organismen in erster Linie die folgenden Faktoren beteiligt:

a) *Mutation* und *Rekombination:* Sie bewirken auf eine zufällige, ungeregelte Weise Veränderungen in den Erbanlagen. Deren Träger erhalten dadurch innerhalb der Population eine veränderte Reaktionsnorm. Mutation und Rekombination liefern der Selektion das »Angebot an Rohmaterial« zu.

b) *Selektion:* Sie ist die Bevorzugung günstiger und die Benachteiligung oder das gänzliche Ausmerzen ungünstiger Erbanlagen, und zwar sowohl ursprünglicher als auch mutativ veränderter. Die Träger der betreffenden Phäne haben aufgrund ihrer relativen Eignung bessere oder geringere Fortpflanzungschancen. Also bringen sie, je nachdem ob ihre Merkmale selektionspositiv oder selektionsnegativ sind, im Durchschnitt mehr oder aber weniger Nachkommen hervor als die anderen Individuen. Dies führt zu einer Erhöhung oder Verringerung der Häufigkeit der zugehörigen Erbanlagen im Gen-Reservoir der Population.

Die Selektion ist also ein im Grunde genommen statistischer Prozeß. Durch ihr Prinzip der Bevorzugung und Benachteiligung wirkt sie als der in der Evolution jeweils gewisse Tendenzen erzeugende Faktor, also derjenige, der die Evolution »ausrichtet«.

c) *Abweichen von der Panmixie:* In Individuengruppen, in welchen die Möglichkeit der Paarung für alle Individuen in gleicher Weise besteht (Panmixie), erfolgt ein lebhafter Gen-Austausch. Jedes Abweichen von dieser Situation, so etwa durch geographische, ökologische oder physiologische Isolation oder durch verändertes Verhalten von Teilpopulationen, schränkt die Panmixie ein, so daß genetische Unterschiede zwischen den Teilpopulationen entstehen.

d) *Zufallsschwankungen im Gen-Reservoir:* Dieser Faktor steht begrifflich der Abweichung von der Panmixie nicht allzu fern. Vor allem in Populationen, deren Individuenzahl nicht sehr groß ist, können sich drastische Veränderungen im Gen-Bestand durch zufällige Einwirkung von außen ergeben, z. B. durch plötzliche lokale bis regionale Naturkatastrophen (Überschwemmungen, Dürreperioden, Kälteeinbrüche usw.). Dabei können Individuen vernichtet werden, die Träger seltener Gene sind, welche somit dem Gen-Reservoir verlorengehen.

Eine weitere Verschiedenheit des Gen-Reservoirs kann sich in zahlenmäßig sehr begrenzten Teilpopulationen sehr kleiner Areale einstellen (z. B. bei »Pionier«-Gruppen in neuen Siedlungsgebieten oder Reliktgruppen an Zufluchtsorten usw.), weil deren wenige Individuen nur einen Bruchteil der Gen-Zahl aus dem Reservoir der Stammpopulation mitbringen. Eventuell sonst seltene Gene können sich hier besonders schnell vermehren und anreichern (*Gen-Drift, Sewall-Wright-Effekt*), und das sogar verhältnismäßig unabhängig vom bestehenden Selektionsdruck.

Das Problem der Gesetzmäßigkeiten in der Evolution

Das sind die wichtigsten, unmittelbar wirkenden Evolutionsfaktoren, wie sie von der Biologie aufgrund des Studiums der gegenwärtigen Lebewesen ermittelt worden sind. Aber diese stellen ja lediglich das (vorläufige) Endprodukt der Evolution dar. Dürfen unter diesen Umständen die so gewonnenen Erkenntnisse auch auf die vergangene Evolution übertragen werden? Ferner muß bedacht werden, daß das genetische Verhalten bisher erst bei $^{1}/_{500}$ % aller bekannten lebenden Spezies untersucht worden ist[78] und daß eine Beobachtung der Entwicklung der gegenwärtigen Organismen lediglich die kurze Zeitspanne abdeckt, die seit Darwins Entdeckung bis heute abgelaufen ist. Was allenfalls für diesen Zeitraum von rund 120 Jahren gelten kann, trifft das auch für jene Entwicklung zu, die Jahrmillionen hindurch wirksam war? Ergeben sich bei diesen Größenordnungen des Entwicklungsablaufs nicht auch andere Sachverhalte, nämlich solche, die sich aus den kurzzeitlichen Gegenwartsbefunden nicht erklären lassen?

Eine Zeitlang schien es, daß sich das tatsächlich so verhält. Phylogenetiker und Genetiker waren sich in manchem nicht ganz einig, und manchmal hatte man den Eindruck, daß sie zwei verschiedene Sprachen sprechen. Die paläontologischen, die Stammesentwicklung untersuchenden Forscher – sie sind ja die eigentlichen Phylogenetiker – stießen immer wieder auf Befunde, die darauf hindeuteten, daß es im Ablauf der Evolution Gesetzmäßigkeiten oder zumindest Regelhaftes gegeben hat. Das aber wurde von vielen Gegenwartsbiologen energisch abgelehnt, die darauf verwiesen, daß ihren Befunden zufolge Mutationen stets zufällig und ungerichtet sind – wie sollte da die Evolution Gesetzmäßigkeiten aufweisen können?

Nun, strikten und starren Gesetzen folgte sie tatsächlich nicht. Was große Vertreter der klassischen Phylogenetik für eine Gesetzmäßigkeit hielten, die der Gültigkeit der physikalischen Naturgesetze nahekommt, erleidet dasselbe Schicksal wie diese selbst. Die Vorstellung einer strikten Kausalität und einer unumstößlichen Determiniertheit der Erscheinungen, so lehrt uns die moderne Atomphysik seit der Aufstellung der Unbestimmtheitsrelation durch Werner Heisenberg, müssen aufgegeben werden, da ihnen im subatomaren Bereich die Quantentheorie widerspricht. Hier gibt es allenfalls »statistische Regelhaftigkeit«. Doch bei Vorgängen außerhalb der atomaren Größenordnung, bei Sachverhalten im Bereich »des Großen«, erlangen diese prinzipiell nur statistischen Regelhaftigkeiten einen so extrem hohen und die Ausnahmen einen so geringen Grad von Wahrscheinlichkeit, daß dieser an Sicherheit grenzt. Im Gegensatz zum Atomaren herrscht also im Bereich des Großen »praktische Determiniertheit« und statistische Gesetzmäßigkeit.

Die Dinge sind nicht im engeren Sinn vergleichbar, aber eine gewisse Ähnlichkeit besteht eben doch. Gewiß sind die im Molekularbereich erfolgenden Mutationen rein zufällig und völlig ungerichtet, insofern als die eine nicht eine gleichsinnige zweite nach sich zieht. Und doch zeigen sich im »Bereich der großen Zahlen«, wie er sich aus Jahrmillionen an Zeit und Millionen von Generationen ergibt, gewisse Muster der Evolutionsabläufe, statistische Regelmäßigkeiten, die allerdings von recht unterschiedlichem Gewicht sind. Manche von ihnen sind zwar augenfällig, treten aber nur gelegentlich auf. Andere wiederum sind so häufig, daß man wohl von einer Regel sprechen kann. Noch andere erreichen den Grad einer statistischen Gesetzmäßigkeit.

Will man sich über die gegenwärtige phylogenetische Situation der menschlichen Weltbevölkerung Klarheit verschaffen – das ist die Absicht unseres Schlußkapitels – und die Möglichkeiten zukünftiger Evolutionsphasen abwägen, so ist es unerläßlich, diese Evolutionsmuster zu berücksichtigen. Sie alle sind als »Gesetze« seit langem bekannt und umstritten gewesen, sind es auch noch heute. Unsere weiteren Betrachtungen müssen daher der Klärung der folgenden Fragen dienen: Welche dieser angeblichen Gesetze bewähren sich aus der Sicht der modernen biologischen Evolutionsforschung? Welche widersprechen ihr scheinbar, lassen sich aber dennoch aus ihr erklären? Und welche von ihnen halten der Prüfung nicht stand, so daß sie aufgegeben werden müssen?

Eines der ältesten dieser »Gesetze« geht auf Ernst Haeckel (1834 bis 1919) zurück. Der Zoologe Haeckel, Professor in Jena, war in extrem konsequenter Weiterverfolgung der Evolutionslehre von Charles Darwin zum Begründer seiner eigenen, besonderen Philosophie geworden, nämlich der freidenkerischen, atheistischen bzw. pantheistischen Lehre des Monismus. Ihr zufolge soll alles, was auf der Welt besteht, im Gegensatz zum Dualismus nicht aus zwei entgegengesetzten Prinzipien (Geist/Materie) hervorgehen, sondern aus nur einem einzigen Prinzip, sei es stofflich, sei es geistig. Energiebeladene bzw. beseelte Teilchen der Materie sollen einer fortlaufenden Evolution unterworfen sein. In diesem Rahmen vertrat Haeckel die Auffassung, das Leben sei durch Urzeugung aus Anorganischem hervorgegangen und habe sich entsprechend der Abstammungslehre weiterentwickelt. Der Mensch aber sei – durchaus im Darwinschen Sinn – ein Erzeugnis der Natur, in die er in vollem Umfang einbezogen bleibe.

Die Biogenetische Grundregel

Bei seinen wissenschaftlichen Untersuchungen beobachtete Haeckel, daß die sehr frühen Entwicklungsstufen der einzelnen Lebewesen oftmals Merkmale aufweisen, die für ihre phylogenetischen Vorfahren typisch waren. Das auf ihn zurückgehende »Biogenetische Grundgesetz« besagte daher, die frühe Ontogenese (Keimesentwicklung) sei eine gedrängte Wiederholung der Phylogenese (Stammesentwicklung). Zur damaligen Zeit ging man mehr oder weniger von der Vorstellung aus, daß jedes Lebewesen alle Stadien seiner Vorfahren rekapituliere: So z. B. wäre während der Keimesentwicklung des Menschen dessen befruchtete Eizelle ein echtes Protozoon (Einzeller), das sich bei den Zellteilungen der Keimfurchung in ein primitives, wirbelloses Metazoon (vielzelliges Lebewesen) verwandelt. Bei jener Embryonalphase, in welcher der menschliche Keim tatsächlich Kiemenspalten des Vorderdarms und einen den Fischen ähnlichen Bau der Niere besitzt, handle es sich um das Fischstadium. Anschließend, bei voller Ausbildung der Arme und Beine, aber noch vorhandenem Schwanzabschnitt der Wirbelsäule, und bei einem amphibienhaften Nierenbau sei der menschliche Embryo bereits ein volles Äquivalent des Amphibiums, später des Reptils usw.

Dieses Biogenetische »Grundgesetz« wurde zunächst von manchen Zeitgenossen übernommen und fand unter der Bezeichnung »law of recapitulation« auch Aufnahme in das angelsächsische Schrifttum. In der Folgezeit wurde es aber aufgrund von Übertreibungen so unglaubwürdig, daß es von den Biologen schließlich in Bausch und Bogen abgelehnt wurde und heute noch vielfach mit Skepsis betrachtet wird.

Auch den Paläontologen war klar, daß hier nicht vollständige Stadien rekapituliert werden – daß also z. B. der menschliche Embryo trotz seiner Kiemenspalten kein Miniaturfischlein ist. Auch lehnten sie Haeckels weitere, aus seinem Grundgesetz abgeleitete Schlußfolgerung ab, derzufolge die Phylogenie die Ontogenie direkt bedingen sollte – denn zweifellos hat die Phylogenese als künftiges Geschehen die allererste, vorausgehende Ontogenese nicht bewirken, ja noch nicht einmal beeinflussen können. Aber andererseits konnten die Paläontologen auch nicht umhin, immer wieder zu beobachten, daß in der Regel die ontogenetischen Frühstadien vieler Lebewesen ihren Vorfahren in manchen Frühstadien tatsächlich ähneln, oft sogar weit mehr als ihre ausgewachsenen Stadien. Und sie waren realistisch genug, sich dieser Erkenntnis als Hilfsmittel zur Klärung phylogenetischer Beziehungen zu bedienen. Sie tun dies, da sich diese Methode in der Praxis voll bewährt, auch heute noch. Allerdings mit Vorsicht, denn erstens ist klargeworden, daß es nur einzelne Merkmale sind, die rekapituliert werden, niemals aber der gesamte Phänotyp. Zweitens steht fest, daß auch das Gegenteil dieses Entwicklungsganges vorkommt.

Allen bisherigen Erfahrungen zufolge treten bei den Lebewesen zwei grundsätzlich verschiedene, gegensätzliche Entwicklungsgänge der Ontogenese eines phänotypischen Merkmals auf: der palingenetische und der proterogenetische.

Der *palingenetische* Entwicklungsablauf entspricht im Prinzip den Forderungen des Biogenetischen »Grundgesetzes«: In den frühen ontogenetischen Stadien werden nacheinander Formzustände eines Merkmals rekapituliert, so wie sie in der Reihenfolge der phylogenetischen Vorfahren auftraten, und erst am Ende der Ontogenese wird das neue, für den betrachteten Deszendenten charakteristische Merkmal hinzugefügt. Bei den phylogenetischen Nachfolgern greift dieses Merkmal sodann auf immer frühere ontogenetische Stadien über, wobei die rekapitulierten Formzustände der Vorfahren verdrängt werden.

Das stark verallgemeinernde, abstrahierte Schema der palingenetischen Merkmalsfolge stellt sich also wie folgt dar (wobei a bis e frühere Ahnenmerkmale vertreten, das Symbol x aber für das neu hinzukommende Merkmal steht):

PHYLOGENIE ↑		
Deszendent No. 5	:	a — x — x — x — x — x
Deszendent No. 4	:	a — e — x — x — x — x
Deszendent No. 3	:	a — d — e — x — x — x
Deszendent No. 2	:	a — c — d — e — x — x
Deszendent No. 1	:	a — b — c — d — e — x
		——— ONTOGENIE ———→

Dieses Schema gibt zwar das Prinzip mit der erforderlichen Klarheit wieder, soll aber nicht den Eindruck erwecken, daß es in der Natur ebenso perfekt zugeht wie in der abstrahierenden Darstellung. Erneut sei betont, daß immer nur einzelne Merkmale rekapituliert werden, und auch das keinesfalls mit der hier angegebenen Vollständigkeit.

So gut wie stets werden in den Frühabschnitten der Ontogenese die grundlegenden, für die großen Baupläne der Lebewesen unerläßlichen Merkmale rekapituliert, so z. B. bei den höheren Tieren das Einzellen-, Zweizellen-, Vierzellen- usw. Stadium sowie das Stadium der Blastula, der Gastrulation und der Keimblätterbildung. Das sind grundlegend wichtige Entwicklungen, und so ist ihre Repetition eine unabdingbare Voraussetzung dafür, daß bei der Ontogenese ein höher organisiertes Lebewesen überhaupt entstehen kann. Aus diesem Grund werden derartige Merkmale oder Stadien wiederholt oder allenfalls abgewandelt, aber nie aus der Frühontogenese völlig ausgestoßen, wie dies bei anderen Merkmalen die Regel ist. Diese werden mit geringerer Regelmäßigkeit rekapituliert und nach einiger Zeit verdrängt.

Ein sehr einfaches Beispiel für die Palingenese liefern die Plattfische, wie z. B. die Scholle, der Heilbutt oder die Flunder. Ihre adulten Tiere sind durch auffallende, angepaßte Merkmale charakterisiert: die eine Körperseite liegt flach auf dem Boden auf, beide Augen befinden sich auf derselben Körperseite (d. h. das eine Auge ist auf die andere Seite hinübergewandert), und der Mund ist stark schräggestellt. Die frühontogenetischen Stadien der Plattfische aber rekapitulieren die Normalgestalt der Vorfahren, denn sie sind bilateral symmetrisch, die Augen bleiben noch auf die beiden Körperseiten verteilt, und der Mund ist, wie bei allen anderen Fischen, quergestellt. Auch die frühontogenetischen Stadien der Vögel zeigen vielfach palingenetische Rekapitulation, so z. B., wenn deren Embryo noch die lange, reptilhafte Schwanzwirbelsäule des *Archaeopteryx*, des oberjurassischen Urvogels, aufweist, die sodann erst beim Jungtier durch die vogeltypische Verschmelzung von Wirbeln umgebildet wird. Oder wenn beim Vogelembryo noch die »Greifhand« des *Archaeopteryx* rekapituliert wird und erst beim adulten Individuum die Fingerstrahlen miteinander verschmolzen sind, wie dies für alle Vögel charakteristisch ist[79].

Ein anderes, ebenfalls sehr einfaches Beispiel ergibt sich aus der Betrachtung einer generellen, aufs Geratewohl herausgegriffenen Entwicklungstendenz, nämlich derjenigen, die von den Anneliden (Ringelwürmern) über die – hier nicht näher berücksichtigten – Monoplacophoren zu den Muscheln und von diesen weiter zu den Grabfüßern (Scaphopoden) führte (Abb. 26). Vergleichen wir die adulten Tiere (c, e, g), so zeigt sich, daß ihre phänotypische Ausbildung und ihr Bauplan sehr unterschiedlich sind, denn sie repräsentieren ja verschiedene Klassen. Und doch bleiben aufgrund ihrer stammesgeschichtlichen Verwandtschaft ihre frühontogenetischen Stadien beinahe gleich. Die Muscheln, als mittelbare Deszendenten der Anneliden, rekapitulieren in ihrer Frühontogenese die allgemeinen Stadien der Anneliden-Ontogenese mit Ausnahme des späten larvalen (b) und des Adultstadiums (c) der anneliden Vorfahren. Sie wiederholen also alle Zellteilungen der Furchung usw., das Blastula-Stadium und die Gastrulation in deren allgemeiner Form, und selbst auch noch die frühe Trochophora-Stufe (a) des Larvenstadiums. Erst dann schließen sich die neuen Merkmale des Muschel-Bauplans (d und e) an. Dasselbe gilt sinngemäß für die nächsten Deszendenten, die Scaphopoden, bei welchen gleichfalls zunächst die sehr frühen Formzustände der Keime der Anneliden und der Muscheln in allgemeiner Weise rekapituliert werden, bevor sich die neuen, typischen Scaphopoden-Merkmale anschließen (f und g).

Ein weiteres Beispiel für den palingenetischen Entwicklungsgang liefern die Glieder jener Evolutionsreihe, welche von den geradegestreckten Nautiloideen über die Bactritiden zu den primitivsten Ammonoideen führt (S. 196). Er wird hier besonders deutlich, wenn wir die Umbildung des Windungsquerschnitts der Gehäuse betrachten (Abb. 27): Bei den Ahnenformen, also bei den Sphaerorthoceratiden und den primitiveren Vertretern von *Bactrites* (= *Bactrites I*) war er in sämtlichen ontogenetischen Stadien kreisrund. Diese Form wurde bei den nachfolgenden, weiter fortgeschrittenen Vertretern (= *Bactrites II*) zwar rekapituliert, aber nur bis zu den mittleren Adultstadien. Anschließend an diese erschien dann im spät-adulten Stadium als neuer Formzustand das Merkmal »ovaler Windungsquerschnitt«. Schon bei dem nächsten Glied der phylogenetischen Reihe (*Lobobactrites*) wurde der kreisrunde Windungsquerschnitt nur noch im allerfrühesten Stadium rekapituliert, nämlich im Protoconch, und das neue Merkmal »oval« griff nun vom spätadulten bis auf das larvale Stadium über. Dieser Verlauf der Ontogenese des Windungsquerschnitts wurde sodann von allen nachfolgenden Gliedern der Stammesreihe beibehalten. (Daß das Merkmal »oval« später, bei *Anarcestes*, in modifizierter Form als »quer-oval« auch noch in das früheste Stadium zurückverlagert wird, in den Protoconch, ist eine Komplikation, die in diesem Zusammenhang außer acht bleiben kann.)

Palingenetisch entwickelte sich auch noch ein weiteres Merkmal des Windungsquerschnitts (Abb. 27). Dessen Kontur war bei allen älteren Gattungen der phylogenetischen Reihe bis hin zu *Teicherticeras* in sich einheitlich und nicht weiter untergliedert. Beim nachfolgenden *Convoluticeras* wurde diese Art von Windungsquerschnitt im Protoconch und in der Larvalphase rekapituliert. Dann aber erschien schon in der frühen Adultphase als neues Merkmal eine sogenannte »konkave Windungszone« (k in Abb. 27), also eine einseitige, konkave Einbuchtung der Kontur. Bei dem späteren *Anarcestes* griff dieses neue Merkmal auch schon auf Teile der Larvalphase über, und beim nachfolgenden *Wernerоceras* wird sein Erscheinen sogar bis an die Mündung des Protoconchs zurückverlagert.

Im Falle beider Merkmalspaare, sowohl bei den Formzuständen »kreisrund« bzw. »oval« als auch bei den Ausbildungen »einheitliche Kontur« bzw. »konkave Windungszone«, erschien also das jeweils neue Merkmal in ontogenetischen Spätstadien und griff von da aus auf die Frühstadien über. Das aber ist das Charakteristikum der palingenetischen Entwicklung, die vollauf dem Biogenetischen »Grundgesetz« entspricht.

Proterogenese und Neotenie

Der andere, nämlich der *proterogenetische* Entwicklungsgang (O. H. Schindewolf) steht zum Biogenetischen »Grundgesetz« im krassen Gegensatz. Hier werden die neuen Merkmale oder Formzustände nicht etwa einer Rekapitulationsfolge im Alter angefügt, sondern sie erscheinen unvermittelt schon in den frühontogenetischen Stadien. Von dort aus verlagern sie sich allmählich in die Altersstadien, deren Merkmale sie zunehmend verdrängen.

Ein verallgemeinerndes, aber das Prinzip der proterogenetischen Entwicklung zutreffend wiedergebendes Schema sieht folgendermaßen aus:

PHYLOGENIE ↑

Deszendent No. 6	:	a — x — x — x — x — x
Deszendent No. 5	:	a — x — x — x — x — f
Deszendent No. 4	:	a — x — x — x — e — f
Deszendent No. 3	:	a — x — x — d — e — f
Deszendent No. 2	:	a — x — c — d — e — f
Deszendent No. 1	:	a — b — c — d — e — f

——— ONTOGENIE ———→

Während der palingenetische Modus ein wertvolles Hilfsmittel zum Erkennen stammesgeschichtlicher Zusammenhänge ist, und zwar nach der Regel „Die ontogenetischen Frühstadien eines Deszendenten ähneln dem phylogenetischen Vorfahren«, stellen sich im Fall der Proterogenese erhebliche Schwierigkeiten ein. Hier ähneln ja die Frühstadien dem Vorfahren gerade *nicht*. Auch besteht hier die große Gefahr, daß eine proterogenetische Entwicklung gar nicht als solche erkannt wird und damit ein phylogenetischer Zusammenhang falsch, nämlich umgekehrt konstruiert wird, was bereits mehrfach vorgekommen ist. Man bringe nur die in dem oben gegebenen Schema genannten Deszendenten in eine umgekehrte Reihenfolge, nämlich (von unten nach oben) 6-5-4-3-2-1. Betrachtet man dann die ontogenetischen Entwicklungsgänge, so verhält sich x wie ein Merkmal, das in die Frühstadien zurückgedrängt und ausgemerzt wird, was eher dem palingenetischen Gang ähneln würde als dem proterogenetischen. Es kann daher ein wirklich proterogenetischer Entwicklungsgang nur dann mit Sicherheit identifiziert werden, wenn die stratigraphische Altersfolge der untersuchten Formen in der Abfolge der Schichten zuvor sichergestellt ist.

Die Zahl der bisher bekannten Fälle – und zwar solcher, die der Prüfung standgehalten haben – ist nicht sehr groß. Dabei ist eines der bekanntesten Beispiele das folgende:

Innerhalb der Ammonoideen entwickelte sich im Devon eine besondere Gruppe, die Clymenien, die insofern eine Sonderstellung einnehmen, als bei ihnen der Sipho (S. 125) nicht durch die äußeren Teile der Kammern verlief, sondern durch die inneren. Diese nahezu weltweit verbreitete Gruppe lebte nur kurze Zeit, denn die Clymenien sind auf die oberen Teile des Oberdevons beschränkt. In dessen höchster Stufe, also in Sedimenten, deren Bildung zeitlich mit dem Aussterben der Clymenien zusammenfällt, waren nun ganz absonderliche Gehäuseformen entdeckt worden, die sich von der normalen Gehäusespirale der übrigen Clymenien und überhaupt der Ammonoideen sehr auffallend unterscheiden: Die Spiralen dieser sogenannten Wocklumerien (benannt nach dem Ort Wocklum im Sauerland) waren dreieckig geknickt, und manchmal waren die Windungsteile durch tiefe Einschnürungen untergliedert, zwischen denen sie sich wie aufgebläht emporwölbten (Abb. 28 g, n).

Diese kleine, bizarre Gruppe hat mein Lehrer O. H. Schindewolf einer sorgfältigen Untersuchung unterzogen[80], wobei er über 1700

Exemplare berücksichtigte, die er unter strikter Beachtung ihrer Verbreitung den Schichtenfolgen entnommen hatte. Über ihre stratigraphische Altersfolge im Rheinischen Gebirge – insbesondere im Sauerland –, aber auch in Niederschlesien, in Ostthüringen und im Frankenwald bestand also weitgehende Klarheit. Schindewolf konnte sodann zeigen, daß die Evolution dieser Dreiecks-Clymenien in drei verschiedenen Reihen parallel verlaufen war (Abb. 28 I, II und III). Noch wichtiger erscheint aber die Entdeckung, daß der Entwicklungsgang der beiden voneinander unabhängigen Merkmale proterogenetisch abgelaufen war. Während sich alle übrigen Merkmale palingenetisch verhielten, stellte sich das Merkmal der Dreiecksspirale bei den Ausgangsarten der drei Reihen stets zuerst im Gehäusezentrum, also in den frühen Entwicklungsstadien ein, während die mittleren und späten, also äußeren Windungen zunächst noch zur Normalspirale zurückkehrten. In den nachfolgenden, deszendenten Arten griff die Spiralenknickung, also die Dreiecksgestalt, sodann zunehmend auch auf die mittleren Windungen über (vgl. besonders Reihe III in Abb. 28), bis bei den Endgliedern der Reihen die ganze Ontogenese, bis in die äußersten Alterswindungen, von der Dreiecksform beherrscht wurde. Genauso verhielten sich in den Reihen I und II die Einschnürungen der Windungen. Auch sie entwickelten sich proterogenetisch.

Wie sich zeigte, gibt es also zwei voneinander abweichende Typen des ontogenetischen Entwicklungsganges, den palingenetischen und den proterogenetischen. Diese beiden so grundsätzlich verschiedenen Verfahren der Lebewesen, in ihren Ontogenesen neue Merkmale hervorzubringen, erfordern natürlich eine biologische Erklärung ihrer Grundlagen. Um sie haben sich neben anderen vor allem Julian Huxley und auch Bernhard Rensch bemüht[81, 82], und beide gingen davon aus, daß hier eine Verschiedenheit des ontogenetischen Entwicklungstempos maßgeblich ist. Rekapitulation wird durch eine Beschleunigung des Entwicklungsvorgangs bedingt, welche die Materialisierung der einzelnen Merkmale in immer frühere Stadien vorverlegt. Wenn dabei die zeitliche Dauer der Gesamtontogenese nicht verkürzt wird (etwa durch Vorverlegung der Geschlechtsreife), dann können der Entwicklungskette neue Endstadien hinzugefügt werden.

Bei der Proterogenese soll jedoch eine Verringerung des ontogenetischen Entwicklungstempos am Werk sein, weil sich hier die Merkmalsentwicklung während der Phylogenese immer mehr verzögert bzw. sich die Differenzierungsstufen immer mehr zum Erwachsenen-Stadium verschieben.

Ähnliches ist bei der *»Neotenie«* der Fall. Diese liegt dann vor, wenn es sich (1) ausschließlich um vom Vorfahren überlieferte Merkmale handelt, (2) die gesamte Körperentwicklung verlangsamt wird, und (3) bei gleicher Gesamtdauer der Ontogenie die morphologischen Endstadien nicht mehr erreicht werden. Ein Beispiel hierfür ist das

 Weiterführen der Larvenmerkmale bis zum Stadium der Geschlechtsreife, wie es bei manchen Molchen typisch ist, so etwa beim mexikanischen Axolotl, den man bei etwas überspitzter Formulierung eine geschlechtsreife Riesenkaulquappe nennen könnte. Von der Neotenie unterscheidet sich der proterogenetische Entwicklungsgang dadurch, daß bei ihm neue Merkmale erscheinen, was bei der reinen Neotenie ja nicht der Fall ist[83].

Beschleunigung bzw. Abnahme des ontogenetischen Entwicklungstempos, die J. Huxley zufolge durch eigene Gene, sogenannte »rate genes«, kontrolliert werden, sind somit für den palingenetischen und den proterogenetischen Entwicklungsgang verantwortlich. Der letzere hat, worauf bereits B. Rensch aufmerksam gemacht hat, durchaus seine Bedeutung für die Evolution: Die ontogenetischen Endstadien sind diejenigen, die am weitesten adaptiert sind, die sich also am stärksten an spezielle Bedingungen der Umwelt angepaßt haben. Im Rahmen der Evolution führt diese Entwicklung aber leicht in Sackgassen. Die Beibehaltung von Jugendmerkmalen (Neotenie) oder die Entwicklung neuer Merkmale in der Jugendphase (Proterogenese) können dann unter Umständen eine teilweise »Entspezialisierung« der Stammeslinie zur Folge haben, und behilflich sein, die Sackgasse auf neuen Wegen zu verlassen.

Bei der Palingenese liegt zumeist – ohne daß sich der Zeitpunkt der Geschlechtsreife verschiebt – eine einfache Beschleunigung eines oder mehrerer Wachstumsgradienten vor, so daß sich einzelne Merkmale aus diesem Grund schneller verändern. Bei einer gleichzeitigen Verschiebung der Geschlechtsreife kann es aber auch zu einer schnelleren Generationenfolge kommen, und diese führt, aufgrund des vergrößerten »Auswahlangebots« an die Selektion, nun auch zu einer Beschleunigung des evolutiven Geschehens. Auch die Palingenese hat somit durchaus ihre Bedeutung innerhalb des großen Gesamtprozesses.

Für unsere Beurteilung des Haeckelschen Biogenetischen »Grundgesetzes« sind die beiden ontogenetischen Entwicklungsgänge gleich bedeutsam. Allerdings wäre zunächst dessen Formulierung so einzuschränken, daß sie den tatsächlichen Beobachtungen entspricht – erinnern wir uns, daß ja niemals ein vollständiger Phänotyp rekapituliert wird! Bei Berücksichtigung dieser Korrektur kann sodann folgendes festgestellt werden: Der proterogenetische Entwicklungsgang widerspricht dem Biogenetischen »Grundgesetz«, bleibt aber wegen seiner Seltenheit die Ausnahme. Der palingenetische bestätigt es in einer überwältigend großen, vor allem dem Paläontologen bekannten Zahl von Fällen. Als eine gelegentlich Ausnahmen zulassende *Biogenetische Grundregel darf somit gelten: »In den ontogenetischen Frühstadien der Lebewesen werden einzelne Merkmale oder Formzustände ihrer phylogenetischen Vorfahren sehr oft rekapituliert.«*

In der Regel palingenetisch entstehen also die neuen Merkmale, bildet sich schrittweise eine Art zu einer neuen Art um oder spaltet sich eine neue Spezies evolutiv von einer weiterbestehenden ab. Mutation und Rekombination der Gene, Selektion und die anderen Evolutionsfaktoren wirken über die Populationen, langsam, Schritt für Schritt. So ist also, wenn diese Auffassung richtig ist, zu erwarten, daß alle Einheiten des zoologischen und des botanischen Systems durch unzählige Übergänge miteinander verknüpft sind, und daß alle diese vermittelnden Zwischenformen, oder zumindest sehr viele von ihnen, fossil in den Sedimenten angetroffen werden müßten.

Diese Erwartung wird nicht enttäuscht, was die phylogenetische Verbindung zwischen Arten betrifft. Das fossile Material erlaubt in einer überaus großen, überzeugenden Anzahl von Fällen die genaue Rekonstruktion von phylogenetischen Reihen, in welchen die Phänotypen der Spezies durch morphologische Übergänge miteinander verknüpft sind. Vor allem dort, wo die variationsstatistische Untersuchung eines nach Hunderten von Individuen bemessenen Materials aus aufeinander folgenden Schichtpopulationen durchgeführt wird – und das kann vor allem bei den Mikrofossilien geschehen –, zeigen sich gleitende Übergänge zwischen den Unterarten und Arten.

Wesentlich lückenhafter erscheint aber schon der Nachweis der phylogenetischen Verbindungen zwischen Gattungen, noch weitaus mehr jedoch der eines Zusammenhangs zwischen den Familien. Was allerdings die Verknüpfung noch höherer Einheiten des Systems betrifft, der Ordnungen, Klassen und Stämme, so klaffen hier sehr beträchtliche Lücken. Schon zu Darwins Zeiten entspann sich daher eine Bücher füllende Diskussion um die Frage, ob es sich hier nur um Kenntnislücken und Lücken in der Überlieferung handelt oder ob die »missing links«, die fehlenden Zwischenformen, niemals existiert haben.

Sprunghafte Evolution?

»Sie haben nicht existiert«, behaupteten diejenigen Zeitgenossen Darwins, welche die Evolutionslehre aus persönlichen Gründen ablehnten. »Sie haben nicht existiert«, sagten in der Folgezeit in der Biologie und in der Paläontologie die Vertreter der »Idealistischen Morphologie«, welche der Auffassung war, daß es zwar eine Evolution innerhalb der höheren Einheiten des Systems gegeben hat, daß sich aber ihre grundsätzlichen, »großen« Baupläne unabhängig voneinander aus getrennten Urtypen entwickelt hätten. »Sie haben nicht existiert«, meinten aber auch einige andere Biologen und Paläontologen, die zwar uneingeschränkt auf dem Boden der Evolutionslehre standen, aber überzeugt waren, daß sich die großen Baupläne ohne wahrnehmbare Übergänge sprunghaft aus den Vorläufern herausgebildet haben.

In der Phylogenetik der letzten Jahrzehnte hat sich die Diskussion nicht mehr um das »ob« der Evolution gedreht, sondern nur noch um das »wie«. Dabei spielte im Fall der Evolutionsfaktoren die Frage nach derartigen Entwicklungssprüngen eine gewichtige Rolle. Hat es sie tatsächlich gegeben oder hat sich die Herausbildung auch der »großen Baupläne« additiv, also durch die Summierung unzähliger kleiner, durch die Selektion kanalisierter Mutationsschritte vollzogen?

Der amerikanische Genetiker R. Goldschmidt rechnete damit, daß es neben den üblichen, bekannten Mutationen mit geringem phänotypischen Effekt (Mikromutationen) auch solche gibt, die zu besonders starken Veränderungen des Bauplans (= Typus) der nächsten Generation führen, also sogenannte Großmutationen (Makromutationen) sind. Zwar würden die meisten dieser Mutanten nicht lebensfähig sein und zugrunde gehen. In wenigen Fällen würden sie sich aber doch durchsetzen. Die Träger dieser Großmutationen, »hopeful monsters« (hoffnungsträchtige Monstrositäten), würden dann die Ausgangsform für einen neuen, von den Vorfahren stark abweichenden Bauplan darstellen. Damit wäre eine »Großgruppe« als neue höhere Einheit des Systems durch Großmutation, sprunghaft, ohne Übergänge entstanden.

In Übereinstimmung mit Goldschmidt vertrat auch der bedeutende deutsche Paläontologe O. H. Schindewolf die Auffassung, daß die Typen oberhalb des Arten-Niveaus, vor allem aber die der höheren Einheiten des Systems, sprunghaft entstanden sind[84]. Auch er machte dafür Großmutationen verantwortlich. In einer ganzen Reihe von Fällen hatte er beobachtet, daß die ursprünglichsten Vertreter einer neuen, deszendenten Großgruppe nur sehr kurze Abschnitte der Ontogenese der vorausgehenden Gruppe rekapitulieren und daß anschließend die für den neuen Bauplan entscheidenden Merkmale auch schon in diesem sehr frühen Stadium auftauchen. Daraus schloß er, daß die höheren Einheiten des Systems und ihre neuen Großbaupläne durch solche Mutationen hervorgerufen worden sind, die im Frühabschnitt der Ontogenese wirksam wurden. Da dieser ein Stadium ist, in welchem dem Lebewesen viele Entwicklungsmöglichkeiten noch nicht durch weitere Ontogeneseschritte verbaut sind, und da in dieser Anfangsphase noch offene Möglichkeiten bestehen, meinte Schindewolf, daß Mutationen, die gerade in diese sozusagen noch »plastische« Phase eingriffen, besonders schwerwiegende Folgen haben mußten. Großmutationen waren also nach seiner Auffassung normale Kleinmutationen, die allerdings im Unterschied zu den übrigen das ontogenetische Frühstadium erfaßten und daher besonders bedeutsame Merkmalsveränderungen erzeugten. Die neuen, stark abgewandelten Merkmale der Frühphase gaben nun, bei der neuen Großgruppe, dem Rest der Ontogenese eine völlig abweichende Richtung, so daß in dieser ein grundsätzlich neuer Bauplan entstand.

Verhielt sich das so, dann war das Fehlen der fossilen Übergangsformen zwischen den großen Bauplänen durchaus nicht verwunderlich. Sie hätten ja nie gelebt. Denn wenn beim Ahnenreptil eine Mutation der Keimzelle auftrat, die bei dem Keim eine frühontogenetische Veränderung hervorrief, so daß dessen Ontogenese vogelhaft wurde, dann ist, um mit den später auch von Garstang und von Schindewolf wiederholten Worten Geoffroy St. Hilaires zu sprechen, tatsächlich »der erste Vogel aus einem Reptilei geschlüpft«. Dann ist ein neuer Bauplan – nämlich der der Vögel – aufgrund eines einzigen Entwicklungssprungs hervorgebracht worden.

Sowohl Goldschmidt als auch Schindewolf hatten ein Sakrileg begangen – sie hatten verabsäumt, der Selektion die gebührende Reverenz zu erweisen, und das zu einer Zeit, da diese von Harvard diesseits bis Harvard jenseits des Atlantik im Mittelpunkt einer Art von gemeinsamem Glaubensbekenntnis stand. Doch nicht nur ungenügende Berücksichtigung des Selektionsfaktors wurde ihnen vorgehalten, sondern vor allem der Einwand, daß es Großmutationen nicht gebe, da sie von der Genetik am lebenden Untersuchungsmaterial nicht beobachtet worden seien. Ausgesprochen unfair war schließlich der gegen Schindewolf erhobene Vorwurf, sein Begriff der Großmutation enthalte ein vitalistisches Element. Das aber ist keineswegs der Fall, denn Schindewolf hat an mehreren Stellen seiner Schriften unzweideutig dargelegt, daß er für seine Großmutationen keinen anderen Vorgang in Betracht zieht als den in der modernen Genetik bekannten und daß in seiner Sicht lediglich der Effekt und der Zeitpunkt des Wirksamwerdens charakteristische Züge der Großmutation sind. Das aber hat für einen unvoreingenommenen Betrachter nun wirklich nicht das geringste mit Vitalismus zu tun.

Daß sowohl Goldschmidt als auch Schindewolf die Bedeutung der Selektion in demselben Ausmaß unterschätzt hatten, in welchem manche ihrer Gegner sie zum selben Zeitpunkt zu überschätzen geneigt waren, steht auf einem anderen Blatt. Was schließlich die Großmutation betrifft, so muß erneut betont werden, daß entsprechende Fälle tatsächlich beobachtet worden sind. Die Untersuchungen von H. Burgeff am Lebermoos (*Marchantia*)[85] und die von H. Stubbe und F. von Wettstein am Löwenmäulchen (*Antirrhinum*)[86] haben gezeigt, »... daß bei Pflanzen durch Genmutation nicht nur Varietäten und Arten, sondern auch Gattungen und höchstwahrscheinlich auch Ordnungen entstehen können«[87]. Hier liegt in der Tat kein additiver Gang der Typenentstehung vor, und so wird man nicht umhin können, zuzugestehen, daß es Großmutationen – im Sinne gewöhnlicher Mutationen, aber solcher, die höhere als Arttypen hervorrufen – grundsätzlich gibt. (Zwar sind sie zweifelsohne sehr selten, aber schließlich sind ja auch die Baupläne höherer Ordnung nicht gerade zahlreich.) Eine andere Frage ist es, ob die höheren Einheiten des Systems, wie Schindewolf meinte, stets und in notwendiger Weise auf dem Weg der Großmutation, also sprunghaft entstanden sind. Diese Frage wird man, wie noch gezeigt werden soll (S. 199), heute verneinen müssen.

Die wichtigsten Argumente, die als Stütze für die Hypothese einer sprunghaften Entstehung höherer Einheiten durch Großmutation dienten, können – stark verkürzt und vereinfacht – wie folgt formuliert werden:

a) Vermittelnde Zwischenformen zwischen den Bauplänen höherer Ordnung fehlen weitgehend.

b) In manchen Fällen sind derartige Zwischenformen nicht denkbar (– sie wären auch nicht lebensfähig gewesen). Das gilt dann, wenn die

Baupläne der Vorfahren und der Deszendenten Merkmals-Alternativen enthalten.

(c) In vielen Fällen wird ersichtlich, daß die neuen Merkmale eines Großbauplans bei dessen ursprünglichsten Vertretern im ontogenetischen Frühstadium erscheinen. Das deutet auf sprunghafte, frühontogenetisch wirksame Großmutation hin.

Überprüfen wir diese Argumente, so stellen wir fest, daß jedes für sich bald mehr, bald weniger seine Berechtigung hat, und daß das gesamte Gedankengebäude vollauf schlüssig und logisch ist. Daher erscheint es bei einer ersten Betrachtung durchaus gerechtfertigt. Doch im einzelnen ist dazu wohl das folgende zu bedenken:

Zu (a): Gewiß kennen wir nicht alle Übergangsformen, die zwischen den großen Bauplänen vermittelten. Aber andererseits sind Einzelfälle sehr wohl bekannt, in welchen bestimmte Tiergruppen zwischen den Großbauplänen stehen und jeweils typische Merkmale des ursprünglichen sowie auch des nachfolgenden Großtypus in sich vereinigen. Um nur einige wenige Beispiele zu nennen: Die oberdevonischen Ichthyostegalia (Abb. 29 a), die sicherlich die primitivsten Landwirbeltiere sind, stellen ein derartiges Bindeglied (»connecting link«) dar. Sie besitzen noch den anatomischen Schädelbau und die Mittel- sowie Schwanzflosse der Fischvorfahren, aber auch schon die vier den Körper tragenden Beine der Amphibien. – Die karbonische Gattung *Seymouria* (Abb. 29 b) vereinigt in ihrem Skelett Merkmale der amphibischen Vorfahren mit solchen der Reptilien. – Der oberjurassische Urvogel, *Archaeopteryx* (Abb. 29 c) weist als Reptilmerkmale noch ein Zahngebiß, eine vollständige Schwanzwirbelsäule, einen knöchernen Augenring und freistehende Mittelhandknochen auf, besitzt aber auch schon Merkmale des Vogel-Bauplans, nämlich die Vogelfeder, entsprechenden Beckenbau, die opponierbare Großzehe im Fuß u. a.[88].

Diese Liste ließe sich noch verlängern, und ihr könnten auch noch die Beispiele von sogenannter »Mosaikentwicklung«[89] hinzugefügt werden. Diese liegt dann vor, wenn in mehreren Stammeslinien des ursprünglichen Bauplans einzelne Merkmale des Deszendenten bereits vorweggenommen werden und andererseits bei den primitivsten Vertretern der deszendenten Gruppe zunächst noch Merkmale der vorherigen weitergeführt werden. Hier ergibt sich dann ein Merkmalsmosaik, das die Grenze der beiden Großeinheiten des Systems unscharf werden läßt, aber das Abstammungsverhältnis beider hervorhebt. In einer der ausgestorbenen Gruppen der Reptilien, nämlich bei den Therapsiden, wurden wiederholt und in verschiedenen Linien bereits säugetierhafte Merkmale entwickelt, wie z. B. die Gliederung des Gebisses in Zahnregionen, die Vorwölbung der Stirnbeine, die der Jochbögen, die Reduktion bestimmter Knochenelemente im Unterkiefer (s. u.). Andererseits haben manche primitiven Säuger noch gewisse reptilhafte Merkmale bewahrt. Bei der Mosaikentwicklung gibt es also eher zuviel potentielle (aber ungeregelt verteilte) Bindeglieder als zuwenig.

Von einem völligen Fehlen der vermittelnden Zwischenformen kann also nicht wirklich die Rede sein. Aber andererseits hatte Schindewolf nicht ganz Unrecht, denn stets handelt es sich bei den bekannten doch um nur einige wenige Übergangsformen, kaum jemals aber um einen lückenlosen Beleg einer »Schritt für Schritt«-Entwicklung. Wenn aber nicht durch sprunghaftes Geschehen, wie sonst erklärt sich dieses Fehlen der zahlreichen einzelnen Bindeglieder? Wir werden darauf noch zurückkommen müssen (S. 195).

Zu (b): Dieses Argument kann wohl am besten an dem bereits erwähnten Beispiel der Entstehung der Säugetiere aus den therapsiden Reptilien erläutert werden. Wie oben schon angedeutet, besteht an der Grenze zwischen den beiden Klassen eine durch Mosaik-Entwicklung säugetierhafter Reptilien und reptilhafter Säuger bedingte Verzahnung der beiden Großbaupläne. Sie geht so weit, daß sich selbst die anatomisch begründeten Definitionen verwischen und nur ein einziges Unterscheidungsmerkmal übrig bleibt, nämlich der Funktionskomplex aus der Art der Gelenkung von Ober- und Unterkiefer und der Ausbildung des Gehörapparates.

Bei den Reptilien (Abb. 30 I) ist der Gehörapparat noch sehr einfach. Er wird von einem einzigen Knochenelement, der Columella (C), gebildet. Der Unterkiefer aber ist ein kompliziertes Gebilde, denn er setzt sich aus dem die Zähne tragenden Knochenteil (dem Dentale = d) und drei weiteren Knochen zusammen, den sogenannten postdentalen Elementen (sp, an, a). Eines von ihnen, das Articulare (a), beteiligt sich an der Gelenkung des Kiefers, während im Oberkieferbereich das sogenannte Quadratum (Q) das Gegenlager bildet. Diese Gelenkung von a und Q ist als sogenanntes »primäres Kiefergelenk« für die Reptilien typisch.

Bei den Säugetieren (Abb. 30 IV) ist diese Situation evolutiv verändert worden. Hier hat sich das »sekundäre Kiefergelenk« gebildet, an dem sich nun zwei andere Knochen beteiligen, nämlich im Oberkiefer das Squamosum (S) und im Unterkiefer das Dentale (d). Alle übrigen Knochenelemente aber sind bereits in die Ohrregion abgewandert und haben sich nun in einen komplexeren, wesentlich leistungsfähigeren Gehörapparat umgebildet; er besteht aus dem Hammer, dem Amboß und der knöchernen Gehör-Kapsel sowie dem (aus der ehemaligen Columella entstandenen) Steigbügel.

Diese Entwicklung bahnte sich bei den therapsiden Reptilien bereits an (Abb. 30 II). Zwar blieb auch hier noch die primäre Kiefergelenkung bestehen. Aber alle Knochenelemente, die später bei den Säugetieren abwandern und den Gehörapparat bilden sollten, sind in ihrer Größe schon reduziert gewesen, während die Knochen der prospektiven sekundären Kiefergelenkung bereits stark vergrößert wurden.

Schindewolf erblickte nun in dem Gegensatz von primärer und sekundärer Gelenkung eine Alternative, welche eine schrittweise Umbildung der einen in die andere Ausbildung ausschloß. Wären die postdentalen Knochenelemente einzeln in die Ohrregion abgewandert, so wäre ja der Gehörapparat nicht funktionsfähig gewesen, solange nicht alle beteiligten eingewandert und umgebildet waren. »Der entscheidende, grundsätzliche Schlußschritt, das völlige Verschwinden dieser Knochen bzw. ihre Umwandlung zu Elementen der Gehörregion, aber muß diskontinuierlich, sprunghaft zwischen zwei Individuen in embryonaler Entwicklungsphase erfolgt sein«[84]. Zugleich erschien logisch, daß die Kiefergelenkung nur primär oder sekundär sein konnte, denn ein Zwischending schien nicht denkbar.

Doch was hilft Logik, wenn die Natur sich manchmal unlogisch verhält. Spätere Funde ergaben, daß es auch in diesem Zusammenhang mindestens eine Zwischenform gegeben hat, nämlich die Gattung *Diarthrognatus*, die – nicht im embryonalen, sondern im ausgewachsenen Zustand – gleichzeitig sowohl das primäre als auch das sekundäre Kiefergelenk besaß (Abb. 30 III), allerdings noch nicht den säugerhaften Gehörapparat. Das Beispiel mag lehren, daß es auch im Fall von Alternativ-Ausbildungen Wege eines durchgreifenden aber schrittweisen Typenwandels gegeben haben dürfte, selbst wenn wir diese heute rein gedanklich manchmal nicht zu ermitteln vermögen.

Zu (c): Auch das dritte Argument wird wohl am besten aus der Vorführung eines anschaulichen Beispiels verständlich:

Bei den fossilen und gegenwärtigen Steinkorallen (Abb. 31) wird das Kalkskelett sehr regelmäßig ausgestaltet. Dabei sind die Innenräume des Kelches durch quergestellte Wände, die Septen, in einzelne Sektoren unterteilt. Ein Querschliff durch den Kelch läßt nun bestimmte Muster und Symmetrieverhältnisse erkennen, die durch die Verteilung und Stellung dieser Septen zustande kommen, und die genetisch kontrolliert sind. Aufgrund der sich aus diesen Septenmustern ergebenden unterschiedlichen Baupläne der adulten Tiere können im Rahmen der Steinkorallen drei Unterordnungen unterschieden werden:

1) Die Pterokorallen (Abb. 31 A), die am Ende des Paläozoikums ausstarben. Das Grundmuster war hier zweiseitig symmetrisch.

2) Die Cyclokorallen (Abb. 31 B), die zu Beginn des Mesozoikums entstanden und sich bis heute erhalten haben. Ihr Grundmuster ist sechszählig radiär-symmetrisch.

3) Die Heterokorallen (Abb. 31 C), eine kleine, sehr eigenwillige Gruppe, die während des Unterkarbons von Europa bis Ostasien verbreitet war, aber sehr schnell wieder ausstarb. Ihr Grundmuster war vierzählig radiär-symmetrisch, bei gleichzeitiger Gabelung der Septen.

Die hier bestehenden stammesgeschichtlichen Zusammenhänge waren nie so recht verständlich. Zu unterschiedlich waren ja die Baupläne der erwachsenen Tiere, auch fehlte es – vor allem im Fall der Heterokorallen – an vermittelnden Zwischenformen. Die Lösung des Problems fand schließlich Schindewolf, als er die Kelche mit Hilfe von Schliffserien untersuchte, so daß er die Merkmale dieser Baupläne bis in die Anfangsspitze des Kelchs, also bis in die ontogenetischen Frühstadien zurückverfolgen konnte. Hier nämlich zeigten sich endlich die bis dahin vermißten gemeinsamen Züge:

Bei den Pterokorallen und den Cyclokorallen wurden die ersten sechs Septen (Protosepten = P) in der Frühontogenese in ihrer vollen Zahl angelegt, die beiden jeweils gegenüberliegenden zunächst noch als zusammenhängende Lamelle. Bei den Pterokorallen erschienen die drei Lamellen nacheinander, in aufeinanderfolgenden frühontogenetischen Stadien (Abb. 31 a bis a_2), und beim Abschluß der Frühphase untergliederten sie den Kelch radiärsymmetrisch in sechs gleiche Sektoren (Abb. 31 a_3). Anschließend wurden zwei dieser Sektoren verkleinert (Abb. 31 a_4), so daß aus der radiären eine rein zweiseitige Symmetrie entstand. Diese wurde dadurch noch verstärkt, daß in der weiteren Entwicklung die ersten ontogenetisch späteren Septen (Metasepten = m_1) nur in den vier größeren, nicht aber auch in den zwei verkleinerten Sektoren gebildet wurden (Abb. 31 a_5). Eine weitere Betonung der zweiseitigen Symmetrie wurde sodann dadurch errreicht, daß alle weiteren Metasepten (m_2, m_3 usw.) jeweils nur zu einer Seite des ersten Metaseptums, also in Serie, gebildet wurden (seriale Einschaltung), nicht etwa beiderseits (Abb. 31 A).

Bei den Cyclokorallen aber wurde im typischen Fall die Frühontogenese »verkürzt«, denn die Äquivalente der ersten Stadien der Pterokorallen sind hier verdrängt. Die Entwicklung setzt bei den Cyclokorallen mit dem gleichzeitigen Erscheinen aller drei Septallamellen ein (Abb. 31 b). Es wird also nur noch das radiärsymmetrische Stadium der Pterokorallen rekapituliert, dieser Zustand dann aber zeitlebens beibehalten. Zugleich erfolgt auch ein anderer, mehr grundsätzlicher Umbau, denn diese Radiär-Symmetrie wird nun durch zwei neue Tendenzen zusätzlich gefördert: Das erste Metaseptum wird jetzt ausnahmslos in allen Sektoren ausgebildet (Abb. 31 b_5), und die weiteren Generationen von Metasepten werden jetzt nicht mehr einseitig serial, sondern jeweils zu beiden Seiten jedes der bereits bestehenden Metasepten (zyklische Einschaltung) hervorgebracht (Abb. 31 B).

Bei der dritten Gruppe, den Heterokorallen, entstand gleichfalls – wenn auch in anderer Hinsicht – ein eigener Entwicklungsgang. Hier wurde die Frühontogenese der Pterokorallen beim Erscheinen der ersten und zweiten Septallamelle rekapituliert (Abb. 31 c), die Ausbildung der dritten Lamelle, also des dritten Protosepten-Paars, jedoch unterdrückt. Zugleich stellte sich eine neue Tendenz ein: die zweite Lamelle rückt in die Mitte und ihr Protosepten-Paar gabelte sich (31 c_1). Dasselbe geschah auch in der 1. Lamelle (31 c_3). Der Kelch war nun durch acht ursprüngliche Septen unterteilt, die aber insgesamt nur zwei der echten Protosepten entsprachen. Die ersten und die weiteren Metasepten erschienen sodann ausschließlich im Inneren der Gabelungszwikkel (Abb. 31 c_5, C).

Schindewolf war es mit Hilfe dieser Untersuchung gelungen, den stammesgeschichtlichen Zusammenhang der drei Einheiten zu klären:

Aufgrund der gemeinsamen Jugendstadien (und wegen ihres stratigraphischen Alters) müssen die Pterokorallen als Vorfahren sowohl der Cyclokorallen als auch der Heterokorallen gelten. Darüber hinaus konnte er nun auch zeigen, wie es zu den grundlegenden Unterschieden der Baupläne dieser drei Unterordnungen gekommen war, nämlich dadurch, daß entscheidende Umbildungen des Entwicklungsgangs in den ontogenetischen Frühstadien erfolgten (Abb. 31, Pfeile). Eine mutative Veränderung, die sich im frühen, radiär-symmetrischen Stadium der Pterokorallen ausgewirkt hat, führte zu den sechszählig radiär-symmetrischen, ihre Metasepten zyklisch und in allen Sektoren ausbildenden Cyclokorallen. Eine andere mutative Veränderung, die im frühen Zweilamellen-Stadium der Pterokorallen eingetreten war, erzeugte die vierzählige Radiär-Symmetrie der gabelig-septaten Heterokorallen. Jede dieser beiden Umbildungen des Bauplans war Schindewolf zufolge daher eine Veränderung, die ». . . übergangslos, sprunghaft in einem einzigen Umbildungsschritte von einem frühjugendlichen Entwicklungsstadium des Ausgangstypus hervorgebracht wurde bzw. bei ihm erstmalig in Erscheinung trat«[84].

Betrachtet man diese und auch einige weitere Beispiele, auf die hier nicht eingegangen werden kann, so liegt sicherlich der Gedanke an Entwicklungssprünge nahe. Das ist vor allem dort der Fall, wo die den neuen Bauplan bedingenden Merkmale wie bei den Steinkorallen tatsächlich in frühjugendlichen Stadien angelegt wurden. Der Regelfall ist das aber keineswegs.

Die Sprünge: nur vorgetäuscht

Kehren wir nun zum Ausgangspunkt unserer Betrachtung zurück, nämlich zu dem offenkundigen Mangel an fossilen Bindegliedern, die oberhalb des Niveaus der Spezies zwischen den Einheiten des Systems vermitteln – und zwar in aufeinanderfolgenden Einzelschritten, denn darauf kommt es der These von der additiven Typenentstehung ja an. Fehlen diese Zwischenformen stets? Und ist es dort, wo sie nicht nachweisbar sind, ein ursprüngliches Fehlen oder nur ein vorgetäuschtes? Die Antwort auf diese Frage geben zwei Untersuchungen, deren Ergebnisse für die Additions-Hypothese sprechen.

Eine auf dem Niveau der Gattung erfolgende schrittweise Umbildung beobachtete die deutsche Paläontologin B. Grabert[90], als sie die aufeinanderfolgenden Schichtpopulationen gewisser Foraminiferen der deutschen Unterkreide variationsstatistisch untersuchte. Diese auch heute noch lebenden, vorwiegend marinen, tierischen Einzeller besitzen nur wenige Millimeter große, meist aus Kalk gebaute Gehäuse. Bei manchen bestehen diese aus nur einer einzigen Kammer. Bei anderen hingegen werden zahlreiche Kammern gebaut, wie zur Zeit der Kreide z. B. bei den beiden Gattungen *Gaudryina* (Abb. 32 a) und *Spiroplectinata* (Abb. 32 b–d), in deren Gehäusen die Kammern in zwei alternierenden Serien, also zopfförmig, angeordnet sind.

Frau Dr. Grabert hat aus den vermessenen Werten der Merkmale für jede Schichtpopulation eine Variationskurve der Häufigkeiten konstruiert und diese Kurven nach der zeitlichen Aufeinanderfolge graphisch angeordnet. Sie hat sodann die zusammengehörigen Kurvengipfel durch Interpolation und durch Schattierung so miteinander verbunden, daß der optische Eindruck von Gebirgsketten entstand. Dabei entspricht jeder der so erzeugten Bergzüge einer Stammeslinie, jede Veränderung im Verlauf des Grates somit einer Verschiebung im statistischen Mittelwert der Merkmalsausbildung der Populationen.

Betrachten wir das so entstandene Raumbild, so fällt zunächst am linken Bildrand eine steile Felswand auf (nur der rechte Kurvenabfall ist dargestellt). Ihr Grat entspricht den Mittelwerten der Stammlinie von *Gaudryina* (a). Von ihm spaltet sich zur Zeit des Oberen Aptium seitlich ein Bergzug ab, der einen phylogenetischen Seitenzweig repräsentiert, nämlich den der progressiven Varianten der Spezies *Gaudryina dividens* (a1). Dieser Gipfelzug verklingt vor dem breiten, sanften Abhang eines asymmetrischen Kammes, der inzwischen neben der Stammlinie von *Gaudryina* entstanden ist und der die neue Art *lata* darstellt (b), die erste Vertreterin der neuen Gattung *Spiroplectinata.* Schon kurz danach, im frühen Mittel-Albium, gabelt sich dieser neue Bergkamm, und zwar in zwei neue Gipfelzüge, die der beiden nun entstehenden Arten *Sp. annectens* (c) und *Sp. complanata* (d).

Hier wurde also variationsstatistisch und graphisch nicht nur die Entstehung neuer Arten, sondern auch die einer neuen Gattung nachgewiesen. Und diese Entwicklung, daran kann kein Zweifel mehr bestehen, hat sich keineswegs sprunghaft, sondern innerhalb der Zeitdauer von einigen wenigen Jahrmillionen durch Merkmalsverschiebung in kleinen Schritten vollzogen.

Das zweite Beispiel einer additiven Umwandlung der Baupläne betrifft weitaus höhere Kategorien des Systems, nämlich nach der Bewertung durch manche amerikanische Paläontologen Unterklassen, nach meiner eigenen Auffassung eher Ordnungen. Es handelt sich dabei um die evolutive Entstehung der Ammonoideen über die sogenannten Bactritiden aus den Nautiloideen. Dieser Zusammenhang war bereits von O. H. Schindewolf erkannt worden, während es mir später gelang, durch Auffinden von entscheidenden Zwischenformen den phylogenetischen Entwicklungsgang bis ins einzelne zu rekonstruieren[91]. Seine letzte Verknüpfung mit den Nautiloideen konnte in der Folgezeit von H. Ristedt belegt werden[92]. Da es nun nicht möglich ist, den umfangreichen Fragen- und Beweiskomplex an dieser Stelle in allen Einzelheiten abzuhandeln, sei hier nur eine zusammenfassende kurze Übersicht vermittelt:

Die Ammonoideen, jene wichtige Ordnung der Cephalopoden, die in diesem Buch bereits mehrfach erwähnt wurde, sind in ihrem Bauplan durch mehrere Merkmale gekennzeichnet. Der Sipho nimmt in den Kammern stets eine randliche Position ein (Abb. 18 B); das Gehäuse ist im typischen Fall eingerollt; seine ontogenetischen Frühstadien (kugelige Anfangskammer = Protoconch, 2. Wachstums-Änderung) zeigen ein planktonisches Larvenstadium an (S. 126), und die sogenannte Lobenlinie, d. i. der Verlauf des Außenrandes des Septums, enthält stets mindestens eine Zurückbiegung auf der Außenseite der Windung, nämlich den sogenannten Externlobus (E in Abb. 36).

Die andere Ordnung, die der Nautiloideen, ist durch einen wesentlich einfacheren Bauplan charakterisiert: Der Sipho befindet sich in der Regel in den zentralen Teilen der Kammern (Abb. 18 A1). Das Gehäuse ist in seiner Grundgestalt sehr variabel, aber sehr oft gerade gestreckt. Die Form der ontogenetischen Frühstadien spricht (Abb. 19 a) gegen die Existenz eines freien Larvenstadiums (kegelförmiger, morphologisch nicht abgesetzter Protoconch; keine 2. Wachstumsänderung). Die Lobenlinie des Septums besitzt keinen Externlobus[93].

Schon Schindewolf hatte darauf verwiesen, daß eine dritte Cephalopodengruppe, nämlich die der Bactritiden, insofern eine Zwischenstellung einnimmt, als sie Nautiloideen-Merkmale, nämlich das gerade gestreckte Gehäuse, mit Ammonoideen-Merkmalen, nämlich der Kugelform des Protoconchs und dem Besitz des Externlobus verbindet. Daher hielt er – wie sich später zeigte, mit Recht – Bactritiden für die phylogenetische Wurzel der Ammonoideen. Seine Auffassung stieß aber lange Zeit auf die Skepsis mancher Paläontologen, die auf zwei scheinbar unüberwindliche Schwierigkeiten verwiesen:

1) Die ältesten Ammonoideen waren aus dem Unterdevon bekannt, die ersten Bactritiden aber erst aus dem Mitteldevon. Vorfahren können aber nicht jünger sein als ihre Deszendenten. Und so faßte man – vor allem in England – die Bactritiden anders auf, nämlich bald als Abkömmlinge der Ammonoideen, bald als untypische Nautiloideen.

2) Zwischen den völlig gerade gestreckten Gehäusen der Bactritiden und den voll eingerollten der Ammonoideen fehlten alle Zwischenformen. Zwar war bereits eine Gattung der ältesten Ammonoideen bekannt (*Anetoceras*), deren Gehäusespirale nur sehr locker eingerollt war, doch war sie eben doch schon eine echte Spirale, welche der völlig geraden Achse des Bactritiden-Gehäuses völlig unvermittelt und übergangslos gegenüberstand.

Diese Probleme sind heute gelöst, denn die neuen Funde ergaben, daß die wirklich ersten Bactritiden wesentlich älter sind als die frühesten Ammonoideen, und vor allem, daß die zwischen den beiden Gruppen vermittelnden, ursprünglich vermißten Zwischenglieder wirklich existiert haben. Mehr noch: auch die Verbindung von den Bactritiden zu den eigenen Vorfahren innerhalb der Nautiloideen kann heute als geklärt gelten.

Dieser gesamte Evolutionsabschnitt ist heute von Gattung zu Gattung gut belegt (Abb. 33), in Teilabschnitten sogar von Art zu Art. Dabei zeigt sich deutlich, daß alle evolutiven Tendenzen eine allmähliche, in Einzelschritten erfolgte Umbildung der Baupläne zur Folge hatten: Die komplizierte Frühontogenese wurde schon bei den nautiloiden Vorfahren angebahnt, welche ausnahmsweise bereits den kugeligen Protoconch besaßen; sie steigerte sich bei den Bactritiden und wurde bei den älteren Ammonoideen vervollkommnet. Durchaus schrittweise erfolgte aber auch die Umbildung der übrigen Merkmale: die Verlagerung des Sipho, die Ausgestaltung der septalen Lobenlinie, die zunehmende Krümmung und Einrollung des Gesamtgehäuses und vor allem die seiner Anfangsteile (Abb. 34), ja selbst die Veränderungen in der Form der Anwachsstreifen, des Mündungsrandes und des Windungsquerschnitts (Abb. 27). Die Evolution ging hier also in ganz klarer Weise »nicht sprunghaft vor sich, sondern in kleinen Einzelschritten und unter Realisierung aller morphologischer und phylogenetischer Zwischenstadien und Übergänge«[91].

Dieser Fall stellt den ersten vollständigen und gesicherten Nachweis einer additiven Umbildung der Baupläne höherer Kategorien (hier Ordnungen) des Systems dar. Darüber hinaus vermittelt er aber auch noch einige weitere Erkenntnisse, und zwar dann, wenn man die folgenden Beobachtungen berücksichtigt:

1) Der wesentlichste Abschnitt dieser Entwicklung spielte sich in einer einzigen, vom globalen Maßstab her gesehen winzigen Region ab, nämlich im Gebiet des Hunsrücks. Ausschließlich in dieser Region – und zwar im unterdevonischen Hunsrückschiefer – sind die ältesten und primitivsten Übergangsformen gemeinsam angetroffen worden. Obwohl gleichaltrige und z. T. ähnlich ausgebildete Ablagerungen auch in anderen Teilen der Welt vorkommen und durchsucht worden sind, haben sie bisher noch nie den ursprünglichsten Vertreter der Ammonoideen geliefert (*Anetoceras hunsrueckianum*).

2) Je primitiver die jeweilige Ammonoideen-Art, desto seltener sind die angetroffenen Individuen. In manchen Fällen wurden bisher überhaupt nur ein bis zwei Exemplare gefunden.

3) Der wesentlichste Entwicklungsabschnitt, nämlich die Umbildung des Bactritiden-Bauplans in den der Ammonoideen, erfolgte mit einer auffallenden, extremen Beschleunigung. Man gewinnt den Eindruck (Abb. 33) eines fast gleichzeitigen ersten Erscheinens der primitivsten und wichtigsten Glieder der Entwicklungskette.

Seltenheit der Individuen, Beschränkung auf einen einzigen Schichtenkomplex und Auftreten ausschließlich in einer Region – das sind drei Faktoren, welche die Chancen einer Überlieferung sehr beträchtlich senken. Angenommen, die Einbettung der toten Tiere wäre in einem Milieu des Meeresbodens erfolgt, das nur geringe Möglichkeiten der Fossilisation bot: Die wenigen Gehäuse der zwischen den Bactritiden und den Ammonoideen vermittelnden Bindeglieder wären spurlos verschwunden, so als hätten sie nie gelebt. Angenommen, der Hunsrückschiefer wäre der karbonzeitlichen oder späterer Abtragung ebenso zum Opfer gefallen wie so viele andere gleichartige Schichten. Oder angenommen, die Erosion des Rheinischen Gebirges sei noch nicht so weit fortgeschritten wie heute, so daß der Hunsrückschiefer noch im tiefen Untergrund verborgen läge: In beiden Fällen würden uns diese fossilen Zwischenformen so unbekannt bleiben, als habe es sie nie gegeben. Angenommen schließlich, der Hunsrückschiefer hätte sich nicht westlich des Rheins abgelagert, sondern läge irgendwo in der Antarktis oder in Zentral-Grönland, im mittleren Borneo oder in der Sahara von Inlandeis, Urwald und Sanddünen bedeckt: Wir hätten keinerlei Kenntnis von den Zwischenformen, so als hätten sie niemals existiert.

In wie vielen anderen Fällen mag wohl das Fehlen der zwischen den Großbauplänen vermittelnden Bindeglieder auf denselben oder ähnlichen Ursachen beruhen? Wie das Entstehen der Ammonoideen, so mag sich wohl auch der Ursprung so manches anderen Bauplans begrenzt lokal, unter starker Beschleunigung und in solchen Gruppen vollzogen haben, deren Individuenzahl gering war. Jeder einzelne dieser Faktoren ist geeignet, die Möglichkeiten einer Überlieferung der Bindeglieder einzuschränken. Bei einem Zusammentreffen aller dieser Faktoren aber muß diese Chance sehr drastisch, fast auf den Nullwert herabgesetzt worden sein. Ich möchte daher meinen, *daß zwar nicht durchwegs, aber doch wohl meistens, die sprunghafte Typenumbildung nur durch Überlieferungslücken vorgetäuscht wird.*

Die Rolle der Gen-Drift

Ich meine ferner, daß das Zusammentreffen dieser drei Faktoren in der Evolution der fossilen Lebewesen höchstwahrscheinlich gerade dort eine sehr wichtige Rolle gespielt hat, wo die »Großmutationen« vermutet werden, wo also bedeutsame, durchgreifende Umbildungen der Baupläne erfolgten. Übersetzen wir doch die weiter oben unter Punkt (1) bis (3) zusammengefaßten Beobachtungen in das Vokabular der modernen Populationsgenetik! Sie würden dann besagen: »Eine zahlenmäßig sehr kleine, in einem sehr beschränkten Areal lebende, relativ isolierte[94], also der Panmixie entzogene Teilpopulation von Bactritiden hat evolutiv und sehr schnell einen völlig neuen Bauplan hervorgebracht, den der Ammonoideen.« Das aber ist ein Entwicklungsmodus, der vollauf dem Sewall-Wright-Effekt (S. 179) entspricht. In sehr kleinen Teilpopulationen können sich durch Gen-Drift bestimmte, aus dem Gen-Reservoir der Stammpopulation mitgebrachte Gene – vor allem auch die ursprünglich selteneren – sehr schnell anreichern. Die Möglichkeit neuer und beschleunigt verfolgter Entwicklungstendenzen ist hier somit in besonderem Maß gegeben, vor allem dann, wenn die phänotypischen Auswirkungen Selektionsvorteile bieten.

In dieser glücklichen Lage scheinen sich die kleine bactritide Teilpopulation und auch die anfangs ebenso kleinen Populationen der ersten, primitivsten Ammonoideen der Hauptlinie tatsächlich befunden zu haben. Im Fall der Steinkorallen und der Dreiecksclymenien werden etwaige Selektionsvorteile oder -nachteile aus den Bauplänen nicht ersichtlich. Ja, es wäre sogar möglich, daß sie in den morphologischen Umbildungen gar nicht zum Ausdruck kommen, falls diese nämlich nur Begleiterscheinungen von Mutationen wären (Polyphänie der Gene – S. 172), welche ganz andere – etwa vitalitätssteigernde –, rein physiologische Veränderungen bedingten, die sich morphologisch gar nicht auswirkten. Im Fall der Umbildung des nautiloiden über den bactritiden zum ammonoiden Bauplan ist jedoch die Lage weitaus günstiger, denn hier können die vermutlichen Selektionsvorteile funktionsmorphologisch direkt erfaßt werden. Sie zeigen sich bei einer Betrachtung jener Tendenzen, welche die grundlegenden Umkonstruktionen erzielt hatten:

a) Die schrittweise zunehmende Einrollung des Gehäuses verlieh diesem eine stabilere Gleichgewichtslage im Wasser, da durch sie der Auftrieb in die Nähe des Schwerpunktes, und zwar unmittelbar über diesen, verlagert wurde.

Bei den gerade gestreckten Gehäusen der nautiloiden Vorfahren hatte insofern eine Diskrepanz bestanden, als – wie bei allen Cephalopoden – der Schwerpunkt in der den gewichtigen Weichkörper enthaltenen Wohnkammer weit vorn lag, die Auftriebstendenz aber im gekammerten und gasgefüllten Kammerteil weit hinten ansetzte (Abb. 35). Damit aber war die horizontale Gleichgewichtslage instabil, die Gehäuse drohten vorn abzukippen und hinten hochzutreiben. Viele der gerade gestreckten Nautiloideen brachten während ihrer Evolution daher die Fähigkeit hervor, diese Differenz auszugleichen, indem sie zusätzliche Kalkablagerungen als Ballast in die rückwärtigen Kammern einbauten. Die ältesten, gleichfalls ein gerades Gehäuse ausbildenden Bactritiden vermochten dies jedoch nicht, offensichtlich fehlte die entsprechende Veranlagung in ihrem Gen-Reservoir. Sie beschritten aber einen anderen Weg, in dessen Verlauf der Auftriebspunkt durch Krümmung und Einrollung des Gehäuses schon bei den primitivsten Ammonoideen über den Schwerpunkt verlagert wurde (Abb. 35). Auch so konnte eine stabilere Gleichgewichtslage erzielt werden. – (Nur nebenbei sei erwähnt, daß dieselbe Tendenz in unabhängiger Weise auch bei manchen Zweigen der Nautiloideen entstand. Daß sie erfolgreich war, wird u. a. daraus ersichtlich, daß der einzige Überlebende der Nautiloideen ein derart eingerolltes Gehäuse aufweist, nämlich *Nautilus* selbst.)

b) Die Verlagerung des Siphos in die randlichen Kammerteile und die sich steigernde Komplexität der Lobenlinie – also die zunehmende Verfaltung des Septenrandes – verbesserten entscheidend die Möglichkeiten des vertikalen Auf- und Ab-Schwebens. Als Jagdgebiet wurden nun auch die höheren Meeresregionen leichter zugänglich, vertikales Abtauchen konnte schneller erfolgen.

Diese Funktion des Cephalopodengehäuses wurde bereits einer eingehenden Betrachtung unterzogen (S. 125). Auch wurde gezeigt, daß eine randliche Position des Sipho dazu führt, daß er zu einem größeren Teil von der Kammerflüssigkeit benetzt wird und die Kammer daher schneller leerpumpen kann (S. 126).

Einen ähnlichen Effekt hat die zunehmende Komplikation der Lobenlinie, denn durch die Verfaltung seines Randes wird die Oberfläche des Septums vergrößert. Damit aber nimmt gleichzeitig auch die Fläche des nach dem »Löschpapier-Prinzip« wirkenden organischen Septenbelags zu, der beim Absaugen und Einpumpen der Kammerflüssigkeit beteiligt ist.

Auf dem Wege von den nautiloiden Vorfahren bis zu den ersten vollständig ausgebildeten Ammonoideen erhöhte sich die Zahl der Randfalten (Loben) pro Septum kontinuierlich (Abb. 36): Keine Loben (nautiloide Vorfahren) → 1 Lobus (*Bactrites*) → 3 Loben (*Lobobactrites* und allererste Ammonoideengattungen) → 4 Loben (*Mimagoniatites* als erste voll typische Gattung der Ammonoideen). Diese Zunahme der Verfaltung des Septenrandes und damit auch die Vergrößerung der Absaug- und Pumpfläche steigerte sich bei der weiteren Evolution der Ammonoideen sehr erheblich und wurde zu einer ihrer beherrschenden Entwicklungstendenzen.

c) Die Einführung und zunehmende Ausgestaltung eines planktonischen Larvenstadiums in der Frühontogenese ermöglichte eine schnelle Erweiterung der Siedlungsgebiete.

Hinsichtlich des Nachweises eines solchen Larvenstadiums der Ammonoideen sei auf die vorausgehende detaillierte Darstellung verwiesen (S. 126). Die durch dieses planktonische Stadium erreichte geographische Expansion der Ammonoideen erfolgte mit vehementer Beschleunigung: Noch zur Zeit des frühesten Unter-Emsium waren sie ebenso wie die ursprüngliche bactritide Teilpopulation auf das Meeresgebiet des heutigen Hunsrücks beschränkt. Doch schon zu nachfolgenden Zeiten des Emsiums tauchten sie vereinzelt oder in Gruppen in sehr weit voneinander entfernten Regionen auf – in der Eifel, in Anjou, in der Montagne Noire, in Kantabrien und in Marokko, aber ebenso im Kellerwald und Harz, in Böhmen, an der türkischen Marmara-Küste, im Gebiet östlich von Samarkand und in Südostaustralien, im Ural und in Ostsibirien (Kolima), ferner auch im arktischen Nordwest-Kanada und im zentralen Nevada. Eine sehr beträchtliche Erweiterung des Besiedlungsgebietes!

Es ist also so gut wie sicher, daß die schnelle Ausgestaltung des neuen Bauplans auf einen kräftigen Selektionsdruck zugunsten der genannten Tendenzen zurückzuführen ist. Das Angebot an entsprechenden, bei den Bactritiden außerhalb des Hunsrück-Areals ursprünglich nicht oder kaum vorhandenen Mutanten aber ergab sich aus der zufällig eingetretenen Situation, die zu Gen-Drift führte, also den Sewall-Wright-Effekt hervorrief.

Manche Beobachtungen deuten nun darauf hin, daß es sich hier nicht nur um einen Einzelfall handeln mag. Der Paläontologe G. G. Simpson, der Zoologe Ernst Mayr und der Paläoanthropologe G. Heberer haben bereits vermutet, daß die wesentlichsten Schritte der Stammesentwicklung in nur kleinen Populationen stattgefunden haben. Ich meine, daß diese Annahme wahrscheinlich zutreffend ist, und zwar insofern, als es sich dabei in erster Linie um Gen-Drift gehandelt hat. Die Seltenheit primitiver Formen an der Basis neuer Stammbäume und ihre häufige Konzentration auf ein jeweils bestimmtes geographisches Areal läßt vermuten, *daß der Sewall-Wright-Effekt gerade bei der Entstehung neuer Groß-Typen zumindest häufig der maßgebende Evolutionsfaktor gewesen ist*[95].

Die Regel der nichtspezialisierten Abstammung

Derartige durchgreifende Umbildungen des Bauplans, die zur Entstehung der höheren Kategorien des Systems führten, sind aber in der Regel nicht wahllos erfolgt. Wie ein von dem amerikanischen Paläontologen E. D. Cope formuliertes und nach ihm benanntes »Gesetz« besagt, gehen die neuen Typen nicht etwa aus den am stärksten differenzierten, besonders spezialisierten Stammeslinien hervor, sondern stets aus den weniger oder jedenfalls nicht einseitig adaptierten.

Die Gültigkeit dieses »Gesetzes der nichtspezialisierten Abstammung« kann an vielen Beispielen aufgezeigt werden, unter anderen an den folgenden: Unsere Bactritiden, und in ihrem Gefolge die Ammonoideen, haben sich nicht etwa aus jenen Nautiloideen-Linien herausentwickelt, die aufgrund von Gehäuseeinrollung, komplizierter Sipho-Apparate oder anderer speziell ausgestalteter Merkmale in ihrer Entstehung weit fortgeschritten waren, sondern aus einer einfacher gebauten Gruppe, den »Orthoceraten«. Als während des Faunenschnitts an der Perm/Trias-Grenze die Cyclokorallen entstanden, gingen sie aus der am wenigsten spezialisierten Gruppe der Pterokorallen hervor, nämlich aus den »Zaphrentiden«. Der neue Bauplan der Säugetiere entsprang nicht etwa aus solchen Reptiliengruppen, die – wie z. B. die Meeresechsen – an besondere Umweltbedingungen angepaßt waren, sondern aus kleinwüchsigen, verhältnismäßig wenig adaptierten Gruppen der Therapsiden.

Kaum jemals hat also eine grundlegende Umprägung des Bauplans, hat ein die Evolution entscheidend weiterführender Entwicklungsschritt seinen Ausgang von weit fortgeschrittenen, stark spezialisierten Vorfahren genommen. Und das ist wohl auch ohne Schwierigkeiten verständlich. Unser Beispiel der Mücke und des Elefanten (S. 118) hat bereits gezeigt, daß jedes Lebewesen, also letztlich auch jede Population und jede Stammeslinie, ihr phylogenetisches Erbe mit sich führt, welches eine Umbildung des Bauplans nur noch innerhalb bestimmter, sich automatisch ergebender Grenzen erlaubt. Je größer die Zahl der auf eine bestimmte Adaptation selektiv ausgerichteten Entwicklungsschritte gewesen war, desto geringer wird die statistische Wahrscheinlichkeit, sie alle nachträglich wieder aufzuheben und rückgängig zu machen, so daß eine neue Richtung eingeschlagen werden könnte. Wo jedoch – aus welchen Gründen auch immer – die Entwicklung langsamer und konservativer verlaufen und spezielle Anpassung unterblieben war, wo also eine geringere Vorbelastung durch ein sehr reichhaltiges phylogenetisches Erbe an Umbildungsschritten gegeben war, dort bestand latent die Möglichkeit zur Anbahnung neuer Wege der Entwicklung. Das »Gesetz« der nichtspezialisierten Abstammung wird somit nicht nur von der unmittelbaren Beobachtung fossiler Stammbäume bestätigt, es wird auch von der theoretischen Überlegung her verständlich.

Allerdings gibt es auch hier gewisse Ausnahmen. Proterogenese kann adaptierte Endstadien der Ontogenese ausschalten und aus den Jugendstadien heraus durch die Ausbildung neuer Merkmale eine ganz neue Entwicklung einleiten. Neotenie kann durch verfrühtes Einsetzen der Geschlechtsreife die Ausbildung der adaptierten körperlichen Altersmerkmale verhindern, damit einen Teil des phylogenetischen Erbes abstoßen und so die Weichen neu stellen.

Derartige Ausnahmen sind zwar selten. Dennoch wird man besser daran tun, nicht von einem »Gesetz«, sondern von einer sehr weitgehend zutreffenden Regelhaftigkeit zu sprechen. Als solche aber hat sich die Copesche Regel der nichtspezialisierten Abstammung durchaus bewährt: *»Nicht die fortgeschrittenen, adaptiv stark spezialisierten Stammeslinien der Vorfahren ermöglichen das Entstehen grundlegend neuer Entwicklungsabschnitte der Evolution, sondern in der Regel die konservativeren, weniger spezialisierten.«*

Zusammenfassender Rückblick

Fassen wir nun die Darlegungen dieses Kapitels rückblickend zusammen, so ist festzustellen, daß die Mannigfaltigkeit der gegenwärtigen Organismenwelt das Ergebnis einer Evolution ist. Alle physischen Kausalitäten dieser Entwicklung sind rein naturwissenschaftlich erfaßt und erklärbar – ohne daß dadurch Fragen einer etwaigen metaphysischen letzten Ursache berührt werden können oder sollen.

Die Evolution ergibt sich aus einem Zusammenspiel von Konstanz und Inkonstanz des Erbgangs der Lebewesen. Identische Reproduktion der materiellen, in den DNA-Molekülen des Zellkerns vorhandenen Erbanlagen (Gene) und ihre Weitergabe durch die Keimzellen bedingt Erbkonstanz, also die Ähnlichkeit der Merkmale bei Eltern und Nachkommen. Dabei beruht die Ausbildung dieser Merkmale auf einem konstanten Programm von Bauanweisungen, das als verschlüsselte »genetische Information« durch die jeweils spezifische Art der chemischen Zusammensetzung des DNA-Moleküls bedingt wird.

Bei einer Veränderung (Mutation) der Erbanlagen, also bei der Weitergabe einer abgewandelten genetischen Information, aber auch durch die zufällige Rekombination der väterlichen und der mütterlichen Erbanlagen in den Keimzellen, wird die Kontinuität des Erbgangs gelegentlich unterbrochen. Erbkonstanz wird vorübergehend von Inkonstanz abgelöst.

Ist das aus der Mutation hervorgehende Individuum lebens- und fortpflanzungsfähig, so ist damit das abgewandelte, also neue Gen dem Gen-Reservoir der Fortpflanzungsgemeinschaft, der Population, nun beigefügt. Natürliche Auslese (Selektion) und einige weitere Faktoren entscheiden sodann darüber, welche der im Gen-Reservoir latent vorhandenen Entwicklungstendenzen schließlich zur Ausbildung kommen.

Die Evolution der Organismen ist also ein Prozeß, der sich aus einem Zusammenwirken von innenbürtigen, im Organismus selbst bestehenden, und außenbürtigen, also in der äußeren Umwelt gegebenen, Faktoren ergibt. Das gilt jedenfalls für die unmittelbaren, vordergründigen Mechanismen dieser Stammesentwicklung. Daneben aber steht die Frage, ob darüber hinaus, in einer mehr übergreifenden Sicht, allgemeine Gesetzmäßigkeiten der Evolutionsverläufe bestehen, wie dies von einigen Biologen und Paläontologen behauptet worden ist.

Eine nähere Prüfung einiger dieser aufgestellten »Gesetze« führt in manchen Fällen zu deren Bestätigung als statistischer Regelhaftigkeit. Haeckels Biogenetisches »Grundgesetz« kann bei einer Einschränkung seiner Aussage und unter Berücksichtigung von Ausnahmen als weithin gültig aufgefaßt werden. Als Biogenetische Grundregel besagt es, daß in sehr vielen Fällen die Frühstadien einer Ontogenie einzelne Merkmale oder Formzustände der phylogenetischen Vorfahren rekapitulieren.

Dagegen läßt sich eine andere Annahme – zumindest im Sinne einer allgemeineren Regelhaftigkeit ihres Zutreffens – nicht bestätigen: daß sich nämlich die besonders tiefgreifenden Umbildungen der Baupläne, also die wesentlichsten Evolutionsschritte, aufgrund von Großmutationen sprunghaft und übergangslos vollzogen hätten. Das mag vielleicht ausnahmsweise der Fall gewesen sein. Die Regel war wohl eher, daß auch die in der Evolution besonders schwerwiegenden, neue Entwicklungsrichtungen ermöglichenden Veränderungen additiv, durch die Summierung von kleinen Evolutionsschritten zustande kamen. Allerdings geschah dies mit erhöhter Entwicklungsgeschwindigkeit, und manche Beobachtungen sprechen dafür, daß insbesondere die Gen-Drift in sehr kleinen Populationen von beschränkter geographischer Verbreitung für derartige beschleunigte und folgenschwere Umbildungseffekte verantwortlich war.

Das dritte der in diesem Kapitel überprüften »Gesetze« erweist sich als die Darstellung eines überaus häufigen Sachverhalts, dem Ausnahmen nur selten gegenüberstehen. Als Regel der nichtspezialisierten Abstammung kann daher gelten, daß der Ursprung bedeutsamer neuer Entwicklungstendenzen nicht etwa bei den weit fortgeschrittenen und stark spezialisierten Vorfahren liegt, sondern bei den weniger evoluierten, relativ einfachen und daher unscheinbaren.

Wer nun die in der Form von Beispielen in diesem Kapitel beschriebenen, einzelnen Entwicklungsverläufe aufmerksam betrachtet hat, dem ist sicherlich nicht entgangen, daß sie jeweils »gerichtet« sind. Eine einzelne Reihe oder parallel zueinander sogar mehrere Stammeszweige verfolgen geradlinig eine bestimmte Tendenz der Entwicklung. Merkmale oder ganze Merkmalskomplexe verhalten sich scheinbar zielstrebig, die Entwicklung scheint einsinnig ausgerichtet. Ist sie das wirklich? Besteht etwa auch in diesem Zusammenhang eine Gesetzmäßigkeit oder zumindest ein regelhaftes Verhalten?

Bei den Steinkorallen trat mit der Herausbildung des neuen Bauplans der Cyclokorallen eine bemerkenswert beschleunigte Aufspaltung in zahlreiche neue Stammeslinien ein. Bei der Entstehung der Ammonoideen haben wir gleichfalls eine beträchtlich erhöhte Entwicklungsgeschwindigkeit verzeichnet. Bedeutet das, daß die Evolution im Grunde genommen phasenhaft oder sogar in Quanten verläuft?

Schließlich wird dem Leser nicht entgangen sein, daß bei allen Entwicklungsabläufen, die bisher als Beispiele zitiert worden sind, die Tendenzen niemals rückläufig ausgerichtet gewesen sind. Eine Entwicklungsumkehr, die in völlig identischer Weise zum Ahnenzustand zurückführen würde, ist bisher nirgends zu beobachten gewesen. Verhält sich das immer so? Ist die Stammesentwicklung im Prinzip nicht-umkehrbar?

Hier haben sich drei wichtige Fragen eingestellt, um deren Beantwortung wir uns im nachfolgenden Kapitel bemühen wollen: die Fragen nach dem gerichteten Verlauf, der phasenhaften Gliederung und der Unmöglichkeit eines Umkehrens der Evolution.

VI. Kapitel

Evolution: Zufall oder Regel?

So kommt es . . . zu einem Zwangsablauf, zu einem geradlinigen, folgerichtigen Fortschreiten, das als Orthogenese bezeichnet wird. Man hat diese Orthogenese vielfach zu leugnen versucht, aber sie bildet eine Tatsache, um die man nicht herumkommt.

Otto H. Schindewolf, 1950

Es ist eine entscheidende Tatsache, daß eine strenge Lenkung der Evolutionsänderungen in eine einzige Richtung im Evolutionsprozeß nicht auftritt . . . aber dennoch verläuft dieser Prozeß nicht ganz zufällig.

George G. Simpson, 1951

Den Anschein von Orthogenese ruft Orthoselektion hervor . . . Orthogenese bedeutet üblicherweise eine Veränderung, die unabhängig oder sogar entgegengesetzt zu diesem Faktor verläuft. Orthoselektion ist einfach langwährende Selektion.

Theodosius Dobzhansky, 1963

Zu behaupten, die Orthogenese beweise, daß die Evolution ohne Selektion verlaufe, wäre ebenso falsch wie zu behaupten, daß orthogenetische Reihen nicht existieren. Auch wenn einige Verallgemeinerungen . . . unrichtig sind, . . . so entwertet das doch nicht die Tatsachen, auf welchen diese Deutungen beruhen, und es wäre nichts damit gewonnen, wenn sie ignoriert würden.

Ernst Mayr, 1964

Spielball des Zufalls?

Mutationen entstehen zufällig, und die Rekombination der Gene in den Keimzellen erfolgt ohne vorgegebene Regel. Die natürliche Auslese lenkt die Entwicklung zwar in gewisse Bahnen, doch bleiben diese nur so lang bestehen wie der betreffende, von der Umwelt bedingte Selektionsfaktor selbst. Und auch dessen Einsetzen oder Ausklingen ist zufällig. – Bedenkt man diese Tatsachen, so wäre eigentlich zu erwarten, daß die Evolution der Organismen allenfalls über sehr kurze Strecken einen halbwegs geradlinigen Verlauf genommen hat, im großen und ganzen aber wahllos zwischen verschiedenen Richtungen hin und her pendelte. Gerade das aber war nicht der Fall, denn zahllose fossile Stammeslinien zeigen dem Paläontologen immer wieder, daß sie Jahrmillionen hindurch unverändert derselben Entwicklungstendenz folgten. Betrachtet er ferner den gesamten, weit verzweigten Stammbaum auch nur der tierischen Organismen in zusammenfassender Sicht, so bleibt ihm keine andere Wahl als anzuerkennen, daß hier Stufe um Stufe der Weg zu einer immer höheren Organisation zurückgelegt worden ist. Das gilt nicht nur für die zunehmend komplizierteren Baupläne und deren Leistungen, das trifft ebenso auf das Verhalten der Lebewesen zu, und nicht zuletzt auf die graduelle Zunahme eines differenzierenden Bewußtseins bis hin zum planenden, Zukünftiges mit einbeziehenden Denken.

Wir stehen nun vor einem Dilemma: Folgen wir jenen Biologen und Genetikern, die strikt darauf bestehen, daß es außer der Selektion keinen wesentlichen anderen auf den Verlauf der Evolution lenkend einwirkenden Faktor gibt, so vermögen wir die über sehr lange Zeiträume geradlinig verfolgten Tendenzen fossiler Evolutionsreihen nicht zu erklären. Zumindest nicht in ausreichender Weise, denn es wäre unvernünftig annehmen zu wollen, daß ausnahmslos in all den zahlreichen Fällen der gerichteten Umbildung eines Merkmals der jeweils ausrichtende spezifische Umweltfaktor durch Jahrmillionen hindurch unverändert geblieben sei. Bemühen wir uns jedoch darum, weitere natürliche Zusammenhänge oder Gesetzmäßigkeiten zu suchen, die eine ausreichende Erklärung ermöglichen würden, so wird das sofort zurückgewiesen: »Viele Menschen, darunter auch manche Wissenschaftler, haben nicht glauben wollen, daß ein probabilistischer Vorgang wie die natürliche Auslese derart präzise gearbeitet haben soll, daß die beinahe unglaubliche Angepaßtheit der Pflanzen und Tiere und das Wunder des menschlichen Geistes dabei entstanden. Sie haben gemeint, daß es außer den Gesetzen der Physik und Chemie auch biologische Gesetze geben könne, mit denen sich die Richtung, die Geschwindigkeit und die scheinbare Zweckmäßigkeit der Evolution erklären ließe. Was jedoch den Anschein der Zweckmäßigkeit erweckt, ist nichts anderes als die Auslese der – wenn auch nur geringfügig – überlegenen Lebenstauglichkeit, die zu einem größeren Fortpflanzungserfolg führt«[76]. Als eine Warnung vor Häresie wird sodann vorsorglich hinzugefügt, daß, wer sich auf noch unbekannte biologische Gesetze beruft, ». . . in den Vitalismus zurück(fällt), jene Theorie, welche die Besonderheit der lebenden Organismen mit einer ›Lebenskraft‹ erklären wollte.« Man lande also schließlich bei einem »metaphysischen Glauben«.

Den zweiten Teil des Zitates wird man sicherlich nicht unwidersprochen hinnehmen können. Gegenwärtig oder auch künftig anders Denkende pauschal und abwertend abzustempeln kann der Ermittlung objektiver Sachverhalte sicherlich nicht förderlich sein. Und bei den früheren Wissenschaftlern – sie waren häufig Paläontologen –, die unter ungenügender Berücksichtigung der Selektion Gesetze oder Regeln der Evolution zu erkennen glaubten, handelte es sich vorwiegend um Forscher, die den Vitalismus aufgrund von eigenen Erfahrungen überzeugt ablehnten. Es wäre ungerecht, ihnen Unzutreffendes zu unterstellen.

Was aber im zuerst genannten Teil des Gesamtzitats zum Ausdruck kommt, ist ein gewisser Nachklang der Auseinandersetzung zwischen den Verfechtern zweier verschiedener Auffassungen, welche sich auf Begriffe bezogen, die gelegentlich als »Ektogenese« bzw. »Autogenese« bezeichnet worden sind. Als Vertreter der Ektogenese konnte dabei gelten, wer gerichtetes Evolutionsgeschehen ausschließlich auf die Auswirkung äußerer Kräfte (Selektion, Zufall) zurückführte. Dagegen betonten Befürworter einer Autogenese die Bedeutung der inneren, an das Lebewesen gebundenen Faktoren (Mutation als Veränderung der Reaktionsnorm).

Diese Diskussion mag ein wenig dem engagierten Streit zweier Gärtner über einen Apfel ähneln, wobei der eine strikt darauf besteht, der Apfel sei rot, während der andere kompromißlos darauf beharrt, der Apfel sei rund. Geeinigt haben sie sich zwar nicht. Aber dem einen Gärtner gelang es schließlich, alle anderen zu überzeugen, daß die Auffassung, der Apfel sei rot, schrecklich vitalistisch sei. Seitdem gilt der Apfel als rund. Von seiner Farbe zu sprechen wird tunlichst vermieden oder es geschieht in mehr oder weniger bagatellisierender Form.

Orthoevolution, die ausgerichtete Entwicklung

Der vom Baum der Erkenntnis herabhängende Zankapfel ist der Begriff der »Orthogenese« oder, unverfänglicher ausgedrückt, der »Orthoevolution«. Unter diesen Bezeichnungen wurde in letzter Zeit ganz allgemein die Tatsache verstanden, daß die Stammeslinien, wie bereits angedeutet, in der Regel eine geradlinige Entwicklung durchlaufen haben[96]. Ein bestimmtes Merkmal oder ein Merkmalskomplex wurde innerhalb der Stammeslinie fortlaufend ausgebaut, und zwar mit gleichsinniger und daher ausgerichtet erscheinender Grundtendenz.

Wir haben einige Beispiele bereits kennengelernt. Im Fall der bereits erwähnten Dreiecks-Clymenien (Abb. 28) wurden geradlinig drei Tendenzen verfolgt, und zwar die Herausgestaltung einer dreieckigen Gehäusegestalt, die Ausbildung von Einschnürungen auf allen Windungen und schließlich (in den Reihen III und II, nicht aber in I) auch die Verengung des Nabels im Zentrum des Gehäuses. Bei der Umbildung der geradegestreckten Nautiloideen über die Bactritiden zu den Ammonoideen (S. 196) erfolgte die Entwicklung praktisch bei allen sichtbaren Merkmalen unbeirrt gleichsinnig, und zwar insbesondere bei der zunehmenden Gehäuseeinrollung (Abb. 34), bei der Veränderung des Windungsquerschnitts der Altersstadien (Abb. 27), bei der sich steigernden Komplikation des Mündungsrandes und der Anwachsstreifen, bei der zunehmenden Untergliederung der Lobenlinie (Abb. 36), usw.[91]. Orthoevolutiv erfolgte auch die Entwicklung der zu *Planorbis* gehörenden Süßwasserschnecken (Abb. 37 rechts), die zur Zeit des Miozäns einen See bewohnt haben, welcher sich bei Steinheim am Albuch in einem großen, noch heute sichtbaren Meteoritenkrater angesammelt hatte. Hier sind als gleichbleibende, gerichtete Tendenzen die schrittweise Ausbildung und Verstärkung von Kanten bzw. Kielen auf den Gehäuseumgängen und die räumliche Erhöhung der Windungsspirale zu nennen. Aber auch die von E. Degens[97] nachgewiesene Zunahme des Gehalts an Asparaginsäure im Schalenprotein (Conchiolin) dieser Stammeslinie (Abb. 37 links) stellt ein orthoevolutives Element dar.

Groß ist die Zahl weiterer Beispiele, doch will ich nur eines, und zwar das wohl bekannteste, hier besonders herausstellen. Es betrifft die Entstehung eines der Huftiere, das dem Menschen in besonderem Maße nützlich ist, nämlich des gegenwärtigen Pferdes (*Equus caballus*). Auch diese Entwicklung verlief – entgegen anderslautenden Versicherungen[98] – durchaus orthoevolutiv, wobei in ihrem gesamten, etwa 55 Jahrmillionen währenden Verlauf vom Paläozän bis heute eine ganze Reihe von Merkmalen mit einsinnig gerichteter Tendenz umgebildet wurde. Das gilt zunächst einmal für die Ausbildung des Fußes (Abb. 38). Noch bei den im Paläozän lebenden Vorfahren des späteren Pferde-Stammbaums war der Fuß vollständig entwickelt, er besaß alle fünf Zehen, wie dies für Säugetiere als ursprünglich gelten muß. Anschließend setzten zur Zeit des Unteren Eozäns jene Tendenzen ein, die für die Pferdegruppe typisch sind, und zwar: die Streckung der Mittelfußknochen und die Neigung zur Rückbildung der Zehen I, II, IV und V sowie die Reduktion der entsprechenden Knochen im Mittelfuß. Bei den ältesten Vertretern der Pferdeartigen wurde die Zahl der Zehen im Vorderfuß zunächst auf vier, im Hinterfuß auf drei reduziert. Die Gattungen des Miozäns hatten sodann die Zehen

I und V auch im Vorderfuß vollständig verloren, waren also durchwegs nur noch dreizehig. Im Pliozän schließlich verschwanden auch die letzten Zehenrudimente beim unmittelbaren Vorläufer von *Equus*, so daß unser heutiges Pferd nur noch eine einzige Zehe im Fuß besitzt. Mehr oder weniger synchron mit dieser Entwicklung, aber durchaus gleichsinnig, verlief auch die zwar nicht ganz vollständige, aber doch sehr weitgehende Rückbildung der zugehörigen Mittelfußknochen.

Gerichtet entwickelten sich auch die Schädelproportionen (bei positivem allometrischem Wachstum des Gesichts-Schädelteils) und ebenso die sich steigernde Höhe der Backzähne sowie vor allem auch deren immer komplexer werdendes Muster der Kaufläche. Ferner ist im Verfolgen des Entwicklungszusammenhangs eine generelle Größenzunahme zu verzeichnen, und zwar von den ältesten, nur die Größe eines Fuchses erreichenden Pferdeahnen über die pony-großen miozänen Zwischenglieder bis zu *Equus*, dem heutigen Pferd[98].

Diese wenigen Beispiele mögen als Erläuterung ausreichen, zumal die Existenz gerichteter Entwicklung ernstlich nicht bestritten werden kann. Zwar wurde das verschiedentlich versucht, doch Beobachtungstatsachen lassen sich auf die Dauer eben nicht ableugnen. Selbst sehr überzeugte Selektionisten müssen zugeben: »es gibt im allgemeinen eine Ausrichtung ...«[99]. Allerdings läßt sie ihr Unbehagen sofort ein »Aber« hinzusetzen, denn »... in den verschiedenen Gruppen laufen die Richtungen auseinander, und in einzelnen Entwicklungslinien kann sich die Richtung sozusagen beachtlich drehen und wenden«.

Das aber sind sicherlich keine stichhaltigen Argumente. Gewiß ist die Evolution einer ganzen Gruppe, also eines Stammbaums, kein vollständig gerichteter Prozeß gewesen. Und natürlich streben seine Zweige (wenn nicht gerade Fälle von Parallelentwicklung auftreten) nach verschiedenen Richtungen auseinander. Das Beispiel des Pferde-Stammbaums (Abb. 39) kann auch in dieser Hinsicht für viele andere stehen. Aber verfolgt man den Entwicklungsablauf aus jedem einzelnen Seitenzweig bis in die Wurzel zurück, so ist in fast jedem Fall eine ausgesprochen einsinnig verlaufende Umbildungstendenz unverkennbar. Daran ändert die Verzweigung des gesamten Stammbaums nicht das geringste, denn von einem »sich Drehen und Wenden« der einzelnen Entwicklungslinien, also eben dieser Zweige, kann sicherlich nicht die Rede sein, höchstens von dem der Gegenargumente[100].

Doch nicht nur innerhalb des engeren Bereichs einer einzelnen Linie verläuft die Entwicklungstendenz meistens einsinnig, auch im erweiterten Zusammenhang ist das überaus häufig der Fall: Die orthoevolutiv sich steigernde Größe und Umbildung des Gehirns der Wirbeltiere (Abb. 59) und der allgemein im Rahmen der Ammonoideen zunehmende Ausbau der Lobenlinie von der einfachsten unterdevonischen bis hin zu der im höchsten Ausmaß zerschlitzten im Mesozoikum, sind nur zwei der sehr zahlreichen Beispiele hierfür.

Als ein Spezialfall orthoevolutiver Regelhaftigkeit ist oft auch die sogenannte phylogenetische Größenzunahme genannt worden. Darunter verstand man die Vorstellung, daß im Verlauf einer stammesgeschichtlichen Entwicklung üblicherweise eine allgemeine Steigerung der Körpergröße eintritt. Wir sind diesem Phänomen bereits bei der Betrachtung der Pferde-Entwicklung begegnet und können es auch sonst sehr häufig feststellen: Die Entwicklung der kamelartigen Paarhufer begann mit kleinwüchsigen Ahnen von der Größe eines Hasen. Die Titanotherien, eine ausgestorbene Gruppe von nashornähnlichen Huftieren, erreichte während ihrer Evolution vom Unteren Eozän bis zum Oligozän eine Größensteigerung um das Siebenfache. Die ersten, unterjurassischen Flugsaurier wiesen die Größe eines Sperlings auf, aber ihr wohl am weitesten fortgeschrittener Vertreter, das *Pteranodon*, erreichte in der Oberen Kreide die erstaunliche Flügelspannweite von rund acht Metern, für ein Flugtier ein fast unglaublicher Betrag! Bedenken wir ferner, daß die ältesten, ersten Säugetiere etwa die Größe der Spitzmaus aufwiesen, dann sind die Elefanten und Wale Beispiele für eine extreme Zunahme an Körpergröße, und die meisten anderen plazentalen Säugetiere einschließlich des Menschen weisen dann eine zumindest recht beträchtliche Größensteigerung auf. Ähnliche Beobachtungen lassen sich aber auch bei vielen Gruppen der wirbellosen Tiere anstellen.

Die zunehmende Steigerung der Körpergröße

Allerdings muß auch betont werden, daß es sich bei den besonders stark ausgeprägten Fällen der phylogenetischen Größenzunahme zumeist um eine Sonderentwicklung in einzelnen, besonderen Gruppen eines Stammbaums handelt oder aber um weit fortgeschrittene Endglieder sich spezialisierender Reihen. Bei den Dinosauriern (Abb. 52), beispielsweise, waren keineswegs alle Vertreter so riesenhaft wie etwa der *Brachiosaurus* mit seiner Länge von etwa 25 Metern und seiner Höhe von 13 Metern, oder andere, etwa *Diplodocus, Apatosaurus, Tyrannosaurus* und weitere Giganten. In vielen anderen Fällen haben sich – sowohl bei den Wirbeltieren als auch bei den Wirbellosen – Riesenformen lediglich in vereinzelten, sehr kurzlebigen, speziellen Seitenzweigen eines Stammbaums entwickelt, während die Größensteigerung in den meisten anderen Linien nur mäßig oder gar nicht zum Ausdruck kam.

Ferner muß festgehalten werden, daß es gelegentlich auch Fälle der gegenteiligen Tendenz gegeben hat. So z. B. stammen unsere winzigsten Vögel, die Kolibris, von wesentlich größeren Vorfahren ab, und in einem sehr ungewöhnlichen Biotop, nämlich in den Lücken zwischen den Sandkörnchen des marinen Brandungsbereichs, sind Abkömmlinge sonst normalwüchsiger wirbelloser Tiere auf Millimetergröße reduziert.

Doch bei allen diesen und anderen Formen von verringerter Körpergröße handelt es sich häufig um Lebewesen, bei welchen die Größenabnahme Teil der Anpassung an eine spezielle Lebensweise oder einen besonderen Biotop ist. Wenn wir sie ausgliedern und wenn wir die weiter oben genannten speziellen Seitenlinien außer Betracht lassen, ergibt sich ein anderes Bild. Dann nämlich zeigt sich in fast allen Tiergruppen eine mäßige, oft sogar eine beträchtliche Größensteigerung mit unübersehbarer Häufigkeit. Es wird also wohl richtig sein, *die allgemeine Zunahme der Körpergröße als eine Entwicklungstendenz zu bewerten, die in der Evolution* recht häufig und trotz nicht zu vernachlässigender Ausnahmen *beinahe regelhaft war.*

Wo diese Tendenz auftrat, dort schritt sie im allgemeinen geradlinig fort, durchaus so, wie dies in anderer Hinsicht beim orthoevolutiven Geschehen der Fall ist. *Einschließlich der phylogenetischen Größensteigerung stellt also die Orthoevolution einen Entwicklungsmodus dar, der in der Evolution der Lebewesen der Vorzeit zwar nicht streng gesetzmäßig, wohl aber mit besonderer Häufigkeit, also so gut wie regelmäßig, auftrat.*

Biologische Grundlagen der Orthoevolution

Wir müssen uns aber dessen bewußt bleiben, daß Orthoevolution (und ebenso der synonyme Ausdruck Orthogenese) einen Begriff umschreibt, der sich ausschließlich auf die Berücksichtigung von fossilen Phänotypen stützt. Die Bezeichnung trägt also lediglich beschreibenden Charakter und sagt über die bewirkenden Ursachen absolut nichts aus. Daher stellt sich die Frage, ob das beobachtete regelhafte Phänomen biologisch erklärbar ist.

Manche Biologen und Genetiker haben sich nun die Sache ziemlich leicht gemacht: Da Mutationen stets zufällig, nicht aber streng gerichtet erfolgen, könne es eine Orthoevolution einfach nicht gegeben haben. Außerdem wird gelegentlich darauf verwiesen, daß bei den gegenwärtigen Faunen eine gerichtete Entwicklung noch nie festgestellt wurde. Hier aber ist dem Zoologen und Genetiker C. Kosswig zuzustimmen, der meinte: »Die Zeitspanne, in der wir die Entwicklung einer Population unter natürlichen Verhältnissen beobachten können, ist im Vergleich zu der Langsamkeit des phylogenetischen Prozesses zu kurz, als daß wir aus der »richtungslosen« Variabilität eine orthogenetische Serie sich herausbilden sehen könnten. Die Paläontologie aber ist überreich an solchen Serien ...«[101].

Zu den wenigen, die sich eingehender und in gleichfalls unvoreingenommener Weise um eine Abklärung des Problems bemüht haben, gehören besonders Ernst Mayr[102] und Julian Huxley[81]. Dabei hat Mayr vor allem auf die Rolle des allometrischen Wachstums, der polygenen Gebundenheit der Merkmale sowie auf das Geschehen in kleinen Populationen (Sewall-Wright-Effekt) und dessen geringere Abhängigkeit vom Selektionsdruck aufmerksam gemacht.

Noch ausführlicher befaßte sich mit unserer Frage J. Huxley, der mehrere Arten von »Orthogenese« unterschied. Unter der Bezeichnung *»primäre oder dominante Orthogenese«* verstand er eine solche geradlinige Entwicklung, die von der Selektion völlig unabhängig erfolgt. Sie könnte nur unter zwei Voraussetzungen eingetreten sein, nämlich wenn (1) der Mutationsdruck in einer Population größer gewesen wäre als der Selektionsdruck und (2) eine strikt gerichtete Tendenz der Mutationsfolge bestanden hätte. Allerdings kann der Faktor (1) allenfalls bei Gen-Drift gelten und somit nur kurzfristig und vorübergehend wirksam gewesen sein, der Faktor (2) jedoch überhaupt nicht, da nach den Befunden der Genetik Mutationen Zufallsgeschehen sind. Daher könnte es primäre Orthogenese höchstens im Ausnahmefall, wenn überhaupt, gegeben haben.

Mit dem Namen *»sekundäre oder subsidiäre Orthogenese«* bezeichnete Huxley einen geradlinigen Evolutionsverlauf, der sich aus der Kombination der Auswirkungen eines inneren Faktors mit der von außen eingreifenden Selektion ergeben hat. Als ein solcher innerer Faktor kann eine natürliche Einschränkung der »Variabilitätsbreite« gelten, die Grenzen schafft, innerhalb welcher die Selektion sodann nicht anders als in der so vorgegebenen Richtung lenkend wirken kann. Dieser Begriff der eingeschränkten Evolutionsbreite wird von manchen Biologen abgelehnt, von anderen zwar gesehen und mehr oder weniger beiläufig erwähnt, aber von kaum einem in seiner Bedeutung als schwerwiegender Evolutionsfaktor ausreichend gewürdigt und anerkannt. Wir werden uns mit ihm noch ausführlicher zu beschäftigen haben (S. 249).

»Scheinbare, adaptive Orthogenese« nannte J. Huxley die dritte Möglichkeit, die dann vorlag, wenn die Ausrichtung einer phylogenetischen Entwicklung ausschließlich auf lange andauernder und konstant gleichsinniger Auslese beruhte. Hier wäre allerdings, und das hat auch Huxley selbst erwogen, der auch von Th. Dobzhansky bevorzugte Ausdruck *»Orthoselektion«* noch treffender.

Betrachtet man nun unsere fossilen Reihen unter Berücksichtigung dieser biologischen Aspekte, so wird zunächst klar, daß der Hinweis auf die Bedeutung von allometrischem Wachstum in hohem Maße gerechtfertigt ist. Tatsächlich führten weitaus die meisten orthoevolutiv verlaufenden Umbildungen der Merkmale und Organe zu mehr oder weniger ausgeprägten Allometrien. Nur: Allometrisches Wachstum allein für sich ist kein eigentlicher Evolutionsfaktor, sondern eine von der Selektion kontrollierte Auswirkung der Erbanlagen. Es erklärt zwar die Mechanismen der morphologischen Umbildung, nicht aber ihre tieferen Ursachen.

Als weitere Möglichkeit ist sowohl von Huxley als auch von Mayr die Gen-Drift erwähnt worden, und zweifellos vermag diese sich in besonders intensiver Weise orthoevolutiv auszuwirken. Es ist auch mehr als wahrscheinlich, daß sie am Verlauf der vorzeitlichen Evolution maßgeblich beteiligt war, und zwar besonders dort, wo tiefer eingreifende Umbildungen der Baupläne daraus resultierten (S. 201). Doch sie kann immer nur kurzfristiges Geschehen, keinesfalls die Existenz sehr lange andauernder Orthoevolution erklären, und so würde man unter diesem Aspekt in Übereinstimmung mit Huxley die »primäre

Orthogenese« (hier unter Fortfall einer Annahme gerichteten Mutationsgeschehens) als einen der selteneren Fälle werten müssen.

Daß Orthoevolution auch unter anderen Aspekten möglich war und genetisch erklärbar ist, geht aus einer Darstellung hervor, die C. Kosswig gegeben hat. Dabei wies er vor allem auf zwei Faktoren hin, die in diesem Zusammenhang gemeinsam eine Rolle spielen. Der Faktor (1) besteht in dem jeweiligen Zustand eines Genotyps und dessen vorgegebenen Evolutionspotenzen[103]. Beide entsprechen dem, was ich hier die phylogenetische Konstitution und die evolutive Bandbreite genannt habe (S. 118, 249). Der Faktor (2) aber ergibt sich aus den Folgen des Umstands, daß ein Merkmal meist gleichzeitig von mehreren Genen abhängt (Polygenie des Phäns) und es daher zu keiner echten Reversion der Evolution kommen kann[104].

Auf beide Tatsachen werden wir ein wenig später erneut, und dann ausführlicher, eingehen müssen. Hier sei lediglich darauf verwiesen, daß sich aus ihrem Zusammenwirken laut Kosswig die orthoevolutive Entwicklung erklären läßt: »Eine unter den waltenden Umweltbedingungen ertragbare Mutation eines der Gene, welche in polygener Zusammenarbeit an der Hervorbringung eines Merkmals beteiligt sind, *kann* auch ohne jeden richtenden Einfluß der Selektion, ohne ›gerichtete‹ Mutabilität . . ., ohne direkte Bewirkung durch die Umwelt, zum Beginn einer orthogenetischen Evolutionsreihe werden . . .«[101]. In ganz ähnlicher Weise hat auch C. H. Waddington die orthoevolutive Entwicklung mit der Polygenie der Phäne erklärt: »Angenommen, ein Merkmal ist von dem Zusammenwirken vieler Gene abhängig, so wird es leichter sein, eine Linie evolutiver Änderungen fortzusetzen, für die viele der Abänderungsgene schon vorhanden sind, als eine vollkommen neue Linie zu beginnen. So ist die nach einer Richtung bestimmte Evolution nicht besonders überraschend.«[105]

Ortho-selektion?

Die andere Möglichkeit eines gerichteten Evolutionsverlaufs erblickte J. Huxley, wie erwähnt, in solchen Fällen, die man als das Ergebnis einer Orthoselektion auffassen könnte. Was diese betrifft, so sei daran erinnert, daß es – wie bereits mehrfach erwähnt – bei fossilem Material sehr oft nicht möglich ist, Selektionsvorteile oder -nachteile durch glaubhafte Deutung zu erfassen. In zwei der hier beschriebenen Fälle orthoevolutiver Entwicklung ergeben sich aber derartige Deutungen völlig zwanglos: Bei der Umbildung der gerade gestreckten Nautiloideen über die Bactritiden zu den Ammonoideen waren sicherlich Selektionsvorteile im Spiel, die im Zusammenhang mit der Lebensweise standen (S. 200), denn die verfolgten, gerichteten Tendenzen führten zu einer wesentlichen Erleichterung der vertikalen Fortbewegung, einer besseren Stabilisierung der Gehäuselage im Wasser und einer Steigerung der geographischen Expansion der Arten. Die entscheidenden Schritte der Umbildung waren zwar vermutlich durch Gen-Drift bedingt (S. 201), wobei Selektion beteiligt war, wenn auch wohl noch nicht in maßgeblichem Umfang. Doch als der neue Typ weitgehend fertig vorlag und als – noch zur Zeit des Emsium – die Populationen umfangreicher geworden und aus dem ursprünglich engen Siedlungsareal herausgetreten waren, muß wohl die weitere orthoevolutive Entwicklung unter starkem Selektionsdruck gestanden haben.

Im zweiten Fall, nämlich dem der fossilen Pferde, gelingt es, wie G. G. Simpson gezeigt hat, eine Beziehung zwischen morphologischen Merkmalen und bestimmten Faktoren der Umwelt und insofern auch entsprechende Anpassungswerte festzustellen (Abb. 39). Die ursprünglichen Vertreter des Stammbaums waren Waldbewohner, deren vier- bis dreizehiger Fuß an das Gehen auf nachgebendem Waldboden, und deren niedrigkronige, unkomplizierte Backenzähne auf das Zerkauen von weichem Baumlaub angepaßt waren. Die Umbildung dieser Merkmale fiel zeitlich mit einem Wechsel des Lebensraumes und der Nahrung zusammen. In der Stammeslinie, die allgemein zum heutigen Pferd führt, und die zum Leben in der Steppe überging, war die weitere Zehenreduktion von Vorteil. Auf dem harten Steppenboden konnte auf die Spreizung der Zehen verzichtet werden. Zudem erlaubten die Verstärkung eines einzigen Zehenstrahls und der Abbau aller anderen eine schnellere Gangart bis hin zum Galopp und – in dem dekkungsarmen Gelände der Steppe – eine größere Fluchtgeschwindigkeit. Mit dem gleichzeitigen Nahrungswechsel änderte sich auch das Gebiß: die hochkronig gewordenen Backenzähne waren besser geeignet, die harten, z. T. an Kieselsäure reichen Steppengräser zu zermahlen und trotz verstärkter Abkauung lange standzuhalten. – Daß auch die Zunahme der Körpergröße einen Vorteil bedeutete, bedarf wohl keiner näheren Erläuterung: Eine Steigerung der Körperkraft und Schnelligkeit, eine Vergrößerung des Aktionsbereichs der Individuen und eine Rationalisierung des Stoffwechsels sind ihre Folgen gewesen.

In jedem der beiden hier herangezogenen Musterfälle zeigt sich also, daß die jeweilige Richtung der Entwicklung in vollem Einklang mit der Umwelt und der Lebensweise stand. Durch viele Jahrmillionen hindurch ist der Selektionsdruck gleichsinnig geblieben, teils weil Lebensweise und Umwelt sich nicht veränderten, teils weil die Tiere bei im Siedlungsgebiet eintretenden Veränderungen in benachbarte, geeignete Biotope ausweichen konnten. So würde man zunächst wohl geneigt sein, diese Ausrichtung der Entwicklung ausschließlich der durch lange Zeiten gleichbleibenden Auslese zuzuschreiben und damit den Begriff der Orthogenese endgültig durch den einer Orthoselektion zu ersetzen. Das aber wäre meiner Meinung nach eine vorschnelle Entscheidung, denn man hätte dann zwei Dinge übersehen:

a) Der allererste, maßgebliche Schritt in der Richtung der Zehenreduktion, nämlich der vom Vorfahren *Tetraclaenodon* zum ersten Pferdeahnen *Hyracotherium (Eohippus)* (Abb. 38 a, b) führende, war die Umbildung vom fünf- zum vier- bzw. dreizehigen Fuß. Mit ihm wurde die weitere geradlinige Entwicklung eingeleitet. Dieser Schritt aber erfolgte in gleichbleibender Umwelt und keineswegs in Übereinstimmung mit den Anforderungen, denn auf dem nachgiebigen Waldboden waren vier bzw. drei gespreizte Zehen keineswegs vorteilhafter sondern nachteiliger als fünf. Analoges beobachten wir bei der Entstehung der Ammonoideen. Der erste, entscheidende Schritt zur Einrollung des Gehäuses war dessen Krümmung bei *Cyrtobactrites* (Abb. 34 E, 35 B). Dabei aber blieb die Vorverlagerung des Auftriebspunktes (S. 200) so gering, daß der Stabilisierungseffekt minimal, der Selektionsvorteil – falls überhaupt vorhanden – sicher nicht wesentlich war. (Im angenommenen Fall einer Gen-Drift wäre er auch gar nicht von Bedeutung gewesen.) Erinnern wir uns auch noch eines weiteren geschilderten Falls, nämlich des der erblindenden Proetiden (S. 137). Auch dort verlief die Augenreduktion streng orthoevolutiv und im Einklang mit den Gegebenheiten der Umwelt. Und auch dort erfolgten die ersten, Richtung weisenden Umbildungsschritte in weitgehender, ja anfangs sogar völliger, Unabhängigkeit von der Auslese.

In allen drei hier geprüften Fällen verlief die gerichtete Entwicklung also tatsächlich über große Strecken aufgrund einer maßgeblichen Steuerung durch die Auslese, sozusagen »orthoselektiv«. Aber die entscheidende Einleitung des geradlinigen Verlaufs, der erste ausrichtende Schritt, stellte sich in allen diesen Fällen ohne erkennbare, nennenswerte Beeinflussung durch die Selektion ein. *Er* zumindest war mit einer sehr hohen Wahrscheinlichkeit *nicht* orthoselektiv.

b) Übernimmt man J. Huxleys Definition der Orthoselektion als einer Ausrichtung, die ausschließlich auf gleichbleibender Selektion beruht, dann kann man auch den weiteren Verlauf der in Absatz (a) genannten Entwicklungen nicht als orthoselektiv anerkennen:

In allen diesen Fällen konnte die Selektion nur über Mutanten zur Auswirkung kommen, und diese konnten nur aus der Veränderung solcher Erbanlagen hervorgehen, die in dem Gen-Reservoir der Population vorhanden waren. Nicht weniger bedeutsam als die Richtung des Selektionsdrucks war also das spezifische Spektrum der in der Population verfügbaren oder möglichen fortpflanzungsfähigen Mutanten. Dieses Spektrum war aber nicht unbegrenzt. Vor allem war es weitgehend abhängig von dem, was ich die »phylogenetische Konstitution« (S. 118) genannt habe, also von jenem Zustand der Genotypen, welcher das Resultat der vorausgegangenen Stammesentwicklung war. Alle Mutanten gingen also aus einem Gen-Reservoir hervor, dessen phylogenetische Konstitution als Erbe des vorherigen Evolutionsgeschehens eine unbegrenzte, völlige Freiheit des weiteren Entwicklungsverlaufs nicht mehr zuließ; und zwar deshalb, weil jeder der zuvor erfolgten Evolutionsschritte die »evolutive Bandbreite« – eine Art von phylogenetischer Reaktionsnorm – zunehmend eingeengt hatte (»Der Elefant kann keine Flügel entwickeln« – S. 118).

Was aber für Vergangenes gegolten hatte, galt auch für die weitere Entwicklung. Ein Umkehren war nicht mehr möglich (S. 229). Und mit jedem weiteren adaptiven Evolutionsschritt wurde zwangsläufig (aber unwillkürlich) die Möglichkeit beliebiger Entwicklungstendenzen weiter eingeschränkt. Jene Bandbreite, innerhalb welcher Mutanten lebens- bzw. fortpflanzungsfähig waren (S. 249), wurde also fortlaufend schmaler. Daraus aber ergab sich eine zunehmend ausgerichtete Tendenz.

Neben der lenkenden Selektion war also noch ein zweiter Faktor ausrichtend beteiligt, und zwar die fortschreitende Einengung der evolutiven Bandbreite. Dieser Faktor war keine »innere, treibende Kraft« vitalistischer oder finalistischer Art, sondern ganz einfach eine automatische Folge vorausgegangener evolutiver Differentiation. Er war ebenso natürlich wie die Selektion, und er wirkte ebenso wie diese nicht aktiv ausrichtend, sondern nur durch den sich steigernden Ausschluß von Möglichkeiten, andere Wege einzuschlagen. Das Zusammenspiel dieser beiden Faktoren aber entspricht genau dem Sachverhalt, den Julian Huxley theoretisierend seinem Begriff der »sekundären Orthogenese« zugrunde gelegt hatte.

Unsere Prüfung hat also ergeben, daß in den drei näher betrachteten Fällen einer gerichteten Entwicklung keine Orthoselektion vorliegt, daß Orthoevolution nicht – um mit Dobzhansky zu sprechen – »einfach lang währende Selektion« war. Aber darf man denn von diesen drei Beispielen ausgehend verallgemeinern? Ich meine, daß man das sogar muß, denn die beiden genannten Grundfaktoren sind heute – und waren auch in der geologischen Vorzeit – bei jeder einzelnen Spezies, bei jeder Population ohne auch nur eine einzige Ausnahme vorhanden: Wo Lebewesen sind, da ist auch Selektion, und wo ein Gen-Reservoir besteht, hat es unweigerlich eine stammesgeschichtliche Vergangenheit, die seine phylogenetische Konstitution und seine sich aus dieser automatisch ergebende evolutionäre Bandbreite bestimmt.

Reine Orthoselektion der oben definierten Art kann es also nie gegeben haben. Bei jedweder phylogenetischen Entwicklung waren ja stets und ausnahmslos – wenn auch mit wechselnder Gewichtigkeit – beide Faktoren maßgeblich beteiligt: der natürliche »determinierende« Außenfaktor, also die Selektion, und der nicht weniger natürliche, automatisch und passiv »Prädisposition ergebende« Innenfaktor, also die phylogenetische Konstitution mit der aus ihr resultierenden evolutiven Bandbreite. Der alte Streit zwischen den Verfechtern der Ektogenese und ihren Gegnern aus dem Lager der Autogenese sollte also nicht erneut aufgewärmt werden. Sie haben beide recht und auch nicht: Der Apfel ist sowohl rot als auch rund.

Phasenhafte Evolution

Wo allein diese beiden Faktoren wirksam waren, verlief die Evolution der Stammeslinien ohne dramatische Veränderungen, mehr oder weniger kontinuierlich und gleichförmig. Diskontinuität ergab sich nur dort, wo dramatische Ereignisse eintraten, nämlich das Entstehen neuer Baupläne und das Aussterben der Stammeslinien oder sogar ganzer Stammbäume. Beschleunigter Ursprung, langsam kontinuierliche Entwicklung und endgültiges Ende, sie waren die drei einer jeden organismischen Evolution zugeordneten Elemente.

In vergleichbarer Form treten sie jedoch auch im Ablauf der Entwicklung eines jeden biologischen Einzelindividuums auf, und obwohl wir seit langem wissen, daß es sich dabei lediglich um eine Analogie handelt, bleibt die Parallele nicht ohne Eindruck auf den Betrachter. Geburt und Jugendzeit, Entwicklung und Reife, Vergreisung und Tod – finden diese Phasen des unabänderlichen Einzelschicksals ihr Spiegelbild im Ablauf des stammesgeschichtlichen Geschehens? Steht auch die Evolution unter dem eisernen Gesetz des phasenhaften Ablaufs?

In der erwähnten Ähnlichkeit erblickte auch Otto H. Schindewolf eine reine Analogie, fern von jeder eigentlichen Wesensgleichheit. Doch war er von einem gesetzmäßig phasenhaften Verlauf der Evolution überzeugt, als er seine Typostrophen-Theorie formulierte[84]. Ihr zufolge sollte jeder Ablauf der Evolution eines Stammbaums, also jede »Typostrophe«, drei Phasen durchlaufen, während welcher die Umbildung des Typus, also des Bauplans, mit verschiedener Geschwindigkeit und Allgemeintendenz erfolgte (Abb. 40):

Mit dem sprunghaften, übergangslosen Entstehen (S. 189) eines neuen Grundtyps begann die erste Phase, die *Typogenese*. Sie nahm stets nur eine kurze Zeitspanne ein, und in ihrem Verlauf kam es zu einer extrem beschleunigten, fast explosiven Entwicklung, bei der aus dem neuen Stamm zahlreiche Zweige hervorgingen. In ihnen wurde der neue Bauplan in vielfältiger Weise abgewandelt. Sie besetzten die verschiedensten Lebensräume und leiteten ihre Anpassung an sehr unterschiedliche Umweltbedingungen und Lebensweisen ein. Im Zusammenhang damit kam es während der Typogenese zur Herausbildung starker Formunterschiede und einer zwar im Rahmen des Gesamtbauplans verbleibenden aber sehr beträchtlichen Differenzierung.

Die anschließende *Typostase* war die in der Regel langwährende Phase einer langsamen, undramatischen Entwicklung. Hatten die Stammeszweige in der Typogenese beim Auffächern des Stammbaumes ihre Ausgangspositionen in den verschiedenen ökologischen Räumen und Bereichen der Lebensweise gesucht und bezogen, so schritt nun die weitere Anpassung fort. In jedem der Zweige entstanden und vergingen neue Linien; sie entwickelten sich weitgehend orthoevolutiv bei weiter vorwärtsschreitender Adaptation, verblieben aber innerhalb des allgemeinen, übergeordneten Typus-Bauplans.

In einer abschließenden, sehr kurzen Phase, der *Typolyse,* soll es sodann zur Auflösung des normalen, konventionellen Formgefüges kommen. Im Bereich der Stammeszweige soll erneut eine Aufspaltung in einzelne auseinander strebende Linien erfolgt sein, nunmehr aber im Verlauf einer schnellen Degeneration, deren Ergebnis Formverwilderung war. Die in der Typostase zunehmend gerichtet vorwärtsschreitenden Tendenzen sollen nunmehr bei Fortdauer des Zwangsverlaufs den Schwellenwert optimaler Anpassung überschritten haben. Aus Spezialisation soll Überspezialisation geworden sein, die durch eine Störung der vorherigen Harmonie zwischen Adaptation und Umweltanforderung zum Aussterben aller Stammeslinien führte. Eine Ausnahme bildeten nur die wenigen, die verhältnismäßig schwach adaptiert geblieben waren und daher als »nicht-spezialisierte Vorfahren« für die Entstehung eines völlig neuen Bauplans und damit für eine neue Typogenese zur Verfügung standen.

Schindewolfs Typostrophen-Lehre war ein in sich logisches, beeindruckendes Gedankengebäude, wie es nur aus der Feder eines souverän die gesamte Materie überblickenden und sowohl in der Analyse als auch in der Synthese hervorragenden Gelehrten stammen kann. Alle Thesen stützten sich auf ein reiches Beobachtungsmaterial, alle waren mit den zur damaligen Zeit bekannten Befunden der Biologie und Genetik abgestimmt. Schindewolf in Deutschland und George Gaylord Simpson in den Vereinigten Staaten, ein nicht minder bedeutender Evolutionsforscher, waren die ersten Paläontologen, die sich um eine Synthese zwischen den Befunden der Phylogenetik und der Genetik bemühten. Im Unterschied zu Simpson aber unterschätzte Schindewolf – wahrscheinlich aufgrund der geistigen Isolierung der deutschen Wissenschaft während des zweiten Weltkrieges – die Ergebnisse der Populationsgenetik und die Rolle der Selektion. Das führte dazu, daß manche seiner Thesen heute nicht mehr aufrechterhalten werden können. Andererseits zeigt sich im Rückblick wohl auch, daß nicht wenige seiner Darlegungen von zahlreichen ausländischen Biologen und Paläontologen – und manchen übereifrigen deutschen – verfrüht abgelehnt wurden. So z. B. haben sich seine Befunde hinsichtlich der Proterogenese, der Präadaptation (heute: Prädisposition), der Orthogenese (hier: Orthoevolution), der Nichtumkehrbarkeit der Evolution, der Einengung der Evolutionsbreite (hier: der evolutiven Bandbreite) usw. aus einem neuen Blickwinkel betrachtet durchaus bewährt.

Was nun seine Typostrophen-Lehre betrifft, so meine ich, daß man wohl den Begriff der typolytischen Degeneration als einer allgemein und regelhaft auftretenden Phase tatsächlich aufgeben muß. Das von Schindewolf geschilderte Geschehen einer Überspezialisation hat es in bestimmten Fällen wohl wirklich gegeben (– wir werden uns mit ihm noch auseinandersetzen – S. 251 –), jedoch nicht mit jener Regelmäßigkeit, die allein die Unterscheidung einer eigenen Phase rechtfertigen würde. Die der Typostase zugeordnete Art der Umbildung aber könnte man wohl als »normale«, übliche Evolution bezeichnen, wie sie allgemein beobachtet wird. Von einer eigenständigen Phase würde man also nur dann sprechen können, wenn sich die Vorstellung von einer weiteren selbständigen Phase, nämlich der Typogenese, bestätigt. Dies wäre nun zu prüfen.

Schließen wir aus der Kennzeichnung der Typogenese die Konzeption eines sprunghaften Entstehens des neuen Bauplans als irrig aus (S. 199), so bleiben als charakteristische Züge das sehr lebhafte, stark beschleunigte Evolutionsgeschehen und das fast explosive Auffächern des Stammes in stärker differenzierte Zweige. Diese Phänomene aber stellten sich während der Evolution der geologischen Vorzeit, wie anschließend noch gezeigt wird, an der Basis der Stammbäume mit beträchtlicher Häufigkeit ein. Ganz gleichgültig, ob man die von Schindewolf geprägten Ausdrücke beibehält oder nicht, bleibt also festzustellen, *daß phasenhaftes, nämlich typogenetisches und typostatisches (nicht aber typolytisches) Geschehen bei der Evolution der Stammbäume mit regelhafter Häufigkeit auftrat.*

Das Auffächern der Stammbäume als Quanten-Evolution

Dieses frühe, zu Beginn der Entwicklung der meisten Stammbäume erfolgte, typogenetische Auffächern der Stammeslinien ist ein seit langem bekanntes Phänomen[106], für das von manchen deutschen Forschern auch die Bezeichnung »Virenzperiode« verwendet worden ist, während im Englischen von »early adaptive radiation« gesprochen wurde. Zu den wohl anschaulichsten Beispielen gehört zu Beginn des Tertiärs die Auffächerung der plazentalen Säugetiere: Tatsache ist, daß die plazentalen Säuger in der Oberen Kreide mit nur vereinzelten, höchst seltenen Funden belegt sind. Diesem Auftauchen sehr spärlicher, primitiver Formen folgte schon im frühesten Tertiär eine explosive Entwicklung, der Stamm fächerte mit überstürzter Evolutionsgeschwindigkeit auf. Wie mit einem Schlage entwickelten sich nun die verschiedenen Ordnungen: Die Insektenfresser, Nager und Zahnarmen, die den Luftraum besetzenden Fledermäuse, die das Wasser besiedelnden Meeressäuger und Robben, die Elefanten, die Paarhufer und Unpaarhufer, die Raubtiere und alle die anderen Gruppen.

Wählen wir unsere weiteren Beispiele aus solchen Gruppen der Wirbellosen aus, die bereits mehrfach erwähnt wurden, so wären insbesondere die Steinkorallen und die Ammonoideen zu nennen: Bei seinem Entstehen gabelte sich der Stamm der Pterokorallen sehr schnell in zahlreiche Zweige, und unmittelbar nach der Herausbildung des Bauplans der Cyclokorallen geschah mit diesen genau dasselbe. – Innerhalb des umfangreichen Stammbaumes der Ammonoideen spielte sich dieses Phänomen gleich mehrfach ab, und zwar in drei aufeinander folgenden Büschen. Schon bei der Entstehung im Unteren Devon fächerte der Stamm sehr schnell auf, wobei alle hierher gehörenden Vertreter dieser ersten Gruppe (Goniatiten) zwar gegliederte, aber in sich noch ganzrandig intakte Lobenlinien besaßen. Etwa zu Beginn der Trias entwickelte sich aus ihr ein neuer Stammbusch, diesmal charakterisiert durch eine Zähnelung der Lobenlinie, die ihren ontogenetischen Ausgang von der Basis der Loben nahm (Ceratiten). Auch in diesem Fall handelte es sich um ein typisches Auffächern typogenetischer Art. Schließlich bildete sich zu Beginn des Jura der Stammbusch jener Gruppe heraus, bei der die Zähnelung bzw. Zerschlitzung sowohl von der Basis eines jeden Lobus als auch von den Scheiteln der eingeschalteten Sättel ausging (echte Ammoniten). Und damit setzte zum dritten Mal kurzfristig und stürmisch eine typogenetische, weitgehende Auffächerung des Stammes ein.

Die Gründe für eine solche Entwicklung liegen auf der Hand, wenn wir bedenken, daß ihr in allen drei Fällen ein allgemeines Aussterben vorausging. Unmittelbar vor dem Auffächern der plazentalen Säugetiere waren fast alle Linien der Reptilien verschwunden – bis auf die Schildkröten, Schlangen und Echsen, Krokodile sowie die Brückenechsen. Kurz vor dem Auffächern der Cyclokorallen waren bis auf eine einzige Linie sämtliche Pterokorallen ausgestorben. Und jedem Auffächern eines Stammbusches der Ammonoideen ging ein allgemeines Aussterben der vorherigen Stammeslinien voraus. In jedem Fall dieses Aussterbens wurden zuvor besetzte Lebensräume nun plötzlich frei. Stets also bedeutete das Auffächern des nachfolgenden neuen Typus einen stürmischen Vorstoß in ein hinterlassenes Vakuum, eine überstürzte Invasion in die nunmehr verfügbar gewordenen Biotope.

Diesen Vorgang, Schindewolfs Typogenese, hat G. G. Simpson wegen seiner sozusagen explosiven Beschleunigung und wegen der dabei erzielten Effekte als Quanten-Evolution bezeichnet, wobei er vor allem die in wiederholten Quantenschritten erfolgten Vorstöße in die freien Biotope betonte. Sein verallgemeinerndes Schema (Abb. 41) gleicht in diesem Abschnitt durchaus dem äquivalenten Teil der Darstellung Schindewolfs (Abb. 40), wird jedoch durch die graphische Berücksichtigung der Umwelten, also der Lebensräume und Lebensweisen, ergänzt. Jede von ihnen wird als streifenförmiger Bereich, als eine Zone, eingezeichnet, innerhalb deren ein spezifischer Selektionsdruck herrscht. Aufgrund des ererbten Bauplans grundsätzlich zugängliche Bereiche werden in dem Schema als »adaptive Zonen« bezeichnet. Zwischen ihnen befinden sich die »inadaptiven Zonen«, in welchen die Stammeslinien zum Untergang verurteilt sind, wenn die phylogenetische Konstitution eine ausreichende Anpassung nicht zuläßt. So entsteht aus dem graphischen Nebeneinander der adaptiven und der inadaptiven Zonen ein »adaptiver Rost«.

Haben die Stammeslinien die adaptiven Zonen erreicht, so entwikkeln sie sich in ihnen bei stetig zunehmender Anpassung kontinuierlich und langfristig orthoevolutiv weiter. Diese bei Simpson »phyletische Evolution« genannte Phase entspricht somit uneingeschränkt der Typostase Schindewolfs. Sie läßt keinerlei Besonderheiten des Entwicklungsmodus erkennen. Im Gegensatz hierzu aber enthielt das Geschehen in der typogenetischen, quanten-evolutiven Phase bei der vorausgehenden Auffächerung seine eigene Problematik, denn um eine bestimmte adaptive Zone zu erreichen, mußte jede Stammeslinie innerhalb des adaptiven Rostes jeweils mindestens eine inadaptive Zone durchschreiten ohne in ihr durch die Selektion ausgemerzt zu werden. Sie mußte sich also über eine kurze, aber entscheidende, schicksalsschwere Strecke ihres Weges gegen den Selektionsdruck entwickeln – oder zumindest noch ohne eine ausreichende Anpassung an ihn.

Hier lag nun die Schwierigkeit. Es ist klar, daß sich die Stammeslinien in den neuen Lebensräumen nur behaupten konnten, wenn sie an diese ausreichend angepaßt waren. Doch gerade das waren sie ursprünglich noch nicht, denn sie stammten ja von verhältnismäßig unspezialisierten Vorfahren ab, bzw. brachten als Erbe eine nur mäßige, ausschließlich zu dem Lebensraum ihrer Vorfahren passende Adaptation mit. Sie glichen, bildlich gesprochen, einem Menschen, der in die Meerestiefe hinabtauchen will, dessen Sauerstoffgerät aber eben dort, auf dem Meeresgrund, liegt und daher unerreichbar ist. Eine solche Entwicklung gegen den Selektionsdruck kann nur bei Gen-Drift erfolgt sein. Und noch eine zweite zusätzliche Möglichkeit besteht: Mußten diese Stammeslinien denn nicht prädisponiert gewesen sein, also zumindest notdürftig zu der neuen Umwelt passende Merkmale bereits mitgebracht haben? Kann es überhaupt Merkmale geben, die ursprünglich völlig bedeutungslos sind und die erst später ihren Selektionswert erlangen?

Die evolutive Prädisposition

Wir stehen hier erneut einer Frage gegenüber, der wir uns bereits zuvor etwas genähert hatten (S. 119), und mit der wir uns nunmehr ausführlicher beschäftigen müssen; der Frage nämlich, ob es nutzlose (inadaptive) Merkmale gibt, und ob daher eine »Präadaptation« möglich ist. Dieser von L. Cuénot besonders herausgestellte Ausdruck bezeichnet die Vorstellung, daß Merkmale auch unabhängig vom Selektionsdruck entstehen können, und daß sie erst zu einem späteren Zeitpunkt der Entwicklung in die Lage versetzt werden, eine Funktion zu übernehmen und damit einen Selektionswert zu erlangen. Viele Funktionsmorphologen vertreten jedoch die Auffassung, funktionell bedeutungslose Merkmale gäbe es nicht, und viele extrem selektionistisch orientierte Evolutionsforscher und Genetiker lehnen die Vorstellung ab, es könne Merkmale geben, die keinerlei Selektionswert besitzen. Und doch muß es sich so verhalten, denn sonst wären das evolutive Auffächern der Stämme und die Möglichkeit einer Besiedelung neuer Lebensräume unverständlich.

Aus funktionsmorphologischer Sicht haben wir dieses Problem bereits diskutiert, als darauf hingewiesen wurde (S. 138), daß im Larvenstadium mancher Mollusken Organe entstehen, die erst später, nach Abschluß dieses Stadiums, eine Funktion übernehmen. Was dort für die Ontogenie gilt, schien auch in der Phylogenie zuzutreffen, als wir feststellten (S. 138), daß die Augenreduktion der Proetiden in einem Milieu begann, in dem ihr ganz sicherlich kein positiver Selektionswert zukam. Ähnliches traf bei dem ersten Stadium der Zehenreduktion im Fuß der Pferdevorfahren zu (S. 217) sowie bei der frühesten Krümmungstendenz, die zur Einrollung des Ammonoideen-Gehäuses führte (S. 218). Auch ist an jene Fälle zu erinnern, aus welchen sich ergab, daß nicht etwa die Funktion der Form, sondern die Form der Funktion vorausgeht (S. 137).

Wie aber steht es damit in der Gegenwart? Gibt es auch in der Welt unserer heutigen Lebewesen Fälle von nutzlosen (inadaptiven) oder sogar zweckwidrigen (dystelischen) Merkmalen? Nun, es gibt viele Fälle, bei welchen ein Nutzwert nicht ersichtlich ist – worauf sodann manche Biologen einwenden, er könne unerkannt dennoch bestehen. Oft hält man solche Merkmale sodann für optische Kennzeichen im Dienst der Identifizierung von Artgenossen. In Fällen von geschlechtsbezogen unterschiedlichen Merkmalen aber kann man besonders leicht auf die Unterstellung einer Signalfunktion bei der geschlechtlichen Zuchtwahl ausweichen. So z. B. sollte bei einigen der lebendgebärenden Zahnkarpfen, etwa beim Schwertträger (*Xiphophorus*) u. a., der auffallende schwertartige Fortsatz in der Schwanzflosse des Männchens als ein derartiges Merkmal aufzufassen sein. Je stärker er ausgebildet ist, desto größere Chancen sollte er dem Männchen bei der Gattenwahl durch das Weibchen einräumen. Doch schließlich hat C. Kosswig experimentell nachgewiesen[107], daß selbst solche Schwertträger-Männchen bei der Gattenwahl nicht benachteiligt sind, deren Schwertfortsatz völlig amputiert worden war.

Ein anderes, ganz offensichtlich funktionsloses Merkmal nennt W. L. Ludwig: »Es gibt zwittrige Nacktschnecken, 15–20 cm lang, die bei der Paarung ihre Kopulationsorgane ausstülpen, wechselweise umwickeln und an deren äußerstem Ende Samenpakete austauschen. Bei verwandten, gleich großen Schnecken werden diese Organe nahezu 1 m lang, was die Bildung spezialisierter Gewebe, großen Energieaufwand und während der vielstündigen Paarungsdauer Exposition gegen Feinde im Gefolge hat, aber keinen ersichtlichen Nutzen bringt«[108]. Als nutzlos bezeichnete J. Rostand »... Diastasen und Hormone, die niemals Gelegenheit haben, zu etwas zu dienen ..., Flügel ohne Muskeln, Augen, die im Inneren von Höhlungen versteckt sind ...« usw.[109]. Weitere Fälle nennt Ernst Mayr bei Vögeln, Fischen und Schnecken[102]; seiner Erfahrung zufolge gibt es »... beträchtliche indirekte Hinweise darauf, daß die meisten bei Polymorphie (Vielgestaltigkeit) auftretenden Merkmale völlig neutral sind, was die Überlebens-Chance betrifft« (Übersetzg.).

Diese für Hunderte von Fällen stehenden Beispiele mögen genügen, um aufzuzeigen, daß es nutzlose, inadaptive Merkmale durchaus gibt. Der Gegeneinwand, daß es sich bei den meisten von ihnen um das Ergebnis allometrischen Wachstums handelt, besagt in diesem Zusammenhang absolut nichts, denn nicht auf den Wachstumsmechanismus kommt es hier an, sondern auf die genetische Verankerung des Merkmals und auf sein Verhältnis zum Selektionsdruck. In jeder dieser beiden Beziehungen sollten aber keinerlei Schwierigkeiten einer biologisch fundierten Erklärung bestehen: Funktionslose, selektionsneutrale Merkmale werden als Ergebnis einer Mutation dort entstehen können, wo sie in der gegebenen Umwelt zwar keinen positiven, aber auch keinen negativen Selektionswert besitzen. Ja, es sind sogar zwei Fälle möglich, bei welchen sich in der Population selbst solche Merkmale erhalten können, die unzweckmäßig sind. Das kann bei Gen-Drift in kleinen, isolierten Populationen eintreten. Das kann aber auch dann geschehen, wenn das unzweckmäßige Merkmal genetisch mit einem zweiten gekoppelt ist, welches einen so großen Selektionsvorteil ergibt, daß dieser überwiegt.

Ist somit die Möglichkeit einer Existenz von inadaptiven Merkmalen belegt, so dürften eigentlich auch keine Bedenken gegen den Begriff der Präadaptation bzw. – um den heute gebräuchlicheren Namen zu verwenden – der Prädisposition bestehen. Tatsächlich sind solche Fälle auch im zeitgenössischen Tierreich bekannt. So verweist G. G. Simpson[98] nach Bertram auf die Weddell-Robbe (*Leptonychotes weddelli*), deren obere seitliche Schneidezähne spezialisiert und geeignet sind, Brut- und Wohnhöhlen in das Polareis zu schneiden. Daher vermögen die Tiere den antarktischen Winter zu überstehen und den Extrembiotop der südlichsten Breiten zu besiedeln. Die spezielle Ausbildung der Zähne bahnt sich allerdings bereits bei prädisponierten Nächstverwandten der Wedell-Robbe an, die sie noch nicht zum Brechen des Eises verwenden und weniger extreme Lebensräume bewohnen.

Auch Julian Huxley bezieht sich – unter der Bezeichnung »konstitutionelle Präadaption« – auf zahlreiche Fälle von evolutiver Prädisposition, wobei er vor allem die bei Höhlenbewohnern häufige Situation hervorhebt: In lichtlosen Höhlen lebende Tiere sind meistens blind oder weisen üblicherweise eine auffallende Reduktion der Augen und des Sehvermögens auf. Daher hat man sich oft die Frage vorgelegt, ob die betreffenden Stammeslinien ihre Augen verloren haben, nachdem sie diesen Biotop besiedelt hatten, oder ob sie diesen Lebensraum wählten, weil bei ihren Vorfahren Augenreduktion bereits eingesetzt hatte. Es scheint, daß das letztere der Fall war, denn zahlreiche Spezies der Höhlenfaunen (z. B. unter den Gliederfüßern) stammen von solchen Arten ab, die außerhalb der Höhlen lebend bereits lichtscheu und daher – wie manche Tausendfüßer, Asseln, Spinnen, usw. – für ein späteres Höhlenleben prädisponiert sind. Zu ähnlichen Schlußfolgerungen kam man bei den blinden Fischen der Höhlen von Kentucky und auch bei den Fischfaunen anderer Höhlen, bei welchen beispielsweise der hohe Prozentsatz solcher Arten auffällt, die sich von den im Prinzip prädisponierten, nämlich nachtaktiven, kleinäugigen und Tastbarteln tragenden Welsen ableiten.

Einen besonders interessanten Fall zitiert J. Rostand[109] nach G. R. de Beer, und es scheint, daß hier Prädisposition eine gewisse Rolle bei der Entstehung der Insekten aus den Tausendfüßern gespielt haben könnte. Bei den primitiven, noch flügellosen Insekten tragen nur die drei Rumpfsegmente voll entwickelte Beine, während sich an den Segmenten des Hinterleibes lediglich winzige Beinrudimente befinden. Dieselbe Situation aber ist bei früh-ontogenetischen Stadien mancher Tausendfüßer gegeben: Während beim ausgewachsenen Tier die Beine aller Körpersegmente voll entwickelt sind, zeigt die Larve des Tausendfüßers *Julus* bereits den Insektenbau, da bei ihr die Beine nur an drei Segmenten der vorderen Körperteile voll ausgebildet, bei allen anderen Segmenten aber winzig sind. Man kann diese Erscheinung als eine zu den Insekten weisende Prädisposition ansehen (doch könnte man sie auch als eine neotone Vorwegnahme auffassen).

Da evolutive Prädisposition auch noch bei den geologisch jüngsten, ja sogar den gegenwärtigen Lebewesen auftritt, ist zu erwarten, daß sie auch schon bei den fossilen eine gewisse Rolle gespielt hat. Das muß vor allem dort der Fall gewesen sein, wo im Rahmen der typogenetischen, quanten-evolutiven Phase der Stammbäume oder Stammbüsche die erwähnten inadaptiven Zonen zu überwinden waren und die neu entstehenden Zweige an die zu besiedelnden adaptiven Zonen noch nicht angepaßt, wohl aber für sie bereits prädisponiert waren.

Doch auch bei der Entstehung neuer Großbaupläne ist die evolutive Prädisposition nicht selten von ausschlaggebender Bedeutung gewesen. Dies kann am Beispiel jener Baupläne erläutert werden, welche im Zusammenhang mit der Besiedlung des trockenen Festlandes entstanden: Noch bis zum Silur waren die Lebewesen auf das Meer beschränkt, während die Landoberflächen unbewohntes Ödland blieben. Zur Zeit des frühen Unterdevons drangen nun die ersten Pflanzen auf die Kontinente vor. Die Besiedlung gelang aber nur solchen Wasserpflanzen, welche bereits Merkmale besaßen, die später, auf dem Festland, Zweckmäßigkeit erlangten:

Während die Wasserpflanze in ihrem Medium besonderer Einrichtungen für ihren Wasserhaushalt nicht bedarf, und ebensowenig eines inneren Stützsystems, stellt der Lebensraum des trockenen Milieus entsprechende Anforderungen. Die Pflanze muß dort, um überleben zu können, spezielle Vorrichtungen für die Wasseraufnahme aus dem Boden, den Transport durch den Pflanzenkörper und die Wasserabgabe nach außen besitzen. Sie muß ferner eine innere, versteifende Stützeinrichtung aufweisen, da ja an der Luft der Auftrieb und die Gewichtsverminderung entfallen, die beim Leben im Wasser noch gegeben waren. Beide Funktionen, nämlich die der Leitung des Wassers und die der inneren Stütze, übernahm bei den primitiven Landpflanzen ein inneres Leitbündelsystem. Dieses aber entstand bei Pflanzen des aquatischen Lebensraums, in welchem es noch gar nicht erforderlich war, schon *vor* der Besiedelung des trockenen Festlandes.

Eine ähnliche evolutive Prädisposition spielte eine Rolle, als die Wirbeltiere sich anschickten, das Festland zu erobern. Auch hier war eine ganze Reihe von Anforderungen des Lebensraumes vorhanden, welchen die Landwirbeltiere allerdings erst im Laufe einer sehr langen Entwicklung vom Amphibium bis zum Säugetier schrittweise nachkamen. Entscheidend aber waren zwei Voraussetzungen, nämlich die Fähigkeit zur Luftatmung und die Möglichkeit der Fortbewegung trotz Fortfallens der im Wasser noch gegebenen Verminderung des Körpergewichts. Unumgänglich notwendig waren also Luftatmungsorgane und stützende, tragfähige Körperextremitäten in der Form von Beinen. Beide aber fehlten den meisten Fischen, die ja Kiemenatmer waren und deren Körperextremitäten aus innerlich nur gering versteiften Flossen bestanden.

Eine dieser Gruppen, nämlich die Quastenflosser, verfügte jedoch schon *vorzeitig* über Anlagen von Merkmalen, welche geeignet waren, entsprechende Funktionen auf dem Lande zu übernehmen: für die spätere Luftatmung erforderliche Nasenrachengänge, ja sogar – zusätzlich zu den Kiemen – Lungensäcke und Vorstufen der tragfähigen Knochenelemente des Wirbeltierbeines. Die Ausbildung aller dieser Merkmale erfolgte bereits während des Lebens im Wasser. Erst diese evolutive Prädisposition der Quastenflosser[110] ermöglichte den Übergang zum Landleben, der anschließend von den Nachfolgern vollzogen wurde, nämlich von den primitivsten Amphibien (vgl. *Ichthyostega*, S. 191 und Abb. 29).

Auch bei der Eroberung des Luftraumes durch die Vögel muß evolutive Prädisposition wenigstens teilweise mit im Spiel gewesen sein: Der gewichtsparende Typ des Hohlknochens, der für den *Archaeopteryx* und alle nachfolgenden Vögel so wichtig ist, stellte sich, ohne erforderlich zu sein, bereits bei manchen reptilischen Vorfahren ein, und ebenso das Freiwerden der Vorderbeine von der Funktion des Abstützens beim Laufen auf dem Boden – eine Vorbedingung für ihre spätere Umwandlung zu Flügeln (Abb. 29).

Begnügen wir uns mit diesen drei näher ausgeführten Beispielen sowie mit den auf S. 226 bereits erwähnten. Sie mögen ausreichen, um erkennen zu lassen, welche Auswirkung die evolutive Prädisposition im Entwicklungsgeschehen zu erzielen vermochte. Dabei ist sie wohl noch beträchtlich verstärkt worden, wenn sich dem zufälligen Auftauchen prädisponierender Merkmale eine entsprechende Umstellung des Verhaltens in der Population als Schrittmacher hinzugesellt hat.

Auf die Rolle des Verhaltens als zusätzlichem Evolutionsfaktor hat Ernst Mayr[61] mit Recht hingewiesen. Seine besondere Bedeutung »... besteht darin, daß es einem Individuum ermöglicht, sich bestimmten Umwelteinflüssen zu entziehen, anderen, die neu auftreten, sich auszusetzen«. Derartige Veränderungen der Verhaltensweisen müssen aber als Schrittmacher der Entwicklung vor allem dann wirksam geworden sein, wenn evolutive Prädispositionen auftraten. »Als gewisse tropische Fische im Devon es lernten, die Sauerstoffarmut stagnierender Sümpfe durch Verschlucken von Luft zu kompensieren, verursachte das einen Selektionsdruck zugunsten einer Vergrößerung der Speiseröhrenoberfläche. Sobald sich die entsprechenden Genkombinationen einstellten, die die Entwicklung von Ausstülpungen der Speiseröhre ermöglichten, war es nur noch ein kleiner Schritt zur Lungenbildung«[61]. Kamen nun die prädisponierenden Merkmale der inneren Nasenöffnungen und vor allem der Stützknochen in den Flossen hinzu, eventuell als eine Art von Präferenzverhalten auch noch ein zeitweiliges Verweilen auf dem Trockenen, so war eine folgerichtig zum ersten Amphibium hinleitende evolutive Bandbreite entstanden.

Ähnliches mag für die Eroberung des Luftraums durch die Vögel gelten. »Die Erfindung, einen Gleitsprung von Zweig zu Zweig auszuführen, war vermutlich das Anfangsstadium des Fliegens bei Wirbeltieren . . .«[61]. Freilich mußte dem zuerst die Umbildung der Kletterhand zum Flügel, und dieser Veränderung eine Umgestaltung des Laufbeins zur Kletterhand vorausgegangen sein, vor allem aber dessen Freiwerden von der Schreitfunktion. Dieser anfänglichen Prädisposition folgten also mehrere Umbildungsschritte, und mehrfach müssen sie von einer Umstellung des Verhaltens der Tiere begleitet und unterstützt worden sein (vierfüßiges Laufen →zweifüßiges Laufen bei Freiwerden der Vorderbeine →Klettern →Gleitsprünge).

Diese und andere Beispiele zeigen, *daß Prädisposition im Verlauf der Evolution durchaus eine beachtliche Rolle gespielt hat, und zwar sowohl bei der Entstehung von additiven Umkonstruktionen der großen Baupläne als auch beim quantenevolutionären Auffächern der Stämme.* Allerdings scheint sie nicht mit jener Häufigkeit aufgetreten zu sein, die allein das Aufstellen einer Regel rechtfertigen würde.

Ihre Bedeutung lag vor allem darin, daß sie es den Stammeslinien erleichterte, neue Lebensräume zu erschließen oder zu neuen Lebensweisen überzugehen. In beiden Fällen standen derartige Entwicklungen im Dienst der dynamischen Expansion der Stämme, die zu einer verbesserten, intensiveren Ausnutzung der Umwelt führte. Die Notwendigkeit, den eigenen Lebensraum zu verlassen und in einen anderen hinüberzuwechseln, konnte sich jedoch auch unter einem ungünstigen Aspekt einstellen. Sie bestand ja auch dann, wenn die weitere Existenz einer Stammeslinie in ihrem eigenen Lebensraum unversehens gefährdet war, sei es wegen plötzlicher, in diesem Raum eintretender Veränderungen, sei es wegen des Auftretens gefährlicher Feinde oder übermächtiger Konkurrenz. Auch in einem solchen Fall konnte sich zufällige Prädisposition höchst positiv auswirken.

Das Gesetz der Nicht-Umkehrbarkeit

Wo ein derartiger »Fahrbahnwechsel« nicht erfolgte, verlief die Evolution innerhalb der einmal besetzten adaptiven Zone kontinuierlich weiter, wie das auch aus Simpsons Schema (Abb. 41) hervorgeht. Betrachten wir dieses und auch das Diagramm Schindewolfs, so fällt auf, daß der Verlauf der Linien ausnahmslos vorwärts gerichtet ist. Keine einzige von ihnen kehrt um und nimmt – nicht einmal vorübergehend – einen zurückgewendeten Verlauf. So entsteht der Eindruck eines linear fortschreitenden, nicht umkehrbaren (irreversiblen) Prozesses, und man fragt sich, ob das wohl den Tatsachen entspricht. War wirklich jeder Evolutionsablauf so endgültig, jeder Evolutionsschritt so unwiderruflich, jeder neu erreichte Entwicklungszustand ein »point of no return« (ein Punkt, jenseits dessen es keine Umkehr gibt)? Ist Evolution im ganzen ein zentrifugaler Prozeß, bei dem es keine Rückkehr geben kann, auch nicht innerhalb der einzelnen Etappen ihres Ablaufs?

Daß sich dies tatsächlich so verhält, behauptet das auf den belgischen Paläontologen Louis Dollo zurückgehende »Gesetz der Nicht-Umkehrbarkeit der Entwicklung«, auch »Irreversibilitäts-Gesetz« oder »Dolloches Gesetz« genannt. In seiner ursprünglichen Fassung stellte es lediglich fest, daß ein während der Stammesentwicklung vollständig zurückgebildetes Organ nicht mehr erneut hervorgebracht werden kann. Inzwischen ist dieses Gesetz allerdings erweitert worden, und heute besagt es allgemein, daß Einzelmerkmale, Formkomplexe bzw. auch ganze Phänotypen, die im vergangenen Evolutionsverlauf aufgegeben worden sind, in identischer (homologer) Weise nicht wiedererstehen können. Phylogenetische Abkömmlinge kehren somit niemals zum Ausgangszustand ihrer Vorfahren zurück, die Evolution ist irreversibel.

Bei dieser Formulierung ist dem Passus »in identischer, also homologer Weise« besondere Aufmerksamkeit zu schenken: Merkmale und Organe werden erfahrungsgemäß dann abgebaut, wenn der sie erfordernde Selektionsdruck aussetzt. Sind sie aber erst einmal eliminiert, können zwar andere Merkmale oder Organe entstehen, welche die vorherige Funktion übernehmen. Diese können dem verlorengegangenen Merkmal oder Organ äußerlich sogar weitgehend ähneln. Aber sie sind nicht homo- sondern nur analog, denn sie entstehen auf anderem Wege, und sie sind genetisch ganz anders verankert als die ursprünglichen, aufgegebenen.

Ein verhältnismäßig einfaches Beispiel liefert uns die Rückbildung des Gebisses bei den Vögeln. Der oberjurassische Urvogel *Archaeopteryx* besaß als Reptilienerbe noch ein vollständiges Gebiß; Ober- und Unterkiefer waren noch in vollem Umfang mit spitzen, gleichartigen Zähnen besetzt. Doch schon bei den Vögeln der Kreidezeit begann eine Reduktion, denn hier trugen nur noch Teile der Kiefer Zähne. Bei allen Nachfolgern aber wurden diese Zähne vollständig abgebaut, die Kieferränder verhornten und wurden zugeschärft – der typische Hornschnabel der Vögel war entstanden. Dieser ist bei vielen Nahrungsspezialisten unter unseren Vögeln heute in recht verschiedener, jeweils passender Weise abgewandelt. Diejenigen aber, die aus Gründen der Anpassung erneut Zähne benötigen, sind nun nicht mehr in der Lage, sie wieder hervorzubringen. Als Ersatz können allenfalls äußerlich zahnähnliche Hornzacken des Schnabelrandes entwickelt werden, die aber stofflich und strukturell mit echten Zähnen absolut nicht identisch sind.

In anderen Fällen ist nach dem phylogenetischen Verlust eines Organs noch nicht einmal die Bildung eines solchen analogen Ersatzes möglich gewesen. Ein entsprechendes Beispiel ergibt sich aus der Entwicklung gewisser Stammeszweige der Schnecken. Die ursprünglichsten Gruppen entstanden im Meer und besaßen als Atmungsorgane daher Kiemen, wie das bei Meeresschnecken noch heute der Fall ist. Als sodann zur Zeit des Karbons einer der Stammeszweige zum Leben auf dem Festland überging, bildeten seine Vertreter für die Zwecke der Luftatmung eine Art von Lunge aus, und die überflüssig gewordenen Kiemen wurden dabei völlig abgebaut, vor allem bei den auf dem

Trockenen lebenden Gruppen. Später drangen einige Linien dieser Lungenschnecken erneut in das (Süß-)wasser ein, also in einen Lebensraum, in dem Kiemen wiederum erforderlich gewesen wären. Dennoch konnte es bei diesen Süßwasserschnecken zu keiner neuen Kiemenbildung kommen. (Andere, wie z. B. einige Planorbiden, haben zwar erneut entsprechende Organe hervorgebracht, doch handelt es sich um sekundäre, den früheren Kiemen trotz gleicher Funktion nicht etwa homologe Gebilde.)

Das wohl bekannteste und anschaulichste Beispiel für die Nicht-Umkehrbarkeit der Evolution stellt jene Entwicklung dar, die von den fossilen primitiven Schildkröten zur jetzigen Lederschildkröte (*Dermochelys*) führte: Die ältesten Ahnenformen lebten auf dem Festland und besaßen den typischen, widerstandsfähigen und schützenden Panzer. Als sodann zur Zeit des Jura einer der Stammeszweige in das Meer einwanderte, wurde dieser robuste Panzer zu einer hinderlichen Belastung, und da hier die Selektion Mutanten mit leichter gebautem Panzer begünstigte, ergab sich nun eine Evolutionstendenz zu seiner Reduktion. So haben also die Hochsee-Arten während der gesamten Zeit bis zur Kreide fortlaufend ihre Panzerplatten reduziert, bis diese nur noch aus schmalen Knochenspangen bestanden (Abb. 42 a, b, c) oder fast ganz verschwanden. Später, mit dem Beginn des Tertiärs, kehrte schließlich eine der Linien in die Küstengewässer zurück, wo in der Brandung ein kräftiger Schutzpanzer erneut erforderlich wurde. Doch obwohl der entsprechende Selektionsdruck nun wieder vorhanden war, blieb die Entwicklung irreversibel; das Rudiment des regulären Panzers konnte daher nicht erneut ausgebaut werden. Die neue Antwort auf den alten Selektionsdruck war nun die Bildung eines Mosaiks aus kleineren, in die Haut eingefügten Knochenplättchen, die in ihrer Form dem verlorengegangenen Panzer in keiner Weise entsprachen und auch anderer Entstehung waren, denn sie wurden über den Resten des ersten Panzers hervorgebracht. (Als sodann gegen Ende des Tertiärs unsere Lederschildkröte entstand und erneut in die Hochsee abwanderte, wurde auch dieser Panzerersatz abgebaut und durch eine derbe Lederhaut ersetzt, die sich über die kümmerlichen Reste beider vorheriger Panzer legt [Abb. 42 d].)

War im Fall dieser Meeresschildkröten der Ersatzpanzer aufgrund seiner abweichenden Gestaltung leicht als eine sekundäre Bildung erkennbar, so ist dies in Fällen größerer Formähnlichkeit manchmal nicht so einfach: Eine bestimmte Gruppe von Ammoniten hat zur Zeit der oberen Kreide ihre Lobenlinie so stark vereinfacht, daß deren vorspringende Sattelpartien ganzrandig und glatt wurden und eine Zähnelung der Linie nur noch an der Basis der Loben beibehalten wurde. Damit aber entstand ein morphologischer Aspekt, der völlig dem entsprach, was für frühere Vorfahren (»Ceratiten«) zur Zeit der Trias typisch war. Dennoch ist hier keine vollständige Rückkehr erfolgt, denn bei sorgfältiger Untersuchung erweist sich, daß bei den jüngeren

Formen in den Sätteln doch noch kleinste Rudimente einer Kerbung verblieben sind und damit ein Unterschied bestehen bleibt.

Dieses letzte Beispiel zeigt uns, daß eine vollständige Rückkehr zum Ahnenzustand selbst dann nicht erfolgte, wenn äußere Ähnlichkeit erreicht wurde. Niemals kehrte ein Deszendent zur absoluten Identität mit dem gesamten Phänotypus eines Ahnen zurück, immer blieben Unterschiede bestehen, selbst in solchen Fällen, in welchen die Ähnlichkeit so groß wurde wie bei anderen Cephalopoden: Eine Gattung der Kreidezeit, *Paraspiticeras,* entwickelte in ihrem zentralen Gehäuseanfang eine Art von Nabellücke oder Nabelfenster (Abb. 43 a), was man leicht als eine Rückkehr zum Ahnenzustand mißverstehen könnte, wie er im Devon etwa bei der Gattung *Mimagoniatites* (Abb. 43 b) gegeben war. Doch abgesehen von Differenzen der Schalenskulptur- und -berippung blieben sehr beträchtliche Unterschiede auch in der Lobenlinie (Abb. 43 a1, b1) und vor allem in der Gestalt des frühontogenetischen Gehäuseanfangs bestehen. Während der Protoconch von *Mimagoniatites* – wie das für sehr primitive Ammonoideen typisch ist – nur schwach gekrümmt war, blieb er bei *Paraspiticeras* trotz der (unechten) Nabellücke nach Art der fortgeschrittenen Ammonoideen in sich voll eingerollt (Abb. 43 b, a). – Eine andere Gattung, der zur Zeit des mittleren Jura lebende Ammonit *Infrapatoceras,* besaß ein nur lose gewundenes Gehäuse (Abb. 43 c), so daß man meinen könnte, hier sei eine Rückkehr auf den Stand der unterdevonischen Ammonoideen – Gattung *Anetoceras* (Abb. 43 d) erfolgt. Von einer vollgültigen Reversion kann aber keine Rede sein, denn in der Gliederung seiner Lobenlinie (Abb. 43 c1) blieb *Infrapatoceras* im Gegensatz zum Urahnen *Anetoceras* (Abb. 43 d1) ein echter, hochentwickelter Ammonit. Dasselbe wird ersichtlich, wenn man die Anfangsgehäuse der beiden Gattungen miteinander vergleicht (Abb. 43 c2, d2).

So überzeugend nun diese und sehr viele weitere Fälle sein mögen, so hat man doch versucht, auch Ausnahmen geltend zu machen und Gegenargumente gegen das Gesetz der Nicht-Umkehrbarkeit beizubringen. Es muß also im folgenden geprüft werden, ob diese Einwände stichhaltig sind:

Da wären zunächst die sogenannten Atavismen zu berücksichtigen, also jene sehr seltenen Fälle, wo sich bei einem Einzelindividuum unverhofft Merkmale oder Organe von Vorfahren einstellen. Wenn beim Menschen eine Mißgeburt auftaucht und das betreffende unglückliche Individuum zeitlebens mit einem Schwanzfortsatz der Wirbelsäule oder einem dichten, den Körper vollständig bedeckenden Fell behaftet bleibt, so ist das ein Atavismus, ein Rückschlag auf tierische Ahnenzustände. Und wenn beim Pferd in sehr seltenen Ausnahmefällen die normalerweise reduzierten Zehen II und IV wieder auftauchen, der Fuß also plötzlich drei Hufe hat anstelle eines einzigen, so erscheint auch dieser Atavismus wie eine Rückkehr zum Zustand mancher der Pferdevorfahren (S. 211). Allerdings sind solche Atavismen häufig krankhafte, pathologische Erscheinungen. Zudem betrifft die Umkehr der Entwicklung niemals den ganzen Phänotyp, sie ist somit keine echte vollständige Rückkehr.

Auch der Fall der Neotenie und der der Proterogenese ist als Ausnahme zitiert worden, doch wie mir scheint, sehr zu Unrecht. Bei der Proterogenese ist ja das Vorhandensein von Merkmalen des unmittelbaren Vorläufers in den Altersstadien des Deszendenten nicht etwa eine Rückentwicklung, sondern eine ontogenetische Rekapitulation. Und auch bei der Neotenie erfolgt nicht etwa eine Entwicklungsumkehr, sondern lediglich ein Andauern des Jugendzustands.

Während sich alle diese Einwände als unberechtigt herausstellen, kommt dem weiteren, letzten Gegenargument weit mehr Gewicht zu. Es stützt sich auf die Tatsache, daß die Genetiker bei lebenden Versuchspopulationen sogenannte Rückmutationen beobachtet haben, daß also ein verändertes Gen zu seinem Ausgangszustand zurückmutieren kann. Das ist zwar nicht gerade häufig, aber grundsätzlich ist es eben doch eine Entwicklungsumkehr. Nur muß man sich darüber im klaren sein, daß hier echte Evolution ja gar nicht vorliegt. Vergleicht man diesen Laboratoriumsbefund mit dem wirklichen Geschehen in der freien Natur, so zeigt sich, daß er nichts weiter darstellt als die Tatsache, daß dem Gen-Reservoir der Population zunächst eine weitere Mutante hinzugefügt worden ist, die in der nächsten Generation wieder abgezogen wurde, so daß der Status quo erhalten bleibt. Für die Frage nach der Umkehrbarkeit der Evolution besagt diese Rückmutation also gar nichts, denn Evolution geht von der Population – bzw. deren Gen-Reservoir – aus, und nicht etwa vom Einzelindividuum und seinem Genotyp.

Genetische Grundlagen der Nicht-Umkehrbarkeit

Bedenkt man alles recht, so kommt man zu dem Ergebnis, daß zwar Einzelmerkmale gelegentlich zurückschlagen können, teils über eine einzige Generation, teils über mehrere, teils über etwas längere Entwicklungsabläufe hinweg. Es ist aber bisher noch kein einziger Fall bekanntgeworden, in welchem nach einem echten Evolutionsgeschehen ein einmal völlig abgebautes Organ erneut gebildet wurde oder gar der vollständige Phänotyp bzw. Genotyp eines Vorfahren erneut hervorgebracht worden wäre. Und nur das letztere könnte man mit Recht als eine Umkehr der Evolution auffassen.

Wie so manche der anderen, hier besprochenen Sachverhalte steht auch dieser mit den Erkenntnissen der modernen Genetik in gutem Einklang: Eine einfache Gen-Mutation ist gewiß umkehrbar, und der Ausgangszustand kann durch sie sicherlich wieder erreicht werden. Aber erstens wird das letztere nur dann der Fall sein, wenn nicht vor oder gleichzeitig mit der Rückmutation eines oder zwei der anderen Gene weitermutieren. Und zweitens hat, wie wir sahen, die einzelne Gen-Mutation oder Gen-Rückmutation kaum einen nennenswerten Einfluß auf die über ganze Populationen wirkende Evolution. Bei Komplex-Mutationen aber, die ganze Chromosomenstücke isolieren und in zufälliger Weise neu verbinden, ist die Wahrscheinlichkeit einer Rückkehr zum Ausgangszustand noch sehr viel geringer.

Noch weitaus unwahrscheinlicher ist – schon nach einem einzigen Evolutionsschritt von einer Spezies zur anderen – die Rückkehr zum vollständigen Genotyp der Ausgangsart. Erinnern wir uns, daß ein Gen in der Regel mehrere Phäne bestimmt (Polyphänie der Gene). Andererseits hängen die meisten Phäne gleichzeitig von mehreren Genen ab (Polygenie der Phäne). Diese beiden Zusammenhänge bedingen eine so weitgehende, überaus vielfältige Kombination und Überkreuzung der Abhängigkeiten, daß die Komplexität des so entstandenen Abhängigkeitsgefüges sämtlicher Gene und Phäne eines Lebewesens fast unvorstellbar ist. Schon durch wenige Mutationen, die völlig zufällig, mit sehr verschiedener Häufigkeit und in sehr verschiedenen kleinsten Abschnitten dieses Gefüges eintreten, wird dieses schnell und schwerwiegend verändert. Um nun zum identischen Ausgangszustand zurückzukehren, müßten in denselben Abschnitten, mit derselben Häufigkeit und in derselben Reihenfolge Rückmutationen erfolgen, während gleichzeitig jede weitere »Vorwärtsmutation« unterbleiben müßte! Das zufällige Zusammentreffen aller dieser Voraussetzungen ist zwar denkbar, ja es ist grundsätzlich sogar möglich. Aber bei der ungeheuren Komplexität des Abhängigkeitsgefüges und der Vielfalt und Verknüpfung der soeben genannten Voraussetzungen ist die statistische Wahrscheinlichkeit eines solchen Zufalls extrem gering.

Weiter ist zu bedenken, daß Mutationsgeschehen allein ja noch nicht Evolution bedeutet. Bei der Umbildung einer Spezies in die andere spielt ja auch noch das Gen-Reservoir der Populationen eine entscheidende Rolle, an dem die Selektion ansetzt. Und auch dieses Gen-Reservoir ist ein in sich höchst differenzierter, sich noch dazu – durch Zugang und Eliminierung von Mutanten – immer wieder verändernder Komplex. Die statistische Wahrscheinlichkeit, daß dieser in identischer Form zu der Zusammensetzung jenes Gen-Reservoirs zurückkehrt, das bei der Population der Ausgangs-Spezies bestanden hatte, ist gleichfalls außerordentlich gering.

Betrachtet man aber beide Faktoren gemeinsam, nämlich einerseits das hochkomplizierte Abhängigkeitsgefüge im Phäno- und Genotyp des Individuums, und andererseits das komplexe, reservoir-interne Mutantensystem, dann erscheint die statistische Wahrscheinlichkeit der koordinierten Umkehrschritte und der Rückverwandlung der Spezies in ihren phylogenetischen Vorfahren so gering, daß sie fast – oder so gut wie – null beträgt[111].

Theoretisch könnte also die Evolution zwar rückläufig werden, praktisch aber geschieht das nie. Ausnahmen sind bisher noch nie bekanntgeworden, sie sind aufgrund der dargelegten genetischen und populationsgenetischen Zusammenhänge auch gar nicht zu erwarten. Liegt hier also mehr als nur eine einfache Regel vor? Handelt es sich bereits um eine Gesetzmäßigkeit? Ich meine wohl, daß man diese Frage bejahen muß: Wenn die jenseits des atomaren Bereichs bestehenden Gesetzmäßigkeiten der Physik wegen der unendlich geringen Wahrscheinlichkeit von Ausnahmen als statistische Gesetze gelten dürfen (S. 180), dann trifft das für die Irreversibilität des auf allen Ebenen so hoch komplexen Evolutionsgeschehens in gleicher Weise zu. Auch hier ist die Wahrscheinlichkeit einer zufälligen Ausnahme so extrem gering, daß sie in der Praxis vernachlässigt werden muß, will man nicht an den Realitäten des Verwirklichten vorbeiargumentieren. So wird man also mit Recht das folgende phylogenetische Prinzip vertreten dürfen: *»Das Evolutionsgeschehen wird so gut wie nie rückläufig; die Evolution ist ein nicht-umkehrbarer Prozeß.«* Damit aber ist das alte Irreversibilitäts-Gesetz L. Dollos als statistisch gesetzmäßiger Sachverhalt vollauf bestätigt.

Zusammenfassender Rückblick

Blicken wir nun kurz zusammenfassend auf den Inhalt dieses Kapitels zurück, so wird uns bewußt, daß die Evolution nach der additiven aber beschleunigten Entstehung eines neuen Großbauplans sehr häufig einem zweiphasigen Verlaufsmuster folgte. An der Basis eines Stammbaums oder -busches setzte oft mit »explosiver« Entwicklungsgeschwindigkeit ein Auffächern in zahlreiche neue Zweige ein, in welchen die Grundzüge des entstandenen Bauplans sehr lebhaft abgewandelt wurden. Während dieser »typogenetischen« Phase verlief die Evolution in Quanten-Schritten: Die neuen Stammeszweige drangen in freie Lebensräume vor, was ihnen oftmals durch evolutive Prädisposition erleichtert wurde, und sie adaptierten sich an die jeweilige neue Umwelt. In der zweiten Phase, der wesentlich länger andauernden »Typostase«, wurden diese Adaptationen bei langsamem Entwicklungstempo schrittweise vervollständigt und ausgebaut.

Schon beim typogenetischen Auseinanderstreben der Stammeslinien, noch deutlicher aber während der typostatischen Phase, verlief die Entwicklung mit regelhafter Häufigkeit einsinnig ausgerichtet, also orthoevolutiv. Das war nur mittelbar auf lange anhaltenden, gleichartigen Selektionsdruck (Orthoselektion) zurückzuführen. Die eigentliche Ursache dieser Ausrichtung des Evolutionsverlaufs bestand vielmehr in der Kombination des äußeren mit einem inneren Faktor: Die ausrichtende Wirkung der Selektion konnte immer nur innerhalb jener Grenzen erfolgen, die den weiteren Entwicklungsmöglichkeiten durch die erreichte Zusammensetzung des Erbguts im Gen-Reservoir automatisch auferlegt waren. Eine weitere Beobachtungstatsache ist die auch genetisch erklärliche Nicht-Umkehrbarkeit der stammesgeschichtlichen Entwicklung. Sie findet ihre Berücksichtigung im Irreversibilitäts-Gesetz.

Wie aus dieser Zusammenfassung hervorgeht, war also die Evolution der Lebewesen eine Entwicklung, die niemals zum jeweiligen Ursprung zurückkehrte, die ohne echte Umkehr und ohne Wiederholung ständig vorwärtsschritt. Jeder einmal erreichte und wieder verlassene Zustand stellte etwas Einmaliges, in derselben Weise nicht mehr Wiederkehrendes dar. Neben diese Unmöglichkeit einer vollständigen Umkehr trat aber auch die allgemeine Tendenz der Stammeszweige, sich opportunistisch auch noch die kleinste adaptive Zone nutzbar zu machen und sich innerhalb aller verfügbaren Lebensräume gerichtet immer weiter und weiter zu entwickeln. Alle diese Befunde lassen die Evolution als einen Vorgang von sehr beträchtlicher innerer Dynamik erscheinen.

Kann dieser Prozeß aber völlig unbeschränkt, ohne jede Begrenzung seines Wachstums und Umfangs vor sich gegangen sein? Sicherlich nicht. Wären im Verlauf jener 570 Millionen Jahre, die seit dem Beginn des Kambriums vergangen sind, Stammeslinien in zwar irreversibler Weise, aber ohne jede weitere Einschränkung entstanden und hätten sie unbegrenzt weiterexistiert, so hätte die Evolution der Lebewesen schnell ihr Ende gefunden. Sobald alle Lebensräume und sämtliche ökologischen Nischen mit optimal adaptierten Stammeslinien besetzt waren, wäre ein Gleichgewichtszustand erreicht worden, bei dem die weitere Evolution stagniert hätte, weil es erfolgreiche Ansätze zu neuen Entwicklungstendenzen nicht mehr hätte geben können. Neue Wege beschreitende Stammeslinien mußten ja über Freiraum verfügen können, den sie sich schufen, indem sie noch bestehende Linien aus ihrer adaptiven Zone verdrängten, oder den sie vorfanden, wenn er durch das Aussterben einer Linie automatisch entstanden war.

Neues konnte sich also nur auf Kosten des Alten, bereits Bestehenden entwickeln, und hier deutet sich bereits an, daß der »vorwärts« gerichteten, auf genereller Orthoevolution und Irreversibilität beruhenden Dynamik der Stammesentwicklung ein zweites, entgegengesetztes Prinzip gegenübersteht. Stammeslinien entstanden, Stammeslinien vergingen aber auch. Die Analogie zum ontogenetischen Einzelschicksal des Individuums geht also sehr weit, sie schließt auch das unausweichliche Ende mit ein: Findet das Sein des einzelnen Lebewesens seinen natürlichen Abschluß mit dem Tod, so währt aller Erfahrung nach auch die Existenz einer Stammeslinie nicht ewig und unbegrenzt. Auch hier steht am Ende der Entwicklung ein Aussterben, der Stammestod. Mit ihm wollen wir uns im nachfolgenden Kapitel auseinandersetzen.

VII. Kapitel

Evolution: Das Aussterben

Wir alle leben vom Vergangenen und gehen am Vergangenen zugrunde.
Goethe

Das Werden schleppt das Gewesensein hinter sich her: Warum sollte es von diesem ewigen Schauspiele eine Ausnahme für irgendein Sternchen und wiederum für ein Gattungchen auf ihm geben!
Nietzsche

Das natürliche Aussterben ... kann seine Gründe nur in den Organismen selbst haben.
Otto H. Schindewolf, 1950

Die allgemeine, wirkliche Ursache des Aussterbens scheint eine Änderung in der Lebenslage, der Organismen-Umwelt-Beziehung, zu sein, die von den betroffenen Lebewesen eine Anpassungsänderung erfordert, die sie nicht vollziehen können.
George G. Simpson, 1951

Durch ein paläontologisches Museum zu schlendern, sich hier an einer fossilen Schnecke oder Seelilie zu erfreuen, dort über die absonderlichen Formen eines Trilobiten zu staunen, wird auch dem Laien Vergnügen bereiten. Ist sein Interesse erweckt worden, so wird er vielleicht wiederkehren. Stets aber wird er die Sammlungen nur bei hellem Tageslicht besichtigen können, und so wird ihm wohl nicht in den Sinn kommen, wie verändert doch ein Museum – vor allem aber ein paläontologisches – wirkt, sobald die Nacht hereingebrochen ist. Wenn alles in Dunkel gehüllt ist, der Schritt auf den Steinfliesen durch die Leere der verlassenen Säle schallt, mag selbst den nüchternen Menschen des aufgeklärten Zeitalters ein eigentümliches Gefühl beschleichen. Grabesstille über fossilen Gebeinen. Wirkt der Museumssaal nicht wie ein großer Friedhof, einzigartig in seiner Art, denn wo sonst fände man eine Begräbnisstätte, welche die sterblichen Überreste von Wesen aus vielen Jahrmillionen aufgenommen hätte?

Das Wissen um die Vergänglichkeit, hier drängt es sich übermächtig auf. Sie alle, die Arten, Gattungen, Familien, die vielen Evolutionszweige, die in der Vorzeit einmal existierten, sind hier vertreten: Jedes Etikett eines Ammoniten das Epitaph seiner Spezies, jedes versteinerte Skelett eines Fischsauriers das Grabmal seiner Stammeslinie. Millionen von Jahren haben sie gelebt, haben sich in ständiger Auseinandersetzung mit ihrer Umwelt behauptet und fanden schließlich dennoch ihr Ende. Doch schon löst sich der Geist von dieser fast melancholischen Betrachtung, von diesem *memento mori*; die Neugier regt sich und beginnt Fragen zu stellen: Wenn alle diese Tausende von Stammeslinien ausgestorben sind, gilt das nicht letzten Endes ausnahmslos für alle?

Ist stammesgeschichtliches Aussterben ein ebenso unabwendbares Geschick wie der Tod des Einzelindividuums? Oder gibt es Evolutionszweige, die nicht ausstarben und die auch heute noch unter uns leben? Allerdings würde damit ihre mögliche Unsterblichkeit noch lange nicht bewiesen sein, denn was solche Epigonen vorzeitlicher Arten, Gattungen oder anderer Gruppen erkennen lassen, das ist ja nur die Tatsache, daß sie heute eben *noch* nicht ausgestorben sind. Morgen schon könnten sie dennoch erlöschen.

Konservative

Derartige Nachzügler gibt es tatsächlich, wenn ihre Zahl auch nur beschränkt bleibt. Im Pflanzen- wie im Tierreich ist eine Reihe von Fällen bekannt, in welchen Angehörige von Stammeszweigen, die in der geologischen Vergangenheit von Bedeutung waren, auch heute noch existieren. Zum Teil handelt es sich um uralte Stämme, die durch solche »lebenden Fossilien« noch heute vertreten werden. Diesen phylogenetisch extrem langlebigen und verhältnismäßig evolutionsträgen, also konservativen Linien – Simpson prägte für diesen Typ die Bezeichnung »bradytelisch« – standen in der Vergangenheit zahlreiche andere gegenüber, die sich mit mäßiger Evolutionsgeschwindigkeit entwickelten (»horotelische«), und schließlich auch solche, die sich besonders evolutionsfreudig und mit auffallend schnellem Verlauf umbildeten (»tachytelische«).

Es würde zu weit führen, wollte ich nun jeden einzelnen Methusalem aus der Reihe der lebenden Fossilien hier vorführen. Der interessierte Leser sei in diesem Zusammenhang auf die ganz vorzügliche Darstellung von Erich Thenius hingewiesen[112]. Gleichwohl werden wir nicht umhin können, wenigstens einige wenige, besonders typische Beispiele herauszustellen.

Mit einem von ihnen, mit dem lebenden Perlboot *Nautilus*, haben wir uns in anderem Zusammenhang bereits beschäftigt (Abb. 18; S. 125, 200). Neben ihm wäre aber auch ein mariner Vertreter der spinnenartigen Gliederfüßer zu nennen, der Pfeilschwanz-»Krebs« *Limulus* (Abb. 44 d), der in unseren heutigen Meeren von der nordamerikanischen Atlantikküste bis in die Karibische See und vom Golf von Bengalen bis Japan und Neuguinea weit verbreitet ist[113]. Seine eigentliche Stammeslinie reicht bis in die Zeit des Perms zurück, hat sich also mit nur sehr geringen Veränderungen seit rund 250 Jahrmillionen erhalten. Die weiteren Vorfahren waren sogar schon im Kambrium aufgetaucht. Der gesamte, unserem heutigen *Limulus* vorausgehende Stamm weist also das ehrwürdige Alter von über 500 Millionen von Jahren auf!

Ein anderes lebendes Fossil, der Urmollusk *Neopilina* (Abb. 44 e), stand vor etwa 20 Jahren im Brennpunkt des Interesses aller Biologen und Paläontologen. Als im Mai 1952 das dänische Forschungsschiff »Galathea« vor der pazifischen Küste von Costa Rica aus einer Meerestiefe von 3570 Metern die ersten lebenden Monoplacophoren gedredscht hatte – sie erhielten später den Gattungsnamen *Neopilina* –, bedeutete dies eine Sensation für die Fachwelt: Diese Tiergruppe hatte ja bis dahin als völlig ausgestorben gegolten, denn ihre letzten fossilen Arten stammten aus dem Devon; die Monoplacophoren schienen also bereits vor 350 Jahrmillionen verschwunden zu sein! Weitere Funde gelangen dem amerikanischen Forschungsschiff »Vema« vor der peruanischen Westküste, und zwar in 5600 bis 6300 Metern Meerestiefe. Sie gehörten zwei neuen Arten der Gattung *Neopilina* an, und sie bestätigten die dänischen Untersuchungsergebnisse: Die Monoplacophoren sind aufgrund ihres anatomischen Baues tatsächlich als die primitivsten Mollusken anzusprechen[114], die wohl den Ursprung aller weiteren Weichtierklassen darstellen, zumindest aber der Schnecken, Muscheln und Cephalopoden.

Wegen einer überraschenden Ähnlichkeit der Schalengehäuse war zunächst daran gedacht worden, *Neopilina* könnte vielleicht gar keine selbständige Gattung sein, sondern lediglich ein gegenwärtiger Vertreter der silurischen Gattung *Pilina*. Das hätte ihr das beinahe unglaubliche Alter von etwa 450 Jahrmillionen verliehen. Doch wie eine vergleichende Untersuchung der Ultrastruktur der Schale ergeben hat[115], trifft das sicherlich nicht zu. Wohl aber kann gelten, daß sich der durch die heutige *Neopilina* vertretene Gesamt-Stamm der Monoplacophoren seit dem Unteren Kambrium, also seit rund 550 Millionen von Jahren, mit nur geringen Abwandlungen erhalten hat.

Ein anderer altertümlicher Dauertyp, die Schlitzbandschnecke *Pleurotomaria* (Abb. 44 c), ist ein hochgeschätztes, kostbares Sammlerobjekt. Ein Exemplar dieser »Blauen Mauritius der Malakologen« ist mir vor zwei Jahren in Florida für sechshundertzwanzig Dollar angeboten worden, eine stolze Summe, deren Höhe aber verständlich wird, wenn man bedenkt, wie überaus selten diese Individuen aus der Tiefsee von Westindien, Japan und dem Indonesischen Archipel sind. Drei Untergattungen – von welchen eine, *Mikadotrochus*, zu Ehren des auch als Meeresbiologe verdienstvollen Kaisers von Japan benannt ist – vertreten den Stamm noch heute. *Pleurotomaria* reicht bis in die Zeit des Unteren Jura zurück, und so hat die Gattung bis heute eine Existenzdauer von immerhin 190 Millionen Jahren. Sie ist in allen ihren anatomischen und gehäusemorphologischen Merkmalen höchst primitiv, ja selbst noch in der Ultrastruktur ihrer Schale[116]. Diese Züge sind in höchstem Maß altertümlich; verfolgen wir die noch älteren Vorfahren von *Pleurotomaria* durch die Erdgeschichte bis zu ihren Anfängen zurück, so stellen wir fest, daß der erweiterte Pleurotomarien-Zweig bereits im Oberen Kambrium, also vor über 500 Jahrmillionen existierte und damals die Wurzel des Stammbaumes aller übrigen Schnecken darstellte.

Um auch auf die lebenden Fossilien der Wirbeltiere einzugehen, sei u. a. die Brückenechse, *Sphenodon*, kurz erwähnt (Abb. 44 f). Dieses unscheinbare, von den Eingeborenen Tuatara genannte Reptil, das ausschließlich auf einigen kleinen, Neuseeland vorgelagerten Inseln vorkommt, ist heute fast völlig ausgestorben. Seine letzten Individuen stehen unter strengem Naturschutz und das sicherlich mit Recht, ist doch die Tuatara der letzte Vertreter des Stammes der Rhynchocephalen, einer 220 Jahrmillionen alten Reptilgruppe, die bis in die Trias zurückreicht, also in eine Zeit, zu der die Dinosaurier ihre Vorherrschaft noch nicht angetreten hatten.

Während der sensationelle Fund lebender Monoplacophoren von der breiten Öffentlichkeit unbemerkt blieb, hatte die Entdeckung eines anderen lebenden Fossils seinerzeit durchaus die verdiente Beachtung in der Weltpresse gefunden:

Als sich 1938 in der Ausbeute eines südafrikanischen Fischdampfers zur größten Überraschung der örtlichen Zoologen ein Quastenflosser

(Crossopterygier) fand, da zeigte sich, daß diese Gruppe der Fische keineswegs schon zur Zeit der Kreide ausgestorben ist, und daß alle diesbezüglichen Annahmen falsch gewesen waren. Die neue Gattung erhielt den Namen *Latimeria* (Abb. 44 g). Sie ist der letzte Vertreter eines Stammes, der bis in die Zeiten des Devons zurückverfolgt werden kann und dem damit ein Alter von rund 350 Jahrmillionen zukommt! Die eingeborenen Fischer der Komoren-Inseln, wo *Latimeria* in Meerestiefen von 150 bis 800 Metern lebt, hatten den Fisch, den sie Kombessa nannten, schon lange gekannt. Freilich konnten sie nicht ahnen, daß das, was da gelegentlich in ihre Netze geriet, der Bruder ihres eigenen Ur-Urahnen ist, denn die zu *Latimeria* führende Linie war sehr eng mit jenem Zweig verwandt, der im Rahmen der Quastenflosser den Ursprung aller Landwirbeltiere gebildet hat (S. 228).

Aus dem Reich der Pflanzen sei als lebendes Fossil vor allem jener Baum erwähnt, der schon Goethes Aufmerksamkeit erregt hatte, als dieser im Buch Suleika das Rätsel des in sich zweigeteilten Blattes von *Gingko biloba* so umschrieb:

> Ist es ein lebendig Wesen,
> Das sich in sich selbst getrennt,
> Sind es Zwei, die sich erlesen,
> Daß man sie als Eines kennt?

Goethes Rätsel hat die Paläontologie inzwischen gelöst. In dem geschlitzten, unvollständig geteilten Blatt befinden sich die beiden Hälften keineswegs im Zustand einer zunehmenden Trennung, sondern in dem der Verschmelzung. Sie sind tatsächlich »zwei, die sich erlesen, daß man sie als eines kennt«, denn bei den fossilen Vorfahren von *Gingko biloba* waren sie noch vollständig getrennt. Diese phylogenetischen Vorfahren aber hatten schon vor 300 Millionen Jahren zur Zeit des Oberen Karbons eingesetzt, und die Gattung selbst war während des Mesozoikums sehr weit verbreitet. So ist der *Gingko*-Baum also ein typisches lebendes Fossil. Als Wildform kommt er heute zwar nur noch in China vor, aber als kultivierter Zierbaum ist er seit zwei Jahrhunderten in allen Kontinenten angepflanzt worden. Ähnliche, sehr alte Dauerformen sind die Palmfarne (Cycadeen), die Araukarien und noch manch andere Pflanzen.

Die hier aus dem Kreis der Wirbellosen, der Wirbeltiere und der Pflanzen ausgewählten Beispiele stehen stellvertretend für eine nicht unerhebliche Zahl von weiteren, gleichfalls persistierenden Stammeslinien. Ihre stratigraphische Lebensdauer ist zum Teil sehr beachtlich. Und doch: Unsterblich waren auch sie nicht, denn zumeist handelt es sich bei den zitierten jetztzeitlichen Vertretern um neuere Arten oder Gattungen, während die älteren Vorfahren ja sehr wohl ausgestorben sind.

Heute noch lebende archaische Stammeslinien sind zwar etwas Besonderes, jedoch nicht etwa Einmaliges. Daß aber darüber hinaus eine niedere taxonomische Einheit, also eine gegenwärtige *Gattung oder gar Spezies* als extreme Dauerform sehr weit in die geologische Vorzeit zurückreicht, kommt nur als Ausnahme vor. Die Gattung *Pleurotomaria* (190 Jahrmillionen) wurde bereits erwähnt, doch noch eindrucksvoller ist sicherlich der Fall der zu den Brachiopoden gehörenden Zungen-»Muschel«, also der Gattung *Lingula* (Abb. 44 b), die seit dem Ordovizium bis heute eine phylogenetische Lebensdauer von über 450 Millionen von Jahren erreichte. Was aber die Kategorie der Spezies betrifft, so scheint es in unserer heutigen Fauna nur eine einzige zu geben, die bis in ältere Bereiche der Erdgeschichte zurückverfolgt werden kann. Dieses im engsten Sinne des Wortes lebende Fossil ist eine Art der Blattfußkrebse (Phyllopoden), die – keineswegs häufig – bei uns in Europa früher in kleinen Tümpeln und Wassergräben anzutreffen war. Diese Art, *Triops cancriformis,* ist mit einer großen Zahl von Exemplaren und mit hervorragend guter Erhaltung auch in Schichten der Oberen Trias Frankens, am Rande des Steigerwaldes, entdeckt worden. Damit erreicht sie das für eine heute noch lebende Spezies unerhörte Alter von rund 200 Millionen Jahren! Nicht minder erstaunlich ist, daß während dieses enormen Zeitintervalls die Evolution dieser Art nahezu stagnierte, denn nichts unterscheidet die triassischen Individuen von den heutigen, mit einer einzigen, geringfügigen Ausnahme, nämlich der einer ganz leichten Zunahme an Körpergröße bei den heute lebenden Exemplaren (Abb. 44 a).

Progressisten

Phylogenetisch langlebige, konservative Evolutionszweige von der Art der hier vorgestellten Beispiele treten, betrachten wir den Gesamtverlauf der Evolution, zahlenmäßig weit hinter denjenigen zurück, die eine nur mäßig lange Existenzdauer hatten. Neben diesen fallen sodann zahlreiche Stammeslinien desjenigen Typs auf, den Simpson den »tachytelischen« genannt hat, also solche, die bei besonders schneller Entwicklung eine nur geringe Existenzdauer erreichten (– wobei »gering« aber immerhin einen Zeitabschnitt von einigen hunderttausend Jahren und mehr bedeuten kann). Meist handelt es sich um kurze, eine einzige oder nur wenige Arten umfassende Seitenzweige des Stammbaumes, die sich in einer bestimmten Richtung progressiv und im Sinne einer sehr einseitigen Anpassung entwickelten und die sehr bald ausstarben, ohne daß aus ihnen zuvor neue und weitere Stammeslinien bzw. Baupläne hervorgegangen wären.

In derartigen Linien kam es fast stets zur Ausbildung von auffallenden Merkmalen, die ziemlich schnell abgewandelt wurden und im morphologischen Rahmen des normalen Bauplans sehr ungewöhnlich waren. Beispiele haben wir in anderem Zusammenhang bereits kennengelernt. So etwa gehört die Pantoffelkoralle *Calceola sandalina* (Abb. 23 b) hierher, deren Besitz eines schwenkbaren Deckels ihr eine Sonderstellung verleiht und deren Existenzdauer auf das späte Unterdevon und das Mitteldevon beschränkt war. Auch die Brachiopoden-Gattung *Pygope* (Abb. 23 c, d) ist hier zu nennen, deren Gehäuse aufgrund seiner zentralen »Durchbohrung« höchst eigentümlich wirkt, und die gleichfalls nur während eines relativ kurzen Zeitintervalls, im Oberen Jura und der tiefsten Kreide, lebte.

Unter den Trilobiten ist hier der abenteuerlich bestachelte *Ceratarges* einzuordnen (Abb. 45 a; 20 B) sowie die vom normalen Scutelluiden-Typus so stark abweichende *Ancyropyge* (Abb. 12 f), die beide Stammeslinien darstellen, welche im ersten Fall von zwei, im anderen von nur einer einzigen Spezies gebildet wurden. Auch sie stellen extrem kurze Seitenzweige dar, deren Lebensdauer lediglich Teile des Mitteldevons umfaßt. Ebenso muß die nur drei Arten enthaltende, in ihrer Morphologie vom üblichen Typus weit abirrende *Dicranurus*-Linie (Abb. 45 b–d), die nur kurze Zeit innerhalb des Unterdevons existierte, als ein typisches Beispiel gelten.

Diese wenigen, aus einer übergroßen Zahl herausgegriffenen Fälle mögen genügen, um das Phänomen der »tachytelischen« Linien ausreichend zu kennzeichnen. Betrachtet man nun diese beiden voneinander so verschiedenen Typen von Stammeslinien – die etwas lässige Bezeichnung »Konservative« und »Progressisten«[117] ist durchaus angemessen –, und vor allem, berücksichtigt man ihre Rolle im phylogenetischen Gesamtgeschehen, so gewinnt man fast den Eindruck, daß hier zwei grundverschiedene Arten von Entwicklungsabläufen vorliegen. Es kann auch kaum verborgen bleiben, daß diese, was den allgemeinen Verlauf der Evolution betrifft, von sehr unterschiedlicher Auswirkung waren: Tiefgreifende Umgestaltung, so lehrte uns die Regel der unspezialisierten Abstammung, ging üblicherweise von den weniger differenzierten, nur mäßig fortgeschrittenen Linien aus. Das aber waren gerade die langlebigen, bedächtigen Konservativlinien. Dagegen waren erfahrungsgemäß die Senkrechtstarter (man verzeihe den Gazettenjargon, doch ist er hier treffend), also die extrem evolutionsfreudigen aber kurzlebigen Progressistenlinien, in der Regel nicht in der Lage, bedeutende, die Evolution auf die Dauer in neue Bahnen lenkende Umbildungen zu vollziehen. Sie starben schnell aus, ohne phylogenetische Nachkommen hervorzubringen.

»Insofern kann man nahezu sagen, daß das Differenzierungs- und Anpassungsgeschehen evolutionsfeindlich ist. Es bedeutet zwar eine gewisse Höherentwicklung, aber lediglich im Rahmen des jeweils beschränkten Typengefüges, d. h. nur für eine kurze Wegstrecke[84].« Dagegen wurde jene übergreifende, allgemeine Tendenz der Stammesgeschichte, die man im Sinne zunehmender Komplexität der Organisation als Höherentwicklung auffassen kann, durch entsprechende Evolutionsschritte ermöglicht, die zwar nicht gerade häufig, dann aber höchst wirkungsvoll, von einzelnen Konservativlinien ausgingen.

Biologische Grundlagen konservativer und progressistischer Evolutionsabläufe

Dieser unterschiedliche Wirkungsgrad der beiden Evolutionstypen kann weder das Ergebnis einer mystischen Kraft sein, noch reinem Zufall entspringen, und so gilt es, seine biologischen Grundlagen zu erkennen. Aus der Sicht O. H. Schindewolfs handelte es sich darum, daß zu Konservativlinien diejenigen wurden, deren phylogenetische Konstitution »plastischer« blieb, und zwar aufgrund der geringen Zahl vorausgegangener, die weiteren Möglichkeiten einengender Entwicklungsschritte. Dadurch bewahrten sich diese Linien einen größeren Spielraum ihrer latenten Entwicklungsmöglichkeiten. Zugleich aber bedeutete das, daß sie sich weniger spezialisiert, weniger einseitig angepaßt hatten und daher gegen Umweltveränderungen weniger empfindlich waren. Dagegen war die schnelle Entwicklung der Progressistenlinien so gut wie stets eine intensive Adaptation an besondere Lebensweisen oder ökologische Gegebenheiten, die sie zu einseitigen Spezialisten werden ließ. Schon die kleinste Änderung der Umwelt mußte daher zu ihrem Aussterben führen.

Eingehender ist die Situation von G. G. Simpson überprüft worden, der im Fall der bradytelischen Konservativlinien allerdings zu einigen Schlüssen kam, denen man nicht beipflichten kann[118]. Zwar bestreitet Simpson nicht etwa die Existenz des Phänomens an sich: »Die bradytelische Gruppe bleibt übrig und überlebt als ein nicht fortschrittlicher Kern größerer Populationen, und die sich schneller entwickelnden Linien starben, mehr infolge der sich ändernden Bedingungen, des öfteren aus« und ferner: »Neuere und schneller sich entwickelnde Stämme sind dem Aussterben mehr ausgesetzt.« Aber die unterschwellige, leise Abneigung des mehr dem Selektionismus Zuneigenden gegen das »autogenetische« Mutationsgeschehen läßt ihn bestreiten, daß die langsame Entwicklung der bradytelischen Konservativlinien auf besonders niedrigen Mutationsraten beruht, wie dies manche Genetiker, u. a. Th. Dobzhansky, angenommen hatten.

Derartige geringe Mutationsraten könnten nur dann angenommen werden, wenn die betreffenden Populationen durch lange Zeiten hindurch klein geblieben wären. Das aber soll Simpson zufolge nicht der Fall gewesen sein: »Bradytelische Linien haben wahrscheinlich fortgesetzt große in Fortpflanzung stehende Populationen.« Nun gilt das zwar sicherlich für die gegenwärtige Situation des *Limulus,* der an den Küsten der Neuengland-Staaten gelegentlich mit solcher Häufigkeit auftreten kann, daß ganze Wagenladungen der verendeten Tiere zur Felddüngung verwendet werden. Doch zuvor, während des gesamten Tertiärs und Mesozoikums, bildeten die Vertreter der *Limulus*-Linie sicherlich keine großen Populationen, wie die Seltenheit der Funde erweist. In abgeschwächter Form trifft Ähnliches auch bei der *Nautilus*-Linie zu. Auch *Pleurotomaria* hat seit ihrem Entstehen von der Kreide- bis zur Jetztzeit keine großen Populationen gebildet, und dasselbe gilt ganz sicher für die paläozoischen Monoplacophoren, aber auch für den fossilen und rezenten *Triops cancriformis.* Eine einzige Ausnahme scheint *Lingula* zu bilden, die nicht nur in manchen fossilen Vorkommen sehr häufig auftritt, sondern lokal (so z. B. an einer Stelle des Golfs von Baja California) nach meiner eigenen Beobachtung auch heute noch in größeren Populationen vorkommt. Es scheint somit, daß von der relativen Populationsgröße her die Annahme geringerer Mutationsraten von Konservativlinien keineswegs widerlegt wird; eher scheint sich mir das Gegenteil anzudeuten.

Mehr Berechtigung hat sicherlich Simpsons Hinweis auf den Umstand, daß Konservativlinien meistens solche Linien sind, die in einer kontinuierlichen, sich relativ wenig verändernden Umwelt lebten. Wie auch E. Thenius hervorhebt, handelt es sich vielfach um mehr oder weniger konstante Lebensräume, wie z. B. alte tropische Urwaldgebiete (lebende Fossilien fehlen der gemäßigten Zone der nördlichen Hemisphäre ziemlich weitgehend) oder insbesondere die Tiefsee. Gerade die Meerestiefen jenseits der Kontinentalsockel stellen ein fast unveränderliches Milieu dar, und gerade hier finden sich die extrem persistierenden Linien (*Neopilina, Latimeria, Pleurotomaria, Nautilus* usw.). Andererseits existieren in diesen selben konstanten Lebensräumen auch zahlreiche Evolutionslinien, die durchaus zu den weniger ausdauernden und sicherlich nicht archaischen Typen gehören. Und schließlich gibt es auch lebende Fossilien in höchst inkonstanten Lebensräumen. *Lingula* und *Limulus* sind hier zu nennen, vor allem aber *Triops cancriformis*, dessen Biotop die kleinen, gelegentlich austrocknenden Süßwassertümpel sind.

Es zeigt sich also, daß weder die Populationsgröße noch die Konstanz des Lebensraumes uneingeschränkt und generell eine Erklärung für das Konservativverhalten der betreffenden Stammeslinien abzugeben vermögen. Sie mögen ebensosehr mit im Spiel gewesen sein wie eine allgemein geringere Mutationsrate, die zumindest wahrscheinlich ist. Der eigentliche genetische oder populationsgenetische, wahrscheinlich recht uneinheitliche Mechanismus, der zur Bildung von Konservativlinien führte, bleibt nach wie vor rätselhaft. *Unbestritten aber bleibt als Beobachtungstatsache, daß im Fall der Konservativlinien Evolutionsträgheit, lange Existenzdauer und Abstinenz von einseitig spezialisierter Anpassung vergesellschaftet sind und daß wesentliche neue Entwicklungen in der Regel von solchen Linien ihren Ausgang genommen haben. Was jedoch die kurz- und schnellebigen progressistischen Linien betrifft, so ist man sich weitgehend in der Erkenntnis einig, daß sie das Ergebnis besonderer Evolutionsfreudigkeit sind, die zu intensiver, stets ziemlich spezialisierter Anpassung führte.* Ihr schnelles, abruptes Aussterben muß daher mit ihrer besonderen Adaptation zusammenhängen. Wollen wir – was in diesem Kapitel ja beabsichtigt ist – den Gründen des Aussterbens von Stammeslinien nachgehen, wird es also notwendig sein, zuvor das Wesen und die Grundlagen des Adaptationsgeschehens zu diskutieren.

Wesen und Grundlagen der Anpassung

Den Begriff der Adaptation lernten wir bereits kennen, als wir im Kapitel IV die Beziehungen betrachteten, die zwischen Form und Funktion bzw. Form und Umwelt bestehen. In der dort gewählten funktionsmorphologischen Sicht standen dabei natürlich die unmittelbar zu betrachtenden Befunde im Vordergrund, also die fertigen Ergebnisse, nicht so sehr der Anpassungsvorgang als solcher. Wie aber geht dieser vor sich?

Da die Umwelt entgegen der neo-lamarckistischen Theorie niemals unmittelbar auf das Erbgut der Organismen einwirkt, muß deren Fähigkeit einer Anpassung an verschiedene Außenbedingungen in den Lebewesen selbst liegen. Das ist nun tatsächlich der Fall, denn maßgeblich ist hier der sich aus den Erbanlagen ergebende Genotyp, der eine ganz bestimmte Reaktionsnorm festlegt.

Unter dieser Bezeichnung verstehen wir das gesamte einem Individuum zur Verfügung stehende Spektrum von Möglichkeiten, auf Anforderungen der Umwelt angemessen zu reagieren. Die Reaktionsnorm ist also eine erblich festgelegte Sammlung von »Rezepten für mögliche Situationen«. Man kann sie auch als einen Satz von gespeicherten genetischen Informationen auffassen, welche entsprechende Anleitungen zu bestimmten Reaktionen beinhalten. Natürlich sind hier auch Grenzen gesetzt, und zwar durch jene Eckwerte, die sich aus den Extremfällen der gerade noch möglichen Reaktionen ergeben. Doch innerhalb des so vorgegebenen Freiraums herrscht Flexibilität, besteht ein »offenes Programm« (Ernst Mayr). Wir können also die Reaktionsnorm als den möglichen Spielraum des offenen Programms definieren. Von ihm hängt die Adaptation ab, denn: »Die ontogenetische Verwirklichung der passendsten unter den vom offenen Programm gegebenen Möglichkeiten ist ein Anpassungsvorgang« (Konrad Lorenz). Derartige Anpassungen können vom einzelnen Individuum vorgenommen werden, ohne daß ihr Ergebnis im Erbgang weitergegeben wird. Aber auch in diesem Fall können sie nur innerhalb jener Grenzen erfolgen, welche die ererbte Reaktionsnorm setzt, d. h. es können nur die innerhalb dieses Rahmens latent vorhandenen Möglichkeiten verwirklicht werden. Das Ergebnis dieser Art von Anpassung ist aber für die Stammesentwicklung ziemlich belanglos. Für die Evolution bedeutsam ist nur jene Adaptation, deren Ergebnis vererbt wird, die also von der Mutation eingeleitet wird. Diese Art von Anpassung wirkt nun so, daß innerhalb der Population aufgrund von mutativen Veränderungen der Erbanlagen schrittweise eine Verschiebung der Reaktionsnorm erfolgt. Dieser Vorgang wird sehr weitgehend von der Selektion beeinflußt und gesteuert, die sich aus den spezifischen Anforderungen der Umwelt automatisch ergibt. Es wird genügen, dies an zwei Beispielen näher zu erläutern:

Unter den Schmetterlingen war der Birkenspanner (*Biston betularia*) an seine ursprüngliche Umwelt so angepaßt, daß er sich der Sicht seiner Feinde, der Vögel, sehr erfolgreich entzog. Seine im Erbgut verankerte Reaktionsnorm hatte ein Farbmuster der Flügel und des Körpers ermöglicht, das als Tarnung diente, sobald das Tier unbeweglich auf der mit Flechten besetzten Borke der Baumstämme saß. Dieses Tarnmuster, in dem die helle Grundfarbe überwog, bot dem Birkenspanner solange Schutz, wie es mit der allgemein hellen Färbung und dem Aussehen der

Stämme übereinstimmte. Mit dem Einsetzen der Industrialisierung änderte sich in England diese Situation aber sehr schnell. Vor allem um Manchester und Birmingham, aber auch in anderen industrialisierten Regionen, förderten die Fabrikschlote nun große Mengen von Luftverunreinigungen und feinsten Rußteilchen zutage, die überall niedergingen, den Flechtenbewuchs verhinderten und die Rinde der Baumstämme fast einheitlich dunkel werden ließen. In dieser neuen, veränderten Umwelt wurde das bisherige Tarnmuster nutzlos. Im Gegenteil: Von den nunmehr einförmig dunklen Stämmen hoben sich die hellen Birkenspanner deutlich ab, sie waren in dieser Hinsicht nicht mehr angepaßt und somit gefährdet. Die natürliche Auslese wirkte nun gegen sie. Sobald Einzeltiere aufgrund einer zufälligen Mutation eine neue Reaktionsnorm entwickelten, die eine einheitliche, dunkle Flügelfärbung erlaubte, mußten jetzt diese von der Selektion begünstigt werden. Und eine solche Entwicklung trat tatsächlich ein. Der erste einheitlich schwarze (»melanistische«) Birkenspanner wurde 1850 bei Manchester festgestellt, und in den folgenden Jahren nahm die Häufigkeit derartiger Formen beschleunigt zu. Die schwarzen Tiere konnten sich ihren Freßfeinden weit besser entziehen, hatten damit bessere Chancen des Überlebens und des Sichfortpflanzens, d. h. der Weitergabe ihrer Merkmale. Sobald diese in der Population schließlich überwogen, und sobald das mutierte Gen im Gen-Reservoir der Population genügend häufig wurde, war die Adaptation im Sinne einer Neu-Anpassung endgültig vollzogen.

Wie unser zweites Beispiel zeigen mag, verläuft das Geschehen jedoch nicht immer so günstig: Die ältesten bekannten Austern stammen aus den 200 Jahrmillionen alten Ablagerungen der Oberen Trias. Alle Indizien weisen darauf hin, daß sie voll ozeanische Tiere waren. Hinsichtlich des Salzgehaltes des Meerwassers hatte ihre Reaktionsnorm also die untere und die obere Toleranzgrenze allgemein unter und über einem Mittelwert von etwa 35 ‰ festgelegt. Ungefähr dieselbe Reaktionsnorm besitzen auch noch manche der heutigen Austern.

Verschoben aber hat sie sich u. a. bei den Arten der Gattung *Crassostrea*, die seit der Unteren Kreide eine Nachfolgerin der älteren fossilen, an rein ozeanische Salzgehalte angepaßten Austern ist. In diesem Fall müssen einzelne zufällige Mutanten aufgrund einer Veränderung ihrer Reaktionsnorm in die Lage versetzt worden sein, auch in neuen Lebensräumen mit abweichendem Salzgehalt zu überleben. Da sich die neue Norm durchsetzte, sind die gegenwärtigen Arten von *Crassostrea* nun befähigt, im Küstenbereich extreme Biotope zu besiedeln, deren Salzgehalte weit unter oder weit über denen des rein ozeanischen Meerwassers liegen: An zentralamerikanischen Ostküsten oder jenen der karibischen Inseln, wo ein heißes Klima eine starke Verdunstung des Lagunenwassers und damit dessen Versalzung bedingt, lebt festgeheftet an Mangrove-Wurzeln die Art *Crassostrea rhizophorae*, die an derart hohe Salzgehalte, bis zu 38 ‰, angepaßt ist. Eine andere Art,

Crassostrea virginica, siedelt an der nordamerikanischen Ost- und Südküste in Lagunen, in welchen Süßwasserzufluß vom Festland und Vermischung mit zuströmendem Meereswasser brackische Verhältnisse schafft. Die Toleranzgrenzen von *virginica* liegen damit bei 10 ‰ und etwa 30 ‰, mit einem Lebensoptimum von etwa 17 ‰. Daher fehlt *virginica* in den versalzenen Lagunen der zentralamerikanischen Ostküste völlig.

Weiter südlich, an der Nordküste Kolumbiens, wurde jedoch eine kleine Teilpopulation dieser Art festgestellt. Hier mischt sich das Meerwasser in einem großen brackischen Lagunensystem, der Cienaga Grande, mit Süßwasser, das durch einen Nebenarm des Magdalenenstroms herangeführt wird. Dieser den Toleranzgrenzen von *virginica* normalerweise voll entsprechende Lebensraum ist für die Teilpopulation gleichzeitig Zufluchtsort. In ihn dringen die meisten natürlichen Freßfeinde dieser Austern – ozeanische Raubschnecken – kaum jemals ein, weil sie an die niedrigen Salzgehalte der Lagune im Gegensatz zu *Crassostrea virginica* nicht angepaßt sind.

Allerdings ist diese Lagune kein idealer Biotop, denn ihr Salzgehalt bleibt keineswegs konstant. Solange sich die Mengen des herangeführten Süßwassers in normalen Grenzen halten, ist die ungeschmälerte Existenz der Austern gesichert. Führt der Rio Magdalena aber Hochwasser, so sinkt der Salzgehalt der Lagune stark ab und die Teilpopulation gerät in Gefahr. Die Tiere vertragen das Unterschreiten einer bestimmten Untergrenze des Salzgehaltes höchstens zwei Monate lang, dann gehen sie zugrunde. Doch schon bei diesem Schwellenwert von 7,5 ‰ hört die Fortpflanzungsfähigkeit auf, womit der Fortbestand der Population in Frage gestellt wäre. So lebt diese Teilpopulation von *Crassostrea virginica* in der Cienaga Grande wie unter einem Damoklesschwert, stets abhängig von der Menge des jeweils fallenden Niederschlags in dem riesigen Einzugsgebiet des Magdalenenstroms. Ein intensives und lange anhaltendes Hochwasser kann zum Aussterben dieser lokalen Individuengemeinschaft führen, denn nur eine Umadaptation an die neue Umwelt der nun aussüßenden Lagune könnte sie aus ihrer Sackgassensituation befreien. Doch zweifellos liegt ein solcher Wandel der Anpassung außerhalb der Evolutionspotenzen dieser Population.

Die Regel der Einengung der evolutiven Bandbreite

Daß eine Spezies oder eine Population nicht die Möglichkeit hat, sich willkürlich nach jeder nur denkbaren Richtung hin zu entwickeln, geht allein schon aus diesem letzten Beispiel hervor. Mutieren können ja schließlich nur solche Gene, die im Genotyp bzw. darüber hinaus im Gen-Reservoir der Population vorhanden sind. Daher ist »eine gewisse bestimmte Begrenzung möglicher Richtungen ... dem Mutationsmechanismus eigentümlich«[98]. Den damit eingegrenzten Spielraum habe ich, wie erinnerlich (S. 118, 218), die evolutive Bandbreite genannt. Im Fall der Austernpopulation der Cienaga war sie es, welche die beiden Möglichkeiten der rettenden Neu-Adaptation ausschloß.

Es ist nun eine alte Streitfrage, ob diese evolutive Bandbreite mit fortschreitender Evolution einer Stammeslinie eine zunehmende Einengung erfährt oder nicht. Daß sich dies so verhält, behauptete das nach seinem Autor, dem italienischen Forscher Daniele Rosa, benannte »Gesetz der fortschreitend verminderten Variation«. Da aber der Ausdruck Variation seit Rosas Werk (1899) einem mehrfachen Bedeutungswechsel unterworfen war und daher mißverständlich geworden ist, sprach O. H. Schindewolf von einer »Abnahme der Evolutionsbreite« und von »verminderter Evolutionsfähigkeit«, während G. G. Simpson mit anderer Nuancierung, aber nicht minder treffend, diese Erscheinung eine »Reduktion der Anpassungsfähigkeit mit fortschreitender Spezialisation« nannte.

Einige wenige Wissenschaftler hatten das Phänomen der fortschreitend verminderten Evolutionsfähigkeit von Stammeslinien dem Alternsprozeß der Ontogenese gleichgesetzt und in ihm den Ausdruck des Alterns oder sogar Vergreisens der Stämme sehen wollen. Sie erblickten in ihm die Auswirkung eines Nachlassens formbildender und die Entwicklung betreibender Kräfte, die der Evolution als solcher innewohnen sollten. Das aber war eine letzten Endes vitalistische Auffassung, die weder von objektiven Befunden gestützt noch etwa denknotwendig ist, denn die zunehmende Einschränkung der evolutiven Bandbreite kann ohne Zuhilfenahme derartiger Hilfskonstruktionen auf rein biologischer Grundlage erklärt werden:

Die evolutive Bandbreite einer Spezies bzw. Population hängt, wie S. 118 bereits angedeutet wurde, von deren phylogenetischer Konstitution ab, also von der spezifischen Zusammensetzung des Genotyps, bzw. des Gen-Reservoirs. Diese letztere ist bereits das Ergebnis einer vorherigen Einengung der Entwicklungsmöglichkeiten, denn »die Tatsache, daß Arten nicht de novo aufgebaut werden, sondern auf der Grundlage bereits vorhandener Genotypen, schränkt die möglichen Änderungswege stark ein«[98]. So ist also, wie bereits in anderem Zusammenhang hervorgehoben (S. 218), die phylogenetische Konstitution einer Spezies das Produkt zahlreicher, während der vorausgegangenen Phylogenese erfolgter Umbildungsschritte, welche von Spezies zu Spezies in zunehmender Weise eine Einschränkung der noch möglichen Evolutionstendenzen zur Folge hatten.

Was aber für vergangene Entwicklungsschritte galt, traf auch auf die weiteren zu, nämlich auf die innerhalb der bereits teilweise reduzierten evolutiven Bandbreite erfolgenden. *So ergab sich also eine allgemeine, während der Evolution einer Stammeslinie schrittweise zunehmende Einengung der Evolutionsmöglichkeiten und -richtungen* (die, wie bereits gezeigt wurde, zumeist orthoevolutive Entwicklung zur Folge hatte).

Dieses ursprünglich rein empirisch festgestellte Phänomen ist ein Automatismus, der durch das Zusammenwirken zweier Faktoren bedingt wird, nämlich einerseits der gesetzmäßigen Nicht-Umkehrbarkeit der Entwicklung und andererseits der Restriktionen, welchen die phylogenetische Konstitution einer Spezies bzw. Population unterworfen ist. Diese letzteren aber sind ebenso wie die Nicht-Umkehrbarkeit durch eine stetige Zunahme der polygenen Abhängigkeit der Merkmale bedingt (vgl. S. 172): Ein Genotyp bzw. das umfassende Gen-Reservoir einer Spezies, die am vorläufigen Ende einer sehr langen Entwicklungskette steht, wird zahlreiche alte Merkmale enthalten. Hinsichtlich dieser gilt nach C. Kosswig: »... Für die Behauptung aber ›Mit zunehmendem phylogenetischem Alter nimmt die Polygenie eines Merkmals zu‹, lassen sich auf experimenteller Erfahrung beruhende Beweise anführen«[101]. Da jedoch die zunehmende polygene Abhängigkeit eines Merkmals die Möglichkeiten seiner Umbildung fortlaufend einschränkt, nimmt der Spielraum der evolutiven Bandbreite mit zunehmendem phylogenetischen Alter ab.

Soweit bisher betrachtet, ist der die Einengung der evolutiven Bandbreite bewirkende Mechanismus »autogen«, also vom Erbgut her bedingt. Doch ist das nur zum Teil der Fall, denn auch hier ist bei dem Gesamtprozeß als äußerer Faktor die natürliche Auslese gleichwertig mitbeteiligt. Sie hatte Anteil an der Schaffung der phylogenetischen Konstitution einer jeden Spezies, und sie ist es, die einerseits die Grenzen der evolutiven Bandbreite hütet und die andererseits innerhalb dieser Bandbreite auslesend und lenkend auf die weitere Entwicklung einwirkt.

Gibt es Überspezialisierung?

Diese Entwicklung und jeder Schritt innerhalb dieser Grenzen war mehr oder weniger ein Anpassungsgeschehen, vor allem aber im Fall der evolutionsfreudigen progressistischen Stammeslinien. In zunehmendem Maße adaptierte sich die Linie an einen bestimmten Lebensraum, eine spezifische Lebensweise, irgendeinen besonderen Umweltfaktor, und mit jedem Schritt und jeder weiteren Einengung der evolutiven Bandbreite geriet sie mehr in Abhängigkeit. Auf dem Höhepunkt der Anpassung wurde diese sodann zu einer einseitigen Spezialisierung: Der Rüssel des Schmetterlings taugt nur für flüssige Nahrung, die Barten des Wals erlauben nur Planktonfutter und schließen anderes aus, der Koalabär ist auf Eukalyptuslaub als Nahrung spezialisiert.

Wenn nun eine Anpassungstendenz innerhalb jener Bahn fortschreitet, die aufgrund des Zusammenwirkens von sich steigernder Einengung der evolutiven Bandbreite mit der allgemeinen Nicht-Umkehrbarkeit der Entwicklung zunehmend orthoevolutiv ausgerichtet wurde, so wird sie schnell das Anpassungsoptimum erreichen. Sehr oft – und vor allem im Fall der progressistischen Linien – mag das die genannte einseitige Spezialisierung sein. Doch wie nun, wenn die Entwicklung über diesen Schwellenwert hinausgeht? Wenn aus Adaptation Überadaptation, aus Spezialisierung Überspezialisierung wird? Ein Organ, das bei einer bestimmten Größe und Form seine Funktion optimal wahrnimmt, wird diese jenseits der Grenze bei Größen- und Formübersteigerung nicht mehr angemessen erfüllen können. Eine Tendenz, die ursprünglich Selektionsvorteile sicherte, wird also nach ihrem Eintritt ins Extreme zum Selektionsnachteil, und da die Entwicklung nun einmal nicht umkehrbar ist, wird die einseitige Spezialisierung zur Sackgasse, an deren Ende der Stammestod steht.

Diese Überlegungen sind von mehreren Biologen und Paläontologen angestellt worden, und bei O. H. Schindewolf lieferten sie geradezu die Grundlage für dessen Vorstellungen vom stammesgeschichtlichen Degenerieren in der typolytischen Endphase. Genährt wurden solche Vorstellungen vor allem durch die Beobachtung, daß es sowohl in der gegenwärtigen als auch der fossilen Fauna Fälle gibt, in welchen Formübersteigerungen oder Formverwilderung (bizarre, vom Normaltyp weit abirrende Formen) so ausgeprägt sind, daß sie in bezug auf ihre etwaige Funktion den Eindruck von Zwecklosigkeit oder gar Zweckwidrigkeit erwecken.

Wir haben einige Beispiele bereits kennengelernt: die gekrümmten oder sogar eingerollten, überlangen Stacheln mancher Trilobiten (z. B. *Ceratarges*, Abb. 45 a; *Dicranurus*, Abb. 45 b–d), die lächerlich langen Kopulationsorgane gewisser Schnecken (S. 225) und andere Erscheinungen. Meist handelt es sich um die Längen- oder Größenübersteigerung einzelner Organe, so etwa beim Mammut, dessen überlange Stoßzähne stark geschwungen sind, so etwa beim pleistozänen Elefanten *Elephas columbii,* bei dem die Spitzen dieser langen Stoßzähne nach innen gekrümmt wurden. Noch stärker ist diese Tendenz beim gegenwärtigen Hirscheber *Babirussa* ausgeprägt, dessen extrem lange Hauer des Oberkiefers sich nach hinten einrollen. In allen diesen Fällen führte die Übersteigerung dazu, daß diese Gebilde als Verteidigungswaffen völlig unbrauchbar wurden, andererseits aber stark bruchgefährdet waren bzw. sind.

Ein oft zitiertes Beispiel sind ferner die extrem verlängerten Eckzähne des Säbelzahn-»Tigers« *Smilodon* (Abb. 46 rechts unten), von welchen Schindewolf meinte: »Die Zerkleinerung und Aufnahme der Nahrung wurde also zweifellos durch diese Überspezialisierung sehr erschwert, und selbst eine volle Ausnützung der an sich fürchterlichen Waffe war nicht einmal mehr gewährleistet. Ferner waren die Eckzähne selbst durch ihre unproportionierte Länge stark gefährdet: Sie brachen häufig ab, wie zahlreiche entsprechende Funde zeigen.«

Freilich ist die Überspezialisierung des *Smilodon* gelegentlich auch bestritten worden. So verweist Simpson auf eine Untersuchung von Matthew, derzufolge es sich hier um eine besondere, von den übrigen Großkatzen abweichende Art des Zubeißens gehandelt haben soll sowie um eine spezielle Art der Verwendung der Eckzähne als Waffe. Ein Überschreiten des Anpassungsoptimums soll hier jedenfalls nicht in Frage kommen. Allerdings müssen gegen diese Argumentation Bedenken angemeldet werden; sie ist vom Funktionellen her nicht überzeugend. Zudem spricht für sich, daß bei *Smilodon* die Bruchgefährdung der überlangen Eckzähne nachweislich gegeben war[119] und daß sie von häufigen krankhaften Veränderungen der Skelettknochen begleitet gewesen ist[120]. – Einen anderen, oft erwähnten Fall stellt das extrem vergrößerte, höchst extravagante Geweih des eiszeitlichen Irischen Riesenhirsches *Megaceros hibernicus* dar (Abb. 46 links). Dieses bedeutete »zweifellos für das Tier keinen Vorteil mehr, wie es die normalen Geweihe der Vorgänger taten, sondern nur noch eine gewaltige Belastung und Behinderung. Das Skelett des Vorderkörpers mußte korrelativ verstärkt werden, um die Geweihlast tragen zu können; das weit ausladende Geweih machte die bisherige Lebensweise in den Wäldern unmöglich und verdrängte den Riesenhirsch aus seinem ursprünglichen Wohnbereiche«[84].

In modifizierter Form ist der Inhalt dieses Zitates sicherlich richtig, denn die Vorläuferform, *Megaceros giganteus antecedens*, ein Zeitgenosse des Steinheim-Menschen, war in der Tat noch ein Waldbewohner. Bezeichnenderweise besaß sein Geweih noch die normale Spannweite von etwa 1,35 Metern. Doch schon bei seinem Nachfolger *Megaceros giganteus germanicus* zwang die Steigerung der Geweihbreite auf etwa 3,5 Meter zu einem Wechsel des Biotops, er wurde zu einem Bewohner der offenen Steppe.

Beim Irischen Riesenhirsch nahm die Geweihgröße sodann in höchst eindrucksvollem Umfang zu: Aus einer Mergelschicht, welche die Torfmoore von Ballybetagh bei Dublin unterlagert, wurden seinerzeit sehr zahlreiche Überreste dieser Spezies geborgen, wobei die Spannweiten der Geweihe bei fast 4 Metern lagen und deren Gewicht bei etwa 37 Kilogramm. Ein solches Geweih stellte in der Tat eine enorme Belastung dar. Bedenkt man ferner, daß es ja jährlich abgeworfen und durch ein neues ersetzt werden mußte, so kann man nur staunend verzeichnen, welche riesige Hornmasse das einzelne Tier während seines Lebens zu produzieren hatte und wie ungewöhnlich groß die damit zusammenhängende hormonale Leistung gewesen sein muß. Bezeichnenderweise stellten sich bei so gut wie allen Individuen Veränderungen der Knochenstruktur – und zwar im Unterkiefer – ein, die bei den gegenwärtigen Wirbeltieren als krankhafte Erscheinungen gelten müssen[121]: Die Riesenhirsche litten fast durchwegs unter Pachyostose, wie sie vereinzelt auch heute noch bei Hirschen mit überschwerem Geweih auftritt.

Neben exzessiver Größenzunahme einzelner Organe ist aber auch die gelegentlich erfolgte Übersteigerung der allgemeinen Körpergröße (S. 213) zu nennen. Bei den verschiedenen Gruppen der wirbellosen Tiere gab es sehr viele Fälle von derartigen Riesenformen, die aber meist nur dem Experten bekannt sind. In der allgemeinen Diskussion werden sie allerdings nur selten genannt, wohl weil sie an Auffälligkeit von den bei den Wirbeltieren auftretenden weit übertroffen werden.

Unter diesen sind es natürlich die Dinosaurier, die mit Recht immer wieder in den Vordergrund gestellt werden. Ihre ursprünglich mäßige Größenzunahme bot ihnen zunächst zweifellos von der Selektion honorierte Vorteile (S. 217). Für die Kolosse der Extremformen aber ergaben sich nachweislich sehr erhebliche Beeinträchtigungen: So plump und schwerfällig, wie die Tiere geworden waren, sind sie auch schwächeren aber wendigeren Feinden unterlegen gewesen. Ihr Nahrungsbedarf – sehr viele waren Pflanzenfresser – muß gewaltig gewesen sein und war sicherlich nicht leicht zu decken. Ferner erforderte die bisweilen bis zu 40 Tonnen angewachsene Körpermasse ein Skelett, das geeignet gewesen wäre, sie abzustützen. Da sich aber im Verlauf des Wachstums der Knochen bei einer Verdoppelung der linearen Ausmaße das Volumen bzw. das Knochengewicht automatisch verachtfacht, ergab sich das Problem des im Skelett stark ansteigenden Eigengewichts. Daher ist gelegentlich vermutet worden, daß diese Riesenformen im Wasser gelebt haben, dessen Auftrieb ja eine gewisse Gewichtsverminderung bewirkt hätte. Doch auch dann wäre eine weitere Erhöhung des bereits enormen Körpergewichtes aufgrund des gesteigerten Eigengewichtes des Skeletts kaum realisierbar gewesen. Der riesige *Brachiosaurus* versuchte das Problem durch behelfsmäßige Umkonstruktionen zu lösen, indem er seine Hals- und Rumpfwirbel nicht etwa als solide und daher überschwere Gebilde, sondern als locker poröse, allenfalls durch Spangen versteifte Knochenkörper baute – allerdings unter notwendigem Verzicht auf den höheren Festigkeitsgrad. Ferner müssen bei der extremen Verlängerung aller innerer Versorgungsstrecken, der Wege des Kreislaufs und der Bahnen der Reizleitung sehr erhebliche Disproportionen eingetreten sein, mit allen ihren negativen Folgen. Allein für die Steuerung der Hinterbeine wurde ein eigenes Nervenzentrum des Rückenmarks in der Region des Beckens nötig! Kein Zweifel also, daß die Riesengröße der betreffenden Dinosaurier jenseits des optimalen Ausmaßes lag.

Fast alle fossilen Gattungen, die derartige Extremgrößen oder Extravaganzen der Form aufwiesen, standen am Ende ihrer Stammeslinie – die meist eine der progressistischen war – oder ihres Stammbaums. Oft hat man deshalb ihr Aussterben unmittelbar auf diese Phänomene der Überspezialisierung und deren Nachteile zurückführen wollen. Daß dabei aber Vorsicht und Zurückhaltung notwendig sind, mag das folgende Beispiel zeigen:

Vor dem Aussterben der Ammonoideen haben sich zur Zeit der Kreide Gattungen eingestellt, deren Gehäuse in sehr auffälliger, ja sogar in extremer Weise von der Gestaltnorm abwichen. Das waren einmal diejenigen, deren Gehäuseform zwar normal blieb, deren Lobenlinie aber atavistisch vereinfacht wurde (Kreide-»Ceratiten«, S. 231). Zum anderen traten nun auch Gattungen auf, deren Gehäuseform sich weitgehend von der normalen, in einer Einrollungsebene enggewundenen Planspirale löste. So entstanden durch Ausrollung und andere Unregelmäßigkeiten höchst abenteuerliche Typen, die sogenannten »Nebenformen« (Abb. 47), deren Ursprung man in einer spätevolutiven Formverwilderung suchte. Ihr abruptes Aussterben wurde damit erklärt, daß Stammeslinien mit solchen für freischwimmende Tiere völlig ungeeigneten Gehäusen ihre Existenzfähigkeit eingebüßt hätten.

Derartige gestaltlich abirrende Ammonoideen-Gattungen traten auch kurz vor dem Aussterben jenes Stammbusches auf, der in der späten Trias endete. Daneben fanden sich Nebenformen der beschriebenen, abnorm wirkenden Art auch zu verschiedenen Zeiten der Jura-Periode, jeweils am Ende kurzer progressistischer Stammeszweige. In allen diesen Fällen schien es zunächst, daß ein extremes Abweichen von der an freies Schwimmen angepaßten Gehäuseform zum Aussterben geführt hat.

Seitdem wir jedoch über die gleichzeitige Funktion des Ammonoideengehäuses als Schwebeapparat unterrichtet sind (S. 125), stellt sich die Situation etwas anders dar[122]. Bei vielen dieser Nebenformen ist die Abweichung von der Gehäusenorm mit einer mehr oder weniger ausgeprägten, sekundären Vereinfachung der Lobenlinie, also des Septenrandes, gekoppelt. Da aber eine stärkere Komplikation dieses Septenrandes eine Verbesserung der Fähigkeit des vertikalen Schwebens zur Folge hat (S. 200), bedeutet die Vereinfachung eine verminderte oder gar völlig aufgegebene Schwebefähigkeit der Tiere. Dieser Aspekt im Verein mit der abnormen Gehäusegestalt deutet nun ziemlich eindringlich darauf hin, daß die Nebenformen vom freien Schwimmen zum Leben auf dem Meeresboden übergangen sind. Hier aber spielte die mangelhafte Anpassung der Gehäuseform an freies Schwimmen keine Rolle mehr. Unter diesem Aspekt kann zumindest sie für das Aussterben der Nebenformen nicht mehr unmittelbar verantwortlich gemacht werden.

Diese Auffassung findet ihre wichtigste Stütze in den Ergebnissen umfangreicher und überaus verdienstvoller Untersuchungen, welche bei den mesozoischen Ammonoideen-Nebenformen der Tübinger Paläontologe J. Wiedmann durchgeführt hat[122, 123]. Auch er kam bereits zu dem Schluß, daß diese Tiere zum Leben auf dem Boden übergegangen sein müssen. In höchstem Maße überraschend und bedeutsam aber war seine Erkenntnis, daß diese Stammeslinien mit ihren so abnormal wirkenden Gehäusen nicht etwa erloschen, wie bisher fälschlich angenommen worden war, sondern daß die der Kreide im Verlauf ihrer Evolution erneut zur normalen Einrollungsspirale zurückkehrten! Als eine Überspezialisierung, welche das Aussterben dieser Evolutionslinien unmittelbar bewirkt hätte, wird man die abenteuerliche Gehäuseform der in der Kreide vorkommenden Ammonoideen-Nebenformen also nicht mehr auffassen dürfen[123], und auch das nachfolgende Erlöschen des Gesamtstammes der Ammonoideen kann durch sie nicht hervorgerufen worden sein. Es muß andere Ursachen haben (S. 285).

Doch auch in manchen der anderen genannten Fälle ist der Schluß von einer exzessiven Disproportion auf deren Kausalwirkung beim Aussterben nicht immer zwingend. So z. B. könnte, wie J. B. S. Haldane und auch G. G. Simspon erwogen haben, beim Riesenhirsch *Megaceros* eine gesteigerte aber noch nicht übertriebene Geweihgröße einen wesentlichen Selektionsvorteil bei den geschlechtsreifen Jungtieren geboten haben. Nach deren Fortpflanzung schädigte dann die weitere, allometrische Größenübersteigerung nur das alternde Individuum, nicht aber die Fortpflanzungsgemeinschaft als solche: Die Überspezialisierung bewirkte zwar die Benachteiligung und das Zugrundegehen des Einzelwesens, nicht aber das Aussterben der Population. Nun ist das zwar ein plausibler Gedankengang, zumal bei den jungen Böcken das Geweih vermutlich seine Extremgröße wirklich noch nicht erreichte. Nur kommen wir um die unumstößliche Tatsache nicht herum, daß die Art eben doch abrupt ausstarb – möglicherweise aus anderen Gründen.

Man wird nach den Analysen dieser beiden Fälle wohl zu dem Schluß kommen, daß nicht alles, was morphologisch nach Überspezialisierung aussieht, a priori ein wirkliches Überschreiten des Anpassungsoptimums darstellen bzw. unmittelbar zum Aussterben einer Stammeslinie geführt haben muß. Ja, es stellt sich sogar die Frage, ob eine echte Überspezialisierung überhaupt möglich ist. Das erscheint zunächst unwahrscheinlich, wenn man bedenkt, daß bei jedem über das Optimum hinausführenden Umbildungsschritt eine Gegenauslese einsetzen müßte. Nur wenn es gelungen wäre, diese zu überwinden, hätte ein Überschreiten des Schwellenwertes der Anpassung eintreten können. Manche Evolutionsforscher meinen nun, daß diese Möglichkeit nicht bestand: Nur ein starker Mutationsdruck habe verhindern können, daß die Population durch die sofort einsetzende Gegenselektion ausgelöscht wurde, aber nach allen bisherigen Erfahrungen sei der Mutationsdruck üblicherweise verhältnismäßig schwach. Das ist zwar richtig, doch meine ich, daß einige weitere Mechanismen in diesem Zusammenhang Beachtung verdienen:

Gen-Drift, also der Sewall-Wright-Effekt (S. 179) war sicherlich eine der Möglichkeiten, der Quasi-Allmacht der Auslese (– in diesem Fall der Gegenselektion –) zu widerstehen. Doch Gen-Drift kann nur in sehr kleinen, nahezu isolierten Populationen zustande kommen. Das aber trifft auf die den Eindruck von Überspezialisierung erweckenden Arten keineswegs zu; die Individuenzahlen sind sicherlich nicht gering gewesen, so daß die Populationen in allen diesen Fällen wohl größer waren als die zu Gen-Drift neigenden.

Eine andere theoretische Möglichkeit ergibt jener Fall, den Garrett Hardin[124] sehr bildhaft die »Prosperitäts-Entspannung« genannt hat und der nach plötzlicher und starker Vermehrung einer Population bei entsprechend verringertem Selektionsdruck eintreten kann. Knapp formuliert handelt es sich um den folgenden Sachverhalt: »Die relative Konstanz der Art wird durch den Selektionsdruck aufrechterhalten. Ein explosives zahlenmäßiges Anwachsen bezeichnet eine (zeitweilige) Verminderung des Selektionsdruckes. Das gestattet ein stärkeres Überleben von Genen, die in der Regel bei sehr niedrigen Zahlen ausgemerzt worden wären. Die große Zahl an Varianten, die bei explosiv anwachsenden Populationen beobachtet werden, läßt sich nur schwer mit dem Hardy-Weinberg-Gesetz in Einklang bringen«[125] und enthält auch solche, die außerhalb der »Prosperitätssituation« nicht existenzfähig gewesen wären. Dieser Spezialfall, der eindringlich an die Situation bei den zu Haustieren gewordenen Wildtieren (Domestikation) erinnert, bei der die natürliche Auslese künstlich durch den Menschen aufgehoben wurde, scheint mir in anderem Zusammenhang sehr wichtig zu sein (S. 404). Er wird im allgemeinen aber wohl nicht über die Grenzen der Spezies hinausführen und daher für evolutive, innerhalb einer Artenkette erfolgende Überschreitung des Anpassungs-Optimums üblicherweise nicht in Frage kommen.

Wesentlich mehr Wahrscheinlichkeit kommt einer anderen Konstellation zu, die auch schon von anderen Evolutionsforschern erwogen worden ist: Unterstellen wir, daß ein stark allometrisch wachsendes Merkmal A (z. B. die Länge eines Eckzahns), das einen bestimmten Anpassungswert besitzt, genetisch an ein unscheinbares oder unsichtbares Merkmal B gekoppelt ist, das einen hohen Selektionsvorteil zur Folge hat. Beide Merkmale werden sich zunächst so weit umbilden, bis das Merkmal A bei seinem Anpassungsoptimum angelangt ist. Geht die Entwicklung sodann im selben Sinn weiter, weil die Selektion das Merkmal B ja auch weiterhin begünstigt, so wird beim nächsten Umbildungsschritt das gekoppelte Merkmal A als mitgeschleppter »Trittbrettfahrer« zwangsweise über sein Anpassungsoptimum hinausgeführt, und sein Träger wird dennoch nicht ausgemerzt, weil nämlich der Selektionsvorteil von B den (jetzigen) Selektionsnachteil von A übertrifft. Das Merkmal A wird auf diese Weise unter Umständen bis weit über sein Anpassungsoptimum hinaus mitgezogen; der Eckzahn könnte damit durchaus jene übersteigerte Länge erreichen, die beim Säbelzahn-»Tiger« *Smilodon* so überraschend ist.

Es zeigt sich also, daß eine Überspezialisierung, ein Überschreiten des Anpassungsoptimums, durch ein einziges Merkmal oder einen Merkmalskomplex, ja sogar durch ein ganzes Organ grundsätzlich möglich ist. Sehr wahrscheinlich sind viele – wenn auch sicherlich nicht alle – Exzessivbildungen der fossilen Stammeslinien auf diese Art der Koppelung (Polygenie der Merkmale) zurückzuführen, doch wird es zumeist nicht mehr möglich sein, das andere, positive Merkmal, also das »protegierende Phän«, zu identifizieren.

Vom Aussterben

Für die betreffende Stammeslinie war ein derartiges »protegierendes Phän« allerdings ein Danaergeschenk. Sein Selektionswert mag noch so groß gewesen sein, bei der weiteren Evolution verblieb der Linie dennoch nur eine Galgenfrist. Diese war abgelaufen, sobald das überspezialisierte Merkmal A sich so weit von seinem Anpassungsoptimum entfernt hatte, daß der ausgeübte Druck der Gegenselektion stärker wurde als der auf B fördernd einwirkende Selektionsdruck. Als dann am Ende dieser Frist in der Gesamtbilanz der Nachteil bei A den Vorteil bei B übertraf, mußte das Ende eintreten. Hier ist die Ursache dafür zu sehen, daß Übersteigerungen und Extravaganzen aufweisende

Evolutionslinien zwar für eine gewisse Zeit existieren konnten, schließlich aber doch ausstarben.

Damit aber sind wir erneut bei einem Problem angekommen, das ebenso bedeutsam ist wie das der Entstehung von neuen Stammbäumen. Es ist das bereits mehrfach berührte Problem des Aussterbens in der Evolution, das nun eine ausführlichere Berücksichtigung verlangt.

Daß sich im Laufe der Erdgeschichte mindestens zweimal, nämlich an der Wende von der Perm- zur Trias-Zeit und ferner an der Zeitgrenze zwischen Kreide und Tertiär, sogenannte Faunenschnitte ereignet haben, ist bereits erwähnt worden. Über die eigentlichen Ursachen dieses Phänomens gehen die Meinungen zwar auch heute noch weit auseinander. Doch was auch immer die Gründe gewesen sein mögen, die Erscheinung einer zweimaligen Umwälzung im allgemeinen Faunenbild, eines zweimaligen, sehr stark ausgeprägten und kurzfristig eintretenden Faunenwandels, bleibt bestehen. Zu den genannten Zeiten entstanden jeweils wichtige, neue Großbaupläne, während unmittelbar zuvor zahlreiche Stammeszweige oder gar kleinere Stammbäume ausstarben, die lange Zeiten hindurch sehr umfangreich und vorherrschend gewesen waren. Neben dieser Häufung von Fällen kam es aber auch in den Zwischenzeiten zum Erlöschen von unzähligen Stammeslinien, zwar in unregelmäßiger Folge, jedoch mit überwältigender Häufigkeit.

So muß man also davon ausgehen, daß das Aussterben ein ungemein häufiges, ja offenbar sogar unabdingbares Schicksal der Evolutionslinien ist. Gewiß haben sich ältere Gruppen und Stammeslinien bis heute erhalten, doch so gut wie stets stellen ihre gegenwärtigen Vertreter völlig neue Arten dar, die in der Erdgeschichte nicht allzuweit zurückreichen, allenfalls in den Zeitbereich der Eiszeiten des Quartärs oder kurz davor. Mit anderen Worten: Aus länger zurückliegenden Zeitspannen haben sich, wenn wir die System-Kategorie der Spezies betrachten, fast keine Vertreter in die Gegenwart herübergerettet, und so bestätigt die verschwindend geringe Zahl der Ausnahmen die Regel, daß auf die Dauer keine Spezies zu überleben vermag[126].

Warum sich dies so verhält, und wie im Einzelfall – und vor allem auch in übergreifender Sicht – die Stammeslinien ausstarben, ist eines derjenigen Probleme, welche die Paläontologen schon immer faszinierten. Allerdings gibt dieses besonders schwer zu lösende Rätsel auf. Auch hier ist man ja auf Deutungen angewiesen, und so wird verständlich, daß bei der Beurteilung des Phänomens des Aussterbens in der Vergangenheit sehr subjektive Eindrücke und Meinungen eine große Rolle gespielt haben. Auch in diesem Fall stammten die Kontrahenten der Streitgespräche aus den beiden bereits erwähnten Lagern, dem der Autogenese und dem der Ektogenese. Die einen übertrugen das Bild vom Tode eines Einzelwesens auf die ganze Spezies bzw. die Stammeslinie und meinten, das Nachlassen einer »Lebenskraft« der Stämme verantwortlich machen zu müssen. Doch besteht, wie bereits mehrfach erwähnt, für die Annahme einer solchen anonymen Treibkraft keinerlei Veranlassung. Wiederum andere vertraten die Ansicht, die Gründe für das Aussterben könnten lediglich innerer Art und mit dem Erbgut verknüpft sein. Die Befürworter der Ektogenese aber stellten sich auf den Standpunkt, das Erlöschen der Linien sei nur von außen her, nur durch die Umwelt und deren Selektion bewirkt worden.

Das Aussterben jetzt

Will man nun versuchen herauszufinden, wer in dieser Kontroverse die Dinge richtig gesehen hat, so muß man sich von diesen zumeist reichlich subjektiven, theoretisierenden Glaubensbekenntnissen lösen und zunächst einmal in der Gegenwart stattfindende Fälle des Aussterbens prüfen. Erst mit Hilfe der so gewonnenen Erkenntnisse wird man dann in der Lage sein, die Ursachen des Erlöschens fossiler Stammeslinien angemessen zu deuten.

Eine Art stirbt natürlich dann aus, wenn in ihren Teilpopulationen die Sterbequote andauernd die Nachwuchsquote übertrifft. Das Erlöschen der Teilpopulationen ist somit von einer ständigen Abnahme der Individuenzahl begleitet, also von einer Verringerung der sogenannten Populationsdichte. Verantwortlich hierfür können sehr verschiedene Faktoren sein, und zwar vor allem (bei vordergründiger Betrachtung) solche, die der Umwelt entstammen.

Besonders gefährdet sind insbesondere die zahlenmäßig kleinen Populationen, vorwiegend aber dann, wenn sie geographisch isoliert sind. Recht aufschlußreiche Beispiele liefern da die Inselfaunen, so etwa die der Maskarenen-Insel Mauritius im Indischen Ozean. Hier lebte vor der Entdeckung durch den Menschen eine recht merkwürdige Vogelart, die Dronte, auch Dodo genannt, eine Riesentaube, etwa von der Größe einer Hausgans. Die Spezies war flugunfähig, denn ihre Flügel hatten sich zu kleinen, funktionslosen Rudimenten zurückgebildet, wohl bei fehlendem Selektionsdruck, da die Insel keine Raubtiere beherbergte und der Dodo somit ohne Feinde war. Doch 1505 wurden die Maskarenen von den Portugiesen entdeckt, in der Folgezeit wurde Mauritius häufig von den Schiffen der Ostindienfahrer angelaufen, und schließlich, 1598, wurde es zu einer holländischen Strafkolonie. Bald war nun die Population des Dodo weitgehend dezimiert. Den Nachstellungen des Menschen und der eingeschleppten Schiffsratten fielen die Vögel in Scharen zum Opfer, die auf dem Boden angelegten Nester wurden von verwilderten Hausschweinen zerstört. Ratte, Schwein und Mensch trugen die Verantwortung dafür, daß die Dodos schon 1681 endgültig ausgerottet waren. Die ausgestorbene Art ist heute nur noch aufgrund von Skelettknochen und alten Kupferstichen bekannt[127].

Ein ähnliches Schicksal erlitten die Moas, Riesenlaufvögel mit gleichfalls verkümmerten Flügeln, deren größte Art, *Dinornis maximus*, an die 2,5 Meter Größe erreichte. Noch im Pleistozän waren diese Riesenmoas in Neuseeland weit verbreitet, doch den Nachstellungen der einwandernden Menschen konnten sich die flugunfähigen Vögel auf die Dauer nicht entziehen. Bis etwa zur Mitte des 14. Jahrhunderts wurden sie durch die Eingeborenen (Maoris) völlig ausgerottet.

Möglicherweise erging es einem anderen großen Laufvogel ähnlich, dem madagassischen *Aepyornis maximus*, einem wahren Riesen von mindestens 3 Metern Höhe. In den eiszeitlichen Ablagerungen Süd-Madagaskars kommen seine fossilen Eierschalen noch heute in Unmengen vor. Vollständige Eier weisen die erstaunliche Länge von 35 cm auf, ihr Inhalt würde dem von 183 Hühnereiern entsprechen! Kein Wunder, daß bereits die Vermutung laut wurde, solche gigantischen Funde könnten vielleicht zu der orientalischen Sage vom Riesenvogel Rock geführt haben, die später Aufnahme in die Märchen aus Tausendundeiner Nacht gefunden hat. Auch der *Aepyornis* ist schlagartig verschwunden, allerdings ist nicht ganz klar, ob das nicht schon vor dem Auftauchen des Menschen erfolgte. Die örtlichen Mengen von Eischalen lassen möglich erscheinen, daß die letzten Populationen dieses Riesen in einer »Prosperitätssituation« gelebt haben (S. 256).

Handelte es sich im Fall des Dodo und der Riesenmoas um ein Ausmerzen durch räuberische Feinde, so sind in vielen anderen Fällen allgemeine Veränderungen der Umwelt der Grund für das Aussterben. Auch hier können die Maskarenen als Beispiel dienen. Seit dem 18. Jahrhundert erfolgte dort die Rodung der Urwälder, und schon im 19. Jahrhundert war die Landfläche so gut wie völlig von Zuckerrohr- und Tee-Plantagen bedeckt. Die Folge dieser tiefgreifenden Veränderung ist, daß von den ursprünglich 45 Vogelarten dieser Region heute nicht weniger als 24 ausgestorben sind[127].

Betrachtet man nun die Fälle des Aussterbens von Arten, die in historischer Zeit stattfanden, oder die sich in der Gegenwart abspielen, insgesamt, so sind zu den häufigsten und wichtigsten Ursachen zu zählen: Ausrottung durch räuberische Feinde, Verdrängung durch besser angepaßte Konkurrenten, Dezimierung durch Epidemien und extreme Schädigung durch Parasiten. Als weitere häufige Gründe sind Nahrungsmangel und alle anderen Arten extremer Biotop-Veränderungen zu nennen (vgl. z. B. den Salzgehalt, S. 249). Alle diese Ursachen sind negativer Art und stellen jeweils eine erhebliche Verschlechterung der Lebensbedingungen dar. Um so auffallender mag sein, daß auch das Gegenteil, nämlich eine »Prosperitätssituation« (S. 256), zum Aussterben führen kann. Diese Entwicklung kann dann eintreten, wenn sich die Populationsdichte abrupt bis zur Übervölkerung des Biotops steigert, weil gewisse regulative Außenfaktoren entfallen und dadurch abnormal günstige Lebensbedingungen entstanden sind.

Ein sehr eindrucksvolles Beispiel (Abb. 48) für eine derartige Entwicklung ergibt sich aus dem Schicksal einer Hirsch-Population in einem Wildreservat von Arizona[127]. Zum Schutz dieser Tiere wurden in der betreffenden Region zwischen 1905 und 1915 alle Pumas und daneben im Lauf der weiteren Jahre auch alle Koyoten und Wölfe abgeschossen. Die Folge war, daß sich die Hirsch-Population nunmehr in einer extrem begünstigten Lage befand. Die Ausschaltung des Selektionsfaktors »Feinde« schuf eine »Prosperitäts-Situation«, in welcher die Populationsdichte der Hirsche bei schneller Vermehrung innerhalb von 15 Jahren auf das Zehnfache der Ausgangszahl hochschnellte. Das aber führte zu Übervölkerung und zugleich zu einer raschen Erschöpfung der zur Verfügung stehenden Futtermengen. Die Folge war ein unvermittelter, extremer Abfall der Populationsdichte, der in freier, vom Menschen nicht kontrollierter Wildbahn mit größter Wahrscheinlichkeit zum Aussterben geführt hätte. Räuberische Feinde, die die angemessene Populationsdichte einer Spezies gewährleisten, und andere, eine übermäßige Vermehrung kontrollierende Elemente gehören somit ebenso zu den regulativen Außenfaktoren wie die übrigen Umweltbedingungen.

Stets also wird das Aussterben einer Population durch außenbürtige Kräfte und Konstellationen herbeigeführt. Diese in der Gegenwart zu identifizieren fällt in der Regel nicht allzu schwer. Weitaus problematischer ist aber der Versuch, die jeweiligen Ursachen auch im Fall des Aussterbens der fossilen Stammeslinien festzustellen. Im folgenden soll an zwei Beispielen vorgeführt werden, daß meist auch im günstigsten Fall nicht alle Einzelheiten geklärt werden können, wenn auch die mehr allgemeinen Zusammenhänge wohl dennoch sichtbar werden:

Das Aussterben einst

Mit dem ersten Beispiel kehren wir zur Betrachtung einer Trilobitengruppe zurück, die bereits erwähnt worden ist, nämlich zu den Proetiden. Daß zur Zeit des Unteren Devons in mehreren Stämmen dieser Gruppe plötzlich die Tendenz zur Verkleinerung des Auges, ja sogar zu völliger Erblindung einsetzte, ist bereits erwähnt worden. Ebenso wurde schon hervorgehoben, daß es sich mindestens bei zwei dieser Stammeslinien um eine zufällige, umwelt-unabhängige Prädisposition gehandelt hat (S. 138). Diese und alle weiteren Linien wurden adaptiv, sobald sie in die »passende« Umwelt gerieten, also in Lebensräume, in welchen die Lichtzufuhr geringer war. Zwar ergibt sich das allein schon aus dem Umstand, daß die Augenverkümmerung während des Devons allgemein zunahm und daß dies dort der Fall war, wo bestimmte Gesteinstypen und Begleitfaunen Verhältnisse anzeigen, die charakteristisch sind. Deren ökologische Ausdeutung ist allerdings immer noch nicht endgültig geklärt. Während ich ursprünglich[128] ebenso wie später einige andere Geologen meinte, daß einzelne Anzeichen für etwas größere Meerestiefe sprechen, hielten andere diese Ablagerungsräume für solche des flachen aber sehr trüben Meereswassers. Wie dem auch sei, die fortschreitende Augenverkümmerung der proetiden Trilobiten hätte bei beiden Fällen der Deutung mit der Umwelt im Einklang gestanden, sowohl in Lebensräumen, in welchen aufgrund von größerer Tiefe die Lichtzufuhr geringer war, als auch in solchen, deren Schlammtrübe das Licht abfilterte. Möglicherweise sind, von Fall zu Fall verschieden oder auch gemeinsam, alle beide Faktoren maßgeblich gewesen.

Die Rückbildung der Augen der Proetiden hat, wie ich 1958 nachweisen konnte[59], in den verschiedenen Evolutionslinien einen unterschiedlichen Verlauf genommen, stets aber hatte sie eine bestimmte Konsequenz: Am Innenrand jedes der beiden Augen verläuft eine sogenannte »Häutungsnaht«. Entlang dieser Naht klappte der Mittelteil des Kopfschildes auf, um das Herausschlüpfen des Tieres zu ermöglichen, sobald sich dieses wie die gegenwärtigen Krebse häutete, weil der alte Panzer zu klein geworden war. Die Augenreduktion war nun von auffallenden Veränderungen im Verlauf dieser Häutungsnaht begleitet, und aus diesen wird ersichtlich, daß die Erblindungstendenzen in den verschiedenen Stammeslinien zwar zum selben Endergebnis führten (Abb. 49 c, d), aber jeweils auf etwas verschiedene Weise (Abb. 49 a, a1 bzw. b, b1).

Teilen wir nun die europäischen und nordwestafrikanischen Proetiden-Arten des Devons (sie bilden eine geographische Einheit) und des Unter-Karbons in drei Gruppen auf, nämlich eine normaläugige, eine mit mäßig verkleinerten Augen und eine mit sehr stark reduzierten oder völlig fehlenden Augen. Betrachten wir nun die Häufigkeit in den verschiedenen Zeitabschnitten, so ergibt sich ein recht aufschlußreiches Bild (Abb. 50). Einerseits zeigt sich nämlich, daß die Zahl der normaläugigen Arten während dieses Zeitraums fortschreitend abnahm. Andererseits schwankte die Zahl der Arten mit mäßiger Augenreduktion innerhalb nur enger Grenzen und veränderte sich seit dem Unter-Devon bis zum Ende nur unmaßgeblich. Auffallend aber ist die Situation bei der Gruppe der stark reduziert-äugigen bis blinden Arten, denn hier sind drei Höhepunkte der Häufigkeit zu verzeichnen. Sie stellten sich im Zeitintervall vom mittleren Unter-Devon bis zum frühen Mittel-Devon, ferner im Ober-Devon und schließlich in den mittleren Abschnitten des Unter-Karbons ein. In den Zwischenzeiten waren solche Arten jedoch weit seltener vertreten.

Diese Häufigkeitsverteilung wird verständlich, wenn man erkennt, daß sie der paläogeographischen Entwicklung parallel verläuft, die in den damaligen Meeren Europas und deren Fortsetzung in Nordwest-Afrika stattgefunden hat. Immer dann, wenn die Ablagerung von »Schlammkalken« oder von Tonschiefern – also von Sedimenten etwas tieferer Meeresbereiche – zunahm, steigerte sich die Zahl der blinden bzw. stark reduziert-äugigen Arten. In den Zwischenzeiten, in welchen dagegen Korallenriffe oder andere Bildungen sehr flacher und klarer Wasserbereiche vorherrschten (wie z. B. zur Zeit des oberen Mittel-Devons), traten diese blinden Arten zahlenmäßig zurück. Somit entsprechen die Häufigkeitsschwankungen der blinden Proetiden-Arten in der Devon-Zeit den Tiefenschwankungen der Meeresböden. Doch war auch eine einheitliche Gesamttendenz vorhanden, denn in der Zeit vom Unter-Devon bis zum Ober-Devon nahm in den Meeresbecken Europas und Nordwest-Afrikas die allgemeine Absenkung zu[128]. Unsere Graphik (Abb. 50) zeigt nun, daß sich parallel zu dieser weiträumigen Vertiefung der Meere die Zahl der normal-äugigen Proetiden-Arten fortlaufend verringerte, während die der blinden allgemein etwas zunahm[129].

 Zum Teil abweichend scheinen sodann die Verhältnisse zur Zeit des

Unter-Karbons gewesen zu sein. Hier vermuten G. und R. Hahn wohl zu Recht, daß das Überwiegen der normaläugigen Proetiden in reinen, spätigen Kalkgesteinen und das der blinden »in der schlammigen, schlecht durchlichteten Fazies der Kulm-Schiefer«[130] in erster Linie auf eine Abhängigkeit von der Wassertrübung zurückgeht. Doch spielen relative Tiefenunterschiede zusätzlich auch hier noch eine Rolle, wie sich aus der Begleitfauna zu ergeben scheint. Jedenfalls starben alle diese Stammeslinien zum Ende des Unter-Karbons aus, und zwar unmittelbar vor der weitgehenden Verlandung der erwähnten Meere, deren Böden sich sowohl im zentralen Europa als auch in Marokko auffalteten und die riesigen Variszischen Faltengebirge bildeten.

Natürlich drängt sich nun die Vermutung auf, daß das Aussterben der letzten reduziert-äugigen und blinden Proetiden auf diesen Verlust ihrer Lebensräume zurückgeht, und in gewisser Hinsicht ist das auch sicherlich richtig. Doch außerhalb der nun aufgefalteten Gebiete blieb das Meer bestehen, und in ihm entwickelten sich großäugige Nächstverwandte der Proetiden ungestört fort. Hier boten also Refugien die Möglichkeit zum Überleben, denn durch die driftenden, pseudoplanktonischen Larven wären sie leicht zu erreichen gewesen. Freilich waren das durchwegs Lebensräume, in welchen der Besitz ausreichend funktionsfähigen Augen erforderlich gewesen wäre. Die reduziertäugigen und blinden Stammeslinien der Proetiden hätten also durch Neuanpassung wieder geeignete Sehorgane hervorbringen müssen. Dazu aber kam es nicht. Ihre vorherige Adaptation an lichtarme Lebensräume hatte sich offenbar zu einer einseitigen Spezialisierung gesteigert, und die eintretende Änderung der Umweltbedingungen konnten die Populationen nun nicht mehr überstehen. Wesentlich aber erscheint mir das grundsätzliche Bestehen einer Möglichkeit, in die noch vorhandenen Meeresregionen auszuweichen. So starben die Populationen zwar unter dem Druck einer veränderten Selektion aus – doch nicht nur, weil dieser eben eintrat und wirksam wurde, sondern auch, weil sie keine Mutanten mehr produzieren konnten, die eine Neuanpassung an diese anderen Biotope durch Vergrößerung oder erneute Bildung der Augen eingeleitet hätten.

Auch das zweite Beispiel bezieht sich auf das Erlöschen einer Trilobitengruppe. In diesem Fall handelt es sich um die sogenannten Cheiruriden, eine Familie, die ihren Namen wegen der Gestalt des Schwanzschildes erhielt, der mit seinen Randstacheln an die Form einer menschlichen Hand (griech. *ἡ χείρ*) mit gespreizten Fingern erinnert.

Das Aussterben dieser Gruppe scheint auf den ersten Blick nichts Spektakuläres an sich zu haben. Während des Mittel-Devons nahm ihre Artenzahl ab, und schließlich verschwanden die Cheiruriden vor dem Anbrechen des Ober-Devons völlig. Und doch zeigt sich hier eine höchst interessante Erscheinung, auf die seinerzeit der tschechische Paläontologe F. Prantl aufmerksam gemacht hat[131]: Immer wieder finden sich nämlich einzelne Individuen, die in ihrem Kopfschild ein pathologisches Abweichen von der Gestaltnorm aufweisen. Prantls Funde stammten aus dem Unter-Devon von Böhmen, doch im Laufe der Jahre habe ich dieselben und ähnliche Beobachtungen auch an Exemplaren aus dem Harz und dem Kellerwald, aus Anjou und Südengland, aus den Karnischen Alpen Österreichs und aus Rußland anstellen können. Zudem zeigte sich, daß diese abnormalen Bildungen nicht nur bei den unterdevonischen, sondern auch bei den letzten mitteldevonischen Arten auftraten. Sie begleiteten also das Aussterben der Familie.

Um ihre Bedeutung zu erfassen, muß man das folgende beachten: Die noch unbekannten Vorfahren der Cheiruriden hatten, wie alle primitiven Trilobiten, einen Kopfmittelteil, die sogenannte »Glabella«, der vermutlich von drei durchlaufenden Querfurchen untergliedert war (Abb. 51 a, Furchen 1, 2 und 3). Bei den älteren Cheiruriden sowie bei der silurischen Untergattung *Cheirurus* wurde sodann ein fortschrittlicherer Status insofern erreicht, als die Glabellarfurchen 2 und 3 in ihrer Mitte unterbrochen wurden (Abb. 51 b). Später, bei Beginn des Unter-Devons, entstand aus *Cheirurus* eine neue Untergattung, *Crotalocephalus*, und aus dieser Linie entsprang schnell eine weitere, nämlich die der Untergattung *Crotalocephalina*. Diese beiden[132] waren die letzten Untergattungen der Cheiruriden, mit ihnen starb die Familie aus. Für beide aber war typisch, daß nach Art eines atavistischen Rückschlags die Furchen 2 und 3 nun wieder durchlaufend waren (Abb. 51 c).

Bei vielen Spezies von *Crotalocephalus* und *Crotalocephalina* kam es nun innerhalb der verschiedenen geographischen Teilpopulationen zum gelegentlichen Auftauchen der erwähnten abnormalen Veränderungen (Abb. 51 c_1 bis c_5, d_1 bis d_6). Stets betrafen diese Erscheinungen die Glabellarfurchen 2 und 3, und dabei traten zwei grundsätzlich verschiedene Ausbildungen auf: 1) Bei der einen erschien in der Symmetrielinie des Kopfmittelteils eine neue, gänzlich unmotivierte und bei Trilobiten völlig ungewöhnliche Mittelfurche, die bald nur die Querfurchen 3 und 2, bald nur die Furchen 2 und 1 oder ausnahmsweise sogar alle drei Querfurchen miteinander verband (Abb. 51 d_3 bis d_6, c_5). Bei der anderen Ausbildung 2) kam es zu einer Unterbrechung der Querfurchen, und zwar entweder in der Furche 2 oder in 1 oder gleichzeitig sowohl in 2 als auch in 1 (Abb. 51 d_1 und d_2, c_1 bis c_4).

Erscheint nun die normale Entwicklung durchlaufender Querfurchen bei den devonischen Cheiruriden wie eine allgemeine Rückkehr zum Zustand der Familienvorfahren, so gilt ähnliches auch für diejenigen ihrer vereinzelten Individuen, welche die abnormale Ausbildung 2) hervorbrachten. In durchaus atavistischer Weise kehren diese nämlich teilweise oder gänzlich zu dem bei *Cheirurus* typischen Zustand der unterbrochenen Querfurchen zurück (vgl. Abb. 51 c_4 und d_2 mit b). Daß aber beide Tendenzen echt pathologisch waren, geht daraus hervor, daß sie sich in einigen seltenen Fällen (Abb. 51 c_2 und d_6) zu völlig unregelmäßigen unsymmetrischen Mißbildungen steigerten[133].

Alle diese Sonderbildungen waren sicherlich umweltunabhängig, denn sie traten bei unterschiedlichen Arten, in verschiedenen geographischen Regionen und – wie die Begleitgesteine und vergesellschafteten Faunen erweisen – in voneinander abweichenden Lebensräumen auf. Welche Folgen sie für das Einzeltier hatten, ist schwer zu beurteilen, allenfalls zu vermuten: Normalerweise waren an den äußeren Enden der

Querfurchen auf der Unterseite des Panzers die Mundgliedmaßen der Tiere befestigt und durch Muskeln verankert. Es wäre daher denkbar, daß sich die pathologischen Veränderungen der Furchen in irgendeiner Weise behindernd auf das Funktionieren der Mundwerkzeuge ausgewirkt haben. Dennoch wird man in diesen Mißbildungen keineswegs die Ursache des Aussterbens der Cheiruriden suchen dürfen; dazu waren sie innerhalb der Populationen sicherlich zu selten. F. Prantl hatte sie als »Phylogerontismen« gewertet, also als Ausdruck einer stammesgeschichtlichen Vergreisung der Familie, doch entbehrt diese Vorstellung einer biologischen Grundlage, sie hilft nicht weiter. So wird man sich in diesem Fall wohl eingestehen müssen, daß die eigentlichen Gründe des Aussterbens der Cheiruriden auch weiterhin im dunkeln bleiben und daß die auffallenden, von der Selektion sonderbarerweise nicht ausgemerzten Mißbildungen nur Begleiterscheinungen, nicht aber Ursache dieses Aussterbens darstellten.

Vom Wohlstand und Untergang des Höhlenbären

Anders aber verhält es sich in zwei Fällen, in welchen krankhafte Defektbildungen einen sehr wesentlichen bzw. sogar einen ausschlaggebenden Einfluß auf den Niedergang und das Erlöschen von Populationen ausübten. Besonders günstige geologische Bedingungen und vor allem die Möglichkeit von Vergleichen mit entsprechenden Erscheinungen in der Gegenwart führen dazu, daß wir bei den beiden nachfolgenden Beispielen über die Ursachen und auch die Mechanismen des Aussterbens ungewöhnlich gut unterrichtet sind. Im ersten Fall handelt es sich um das Ende des Höhlenbären (*Ursus spelaeus*) in der Altsteinzeit, im zweiten um den Untergang eines der letzten Dinosaurier.

Immer wieder stößt man in Büchern auf die Meinung, die großen eiszeitlichen Säugetiere wie das Mammut, das Wollhaarnashorn und der Höhlenbär seien durch den Urmenschen ausgerottet worden. Dagegen hat bereits einer unserer namhaftesten Eiszeitforscher, W. Soergel, darauf hingewiesen, daß das sicherlich nicht richtig ist. Zwar fingen die vorzeitlichen Jäger das Mammut in Fallgruben, zwar haben sie nachweislich Jungtiere des Höhlenbären erlegt, ja gelegentlich sogar ausgewachsene, in Schlingen gefangene Individuen. Doch waren die Jägergruppen zu klein, ihre Waffen noch zu unvollkommen und ihre Jagdtechnik noch zu primitiv, als daß durch sie so umfangreiche Tierpopulationen in ihrem Bestand gefährdet worden wären[134]. Erst mit der Erfindung besser entwickelter Jagdgeräte, vor allem aber seit der Verwendung von Schießpulver, wurde der Mensch in die Lage versetzt, der Tierwelt gegenüber zum ausrottenden Selektionsfaktor zu werden. Wenn aber nicht der Mensch, wer dann war für das Aussterben der Höhlenbären verantwortlich? Mit diesem Problem hat sich der deutsche Paläontologe Othenio Abel von Wien aus sehr gründlich auseinandergesetzt, und er kam zu dem Schluß, daß diese Art ausstarb, weil es ihr – so paradox das zunächst klingen mag – »zu gut ging«.

Der Höhlenbär, das an Körpermaßen größte Raubtier unter den tierischen Zeitgenossen des Neandertal-Menschen, erlebte seine Blüte in der letzten Zwischenzeit (Riss/Würm-Interglazial). Höhlenzeichnungen weisen ihn auch noch als Zeitgenossen des Cro-Magnon-Menschen aus, doch verschwand er offenbar schon zum Ende der Kulturepoche des Solutréen, denn die Höhlenmalereien des anschließenden Magdalénien zeigen nicht mehr ihn, sondern nur noch den heutigen Braunbären.

Die Tiere waren Allesfresser, haben aber offensichtlich Pflanzennahrung den Vorzug gegeben, vor allem Gräsern, worauf ihr Zahnabschliff schließen läßt. Ihre Skelette gehören zu den häufigsten Funden, die der Wirbeltierpaläontologe im jungpleistozänen Höhlenlehm antrifft, was nicht verwunderlich ist, denn in dem vor Zerstörung geschützten Milieu der Höhle herrschen natürlich besonders günstige Erhaltungsbedingungen. An manchen Stellen liegen dann die Skelettreste dicht gepackt in großen Mengen, wie etwa in der 1949 entdeckten Bärenhöhle bei Erpfingen in der Schwäbischen Alb, deren Skelette seinerzeit von dem jetzt in München tätigen Paläontologen, Professor R. Dehm, ausgegraben worden sind.

Dieselbe Situation lag auch in der Drachenhöhle des Rötelsteins bei Mixnitz in der Steiermark vor, deren Schätze allerdings aus einem recht praktischen Anlaß gehoben wurden. Als nämlich die wirtschaftliche Notlage nach dem ersten Weltkrieg in Österreich dazu zwang, anstelle von künstlichen nun andere Düngemittel zu verwenden, begann man, den fossilen Fledermaus-Guano der Drachenhöhle abzubauen, und diese Gelegenheit wurde 1920 bis 1923 von O. Abel und seinen Mitarbeitern zu einer umfangreichen Untersuchung der bei den Grabungen anfallenden Höhlenbären-Reste benutzt[135]. Skelettknochen im Gesamtgewicht von 250 000 kg wurden dabei gesichtet, allein das wegen seiner Vollständigkeit wissenschaftlich verwertbare Material ergab ein Gewicht von 4000 kg!

Die in ihrer Bedeutung wirklich einmaligen Ergebnisse dieser Untersuchungen waren höchst aufschlußreich: In den tieferen, älteren Lagen wurden stets kräftige, gesunde, voll ausgewachsene Riesenexemplare festgestellt, deren Skelettmerkmale sehr gleichförmig ausgebildet waren. In den oberen, jüngeren und jüngsten Lagen des Höhlenlehms zeigte sich jedoch ein anderes Bild. Hier fanden sich verhältnismäßig wenig adulte Individuen, wohl aber viele im Altersstadium. Dabei konnte eine auffallende Variabilität der Merkmale beobachtet werden. Ferner waren zahlreiche Mißbildungen der Knochen und des Gebisses zu beobachten. Besonders bemerkenswert aber war das Vorkommen von »verzwergten« adulten Kümmerformen und vor allem das zahlreicher jugendlicher Individuen, die vorzeitig, nämlich schon am Ende des ersten Lebensjahres, verendet waren.

Was die ganz offenkundig krankhaften Erscheinungen betrifft, so waren sie von recht verschiedener Art: Bei den Jungtieren stellten sich sehr oft die Spuren von Kieferentzündungen ein, weil die zum Durchbruch reifen Zähne für die zu kurzen Kieferknochen zu groß waren. Bei diesen jungen wie bei vielen ausgewachsenen und alten Individuen war nämlich der Schnauzenteil des Schädels häufig verkürzt, wie das als Domestikationsmerkmal bei manchen unserer Haustierrassen der Fall ist (z. B. Hausschwein, Bulldogge – »Mopsschädeligkeit«). Bei den Altbären trat oft eine Erkrankung (Aktinomykose) der Kieferknochen ein, die durch einen Strahlenpilz auch heute noch bei Pflanzenfressern hervorgerufen wird. Daneben waren an zahlreichen Skelettknochen die Spuren von Gichterkrankungen wie Arthritis deformans und Gelenkentzündungen festzustellen. Besonders häufig[135] aber waren Wucherungen und Verwachsungen der hinteren Brustwirbel und der vorderen Lendenwirbel zu beobachten, wie sie als »Menagerie-Krankheit« bei Braunbären und großen Raubtieren im Gefolge von Knochenentzündungen auch in der Gegenwart auftreten, wenn die Tiere in engen Käfigen zu wenig Bewegungsfreiheit haben. Auch Fälle von Rachitis und Gelenktuberkulose fehlten nicht.

Ähnliche Beobachtungen konnte O. Abel auch an anderen Fundstellen machen, und sie alle wertete er in einer Beurteilung der Sachlage aus, die ich hier in eigener, mehr zeitgemäßer Formulierung wiedergebe: In der letzten Zwischeneiszeit hatten sich für die Population des Höhlenbären ganz außergewöhnlich günstige Lebensbedingungen eingestellt. Nach der vorherigen Riss-Eiszeit wurde nun das Klima milder. Die Sommer waren länger, die Winter kürzer, und für einen auch Pflanzen verzehrenden Allesfresser bestand jetzt kein Nahrungsmangel mehr. Die Tiere konnten also auf Migrationen verzichten, und sie gingen nun zu einer neuen Art des Verhaltens über, dem der Standorttreue. Konkurrenten oder räuberische Feinde kannten die riesigen Höhlenbären nicht, und selbst die Jäger der noch sehr kleinen Menschen-Populationen konnten den Tierbestand nicht ernstlich gefährden. Die Jungtiere kamen zur Fortpflanzung, wuchsen heran und starben erst in späterem Alter, so daß in den Höhlen kaum jemals Jungtier-Skelette zur Ablagerung kamen, sondern lediglich die Reste voll ausgewachsener Tiere.

Die Population der Höhlenbären stand in der Zwischeneiszeit also auf dem Höhepunkt ihrer Blüte, sie lebte in einem Existenzoptimum besonderer Art. Nicht zu Unrecht hat seinerzeit Konrad Lorenz diese paradiesische Situation (und ihre Folgen) mit der Lage des zivilisierten Menschen und seiner Haustiere verglichen, als er meinte, außer dem Menschen sei der Höhlenbär das einzige Lebewesen, »das sich selbst domestiziert hat«.

Aber diese so ungewöhnlich vorteilhafte »Prosperitätssituation« hatte auch ihre versteckten Schattenseiten, denn nun war die natürliche Auslese weitgehend ausgeschaltet. Jetzt kamen auch solche Tiere zur Fortpflanzung, die sonst als Träger nachteiliger oder sogar schädlicher Merkmale durch die Selektion schon in frühester Jugend ausgeschaltet worden wären. Nun pflanzten sich, wie die hohe Zahl pathologischer Altersindividuen in der Folgezeit erkennen ließ, auch Fehlmutanten fort. Im Gen-Reservoir sammelten sich jetzt auch nachteilige Gene an, die Population wurde »dekadent«, anfälliger gegen Krankheiten und weniger widerstandsfähig gegen ungünstigere Umweltbedingungen.

Diese aber traten mit dem Beginn der Würm-Eiszeit sehr schnell ein. Vor dem nach Süden vorrückenden Inlandeis wichen die Höhlenbären nicht mehr aus, denn ihr Verhalten war ja durch die Um-Adaptation nunmehr auf Standorttreue umprogrammiert. Ihr Winterschlaf mußte nun unverhältnismäßig länger werden, die geringere Bewegung führte zum »Menagerie-Syndrom«, der Langzeitaufenthalt in den feuchten, jetzt kalten Höhlen zu Gichterkrankungen. Die Nahrung wurde knapper, zugleich aber auch nicht mehr unbedenklich, enthielt sie doch den Kieferentzündungen verursachenden Strahlenpilz, und die Resistenz gegen diesen hatte in der Population offensichtlich nachgelassen. Die zunehmende Klimaverschlechterung und das Abnehmen der Nahrung bewirkten, daß bei den Höhlenbären nun auch die Zahl der kleinwüchsigen Kümmerformen zunahm. Ausschlaggebend aber war sicherlich, daß jetzt ein hoher Prozentsatz der Jungtiere aufgrund einer früheren Defektmutation schon vor der Periode des Zahnens oder zumindest doch vor der Fortpflanzung verendete. So muß die Nachwuchsquote der Population schnell abgenommen haben, bis der endgültige Untergang besiegelt war. Der rasch zunehmenden, weiteren Verschlechterung der Lebensbedingungen waren die dezimierten, geschwächten Restpopulationen sodann nicht mehr gewachsen.

Das Dinosaurier-Problem

Während nun im Fall der Höhlenbären die Ursachen und Mechanismen des Aussterbens durch paläontologische Untersuchungen weitgehend geklärt sind, kann von dem Erlöschen der einzelnen Dinosaurier-Stämme leider nicht dasselbe behauptet werden (– mit einer einzigen Ausnahme, über die noch zu berichten sein wird).

Zwei große Dinosauriergruppen haben während des Mesozoikums die Festländer besiedelt und sich nebeneinander weiterentwickelt: Zu den Saurischiern, die durch ein völlig reptilhaftes, dreistrahliges Becken gekennzeichnet waren, gehörten unter anderen die sich auf den Hinterbeinen fortbewegenden, fleischfressenden Raubechsen vom Typ des *Tyrannosaurus* (Abb. 52 b) aber auch mittelgroße bis riesige, pflanzenfressende Vierfüßer wie etwa der bereits erwähnte *Brachiosaurus*-Typ (Abb. 52 a). Da gerade diese zweite Untergruppe Gegenstand einer eingehenden Betrachtung sein wird, sei ihr Name hier besonders herausgehoben: Es sind die sogenannten Sauropoden. – Die andere Großgruppe wurde von den Ornithischiern gebildet, die wie die Vögel ein vierstrahliges Becken besaßen, weil zu den drei langgezogenen Knochenelementen noch ein viertes hinzutrat. Zu ihnen sind sowohl Zweibeiner als auch Vierbeiner zu rechnen, wie beispielsweise der dreifach gehörnte, im Nacken durch einen Knochenkamm geschützte *Triceratops* (Abb. 52 e).

In beiden Gruppen begann die Entwicklung mit ziemlich einfachen Formen, und in beiden kam es fortschreitend zu immer stärkerer Spezialisation, die bei den pflanzenfressenden Stammeslinien vorwiegend in der Ausbildung von Schutzvorkehrungen gegen die räuberische Untergruppe bestanden: Manche wurden zu zweifüßigen schnellen Läufern, andere entwickelten Schutzpanzer und Verteidigungswaffen, wie z. B. Hörner und Dornen, wiederum andere – vornehmlich die Sauropoden – zogen sich in schützende Sümpfe und stehende Gewässer zurück.

Kurz vor der Wende von der Oberen Kreide zum Tertiär sind sodann beide Gruppen im Zuge des großen Faunenschnitts (S. 96) erloschen, und dieses abrupte Aussterben hat seit langer Zeit unter Fachkundigen und auch solchen, die es nicht sind, zu zahlreichen Spekulationen geführt. Da wurde natürlich zunächst einmal wieder die alte Vorstellung vom stammesgeschichtlichen Vergreisen und phylogenetischen Degenerieren bemüht, doch was nützt eine noch so einprägsame biophilosophische Konzeption, wenn die Mechanismen und die physiologischen Grundlagen des von ihr umschriebenen Vorgangs nicht feststellbar sind! – Der Kuriosität halber seien gleich zwei weitere, nicht unbedingt ernst zu nehmende Deutungen genannt: Der ersten zufolge gingen die Dinosaurier an Hartleibigkeit zugrunde, weil während der Kreidezeit gewisse Farngewächse verschwanden, deren abführende Pflanzenöle den Tieren zuvor das Leben und so manches andere erleichtert haben sollen. Die andere Hypothese geht davon aus, daß die Dinosaurier durch Sauerstoffvergiftung umkamen. Nach der einen Version soll dabei ein verderblicher Anstieg des Sauerstoffspiegels der Atmosphäre durch verstärkte Vulkantätigkeit zustande gekommen sein; nach der anderen war eine Überproduktion von Sauerstoff durch die Pflanzen verantwortlich[136]. Die in der mittleren Kreidezeit Bedeutung erlangenden Blütenpflanzen hätten, so wird gemeint, aufgrund ihrer vergrößerten Blattflächen während der Photosynthese wesentlich größere Mengen an Sauerstoff abgegeben, als dies bei den früheren Floren der Fall war. Tatsächlich aber war die vulkanische Tätigkeit während der Kreidezeit in weltweitem Maßstab keineswegs umfangreicher als zuvor, und die anfangs noch nicht sehr reichen Bestände der Blütenpflanzen können zur Zeit der Kreide sicherlich auch nicht mehr Sauerstoff hervorgebracht haben als die Wälder der gleichfalls großblättrigen Cycadeen und Farne sowie der Nadelhölzer zur Zeit des Jura.

Eine andere Deutung meint, für das Aussterben der Dinosaurier große Epidemien verantwortlich machen zu müssen, doch fehlen entsprechende Indizien, und zudem können solche Ereignisse sicherlich nicht weltweit gleichzeitig eingetreten sein. Dasselbe gilt für die Entstehung der großen Gebirgsmassen am Ende der Kreidezeit, die gleichfalls als Erklärung herangezogen worden ist. Im Alpenraum erfolgte sie jedenfalls erst spät nach dem Verschwinden der Dinosaurier. Auch bilden sich derartige Faltengebirge stets aus Meeresbecken heraus, den sogenannten Geosynklinalen, der festländische Lebensraum der Dinosaurier und die Küstenebene wurden von derartigen Gebirgsbildungen also nicht erfaßt. Ein während der Gebirgsfaltung erfolgender Rückzug des Meeres aber hätte ein Nachrücken der Küstenlinie zur Folge gehabt: Die Küstensümpfe, der Lebensraum der Dinosaurier, wären vorgerückt, sie hätten sich verlagert; verschwunden aber wären sie aus diesem Anlaß nicht.

Eine andere, zeitweilig auch von mir ins Auge gefaßte Hypothese will das Aussterben der Dinosaurier – und auch der übrigen beim Faunenschnitt erlöschenden Tiergruppen – mit der erdnahen Explosion einer Supernova in Verbindung bringen. Deren Folge soll nach der einen Version[137] eine schnelle, temporäre Klimaverschlechterung mit durch lange Zeiten anhaltenden eisigen, orkanartigen Stürmen gewesen sein, nach einer anderen Auslegung vor allem aber ein Ansteigen der auf die Erdoberfläche einwirkenden kosmischen und anderweitigen Strahlung[157]. Doch in beiden Fällen würde wohl unverständlich bleiben, warum dann andere Tiergruppen – unter ihnen auch Reptilien – eine derartige weltweite Katastrophe überlebt haben.

Zwei weitere Erklärungsversuche rechnen mit anderen Außenfaktoren, nämlich mit einer allgemeinen Klimaänderung und mit Konkurrenz. Mit dem Einfluß des Klimas werden wir uns ohnehin noch ausführlicher zu befassen haben (S. 283), deshalb sei hier nur kurz vermerkt, daß alle geologischen Befunde gegen eine weltweite und andauernde Verschlechterung des Klimas in späten Abschnitten der Kreidezeiten sprechen. Was aber die Konkurrenz-Hypothese betrifft, so gibt es auch hier zwei Varianten: Der einen zufolge sollen die offen auf dem Boden abgelegten Eier der Dinosaurier die Beute räuberischer Nachstellungen geworden sein. Dabei macht man bald eine bestimmte Dinosauriergattung namens *Oviraptor* verantwortlich, bald die zeitgenössischen Säugetiere. Überzeugend sind beide Deutungen jedoch nicht. Die erste stützt sich darauf, daß in der Mongolei einmal ein Skelett von *Oviraptor* nur 10 cm über einem Gelege von fossilen Dinosaurier-Eiern gefunden wurde, was nichts beweist, denn zwischen der Ablage der Eier und der Einbettung des *Oviraptor*-Skeletts können mehrere Jahre, vielleicht sogar Jahrzehnte vergangen sein. Die überaus seltenen, etwa die Größe einer Spitzmaus erreichenden Säugetiere der Kreidezeit aber können den zumeist um ein Mehrfaches größeren Eiern der Dinosaurier wohl kaum gefährlich geworden sein. Zudem waren diese einem etwaigen Zugriff sowohl der Säuger als auch des *Oviraptor* entzogen, denn nach meinen Beobachtungen an einem der Gelege vergruben die Dinosaurier ihre Eier im Boden, wie das heute noch viele Schildkröten tun[138].

Die andere Version der Hypothese unterstellt, daß die Dinosaurier der Nahrungskonkurrenz zum Opfer fielen, die in der späten Kreidezeit von den nun aufstrebenden Säugetieren ausgeübt worden sei. Dagegen wurde zum Teil mit Recht eingewendet, daß sich die Biotope der beiden Gruppen nicht überlappten, denn die Säuger der Kreidezeit seien Bewohner von Steppen und Wäldern der ausgedehnten Bergplateaus gewesen, fern von den größeren Wasserkörpern und Sümpfen der Küstenebenen, in welchen die Saurier lebten[139]. Das scheint nun zwar für die Mongolei zuzutreffen und möglicherweise auch für Südfrankreich und die Vorgebirge der spanischen Pyrenäen. Für das westliche Nordamerika (Oregon) aber ist jetzt nachgewiesen[140], daß in der Abfolge der Grenzschichten von Kreide und Tertiär die Säugetiere in demselben Maß zahlenmäßig zunahmen, in dem sich die Zahl der Dinosaurier verringerte. Allerdings erscheint mir sehr wahrscheinlich, daß diese schnelle Vermehrung der Säuger nicht die Ursache, sondern die Folge des Niedergangs der Dinosaurier war, da durch diesen entsprechende Biotope zunehmend frei und verfügbar wurden.

Eine besondere Rolle spielt bei den Versuchen einer Erklärung des Dinosauriersterbens immer wieder die enorme Übersteigerung der Körpergröße. Welche abträglichen Folgen diese Überspezialisierung gezeitigt haben muß, wurde bereits erwähnt (S. 254), und ebenso die Wahrscheinlichkeit, daß sie ursprünglich auf völlig normale Weise begonnen hat, nämlich durch gerichtete Auslese in Populationen, bei welchen Erbanlagen für eine jeweils mäßige Größenzunahme vorhanden waren. Eine andere Hypothese hält den eingetretenen Riesenwuchs jedoch für das Ergebnis einer pathologischen Entwicklung, die auf einer krankhaften Veränderung des innersekretorischen Drüsensystems beruht. Dafür soll nach F. v. Nopcsa[141] der Umstand sprechen, daß bei den die wirklichen Riesenformen enthaltenden Sauropoden die winzige knöcherne Gehirnkapsel eine verhältnismäßig umfangreiche Hypophysengrube besitzt, was auf eine Vergrößerung der Hypophyse und deren Überfunktion hinweisen soll.

Diese Hypophyse, ein kleiner basaler Anhang des Zwischenhirns der Wirbeltiere (hy in Abb. 59), der sich in die genannte Grube des Schädelknochens einsenkt, versieht die Funktion einer Schalt- und Rückkopplungsstelle für verschiedene Hormone. Im Hypophysen-Hinterlappen handelt es sich dabei unter anderem um Ocytocin (Oxytocin) und Vasopressin bzw. Vasotocin. Im Hypophysen-Vorderlappen betrifft das insbesondere das sogenannte Somatotrope Hormon (STH), welches das Wachstum regelt, denn bei einer Überproduktion von STH ist Riesenwuchs, bei einer Unterproduktion ist Verzwergung des Körpers die Folge. Der Vollständigkeit halber muß jedoch hinzugefügt werden, daß das STH in antagonistischer Wechselwirkung mit den Sexualhormonen steht (durch STH bewirkter Riesenwuchs ist oft mit Sterilität verknüpft) und daß auch die hormonale Aktivität der Schilddrüse in diesem Zusammenhang eine Rolle spielt, denn STH ist ohne Schilddrüsenhormon unwirksam und umgekehrt. Erwähnt sei auch noch, daß eine Überfunktion der Schilddrüse vorzeitige Verknöcherung in den Knorpelpartien der langen Röhrenknochen hervorruft, die Unterfunktion aber unterbleibende oder verzögerte Verknöcherung der Knorpel und daher verstärktes Längenwachstum. So besteht also innerhalb des Hormonhaushalts eine wohlausgewogene gegenseitige Abhängigkeit, und nur sie gewährleistet jene Proportionalität der körperlichen Formen, die als gestaltliche Norm der Spezies aufzufassen ist. Jede kleinste Störung dieses hormonalen Gleichgewichts hat entsprechende Folgen, in unserem Fall solche der von der Norm abweichenden Körpergröße.

Üblicherweise sind nun – darin ist F. v. Nopcsa zuzustimmen – Gigantismus und ein bei stagnierenden Schädelproportionen vergrößerter Hypophysen-Vorderlappen tatsächlich häufig miteinander verknüpft. Im Fall der Dinosaurier hat O. H. Schindewolf allerdings einige Einwände erhoben, doch sind die meisten von ihnen wohl nicht stichhaltig[142]. Gewichtig ist nur sein Hinweis, daß es sich hier um pathologische Einzelerscheinungen handle, die man – obwohl die Veranlagung zur Hypophysenstörung vererbbar ist – nicht mit der phylogenetischen Größenzunahme auf eine Stufe setzen kann. Das ist insofern wohl vertretbar, als sich hier ein Widerspruch zeigt: Eine die Hypophyse betreffende und somit die Körpergröße steigernde Defektmutation würde zwar theoretisch einen Selektionsvorteil geboten haben. Aber doch wohl nur dem Einzeltier, nicht der Population, denn erinnern wir uns doch, daß durch die Überfunktion des Hypophysenvorderlappens auch ein Nachlassen der Fortpflanzungsmöglichkeit, ja sogar unter Umständen Sterilität, bedingt wird. Für den Gang der Evolution wäre dieser Modus tatsächlich belanglos gewesen.

Doch muß ja nicht gleich der pathologische Fall angenommen werden. Ich meine, daß die Lösung wohl bei J. Huxleys Vermutung liegt: Eine völlig normale, durch Mutation angebotene und durch Selektion geförderte Zunahme der Körpergröße ergab automatisch auch eine mäßig vergrößerte Hypophyse, diese bedingte eine weitere Steigerung der Körpergröße, die automatisch erneut eine größere Hypophyse zur Folge hatte und so fort. Hier wäre also – unter gleichzeitiger Begünstigung durch den Selektionsdruck – ein sich selbst steigernder und verstärkender Prozeß abgelaufen, der sich im Prinzip von der orthoevolutiven Größenzunahme nicht unterscheidet.

Im Unterschied zu Huxley und wohl auch zu Schindewolf meine ich allerdings, daß dieser Prozeß in weit fortgeschrittenen Phasen wohl doch den Charakter des Pathologischen angenommen haben muß, zumindest bei den Sauropoden, bei welchen es für ein Ungleichgewicht des Hormonhaushalts neben der Vergrößerung der Hypophysengrube und der übersteigerten Körpergröße auch noch weitere Hinweise gibt: die nachweislichen Störungen des Vasotocin-Haushalts (S. 281), welche gleichfalls von der Hypophyse ausgehen müssen, ferner die erwiesene Beeinflussung des Östrogens (S. 282) und schließlich die großen Knorpelmassen der Gelenke, deren mangelnde Verknöcherung für eine Unterfunktion der Schilddrüse spricht[143]. In etwas gewagter, aber doch vertretbarer Weise könnte man vielleicht auch die unproportionale Länge der Hinterbeine vieler Sauropoden als ein Indiz für die Störung der Hypophysen-Aktivität bewerten[144]. Ist die von J. Huxley angebahnte und hier von mir erweiterte Deutung zutreffend, so wäre allerdings nur der Riesenwuchs der Giganten unter den Sauropoden erklärt, und damit auch ihre Überspezialisierung. Über die vordergründigen Ursachen ihres Aussterbens ist damit noch nichts ausgesagt, obwohl sie aufgrund der Größenübersteigerung leicht zu erkennen sind (S. 254).

Sehen wir nun von dieser letzten, sich auf nur einen Teil der Dinosaurier beziehenden Deutung ab und blicken wir auf die anderen zurück, so wird klar, daß an erklärenden Hypothesen kein Mangel besteht. Doch sie alle kranken daran, daß sie entweder widerlegbar sind oder zumindest einer tragfähigen, aus Indizien oder Befunden bestehenden Grundlage entbehren. Es kann also keine von ihnen recht befriedigen. Wahrscheinlich aber verhält es sich so, daß die Ursachen des Aussterbens bei jeder einzelnen Stammeslinie verschieden waren, daß sie deshalb nicht auf einen gemeinsamen Nenner gebracht werden können und daß es »die« Ursache für »das« Aussterben der Dinosaurier gar nicht gibt. Das bedeutet aber, daß man aufhören muß, dieses Aussterben pauschal zu betrachten, und daß man sich vertieft mit den Einzelfällen auseinandersetzen muß.

Unter diesen sind verständlicherweise diejenigen besonders wichtig, mit welchen der Stamm der Dinosaurier gänzlich ausstarb, die allerletzten Populationen also. Mit einer von ihnen habe ich mich in den letzten Jahren recht ausführlich befaßt[145] und dabei Ergebnisse erzielt, die unerwartet und in jeder Hinsicht überraschend waren. Es handelt sich um die letzten Dinosaurier des Mittelmeer-Gebiets, Formen also, die vor rund 65 Jahrmillionen im allerspätesten Zeitintervall (obere Teile der Maastricht-Stufe) der Ober-Kreide ausstarben.

Eierschalen als Schicksal

Zu dieser Zeit bestand in Europa ein großes Festland, das fast ganz Deutschland sowie den Westen und Süden Frankreichs umfaßte und das einen schmalen Sporn an seinem südöstlichen sowie an seinem südwestlichen Ende besaß (Abb. 53). In seinem Inneren war es vermutlich in jenem Bereich am höchsten, der den Schwarzwald, die Vogesen, das französische Zentralplateau und möglicherweise auch noch die Cevennen umfaßt. Von hier aus fiel das Bergland zu der südlichen Küstenebene ab, die einem Tiefland angehörte, das sich von den südlichen Teilen der Provence bis etwa in die Gegend von Perpignan erstreckte und dann nach Westnordwest umbog. Im Süden muß diese Senke von einer schmalen, ein Bergland enthaltenden Landzunge begrenzt gewesen sein, deren Breite etwa der der jetzigen Pyrenäen entsprach, denn südlich von diesen treffen wir noch heute Ablagerungen mit Meeres-Fossilien der späten Kreidestufen an, und nördlich dieses Landfortsatzes ist dasselbe der Fall. (Hier muß eine lange Bucht vom westlichen Meere her bis fast auf die Höhe von Toulouse vorgedrungen sein.)

Es ist dieser von Aix über Montpellier, Perpignan und Tremp (nördlich von Lerida) nach Westen verlaufende Geländestreifen gewesen, in welchem die letzten europäischen Dinosaurier lebten[146]. Dabei scheint es sich so zu verhalten, daß dieses Siedlungsgebiet mehrere Reviere enthielt, welche den Teilpopulationen Lebensmöglichkeiten boten, aber durch weite »savannen«-artige oder gar wüstenhafte Küstenstriche voneinander geschieden waren. Zur Zeit können mindestens drei dieser Lebensbezirke näher bezeichnet werden: Im Gebiet des heutigen Aix-en-Provence (Abb. 53, I) handelte es sich vermutlich um das stark versumpfte rückwärtige Mündungsgebiet eines Flusses, das häufig von Überschwemmungen heimgesucht wurde, wobei jede der Schichtfluten eine dicke Lage roten Feinsandes und Lehms hinterließ. Dagegen war das Revier in der Umgebung des heutigen Dörfchens Albas im Gebiet der Corbières (das ist die Region im Dreieck zwischen Carcassonne, Narbonne und Perpignan) offenbar das flache Bett eines breiten Flußsystems mit ständig ihren Verlauf verlegenden Flußarmen (Abb. 53, II). Wie die starke, periodisch schwankende Schotter- und Geröllführung sowie die Sedimente von Schichtfluten erweisen, lag es sehr wahrscheinlich im unmittelbaren Vorland eines Gebirgs- oder Hügellandes. Nicht allzu fern bestand freilich auch ein kleines, an Baumbestand gleichfalls reiches Sumpfgebiet. Das dritte der heute noch identifizierbaren Reviere befand sich in den spanischen Vorbergen der Pyrenäen, in der weiteren Umgebung der Orte Tremp (Abb. 53, III), Isona und Coll de Nargó. Dieser Lebensraum konnte vor wenigen Jahren aufgrund einer höchst erfolgreichen palökologischen Untersuchung[147] sehr genau und bis in seine Einzelheiten rekonstruiert werden. Es handelte sich bei Tremp um den Rand einer nach Westen hin offenen Lagune des Südmeeres, in die mehrere Flußdeltas einmündeten und in der vom Salzwasser- über den brackischen bis zum Süßwasserbereich alle ökologischen Zonen auch heute noch festgestellt werden können. Eingeschaltete Kohlevorkommen sind ein Hinweis auf eine üppige Vegetation, nachweislich in Form eines schmalen Galeriewaldes, jenseits dessen »savannen«- oder wüstenartiges Gebiet begann. Schildkröten und Krokodile teilten mit den Dinosauriern diesen Lebensraum, der sich entlang der Flüsse auch noch weit bis in das Hinterland erstreckte. Bald jedoch verlandeten die Lagunen der Bucht, da sich das Meer zurückzog. In der Folgezeit, aber noch in der Kreide, muß an ihre Stelle sodann ein großes Flußdelta mit vereinzelten Sümpfen und Süßwasserkörpern getreten sein.

Die Landschaft mag weitgehend derjenigen geähnelt haben, die heutzutage am Unterlauf des Orinoco anzutreffen ist: Weite Ebene und trockene Landstriche mit roten, lateritischen Böden, unterbrochen nur von kleinen Flußläufen und seltenen kleineren Sümpfen und Gewässern, die ebenso wie die Flüsse von schmalen Galeriewäldern gesäumt werden. Eine echte Savanne waren die Landflächen der Ober-Kreide jedoch noch nicht, dazu waren zu dieser Zeit die Gräser sicherlich noch zu selten, wenn sie überhaupt existierten. Wohl aber mag es sich um Ödland, Halbwüste und zeitweilig sogar um echte Wüstenverhältnisse gehandelt haben. Das Klima war tropisch heiß, der Verdunstungsgrad und damit die Trockenheit waren jedenfalls sehr hoch[148].

Was die Nahrung betrifft, so hielten sich die räuberischen unter den Dinosauriern an ihresgleichen oder andere Reptilien, denn Säugetiere waren noch viel zu selten bzw. traten in diesen Biotopen kaum auf – und lohnten wegen ihrer Winzigkeit als Mahlzeit bestimmt nicht. Die Vegetarier unter den Dinosauriern aber fanden ihre Nahrung teils in den Wasserpflanzen der Sümpfe und Gewässer, teils in den Galeriewäldern, deren Bestände sich aus Farnen, Cycadeen und gingko-artigen Bäumen und vielleicht auch aus gewissen Nadelhölzern zusammensetzten. Sicherlich waren auch schon Bedecktsamer (Angiospermen) vorhanden, doch wenn die Annahme der Paläobotaniker richtig ist, daß es sich bei den primitiven Angiospermen zumeist um magnolienartige Gewächse gehandelt hat, dann war diese Kost vermutlich ungenießbar.

A. F. de Lapparent zufolge lebten in diesem mediterranen Küstenstreifen mindestens sechs verschiedene Dinosaurier-Gattungen, jede durch eine Art vertreten. Obwohl bisher kein einziges vollständiges Skelett gefunden worden ist, können sie doch identifiziert werden, und aufgrund von Analogien kann man sich wenigstens eine grob angenäherte Vorstellung von ihrem Aussehen, ihrer Körpergestalt und ihrer Größe bilden. Zu den Ornithischiern gehörten drei dieser Gattungen: *Struthiosaurus*, ein kleiner, straußenähnlicher, schneller Läufer (Abb. 53 a), das etwa 4 Meter Höhe erreichende *Rhabdodon* und der diesem etwas ähnelnde *Orthomerus* (beide ungefähr wie Abb. 53 c).

Wichtiger und offenbar auch häufiger waren die Gattungen der Saurischier. Das waren der verhältnismäßig kleine Raubsaurier *Megalosaurus* (ungefähr wie Abb. 53 b) und die beiden Vertreter der bereits mehrfach erwähnten Untergruppe Sauropoda: *Titanosaurus* und *Hypselosaurus* (ungefähr wie Abb. 53 d). Obwohl sie die verhältnismäßig größten Tiere dieser Fauna waren – *Hypselosaurus* mit einer Länge von 12 Metern –, erreichten sie doch die spektakuläre Riesengröße ihrer Vorgänger nicht mehr.

Hypselosaurus war der häufigste Dinosaurier dieser Regionen, zudem spielt er bei der Untersuchung des Aussterbens der Saurierfauna eine gewichtige Rolle, betrachten wir ihn daher etwas näher. Er war ein im Vergleich zu seinen Zeitgenossen großes Tier, das seinen Vorläufern, wie etwa dem gigantischen *Brachiosaurus*, in seinen allgemeinen Zügen vermutlich ähnelte. Auch bei ihm waren die Hinterbeine verlängert, auch bei ihm war das aus kurzen, schwachen Stiftzähnen bestehende Gebiß stark reduziert. Wegen der weit zur Kopfoberseite verlagerten Nasenöffnungen mancher Sauropoden vermuten die meisten Paläontologen, daß diese Tiere amphibisch lebten und sich ähnlich den Nilpferden zumeist halb, zeitweilig sogar gänzlich untergetaucht in den stehenden Gewässern aufhielten. So müssen wir auch den Sauropoden *Hypselosaurus* sehen, ein schwerfälliges, plumpes Tier, das sich den größten Teil der Zeit seines Lebens träge im Wasser der Sümpfe aufhielt, wo der Auftrieb die Körperlast verminderte, wo Schutz vor dem kleineren aber flinken Todfeind *Megalosaurus* gegeben war, wo die aus treibenden Wasserpflanzen bestehende Nahrung mit wenigen Bewegungen des kleinen Kopfes und des langen schlanken Halses zu erreichen war. Das trockene Land wird *Hypselosaurus* nur selten aufgesucht haben – unter anderem aber sicherlich zum Zweck der Eiablage.

Die Überreste des *Hypselosaurus* und seiner Zeitgenossen treten heute in festländischen Ablagerungen der späten Ober-Kreide auf, welche mächtige Schichtfolgen von roten, fein- bis mittelkörnigen Sandsteinen und von Mergeln darstellen, mit immer wieder zwischengeschalteten Sedimenten von violetter, brauner, gelblicher oder grauer Färbung, und auch mit häufigen Einlagerungen von Geröll- und Konglomerat-Lagen. Die Knochenreste sind keineswegs häufig, die meisten Skelette wurden wohl auf dem freien Boden zerstört, schon vor ihrer Überdeckung mit Sediment. Sehr viel bessere Chancen erhalten zu bleiben hatten allerdings die Dinosaurier-Eier, die ja von vornherein im Boden vergraben und damit geschützt waren. Daher sind alle drei der oben genannten Lebensreviere verhältnismäßig reich an fossilen Eierschalen, ja sogar an ganzen Gelegen von Dinosaurier-Eiern, die völlig unregelmäßig und dem Zufall folgend auf die Gesteinsserien und Einzelorte verteilt auftreten. Dort aber, wo die Tiere – wie manche unserer Schildkröten – Jahr für Jahr immer wieder dieselben Stellen für ihre Eiablage wählten, treten im Geländeanschnitt der Schichtenserie Horizont für Horizont die Eigelege der aufeinander folgenden Generationen der Dinosaurier-Population auf.

Die Schichtenfolgen sind meist über 1000 Meter dick, und sie wurden im gesamten Gebiet, von Aix im Osten bis Tremp im Westen ohne Unterbrechung und ohne wirklich schwerwiegende Änderungen des Sedimentcharakters während des letzten Zeitintervalls der Kreide und noch während langer Zeiten des Früh-Tertiärs (bis zum Eozän) abgelagert. Dinosaurier-Reste und Dinosaurier-Eischalen sind aber nur in ihren tieferen Teilen zu finden. Gehen wir der Sache genauer nach, verfolgen wir die Horizonte der Eischalen vom ältesten zum jüngsten und darüber hinaus, so stoßen wir sowohl in der Provence als auch in den Corbières[149] auf ein Niveau, in welchem die Eischalen der Dinosaurier plötzlich aufhören. Auch Knochenreste von Dinosauriern sind oberhalb dieses obersten Horizontes nicht mehr anzutreffen: Mit diesem obersten Niveau liegt die Schicksalsgrenze der mediterranen Dinosaurier vor uns, bei seiner Ablagerung gruben die letzten Tiere der beiden Teilpopulationen ihre Eier in den Sand – Dokumente des Erlöschens. Und gerade diese ermöglichen es, das Geheimnis der Ursachen dieses Aussterbens endlich zu lüften.

Doch wollen wir nicht vorgreifen. Dinosaurier-Eischalen stellen an sich schon rare Kostbarkeiten dar, die Beachtung verdienen. Selten sind sie ganz gewiß, und bis zum Jahre 1922 waren sie auch noch gar nicht bekannt. Dann aber entdeckte eine Expedition des American Museum of Natural History unter Roy Chapman Andrews die – wie man auch heute noch meint: ersten – Eier der Dinosaurier in der Wüste Gobi, an einem Ort der Südmongolei, den Andrews Shabarak Usu nannte und der heute unter dem Namen Bayn Dzak (»Flammende Klippen«, wegen der roten Gesteinsfärbung) bekannt ist. Dieser Teil der Gobi hat sich inzwischen in ein Mekka der Dinosaurier-Spezialisten verwandelt: Trotz der schwierigen Bedingungen haben zwischen 1922 und 1930 vier weitere amerikanische Expeditionen diese Gebiete aufgesucht, 1946 bis 1949 führte das Paläontologische Institut der Sowjetischen Akademie der Wissenschaften drei weitere durch, und später fand eine höchst erfolgreiche Expedition 1963 unter der Leitung der Warschauer Paläontologin Professor Zofia Kielan-Jaworowska als Gemeinschaftsaktion der Polnischen und der Mongolischen Akademien der Wissenschaften statt[139]. Das vorläufig letzte Unternehmen dieser Art scheint eine 1967–68 durchgeführte sowjetisch-mongolische Expedition gewesen zu sein. Sie alle bargen außer Dinosaurier-Skeletten auch zahlreiche Gelege, Einzeleier und Schalenscherben, nicht nur bei Bayn Dzak, sondern auch an anderen, neu entdeckten Fundorten der Wüste.

Historisch die wirklich ersten Funde von Dinosaurier-Eiern waren die mongolischen jedoch nicht, die ruhten nämlich schon seit geraumer Zeit in Sammlungsschubladen eines französischen Museums – allerdings unerkannt. Ph. Matheron hatte sie in der Provence entdeckt und schon 1869 beschrieben, doch irrtümlich als Vogeleier. Erst 1928 erkannte V. E. van Straelen, daß es sich um Dinosaurier-Eier handelt, die zunächst *Rhabdodon*, später *Megalosaurus* zugeordnet wurden, bis de Lapparent sie 1947 – meines Erachtens mit Recht – unserem nun schon alten Bekannten, der Gattung *Hypselosaurus* zuwies. Die Vorkommen in den südfranzösischen Corbières wurden 1961 durch den Geologen J. C. Plaziat bekannt gemacht, die am spanischen Pyrenäenabhang waren zuvor 1958 durch den Pariser Wirbeltierpaläontologen und Abbé Professor A. F. de Lapparent entdeckt worden.

Nur diese Regionen – die Wüste Gobi, die Provence, die Corbières und die spanischen Pyrenäenvorberge – haben bisher umfangreiches Material geliefert. Darüber hinaus sind lediglich spärliche Einzelfunde bekannt: Ein jurassisches Ei von Alfeizerao in Portugal, zwei Eier aus dem Jura von Tendaguru im östlichen Afrika, ein Ei aus Brasilien, Schalenfragmente aus der Kreide von Utah, ferner Einzelfunde aus China (Shantung) und Kasachstan, und neuerdings auch Fragmentfunde vom peruanischen Ufergebiet des Titicaca-Sees.

Daß es unter diesen Dinosaurier-Eiern hinsichtlich ihrer Schalenstruktur grundverschiedene Typen gibt, habe ich seinerzeit bei rasterelektronenmikroskopischen Untersuchungen festgestellt[145]. Dieselbe Beobachtung hatte aber auch ein Leningrader Paläontologe, A. V. Sochava, machen können, und er zog aus der Ähnlichkeit der beiden Typen einerseits mit der Struktur von Schildkröten-Eischalen und andererseits derjenigen von Vogel-Eischalen den Schluß, der eine Typ müsse für die Saurischier, der andere für die Ornithischier charakteristisch sein (Abb. 54)[150]. Da für diese Annahme einige Indizien sprechen[151], kann man sich ihr sicherlich anschließen. Dann aber erweist sich, daß alle bisher in Südfrankreich und in den spanischen Pyrenäen angetroffenen Dinosaurier-Eier von einem der beiden einheimischen Sauropoden stammen müssen. Schon A. F. de Lapparent hatte sie ihrer Größe wegen *Hypselosaurus* zugeschrieben, womit der nachträgliche Strukturbefund gut übereinstimmt. Entgegen anderweitigen Vermutungen gehören sie alle einer einzigen Spezies an[152], und da *Hypselosaurus* in diesen geographischen Bezirken nur mit der Art *priscus* nachgewiesen ist, sind sie wohl dieser zuzuordnen. Daß aber keine Eier der übrigen Dinosaurier des europäischen Mediterrangebiets gefunden wurden, ist weniger verwunderlich, als man zunächst meinen könnte, denn offenbar besaßen sie keine Kalkschalen, konnten fossil also nicht erhalten bleiben. Die Ausbildung kalkiger Eischalen ist ja bei Reptilien ohnehin eher die Ausnahme.

In den Gelegen des *Hypselosaurus* variiert die Zahl und Größe der abgelegten Eier nicht unbeträchtlich, drei bis acht und noch mehr wurden jeweils in der Grube hinterlassen. In ihrer Form waren sie nicht ganz einheitlich, nämlich bald einer Kugel, bald einem Rotationsellipsoid gleichend, und auch ihre Größe war – selbst innerhalb des Geleges – ein wenig verschieden. Ihre häufigsten Ausmaße lagen bei etwa 20 x 18 x 13 cm, und die Volumina sind von Dughi und Sirugue auf mindestens 0,4 bis maximal 3,3 Liter geschätzt worden. Erstaunlich aber ist, wie gering die strukturellen und chemischen Veränderungen dieser immerhin 65 Jahrmillionen alten Eischalen sind. Selbst noch im Elektronenmikroskop erscheinen die Ultrastrukturen der anorganischen kristallinen Bestandteile kaum wesentlich beeinträchtigt[145, 153], und Analysen der fossilisierten organischen Komponenten zeigten[154], daß – mit einer ähnlichen Mengenverteilung – noch alle Aminosäuren vorhanden sind, die man auch im Protein der gegenwärtigen Hühnereischale antrifft.

Alle diese Einzelheiten habe ich mit Bedacht so ausführlich dargestellt, denn will man die Ursachen des Aussterbens der letzten Teilpopulationen von *Hypselosaurus priscus* ergründen, so muß man nicht nur eine Vorstellung von seinem Körperbau und seiner Lebensweise haben, sondern auch die Bedingungen seiner Umwelt kennen. Man muß das Tier in seinem Biotop sehen – und vor allem die Art seiner Fortpflanzung, die ja für die Erhaltung der Population von entscheidender Bedeutung war. Im Zusammenhang mit der Vermehrung der Tiere spielte aber gerade das Ei eine sehr gewichtige Rolle.

Es hat sich nun gezeigt[145], daß sich bei den südfranzösischen Dinosaurier-Eiern vor dem Aussterben der Teilpopulationen zwei verschiedene pathologische Tendenzen eingestellt haben, die sich beide auf die Eischale auswirkten. Die eine bestand in einer unverhältnismäßig starken Verdickung der Kalkwand, die andere in einer abnormalen Verminderung der Schalendicke. Nun darf man aber nicht etwa meinen, diese beiden Formen der Mißbildung seien einfach auf ein Übermaß oder einen Fehlbedarf bei der Kalkproduktion des Körpers zurückzuführen. So einfach lagen die Dinge nicht, vor allem nicht im zuerst genannten Fall.

Bei diesen pathologischen Eiern war nämlich die Verdickung nicht etwa eine einfache Dickenzunahme einer ansonsten normal gebauten Schale, sondern das Ergebnis einer wiederholten Schalenbildung. Die nachfolgende Strukturanalyse soll dies zeigen, doch wird sie nur dann verständlich, wenn man sich die in der Abb. 54 dargestellten Einzelheiten des Baues und der Bildung kalkiger Eischalen vergegenwärtigt. Berücksichtigt man diese, so zeigt sich folgendes (Abb. 54 oben): Wie Strukturuntersuchungen im Raster-Elektronenmikroskop erwiesen haben[145], folgt bei der verdickten Dinosaurier-Eischale über einer tieferen, völlig normalen Schalenwand eine zweite, nachträglich gebildete Grundmembran, die allerdings nicht gänzlich zusammenhängend ist und manche der gewölbten Stirnkuppeln der ersten Schale nicht völlig bedeckt. Ihr lagert nun eine anschließend aufgesetzte und abnormale zweite Schale auf. Diese besteht an den von der zweiten Grundmembran nicht völlig abgedeckten Stellen aus nachträglichen Wachstumsfortsetzungen der ersten Schalenwand. Wo aber die zweite Grundmembran vollständig ist, wird diese zweite Schale von gänzlich neuen, auch eigene Mamillen aufweisenden kristallinen Bausteinen gebildet. Über dieser zweiten Schalenwand kann – wiederum mit eigener Grundmembran – eine dritte Wand folgen, und so fort. Die bemerkenswerte Dicke dieser Art von pathologischen Eischalen ist also die Folge mehrfacher Schalenbildung über demselben Ei.

Weniger komplex ist das Ergebnis der zweiten Tendenz, nämlich die Verminderung der Schalendicke. Hier handelt es sich einfach darum, daß die ansonsten ziemlich normal gebaute Eischale beträchtlich dünner wird, was allerdings nur anhand von Messungen nachgewiesen werden kann. Nur bei extremer Ausbildung ist dies unmittelbar augenfällig.

Welche Konsequenzen haben nun die beiden Mißbildungen gehabt? Glücklicherweise sind wir in der Lage, diese wichtige Frage zu beantworten, ohne auf Deutungen angewiesen zu sein, denn beide Typen der pathologischen Entwicklung kommen auch heute noch vor. Prüfen wir diese Fälle, so stellen wir fest, daß die mehrfache Eischalenbildung – bei Schildkröten, Krokodilen und Vögeln unter dem Namen »ovum in ovo« bekannt – für den Embryo stets tödliche Folgen hat. Die kristallinen Bausteine der zweiten, also der abnormalen Wand verstopfen nämlich in der Regel die Porenkanäle der ersten, normalen, und der Embryo erstickt. Auch die pathologische Verdünnung der Eischale kann bei gegenwärtigen Vögeln beobachtet werden, und auch sie ist nachweislich für die Embryonen tödlich. Natürlich ist dies zum Teil durch die extreme Bruchgefährdung dieser Schalen bedingt. Noch schwerwiegender aber ist der Umstand, daß der flüssige Inhalt derart dünnschaliger Eier einer zu starken Verdunstung unterworfen ist. Der Embryo geht daher an innerer »Austrocknung« zugrunde.

Daß sich dieselben Folgen auch bei den Embryonen des *Hypselosaurus* eingestellt haben, erweist sich bei einer sorgfältigen Prüfung der Schaleninnenseite. Wenn die Embryonen der heutigen Schildkröten, Krokodile und Vögel im Ei soweit überlebt haben, daß sie beginnen, ihr ursprüngliches Knorpelskelett zu verknöchern, so entnehmen sie das erforderliche Calzium aus der Eischale. Dabei entstehen in den Mammillenspitzen sogenannte Resorptionskrater (Abb. 55 oben), die schon im Mikroskop erkennbar sind. Unbebrütete, bzw. unbefruchtete Eier oder solche, deren Embryo vor seiner Skelettbildung umkam, besitzen in ihrer Schale hingegen stets völlig intakte Mammillenspitzen. Prüft man nun die südfranzösischen pathologischen Dinosaurier-Eischalen unter diesem Aspekt, dann stellt man beim ovum in ovo fest: »In manchen dieser Fälle zeigen die Mammillenspitzen Resorptionskrater, aus welchen sich ergibt, daß der Embryo ... wenigstens für eine gewisse Zeit lebensfähig gewesen sein muß. In anderen Fällen ... sind die Mammillenspitzen intakt, was darauf hindeutet, daß der Embryo schon nach kurzer Lebensdauer zugrunde gegangen ist«[145]. Doch bei den verdünnten Eischalen fehlen solche Resorptionskrater so gut wie stets. Fast alle ihre Embryonen kamen um, bevor sie noch beginnen konnten, ihre kalkigen Skelettknochen aufzubauen.

Nun führen zwar derartige Mißbildungen zum Tode des einzelnen Embryos, einer ganzen Teilpopulation aber können sie erst dann gefährlich werden, wenn sie mit einer solchen Häufigkeit auftreten, daß die Nachwuchsquote entscheidend herabgesetzt wird. War das in den beiden südfranzösischen Revieren von *Hypselosaurus* der Fall? Waren diese beiden pathologischen Tendenzen für das Aussterben der beiden Teilpopulationen verantwortlich? Auch diese Frage kann bereits beantwortet werden: Die krankhafte Vervielfachung der Schalenwände ist bei den Dinosaurier-Eiern der Corbières noch nie beobachtet worden, und im Revier der Provence trat sie nur gelegentlich, aber keineswegs häufig auf. Anders aber verhielt sich das im Fall der Eischalen-Verdünnung, denn sowohl im Revier der Corbières als auch in dem der Provence wurde sie bei den letzten Vertretern der beiden Populationsgruppen ganz extrem häufig.

An einem der Eiablageplätze, in der Nähe der provenzalischen Ortschaft Rousset, kann man vier aufeinanderfolgende Niveaus mit Dinosaurier-Eiern und Gelegen feststellen, und hier ließ eine statistische Auswertung der gemessenen Eischalendicken eine höchst aufschlußreiche Entwicklung erkennen (Abb. 56): Die Eischalen des tiefsten Horizonts (Niveau A) wiesen in der überwiegenden Mehrzahl die normale Dicke (etwa 1,9 bis 2,6 mm) auf. Im zweiten, nachfolgenden (Niveau B) stellte sich neben den Normaleiern ein bereits beträchtlicher Prozentsatz von dünnschaligen ein (etwa 1,3 bis 1,9 mm). Im dritten Niveau (C) verringerte sich die Zahl der Normaleier abrupt, während die Zahl der dünnschaligen stark zunahm. Im letzten Horizont aber habe ich neben den pathologisch dünnschaligen Eiern (etwa 1,1 bis 1,8 mm) bisher nicht ein einziges normales antreffen können.

Was nun das Revier der Corbières betrifft, so reichen die bisherigen Mengen des Untersuchungsmaterials für statistische Zwecke zwar noch nicht aus. Wohl aber zeigte sich eindeutig auch dort dieselbe Entwicklung, denn in den tieferen Teilen der Schichtenfolge fand ich bisher ausschließlich Normaleier, im letzten Horizont aber nur noch pathologisch dünnschalige. So steht also fest, daß in den beiden südfranzösischen Teilpopulationen von *Hypselosaurus* die letzte Generation nur noch defekte Eier produzierte. Der Nachwuchs muß daher zum Schluß so gut wie gänzlich ausgeblieben sein, und die beiden Teilpopulationen erloschen innerhalb kürzester Zeit endgültig.

Soweit scheint also alles klar zu sein: *Hypselosaurus* starb aus, weil die Tiere pathologische Eischalen bildeten. Aber es ist die Stärke der Wissenschaftler, sich nie zufrieden zu geben. Stellen wir also gleich die nächste Frage: »Warum« bildeten die weiblichen Tiere von *Hypselosaurus* pathologische Eischalen? Antwort: Weil ihr Hormonhaushalt durcheinander geraten war.

Wieder winkt uns das Glück, wiederum können wir auf unsichere Deutungen verzichten, denn die unmittelbaren Ursachen der beiden pathologischen Tendenzen sind bei lebenden Tieren, nämlich den Vögeln, durch wissenschaftliche Untersuchungen bereits ergründet worden. Diese Befunde können wir ohne Bedenken auf die Reptilien übertragen, denn die Mechanismen ihrer Eischalenbildung und der grundsätzliche Bau ihrer das Ei hervorbringenden inneren Organe sind fast identisch mit denen der Vögel:

Das ovum in ovo kommt dann zustande, wenn eine hormonale Störung eingetreten ist. In einem bestimmten Abschnitt des Eileiters, dem sogenannten Isthmus, wird über das Eiklar die Grundmembran gelegt, und hier entstehen auch die ersten Kristallbildungen, die Mammillenspitzen. Dann tritt das Ei in den nächsten Abschnitt des Eileiters ein, in den Uterus, in welchem nun der Rest der Kalkschale, die Spongiosa (Abb. 54), hinzugefügt wird. Die Eischale ist nun fertig, und jetzt bewirkt ein Hormon – bei den Reptilien das sogenannte Vasotocin –, daß das Ei aus dem Körper gepreßt wird. Bleibt die Wirkung dieses Hormons aufgrund einer Störung jedoch aus, dann wandert das bereits fertige Ei zwischen dem Uterus und dem Isthmus hin und her, wobei die Drüsen dieser Abschnitte des Eileiters wie bei einer automatischen Fließbandproduktion mehrere zusätzliche Schalenwände der normalen hinzufügen. Auslöser dieses fehlgesteuerten Vorgangs aber ist das Ausfallen des genannten Hormons.

Doch auch die pathologische Reduktion der Eischalendicke ist das Ergebnis einer Störung des Hormonhaushaltes. Das zeigte sich bei physiologischen, von amerikanischen Forschern durchgeführten Untersuchungen[155] sowie bei einer kombiniert biochemischen und elektronenmikroskopischen Studie[156], an der ich selbst beteiligt war. In beiden Fällen handelte es sich um die kalkigen Eischalen des Braunen Pelikans, die in Kalifornien unter dem Einfluß von DDT und anderen chlorierten Kohlenwasserstoffen (Insektiziden) papierdünn geworden waren, so daß Teilpopulationen bereits zugrunde gingen. Dasselbe war auch bei Raubvögeln sowohl in Nordamerika als auch in Europa eingetreten. Nach den amerikanischen Ergebnissen führt hier die folgende Wirkungskette zur pathologischen Eischalenverdünnung: Einflußnahme von DDT auf Leberenzyme →Senkung des hormonalen Östrogenspiegels →Auswirkung auf die Carboanhydrase (ein Enzym, das bei der Kalkschalenbildung für die Bereitstellung des Calziums sorgt). Auch bei der pathologischen Eischalenverdünnung ist also ein Hormon beteiligt, in diesem Fall das Östrogen, ein Geschlechtshormon.

Beide Hormone, sowohl das aus dem Hypophysen-Hinterlappen kommende Vasotocin als auch das zwar aus dem Eierstock stammende, doch von einem der Hypophysen-Vorderlappenhormone abhängige Östrogen, waren aber ohne den geringsten Zweifel auch beim normalen *Hypselosaurus* vorhanden. Aufgrund des Vergleichs mit den entsprechenden Erscheinungen der Gegenwart kann also mit Sicherheit ausgesagt werden, daß die Bildung der pathologischen Eischalen bei *Hypselosaurus* auf hormonalen Störungen beruhte und daß auch hier die Hypophyse eine wichtige Rolle gespielt hat.

Kein anderer Fall des Aussterbens einer Gruppe von fossilen Lebewesen ist hinsichtlich seiner physiologischen und allgemein biologischen Grundlagen so weitgehend und so gesichert abgeklärt wie jetzt der der beiden südfranzösischen Teilpopulationen von *Hypselosaurus priscus.* Und doch lauert im Hintergrund ein weiteres »Warum?«. Veränderungen der Hypophyse und Beeinträchtigung ihres Funktionierens waren ja schon bei den frühen Sauropoden aufgetreten, und doch konnte es zur Entstehung ihres letzten, allerdings relativ kleinwüchsigen Vertreters, *Hypselosaurus,* kommen. Und auch dieser lebte ja ursprünglich, vor der Aufgliederung in kleinere isolierte Einzelreviere, in weitverbreiteten, umfangreichen und fortpflanzungstüchtigen Populationen. Ja, selbst noch in den Einzelrevieren waren die Teilpopulationen trotz ihrer Isolation höchst vital, wie die älteren Gelege durch ihre Zahl und ihre normalen Eier beweisen. Warum also die plötzliche Häufung der hormonalen Störung? Was waren nun *ihre* Ursachen?

Versucht man auch diese Frage zu beantworten, dann ist man nun doch gezwungen, zu Deutungen überzugehen. Aber auch hier noch sollte es möglich sein, auf dem Boden des naturwissenschaftlich Erklärbaren zu bleiben: DDT und andere künstliche chlorierte Kohlenwasserstoffe hat es zur Zeit der Ober-Kreide noch nicht gegeben. Die Verpflegung des *Hypselosaurus* war Reformkost im Vergleich zu der unsrigen, daran kann es also nicht gelegen haben. Hormonale Störungen können aber durch gewisse natürliche Substanzen der pflanzlichen Nahrung bewirkt werden. Allerdings wäre der Versuch aussichtslos, diese beim fossilen Material identifizieren zu wollen. (Es bleibt zu bedenken, daß sich *Hypselosaurus* wohl vorwiegend von Wasser- und Sumpfpflanzen ernährt hat. Jedem landwirtschaftlichen Biologen aber ist bekannt, daß die vorwiegende Ernährung mit derartigen, an Spurenmineralen armen Gewächsen beim Vieh zu starker Beeinträchtigung, ja zu Unfruchtbarkeit führen kann. Doch muß unser Saurier in dieser Hinsicht an seine Nahrung entsprechend angepaßt gewesen sein.)

Eine weitere mögliche Ursache ist die zu Übervölkerung führende schnelle Steigerung einer Populationsdichte und die sich aus ihr ergebende Streß-Situation. Auf diesen Fall wird noch näher einzugehen sein (S. 416, 429). Hier mag lediglich der Hinweis genügen, daß nicht nur die hormonale Aktivität die Psyche zu beeinflussen vermag, sondern daß sich auch umgekehrt psychische Elemente auf das Hormonsystem auswirken können. Eine zu dauernden Revierkämpfen führende Übervölkerung hat wegen der häufigen »Notfallreaktionen« eine ständige Adrenalinausschüttung in das Blut zur Folge, aber auch ein vom nervalen Regulationsmechanismus her über den Hormonhaushalt bewirktes Nachlassen der Fruchtbarkeit einer Population. So wirken sich also derartige auf Übervölkerung beruhende Streß-Situationen auch über den Östrogen-Haushalt aus, und ich vermute, daß dessen Störung bei *Hypselosaurus* in dieser Weise zu deuten ist.

Schon aber quält uns das nächste »Warum?«, und auch hier muß die Erklärung, sei sie auch noch so theoretisch, naturwissenschaftlich vertretbar sein. Warum kam es, wenn überhaupt, zu einer Übersteigerung der Populationsdichte? Gibt es materielle Hinweise auf eine solche Entwicklung? Ich meine, daß sich in dieser Hinsicht tatsächlich gewisse Indizien abzeichnen. Als Ergebnis einer interdisziplinären Zusammenarbeit mit dem Göttinger Geochemiker Professor K. H. Wedepohl scheint sich eine Möglichkeit zu ergeben, auch zu diesen Fragen gewisse Vorstellungen zu entwickeln, und zwar ausgehend von dem Mengenverhältnis der Sauerstoff-Isotope ^{18}O und ^{16}O, welche in den Dinosaurier-Eischalen der spanischen Fundstellen, der Corbières und der Provence enthalten sind[148].

Diesen Befunden zufolge dürfte im Pyrenäen-Revier ein trockeneres Klima geherrscht haben, während für die Corbières und für die Provence im allgemeinen eine deutlich geringere Eindunstung der Oberflächengewässer (also des Trinkwassers der Tiere) angezeigt wird, was auf ein etwas weniger arides, ein klein wenig feuchteres Lokalklima schließen läßt. Da ferner die Eischalen-Vorkommen des Pyrenäen-Reviers offensichtlich früher enden (mittlerer Abschnitt der Maastricht-Stufe) als die der beiden südfranzösischen Reviere, liegt die Vermutung nahe, daß die pyrenäische Teilpopulation von *Hypselosaurus* diesen Lebensraum aufgrund der ungünstiger gewordenen klimatischen und ökologischen Bedingungen frühzeitig aufgegeben hat. Im südfranzösischen Verbreitungsgebiet aber müssen aufgrund des dortigen Lokalklimas in der Folgezeit besonders günstige Lebensbedingungen bestanden haben.

So ergibt sich also das Bild zweier sehr später, isolierter Teilpopulationen von *Hypselosaurus priscus*, von welchen jede in ihrem kleinen Reservat, nämlich dem der Corbières und dem bei Aix-en-Provence, so vorteilhaften Bedingungen ausgesetzt war, wie sie die pyrenäische zuvor niemals erlebt hatte. Das günstigere, etwas weniger trockene Klima ermöglichte zweifellos eine reichere Vegetation der von den

Tieren besiedelten Sumpf- und Fluß-Oasen, und es scheint dadurch eine Prosperitätssituation herbeigeführt zu haben, in der sich die Populationsgröße vermutlich schnell gesteigert hat (wofür auch die große Zahl der Eigelege in den Niveaus A und B spricht). Zugleich aber muß die Populationsdichte entsprechend zugenommen haben, denn der Siedlungsraum blieb begrenzt, und die nur an ihn angepaßten und außerhalb der Sümpfe den Raubsauriern ausgelieferten *Hypselosaurus*-Individuen hatten keine Möglichkeit, den anwachsenden Bevölkerungsdruck durch Auswandern von Jungtieren auszugleichen.

Das bedeutet aber, daß die Tiere nun gezwungen waren, enger zusammenzurücken und sich mit immer kleineren Eigen-Territorien zu begnügen. Ein Ergebnis der jetzt allmählich einsetzenden Streß-Situation waren die ersten häufigeren Störungen des Östrogen-Haushalts und damit auch die ersten, gelegentlichen Eischalen-Reduktionen. Später, zur Zeit des Niveaus B, mehr noch aber während des Niveaus C, muß die Populationsdichte sodann extrem angestiegen sein. Die Nahrung wurde knapper, die nervöse Gereiztheit der auf begrenztem Raum gedrängten Tiere wuchs mit der Häufigkeit der unausweichlichen Revierkämpfe, und der sich steigernde psychische Streß bewirkte über den Östrogen-Spiegel eine überstarke Zunahme der verdünnten, für den Nachwuchs tödlichen Eischalen. Nur noch ein winziger Prozentsatz von normalen Eiern lieferte lebensfähige Jungtiere, und diese scheinen der innerhalb der übervölkerten Teilpopulation jetzt bestehenden (»intraspezifischen«) Selektion schnell zum Opfer gefallen zu sein. Zur Zeit des Niveaus D war die Teilpopulation offenbar bereits stark dezimiert, aber die letzten weiblichen Tiere produzierten – auch noch nachträglich unter den hormonalen Störungen leidend – so gut wie ausschließlich die dünnschaligen Eier: In der Bilanz der Restpopulation stand der Sterbequote jetzt keine Nachwuchsquote mehr gegenüber, das Ende war gekommen.

Nun sind natürlich die Antworten auf unsere beiden letzten »Warum«-Fragen pure Deutungen, aber doch sicherlich mehr als nur vage Spekulationen im luftleeren Raum, denn sie gehen ja schließlich von beobachteten Indizien aus. Auch erheben sich trotz allem noch einige weitere, zusätzliche Fragen, wie z. B. diese: Warum trat hier nicht eine rettende »biologische Selbstregulation« der Populationsdichte ein? (Die pathologisch bedingte Reduktion der Nachkommenzahl war zweifelsohne selbst bereits einer der Regulationsmechanismen, doch offenbar ging die gesamte Entwicklung so schnell vor sich, daß sie über den Schwellenwert des wieder erreichten Gleichgewichts hinausschoß.) Warum starben die übrigen dinosauriden Zeitgenossen des *Hypselosaurus* aus? (Die Frage muß unbeantwortet bleiben. Immerhin könnte im Fall von *Megalosaurus* vermutet werden, daß das Verschwinden von *Hypselosaurus* ihn seines bevorzugten Beutetiers beraubte.) – Und vor allem: Warum erfolgte fast gleichzeitig mit dem Erlöschen der letzten Dinosaurier der sogenannte Faunenschnitt, bei dem weltweit beispielsweise die Ammoniten und Belemniten in den Weltozeanen ausstarben?

Das Ende der Ammonoideen

Das ist zweifellos eine gewichtige Frage, die eine Erörterung erfordert. Gerade die große Umwälzung, die in der Zusammensetzung der Faunen an der Wende von der Kreide- zur Tertiär-Zeit stattfand, stellt ja ein noch ungelöstes Rätsel dar, das besondere Aufmerksamkeit verdient. Da das große Sterben so gut wie gleichzeitig in sehr verschiedenartigen Lebensräumen (Meer, Festland, Luftraum) und zudem weltweit erfolgte, meinte man bisher, für die gehäuften Fälle eine gemeinsame, sich auf der gesamten Erde auswirkende Ursache annehmen zu müssen. Um diese kreist immer noch die allgemeine Diskussion der Paläontologen: O. H. Schindewolf hatte an die bereits erwähnte Supernova und die Auswirkung von Weltraumstrahlung gedacht[157] – doch starben ja auch viele Tiergruppen aus, die im Wasser unter weitgehendem Strahlenschutz standen, und die festländischen Pflanzen, die als erste betroffen gewesen wären, erfuhren keine wesentliche Veränderung! Diese beiden Tatsachen sprechen jedenfalls gegen die erwähnte Strahlungs-Hypothese. Eine andere Erklärung suchte N. D. Newell, der[158] auf den tatsächlich nachweisbaren, wenn auch nicht vollständigen Rückzug der Meere am Ende der Kreide-Zeit hinwies, eine globale Veränderung, welche zum Verlust der Flachseebereiche und zu einer Umgestaltung der Küstenebenen geführt habe (vgl. aber S. 270). Daß diese einschneidende Beeinträchtigung der Lebensräume Folgen gehabt haben muß, wird man zwar nicht bestreiten können. Doch völlig befriedigen kann auch dieser Erklärungsversuch nicht, denn es fällt schwer, sich vorzustellen, daß die betreffenden Biotope in wirklich weltweitem Umfang und so rigoros vernichtet worden wären.

Was nun unsere Ammonoideen – und auch ihre weiteren Verwandten, die Belemniten – betrifft, so meinte M. N. Bramlette, für ihr Erlöschen Nahrungsmangel verantwortlich machen zu müssen, da zum gleichen Zeitpunkt auch umfangreiche Gruppen planktonischer Mikroorganismen (besonders der planktonischen Foraminiferen) ausstarben[159]. Aber in Wirklichkeit hat sich weder die eine noch die andere Cephalopodengruppe von Plankton ernährt: Kleinere Ammonoideen hatten Schalenkrebschen, benthonische Foraminiferen, Seelilien und Artgenossen zur Nahrung[44], die größeren werden wie der heutige *Nautilus* neben Aas auch mittelgroße Wirbellose gefressen haben, und die weitaus flinkeren Belemniten haben sich ähnlich wie die heutigen Tintenfische, Kraken usw. vermutlich an Krebse und Fische gehalten.

Glaubwürdiger ist jedenfalls die Hypothese J. Wiedmanns, der nachweisen konnte, daß der Stamm der Ammonoideen schon vor seinem endgültigen Erlöschen während der Oberkreide dem Untergang entgegenging, was sich aus einem Abnehmen der Zahl der Gattungen und einem Stagnieren der Evolution ablesen läßt. Ferner zeigte sich, daß während der Ober-Kreide mehrere Rückzüge des Meeres erfolgt waren. Dabei müssen die Ammonoideen-Linien nach jeder eingetretenen Abnahme ihrer Flachwasserbereiche in die Biotope des tieferen Wassers abgewandert sein, während sodann ihre Nachfolger beim erneuten Vordringen des Meeres in die wiedererstandenen Flachbereiche zurückkehrten. Wiedmann meint nun, die Stammeslinien seien durch ihre Anpassungen an die sich auf diese Weise so häufig ändernden Lebensräume weitgehend »geschwächt« (weakened) worden, so daß der letzte, am Ende der Kreidezeit erfolgte Meeresrückzug ihnen nur noch den Gnadenstoß versetzte[160]. Das mag sich tatsächlich so verhalten haben. Doch wird man Wiedmanns Betonen des Umweltfaktors und damit der Selektion entgegenhalten müssen, daß das, was er als »Schwächung« umschrieb, als mindestens gleichwertiger Faktor mehr Berücksichtigung erfordert hätte. Die Schelf- und Flachmeer-Räume waren am Ende der Kreidezeit tatsächlich weitgehend zusammengeschrumpft, aber was hinderte die Ammonoideen-Linien eigentlich, das zu tun, was sie bzw. ihre Vorläufer während der Oberkreide zuvor doch mehrfach mit Erfolg getan hatten: sich durch entsprechende Anpassung ein Fortbestehen in etwas tieferen Meeresregionen zu sichern? Was eigentlich bedeutete »Schwächung« in genetischer Hinsicht?

Innere oder äußere Ursachen?

Es bleibt also neben vielen bereits beantworteten Fragen doch noch so manches Problem offen, und die Klärung mancher zusätzlicher Einzelheiten wird erst die Zukunft bringen. Dennoch verhält es sich wohl so, daß die allgemeinen, mehr grundsätzlichen Zusammenhänge bereits ersichtlich wurden. So können wir also zum Ausgangspunkt unserer Betrachtungen zurückkehren, und zwar zu der ursprünglichen Frage: War das Aussterben der Evolutionslinien durch innere oder äußere Ursachen bedingt, war es »autogen« oder »ektogen« motiviert? Nun, die Ausrottung des Dodo und der Riesenmoas erfolgte durch den Menschen, also einen räuberischen Feind. Das Aussterben der blinden Proetiden und der letzten Ammonoideen ist vermutlich auf das Schwinden ihrer Lebensräume zurückzuführen, die Hirschpopulation in Arizona gefährdete der Nahrungsmangel im überweideten Siedlungsareal, den Höhlenbären vernichtete die Würm-Eiszeit, der Untergang des *Hypselosaurus* wurde letzten Endes wohl durch die Beengtheit seiner Lebensreviere bedingt. Stets also handelte es sich um Faktoren der äußeren Umwelt, immer war es die Selektion, die im unmittelbaren Zugriff das Ende herbeiführte.

Doch wirkte sie nicht allein. Hätten sich die Dodos und Riesenmoas nicht auf Flügelrückbildung und Verlust des Flugvermögens spezialisiert und auf das Bodenleben umgestellt, so wären sie nicht an ihre kleinen Inselchen gebunden geblieben, als die Räuber eindrangen. Sie hätten ihrem Untergang entgehen können, wenn sie sich erneut zu fliegenden Formen entwickelt hätten. Die erblindenden Proetiden und die letzten Ammonoideen-Populationen waren nicht in der Lage, sich durch Neu-Adaptation den noch zur Verfügung stehenden, rettenden Meeresräumen anzupassen. Der Höhlenbär migrierte nicht mehr; die Anpassung an standorttreues Höhlenleben hielt ihn am Ort seiner bevorstehenden Vernichtung fest, er vermochte es nicht mehr, sich umzustellen. Die sauropoden Vorfahren des *Hypselosaurus* hatten sich zum Schutz vor den Raubsauriern an das Leben in Sümpfen und Gewässern und an eine amphibische, teils sogar submerse Lebensweise angepaßt. Während des allgemein etwas trockener werdenden Klimas der Kreidezeit trat als weitere Adaptation die Bildung von Kalkschalen hinzu, die dem Ei Verdunstungsschutz gewährten. Dieses gesamte Erbe, mit allen seinen Gefahren der einseitigen Spezialisierung übernahm *Hypselosaurus*. Doch in der kritischen Situation ihrer Übervölkerung und ihrer streßbedingten hormonalen Störungen war die Stammeslinie nicht mehr in der Lage, die gefährlich gewordene Produktion von kalkigen aber defekten Eischalen zugunsten einer anderen, neuen Lösung aufzugeben. *Überall standen somit die aussterbenden Populationen vor der Notwendigkeit einer Anpassungsänderung, die sie – aus inneren Gründen – nicht mehr vollziehen konnten. So haben also beim Aussterben stets beide Elemente zusammengewirkt, äußere sowie innere Faktoren.*

Die Ursache war niemals allein die Umwelt und niemals ausschließlich die Selektion, denn eine Veränderung des Selektionsdrucks konnte ja im Prinzip stets durch Adaptationsänderung ausgeglichen werden. Allerdings nur so lange, als die Zusammensetzung des Gen-Reservoirs der Population das zuließ. Hatte aber die Stammeslinie ihre Anpassung soweit vorangetrieben, daß ihr Weg zu einer Einbahnstraße geworden war, dann nahm automatisch die polygene Abhängigkeit der Merkmale zu, die Wandlungsfähigkeit des Gen-Reservoirs jedoch ab. Trat sodann eine Änderung der Umwelt- oder Lebensbedingungen ein, so standen keine geeigneten Mutanten mehr zur Verfügung, welche eine Überbrückung der Krisensituation ermöglicht hätten. Nur dann, wenn die Stammeslinie auf diese Weise die Wandlungsfähigkeit ihres Gen-Reservoirs verspielt hatte, nur dann stand schließlich ihre letzte Population wie ein armer Delinquent vor dem Ende: Als Richter hatte das Erbgut sein Urteil bereits gesprochen, als Henker vollzog die natürliche Auslese die Exekution.

Das Gesetz hatte besagt: »Auf einseitige Spezialisierung steht der Stammestod!« Doch wenn sich die evolutive Bandbreite einer Stammeslinie beim Anpassungsgeschehen mit jedem Umbildungsschritt verengte, weil die polygene Verknüpfung der Merkmale fortlaufend zunahm, dann mußte jede gesteigerte Spezialisierung in eine Sackgasse führen. Jeder einzelne in der Kette der vorausgegangenen Umbildungsschritte hatte dazu beigetragen. Das Gen-Reservoir einer Population und seine weitere Wandlungsfähigkeit hingen also – und hängen auch in der Gegenwart – weitgehend von der phylogenetischen Vorgeschichte, von der jeweiligen Vergangenheit ab. Wie sagte Goethe? »... leben vom Vergangenen und gehen am Vergangenen zugrunde.«

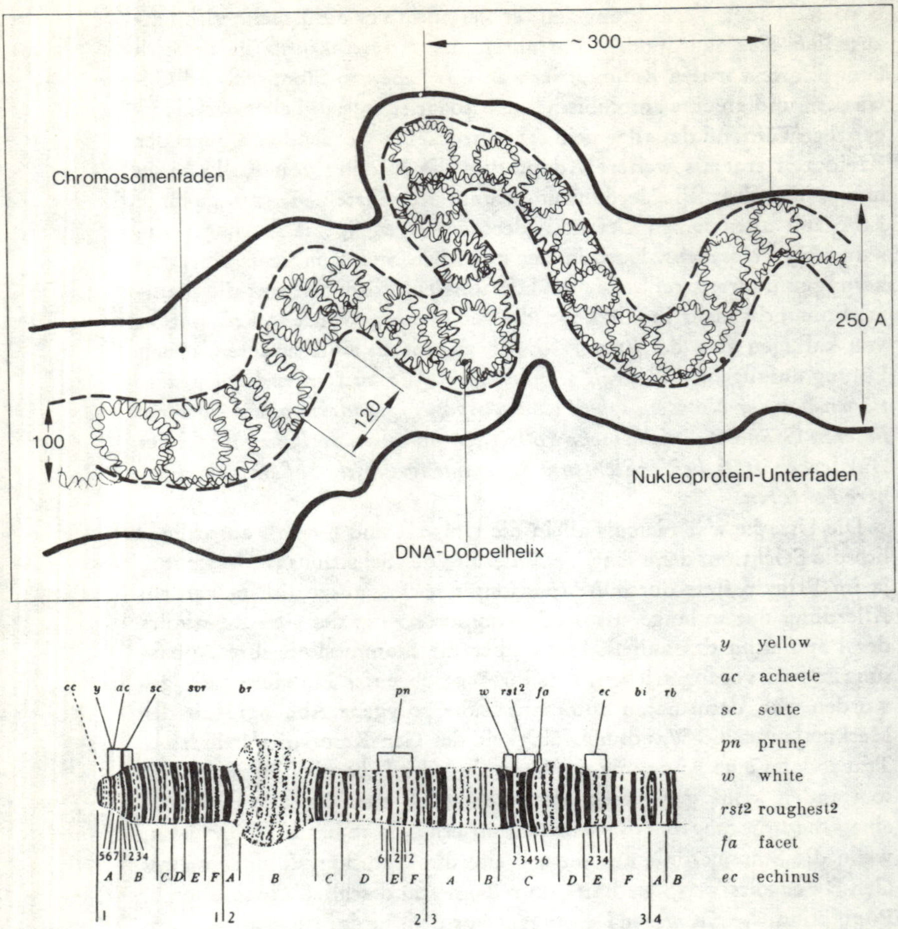

Abb. 24: Unten: Chromosomenkarte, dargestellt am linken Ende des X-Chromosoms der Fliege *Drosophila melanogaster.* Bestimmten, aus Chromomeren (Querstreifung) bestehenden Scheiben können die Erbanlagen (Gene) für bestimmte Merkmale (Phäne; Liste auf englisch am rechten Rand) zugeordnet werden. (Nach Emmens, 1936)
Oben: Schema der Anordnung der DNA-Doppelhelix (vgl. Abb. 25) innerhalb des Chromosomenfadens. Einer neuen These zufolge ist vermutlich ein einziger Nukleoprotein-Unterfaden allen Chromosomen des Zellkerns gemeinsam, wobei er zugleich viele Berührungspunkte an der Kernmembran hat. (Aus F. Lampert, Umschau Wiss. Techn., 1974)

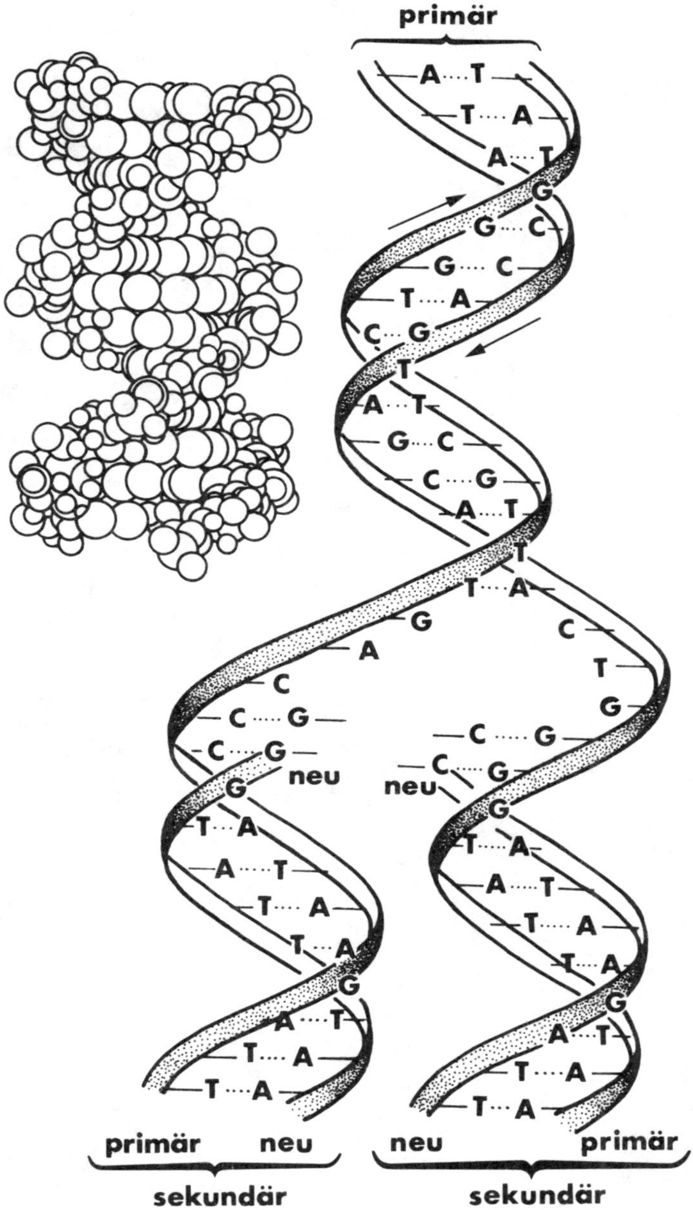

Abb. 25: Schematische Darstellung der Doppelhelix des DNA-Moleküls, unten im Stadium der Reduplikation (Wiederverdoppelung), bei der nach einem Auseinandertreten der beiden Stränge durch Matrizenwirkung je ein Komplementärstrang aufgebaut wird. – Oben links: Kugelmodell des Moleküls. (A = Adenin; C = Cytosin; G = Guanin; T = Thymin). (Nach Crick und Watson aus Watson, 1968)

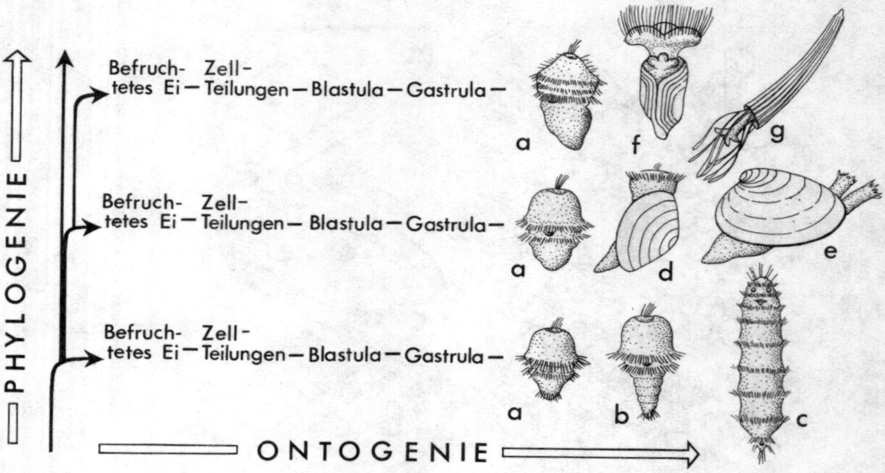

Abb. 26: Palingenetischer Entwicklungsgang bei den Ringelwürmern (Annelida = c), den Muscheln (Pelecypoda = e) und den Grabfüßern (Scaphopoda = g). Rekapitulation aller frühontogenetischen Stadien vom befruchteten Ei bis zum Gastrula-Zustand und selbst noch bis zum Stadium der Trochophora-Larve (= a). Erst nach diesem stellen sich in den Ontogenesen die neuen, abweichenden und für die jeweilige Klasse typischen Merkmale ein (schematische Darstellung).

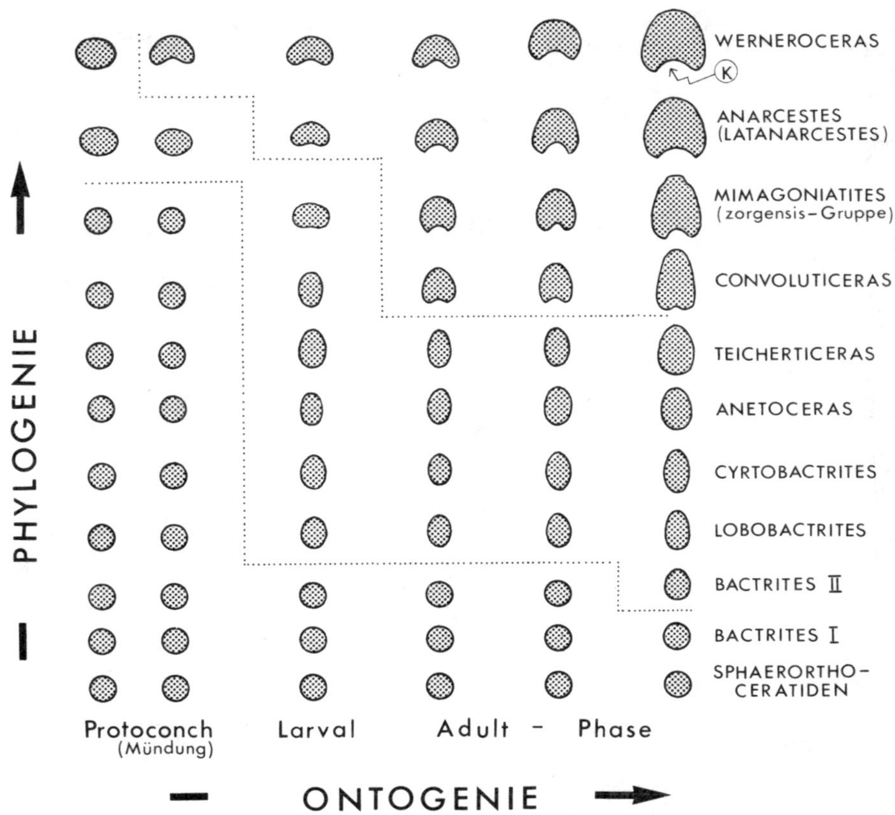

Abb. 27: Palingenetische Entwicklung des Querschnitts der Gehäuseröhre (Windung) in der von den Sphaerorthoceraten zu den Ammonoideen (zu *Werneroceras*) führenden Evolutionslinie (K = konkave Windungszone).

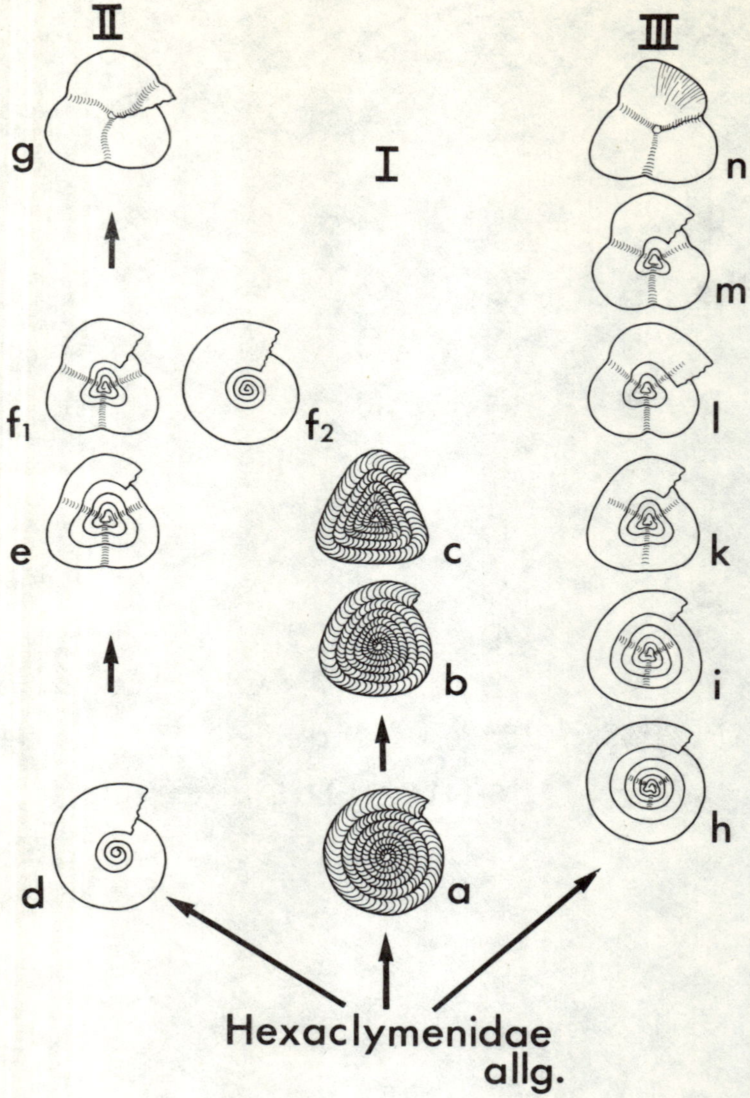

Abb. 28: Proterogenetische Entwicklung bei den Dreiecks-Clymenien. Aus den normalspiraligen Vorfahren (Hexaclymenidae) entspringen im späten Ober-Devon mit Parallelentwicklung drei verschiedene Stammeslinien (I, II und III). Bei deren ursprünglicheren Arten taucht der neue Dreiecksknick der Windungsspirale im Jugendstadium (z. B. f1, vergrößert) auf, während die Altersstadien (z. B. f2, verkleinert) zur Kreisspirale zurückkehren. Das neue Merkmal, der Dreiecksknick, greift sodann zunehmend auf die Altersstadien über, so daß bei den Endgliedern der Reihen (g, c, n) sämtliche Stadien Dreiecksform erreichen. In den Reihen II und III gilt Entsprechendes auch für die Bildung von Einschnürungen der Windung. (Aus Schindewolf, 1936)

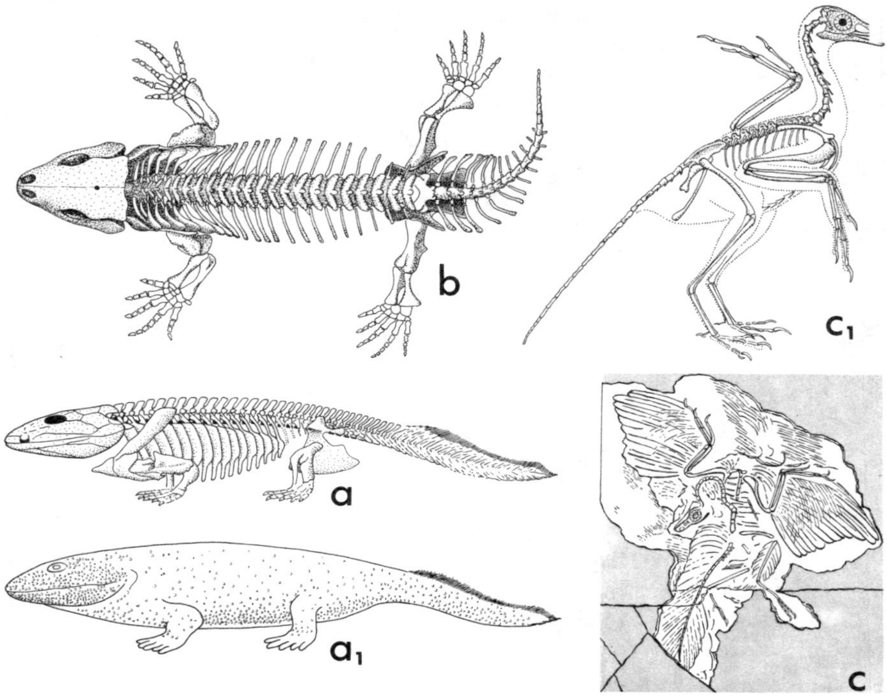

Abb. 29: Zwischen den Großbauplänen vermittelnde Zwischenformen (alle stark verkleinert). a, a_1 = *Ichthyostega*, aus dem späten Ober-Devon, steht zwischen den Quastenflossern (Crossopterygiern) als Fischen und den typischen Amphibien; b = *Seymouria*, aus dem Ober-Karbon, vermittelt zwischen den Amphibien und den typischen Reptilien; c, c_1 = *Archaeopteryx*, der Urvogel aus dem Oberen Jura, besitzt sowohl Merkmale der Vögel als auch solche der Reptilien. (Umgezeichnet nach verschiedenen Quellen)

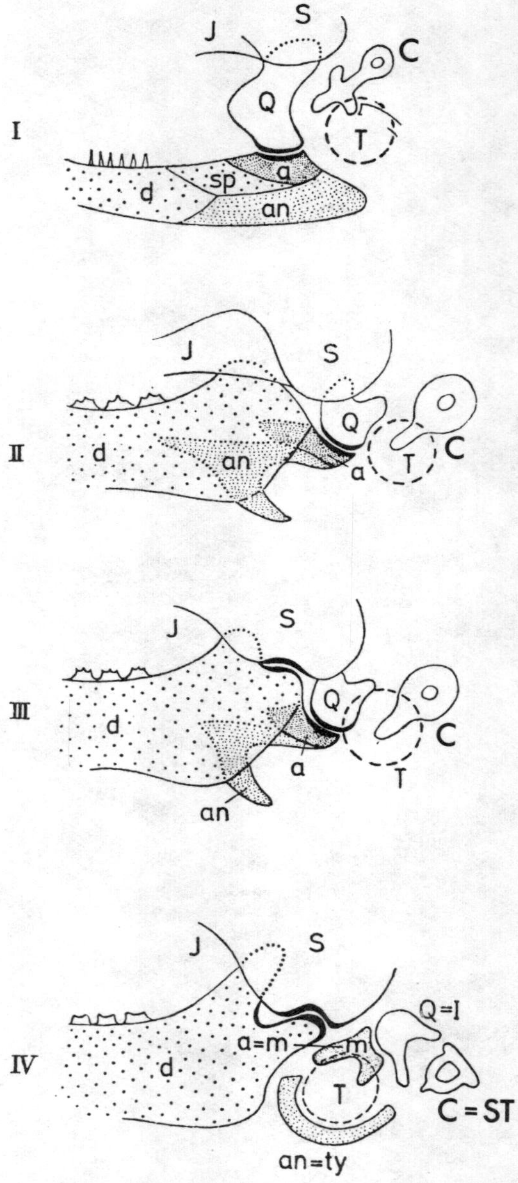

Abb. 30: Evolutive Umbildung des primären Kiefergelenks (a/Q) und des Gehörapparats (C) der typischen Reptilien (I) über den Status bei therapsiden Reptilien (II) und *Diarthrognathus* (III) in das sekundäre Kiefergelenk (d/S) und das Gehörskelett der Säugetiere (IV) (stark schematisiert).
Bezeichnung der Knochenelemente: a = Articulare; an = Angulare; C = Columella; d = Dentale; I = Incus (Amboss); J = Jugale (Jochbein); m = Malleus (Hammer); Q = Quadratum; S = Squamosum (Schuppenbein); sp = Spleniale; ST = Stapes (Steigbügel); ty = Tympanicum. – T = Trommelfellregion. (Nach Hölder, 1968, etwas vereinfacht)

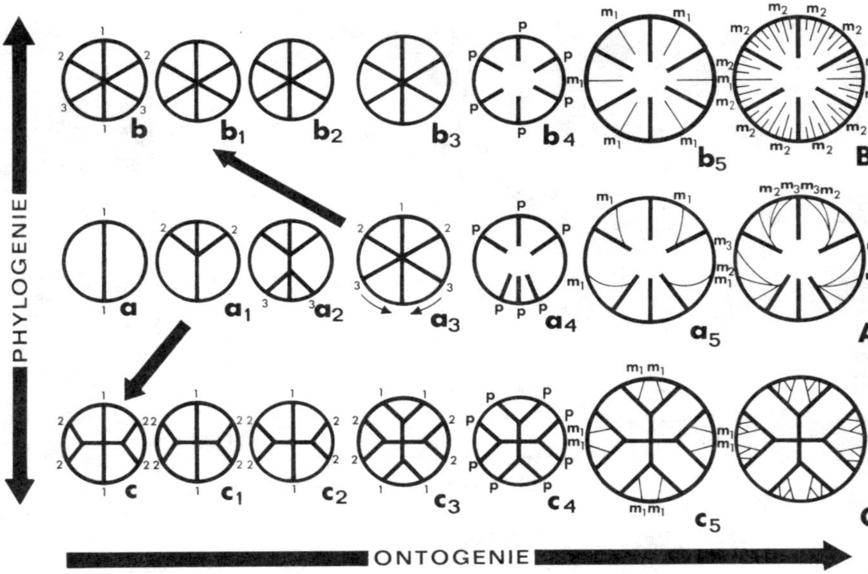

Abb. 31: Frühontogenetischer Typenwandel von den paläozoischen Pterokorallen (Ontogenese a bis A) zu den karbonischen Heterokorallen (Ontogenese c bis C) und den mesozoischen bis rezenten Cyclokorallen (Ontogenese b bis B) führend. Die beiden dicken Pfeile zeigen die Stadien des sprunghaft anmutenden, frühontogenetischen, von der Pterokorallen-Ontogenese ausgehenden Wechsels an. – Schematische Darstellung der Querschnitte von kalkiger Kelchwand und Septenmuster. 1, 2, 3 = Primärlamellen, welche zu den Protosepten (P) werden, beziffert nach der Reihenfolge ihres Auftauchens. – m1, m2, m3 = Metasepten, beziffert nach der Reihenfolge ihres Auftretens. (Neu konstruiert und vereinfacht nach Schindewolf, 1950)

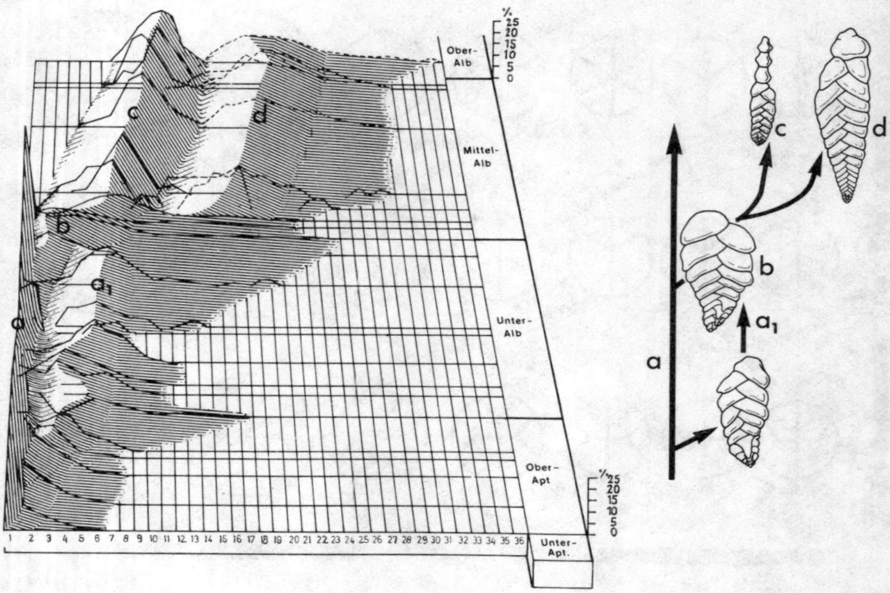

Abb. 32: Allmähliche, additive Umwandlung der Foraminiferen-Art *Gaudryina dividens* in die neue Gattung *Spiroplectinata.*
Links: Raumbild der Variationskurven der Populationen und deren Abwandlung in der Zeit, von der späten Apt-Stufe bis zur späten Alb-Stufe.
Rechts: Dasselbe Geschehen, dargestellt in der Form eines Stammbaums.
a = *Gaudryina dividens,* Stammlinie; a1 = ebenso, progressive Varianten; b = *Spiroplectinata lata;* c = *Sp. annectens;* d = *Sp. complanata.* (Aus Br. Grabert, 1959, ergänzt)

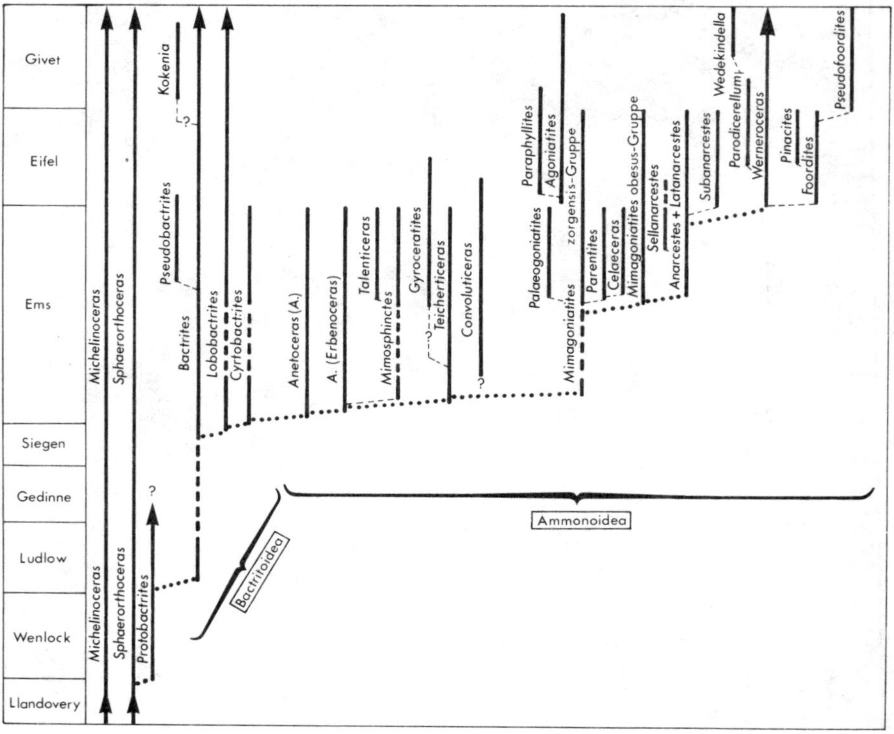

Abb. 33: Stammbaum, die explosiv schnelle, aber durch additiven Typenwandel erfolgende Herausbildung der Ammonoideen über die Bactritoideen aus Nautiloideen *(Michelinoceras, Sphaerorthoceras, Protobactrites)* zeigend. (Aus Erben, 1966)

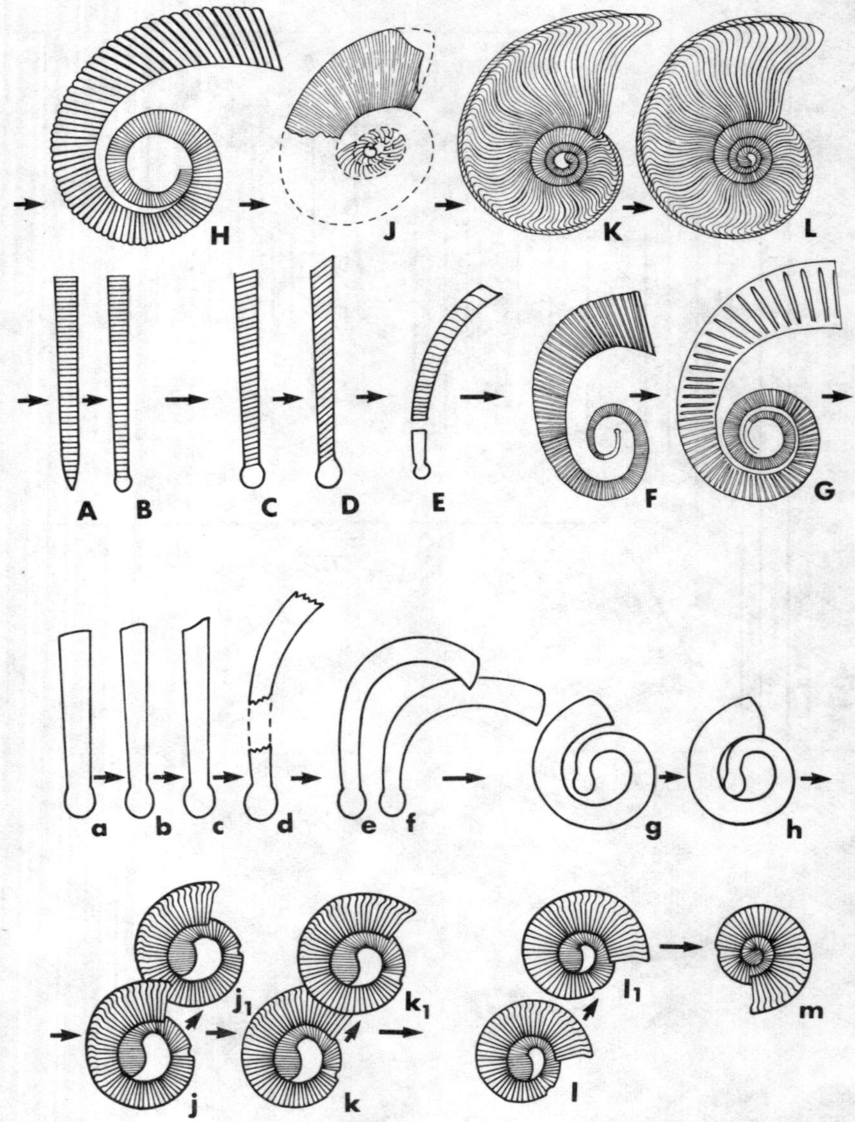

Abb. 34: Additive Umbildung der Gehäuseform bei den Jugendstadien (a bis m) und den Adultstadien (A bis L) im Verlauf der zu den Ammonoideen führenden Evolution (verkürzte Darstellung).
A = Michelinocerat; B = Sphaerorthocerat und *Protobactrites;* C = *Bactrites;* D = *Lobobactrites;* E = *Cyrtobactrites;* F, G, H = verschiedene Spezies von *Anetoceras;* I = *Teicherticeras;* K = *Mimagoniatites;* L = *Anarcestes.*
a = Sphaerorthocerat und *Protobactrites;* b = *Bactrites;* c = *Lobobactrites;* d = *Cyrtobactrites;* e, f = verschiedene Arten von *Anetoceras;* g = *Teicherticeras;* h = *Convoluticeras;* j, j_1 sowie k, k_1 = verschiedene Spezies von *Mimagoniatites* (mehr elliptische und mehr zirkuläre Anfangswindung); l, l_1 = *Anarcestes;* m = *Werneroceras.* (Neu zusammengestellt aus Erben, 1964, 1966)

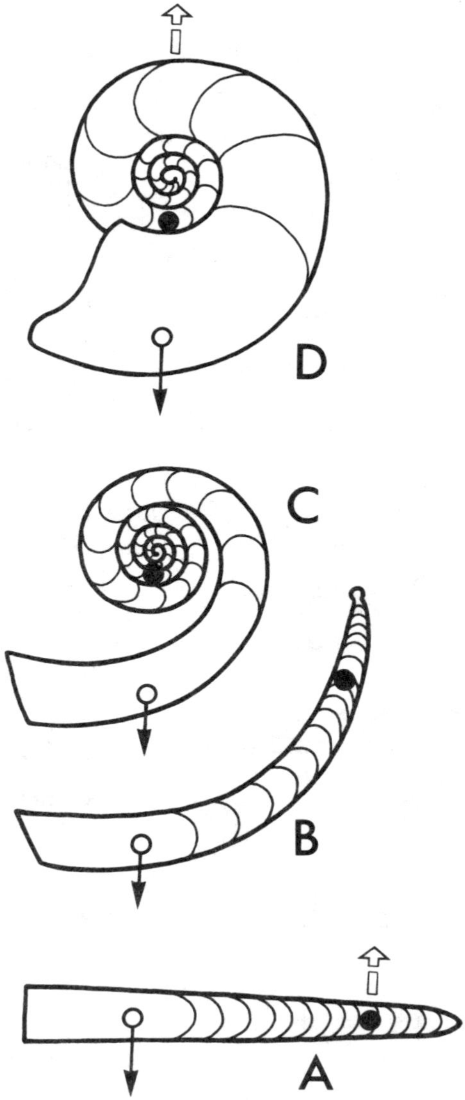

Abb. 35: Funktionsmorphologische Deutung der evolutiven Einrollungstendenz beim Cephalopoden-Gehäuse: Da die Positionen von Schwerpunkt (weißer Kreis) und Auftriebszentrum (schwarzer Kreis) ursprünglich stark differierten (A = *Bactrites*-Typ), ergab sich eine für die Stabilität ungünstige Situation, wenn das Gehäuse die im Wasser erforderliche horizontale Lage der Wohnkammer beibehalten sollte. Dieses technische Problem wurde dadurch gelöst, daß während der zu den Ammonoideen führenden Evolution das Auftriebszentrum über den Schwerpunkt verlagert wurde, und zwar durch zunehmende Krümmung (B = *Cyrtobactrites*-Typ) und Einrollung (C = *Anetoceras*-Typ) des Gehäuses. Ein vertikales Näherrücken des Auftriebszentrums an den Schwerpunkt (D = *Werneroceras*-Typ) verringerte schließlich auch noch die Gefahr eines seitlichen Schlingerns des Gehäuses (schematische Darstellung im Längsschnitt, Sipho fortgelassen).

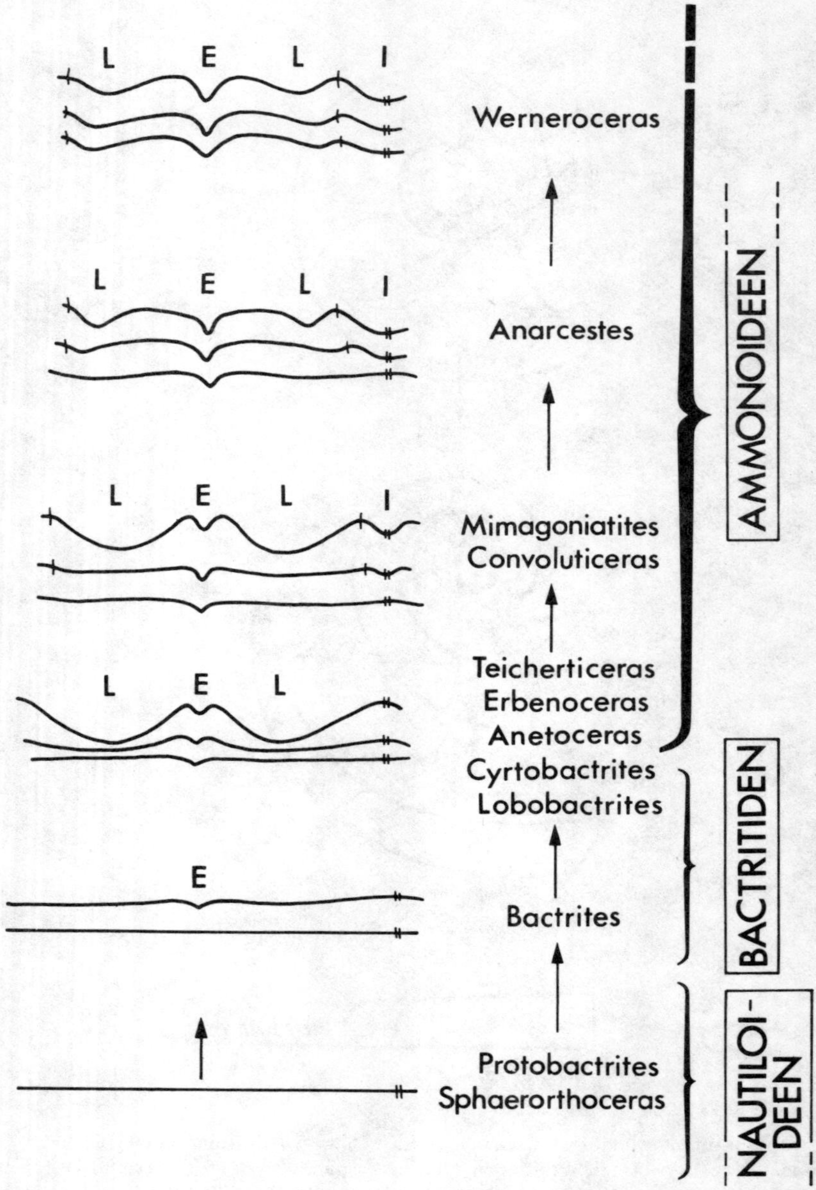

Abb. 36: Fortlaufende Vermehrung der Lobenzahl im Septum als eine der zu den Ammonoideen führenden Evolutionstendenzen. Funktionsmäßiger Vorteil: Vergrößerung der Septenoberfläche und damit der Fläche der bedeckenden braunen Membranen (vgl. Abb. 18), insofern verbesserte Saug- und Pumpleistung beim Transport der Kammerflüssigkeit, was ein schnelleres Auf- und Absteigen des im Wasser schwebenden Gehäuses ermöglichte. Die Liniengruppen geben die ontogenetische Entwicklung innerhalb eines Evolutionsstadiums wieder. Dargestellt wird die vollständige Lobenlinie. Pfeil = Externseite; doppelter Querstrich = Internseite; E = Externlobus; L = Laterallobus; I = Internlobus.

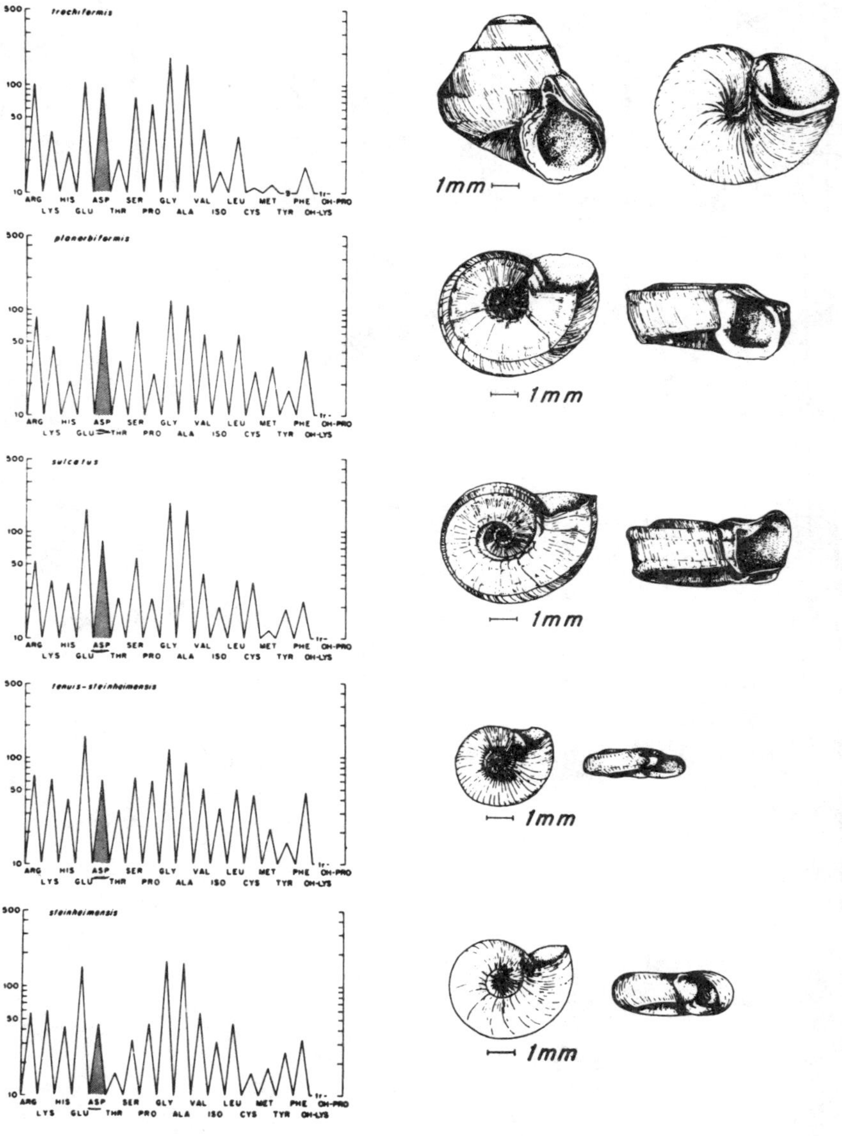

Abb. 37: Evolution der Gehäusemerkmale und der Aminosäurenspektren des Schalenproteins bei einem Teil der Ahnengruppenreihe von *Planorbis* aus den miozänen Süßwasserschichten von Steinheim am Albuch.
Rechts: Entwicklung der Gehäusegestalt bei den Arten *steinheimensis* → *tenuis* → *sulcatus* → *planorbiformis* → *trochiformis* (von unten nach oben).
Links: Quantitative Aminosäurenspektren dieser Arten (die der Asparaginsäure zugeordneten Maxima jeweils gerastert). (Aus Degens und Schmidt, 1966, nach Degens und Love, 1965)

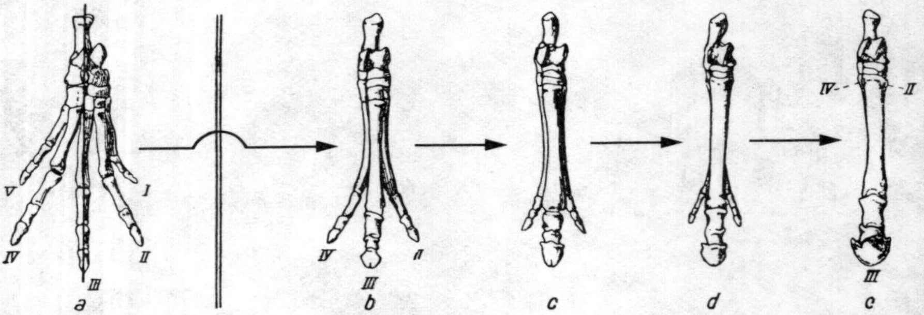

Abb. 38: Zum rezenten Pferd führende orthoevolutive Entwicklung des Hinterfußes (verkürzte Darstellung). a = *Tetraclaenodon,* im Paleozän; b = *Eohippus,* im Unteren Eozän; c = *Miohippus,* im Oligozän; d = *Merychippus,* im Oberen Miozän; e = *Equus* vom Oberen Pliozän bis heute. – I bis V = Zehenstrahlen. (Nach verschiedenen Autoren aus Schindewolf, 1950)

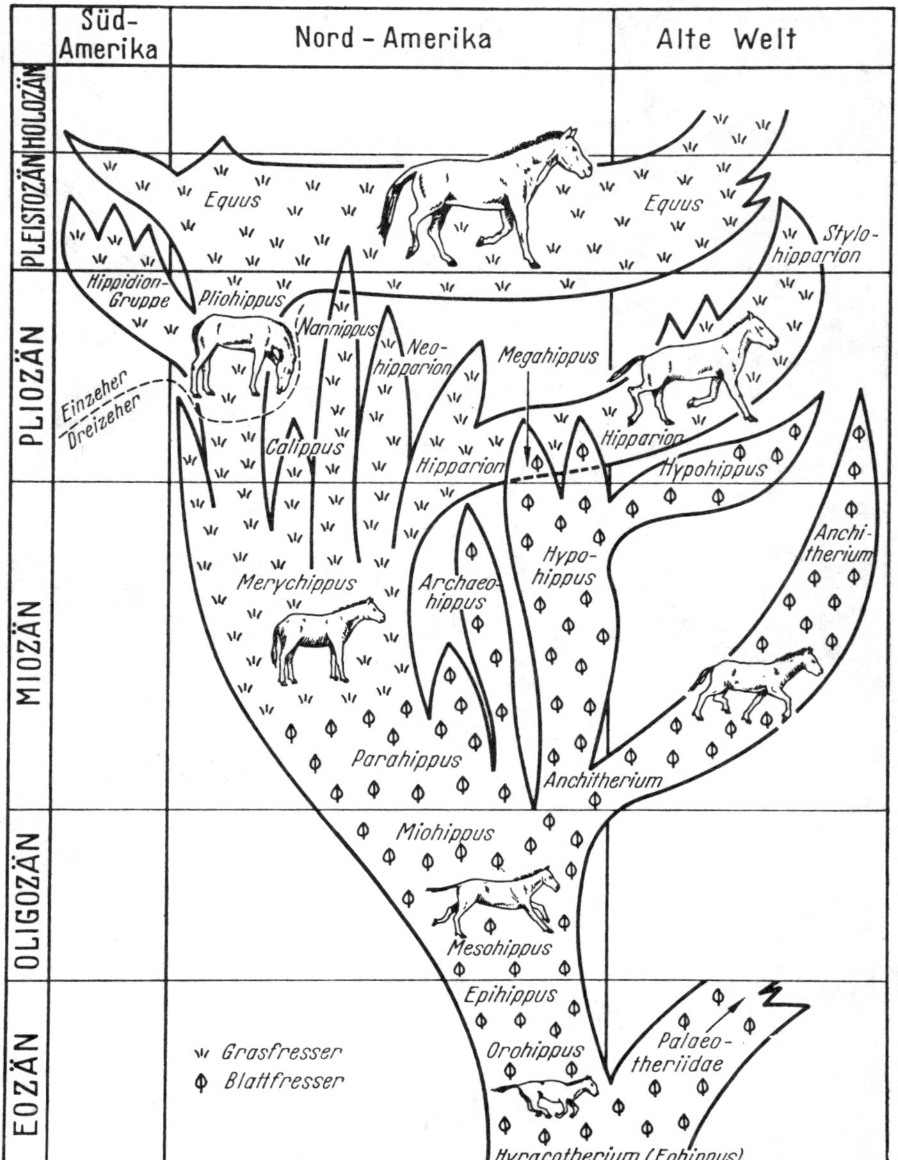

Abb. 39: Stammbaum der Pferde-Vorfahren. – Die S-förmige Krümmung des Hauptstamms wird durch die graphische Berücksichtigung der interkontinentalen Wanderwege bedingt, verschleiert allerdings die orthoevolutive Entwicklungsrichtung von *Hyracotherium (Eohippus)* zu *Equus*. (Nach G. G. Simpson, 1951, aus Thenius, 1963)

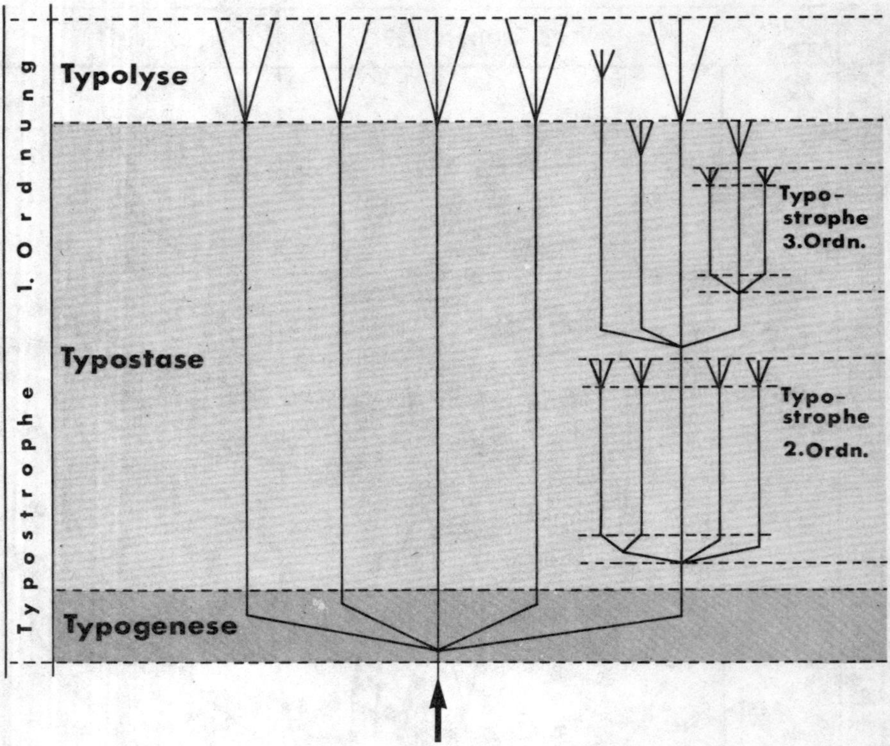

Abb. 40: Schema der Evolutionsphasen aus der Sicht der Typostrophen-Theorie O. H. Schindewolfs. (Nach Schindewolf, 1950, umgezeichnet)

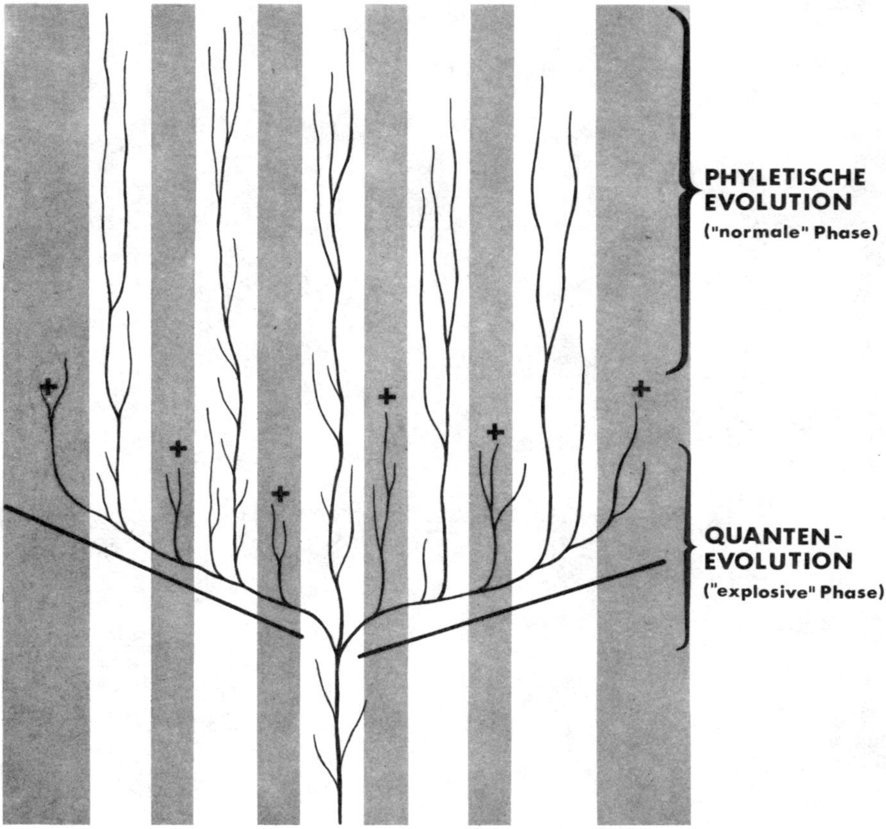

Abb. 41: Schema des phasenhaften Evolutionsverlaufs aus der Sicht G. G. Simpsons, kombiniert mit dem Konzept des »adaptiven Rostes« (gerasterte Streifen = inadaptive Zonen der Umwelt; Kreuze = Aussterben ungenügend angepaßter Stammeslinien – man beachte jedoch, daß Stammeslinien auch in den weißen, also adaptiven Streifen aussterben!). (Nach G. G. Simpson, 1944, umgezeichnet)

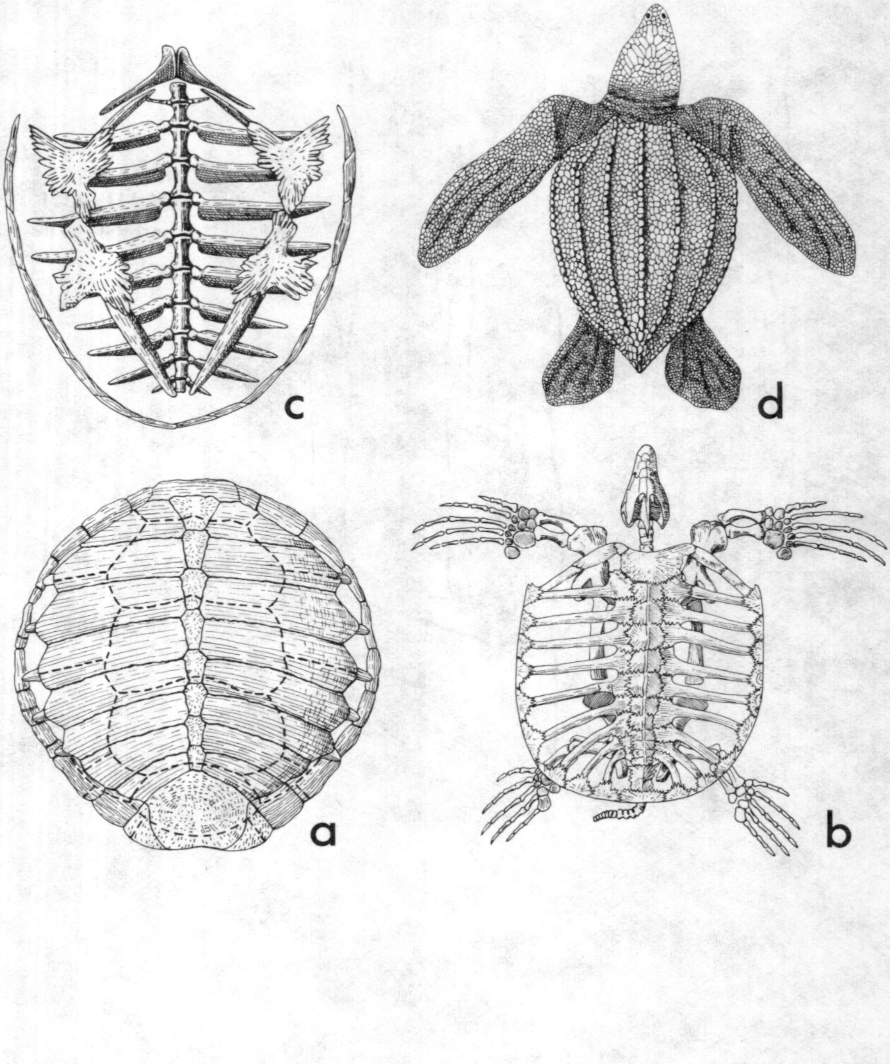

Abb. 42: Die Nicht-Umkehrbarkeit (Irreversibilität) der Evolution, ersichtlich aus der Entwicklung des Schildkrötenpanzers (vgl. S. 231). a = *Thalassemys marina* (Oberer Jura), Rückenpanzer mit randlich beginnender Rückbildung der Platten; b = *Archelon ischyros* (Obere Kreide), Rückenpanzer mit starker Rückbildung; c = *Protosphargis veronensis* (Obere Kreide), Blick durch die Rudimente des Bauchpanzers auf die Reste des Rückenpanzers; d = *Dermochelys coriacea* (rezent), Rückenseite, Lederhaut als Panzerersatz. – Alle beträchtlich verkleinert. (Nach verschiedenen Autoren aus Abel, 1929; umgezeichnet)

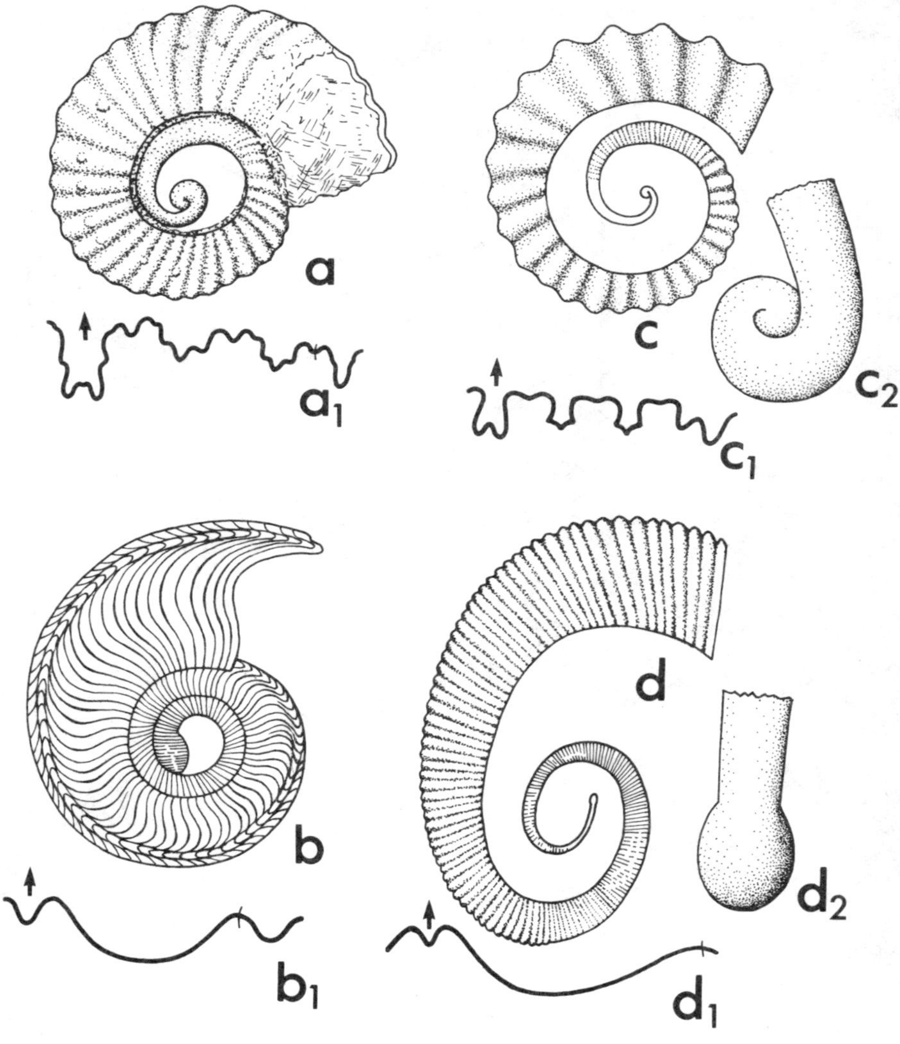

Abb. 43: Die Nicht-Umkehrbarkeit (Irreversibilität) der Evolution: Trotz ähnlichem Gehäusebau kehren spätere Entwicklungsformen (a, c) niemals in identischer Form zum Zustand früherer Vorgänger (b, d) zurück.
Ammonoideen mit Nabellücke: a = *Paraspiticeras schindewolfi* aus der Unteren Kreide (a_1 = Lobenlinie); b = *Mimagoniatites zorgensis* aus dem Unteren Devon (b_1 = Lobenlinie).
Ammonoideen mit offener Windungsspirale: c = *Infrapatoceras biserratum* aus dem Mittleren Jura (c_1 = Lobenlinie; c_2 = Gehäuseanfang, jugendliches Stadium); d = *Anetoceras hunsrueckianum* aus dem Unter-Devon (d_1 = Lobenlinie der Gattung, d_2 = Gehäuseanfang, jugendliches Stadium). (Aus und nach Ochoterena, 1966, Wiedmann, 1969, und Erben, 1964)

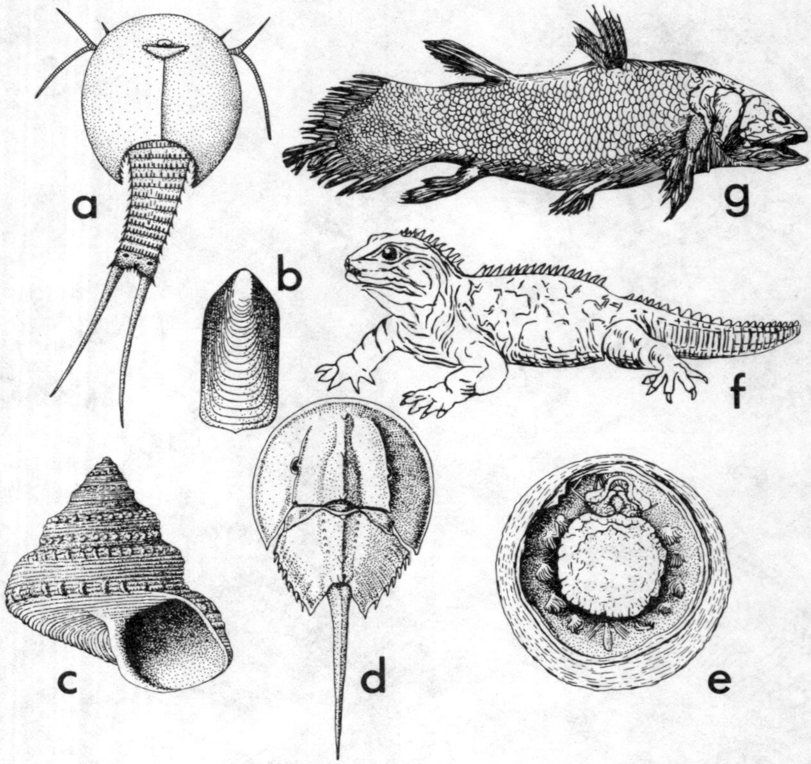

Abb. 44: Einige primitive Lebewesen der Gegenwart als Angehörige von extrem konservativen Evolutionslinien und somit als »lebende Fossilien«. a = *Triops cancriformis minor*, als triassischer Vertreter der gegenwärtigen Spezies; b = *Lingula;* c = *Pleurotomaria;* d = *Limulus;* e = *Neopilina*; f = *Sphenodon;* g = *Latimeria*). (Zusammengestellt nach verschiedenen Autoren)

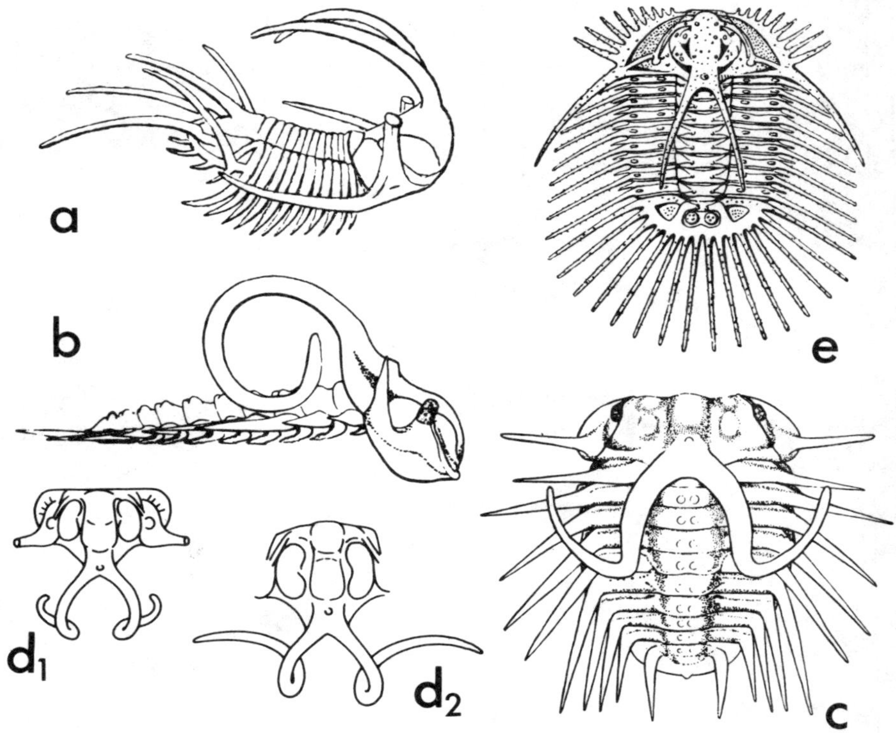

Abb. 45: Beispiele von Progressisten unter den Trilobiten. – Zugleich: funktionsmorphologisch interessante Stachelbildungen des Trilobiten-Panzers. a = *Ceratarges armatus* (Seitenansicht in Lebendstellung); b = *Dicranurus monstrosus* (Seitenansicht in Lebendstellung); c = dieselbe Art (Rückenansicht); d_1, d_2 = dieselbe Art, Kopfschild bzw. Mittelkopf abweichender Varianten (Rückenansicht); e = *Radiaspis radiata* (Rückenansicht). (Zusammengestellt nach und aus Rud. Richter, Prantl und Pribyl sowie Harrington et al.)

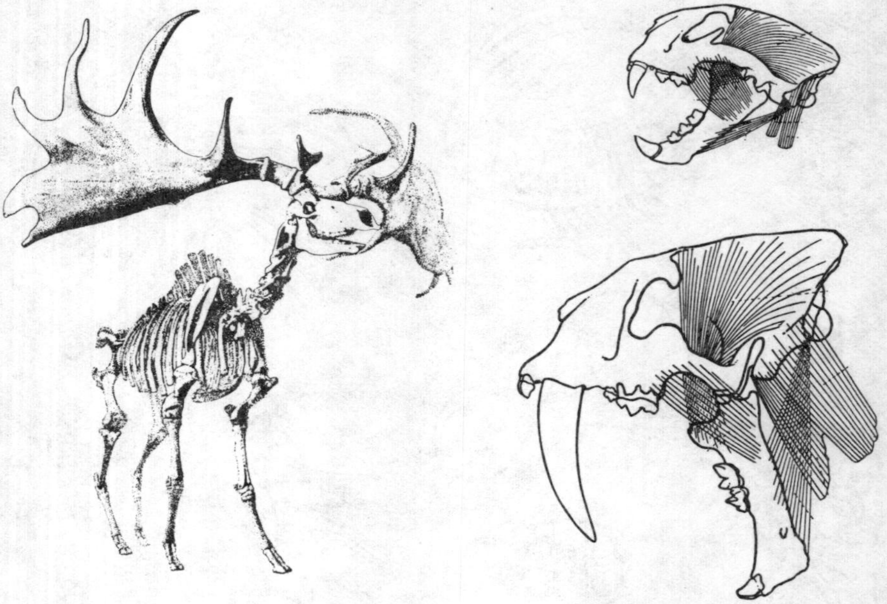

Abb. 46: Exzessive Ausbildung von Formmerkmalen.
Links: Geweihgröße beim eiszeitlichen Irischen Riesenhirsch *Megaceros hibernicus.*
Rechts, unten: Extreme Länge der Eckzähne beim pleistozänen Säbelzahn-»Tiger« *Smilodon californicus* (mit eingezeichnetem Verlauf der Kiefer- und Nackenmuskulatur).
Rechts, oben: Verlauf der Kiefer- und Nackenmuskulatur bei rezenten Katzentieren *(Felis).*
(Nach Cuenot und Matthew aus Dobzhansky, 1955, und Abel, 1929)

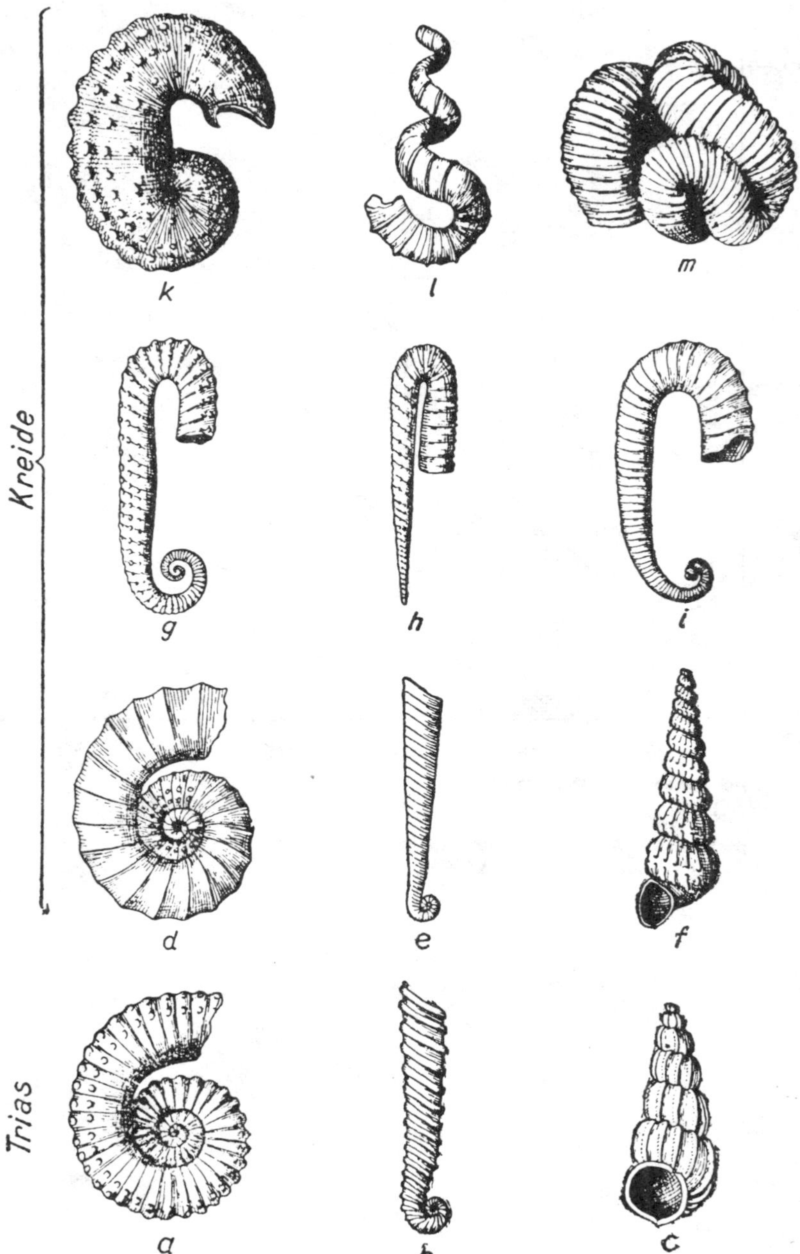

Abb. 47: Exzessive Ausbildung von Formmerkmalen: Beispiele für von der Kreisspirale des Gehäuses abweichende Ammonoideen. a = *Choristoceras;* b = *Rhabdoceras;* c = *Cochloceras;* d = *Ammonitoceras;* e = *Baculites;* f = *Turrilites;* g = *Ancyloceras;* h = *Hamulina;* i = *Heteroceras;* k = *Scaphites;* l = *Hyphantoceras;* m = *Nipponites.* (Aus Schindewolf, 1947)

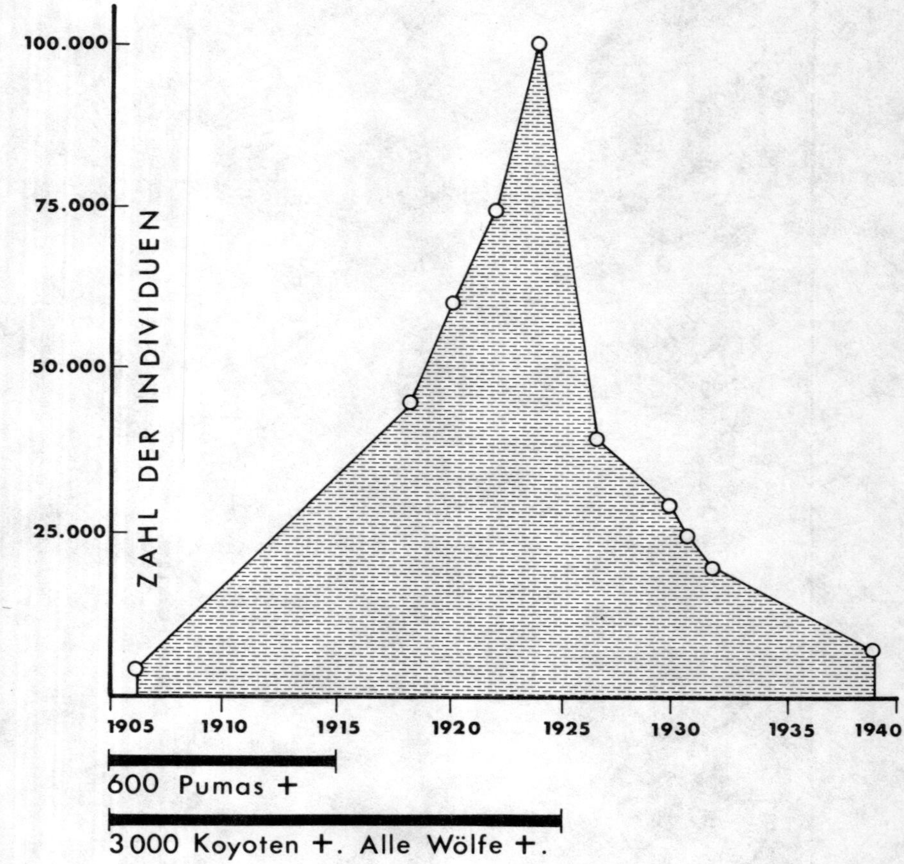

Abb. 48: Die Folgen einer Prosperitätssituation: Populationsdynamische Kurve eines Hirschbestandes in einem Reservat von Arizona, vor und nach Ausschalten der räuberischen Feinde als Selektionsfaktor. (Umgezeichnet; aus Ziswiler, 1965, nach Gloor)

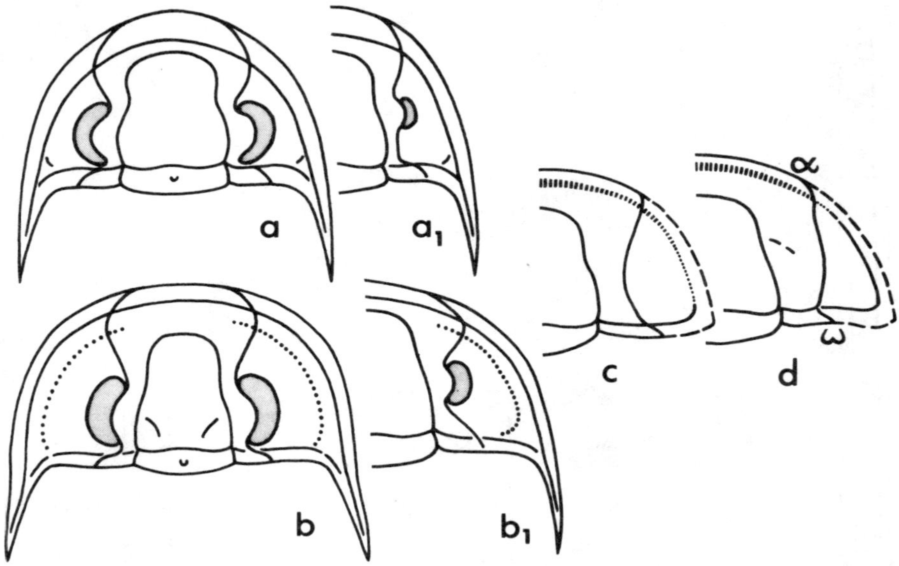

Abb. 49: Zum Aussterben der erblindenden proetiden Trilobiten im Unter-Karbon: Völliger Augenverlust (d, c) nach einer Größenreduktion der Augen (a1, b1) ursprünglich normaläugiger Vorläufer (a, b). – Schematisierte Stufenreihen mit Beispielen aus verschiedenen Stammeslinien. Nur bei a und b ist der vollständige Kopf dargestellt. (Man beachte den verschiedenen Verlauf der mit dem Auge verknüpften Häutungsnaht [α-ω])
a = *Cornuproetus,* typisch; a1 = *Piriproetus pirus;* b = *Cyrtosymbole (Waribole),* typisch; b1 = *Cyrtosymbole (Waribole) aequalis;* c = *Palpebralia,* typisch; d = ***Palpebralia nodannulata.*** (Aus Erben, 1961, vereinfacht)

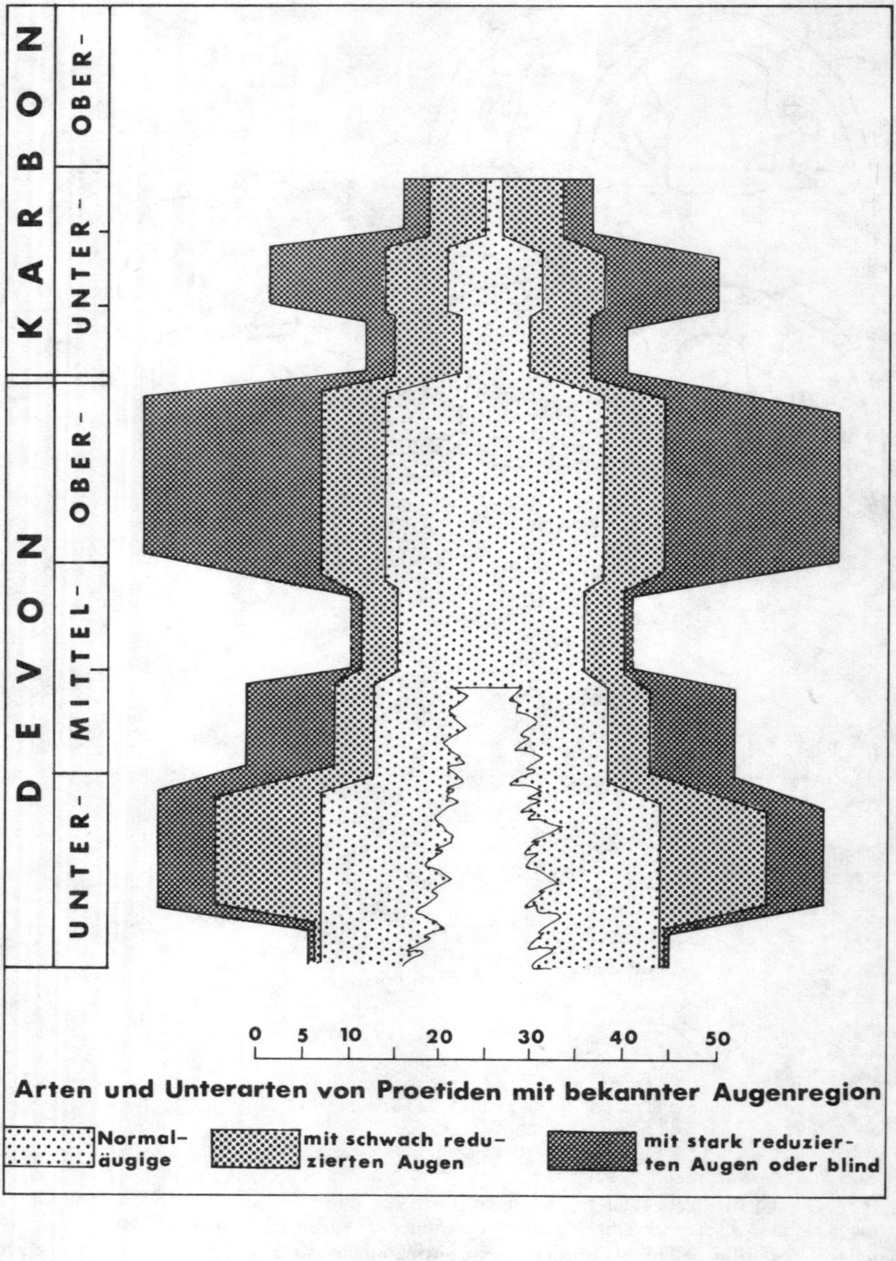

Abb. 50: Quantitative Verteilung und Entwicklung der normaläugigen, reduziertäugigen und blinden proetiden Trilobiten in der Zeit vom Unter-Devon bis zu ihrem Aussterben im Unter-Karbon. (Nach Erben, 1961, auf modernen Stand gebracht)

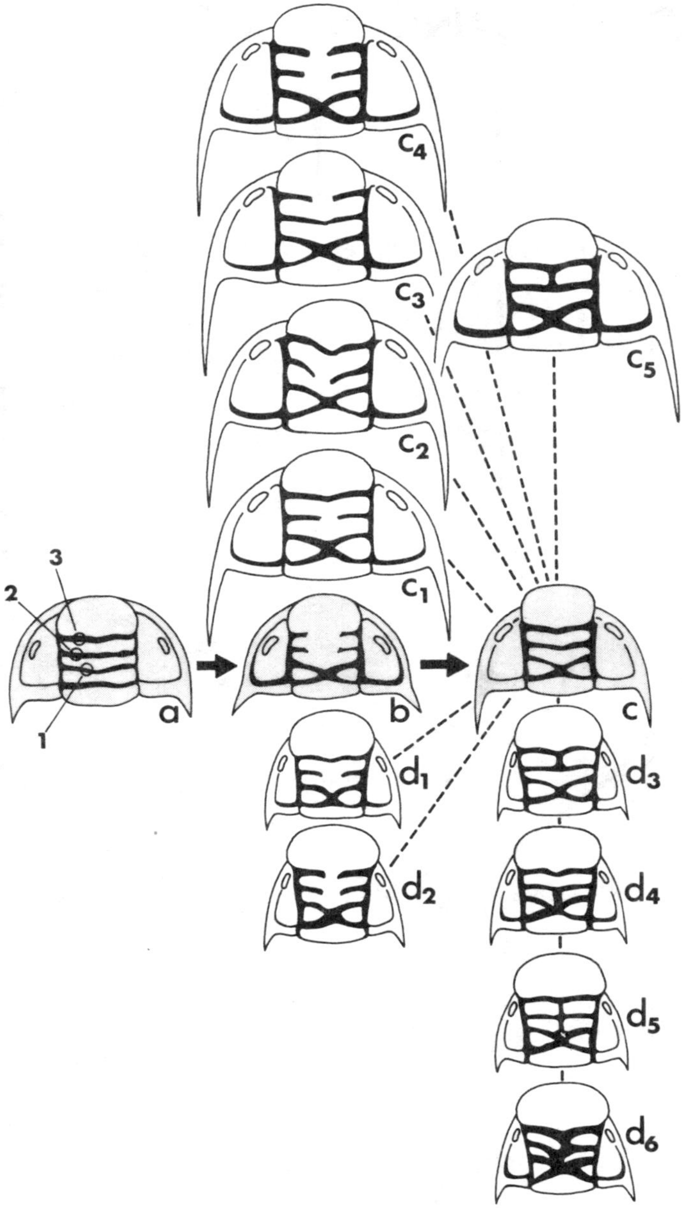

Abb. 51: Zum Aussterben der cheiruriden Trilobiten im Mittel-Devon (nur die Köpfe sind dargestellt). Hauptreihe: a = Hypothetischer Vorfahr; b = silurischer *Cheirurus (Cheirurus)*; c = normaler, devonischer Cheiruride. Pathologische Typen: c_1 bis c_5 = Mißbildungen der Querfurchen 2 bis 3 bei *Cheirurus (Crotalocephalus)*. d_1 bis d_6 = Mißbildungen der Querfurchen 2 bis 3 bei *Cheirurus (Crotalocephalina)*. (Teils nach Prantl, 1947, teils nach eigenen Befunden)

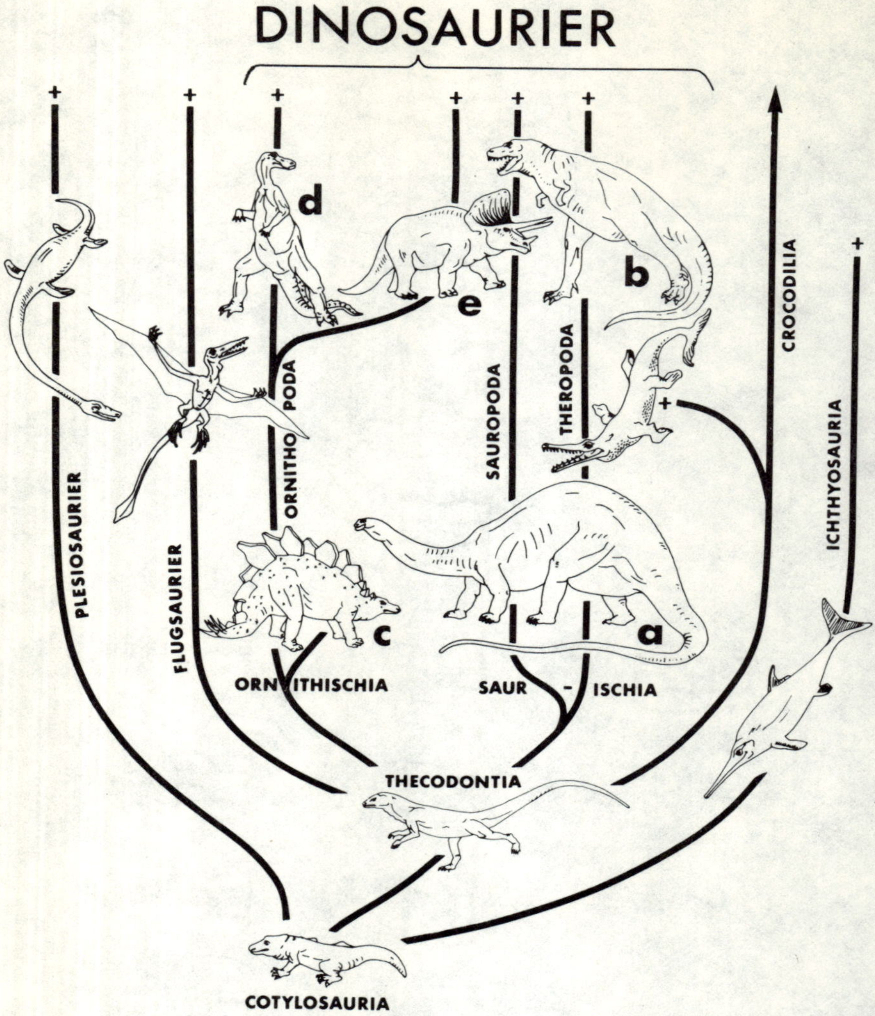

Abb. 52: Stark vereinfachter Stammbaum der Dinosaurier. a = *Brontosaurus;* b = *Tyrannosaurus;* c = *Stegosaurus;* d = *Trachodon;* e = *Triceratops.* (Nach Hölder, 1968, etwas abgewandelt)

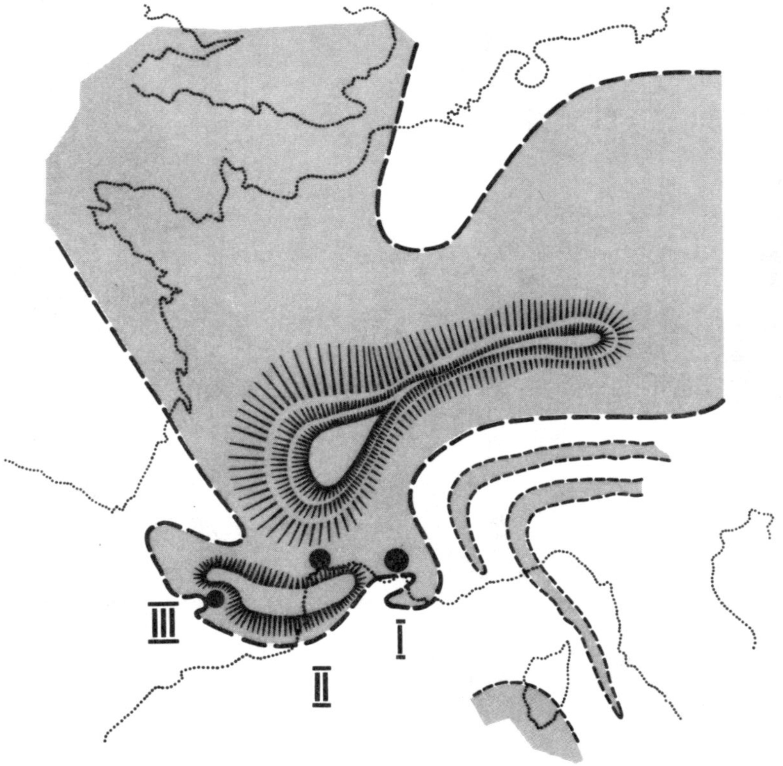

Abb. 53: Zum Aussterben der mediterranen Dinosaurier:
Unten: Rekonstruktion der annähernden paläogeographischen Situation in Westeuropa zur Zeit des spätesten Abschnitts der Kreide (Obere Maastrichtstufe). – Gerastert: Festland, mit gebirgigen Hochlagen sowie den drei hauptsächlichen Lebensrevieren von *Hypselosaurus:* I = Region östlich von Aix-en-Provence; II = Region der Corbières; III = Region von Tremp und Isona.
Oben: Hypothetische, sehr stark verallgemeinernde Typisierung der Körpergestalt der mediterranen, spät-kretazischen Dinosaurier. – a = *Struthiosaurus;* b = *Megalosaurus;* c = *Rhabdodon* und *Orthomerus;* d = *Titanosaurus* und *Hypselosaurus.*

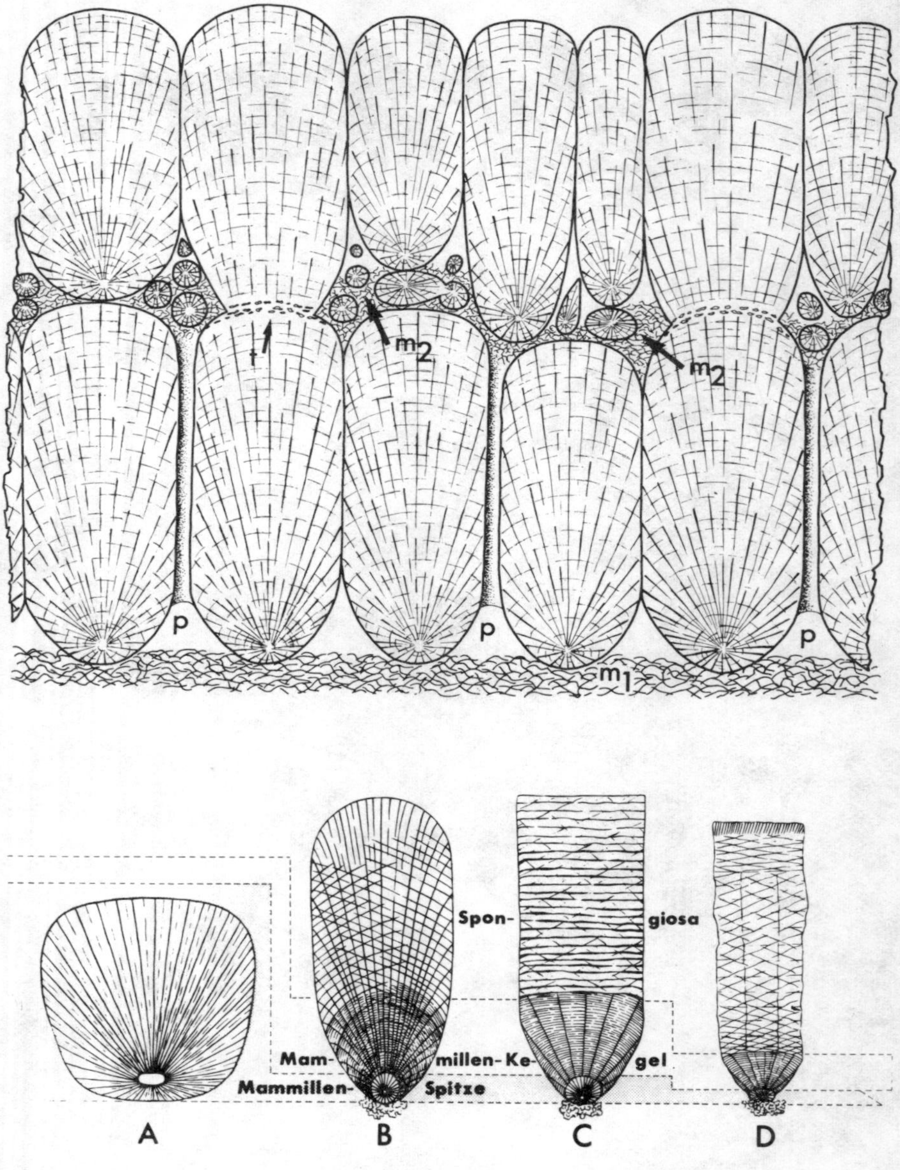

Abb. 54: Zum Aussterben der mediterranen Dinosaurier.
Oben: Strukturschema der ovum in ovo genannten pathologischen Eierschale bei *Hypselosaurus* (vertikaler Schalenquerschnitt). m_1 = normale Grundmembran (membrana testacea); m_2 = sekundäre Grundmembran; p = Schalenporen (Luftkanäle). (Nach Erben, 1970)
Unten: Vergleich der kristallinen Bausteine und deren Ultrastruktur in kalkigen Eierschalen. A = bei Schildkröten; B = bei saurischiden Dinosauriern; C = bei ornithischiden Dinosauriern und den »straußenartigen« (ratitiden) Vögeln; D = bei den »nicht-straußenartigen« (neoornithiden) Vögeln. – Gerastertes Feld: Aragonit. Sonstige Felder: Kalzit. (Nach Erben, 1970, vereinfacht)

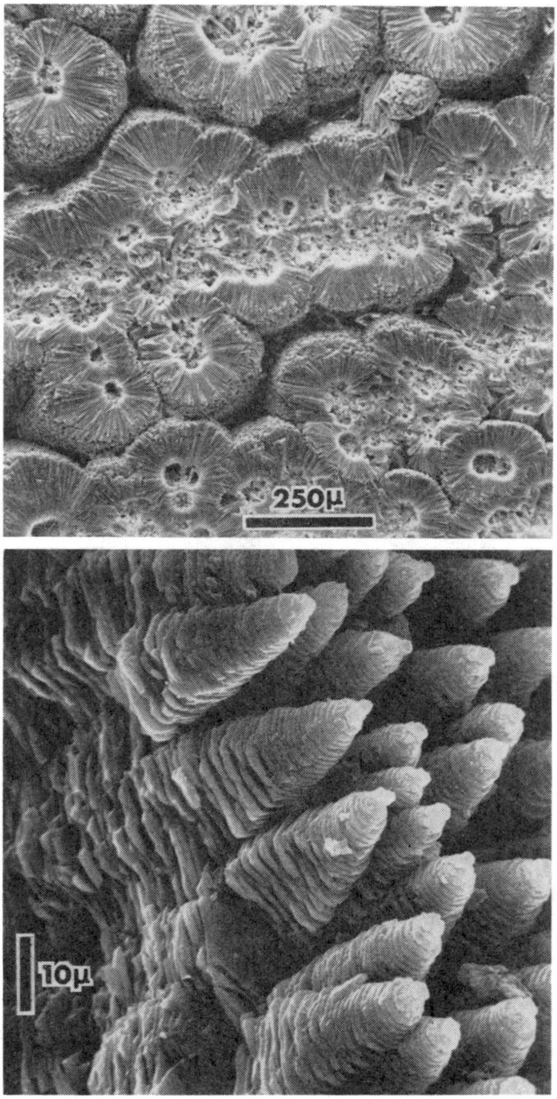

Abb. 55: Oben: Sphärolithische Aggregate aus nadeligen aragonitischen Biokristalliten als Bausteine in der kalkigen Eischale der rezenten Schildkröte *Testudo pardalis.* Aufsicht auf die Innenfläche. (Zu beachten: die Resorptionskrater im jeweiligen Zentrum; sie sind auf Kalkentzug durch den sein Knorpelskelett verknöchernden Embryo zurückzuführen.)
Unten: Schräge Aufsicht auf die Wachstumsfläche der Perlmuttschicht bei der rezenten Meeresschnecke *Guildfordia triumphans.* Rechts: Wachstum durch Anlagerung von winzigen, scheibchenförmigen, aus Aragonit bestehenden Biokristalliten an die Spitzen der sogenannten »Münzenstapel«. Aufgrund ihres seitlich beschleunigten Wachstums verschmelzen die Kristallite einer jeden Generation schließlich zu einer einheitlichen mineralischen Horizontallamelle. (Derartige Lamellen des maturen Perlmutts werden im Querbruch, auf der linken Bildseite, sichtbar.) (Rasterelektronenmikroskopische Aufnahmen; oben: aus Erben, 1974)

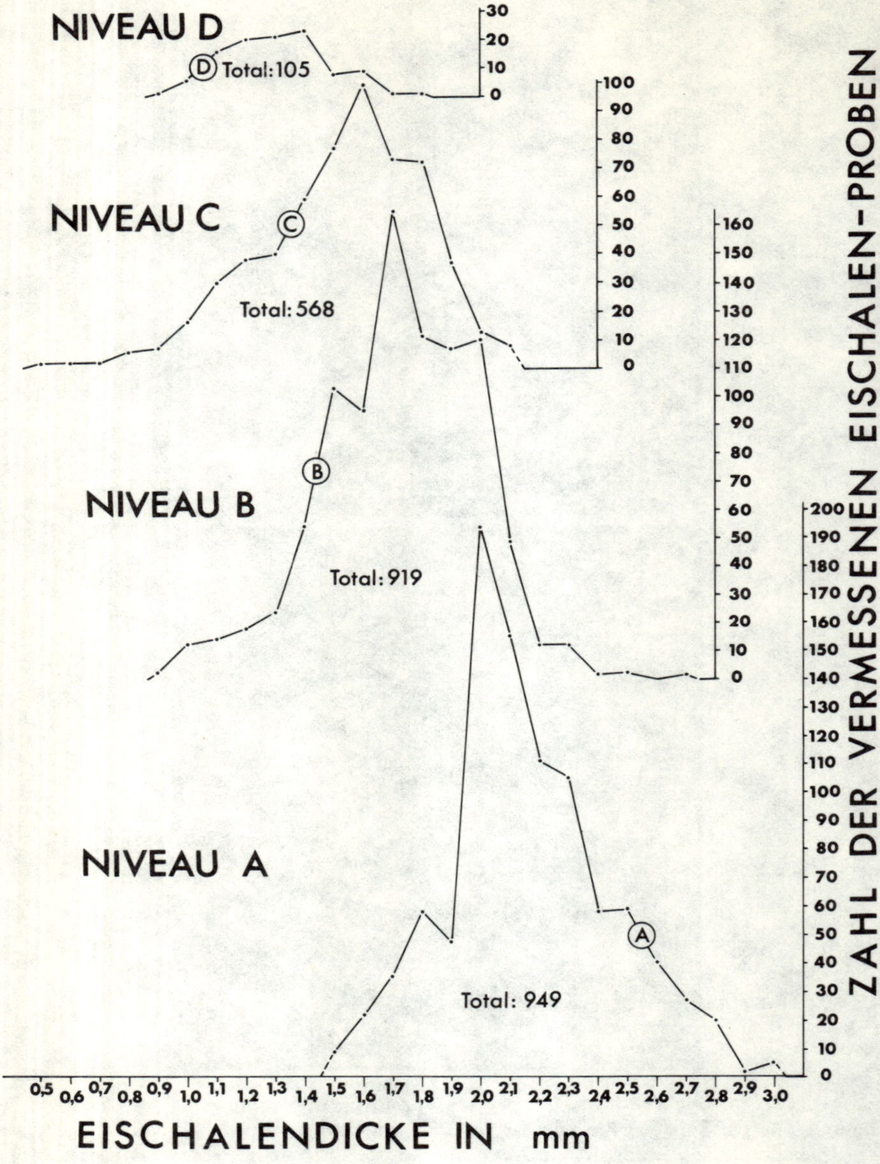

Abb. 56: Zum Aussterben der mediterranen Dinosaurier: In vier aufeinanderfolgenden stratigraphischen Horizonten der Schichtenfolge von Rousset (Provence) nimmt in den variationsstatistischen Kurven die Zahl der pathologisch dünnen Eischalen von *Hypselosaurus* extrem zu. Niveau D = Horizont des Aussterbens.

DRITTER TEIL

VIII. Kapitel

Der Mensch als Geschöpf der Bio-Evolution

Der Mensch, einziger und absoluter Parameter der Evolution ... Der Mensch als das Ziel, auf das hin und in dem das Universum sich einrollt. *Pierre Teilhard de Chardin*, 1969

... indem wir Menschen wenigstens in dieser Eitelkeit etwas ganz Unvergleichliches und Wunderhaftes sein möchten. Unsere Einzigkeit in dieser Welt! ... Vielleicht bildet sich die Ameise im Walde ebenso stark ein, daß sie Ziel und Absicht der Existenz dieses Waldes ist, wie wir das tun ... *Nietzsche*

... Vor mehr als zwei Millionen Jahren begann dann die sogenannte humane Evolution, deren Charakteristikum weniger mit dem Schlagwort vom »nackten Affen« umschrieben ist als vielmehr mit der Fähigkeit, aufrecht zu gehen, zu denken und Werkzeug zu Gerät zu verbessern. *G. Heberer*, 1968

Der Nabel Adams

Philip Henry Gosse, ein englischer Naturforscher, schrieb 1857 ein Buch, das sich gegen die Vorstellung wendete, die gegenwärtigen Lebewesen seien durch Evolution und nicht etwa durch Schöpfung entstanden[161]. Zwar hatte Charles Darwin sein Werk noch nicht veröffentlicht, doch der Entwicklungsgedanke war schon zuvor von französischen und deutschen Gelehrten geäußert und nicht zuletzt auch von Herbert Spencer in einem philosophischen Gedankengebäude zum Ausdruck gebracht worden[162]. Er stand also bereits im Mittelpunkt eines erbitterten, in der Öffentlichkeit ausgetragenen Meinungsstreites, in den nun auch Gosse eingriff, ein überzeugtes Mitglied der Sekte The Plymouth Brethren.

Die in den Gesteinsschichten der Erdkruste aufeinanderfolgenden Fossilien besagten, so meinte Gosse, für die Frage nach einer Evolution nicht das geringste; sie seien das Werk ihres göttlichen Schöpfers. Zwar müsse man ihnen, da dies die wissenschaftliche Geologie erfordert, unvorstellbar lange Zeitspannen zuordnen, aber doch nur mit der Einschränkung, daß »... wir ideelle anstelle von wirklicher Zeit meinen; – daß nämlich die Zeitdauer in Gottes geistiger Vorstellung (mind) geplant, aber nicht wirklich existent war«. Fossilien wären also zusammen mit ihrem zwangsläufigen Attribut, einem – allerdings nur scheinbaren – Anzeigen langer Zeitintervalle, sozusagen als »Prototypen« geschaffen worden. Das ist eine These, die abgewandelt auch heute noch hervorgeholt wird, wenn es gilt, die enorme Dauer der Erdgeschichte und des Lebens in Abrede zu stellen (vgl. S. 168 und 169).

Gosse erging es schließlich so, wie den meisten jener Gutwilligen, die sich um den Weg der Mitte bemühen, und die versuchen, zwischen zwei im Widerstreit liegenden Geistesrichtungen einen Ausgleich zu schaffen. Das Thema war hochbrisant, die Kontroverse hatte auf beiden Seiten Emotionen freigesetzt, und was eine ausgewogene Diskussion um objektive Sachverhalte hätte sein müssen, war auf das Gebiet von Ideologien geraten. Das Weizenkorn zwischen zwei Mahlsteinen: Gosse wurde aus beiden Lagern heftig attackiert, am schärfsten aber wohl aus dem eigenen, als ihm vorgeworfen wurde, er habe seinen Gott als Lügner hingestellt.

Wenn, wie schon Aristoteles gelehrt hatte, die Natur nichts Überflüssiges hervorbringt, und wenn, wie man später ergänzte, Gott in dieser Natur nichts Sinnloses erschuf, dann hätte er eine Täuschung begangen, wenn er den Fossilien den irreführenden Aspekt des großen Alters beigab (»Deus quidem deceptor«). Gosses unbedachtes Argumentieren hatte also seine Mitstreiter in eine unangenehme Zwangslage gebracht. Wie sehr das der Fall war, geht aus einem vorwurfsvoll anklagenden Brief hervor, den der nicht nur selbst schriftstellernde, sondern auch in der Naturforschung bewanderte Reverend Charles Kingsley an Gosse schrieb: »... aber in einem Einzelfall kann ich mein Gewissen beschwichtigen; vor der großen Gesamtzahl, der Wertlosigkeit aller geologischen Aussagen, kann ich das nicht. Ich kann nicht die mühevollen und langwierig erreichten Rückschlüsse von fünfundzwanzig Jahren des Studiums der Geologie aufgeben und glauben, daß Gott auf die Gesteine eine enorme und überflüssige Lüge für das gesamte Menschengeschlecht geschrieben hat ... In dieses schmerzvolle Dilemma haben Sie mich versetzt ...[163]«

Der Gesamtfall, auf den sich Charles Kingsley bezog, betraf das angeblich unwirkliche, lediglich vorgetäuschte hohe Alter der Fossilien. War hier das Problem gegeben, ob dieser Altersaspekt der versteinerten Muschel als idealtypisches (und daher unerläßliches) Merkmal beigegeben worden war, ohne die vorgebliche Bedeutung tatsächlich zu besitzen, so ergab sich damit ein Parallelfall zu einer anderen Fragestellung durchaus ähnlichen Charakters, nämlich zu der fiktiven oder realen Bedeutung von Adams Nabel. Das hatte auch schon Ph. H. Gosse bemerkt, der dieses Gleichnis insofern aufgegriffen hatte, als er ihm den Titel seines Buchs entnahm: »Omphalos« (griech., der Nabel). In der Tat hat dieses eventuelle Merkmal unseres biblischen Urahnen schon im Mittelalter so manchen Schriftgelehrten in Verlegenheit oder sogar Bedrängnis versetzt. Doch vor demselben Dilemma haben auch schon viele Maler der Renaissance gestanden, wenn sie das Paradies darstellen sollten. Als Menschen mußten Adam und Eva ja einen Nabel besessen haben, doch wenn Adam aus Erde und Eva aus der Rippe erschaffen worden waren, wäre dann der Nabel als Narbe der embryonalen Nabelschnur nicht überflüssig, irreführend, ja sogar eine indirekte Aufforderung zum Zweifeln an der Schöpfungsgeschichte gewesen? Die Künstler hatten es leichter als die Naturforscher, sie konnten einer Entscheidung ausweichen. Eine Efeuranke, der Zweig eines Baumes, ein Unterarm über die kritische Stelle hinweggeführt, und schon war die Schwierigkeit behoben. (Zumindest bis zu dem Moment, in welchem der reine Tor Philip Henry Gosse in seiner Naivität die Blöße wieder freilegte.) Ein Naturforscher konnte dieser Frage und dem hinter ihr Stehenden nicht so leicht ausweichen – und doch hatten es durch Jahrhunderte die meisten getan.

Benützen wir einmal »die Sache mit Adams Nabel« als Metapher, sehen wir in ihr die Verbildlichung der alten Frage nach dem Ursprung des Menschen! War Adam ungenabelt und somit das Ergebnis einer einmaligen, überirdischen Schöpfung? Oder besaß er einen Nabel, war er also auf höchst profane Weise geboren worden und somit nur ein Glied in einer langen Kette von Abstammungsverhältnissen? Was ist der Mensch: Ein außerhalb der Natur stehendes, beinahe reines Geisteswesen (Novalis) oder ein arrivierter Vertreter des Affengeschlechts, nicht allzu verschieden von jenem, den Kafka seinen »Bericht an eine Akademie« vortragen läßt?

Während meiner Studienzeit hörte ich die Vorlesungen eines bekannten Wirbeltier-Paläontologen, der die Evolutionszusammenhänge, die innerhalb der Amphibien und der Reptilien bestehen, mit jener inneren Begeisterung untersucht hatte und vortrug, die viele Vertreter unseres so ausgefallenen Faches auszeichnet. Daß die Arten, Gattungen, Familien sich im Lauf der Zeit auseinander entwickelt haben, stand für ihn ohne Zweifel fest, denn seine vergleichenden Untersuchungen der Skelett-Anatomie bestätigten es ihm ja täglich aufs neue. Kam aber die Sprache auf den Menschen, dann fiel der Vorhang, dann schaltete sich schlagartig die Empirie des Urteils aus. Wie jemand die Hybris aufbringen könnte, den Menschen anders aufzufassen als eine begnadete Schöpfung nach dem Ebenbilde des höchsten Wesens, das blieb dem alten Herrn bis an sein Lebensende zutiefst unbegreiflich.

Das ist die eine Grundhaltung. Die andere hört sich bei Desmond Morris so an: »Es gibt einhundertdreiundneunzig lebende Arten von Affen und Menschenaffen. Einhundertzweiundneunzig von ihnen sind mit Haar bedeckt. Die Ausnahme ist ein nackter Menschenaffe, der sich selbst *Homo sapiens* benannt hat. Diese ungewöhnliche und höchst erfolgreiche Spezies verwendet eine Menge Zeit für die Untersuchung ihrer höheren Motive und eine gleiche Menge Zeit um beflissen ihre fundamentalen zu ignorieren. Sie ist stolz darauf, daß sie von allen Primaten das größte Gehirn hat, aber sie versucht die Tatsache zu verbergen, daß sie auch den größten Penis besitzt, und sie zieht es vor, diese Ehre fälschlich dem mächtigen Gorilla zuzuweisen. Sie stellt einen hochgradig gesprächigen, scharfsinnig prüfenden, überforderten (overcrowded) Menschenaffen dar, und es ist höchste Zeit, ihr Grundverhalten zu untersuchen. – Ich bin ein Zoologe und der nackte Menschenaffe ist ein Tier. Daher ist er eine willkommene Beute für meine Feder ...[164]«

Es soll hier nicht unsere Aufgabe sein, zu prüfen, welche der beiden erwähnten Auffassungen die sympathischere ist; welche von beiden sich bei ihren Formulierungen jedenfalls im Ton vergreift, wird ohnehin klargeworden sein. Auch wollen wir uns nicht damit aufhalten, zu bedenken, daß zwar der alte Professor von H. wahrscheinlich unrecht hatte, wenn er meinte, aus seinem Spiegel blicke ihn ein Ebenbild des Höchsten an, daß aber der Blick des seine Feder wetzenden Desmond Morris in seinen eigenen Spiegel ihm das Bild des Menschen in den Einzelheiten zwar objektiv richtig, in der Gesamtheit jedoch mit einer beträchtlichen Verzerrung enthüllt hat.

Worauf es ja allein ankam, das war die Absicht zu zeigen, daß die

Betrachtung »des Menschen an sich« sehr leicht ins Subjektive abgleitet und daß dies unter sehr verschiedenen Aspekten geschehen kann. Oft trifft man Urteile an, die entweder einer narzißtischen Selbstüberschätzung (»Krone der Schöpfung«) entstammen oder auf der anderen Seite (»nur ein intelligentes Tier«) einer gewissen Selbstverachtung, einer wohl nur tiefenpsychologisch erklärbaren Abneigung gegen sich selbst und seinesgleichen entspringen. So muß man sich wohl fragen, wie es denn gelingen sollte, den Menschen objektiv zu erfassen, da wir doch alle irgendwie Partei sind?

Daher sollten wir es wohl mit jenen halten, die zwar wissen, daß (um ein Wort von P. Leyhausen abzuwandeln) »die Erhabenheit des Elefanten sofort aufhört, wenn wir ihm unter die Haut sehen«, die sich aber um Einseitigkeit vermeidende, faire Aussagen bemühen.

Der Stammbaum des Menschen

Dem Menschen »unter die Haut sehen«, das bedeutet nicht nur, seine biologische und seine geistige Situation zu prüfen, wie sie sich heute darbieten, das erfordert auch den Blick zurück auf sein Werden und auf seine Herkunft. Dabei brauchen wir uns nicht mit dem alten Streit zu belasten, ob der Mensch vom Menschenaffen abstamme, und sollte dies der Fall sein, wie schlimm das wohl sei. Die Frage, die soviel Entrüstung und Aufregung hervorgerufen hat, die soviel Eigenliebe verletzte, stellt sich heute nicht mehr. Längst schon steht fest, daß Menschenaffen und echte Menschen wie Vettern aus einer weit zurückliegenden gemeinsamen phylogenetischen Wurzel hervorgegangen sind und daß die eigentlichen (Altwelt- und Neuwelt-)Affen aus deren Vorstufe abgezweigt waren. Diese Umstände erklären alle bestehenden Ähnlichkeiten. Wie aber sahen diese Ahnenformen aus, wie ging diese gesamte Entwicklung vor sich?

Bevor wir uns mit diesem vielschichtigen und weitverzweigten Problem befassen, wird es notwendig sein, einen einfachen Überblick über jenen Teil des zoologischen Systems zu gewinnen, dem der Mensch angehört. Innerhalb der Ordnung Primates treffen wir dabei, folgen wir der Gliederung von G. Heberer, den Menschen in der folgenden Position an:

Ordnung PRIMATES (Herrentiere)

- I. Unterordnung LEMUROIDEA (Halbaffen)
- II. Unterordnung TARSIOIDEA (Koboldmakis)
- III. Unterordnung ANTHROPOIDEA (Menschenähnliche):
  - a) Überfamilie Ceboidea (Neuweltaffen)
  - b) Überfamilie Cercopithecoidea (Altweltaffen)
  - c) Überfamilie Hominoidea (Menschenaffen und Menschen):
    - c1) Familie Parapithecidae (Vor-Gibbons)
    - c2) Familie Hylobatidae (Gibbons)
    - c3) Familie Pongidae (Menschenaffen):
      - Unterfamilie Dryopithecinae (tertiäre Menschenaffen)
      - Unterfamilie Ponginae (eigentliche Menschenaffen)

c4) Familie Hominidae (Menschen):
Unterfamilie Ramapithecinae (Vor-»Menschen«)
Unterfamilie Australopithecinae (Urmenschen)
Unterfamilie Homininae (oder Euhomininae)
(Menschen im engsten Sinn)

Gattung *Homo*
Spezies *sapiens*

Daß die Menschenaffen (Pongiden) und die Menschen (Hominiden) einander verwandtschaftlich besonders nahestehen, ergibt sich zwingend aus dem Vergleich der Einzelheiten ihres morphologischen und anatomischen Baues. Außerdem wird die enge Verwandtschaft durch Untersuchungen am Hämoglobin und an Serum-Proteinen der lebenden Menschen und der Pongiden bestätigt[165]. Und schließlich zeigt sich bei einem weiteren Vergleich, daß dem Muster der 46 Chromosomen des Menschen, ordnet man sie nach gestaltlich übereinstimmenden, »homologen« Paaren, bei den Menschenaffen mit Ausnahme eines einzigen Paares das gleiche Muster gegenübersteht. Unter diesen Umständen bezweifelt heute kein vernünftiger Paläontologe, Paläoanthropologe oder Biologe, daß der Hominiden- und der Pongidenzweig aus gemeinsamen Vorfahren hervorgegangen sind.

Doch, wie so oft, steckt der Teufel im Detail. Da das eigentliche Mensch-Sein ja überwiegend von dem erreichten Grad der psychischen Leistung charakterisiert wird, diese sich aber in graduellen, wenn auch diskontinuierlich beschleunigten Übergängen steigerte, kann eine scharfe Grenze zwischen noch völlig tierischem und bereits vollständig menschlichem Zustand nicht gezogen werden. Diese Schwierigkeit hat G. Heberer überwunden[166], der bei der Evolution des zu *Homo* führenden Stammeszweiges drei zeitlich einander folgende Abschnitte unterscheidet:

1) Die subhumane Phase:
Sie reicht von der Isolation des Hominiden-Stammes aus dem noch nicht hominiden Wurzelstamm bis zum Tier-Mensch-Übergangsfeld. Die Hominiden dieser Phase besaßen anfangs noch den weitgehend »äffischen« Körperbau. Auch psychisch waren sie noch den Tieren gleichgestellt: Sie mögen primitive Werzeugbenutzer gewesen sein, Werkzeughersteller aber waren sie sicherlich noch nicht.

2) Das Tier-Mensch-Übergangsfeld:
Der Grad der psychischen Leistung ermöglichte die erste Herstellung von (bearbeitetem) Werkzeug.

3) Die humane Phase:
Diese schließt sich an das Tier-Mensch-Übergangsfeld an und reicht bis zur Gegenwart. Die psychischen Leistungen sind nun typisch menschlich geworden.

Auch in einem zweiten Problemkomplex[167] bestand ursprünglich noch Unklarheit: Die heutigen Pongiden und Gibbons sind ihrer Fortbewegungsweise nach Hangel- und Schwing-Kletterer (Brachiatoren) und besitzen dementsprechende Anpassungsmerkmale, wie z. B. stark verlängerte Arme, deren schulterwärts gerichtete Behaarung und die typische »Hakenhand«, bei der die Mittelhandknochen verlängert sind und der Daumen merklich kürzer bleibt. Konnte die Menschenlinie von derart angepaßten Formen abstammen (Brachiatoren-Hypothese) oder muß sie von deren noch nicht hangelnden Vorläufern abgeleitet werden (Präbrachiatoren-Hypothese)? Oder reicht die Menschen-Linie noch weiter zurück, bis zu den früheren Anfängen (Protocatarrhinen-Hypothese)? Das waren wichtige Fragen, denn aus ihrer Beantwortung ergab sich ja die Position jenes Gabelungspunktes, an welchem sich die ersten Hominiden der subhumanen Phase aus ihrem Vorfahren, Darwins »ancient member«, herausentwickelt haben, und ferner auch das stratigraphische Alter dieses Ereignisses (Abb. 57). Noch älter als dieser Entwicklungsschritt aber muß derjenige gewesen sein, mit welchem der allererste Vertreter der Primaten entstand, und so sollten wir unsere Betrachtung des Stammbaumes und der Entstehung des Menschen mit der Prüfung dieser Anfänge einleiten:

An seiner Wurzel stehen die primitivsten Formen der plazentalen Säugetiere, die sogenannten Insektenfresser (Insectivora), zu deren wohl bekanntesten gegenwärtigen Vertretern die Spitzmäuse, Igel und Maulwürfe gehören. Diese Gesamtgruppe nimmt ganz allgemein in der Evolution der plazentalen Säugetiere eine Art von Schlüsselstellung ein, denn sie enthält jene Vorfahren, aus welchen sich zu Beginn der Tertiär-Zeit mehrere weitere Säugerstämme entwickelten: die ausgestorbenen Urhuftiere (Protungulata), die fossilen Urraubtiere (Creodontia), die Fledermäuse (Chiroptera), die Flattermakis (Dermoptera) und vor allem auch die Primaten.

Zwischen den Insektenfressern und den echten Primaten vermittelt nun eine eigentümliche Untergruppe, die der Spitzhörnchen, welche als Vorfahrengruppe für die Halbaffen, Affen und mittelbar auch für den zum Menschen führenden Zweig angesprochen werden muß. Aufgrund mancher ihrer Körpermerkmale und mancher Züge ihres Verhaltens sind diese Spitzhörnchen als Zwischenformen aufzufassen, die von den Insektenfressern unmittelbar zu den Halbaffen überleiten. (Diese Zwischenstellung führt dazu, daß manche Zoologen die Spitzhörnchen unter dem Namen Tupaiiformes schon zu den ursprünglichsten Primaten zählen wollen.)

Aus den Spitzhörnchen der frühen Abschnitte der Tertiär-Zeit müssen sich erste, sehr urtümliche, echte Primaten entwickelt haben: Es entstanden die Halbaffen (Lemuren), die Altwelt- und die Neuweltaffen, vermutlich aber auch schon erste Vorläufer der Überfamilie Hominoidea. Dieser frühe Abschnitt der Gesamtentwicklung ist allerdings nur ungenügend belegt, er spielte sich vermutlich im tropischen Urwald ab, also in einem Lebensraum, in welchem die Erhaltungs-Chancen für fossil werdende Skelettknochen nicht gerade gut sind.

Die ersten Vertreter der Hominoidea (Abb. 57) kennen wir aus dem Oligozän (*Parapithecus*, *Propliopithecus*). Aus ihnen entwickelten sich vermutlich im frühesten Miozän die ersten zu den Menschenaffen überleitenden Formen (*Proconsul* als Vertreter der Dryopithecinen), aber auch schon solche (*Ramapithecus, Kenyapithecus*), die zu den Hominiden in Beziehung stehen und die deren subhumane Entwicklungsphase einleiteten. Hier liegt die für den Menschenstamm entscheidende Gabelung: Der eine Zweig leitete zu den eigentlichen Pongiden über, den Menschenaffen, die zu Brachiatoren, also Hangel- und Schwing-Kletterern wurden. Der andere führte über die Ramapithecinae zur späteren Herausbildung des aufrechten Ganges und zum Eintreten in das Tier-Mensch-Übergangsfeld, aus welchem die nunmehr Werkzeuge nicht nur benützende, sondern auch herstellende Gruppe der eigentlichen Menschen hervorging.

Diese war ursprünglich nur durch die noch sehr primitiven Australopithecinen vertreten, welche vor rund 2 Millionen Jahren die Steppen Ost- und Südafrikas bewohnten und eine verhältnismäßig mannigfaltige Gruppe von Hominiden darstellten: Da wäre zum Beispiel der einen Knochenkamm im Scheitel besitzende *»Paranthropus«* zu nennen, neben ihm *Australopithecus* selbst, und insbesondere eine noch kleine, zierlichere Spezies namens *»habilis«*, die früher entweder noch zu *Australopithecus* oder auch schon zu der menschlichen Gattung *»Pithecanthropus«* gestellt worden ist. (Dieser letztere Gattungsname ist von G. Heberer inzwischen fallengelassen worden, die hierher gehörenden Arten werden jetzt bereits der Gattung *Homo* zugeordnet.)

Wie dem auch sei, der etwa 1,5 Jahrmillionen alte *Homo (»Pithecanthropus«) habilis* vertritt jedenfalls die aus den Australopithecinen zum heutigen Menschen weiterführende Evolutionslinie. Ihm folgte vor etwa 0,5 Jahrmillionen – noch immer im afrikanischen Siedlungsbereich – der Oldoway-Mensch, *Homo (»Pithecanthropus«) erectus leakeyi*. Offenbar aufgrund zunehmenden Bevölkerungsdrucks muß es sodann zu Auswanderungswellen gekommen sein, denn fossile Reste weiterer, teils gleichaltriger, teils stratigraphisch jüngerer Unterarten aus dem Kreis des *Homo (»Pithecanthropus«) erectus* wurden in Java, in China, in Rhodesien, in Nordwest-Afrika, ja selbst in Mitteleuropa (*heidelbergensis*) festgestellt.

Erst vor etwa 250 000 Jahren ist der vermutlich erste Vertreter des *Homo sapiens* aus der *»Pithecanthropus«*-Gruppe hervorgegangen, nämlich die Unterart *steinheimensis* (Steinheim-Mensch, Swanscombe-Mensch). An sie schließt sich zeitlich der Neandertaler (*Homo sapiens neanderthalensis*) an, dem in Europa vor rund 30 000 Jahren der neu eingewanderte Cro-Magnon-Mensch folgte, als erster Vertreter unserer eigenen Spezies *Homo sapiens* (im engeren Sinn).

Wahrscheinlich zu diesem Zeitpunkt oder schon kurz zuvor werden sich neben der europiden auch die anderen heute noch lebenden Rassen (Unterarten)[168] entwickelt haben: die australasiatische = *sapiens australasicus*; die negride = *sapiens afer*; die khoisanide = *sapiens hottentotus;* die mongolide = *sapiens asiaticus*; und die indianide = *sapiens americanus*).

Noch der Cro-Magnon-Mensch benützte Knochen-, Stein- und Holzwerkzeug, seine Epoche war in Europa die der mittleren Steinzeit. Über die jüngere Steinzeit, die Bronze- und die Frühabschnitte der Eisenzeit mündete die Entwicklung sodann in jene Epoche ein, die wir aus der Perspektive des Gegenwartmenschen als die »geschichtliche« zu bezeichnen gewohnt sind.

Der hier kurz skizzierte Stammbaum geht davon aus, daß von den drei angegebenen Alternativen die Präbrachiatoren-Hypothese vorzuziehen ist. Dafür sprachen schon von Anfang an gewisse Indizien: Die an das Hangeln und Schwingen angepaßte Hakenhand der gegenwärtigen Menschenaffen ist so stark in dieser Richtung adaptiert, daß die menschliche Hand von ihr nicht ohne weiteres abgeleitet werden kann. Wohl aber ähnelt diese – auch in den Verhältnissen ihrer Muskulatur – eher der Hand der Cercopithecoiden, was auf Vorfahren hindeutet, die Greif-Stemm-Kletterer, nicht aber Hangler und Schwinger waren. Ein weiteres kommt hinzu: Bewegen sich die Hangel- und Schwing-Kletterer, wie etwa der Gorilla oder der Schimpanse, auf ebenem Boden fort, so wird die Hakenhand mit der Außenseite der Fingerknöchel aufgestützt. Der frühontogenetische Mensch, das Kind, verhält sich aber anders; er stützt sich beim Gang »auf allen vieren« stets auf die innere Handfläche, ebenso wie die Cercopithecoiden, was gleichfalls gegen eine Herkunft von Brachiatoren spricht. Entscheidend ist aber, daß nach G. Heberer die ältesten Vertreter, die aufgrund des Gebisses zur Hominiden-Linie zu zählen sind (Ramapithecinen), schon zur Zeit des Unteren Miozäns nachgewiesen werden können, also in einer Epoche, in welcher echte Brachiatoren-Merkmale noch nicht entwickelt waren: Die damaligen Gibbon-Vorläufer waren ihrem Armskelett zufolge sicherlich noch keine Hangler, und auch *Proconsul* unter den Dryopithecinen hangelte nur gelegentlich, wenn überhaupt.

Die tierischen Vorfahren

Hinsichtlich mancher Einzelheiten der phylogenetischen Verwandtschaft sind sich die Paläoanthropologen zwar noch nicht einig, was angesichts der bruchstückhaften Skelettreste und der Lückenhaftigkeit der Überlieferung (sowie des Wissenschaftlern offenbar eigentümlichen Drangs zum Widerspruch) nicht verwunderlich ist. Wohl aber kann als allgemein akzeptiert gelten, daß wir in der oben stark vereinfacht und zusammenfassend dargestellten zeitlichen Folge eine Stufenreihe vor uns haben, welche die tatsächlichen Tendenzen widerspiegelt. Doch was wir da sahen, das war ja nur ein Gerüst, war eine Folge und Reihung von Namen, die allein für sich recht wenig aussagen. Was aber spielte sich im Verlauf dieses Abschnittes der Bio-Evolution an Entwicklung ab, welche waren die tragenden Tendenzen?

Das angemessen darzustellen ist schwierig, weil hier gleichzeitig mehrere ineinandergreifende und einander gegenseitig beeinflussende Prozesse gegeben waren, deren Simultanablauf in einer verbalen Beschreibung nicht genügend zum Ausdruck kommen kann. Was hier vorlag, war eine typische Ko-Adaptation, also das komplexe System mehrerer, miteinander rückgekoppelter Anpassungsvorgänge, und dessen möge der Leser eingedenk sein, wenn in der nachfolgenden Beschreibung die Dinge nur nacheinander und leider nicht nebeneinander behandelt werden können. Getrennt berücksichtigen müssen wir vor allem den Anteil der Bio-Evolution und den der Psycho-Evolution (Kap. IX), obwohl sie überaus eng miteinander verknüpft waren und das Verhalten der Individuen hier mehr als sonst Schrittmacher der Stammesentwicklung war.

Nicht nur die urtümlichsten, sondern auch die ältesten plazentalen Säugetiere sind, wie bereits angedeutet, die Insektenfresser, die als winzige, spitzmausähnliche Tierchen zur Zeit der Oberen Kreide noch den Niedergang der großen Dinosaurier miterlebt hatten. Als gesamte Ordnung stellen sie eine Konservativgruppe dar, die sich in einzelnen Linien bis heute erhalten hat. Aus ihr entstanden zu Beginn des Tertiärs im Rahmen der Auffächerung des Stammbaums der plazentalen Säugetiere mehrere neue Baupläne bzw. Säuger-Ordnungen, und vor allem die der Primaten.

Eine der ursprünglichsten Linien dieser Insektenfresser sind die – nach rund 50 Jahrmillionen – als »lebende Fossilien« in Ostasien heute noch auftretenden Spitzhörnchen (Tupaiden). Diese rein äußerlich unseren Eichhörnchen etwas ähnelnden Tierchen besitzen nun einige Merkmale, die zu den Primaten überleiten und die sicherlich bereits bei den fossilen Spitzhörnchen vorhanden gewesen sind. Sie können nur aus der Funktion und aus der Lebensweise verstanden werden: Wie die heutigen Spitzhörnchen waren wohl auch schon die fossilen Vorläufer baumbewohnende und krallen-kletternde Urwaldtierchen, zwar Allesfresser, aber neben Insekten und kleineren Beutetieren (Baumfrösche, kleine Echsen, junge Nestvögel) doch Früchten und Nüssen den Vorrang gebend. In der Umwelt der Zweige und des wirren Geästes ist für das kletternde und Distanzen auch im Sprung überwindende Lebewesen die deutliche Wahrnehmung der räumlichen Tiefe wichtig, und so wird verständlich, daß nun die Augen aus der bei den anderen Insektenfressern streng seitlichen Position ein wenig vorwärts gerückt waren und zugleich auch eine geringfügige Vergrößerung und Leistungsverbesserung des Gehirns erfolgte. Hören war im Geäst weniger wichtig als bei Bodentieren, es wurde durch die natürliche Auslese daher auch nicht gefördert: die Ohrmuschel blieb auffallend klein (sie wirkt beim heutigen Spitzhörnchen fast lächerlich menschen- oder affenähnlich). Nicht zum Klettern, wohl aber zum Manipulieren der Nahrung diente eine besondere Spezialisierung von Hand und Fuß: die neue Fähigkeit, den Daumen und die Großzehe abzuspreizen.

Schon im Früh-Tertiär entwickelte sich nun aus dieser Linie der Insektenfresser ein neuer Bauplan, nämlich der der Primaten, und im Anschluß daran setzte ein schnelles Auffächern des betreffenden Stammbaumes ein. Die neuen Primaten übertrafen die Spitzhörnchen an Körpergröße, und alle blieben zunächst noch Baumtiere. Aber sie wurden nun Klammer-, Greif- und Stemm-Kletterer, die Krallen bildeten sich zurück, wurden in der Regel durch gerundete Nagelkuppen ersetzt. Hand und Fuß spezialisierten sich weiter und wurden zu Greiforganen, innerhalb welcher nun alle Finger und Zehen bald mehr, bald weniger spreizbar waren. Es entstanden nun die primitiven Halbaffen, deren Augen ein wenig weiter nach vorn rückten, deren Gehirn noch verhältnismäßig primitiv blieb und deren Schnauzenteil des Schädels sich im Vergleich zu den Spitzhörnchen nur wenig verkürzte.

Sehr viel später entwickelten sich die frühtertiären Vorfahren der Affen (Anthropoidea), und zwar sowohl die der Alten Welt (Cercopithecoiden) als auch die der Neuen. Auf ihre ältesten Vertreter können wir nur von den heute noch lebenden zurückschließen, unterstützt durch die wenigen Fossilfunde, die bisher bekannt wurden. Gegenüber den Halbaffen war die Weiterentwicklung recht beachtlich: Die Augen rückten jetzt vollständig nach vorn; das Sehen wurde nun völlig stereoskopisch und übernahm die Führung der Sinne, während die Entwicklung des Gehörs stagnierte und der Geruchssinn an Leistungsfähigkeit sogar abnahm. Der Schnauzenteil des Schädels wurde nun bemerkenswert verkürzt, so daß er mehr oder weniger unter die Augen und den Gehirnschädelteil zu liegen kam, es entstand »ein Gesicht« und dessen Fähigkeit zur Mimik. Das Gehirn nahm nicht nur an Größe zu, sondern differenzierte sich nun, indem das Großhirn im Stirnteil weit nach vorn, in der Hinterhauptregion nach hinten vergrößert und vorgewölbt und in seiner Oberfläche gefurcht wurde. In der Hand und im Fuß nahm die relative Eigenbeweglichkeit der Finger und Zehen zu, die Daumen und Großzehen wurden opponierbar, d. h. sie konnten zum völligen Umfassen von Ästen und Gegenständen den übrigen Fingern und Zehen gegenübergestellt werden. Vor allem die Hand wurde nicht nur zum Kletter-, sondern auch zum erweiterten Greifwerkzeug. Ferner konnte sie nun durch Drehung des Handgelenks und des Unterarms nach oben gewendet werden (Supinatstellung). Mit dieser Umbildung der Extremitäten und der zunehmenden Manipulationsfunktion der Hand hängt wohl zusammen, daß als Ruheposition häufiger das aufrechte Sitzen gewählt wurde, und parallel dazu setzte die Tendenz ein, den ursprünglich noch seitlich abgeflachten Brustkorb zu einem mit rundem Querschnitt umzubilden.

Mit allen diesen Veränderungen aber hatte der Primaten-Bauplan seinen wesentlichen Ausbau erfahren. Das typische Merkmalsgefüge stand nun fest. Was nachkam, konnte lediglich weiterer Ausbau der so geschaffenen Grund- und Ausgangsposition sein. Unterbrechen wir daher vorübergehend unsere Schilderung der morphologischen Veränderungen und blicken wir kurz auf das Bisherige zurück, denn es mag wohl interessieren, wieweit dieses Geschehen mit jenen Regelhaftigkeiten der Evolution im Einklang steht, die wir in den Kapiteln V bis VII kennengelernt haben. Was ist hier bis jetzt geschehen? Nun, in einer primitiven Gruppe (Insektenfresser) kam es zur Herausbildung einer gleichfalls primitiven Konservativlinie (Gruppe der Tupaiiformes = Spitzhörnchen), aus welcher nach der Regel der nichtspezialisierten Abstammung ein neuer Bauplan von Ordnungsrang (Primaten) entstand. Dabei spielte eine Andeutung von evolutiver Prädisposition mehrerer Merkmale der Anzestralgruppe eine wesentliche Rolle: Augenstellung, Bau von Hand und Fuß, Gehirngröße. Zwar standen diese Merkmale bereits bei der Vorfahrengruppe unter positivem Selektionsdruck, ihre volle Entfaltung fanden sie aber erst im Rahmen des neuen, umgebildeten Bauplans. Mit dessen Entstehen und im unmittelbaren Anschluß an dieses setzte sodann eine äußerst schnelle Auffächerung seiner Zweige ein (typogenetische Aufspaltung bzw. Quantenevolution), und zwar zunächst mit dem Zweig der Lemuren (Halbaffen), dem der Tarsioiden (Koboldmakis), dem der Cercopithecoiden (Altweltaffen) und dem der Ceboiden (Neuweltaffen), wobei sich später, im Oligozän, auch der Zweig der Hominoideen hinzugesellen sollte.

Es zeigt sich also, daß »auf dem Wege zum Menschen« die Bio-Evolution durchaus in jenen Bahnen verlief, die wir auch bei anderen Lebewesen antreffen. Und noch ein weiteres scheint mir beachtenswert: Die aus rein biologischer Sicht wesentliche, ja entscheidende Weichenstellung erfolgte (natürlich nicht etwa vorausgeplant) bereits lange Zeit vor dem ersten Erscheinen des Menschen! Denn die Voraussetzung für dieses war ja die Entstehung des ersten Primaten mit seinen drei Generaltendenzen: räumlich-perspektivisches Sehen, Entwicklung des Vorderhirns, Spezialisierung der Hand.

Die weitere Entwicklung wurde offenbar zu einem beträchtlichen Teil von Veränderungen des Lebensraums und des Verhaltens beeinflußt, doch dürfen wir nicht verkennen, daß bereits gewisse »trends« entstanden waren und die evolutive Bandbreite durch das bisherige Evolutionsgeschehen zumindest hinsichtlich des Gehirns und der Hand nunmehr eine schon merkliche Begrenzung durch den Ausschluß extremer anderer Möglichkeiten erfahren hatte. Um es ein wenig überspitzt aber deutlich auszudrücken: Aus dieser zum Klettern und Greifen durchgestalteten Hand konnte nicht mehr ohne weiteres ein Huf, ein Flügel, ein Ruderpaddel werden, wie die auf direktem oder indirektem Wege aus der primitiven Vorderextremität der Insektivoren bei den Huftieren, den Fledermäusen, den Robben entstandenen. Diese Hand der primitiven Primaten war vielmehr bereits konstitutiv prädisponiert; wenn sie nicht aus irgendwelchen Gründen der natürlichen Auslese rückgebildet wurde, bestanden innerhalb der evolutiven Bandbreite dieser bereits echten Primaten nicht mehr allzu viele der theoretischen Möglichkeiten: Die Kletter- und Greif-Hand konnte sich nur noch so umbilden, als ob sie an besseres oder andersgeartetes Klettern, an erfolgreicheres Greifen oder allgemein an alle möglichen Arten verfeinerter Manipulation angepaßt wäre. Welche dieser Möglichkeiten zur Verwirklichung kommen würde, das hing sodann natürlich von der Umwelt und ihrem Selektionsdruck ab.

Zweierlei hat uns diese Betrachtung gelehrt: Zum einen wurde klar, daß die inzwischen Allgemeingut gewordene Behauptung falsch ist, derzufolge die Hand des Menschen primitiv, unspezialisiert, und daher »frei« gewesen sein soll. Stereotyp taucht diese Aussage immer wieder in biologischen und paläontologischen Lehr- und Handbüchern auf, jeder modernere Naturphilosoph greift sie in seinen Schriften auf, beglückt davon, daß sich nun endlich auch im biologischen Bereich des Menschen etwas als frei erweisen soll, und sei es auch nur die Hand. Und doch ist diese Behauptung unzutreffend. Daß die menschliche Hand fünf Finger hat, da keiner von ihnen rudimentiert worden ist, daß sie auch nicht zum Ruderpaddel, Huf, Flatterflügel umgebildet ist, besagt über ihren evolutionären Status noch nicht allzuviel. Wesentlich bedeutsamer ist ja, daß sie schon bei den phylogenetischen Vorfahren des Menschen, bei den frühen Primaten, ein an Klettern, Greifen und Manipulieren angepaßtes Organ, also keineswegs mehr der primitive Schreitfuß der früheren Vorfahren unter den Insektenfressern und den säugerähnlichen Reptilien war. Die zweite Erkenntnis aber betrifft die Rolle, welche die Umwelt und der Selektionsdruck auch bei der Entstehung der Primaten als zusätzliche aber gewichtige Faktoren gespielt haben. An dieser Tatsache änderte sich auch in der nachfolgenden Phase der Entwicklung nicht viel.

Bis zum Entstehen der verschiedenen Einzelzweige der frühen Primaten war die Evolution im Lebensraum der Baumgeäste abgelaufen, alle diese Primaten waren gut angepaßte arborikole Lebewesen des Urwalds. Doch es scheint, daß sich die Umwelt im afrikanischen Siedlungsbereich änderte. Mehr oder weniger an der Wende vom Oligozän zum Miozän und auch noch während des Miozäns haben sich die Urwälder dieser Regionen offenbar gelichtet, große Freiflächen entstanden, die von den sich jetzt schnell entwickelnden Gräsern eingenommen wurden. Der Waldraum und damit die Nahrungsquellen wurden knapper. Manche der Primatengruppen verblieben dennoch in den reduzierten Waldbeständen, so etwa die Lemuren und Altweltaffen, und innerhalb der Hominoideen die Vorläufer der Gibbons und – wenigstens teilweise – auch die Dryopithecinen. In beiden Fällen wurden aus ihren phylogenetischen Nachkommen zu einem späteren Zeitpunkt Brachiatoren: Mit einer allmählichen Änderung des Verhaltens, nämlich mit dem Übergang zum Hangel- und Schwing-Klettern, erfolgte eine selektiv gesteuerte Anpassung der Arme und Hände, sowohl bei den Gibbons als auch bei den Menschenaffen. Auch die Größe und Differenzierung des Gehirns nahm in Weiterverfolgung der bereits bestehenden Tendenzen zu, besonders bei den Pongiden, und in späteren Evolutionsstadien ermöglichten sie einen Zusammenschluß der Individuen zu kleinen, geordneten Sozialgebilden, einen gelegentlichen, begrenzten Werkzeuggebrauch und ein primitives, aus Gebärden und Einzellauten bestehendes Kommunikationssystem.

Die subhumane Phase und der aufrechte Gang

Kehren wir zurück zu der Situation, die im Miozän bestand: Auf den Druck der sich verändernden Umwelt reagierte eine andere Linie der Hominoideen auf ihre eigene Weise. Sie verließ die allmählich zusammenschrumpfenden Wälder, möglicherweise verdrängt durch die überstarke Konkurrenz der Dryopithecinen, und sie suchte ihr Auskommen in den kleinen Waldresten, den isolierten Baumgruppen, die locker und in großen Abständen über das sich ausweitende Grasland verteilt waren. Das freilich war ein Wechsel, der schwerwiegende Folgen hatte. Als Nahrungsquelle reichten die wenigen Bäume bei weitem nicht mehr aus, die Pioniere in der neuen Umwelt – es sind die Ramapithecinen (Abb. 57) – mußten nun auf dem Boden zusätzliche Nahrungsquellen erschließen. Allerdings gab es hier die gewohnten Früchte und Nüsse nicht, wohl aber einen Teil des früheren Nahrungsspektrums: Insekten und Schnecken, Frösche und Eidechsen, noch nicht flügge Jungvögel, anderes Kleingetier. Zwar blieben die Ramapithecinen Allesfresser, doch fleischliche Nahrung mußte nun überwiegen – die Ramapithecinen wurden schnell zu Raub-»Affen«, die kleineres Getier jagten.

Vorwiegend aber waren sie selbst die ständig Gejagten und von den großen Raubkatzen Verfolgten. Als ehemalige Baumbewohner waren sie an das neue Milieu und seine Anforderungen zunächst noch gar nicht angepaßt und in diesem Biotop somit wirkliche »Mängelwesen«: Natürliche, organische Verteidigungswaffen besaßen sie nicht, und manche ihrer Sinne hatten sie zuvor nicht genügend ausgebildet. Ihr unterentwickelter Geruchssinn erlaubte es ihnen nicht, den Feind rechtzeitig zu wittern, ihr Gehör war nicht besonders leistungsstark, ihre kaum mehr beweglichen Ohrmuscheln zu klein, um wirklich gute Lautempfänger sein zu können. Doch ihr Gesichtssinn, das Erbe aus der Zeit, »da sie noch auf den Bäumen gesessen hatten«, war vorzüglich. Um aber sichernd in die Runde spähen zu können, mußten sie sich in den hohen Steppengräsern immer wieder aufrichten. Und gerieten sie in Gefahr, so mußten sie bis zur nächsten rettenden Baumgruppe um ihr Leben rennen, so schnell sie es vermochten.

Das können Sohlengänger besser und rascher, wenn sie nicht alle vier Extremitäten benützen, sondern lediglich die Hinterbeine (wie manche der heutigen Echsen und wie manche Gruppen der Dinosaurier auch). So wurden sie bei schneller Fortbewegung zu »Zweibeinern«, und das mußte auf die Dauer zu einer entsprechenden Umkonstruktion des Fußes führen, dessen Greiffunktion nun zunehmend unwichtiger wurde. Wie diese Entwicklung während der subhumanen Phase der Evolution verlief, wissen wir mangels geeigneter Funde noch nicht. Doch sicherlich bestand nun ein kräftiger Anreiz zu aufrechter Haltung und Fortbewegungsweise. Daher nimmt G. Heberer wohl mit Recht an, daß schon die Ramapithecinen oder ihre unmittelbaren Nachfolger ein wichtiges Merkmal des späteren Menschen entwickelt haben, den dauernd aufrechten Gang.

Hinsichtlich des Verhaltens, mit dem die Ausbildung der aufrechten Haltung ursprünglich zusammenhing, ist viel herumgerätselt worden. Manche Forscher meinten, daß sie im Zusammenhang mit der Benützung von Werkzeug stand und zur Entlastung der Hände erforderlich war; jedoch erfolgt Werkzeuggebrauch bei den heutigen Affen und Menschenaffen auch im Sitzen. Andere Primatenforscher vermuteten, daß es zum aufrechten Gang beim häufigen Transportieren von Lasten kam, ein Verhalten, das manche Affen noch heute an den Tag legen, wenn sie die Arme zum Tragen benützen. Es mag nun tatsächlich sein, daß diesem Faktor zusätzliche Bedeutung zukam; ich meine jedoch, daß die hier entwickelte Deutung weit größere Wahrscheinlichkeit für sich hat, denn für einen zum dauernden Leben in freier Steppe übergehenden, ehemals baumbewohnenden Kletterer war das Fluchtverhalten unter den damaligen Verhältnissen von primärer, ja von entscheidender Bedeutung.

Wie dem auch sei, die dauernd aufrechte Haltung muß, wie erwähnt, unter einem überaus starken Selektionsdruck zustande gekommen sein, denn anders ließe sich der Umstand nicht erklären, daß sie sich trotz sehr beträchtlicher gleichzeitiger Nachteile durchgesetzt hat: Noch heute kann der Mensch nicht über lange Zeiten in dieser Position verharren, ohne mit beträchtlichen Kreislaufstörungen rechnen zu müssen. Veränderungen im Becken sowie in der Lage der Organe der Bauchhöhle, also Umstellungen, die sich im Zusammenhang mit der neuen Dauerhaltung einstellten, machten die Geburt der Nachkommen beim weiblichen Menschen weit schmerzhafter und gefahrvoller als bei allen vierfüßigen Säugetieren. Ferner änderte sich im Gefolge der Aufrichtung auch der Verlauf der Wirbelsäule; ihre nun S-förmige Krümmung und das »Hohlkreuz-Phänomen« sind bekannt. Andere mit der aufrechten Haltung zusammenhängende Umbauten blieben hingegen ohne negative Folgen, so z. B. die Umkonstruktion der Beine zu gestreckten, standfesten Säulenstrukturen oder die nun erfolgende Abflachung des Brustkorbs, und vor allem die Verlagerung des Halswirbelansatzes unter die Schädelmitte, wodurch auch eine Verschiebung der Position der Hinterhauptöffnung (foramen magnum) und der beiden Hinterhaupthöcker (condyli occipitales) erzwungen wurde.

Diesseits des Übergangsfeldes

Über den weiteren Verlauf der Evolution in der subhumanen Phase wissen wir bisher noch recht wenig, doch ist zu erwarten, daß künftige Funde Klarheit schaffen werden. Die nächsten uns bekannten Vertreter in der Entwicklung des Homininen-Zweigs sind jedenfalls die fast 2 Millionen Jahre alten Australopithecinen, die trotz ihres unpassenden Namens (»Südaffen«) nach der Meinung mancher Forscher das Tier-Mensch-Übergangsfeld offenbar schon überschritten hatten[169]. Ob dies tatsächlich der Fall gewesen ist, hängt – folgen wir G. Heberers Definition – davon ab, ob die Australopithecinen Werkzeug nicht nur benützten, sondern auch herstellten, und damit bereits eine fortgeschrittene Art von geistiger Leistung zu vollbringen befähigt waren. Sowohl dies als auch das Gegenteil ist behauptet worden. Daß sie sich bei der Jagd primitiver Geräte – als Keulen benützte Tierschenkelknochen und Holzknüppel – bedienten, ist wohl erwiesen, denn darauf deuten charakteristische Schlagverletzungen an den Schädeln von Jagdtieren (zumeist Pavianen) hin. Da ähnliche Läsionen aber auch an den Schädeln von Australopithecinen selbst angetroffen wurden, haben diese einander wahrscheinlich auch gegenseitig unter Waffengebrauch getötet[170]. Daß sie aber nicht nur Werkzeuge benützten, sondern Geräte auch schufen (»osteodontokeratische« Kultur = Knochenfragmente, Zahnreste, Gehörnzapfen als Ausgangsmaterial), scheint aufgrund von entsprechenden Funden heute erwiesen zu sein[166].

Auch körperlich waren die Australopithecinen, bei welchen man jetzt die Skelettreste von über 100 Individuen kennt, bereits Menschen, wenn ihre Merkmale auch noch sehr primitiv blieben. Das zeigt sich vor allem in der noch stark fliehenden Stirn, dem geringen Gehirnvolumen und dem noch sehr deutlich vorspringenden Kieferteil des Schädels. Andererseits hatten sie das ständige oder wenigstens vorwiegende Leben in den Baumkronen und das gelegentliche Klettern bereits völlig aufgegeben; sie fanden Schutz in Höhlen und waren zu reinen Bodenbewohnern geworden: Die Aufrichtung des Körpers war, wie der Bau des Beckens erweist, nunmehr endgültig vollzogen, und der Fuß war jetzt völlig umkonstruiert. Er war an das Laufen auf ebenem Boden angepaßt, denn mit dem Aufgeben seiner Kletter- und Greiffunktionen war er nun zum »Standfuß« geworden, in dem die Großzehe nicht mehr opponierbar, das Fersenbein aber ausgeprägt war.

Die Steppe ist für Lebewesen, die sich nicht von Gräsern und Kräutern, sondern von Früchten, Wurzeln und vor allem von der Jagd ernähren, ein karges Gebiet, in dem Sammler und Jäger nur in kleinen, voneinander weite Abstände einhaltenden Horden existieren können. So müssen also auch die kleinen Grüppchen der Australopithecinen und ihrer Nachfolger aus dem *»Pithecanthropus«*-Kreis winzige, voneinander sehr weitgehend isolierte Teilpopulationen gewesen sein, zwischen welchen ein Gen-Austausch aus diesen Gründen, aber wahrscheinlich auch wegen der auf Konkurrenz beruhenden Aversionen oder gar Aggressionen (S. 376) so gut wie völlig unterblieb. Sie müssen also Musterbeispiele für den Sewall-Wright-Effekt (S. 179) abgegeben haben, und so werden aus der erfolgten Gen-Drift zweierlei Umstände verständlich: Zum einen die nicht unbeträchtlichen morphologischen Schwankungen innerhalb der phylogenetischen Gesamtgruppe, zum anderen aber der fast überstürzte, beschleunigte Ablauf der weiteren Evolution.

Diese Entwicklung ist bei der nun nachfolgenden Gruppe, die von den Arten und Unterarten der Gattung *Homo* (einschließlich *»Pithecanthropus«*) gebildet wird, in erster Linie eine Umwandlung der Schädelproportionen und zugleich eine überaus schnelle Vergrößerung und Ausdifferenzierung des Gehirns gewesen (Abb. 59, 60). In diesem Abschnitt der zum Menschen führenden Bio-Evolution bildeten sich im

Schädel die Überaugenwülste zurück und entwickelten sich ein Nasensattel, ein Kinnvorsprung des Unterkiefers sowie ein deutlicheres basales Absetzen der Hinterhauptregion. Kennzeichnend ist ferner, daß jetzt selbst der äffische Überrest des ehemaligen tierischen »Schnauzenvorsprungs« zurückgebildet wurde. Aufgrund von negativer Wachstums-Allometrie verkürzte sich schrittweise die Länge der Kieferäste bis zu dem beim heutigen Menschen erreichten Minimum. (Gleichzeitig erfolgte auch eine Reduktion der Zahngröße, besonders der der Eckzähne.)

Noch auffallender aber war die plötzliche, fast stoßweise beschleunigte Vorwölbung der Stirn, die durch positiv allometrisches Wachstum des Gehirnschädels zustande kam. Da diese Entwicklung parallel zu einer progressiven Vergrößerung und Ausgestaltung des Gehirns verlief, liegt der Schluß nahe, daß beide Tendenzen miteinander bis zu einem gewissen Grade ursächlich verknüpft waren.

Die Zerebralisation

Ganz zweifellos ist gerade die Evolution des Gehirns diejenige Tendenz, die im Verlauf einer fortlaufenden, einsinnig ausgerichteten Steigerung jenes Ausmaß erreichte, das dem heutigen Menschen im Rahmen des gesamten Organismenreichs eine unverkennbare Sonderstellung verleiht. Rein quantitativ äußerte sie sich in einer Zunahme des Gehirnvolumens, die zwar bedeutungsvoll ist, für sich allein aber das Ausmaß der schließlich erreichten geistigen Leistungen nicht ausreichend zu erklären vermöchte: Gehirngröße und Intelligenzgrad des Einzelmenschen sind, streng genommen, einander nicht unbedingt, sondern nur ganz generell proportional. Weitaus bedeutungsvoller ist die im Verlauf der Evolution erfolgte qualitative Veränderung, genauer ausgedrückt, der anatomische und strukturelle Um- und Ausbau des Gehirns.

Verfolgen wir die allgemeine Tendenz, die bei der allmählich zunehmenden Organisationshöhe der Wirbeltiere in der zum Menschen führenden Evolutionsbahn die Entwicklung des Gehirns betraf, so zeigt sich zunächst, daß sie – unter anderem, aber doch vornehmlich – einen ganz bestimmten Hirnabschnitt erfaßte, nämlich das aus zwei Hemisphären bestehende Vorderhirn oder, wie es auch genannt wird, das Großhirn (Abb. 59). Ausgehend von den Fischen über die Amphibien und Reptilien bis hin zu den Säugetieren hatte eine allgemeine, allometrische Vergrößerung und Vorwölbung dieses Gehirnteils stattgefunden. Die Tendenz steigerte sich sodann beim Umbildungsschritt von den Insektenfressern zu den Primaten und vor allem innerhalb dieser Gruppe. Mit starker Evolutionsbeschleunigung wölbte sich das Vorderhirn nun allseits vor, bis es alle übrigen Gehirnteile wie eine übergestülpte Kappe überlagerte. Dabei stellte sich zugleich eine verstärkte Furchung der Oberfläche und eine Zunahme der Gehirnwindungen ein.

Dieser Vorgang, das fast einer Wucherung gleichende Überhandnehmen des Vorderhirns, führte natürlich zu einer allgemeinen Volumenvergrößerung dieses Abschnitts. Noch viel folgenschwerer aber war die Tatsache, daß sich innerhalb dieses Gehirnteils zunehmend ein innerer Umbau vollzog. Bestimmte Gewebebezirke (Archi-, Palaeo- und Neokortex) der Vorderhirnrinde wurden während der Evolution der Wirbeltiere in ihrem Umfang und in ihrer gegenseitigen Lage verändert. Dabei war eine der wichtigsten Tendenzen die Erweiterung und flächenhafte Ausbreitung des Neokortex, dessen Vorstufe schon bei den Reptilien auftauchte und der sodann bei den Säugern auf Kosten der anderen Rindenbezirke sehr stark zunahm.

Ganz besondere, ja überragende Bedeutung kam innerhalb dieses sich progressiv entwickelnden Bezirkes sodann einem speziellen Sekundärabschnitt zu, dem der namhafte Gehirnforscher Hugo Spatz in wichtigen Untersuchungen besondere Aufmerksamkeit gewidmet hat[171]. Diese Region, der sogenannte Basale Neokortex des Vorderhirns (Abb. 60), tauchte bei den Insektenfressern an der Basis der beiden Vorderhirn-Hemisphären auf. Er erweiterte sich sodann etwas bei den Spitzhörnchen und nahm anschließend bei den Halbaffen beträchtlich an Umfang zu. Selbst noch innerhalb der Gattung *Homo* steigerte sich die Tendenz seiner Ausbreitung bis zu ihrer maximalen Ausbildung beim *Homo sapiens.*

Diese gesamte Gehirnentwicklung verlief in der phylogenetischen Stufenreihe Fische → Amphibien → Reptilien → Insektenfresser → Tupaiiformes (Spitzhörnchen) → Halbaffen → Australopithecinen → »Pithecanthropus« → Homo in ganz unübersehbarer Weise orthoevolutiv gerichtet. Wie bereits angedeutet, überlagerten sich dabei hierarchisch abgestufte Tendenzen, und zwar die Vergrößerung der Vorderhirn-Hemisphären, innerhalb dieser das zunehmende Vorherrschen des Neokortex, und in dessen Rahmen die Ausbildung sowie Ausbreitung des Basalen Neokortex. Für die Menschwerdung waren diese morphologischen und anatomischen Veränderungen von eminenter Bedeutung, denn mit der vorwärtsschreitenden, evolutiven Ausdifferenzierung dieser Abschnitte war ja zugleich auch eine Neubildung und Bereicherung der Hirnfunktionen gegeben. *Mit der zunehmenden Hegemonie der Vorderhirnrinde als dem Sitz von Willensimpulsen, Sprachzentren und Regionen der Begriffsbildung über andere Gehirnteile wie z B. das Zwischenhirn, dem die einfacheren lebenserhaltenden Triebhandlungen zugeordnet sind, müssen nicht nur die psychischen Potenzen zugenommen, sondern auch Verhaltensweisen sich fortschreitend verändert haben.* Wie Hugo Spatz mehrfach betont hat, sind mit manchen Arealen des Basalen Neokortex Eigenschaften des Sozialverhaltens, sozialethischer Normen und der Persönlichkeit verknüpft. Es muß also die Entstehung und Ausbreitung dieses Gewebeabschnitts (sie war phylogenetisch der jüngste Entwicklungsakt) die somatische Grundlage für jenen speziellen Eigenschaftenkomplex sein, der den Menschen zu veredeln vermag: für seinen Charakter.

Die Rolle der Neotenie

So mag wohl hier bereits offenkundig werden, daß die gesamte Psycho-Evolution ihren Ursprung und ihre physiologische Grundlage in der Entwicklung des somatischen, zentralen Nervensystems, genannt Gehirn, findet und damit auch, daß sie ihre Existenz der Bio-Evolution verdankt. Bevor wir uns jedoch mit der Psycho-Evolution des Menschen näher befassen, wird es ratsam sein, einer wichtigen Frage nachzugehen. Wie sich zeigte, besteht bei den Wachstumsverhältnissen des menschlichen Körpers eine sehr beträchtliche Allometrie: Das Wachstum und die Volumenzunahme des Gehirns eilen mit extremer Beschleunigung den Wachstumsgeschwindigkeiten aller übrigen Organe und Körperteile voraus. Diese Expansion des Gehirns ist aber nur möglich, weil sich die Nähte im menschlichen Schädel verspätet schließen, die knöcherne Schädelkapsel also erst in einem verhältnismäßig späten Wachstumsstadium starr wird. Liegt also beim Menschen (und bei den Pongiden) im Vergleich zu anderen Säugetieren eine Verzögerung in der Abfolge der ontogenetischen Stadien vor? Ist der Mensch etwa das Ergebnis einer neotenen Entwicklung? Und noch ein weiterer Umstand fällt auf: Beachten wir die Vorwölbung der Stirn des Gehirnschädels in den verschiedenen ontogenetischen Stadien, so zeigt sich, daß sie beim menschlichen Embryo und auch noch beim menschlichen Kleinkind sehr viel stärker ausgeprägt ist als beim Erwachsenen (Abb. 61, g, h). In dieser Hinsicht ist also das Frühsstadium »menschlicher« als das Adultstadium! Wenn aber dieses »neue« Merkmal im frühontogenetischen Entwicklungsabschnitt auftaucht und während der weiteren Ontogenese wieder ein wenig abklingt – liegt da nicht ein Fall von Proterogenese (S. 184) vor?

Es ist sicherlich nicht uninteressant zu wissen, welchem Evolutionsmodus der Mensch die Entwicklung seiner wichtigsten Merkmale verdankt, und so erfordern beide Thesen besondere Beachtung. Beginnen wir mit der Frage nach der Proterogenese. Kein Zweifel, daß im Verlauf der menschlichen Keimesentwicklung die meisten Merkmale des Bauplans palingenetisch hervorgebracht werden, die Entwicklung des Schädels jedoch zunächst aus dem Rahmen zu fallen scheint: In der Tat stellt die Prädominanz des Gehirnschädels, die »Denkerstirn«, ein Merkmal dar, das von dem primitiven Australopithecinen bis zum *Homo sapiens* hin im Kindheitsstadium weitaus stärker ausgebildet ist als beim erwachsenen Individuum[172]. So ist es verständlich, daß Otto H. Schindewolf seinerzeit angenommen hat[173], die Evolution des menschlichen Schädels sei proterogenetisch verlaufen (Abb. 61), das neue Merkmal »steile, sich vorwölbende Stirnregion« habe seinen Ausgang von den Jugendstadien her genommen.

Aber so neu ist dieses Merkmal oder, besser gesagt, die zu ihm führende Tendenz eben doch nicht gewesen. In Wirklichkeit handelte es sich um eine Richtung, die im Gesamtrahmen der Wirbeltiere ganz allgemein eingeschlagen worden war: Bei den Fischen, Amphibien und typischen Reptilien blieben die Stirnbeine noch flach; vereinzelt stellte sich sodann bei den säugetierähnlichen Reptilien erstmalig eine leichte Vorwölbung ein. Diese nahm bei den primitiven Säugern ein wenig zu, verstärkte sich bei den äffischen Primaten und steigerte sich schließlich in dem Evolutionsabschnitt von den frühen *»Pithecanthropus«*-Formen bis zum gegenwärtigen *Homo sapiens* mit überstürzter Beschleunigung. So war die Vorwölbung der Stirn im Prinzip also kein eigentliches Novum. Doch auch ihre Betonung im Jugendstadium kann nicht als ausschließlich hominid aufgefaßt werden. Wie Weidenreich gezeigt hat[174], liegt allgemein die größte Wachstumsgeschwindigkeit des Säugetiergehirns in den Embryonalstadien; im Anschluß an diese verringert sie sich. Und dasselbe ist, mit einer leichten Phasenverschiebung, auch bei den Proportionen des Gehirnschädels der Fall. Die embryonale Prominenz des Vorderhirns und damit auch des entsprechenden Schädelteils kann somit – wiederum nur im Prinzip, nicht etwa hinsichtlich des spezifischen Ausmaßes – nicht als ausschließlich menschlich gelten[175].

Wegen dieser Tatsache vermutete Julian Huxley, die menschliche Entwicklung sei dadurch zustande gekommen, daß diese Wachstumsphase des Gehirns und die durch sie bedingte Form der Stirn hier über die Embryonalphase hinaus verlängert worden seien[81]. Damit aber näherte er sich der auch von anderen Forschern vertretenen Auffassung, es habe sich hier um Neotenie[176] gehandelt, um eine Verlängerung der Immaturitätsphase mit Fortdauer des entsprechenden Entwicklungs- und Formzustands bis in spätere Stadien der Ontogenese. Die resultierende Verlängerung sollte dabei das Siebenfache der Ausgangsspanne betragen. Mit dieser Auffassung weicht J. Huxley allerdings nur wenig von der oft zitierten und von vielen Anthropologen sowie Biologen anerkannten »Fetalisations-Hypothese« des holländischen Forschers L. Bolk ab[177]. Dieser ging von der Beobachtung aus, daß die Merkmale der Feten (= Embryonen) von Affen und Menschen einander weitgehend gleichen. Aus einem solchen Formzustand heraus hätten die äffischen Linien sodann ihre eigene Entwicklungsrichtung eingeschlagen, während der Mensch retardiert sei und den frühontogenetischen körperlichen Status der Vorfahren beibehalten hätte. Hinsichtlich mancher Merkmale entspreche der Mensch somit einem geschlechtsreif gewordenen Primaten-Fetus.

Nun sind allerdings die Unterschiede zwischen den Begriffen Neotenie und Fetalisation nur gradueller Art, sie fallen so wenig ins Gewicht, daß man sich wohl auch im Fall des Menschen mit der Bezeichnung Neotenie begnügen kann. Daß dieser sehr spezielle Modus der Evolution bei der Anthropogenese die entscheidende Rolle tatsächlich gespielt hat, dafür sprechen überzeugende Argumente, die von einer ganzen Reihe von Forschern zusammengetragen worden sind:

J. B. S. Haldane und auch Julian Huxley haben darauf aufmerksam gemacht, daß es neben der auf die adulten Lebewesen einwirkenden (postnatalen) Selektion auch schon vor der Geburt eine natürliche Auslese gibt. Diese pränatale Selektion besteht beispielsweise in der Gebärmutter solcher Säugetiere, die mit jedem Wurf mehrere bis zahlreiche Junge zur Welt bringen. Der Raum und die Nahrung sind im Uterus begrenzt, und bei der sich deshalb einstellenden »intra-uterinen Konkurrenz« besitzen jene Embryonen einen wichtigen Selektionsvorteil, deren Wachstumsgeschwindigkeit ein wenig größer ist als die der anderen. Wo jedoch stets nur ein einziges Junges geboren wird, fehlt diese embryonale Konkurrenz, und die pränatale Selektion ist aufgehoben; in dieser Frühphase findet das werdende Individuum sogar den maximalen Schutz und optimale, ungefährdete Lebens- und Entwicklungsbedingungen. Eine etwaige Abnahme der Entwicklungsgeschwindigkeit und damit beträchtliche Verlängerung der Immaturitätsphase über das Embryonalstadium hinaus ist also nur bei solchen Spezies möglich, die bei ihrem Wurf jeweils nur ein einziges Junges gebären.

Genau das ist aber im Prinzip auch beim Menschen der Fall, und dieser Umstand ermöglichte durch die Verlängerung der Immaturitätsphase eine neotene Entwicklung: die embryonale Wachstumsphase des Gehirns und der Schädelproportionen wurde in das postnatale Jugendstadium hinein verlängert, wodurch sich die Gehirnentwicklung aufgrund längeren Wachstums steigerte. Eine solche Tendenz wird aber auch im sich verzögernden Durchbrechen der ersten und der zweiten Bezahnung und der sich verspätenden Pubertät erkennbar. Auch die »Nacktheit« des Menschen ist hier zu nennen; er bleibt diesbezüglich zeitlebens auf jener Stufe stehen, die der gleichfalls unbehaarte Affen-Fetus schon kurz nach seiner Geburt verläßt. Embryonalen Charakter tragen aber auch die Einkrümmung der Endwirbelsäule beim adulten Menschen, die unproportionierte Größe seines Schädels im Vergleich zur Körpergröße und die mangelnde Entwicklung der Kieferpartie.

Daß auch ethologische Merkmale betroffen sind, also solche des Verhaltens, wird noch zu berücksichtigen sein (S. 358). Hier mag es zunächst genügen, zusammenfassend festzuhalten: *Hinsichtlich mancher seiner körperlichen (und psychischen) Merkmale scheint die Evolution des Menschen auf Neotenie zu beruhen. Vor allem auch die Anfänge der Differenzierungstendenz des menschlichen Gehirns können mit einer Verlängerung der Wachstumsspanne bei Verlängerung der Embryonal- und Kindheitsphase erklärt werden. Des Menschen Ontogenese verläuft in diesen Merkmalen gegenüber der der anderen Säugetiere also gebremst und verzögert.*

Die Rolle der Selbstdomestikation

War beim Menschen von Anfang an die pränatale Selektion ausgeschaltet, so galt in einem gewissen Ausmaß ähnliches bald auch für die postnatale. Die sich steigernde Gehirnleistung und ihre für die Spezies so positiven Folgen ermöglichten es den fossilen Urmenschenmüttern, ihrem jeweiligen, einzigen Neugeborenen eine Brutpflege zuteil werden zu lassen, die in der verlängerten Kindheitsphase die Härten der Umwelt und damit die postnatale Selektion über längere Zeiträume von ihrem Nachwuchs fernhielt. Diese zwar nie vollständige, aber doch fortlaufend wirksamere Abschirmung der Jungen vor der natürlichen Auslese hat offensichtlich ähnliche Folgen gehabt, wie sie später auch bei der Domestikation von Wildtieren zu Haustieren des Menschen auftraten.

Bei diesem Prozeß der Domestizierung ist die in der freien Wildbahn wirksame Selektion teilweise aufgehoben worden; die in den Hausstand versetzten Tiere (in Europa zuallererst der Hund als Jagdgehilfe, weit später das Schaf, das Rind, die Ziege, das Pferd, das Huhn usw.) wurden in die Obhut des Menschen genommen, der ihnen optimale Lebensbedingungen schuf, als er Feinde und Konkurrenten von ihnen fernhielt und ihnen die Vorsorge für den Nahrungsbedarf abnahm. So gerieten diese ehemaligen Wildtiere in eine genetische Lage, die derjenigen entspricht, welche Garrett Hardin als »Prosperitäts-Situation« (S. 256) bezeichnet hat. Das Aussetzen der natürlichen Auslese hatte nun bei den domestizierten Spezies einen zweifachen Effekt:

1) Es blieben nun auch ungewöhnliche oder seltene Gene und Mutanten erhalten, die sonst in der freien Wildbahn unverzüglich ausgemerzt worden wären. Im Gen-Reservoir der domestizierten Tiere stand nun für die züchterischen Experimente des noch naiven aber empirisch vorgehenden vorgeschichtlichen Menschen und des späteren erfahrenen Züchters eine große Auswahl von Erbanlagen zur Verfügung. Nirgendwo sind die Zahl der Rassen und Unterrassen sowie der Formenwandel und die Mannigfaltigkeit so überwältigend groß wie bei den domestizierten Arten. Man denke nur an die Vielzahl der Hühner- oder der Tauben-Rassen oder an die erstaunliche Variationsbreite des domestizierten Hundes, die vom winzigen Rehpinscher bis zum mächtigen Bernhardiner reicht.

2) Es bildeten sich nun Merkmale heraus, die sich in überraschender Weise ganz allgemein bei vielen der domestizierten Spezies entweder einzeln oder in Kombinationen wiederfinden, trotz der Verschiedenheit dieser Arten. Zu derartigen Domestikationsmerkmalen[178] gehören unter anderen: Eine Verkürzung der Beine (man vergleiche das Haus- mit dem Wildschwein); eine Verkürzung der Schädelbasis; Neigung zur vielfachen Scheckung des Fells; Locken oder Kräuselung des Haares (Karakulschaf, Zwergpudel); Kurzhaarigkeit oder Haarverlust bis zur Nacktheit (Hausschwein, Chihuahua-Hund); Erschlaffen des Bindegewebes (Schlappohren, Hängebauch); Neigung zur Fettleibigkeit; und eventuelles Auftreten von Blauäugigkeit (die bei Wildtieren niemals vorkommt).

Die meisten dieser Domestikationsmerkmale bewirken, vergleicht man sie mit dem prototypischen Bauplan der Wildform, gewisse Disharmonien. Daß diese Wachstumsverschiedenheiten auf hormonaler Steuerung beruhen, steht außer Zweifel, zumal zwischen den Wildformen und ihren Domestikationsrassen auch hormonale Unterschiede bestehen und die Hypophysen und Schilddrüsen gerade bei jungen, noch nicht genügend stabilisierten Hausrassen noch beträchtlich variieren. Welcher Art allerdings die Beziehungen zwischen den Domestikationsmerkmalen und dem hormonalen Wandel sind, scheint noch nicht gänzlich geklärt zu sein.

Noch nicht erwähnt habe ich das häufigste, besonders typische und am meisten auffallende Domestikationsmerkmal. Es ist der »Mopsschädel«, also eine Kopfform mit betonter Vorwölbung der Stirn bei gleichzeitig stark verkürzter Schnauzenregion. Bulldogge und Berkshireschwein zeigen diese Ausbildung in besonders auffallender Weise. – Doch sind das nicht dieselben Merkmale, die wir bei der neotenen Entwicklung des Menschen bereits kennengelernt haben? Und gilt nicht dasselbe für den Haarverlust seiner Körperoberfläche? Das ist sicherlich der Fall. Viele der Domestikationsmerkmale scheinen entgegen einer gegenteiligen Auffassung ursprüngliche Jugendmerkmale zu sein, so daß ganz allgemein eine gewisse Beziehung zwischen Domestikation und Neotenie besteht[179, 180].

Freilich, gehen wir vom gegenwärtigen Stand der Domestikationsrassen aus, so wird man anfangs zögern, auch für den fossilen Menschen ein ähnliches genetisches Geschehen anzunehmen. Aber die heutigen Extremformen unter den Haustieren sind das Ergebnis jahrtausendealter und in den letzten Jahrhunderten sehr zielbewußt geplanter Züchtung; die Anfänge müssen zu weit weniger drastischen Ergebnissen geführt haben, wie sie mit den vermutlichen Ansätzen zur Selbstdomestikation der Australopithecinen und vor allem der *»Pithecanthropus«*-Formen wohl eher verglichen werden können. Auf jeden Fall aber scheint die Übereinstimmung mancher der Domestikationsmerkmale mit solchen des Menschen kein Zufall zu sein. Viele Züge seines späteren Verhaltens, die Haarkräuselung der negriden Menschenrasse, die häufige Blauäugigkeit der europiden, und vor allem die zu Mopsschädeligkeit gesteigerte neotene Schädelform sowie der Verlust der Körperbehaarung sind sehr wahrscheinlich auf eine allmähliche Selbstdomestikation des fossilen Menschen zurückzuführen, die sich als Folge einer relativen aber zunehmenden Unabhängigkeit von der Umwelt und deren Selektionswirkung einstellte. Daß die beiden zuletzt genannten Merkmale darüber hinaus und schon zuvor durch Neotenie hervorgerufen worden waren, ist bereits erwähnt worden. *Diese menschlichen, für den »nackten Primaten mit der Denkerstirn und der reduzierten Kieferpartie« weitgehend charakteristischen Merkmale sind offenbar neoten, und sie sind zugleich auch ebensosehr das Ergebnis der Selbstdomestikation wie manche Züge des menschlichen Verhaltens.*

In einem sehr wesentlichen Punkt aber unterschied sich die Entwicklung des fossilen Menschen vom ansonsten typischen Domestikationsgeschehen: Während bei den domestizierten Rassen im Vergleich zur Wildform das Hirngewicht bis zu 30 % abnimmt und eine gewisse Reduktion des Vorderhirns stattfindet[178], blieb – glücklicherweise – diese regressive Entwicklung bei der einsetzenden Selbstdomestikation des fossilen Menschen aus. Hier also war der Selektionsdruck keineswegs vermindert. Ganz im Gegenteil – je differenzierter und leistungsfähiger dieses Gehirn wurde, desto mehr trug es dazu bei, neue arterhaltende Verhaltensweisen zu entwickeln. *Ganz offensichtlich war es dieser überragende Selektionsvorteil der fortschreitenden Zerebralisation, der automatisch zur Folge hatte, daß im somatischen Bereich des Menschen der selektierende Einfluß der Umwelt zunehmend zurückgedrängt wurde und sich die Selbstdomestikation anbahnte ...*, bis dieser selektierende Einfluß – vollziehen wir diesen Gedankensprung! – beim zivilisierten heutigen Menschen mit Hilfe der Technik zwar nicht völlig, aber weitgehend außer Kraft gesetzt und der Höhepunkt der Selbstdomestikation erreicht war.

IX. Kapitel

Der Mensch als Geschöpf der Psycho-Evolution

... Und das ist die Seele, und das bin ich selbst! Was bin ich also, mein Gott? Was bin ich für ein Wesen? *Augustinus*

Die Menschheit ist der höhere Sinn unseres Planeten, der Nerv, der dieses Glied mit der oberen Welt verknüpft ... *Novalis*

... dann muß der Mensch endlich aus seinem tausendjährigen Traum erwachen und seine totale Verlassenheit, seine radikale Fremdheit erkennen. Er weiß nun, daß er seinen Platz wie ein Zigeuner am Rande des Universums hat, das für seine Musik taub ist und gleichgültig gegen seine Hoffnungen, Leiden oder Verbrechen. *Jacques Monod*, 1970

Der Mensch verdankt also seiner partiellen Neotenie, und damit mittelbar seiner Selbst-Domestikation, zwei konstitutionelle Eigenschaften: Erstens das Erhaltenbleiben der weltoffenen Neugier über nahezu sein ganzes Leben, zweitens aber eine Ent-Spezialisation, die ihn schon rein körperlich zum unspezialisierten Neugierwesen stempelt. *Konrad Lorenz*, 1959

Differenzierung des Gehirns, gesteigerte und gleichfalls differenzierte psychische Leistung, aus beiden resultierende Höherentwicklung der Verhaltensweisen – das sind die Grundlagen jener neuen Form von Evolution, die aus der materiellen Bio-Evolution des Menschen und seines Gehirns entsproß. Obwohl diese neue Evolution – im weitesten Sinn des Wortes – geistiger Art ist, bleibt sie letzten Endes ihrem materiellen Substrat verhaftet. Man wende die Dinge wie man will, alle unsere Verhaltensweisen, Denkvorgänge sowie endogen automatischen Trieb- und Gefühlsregungen, ob sie sich nun auf den kulturellen, technischen, sozialen oder politischen Bereich erstrecken, entstammen den Zellgeweben unseres Gehirns und sind im Grunde ein Resultat seiner neuro-physiologischen und weiteren Prozesse. *So bleibt also keine andere vernünftige Wahl als in dieser neuen Evolution, der Entwicklung der geistigen und der aus dem Geist entspringenden Werke des Menschen, ein Ergebnis und eine Funktion der Bio-Evolution zu sehen.*

In dieser Auffassung werden wir bestärkt, wenn wir uns vergegenwärtigen, daß gewisse Grundformen des menschlichen Verhaltens – so z. B., wie I. Eibl-Eibesfeldt nachgewiesen hat, die menschlichen Ausdrucksbewegungen[181] – bei den verschiedenen ethnischen Gruppen bzw. Teilpopulationen des Menschen gleich sind und daß die grundlegenden Strukturen einsichtigen und logischen Denkens und der menschlichen Sprache, wie Noam Chomsky zeigte[197], bei allen Völkern und Kulturen in gleicher Weise auftreten (S. 364). Beide Umstände müssen darauf beruhen, daß auch die fundamentalen AAMs (Glossar, ferner[182]) und insgesamt der Erkenntnisapparat[183] bei allen Menschen in ihren prinzipiellen Zügen gleich ausgebildet sind und auf denselben anatomischen Grundstrukturen des Gehirns beruhen. Evolution des Geistigen erfolgt also nur auf dieser materiellen Grundlage, und zwar in ungebrochener Abhängigkeit von ihr. Angenommen, die weitere, künftige Bio-Evolution würde durch materielle Umbildungen im Gehirn die Menschheitspopulation dem geistig Abnormalen zuführen – würde das nicht entsprechende Folgen für den weiteren Verlauf der Psycho-Evolution nach sich ziehen und diese in neue, wenn auch abwegige Bahnen lenken?

Man hat die weiter oben erwähnte »neue« Evolution verschieden benannt, sprach von der »überorganischen«, der »kulturellen«[184], der

»psycho-sozialen«, der »gesellschaftlichen« Evolution, doch welcher Aspekt der in ihr enthaltenen Entwicklungen auch immer angesprochen werden mag, stets und immer ist er ja Ausfluß und Produkt des menschlichen Geistes und seiner Leistung. *So meine ich der Vielfalt dieser Aspekte und insbesondere der Einheit ihrer Herkunft nur dann gerecht werden zu können, wenn ich diese »neue« Evolution allgemein als »Psycho-Evolution« bezeichne.* Gewiß reichen deren Vorstufen und erste zaghafte Ansätze bis in die nicht-humanen Sektoren des Tierreiches zurück. Doch erst mit den fortgeschritteneren Primaten erhöhte sich extrem beschleunigt ihre Geltung, und erst mit dem menschlichen »cogito, ergo sum« kam sie zum eigentlichen, endgültigen Durchbruch.

Materieller Träger und Motor dieser Psycho-Evolution, so sagten wir, ist das Gehirn des Menschen. Aber dieser hat, wenn man so will, mehrere »Gehirne«, wobei ein jedes von ihnen seinen verfeinerten Ausbau im Verlauf der Bio-Evolution erfahren hat. Da ist vor allem die phylogenetisch letzte, spezifisch menschliche Neuerwerbung, nämlich das nun ausdifferenzierte System aus Neokortex und erweitertem Basalen Neokortex. Diese Einheit will ich im folgenden der Kürze wegen »die Neurinde« nennen, wie denn überhaupt die nachfolgende Erörterung eine überaus vereinfachte und knappe Zusammenfassung außerordentlich komplizierter Sachverhalte und Zusammenhänge darstellt.

Unter dieser neuen Einheit, vom Vorderhirn völlig umwachsen und bedeckt, in die Katakombe verbannt, aber keineswegs eliminiert, liegt die Gesamtheit aller phylogenetisch älteren Gehirnteile, die wir der Vereinfachung wegen summarisch als »das Althirn« bezeichnen wollen. Arthur Koestler hat es in Anlehnung an MacLean mit dichterischer Freiheit und Übertreibung einmal das »Paläosäuger-« und das »Reptil-Hirn« genannt[185].

Die Neurinde ist, so könnte man verallgemeinernd sagen, das materielle Substrat des menschlichen Geistes, des »Ich«. In ihr liegen die Zentren für die Bildung des »bewußten Bewußtseins«, der intellektuellen Datenverarbeitung, Analyse, Reflexion und Begriffsbildung sowie der Willensbildung und der Entschlußfassung. In seinen anderen Abschnitten befinden sich das motorische Sprachzentrum, aber auch das sensorische (Wortlautverständnis) und in der Basalregion der Sitz des Charakters (Beziehungen zu den Mitmenschen, z. B. Takt, Gesittung, usw.). Alles in allem wäre es nicht unzutreffend, würde man, wie Paul Lüth es getan hat[186], der Neurinde einen Teil der menschlichen Psyche als imaginäre »Rindenperson« zuordnen. Das Althirn (limbisches System) aber, als Domäne eines ebenso fiktiven, triebhaften »Tiefenwesens«, ist, wie zuvor bereits angedeutet, der Sitz vieler Instinkte und Emotionen wie Sexualtrieb, Angst, Aggression, Hunger, usw. Es kann als das materielle Substrat des »Es« aufgefaßt werden, also des dumpfen, dunklen, allenfalls »gespürten Bewußtseins«.

Rindenperson und Tiefenwesen sind zur Koexistenz, ja sogar zum Zusammenwirken verurteilt: Im Zwischenhirn-Abschnitt des Althirns enden die sensiblen Nervenbahnen des Körpers. Hier und allgemein im Althirn sammeln sich die Impressionen und Meldungen sowohl aus der Innenwelt des Körpers als auch aus der äußeren Umwelt, doch sie überlagern einander, stehen zu einander zwar bereits in Beziehung, doch nicht im Sinne eines kognitiven problemlösenden Differenzierens. Erst unter Verwendung zusätzlicher, phylogenetisch jüngerer Verbindungen werden die im Althirn aufgenommenen Reize und Signale – sozusagen durch den Bereich der dunklen Gefühle und Triebregungen hindurch geschleust – an den neu entstandenen, auswertenden und distanziert handelnden Intellekt der Neurinde weitergeleitet. Doch wäre es falsch, wollten wir annehmen, das Althirn könne allein für sich, ohne die Neurinde, keine funktionellen Dienste leisten. Es war vor der Ausbildung der ihr von der Evolution aufgelagerten Neurinde bei den nicht-humanen Säugern durchaus souverän und ist es im Frühstadium der menschlichen Ontogenese beinahe noch. Doch seine Welt und seine Leistung sind primitiv, instinktverhaftet und jedenfalls noch mehr oder minder tierhaft. Seine eigenen Produkte (Triebe, Affekte, Emotionen) können noch nicht intellektuell aufgearbeitet und artikuliert, d. h. sprachlich ausgedrückt werden.

Das Aufeinander-Angewiesensein der Rindenperson und des Tiefenwesens im Geist des Menschen macht diesen zu einem in sich zwiespältigen Lebewesen. Dem ausgewogenen Zusammenwirken beider verdankt er seine Einsicht und Vernunft und damit seinen geistigen Fortschritt, den wir Psycho-Evolution genannt haben. Doch bleiben auch Komplikationen, ja sogar Konflikte nicht aus: Wo die Rindenperson der Neurinde die Hegemonie antritt, dort herrscht klarer aber instinkt- und gefühlsarmer Intellekt, den wir in dieser Form wegen seiner Einseitigkeit mit einem gewissen Recht als »unmenschlich« beargwöhnen. Wo hingegen das Tiefenwesen des Althirns dominiert – so etwa bei plötzlichem Schreck und bei Panik –, nehmen emotionale und triebhafte Regungen überhand, deren Natur gleichfalls nicht eigentlich »menschlich«, sondern eher noch animalisch ist. Was aber für das einzelne Individuum gilt – nämlich die Spaltung seiner geistigen Grundlagen und die Verhinderung dieses Schismas durch geregelten funktionellen Ausgleich –, das trifft in ganz analoger Weise auch für die Massenpsyche ganzer Individuengruppen zu.

Im Althirn haben sich aufgrund von Jahrmillionen währender Selektion die Zentren für solche Triebe und Reaktionsweisen angesammelt, die sich im Sinne von Zweckmäßigkeit als »richtig« bewährt haben. Dem irrational Emotionalen eng benachbart ist hier also eine archaische und konservative Art von Ratio verankert. Die Neurinde hingegen ist jener hinzukommende Bereich, der den Menschen zum Explorieren und Experimentieren mit neuen, noch nicht erprobten Verhaltensweisen anhält. Dieses erfolgt zwar grundsätzlich nach dem Prinzip des »Handlungskreises« (Victor v. Weizsäcker), einer durch Kontrolle der Zwischenergebnisse gesteuerten Aktionsweise, und mithin gleichfalls im Rahmen einer Ratio, aber einer, die nunmehr auf einer höheren Ebene besteht. Allerdings wird dieser Handlungskreis oder die ihn abstrakt simulierende Gedankenkette häufig dadurch unterbrochen, daß an irgendeiner Stelle des Ablaufs das Emotionale des Tiefenwesens interveniert. Antipathien oder Sympathien, Affekte, Emotionen aus dem Irrationalbereich des Althirns greifen manchmal vorzeitig hemmend (aversives Vorurteil) oder in falscher Richtung fördernd (Wunschdenken) in den Handlungskreis oder die Gedankenkette ein.

Werden derartige aufgrund von unterbewußten Affekten vorzeitig blokkierte oder fehlgeleitete Gedankenketten von einer Einzelperson oder einer kleinen Gruppe hervorgebracht und in der Population als neue Philosophie oder gar als ideologisch verpflichtendes Programm so propagiert, daß sie sich in entscheidendem Ausmaß verbreiten, und sind sie von vitaler Bedeutung, so kann diese Intervention aus dem Althirn für die gesamte Population verhängnisvoll werden. Der Mensch ist aufgrund der Konstruktion seines Gehirns in der Tat die »biologische Spezies mit der konstitutionellen Chance zu verunglücken« (Arnold Gehlen)[187], also »das riskierte Wesen«.

Mit der Propagation (Verbreitung der Ergebnisse psychischer Leistung) ist aber zugleich auch ein Faktor erwähnt, dessen Vorhandensein die neue Psycho-Evolution von der Bio-Evolution unterscheidet; doch ist er nicht der einzige. Wie insbesondere Konrad Lorenz nachgewiesen hat, beruht ein beträchtlicher Teil des menschlichen Verhaltens auf angeborenen auslösenden Mechanismen (Glossar!). Was aber angeboren, ererbt und somit genetisch fixiert ist, folgt im Prinzip den Regeln der Bio-Evolution, wobei selbstverständlich auch hier die Umwelt »Passendes« aus der vererbten Reaktionsnorm auswählt und damit modifizierend wirkt. Neu aber ist hier das Analogon einer »Vererbung erworbener Eigenschaften«, die es in der Bio-Evolution ja nicht gibt. Nicht-angeborene, sondern erlernte Verhaltensweisen oder deren Anteile (ethologische Elemente) sowie erworbene Erkenntnisse oder Vorstellungen (ideelle Elemente) werden als Kulturgut nun von Generation zu Generation traditionell weitergereicht, quasi vererbt. *Beide, die angeborenen sowie die jeweils erworbenen Elemente des Psychischen und des Verhaltens, sind nun aufs engste miteinander verwoben. Ihr Entstehen und Verlöschen, ihre Abwandlung im historischen Ablauf und das Enstehen neuer aus anderen Wurzeln, das ist die Grundlage der Psycho-Evolution, die im übrigen frappierende Ähnlichkeiten, Analogien und Parallelen zu den allgemeinen Regelhaftigkeiten der Bio-Evolution erkennen läßt.*

Angeborenes und Erlerntes

Angesichts der ausschlaggebenden Bedeutung des Angeborenen und des Erlernten für die von seinen Verhaltensweisen abhängende Psycho-Evolution des Menschen ist es erforderlich, die hinsichtlich dieser Grundlagen bestehenden Erkenntnisse und Auffassungen zu prüfen. Dabei ergibt sich, daß sich in dieser Hinsicht zwei einander teilweise widersprechende Lehrmeinungen gegenüberstehen:

Die eine, vor allem auf Konrad Lorenz[180, 188, 189] zurückzuführende, geht – extrem verkürzt ausgedrückt – davon aus, daß bedeutungsvolle Anteile im tierischen und menschlichen Verhalten angeboren, also im Erbgut der Spezies genetisch fixiert sind, daß sie daher vererbt werden und einem Wandel durch Evolution unterworfen waren. Davon leitet sich sodann der logische Schluß ab, daß es bei verschiedenen Lebewesen homologe, also aus derselben phylogenetischen Wurzel stammende (wenn auch später durch Funktionswechsel manchmal abgewandelte) Verhaltenselemente gibt und daß man die der höheren Säugetiere (besonders der Primaten) und die des Menschen miteinander vergleichen kann.

In krassem Gegensatz hierzu steht die Schulmeinung des vor allem in Nordamerika weit verbreiteten Behaviourismus, der die Existenz von angeborenen, arteigenen Aktions- und Reaktionsnormen strikt ablehnt[190]. Eine arterhaltende, zweckmäßige Verhaltensweise sei stets während des ontogenetischen Entwicklungsverlaufs erlernt, und zwar unter dem unmittelbaren und ausschließlichen Einfluß der Umwelt. Demnach wäre das Verhalten völlig vom Milieu bestimmt, welches sowohl aus den physischen Faktoren des Biotops bestehen als auch von der Wirkung anderer Lebewesen ausgehen kann. Der Kern dieses Gedankengebäudes sowie die sich aus ihm ergebenden Schlüsse entsprechen, auf den Menschen übertragen, etwa dieser Vorstellung: Alle Menschenindividuen sind bei ihrer Geburt gleich, also ist ein jeder Mensch anfangs sozusagen ein unbeschriebenes Blatt (»Tabula rasa-Hypothese«). Seine späteren Verhaltensweisen entstehen unter dem Einfluß und Druck seines spezifischen Milieus, und sie werden ausschließlich durch dieses geprägt.

Da sein Verhalten aber Unzulänglichkeiten aufweist, unter welchen der Mensch innerhalb seiner Sozietät leidet – und gegebenenfalls andere leiden macht –, ist es erforderlich, sein Verhalten zu korrigieren. Weil aber ausschließlich die Umwelt der Verhalten erzeugende Faktor ist, muß sie entsprechend verbessert werden, wodurch der Mensch in seinem Verhalten auch seinerseits »gut« wird. Die den Menschen prägende Umwelt, sein Milieu, ist vor allem die Gesellschaft. Also muß die Gesellschaft verändert werden.

In den wissenschaftlichen Prämissen, aber auch in dem Anspruch einer allgemeinen Heilslehre, ergeben sich sehr weitgehende Ähnlichkeiten zwischen dem behaviouristischen und dem sozialistischen Bild vom Menschen. Auch besteht kein Zweifel daran, daß die Zielsetzung, da sie Gutes und Erstrebenswertes verspricht, Sympathien erweckt und daß bei dem Versuch ihrer rationalen Beurteilung Affektives fast zwangsweise mitwirkt. Vorschnell findet das Tiefenwesen Gefallen und blockiert damit die nüchterne weitere Analyse durch die Rindenperson. Tatsächlich aber sind *die Prämissen wissenschaftlich nicht haltbar, denn erstens sind die Menschen trotz aller gegenteiligen Beteuerungen schon bei ihrer Geburt eben nicht gleich:* Sowohl körperlich als auch hinsichtlich ihrer geistigen und charakterlichen Veranlagung bestehen, wie jedermann – sogar der biologische Laie – beobachten kann, nicht nur zwischen den Rassen, sondern auch innerhalb dieser, selbst bei Geschwistern, von Individuum zu Individuum variierende angeborene Unterschiede. *Zweitens ist das Verhalten des Menschen keineswegs ausschließlich milieubestimmt, sondern – trotz der unbestritten überaus starken Beeinflussung durch die Umwelt – in nicht unerheblichem Umfang auch von Erbanlagen und deren vorausgegangener Evolution abhängig.*

Eine geringfügige Modifikation der ursprünglichen Ansichten entstammt dem Lager der Neobehavioristen, in dem vorwiegend Humanpsychologen, Psychotherapeuten, Soziologen, Pädagogen und Rechtswissenschaftler stehen (während die meisten Physiologen und ethologisch forschenden Biologen einen anderen, mehr der Lorenzschen Lehre genäherten Standpunkt einnehmen). Der Neobehaviourismus bestreitet das Vorhandensein angeborener Verhaltenselemente nicht mehr grundsätzlich, er läßt ihre Existenz gelten. Doch bleibt dies weitgehend ein Lippenbekenntnis, denn er bagatellisiert sie zugleich bis zu praktischer Bedeutungslosigkeit: An der Vorstellung, daß der Mensch als »unbeschriebenes Blatt« die Welt erblickt und daß sein Verhalten im Sozialgefüge ausschließlich erlernt sei, wird kaum ein Abstrich gemacht, und ebensowenig an der zum Dogma erhobenen These von der so gut wie uneingeschränkten Prägung des Verhaltens durch das Milieu, die Umwelt. (Wer etwa die Ausführungen B. F. Skinners[190] mit den in Arno Placks Anti-Lorenz-Streitschrift[191] vorwiegend vertretenen Ansichten vergleicht, wird keine wesentlichen Differenzen verzeichnen können, auch nicht hinsichtlich der von hier aus abgeleiteten Forderungen nach einer radikalen Abschaffung jeglicher Bestrafung im Rechtswesen und nach einer »repressions«-freien, antiautoritären und sexuell völlig freizügigen Jugenderziehung.)

Der gegenwärtige Status mancher psychoevolutiver Einzelbereiche ist bei den westlichen Teilpopulationen der europiden Unterart des Menschen aufgrund einer geistigen Entwicklung zustande gekommen, die in den letzten Jahrzehnten – unauffällig, aber recht nachdrücklich – durch behaviouristisches Gedankengut beeinflußt war. Das Ergebnis rechtfertigt durchaus die Bedenken des prominenten Harvard-Biologen Ernst Mayr: »Viele Irrwege im menschlichen Erziehungswesen und in unseren politischen Institutionen wären uns erspart geblieben, wenn die Humanpsychologen und Soziologen sich etwas mehr mit Verhaltensbiologie und Evolutionslehre beschäftigt hätten ... Eine besonders verhängnisvolle Irrlehre ist die ›Tabula-rasa‹-Lehre, laut der der neugeborene Organismus ein unbeschriebenes Blatt sei, dessen späteres Verhalten gänzlich und ausschließlich durch Prägung und Lernen bestimmt ist«[61].

Hier, an dieser Stelle unserer Betrachtung des Menschen, sei zusammenfassend lediglich festgehalten: *Viele Elemente im Verhalten der tierischen Lebewesen sind mit einer an Sicherheit grenzenden Wahrscheinlichkeit angeboren und daher das Resultat einer Evolution. Während dieser wurde aus einem genetisch fixierten Bereich spezifischer Möglichkeiten (Reservoir von Psychopotenzen) einer Population durch die Umwelt Passendes ausgelesen. Im Fall der höher organisierten Tiere wirkt die Umwelt auf deren Verhalten daneben auch unmittelbar modifikatorisch ein, so daß beim Individuum die angeborene Verhaltensweise durch Erlerntes (Erworbenes) überprägt werden kann, das nicht in den Erbgang eingeht, wohl aber in Form von Tradition weitergeführt wird. Beim Menschen spielt der Anteil des Erlernten eine sehr bedeutende Rolle, doch auch bei ihm sind Grundelemente des Verhaltens angeboren und phylogenetisch entstanden.*

Die hier implizierte Grundthese von der Existenz angeborener, genetisch bedingter Verhaltensweisen wird durch wissenschaftliche Befunde gestützt, nämlich 1) durch das Auftreten und die Abwandlung homologer Verhaltensstrukturen bei taxonomisch unterschiedlichen Organismengruppen, 2) durch die Ergebnisse von Kaspar-Hauser-Experimenten (Aufziehen von Brut unter Erfahrungsentzug), 3) durch die Erkenntnis der neurophysiologischen, materiellen Grundlagen des Verhaltens, die ihrerseits mit Sicherheit angeboren sind, und 4) durch den direkten Nachweis der chromosomalen Bindung einer bestimmten Verhaltensweise[192]. Andererseits sprechen gegen die neobehaviouristische Hypothese einer nur geringen, so gut wie zu vernachlässigenden Bedeutung der genetisch bedingten (»angeborenen«) Anteile des Verhaltens nicht nur die unter 1) bis 4) genannten Tatsachen, sondern auch der methodologisch verfehlte Ansatz, der zu meist verfremdeten Beobachtungsergebnissen führen muß: a) die abnormalen, da unnatürlichen Laborbedingungen[193] des kontrollierten Experiments, b) die untypische Sondersituation der meist schon fast domestizierten Versuchstiere, c) die generelle Übertragung von an simplen Verhaltenselementen gewonnenen Vorstellungen auf hochkomplexe Verhaltensgefüge und d) die mangelnde Berücksichtigung der physiologischen Grundlagen des Verhaltens.

Die Rolle des Neugierverhaltens

Die meisten der höheren Wirbeltiere lernen nach der Methode der Übung und somit Vervollkommnung angeborener Verhaltensweisen (z. B. Vogelflug) sowie nach der Methode von Versuch und Irrtum: sie lernen »am Erfolg«, belohnt und entmutigt durch positive und negative Verstärker[190]. Konrad Lorenz zufolge tritt jedoch bei den höher entwickelten Primaten und dem Menschen ebenso wie bei einigen anderen »Spezialisten für Nicht-Spezialisiertsein«[180, 188] ein neues Element hinzu, nämlich das Neugier- bzw. Erkundungsverhalten, das ein Lernen aus ganz anderer, neuartiger Motivation bedingt. Das nichtspezialisierte, also nicht etwa eng an eine bestimmte Lebensweise angepaßte Lebewesen kann nur überdauern, wenn es in der Lage ist, auch mit solchen Situationen fertig zu werden, die von den begrenzten Instinkten her »nicht vorgesehen« sind. Unter diesen Umständen ist ein umfangreicher Vorrat an Erfahrungen (nach dem Motto: »Man weiß nie, wie man es brauchen kann«) von Vorteil; Neugierverhalten ist daher durch das explorative Interesse auch an solchen Dingen der Umwelt gekennzeichnet, die für das Individuum und dessen Bedürfnisse nicht sofort und nicht unmittelbar bedeutsam sind. Die durch Erkundungslernen gewonnene Erfahrung »bleibt dahingestellt«, aber gegebenenfalls verfügbar (Gedächtnis, Erinnerung). Sie kann in die ererbte Verhaltensweise einer Population dadurch eingebaut werden, daß andere Artgenossen das neue Verhalten kopieren (Lernen durch Nachahmung) und dabei in der Gruppe propagieren und daß es schließlich von einer Generation zur anderen überliefert (tradiert) wird. Ein vorzügliches und hochinteressantes Beispiel für eine solche Verkettung aller dieser Prozesse und zugleich für das Entstehen vor-kultureller Verhaltensweisen haben vor einiger Zeit Freilandbeobachtungen an japanischen Makaken-Populationen geliefert[194].

Schon die höheren nicht-humanen Primaten müssen aufgrund der phylogenetischen Entwicklung ihres Vorderhirns und im Verlauf ihres fortgesetzten Neugierverhaltens die Fähigkeit hervorgebracht haben, simple kausale und logische Zusammenhänge zu erfassen (averbales Denken) und einfache zweckorientierte Gedankenassoziationen zu bilden. Wenn Freiland-Schimpansen beispielsweise zusammengepreßte Laubblätter verwenden, um Wasser aus engen Spalten herauszusaugen[195], so liegt hier bereits planmäßiges Handeln vor, d. h. im Gehirn des Individuums müssen gedankliche Vorstellungsketten gebildet werden, welche die anschließende Handlung vorwegnehmen. Bei den nichthumanen Primaten entstanden durch Erkundungslernen also bereits Fähigkeiten, die in weitaus differenzierterer Form schließlich beim hochentwickelten Menschen echte Kulturleistungen ermöglichten.

Ihre Steigerung und ihr beschleunigter Ausbau, wie sie im Verlauf der Evolution der fossilen Menschen erfolgten, sind offenbar das Ergebnis von Neotenie (S. 344): *Während das Neugier- und Lernverhalten der nicht-humanen Primaten an die sensible Jugendphase gebunden blieb, ermöglichte die neotene Verlängerung dieser Phase beim Menschen ein artkonstantes Andauern der Erkundungs- und Lernvorgänge bis in weiter fortgeschrittene Lebensstadien*[188]. Dabei konnten nun neue, der Arterhaltung förderliche Verhaltensweisen hervorgebracht und tradiert werden, und der sich aus ihnen ergebende positive Selektionsdruck wirkte daraufhin fördernd auf die genetisch gesteuerte weitere Differenzierung des Vorderhirns zurück. *So steigerten sich durch ein rückgekoppeltes Zusammenspiel des Angeborenen und des Erlernten die psychischen Fähigkeiten mit zunehmender Beschleunigung. Die Folge waren stetige Fortschritte bei der Bewältigung der Anforderungen aus der Umwelt und Leistungen, die nach- und nebeneinander auf allen Gebieten der Psycho-Evolution erzielt wurden.* In jedem dieser Bereiche stellten sich bestimmte Entwicklungsabläufe ein, die zueinander in vielfachen Querbeziehungen standen und einander beeinflußten, die aber in unserer Betrachtung trotz ihrer gegenseitigen Abhängigkeit nicht anders als getrennt besprochen werden können:

Eine der frühesten dieser Leistungen war die planmäßige Verwendung von aus der Umwelt entnommenen Gegenständen. Sehr einfach gelagerte Fälle eines derartigen Werkzeug*gebrauchs* sind im Tierreich zwar keineswegs häufig, doch immerhin gelegentlich entwickelt (S. 112). Aber erst bei den höheren nicht-humanen Primaten beginnt der Gebrauch von Werkzeug eine Rolle zu spielen: Grasland-Schimpansen benützen Halme und kleine Zweige, um in Termitenhügeln herumzustochern; sie verwenden Laubblätter zum Aufsaugen von Wasser und zum Reinigen der Hände nach der Mahlzeit, Äste und Stöcke als Angriffs- und Verteidigungswaffen[195]. Selbst eine Vorstufe der Werkzeug*verbesserung* wird bei den Pongiden bereits erreicht, so z. B. wenn die Blätter eines zur Benützung vorgesehenen Astes abgestreift werden oder das Tier ein aufgesplittertes und daher nutzloses Astende einfach abbricht.

Ob die noch nicht eigentlich »verbesserten« Flußgerölle, die den Ramapithecinen zugeordnet werden, bereits auf Werkzeuggebrauch schließen lassen, ist noch umstritten. Spätestens aber wurde diese Entwicklungsstufe bei den Australopithecinen erreicht, die grob zugehauene Flußgerölle benützten. Darüber hinaus haben die Australopithecinen ihre Rohmaterialien auch schon verbessert, ja sogar aktiv umgestaltet, bearbeitet und schließlich – in allerdings noch sehr primitiver Weise – kombiniert. Hier war, wenn wir G. Heberer folgen, nicht nur Werkzeuggebrauch, sondern auch schon Werkzeug*herstellung* gegeben. Die Zahnreihen der Unterkiefer von Beutetieren wurden vermutlich als eine Art von Sägemesser gebraucht, Knochenfragmente wurden so zugespitzt, daß sie offenbar beim Schneiden und Stechen Verwendung finden konnten (Abb. 58), bei einem der Funde war sogar ein Zahn mit einem Knochen zu einem dürftigen Schlaggerät künstlich zusammengefügt. Das also war der Ursprung des *Homo faber*: Schlagwaffe und Eßbesteck standen am Anfang, Aggressionstrieb und Ernährungsinstikt als Urväter der Technik.

Die weitere Entwicklung dieser Tendenz zur Herstellung zweckdienlicher Gegenstände oder Geräte, also die Entwicklung des primordialen Handwerks (Techne), ist bekannt: Die Bearbeitung des aus Knochen, Holz und Stein gebildeten Geräts wurde bei der *»Pithecanthropus«*-Gruppe ein wenig verbessert, eigene Verfahrensweisen in der Herstellung von Faustkeilen, Steinschabern, Pfeil- und Speerspitzen usw. bei den fossilen Unterarten des *Homo sapiens* entwickelt und verfeinert (Abb. 58).

Daß planmäßige Werkzeugherstellung und Verbesserung der Bearbeitungstechniken natürlich weitgehend aufgrund der sich steigernden Gehirnleistung möglich wurden, ist so gut wie sicher. Doch eine sehr wesentliche Rolle spielte ohne Zweifel auch die urmenschliche Hand. Es wurde bereits betont (S. 336), daß diese entgegen der gängigen Meinung keineswegs unangepaßt primitiv, sondern durchaus spezialisiert war. Mit dem Beginn des Werkzeugbaues aber muß ihre Einsatz- und Leistungsbefähigung beschleunigt zugenommen haben, wobei auch hier ein Zusammenwirken von genetischen Prozessen (Veränderungen im System der zentralen Koordinationsmechanismen und der Innervierung; zunehmend unabhängige Bewegungsfreiheit der einzelnen Finger) mit zusätzlichen Lernvorgängen (neue Bewegungsfolgen) anzunehmen ist.

Besonders bedeutungsvoll müssen vor allem zwei technologische Fortschritte gewesen sein: die Entdeckung, daß der Mensch sich das Feuer dienstbar machen kann, und die Erfindung von in die Ferne wirkenden Waffen. – Die Möglichkeit, sich des Feuers zu bedienen, hatte zweifellos einen beträchtlichen Beschleunigungsschub im Prozeß der Selbstdomestikation zur Folge. Der nackte Primat litt nun weniger unter der Nachtkälte, ein Lagerfeuer hielt die Raubtiere fern, auf dem Feuer zubereitetes Fleisch der Beutetiere war weniger zäh, so daß der Kauapparat des fossilen *Homo* künftig weniger beansprucht wurde.

Die ältesten uns bekannten Feuerstellen tauchten vor rund 400 000 Jahren beim *»Pithecanthropus« erectus* auf, doch mag es sich um Feuer gehandelt haben, das natürlichen Busch- oder Steppenbränden entnommen und gehütet worden war. Die künstliche Erzeugung von Feuer muß wohl etwas später nachgefolgt sein.

Was aber die Erfindung von solchen Waffen betrifft, die erst in einiger Entfernung von ihrem Träger wirksam werden, so ist diese vermutlich in der Stufenfolge Rammspieß → Wurfspeer → Pfeil und Bogen hervorgebracht worden. Zweifellos hat sie den Jagderfolg gesteigert und die persönliche Gefährdung des Jägers wesentlich verringert, ein weiterer Vorteil in der Auseinandersetzung mit der Umwelt.

Schon der Übergang vom Wald- zum Steppenleben hatte die Vorfahren des Menschen zahlreichen Gefahren der neuen Umwelt ausgesetzt. Sie und auch ihre Deszendenten bis hinauf zum eigentlichen Menschen waren körperlich unspezialisierte, ungenügend adaptierte »Mängelwesen« (S. 337). Wenn sie sich dennoch behaupteten, so geschah dies, weil ihre zunehmende geistige Leistungsfähigkeit ihnen gestattete, künstlichen Organersatz zu schaffen: Gerätewaffen ersetzten die fehlenden körperlichen, Schutz- und Angriffsfunktionen dienenden Organe; Feuerwärme trat für die des Haarkleides ein, der vorwärts schnellende Pfeil für die erforderliche Schnelligkeit des jagenden Individuums.

Das Seßhaftwerden der früheren Jäger- und Sammlergruppen, ihr Hausbau, ihre Viehzucht und ihr Ackerbau machten sodann die Erfindung weiterer, verbesserter Geräte erforderlich; bei den Rohmaterialien trat Bronze neben Stein, Eisen neben die Bronze. Der Fortschritt von der Techne bis hin zur Technik kam ins Rollen, wurde zur Lawine, aber *noch heute ist der Mensch, das biologische Mängelwesen, ein »Prothesenwesen« geblieben:* Was seine normalen Sinnesleistungen nicht erfassen, wird ihm durch komplizierte Mikroskope, Schallrezeptoren und dergleichen Instrumente zugänglich; was seine Muskelkraft weit übertrifft, bewältigen für ihn kraftvolle Maschinen. Den Luftraum erschlossen ihm seine Flugapparate, die Tiefen des Meeres erreicht er mit Hilfe von Tauchprothesen. Aus dem mangelhaft gerüsteten »Spezialisten für Nicht-Spezialisiertsein« wurde das, was man in Amerika ironisch einen »self-appointed specialist for everything« nennt.

Nur: Für alle ihre Prothesen benötigt diese so erfolgreiche und mächtig gewordene Spezies enorme Mengen an Rohstoffen und an Antriebsenergien, die sie beide ihrer eigenen Umwelt entnehmen muß. – Und dieser Umstand wird sich künftig zweifellos als die Achillesferse des Übermächtigen erweisen (S. 427, 437).

Denken und Sprache

Seine Erfolge bei der Erfindung und Erzeugung dieser Prothesen, vom bearbeiteten Flußgeröll bis zur Raumkapsel, verdankt der Mensch in erster Linie seiner Befähigung zu zwei charakteristischen Verhaltensweisen, nämlich zum einsichtigen, logischen Denken sowie zur Kommunikation mit Hilfe der syntaktischen Wortsprache. Beide sind, das sei vorausgeschickt, keineswegs etwa voneinander streng geschiedene, unabhängige Komponenten der psychischen Leistung des Menschen, sondern miteinander untrennbar verknüpfte Aspekte seiner geistigen Aktivität. Dabei liegt die Priorität beim Denkvorgang, denn das Denken muß zwar nicht notwendigerweise zusammen mit Sprechleistungen praktiziert werden – es kann unmittelbar in Handlung umgesetzt werden oder, was Aktionen betrifft, völlig ohne Konsequenzen bleiben. Wohl aber geht überall dort, wo Sprechleistungen erbracht werden, diesen das Denken voraus. Sprache ist somit die Lautartikulation des Gedachten.

Sieht man von den Vorstufen des *einsichtigen Denkens* ab, wie sie bei anderen Tieren auftreten, und beschränkt man die Betrachtung auf das eigentliche Denkverhalten der höheren Primaten, so stößt man schnell auf jenes Charakteristikum, das die Ethologen im Anschluß an Karl Bühler »das Aha-Erlebnis« nennen. Nicht nur beim Menschen, sondern auch bei den Pongiden gehen dem zweckorientierten Handeln in der Regel Gedankenketten probeweise voraus, verschiedene Handlungsweisen werden in der Vorstellung simuliert, »das Vorderhirn überlegt« eine Reihe von Lösungsmöglichkeiten, bis aus den theoretisch erwogenen die vermeintlich oder tatsächlich angemessene, vielleicht richtige, aber jedenfalls logisch erschlossene (»Aha!«) sich nahezu aufdrängt. So ist also nicht einzusehen, »... was Denken grundsätzlich anderes sein sollte als ein ... probeweises und nur im Gehirn sich abspielendes Handeln im vorgestellten Raum«[183].

Wie W. Porzig dargelegt hat[196], dient offenbar die Raumsituation als ursprünglichstes Modell, auf das selbst noch bei der Bezeichnung von Unanschaulichem im Denkgefüge Bezug genommen wird. Ausnahmslos in allen Sprachen des Menschen geschieht dies, so z. B. beim Gebrauch der Präpositionen (*unter* allen Umständen), bei der Angabe von Zeitverhältnissen (*innerhalb* von zwei Wochen), bei der Bezugnahme auf seelische Vorgänge (*zutiefst* betrübt), bei der Verwendung von Vorsilben im Fall abstrakter Begriffe (*Über*mut, *Vor*urteil, *Hinter*list), usw. Konrad Lorenz sieht hier wohl mit Recht eine gewisse Beziehung, die in der Evolution sehr weit zurückzureichen scheint. Ebenso wie die primatenhafte Vorliebe für den Geschmack des Süßen und für bestimmte Farben ein Relikt von Präferenzen der baumbewohnenden, sich von Pflanzlichem ernährenden Ahnen für gewisse Früchte und Blütenfärbungen darstellen könnte[188], mag auch das Vorherrschen der für Baumbewohner so überaus wichtigen Raumwahrnehmung in solchen invarianten Grundelementen der menschlichen Sprachen nachklingen.

Aus derartigen, vielleicht manchmal banal erscheinenden Wurzeln heraus (»zentrale Repräsentanz des Raumes« – K. Lorenz) muß das einsichtige Denken schrittweise erreicht worden sein. Diesen Vorgang aus fossilen Dokumenten rekonstruieren zu wollen wäre freilich ein so gut wie hoffnungsloses Unterfangen. Gipsausgüsse der Gehirnkapseln fossiler Hominiden stellen zwar unter Beweis, daß die höhere Denkleistungen ermöglichenden Gehirnabschnitte an Umfang und Komplexität zunahmen, und die Aufeinanderfolge immer differenzierterer Werkzeuge vermag zwar zu belegen, daß zweifellos eine Steigerung der Denkleistungen erfolgte. Darüber hinaus aber wird es wohl kaum möglich sein, die Denkweisen der Australopithecinen oder das Gedankengut der *»Pithecanthropus«*-Individuen nachträglich zu ergründen. Immerhin: die Fähigkeit zur Abstraktion, der Gleichheits- und Ungleichheitsbegriff, ein primitives Zahlenverständnis und planmäßiges Handeln nach dem Erfassen kausaler und logik-analoger Zusammenhänge sind auch schon bei den höheren nicht-humanen Primaten in einem beschränkten Umfang vorhanden. Daher ist zumindest wahrscheinlich, daß diese Grundelemente des Denkens auch schon bei den Australopithecinen angedeutet waren und sodann bei den nachfolgenden fossilen Menschen weiterentwickelt wurden. Daß diesbezüglich ein fördernder Selektionsdruck bestanden haben muß, wurde bereits erwähnt.

Sehr fraglich bleibt aber, ob die Kommunikationsweisen dieser frühen Menschenformen bereits so weit ausgebildet waren, daß sie einer hinreichend *differenzierten Sprache* gleichgesetzt werden könnten. Dies halte ich angesichts des grundsätzlichen Nachfolgens der Sprachleistung erst nach dem Denkvorgang jedoch für wenig wahrscheinlich. Eine andere, noch wichtigere Frage ist, ob sich das menschliche Sprachvermögen aus vor-sprachlichen Kommunikationssystemen der nicht-humanen Primaten herausgebildet hat. Diese evolutionäre Entwicklung von einer tieferen Stufe (Lautgebärden-System) zu einer höheren (artikulierte, Gedanken beschreibende Lautkombinationen) hat Karl Popper vermutet, während Noam Chomsky hier eher die Folgen einer Art von Entwicklungssprung erblicken will: Den tierischen Kommunikationssystemen sei zwar das menschliche Mimik- und Gesten-Inventar verwandt (was sicherlich zutrifft), nicht aber die menschliche Sprache: »Soweit wir wissen, ist der Besitz der menschlichen Sprache mit einem spezifischen Typ von mentaler Organisation verbunden, nicht einfach ein höherer Grad der Intelligenz«[197], und eben diese Organisationsstufe tauche übergangslos erst beim Menschen auf.

Nun ist zwar tatsächlich selbst das höchstentwickelte nicht-humane Kommunikationssystem, das der Pongiden, ein aus Gesten und Einzellauten bestehender Komplex, und trotz beachtlicher potentieller Leistungsfähigkeit[198] besteht zwischen ihm und noch der primitivsten gegenwärtigen Menschensprache (nach Roman Stopa: dem Buschmännischen) eine sehr beträchtliche, qualitative Differenz. Doch berücksichtigen wir unsere bezüglich der »missing links« in der Bio-Evolution gewonnenen Erkenntnisse (S. 199), so müssen wir auch hier die Möglichkeit zulassen, daß eine extreme Entwicklungsbeschleunigung in sehr kleinen, einigermaßen isolierten Teilpopulationen stattgefunden hat, die heute nicht mehr nachzuweisen ist. Sie könnte einen abrupten Entwicklungssprung ohne weiteres vortäuschen, zumal sich ja Sprachvermögen in der fossilen Überlieferung nicht manifestiert[199]. Der Vorgang der Entstehung der menschlichen Sprache wäre also dem der Gen-Drift vergleichbar (S. 179, 201) und hätte nur dann wirklich evolutiv stattfinden können, wenn die Sprachdisposition eine genetische Grundlage hätte. Daher ist die Frage nach der Natur des Sprechvermögens wichtig: Ist es angeboren, ist es »erlernt«?

Für die Behaviouristen und somit auch für B. F. Skinner[200] stellt das Sprechen nichts anderes dar als eine lineare Kette von Reiz-(Stimulus = S)- und Reaktions-(Response = R)-Elementen. Das gilt für den Monolog, aber ganz besonders auch für den Dialog und kann graphisch so dargestellt werden (wobei a und b die Gesprächspartner bezeichnen):

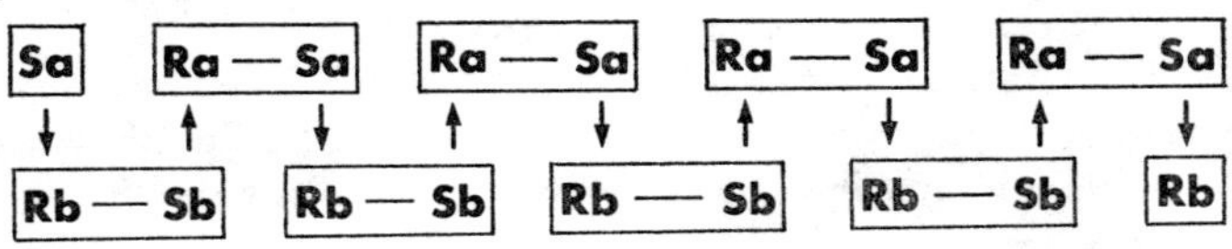

Daß diese Auffassung unhaltbar ist und an inneren Widersprüchen krankt, hat Arthur Koestler sehr geistreich und überzeugend dargestellt[185]. Noam Chomsky aber hat sie nicht nur widerlegt, sondern auch durch ein eigenes Konzept ersetzt: Das Grundbild der Sprachstruktur entspricht nicht etwa der linear sich verlängernden Kette, sondern dem hierarchisch gegliederten Modell eines umgekehrten Baumes. Die Psycholinguistik zeigt, daß die sprachliche Satzbildung nicht etwa additiv, sondern generativ und (fast) zugleich in hierarchischer Stufung erfolgt. Zum einen steigt von der Mehrdeutigkeit bis zur Eindeutigkeit der Aussage die Komplexität der Grundelemente an, und zwar abgestuft vom Phonem (»e«) über das Morphem (»geh«) und das Wort (»gehen«) bis zur Phrase bzw. Sentenz (»ich muß gehen«). Zum anderen äußert sich ein hierarchisches Prinzip auch in jenem Vorgang, bei dem anschließend an den noch nicht verbalisierten Gedanken dessen Artikulation zu einer syntaktisch strukturierten Sentenz blitzartig schnell aber doch stufenweise hervorgerufen wird:

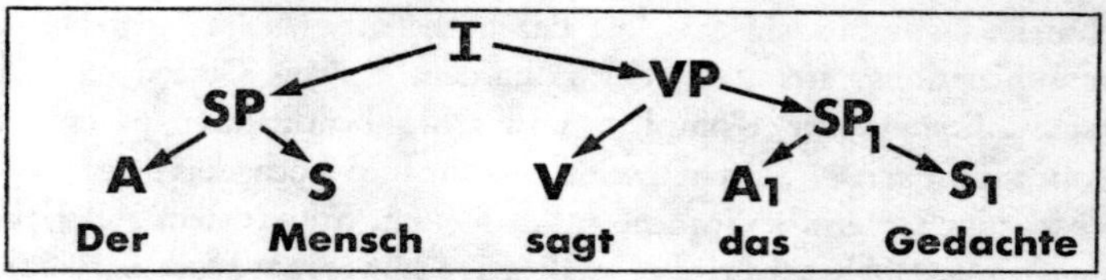

I = generative Idee; SP = Substantiv-Phrase (der Handelnde); VP = Verbum-Phrase (der Handlungskomplex); S = das handelnde Subjekt; V = die Handlung; SP_1 = das Objekt der Handlung; S_1 = das betroffene Objekt allein; A = Artikel. – Abgewandelt aus A. Koestler und N. Chomsky.

Diese Befunde, vor allem aber die »generative« Natur der Grammatik und das Ganzheitliche der vorgegebenen, zu artikulierenden Idee, lassen es verständlich erscheinen, daß Chomsky einen evolutiven Zusammenhang zwischen den tierischen Kommunikationsweisen und der menschlichen Sprache ablehnt. Doch bei seiner Beurteilung geht Chomsky natürlich von einer Untersuchung der in der Gegenwart zur Verfügung stehenden Sprachen des *Homo sapiens* aus, die alle – einschließlich noch der primitivsten – weitaus höher entwickelt sind als jene vor- und frühsprachlichen Systeme, die wir den Australopithecinen oder den *»Pithecanthropus«*-Individuen zutrauen dürfen. Bei diesen Urformen des Menschen können derartige Übergänge jedoch nicht ausgeschlossen werden, ja sie sind geradezu wahrscheinlich.

Noch etwas muß man berücksichtigen: Chomsky selbst hat gezeigt, daß die letzte Grundstruktur (universale Grammatik) bei allen menschlichen Sprachen gleich ist: »Wir entdecken ein substantielles System von Prinzipien, die sich nicht einmal in solchen Sprachen unterscheiden, die, soweit wir wissen, keinerlei Verwandtschaft miteinander aufweisen.« Das führt er letztlich darauf zurück, daß es bei allen Menschen angeborene Geistes- und Denkstrukturen gibt, welche die Ausbildung einer so und nicht anders beschaffenen Grundstruktur der Sprache bedingen. Daran wird man sicherlich nicht vorbeikommen.

Allerdings geht Chomsky sogar so weit, ebenso wie früher Konrad Lorenz[201], die Existenz der a priori angeborenen Ideen in Erwägung zu ziehen, die John Locke seinerzeit so heftig bekämpft hatte. (Die angeborene Idee etwa des Dreiecks bei Descartes: Da sie dem Geist inhärent sei, wirke die Ansicht eines gezeichneten Dreiecks nur als Stimulus, der das Verständnis erweckt.) Nun wäre zwar eine so weitreichende Verallgemeinerung zweifellos bedenklich. Was jedoch die fundamentalsten, einfachsten Züge der menschlichen Logik betrifft, so liegt – um mit Konrad Lorenz zu sprechen – tatsächlich die Hypothese »ungemein nahe, daß das ›Apriorische‹ auf stammesgeschichtlich gewordenen, erblichen Differenzierungen des Zentralnervensystems beruht, die eben gattungsmäßig erworben sind und die erblichen Dispositionen, in gewissen Formen zu denken, bestimmen«.

Der von Konrad Lorenz in diesem Zusammenhang herangezogene Vergleich ist durchaus treffend: »So wie die Form der Flosse ›a priori‹ gegeben ist, vor jeder individuellen Auseinandersetzung des Jungfisches mit dem Wasser, und so, wie sie diese Auseinandersetzung erst möglich macht ...«, mögen wohl auch die fundamentalen Züge unserer logischen Gedankenstrukturen, geistigen Anschauungsformen und Kategorien einer angeborenen, genetischen Grundlage entstammen. Form und Funktion (S. 137), Prädisposition vor der Adaptation (S. 229), Apriorisches vor dem modifizierenden Dressurakt ... dieselben Abhängigkeiten in verschiedenen, wenn auch verwandten Zusammenhängen!

Wenn aber die Grundstrukturen des menschlichen Denkens und der Logik und, wie bereits erwähnt, das Kommunikationssystem der Mimik und Gestik sowie schließlich die fundamentalen grammatischen Züge der Wortsprachen bei allen Menschen gleich ausgebildet und ebenso angeboren sind wie die jeweiligen Lerndispositionen, dann gibt es keine andere vernünftige Denkmöglichkeit als die These, daß sie alle im Prinzip auf die nachweislich erfolgte Bio-Evolution ihrer materiellen Grundlage, nämlich des zentralen Nervensystems des Menschen zurückzuführen sind. Auch die menschliche Sprache, neben dem logischen und abstrakten Denken der wesentlichste Motor der Psycho-Evolution, beruht also nicht nur auf Lernverhalten, sondern auch auf phylogenetisch entstandenen, ererbten Strukturen.

Noam Chomsky, dessen Erkenntnisse ebensosehr wie die von Konrad Lorenz gewonnenen dazu beigetragen haben, die angeborenen – und mithin genetischen – Grundlagen des menschlichen Sprach- und Denkverhaltens freizulegen, will diesem evolutionären Aspekt jedoch nicht nähertreten. Für ihn bleiben die letzten Ursachen der Sprachentstehung geheimnisvoll und unerklärlich. Mutation und Selektion seien zwar physikalisch zu erfassen, seien aber letzten Endes ebenso mysteriös wie die physikalischen Gegebenheiten selbst: Der Geisteswissenschaftler scheut vor den im biologischen Bereich bestehenden weiteren Konsequenzen seiner eigenen Beobachtungen zurück.

Als Folgeerscheinung bio-evolutiver, vorwiegend das zentrale Nervensystem betreffender Vorgänge (S. 341) muß also auch das Entstehen einer Sprachen-Vorstufe und deren Ausdifferenzierung zur vollwertigen menschlichen Sprache vom Gen-Reservoir der frühmenschlichen Teilpopulationen und vor allem von einem entsprechenden Selektionsdruck abhängig gewesen sein. Dessen spezifische Beschaffenheit unmittelbar und aufgrund einer fossilen Überlieferung zu rekonstruieren, wird natürlich niemals möglich sein, wohl aber können zwar spekulative aber logisch begründete und daher vernünftige Vorstellungen entwickelt werden. Sie stützen sich durchwegs auf Beobachtungen des Verhaltens heute noch lebender höherer Primaten und der Grundzüge menschlichen Verhaltens, und sie führen zu der Annahme, daß das urmenschliche Denken und Sprechen im rückgekoppelten Zusammenhang mit der Jagd in Gruppen und dem sozialen Zusammenschluß standen. Da aber beide genannten Funktionskreise auch einerseits Aggressivität und andererseits Zweckmäßigkeit der gruppeninternen Verhaltensnormen erforderlich machen, haben wir es hier mit einem Gesamtkomplex von Wechselwirkungen zu tun, dessen Komponenten in Kurzform als Angst und Sozialisierung, Aggression[202] und Ethik (Moral) bezeichnet werden können. Nicht nur die verbesserte Kommunikation innerhalb der jagenden Gruppe, sondern jede dieser weiteren Komponenten mußte eine dringliche Motivation für das Entstehen der ur- oder frühmenschlichen Sprache darstellen. Sie alle gemeinsam haben zweifellos einen starken Selektionsdruck zugunsten einer zunehmenden Denk- und Sprachfähigkeit bewirkt.

Angst und Sozialisation, Aggression und Ethik

Wie aber ist der Mensch zum »sozialen Wesen« geworden, und welche Faktoren haben dabei mitgewirkt? Auch bei der Beantwortung dieser Frage ist man vorwiegend auf logische Überlegungen angewiesen, die sich – mit entsprechender Vorsicht – auf vergleichend ethologische Untersuchungen an Primaten stützen (Pongiden, Paviane u. a.). Dagegen ist ein anderes Verfahren, nämlich die Auswertung von Beobachtungen des Verhaltens gegenwärtiger, scheinbar primitiver Völker und Stämme nicht ganz unbedenklich: Die Entwicklung der Lebensweise des Menschen verlief nach allem, was wir wissen so, daß der im wesentlichen nacheiszeitlichen Phase der Seßhaftigkeit eine enorm lange Zeit vorausging, während welcher die fossilen Menschen nomadisierende Jäger und Sammler waren. Daher meinen manche Forscher, einige gegenwärtige, sozusagen auf der Kulturstufe des Steinzeitmenschen lebende Stämme, die gleichfalls Jäger und Sammler sind, müßten auch in ihrem Verhalten primitiv sein, und dieses könne somit Aufschluß über die Verhältnisse beim fossilen Menschen geben. Doch gelegentlich ist zweifelhaft, ob die nomadisierende Lebensweise solcher Stämme auch wirklich ursprünglich ist, ob es sich nicht etwa um eine nachträgliche, an ein früheres Stadium der Seßhaftigkeit anschließende und daher sekundäre Lebensweise handelt. Die Primitivität mancher (nicht aller!) Verhaltensmerkmale wäre dann nur vorgetäuscht. Jedenfalls aber wird man bei ihrer Bewertung nicht undifferenziert verfahren dürfen.

Auch der Prozeß seiner Sozialisation, also seiner Integration in funktionsteilige, permanente Individuengruppen, muß beim fossilen Menschen mit entsprechenden Veränderungen der geistigen Haltung (Mentalität) verknüpft gewesen sein, die letztlich mit dem zentralen Nervensystem zusammenhingen. Es ist sicherlich kein Zufall, daß die stufenweise zunehmende Entwicklung des Basalen Neokortex und die Sozialisation in parallelem Verlauf erfolgten, und daß an der Basis dieses Gehirnabschnitts die Zentren gerade für jene Verhaltensweisen liegen, die Charakter, Gesinnung und auch das Verhältnis zum Mitmenschen bestimmen. Zwar sind die genauen, dem Sozialtrieb entsprechenden Zentren noch nicht bekannt. Doch deuten manche klinischen Befunde auf die Position in dieser Rindenregion bzw. im Stirnlappen hin. Auch hier also gab die Bio-Evolution die materielle Grundlage für die Psycho-Evolution ab, in diesem Fall für deren Frühphase, die Sozialisation. Neben das »Es« des Althirns und das »Ich« der Neurinde trat als »Über-Ich« nun auch die Beziehung zur Sozietät der Artgenossen.

Wie R. Bigelow[203] sehr richtig bemerkt hat, ist der primäre Beweggrund zum Zusammenschluß der urmenschlichen Individuen vermutlich die Angst gewesen, eine aus der Gefährdung des zum Steppenleben übergegangenen »Mängelwesens« verständliche Steigerung des Selbsterhaltungstriebs. Angst aber ist, das sagen uns die Ethologen, mit Aggression gepaart: Angst führt zur Selbstverteidigung und zum Freisetzen eigener Aggression, Angst kann aber auch Meideverhalten und die eigene Flucht vor der Aggression eines Gegners auslösen. In beiden Fällen tritt ihre Zweckmäßigkeit, ihre ursprüngliche Funktion im Dienst der Selbst- und der Arterhaltung deutlich zutage (Näheres hierzu bei Konrad Lorenz[180]).

Mit großer Wahrscheinlichkeit war die Angst vor den Gefahren der Umwelt das anfänglich einzige Bindeglied, das die Gruppenangehörigen einer kleinen, aus wenigen Familien oder Sippen bestehenden Horde verband. Diese Horde gewährte Schutz, vor allem den jungen und weiblichen Individuen, und zwar in ganz ähnlicher Weise, wie er bei der sozialen Verteidigung in Pavianherden und bei Freiland-Schimpansen noch heute erreicht wird. Schon allein zu dieser Verteidigung gegen die Raubtiere der Steppe war ein hohes Maß von Aggressivität erforderlich. Auch im Zusammenhang mit der Verteidigung gegen Nachbarhorden war ein hohes Aggressionspotential von Vorteil, und in der Tat war es wohl auch vorhanden, denn dem Stoffwechsel noch des heutigen Menschen ist ein reaktiver Mechanismus angeboren, der eine schnelle, stoßweise einsetzende Aktivierung großer Mengen von Energieträgern ermöglicht. Im ersten Fall, bei der Verteidigung gegen Raubtiere, handelte es sich um eine Art von Aggression, die wir die zwischenartliche nennen, weil sie nicht gegen den Artgenossen, sondern gegen den artfremden Gegner gerichtet war[202]. Im zweiten Fall jedoch lag artinterne Aggression vor.

Ein sehr wesentliches Element war sicherlich die Funktionsteilung in der Gruppe: Am Anfang der eigentlichen Menschwerdung standen die Pflicht und die Verantwortung. Den männlichen Individuen fiel dabei die Aufgabe der Jagd sowie der Sicherung und Verteidigung der Gruppe zu, den weiblichen die des Sammelns der Nahrung und insbesondere die der Brutpflege. Menschenkinder sind ja Nesthocker, ihre Kindheitsphase ist neoten verlängert, und dementsprechend war nun die Intensität und langfristige Dauer dieser Brutpflege eine der schwierigsten aber auch der wichtigsten Aufgaben in der Horde. Diese allgemeine Aufgabenteilung ist auch bei den gegenwärtigen Jäger- und Sammler-Völkern typisch, und wegen der biologischen, fundamentalen Grundlagen einer solchen Verhaltensnorm darf dieser Befund im Prinzip – und trotz der oben geäußerten Vorbehalte – auf den Urmenschen übertragen werden.

Nun ist aber zu bedenken, daß neben der zwischenartlichen und der artinternen Aggression ganz zweifellos auch gruppeninterne Aggression bestand und daß diese anfangs vermutlich nicht weniger heftig gewesen sein kann als die ersteren. Konfliktstoff boten nahezu mit Sicherheit die weiblichen Individuen, zumal sie beim Menschen im Gegensatz zu anderen Säugetieren (Brunftzeiten) jederzeit paarungs- und empfängnisfähig sind. Ein das Hordenlager zur Jagd verlassendes männliches Individuum mußte also, sollte der Gruppenzusammenhalt nicht durch Rivalenkämpfe gesprengt werden, die Gewähr dafür haben, daß seine Abwesenheit nicht mißbraucht wurde: die Familie oder sogar die Paarbildung[204] mußte respektiert werden. Doch gab es auch viele andere Gelegenheiten, bei welchen gruppeninterne Aggression im Interesse des sozialen Zusammenhaltes überwunden werden mußte. So wurden also solche neuen Verhaltensnormen begünstigt, die diesem Zweck dienlich waren.

Auf diese Weise entstanden soziale Verbote (Tabus), Gebote und Verhaltensmuster (Rituale), die den für das Überleben unverzichtbaren Gruppenzusammenhang erhielten und förderten. Es bildete sich ein verhältnismäßig einfacher sozial-ethischer Kodex heraus, dessen Grundlage reine Zweckmäßigkeit war und der bis in die Gegenwart hinein mit nur geringen Abwandlungen das Rückgrat einer jeden sozialen und ethischen Ordnung bildet, in allen ethnischen Gruppen, Kulturen und Religionen der Menschen.

Die in tierischen Sozietäten immer wieder anzutreffenden kritischen Stellen, also solche Sachverhalte, welche für den Bestand des Zusammenhaltes ihre eigene Problematik entwickeln, hat Wolfgang Wickler zusammengestellt[205]. Es sind dies:

1) Traditionsübermittlung und Autorität; die Beachtung der Alten.
2) Das Töten von Artgenossen.
3) Die sexuellen Partnerbeziehungen.
4) Besitz und Eigentum.
5) Zuverlässige, »wahre« Verständigung.

Der sozial-ethische Kodex

Gerade diese für die Solidarität innerhalb des Sozialgebildes maßgeblichen wunden Punkte müssen auch bei der Sozialisation des fossilen Menschen eine Rolle gespielt haben und im ursprünglichen sozial-ethischen Kodex berücksichtigt worden sein. In welchem Umfang das schon bei den Australopithecinen oder später bei der *»Pithecanthropus«*-Gruppe der Fall war oder in welcher Reihenfolge die einzelnen Probleme ihre Lösung fanden, wissen wir nicht genau. Mit Sicherheit aber können wir behaupten, daß ihre Bewältigung schon sehr frühzeitig, schon im Rahmen des urmenschlichen, ungeschriebenen Sittenkodex erfolgt sein muß, denn anderenfalls wäre der Menschenzweig am Stammbaum der Bio-Evolution schon nach kurzer Dauer abgestorben. Das Überleben des »Mängelwesens« wäre ohne Sozialisation nicht möglich gewesen, und deren Fortdauer wiederum nicht ohne gewisse Grundregeln des sozialen Verhaltenskodex, die in einer nachträglichen Rekonstruktion etwa so formuliert werden können:

I. »Du mußt Dich der Horde (dem Über-Ich) einordnen, denn nur sie gewährleistet durch Schutz Deine Existenz.
Du muß ihren Verhaltenskodex befolgen!«

II. »Du darfst Deinen Hordengenossen nicht töten!«
III. »Du sollst Deinem Nächsten, dem Hordengenossen, Solidarität bezeugen!«
IV. »Du sollst die soziale Rangordnung beachten!«
V. »Du darfst das Eigentum und den Besitz Deines Hordengenossen nicht antasten, und
Du darfst nicht ehebrechen!«
VI. »Du darfst nicht lügen und betrügen!«
VII. »Du sollst Deinen Eltern gehorsam sein!«
VIII. »Du sollst die Alten achten!«

Wer diese Verhaltensregeln und -verbote näher betrachtet, dem wird nicht entgehen, daß sie, wenn man von den rein religiösen absieht, sehr weitgehend den biblischen Zehn Geboten entsprechen. Wie weit nun die ethischen Forderungen der Bibel ihre Grundlage im Verhalten von nicht-humanen und humanen Sozialgebilden finden, hat Wolfgang Wickler in seiner hoch interessanten Studie »Die Biologie der Zehn Gebote« untersucht[205], auf die hier ausdrücklich hingewiesen sei. Uns aber müssen mehr diejenigen Aspekte beschäftigen, die sich für die Sozialisation des Urmenschen ergeben:

Gebot I erfordert eigentlich keine ausführliche Erklärung. Die an ihren neuen Lebensraum, die Steppe, nicht genügend angepaßten fossilen Menschen vermochten hier nur durch sozialen Zusammenschluß zu überleben; für das Individuum war das eine »conditio sine qua non«. Andererseits konnten Sozialgebilde keine Stabilität erlangen, wenn das Zusammenleben nicht geregelt, gruppeninterne Aggression nicht durch Regeln und Gesetze eingedämmt wurde.

Nicht der Satz »Das Moralische versteht sich von selbst« galt, sondern *das Moralische war (und ist) arterhaltende Zweckmäßigkeit und Grundvoraussetzung des Überlebens sowohl der Sozietät als auch des von ihr (immer noch) abhängigen Individuums. Für dieses bedeutete Sozialisation allerdings stets auch ein Mehr an Pflichten und ein Weniger an Freiheit.* Das aber war das Opfer, mit dem die Sicherheit der Sozietät unweigerlich erkauft werden mußte – ein grundlegender Sachverhalt, an dem sich bis heute nichts geändert hat (den aber manche modernen Ideologien und soziologischen Thesen nicht genügend würdigen).

Gebot II, das Tötungsverbot, ist zweifellos jenes fundamentale Tabu, ohne das die Horde und auch später nachfolgende Sozialgebilde als solche keinen dauernden Bestand gehabt hätten. Man beachte jedoch, daß es sich ursprünglich auf den Hordengenossen bezog, aber offenbar nicht auf den Artgenossen. Es hat die gruppeninterne Aggression eingedämmt, aber über die zwischenartliche und selbst die artinterne Aggression, also die gegen Artgenossen der Nachbarhorde gerichtete, sagte es nichts aus. (Auf diesen Punkt wird noch zurückzukommen sein – S. 376).

Gebot III erzwang die hordeninterne Solidarität. Es forderte vom fossilen Menschen freiwillige Einordnung (Unterdrückung oder Sublimierung individueller Wünsche), Selbstlosigkeit (altruistisches Verhalten) sowie spontane Warnung und Hilfeleistung für den Hordengenossen bei Gefahr (»Kameradenverteidigung«). Ähnliche, wenn auch nur moral-analoge Verhaltensweisen treten nach Konrad Lorenz auch bei manchen der höheren Wirbeltiere auf, so etwa, wenn Dohlen, Raben, Hunde, Wölfe und insbesondere Affen angegriffene Gruppengenossen spontan und mit vollem Einsatz, bis zur eigenen Gefährdung, verteidigen[180]. Daneben wird echter Altruismus (scheidet man das Überlassen von Futter durch Ranghohe an Rangniedere aus), soweit mir bekannt ist, außer bei Delphinen nur bei Affen angetroffen, so z. B. bei Pavianen. Hier kann es geschehen, daß eines der den Schutz übernehmenden Tiere bei einem schwächeren, von der Herde abgekommenen Artgenossen verbleibt, selbst gegen seine eigene Triebregung, den anderen nachzufolgen und an deren Futter teilzuhaben. Solche dem Gebot III entsprechende und möglicherweise noch weitaus differenziertere Verhaltensweisen könnten vielleicht schon den Australopithecinen, sicherlich aber den Arten der *»Pithecanthropus«*-Gruppe ohne Bedenken zugetraut werden, denn auch *Solidaritätsverhalten ist eine der Grundlagen für den Fortbestand eines Sozialgefüges.*

Gebot IV diente zugleich mehreren Funktionen, vornehmlich aber zwei ganz bestimmten: der Durchsetzung und Bewahrung der entstandenen sozial-ethischen Normen, aber auch dem Schutz rangniederer Individuen vor allzu starker Unterdrückung durch andere innerhalb der Horde.

Wie P. Leyhausen deutlich gemacht hat[182], treten bei vielen Säugetieren zwei verschiedene Arten von Rangordnung auf: die *absolute Hierarchie*, in der das Rangverhältnis strikt und permanent eingehalten wird, und die *relative*, bei der je nach der Einzelsituation, dem jeweiligen Verhaltensbereich oder auch nur der Tageszeit die Verteilung der Vorrechte wechseln kann. Beide scheinen auch bei Primaten miteinander kombiniert aufzutreten, wobei in den großen Herden der Anteil der absoluten Rangordnung überwiegt, während in kleinen Gruppen das Verhältnis der beiden Hierarchie-Formen mehr ausgeglichen zu sein scheint. Wir dürfen daher vermuten, daß in den urmenschlichen kleinen Horden eine verhältnismäßig ausgewogene Kombination zwischen absoluter (allgemein autoritärer) und relativer (mehr funktions- und sachbezogener) Rangordnung bestanden hat. *Biologisch zweckmäßig und gruppennotwenig waren sie sicherlich beide: Nur persönliche, auf Stärke und allgemeiner Gabe der Voraus- und Umsicht fußende Autorität konnte den Bestand und das Befolgen der sozialen Verhaltensnormen garantieren. Andererseits durfte sie nicht behindernd eingreifen, wenn vitale Bedürfnisse der einzelnen auf dem Spiel standen oder »nicht Charisma, sondern der Sachverstand des Spezialisten« erforderlich wurde.* An diesen funktionellen Grundlagen der Sozialstruktur, die sich bei gesellig lebenden Säugetieren automatisch ergeben haben, hat auch die weitere Psycho-Evolution nichts geändert; sie waren und blieben *Voraussetzung und fundamentale Bedingung für den Erfolg und das Fortbestehen des Sozialgebildes: den Sozialverband ohne Rangordnungen, die klassenlose Gesellschaft, kann es nur als Utopie geben, sie wäre auf die Dauer nicht existenzfähig.*

Bei der Betrachtung der Bedeutung, welche die Aggression für die Sozialisierung besitzt, verweist auch Hans Kummer auf »Ordnung und Zusammenhalt« als Folge der Ranghierarchie, »... denn ein klares Rangverhältnis ist bei diesen Arten die Voraussetzung für ein freundschaftliches Verhältnis«[206]. Dagegen besteht Leo Kofler darauf, daß »seit den Anfängen der Klassengesellschaft« diese repressiv einen Mißbrauch mit den moralischen Normen treibe[207].

Nach allem, was man den Befunden der vergleichenden Verhaltensforschung entnehmen kann, führt auch die absolute Rangordnung im allgemeinen nur unter unnatürlichen Bedingungen zur reinen Despotie des Ranghöchsten (beengter Lebensraum im Käfig, u. ä.). In der freien Natur, und insbesondere in Affensozietäten, hat das ranghöhere Individuum zwar Vorrechte (größerer Individualraum, Bevorzugung bei zahlreichen sozialen Handlungen), aber auch Pflichten (Überlassen von Futter, Schutzfunktion nach außen und innerhalb der Gruppe), und es läßt Rangniederen gegenüber in der Regel Toleranz walten. Sehr ähnlich müssen die Verhältnisse auch bei der urmenschlichen Horde gewesen sein, wobei gewiß die »Polizeifunktion« keine geringe Rolle spielte: Die gruppeninterne Aggression des Ranghöheren griff auch hier weit vorwiegend zugunsten des schwächeren, von einem anderen ranghohen Individuum bedrängten Rangtiefen ein. Was aber die Führungsfunktion in der Horde betrifft, so ist wahrscheinlich, daß sie wie bei manchen Affen-Sozietäten beim Ranghöchsten lag, doch ist ebenso möglich, daß – vor allem bei Fortschreiten der Psycho-Evolution – neben diesen als eine Art von Entscheidungshilfe ein kleiner Ältestenrat getreten ist, wie er auch bei gegenwärtigen Naturvölkern besteht. Auch für diesen läßt sich bei Affen-Sozietäten eine erste Vorstufe beobachten (s. u. 373).

Gebot V: Manche Psychologen und Soziologen knüpfen bei Rousseau an und unterstellen, daß es bei den urmenschlichen Horden der Jäger und Sammler, weil diese beweglich sein mußten, kein persönliches Eigentum gegeben habe. Proudhons Ausspruch »Eigentum ist Diebstahl« übernehmend, meinen sie, erst mit dem Seßhaftwerden der Horden und dem Beginn des Ackerbaues sei der Begriff des persönlichen Eigentums und Besitzes aufgekommen, mit all dem innewohnenden Konfliktstoff. Trifft diese Behauptung zu, so wäre das Gebot V tatsächlich aus dem hier postulierten Katalog zu streichen, denn wo es nichts zu entwenden gab, konnte natürlich auch nicht das »Du sollst nicht stehlen!« aufkommen.

Nun ist es zwar richtig, daß der Eigentumsbegriff erst nach dem Seßhaftwerden seine volle, schwerwiegende Bedeutung erlangt hat. Doch ist er – worauf vor allem Wolfgang Wickler hingewiesen hat – durchaus schon bei den nicht-humanen Primaten entwickelt. Besitz ist das mit dem Recht des Stärkeren erkämpfte Territorium des engeren Lebensraumes. Auch Eigentum will natürlich errungen sein (und insofern ist die von Wickler versuchte Abgrenzung der Begriffe nicht ganz scharf), aber es umfaßt auch das, was von den Gruppengenossen, selbst von Ranghöheren und Stärkeren, spontan und kampflos »gewährt« sowie respektiert wird. Dazu gehört bei Mantelpavianen das bereits in Besitz genommene Weibchen, bei den Affenmüttern deren eigenes Kleinkind, bei Schimpansen das Fleisch der eigenen Jagdbeute[205].

Mindestens diesen Eigentumsbegriff – höchstwahrscheinlich aber auch einen schon umfangreicheren und stärker differenzierten – hat es in der urmenschlichen Horde spätestens bei den *»Pithecanthropus«*-Arten, jedenfalls aber schon in der Jäger- und Sammler-Phase, so gut wie sicher gegeben, denn diese urmenschlichen Spezies waren weit höher evoluiert als etwa die heutigen Mantelpaviane. Eigentum muß wohl schon hier tabuisiert gewesen sein. Aus psycho-phylogenetischer Sicht erweist sich Proudhons Vorstellung somit als von der Natur nicht verifizierter Edelunsinn. *Ist schon bei vielen niederen Wirbeltieren der engere Lebensraum, das Territorium, naturrechtlicher, individueller Besitz* (Analogie eines »Unrechtsbewußtseins« beim zufälligen Eindringling: seine verringerte Aggressionspotenz im nachfolgenden Revierkampf), *so war in den Sozialgebilden mancher höherer Primaten und des fossilen Menschen das Prinzip des tabuisierten und respektierten Eigentums des einzelnen in erweiterter Form gegeben.* Eine entsprechende sozial-ethische Regel sollte somit bereits in den menschlichen Urhorden vorhanden gewesen sein. Da aber das Weibchen ursprünglich (und noch zur Zeit der Niederschrift der ersten Fassung der Bibel) als persönliches Eigentum galt, kann zwischen Diebstahl und Ehebruch noch kein grundsätzlicher Unterschied bestanden haben.

Gebot VI: Die entstehenden Kommunikationssysteme (gestikulare und mimische Ausdrucksweisen, die verbale Sprache) *konnten ihre Zweckmäßigkeit nur dann behalten, wenn die jeweiligen Signale und Symbole der Information die korrekten Inhalte vermittelten.* Um an George Orwell anzuknüpfen: »peace« mußte wirklich Frieden, »war« mußte wirklich Krieg bedeuten; eine willkürliche, bewußt falsche Verwendung der Kommunikationsweisen hätte das ganze so lebensnotwendige System entwertet. Ähnliches gilt aber auch für andere Verhaltensweisen. Ein Warnruf, ein Hilfeschrei, spielerisch ohne Anlaß, zwecklos und oft wiederholt, mußte bald die Reaktionsbereitschaft der Hordenmitglieder herabsetzen, so daß das auslösende Signal seine Funktion und seinen Wert verlor. *Sicherlich liegt hier der Ursprung eines Verbotes der Lüge, der Täuschung und des Betrugs.* Deine Signale seien wahr! »Deine Rede sei ja, ja – nein, nein«: Von der urmenschlichen gelegentlichen Unaufrichtigkeit bis zur Demagogie moderner Indoktrinationsversuche oder unredlicher kommerzieller Werbesprüche hat das Hordengebot seine Gültigkeit bewahrt, durch fast eine Million von Jahren.

Daß es Analogien zum unaufrichtigen Trick und zur Täuschung auch schon in Säugetiersozietäten unterhalb des Primaten-Niveaus gibt, ist bekannt[208]. So wäre es also unrealistisch, anzunehmen, sie seien in der menschlichen Urhorde nicht vorgekommen. Dann aber ist aufgrund der bereits genannten Sachzwänge auch der Schluß gerechtfertigt, daß der sozial-ethische Gruppenkodex ein zweckmäßiges, Mißbrauch ausschaltendes Tabu enthielt.

Gebot VII und Gebot VIII standen im Dienste der Tradierung solcher Verhaltensweisen und Normen, die sich empirisch bewährt hatten; die beiden Gebote waren also für den Fortbestand und Erfolg der Horde in ihrer Auseinandersetzung mit der Umwelt notwendig. Vorkulturelle und kulturelle Leistungen enthalten viel Angelerntes, das überliefert und von jedem neu hinzutretenden Individuum neu erlernt werden muß. Das geschieht vornehmlich in der frühontogenetischen Phase, in der die angeborene »Prägung« des Kindes an seine Eltern das Lernen unterstützt. Aus diesem Grund war die Gehorsamspflicht den Eltern gegenüber geboten, aber auch noch aus einem weiteren, nämlich: »... auf daß Du lange lebest auf Erden«. Ein allein herumstreifendes Jungtier wird zur leichten Beute, aber kein Jaguar würde es wagen, aus der Mitte einer wehrhaften Schimpansenhorde oder einer geschlossenen Herde von Pavianen ein Jungtier rauben zu wollen. Zu ihrem eigenen Schutz also mußten die jungen Australopithecinen die Anweisungen ihrer erfahreneren Eltern befolgen. (Im Großstadt-Dschungel des modernen Menschen fehlen Jaguare, doch sind sie durch andere, dem Unerfahrenen drohende Gefahren ersetzt.)

Was aber die Alten und ihre Rolle in der Gemeinschaft betraf, so war auch hier eine Art von Aufgabenteilung entstanden. Das Sammeln neuer Erfahrungen im Verlauf des Neugierverhaltens war (und blieb) vornehmlich die Domäne der noch unbefangenen Jungen, während diese Erfahrungen sich bei den Alten ansammelten: Weisheit als besonderes Ausmaß an Informations-Speicherung, aber auch als Tendenz zur konservativen Bewahrung des als richtig Erkannten. Die Alten genossen daher innerhalb der Sozialordnung zwar keinen hohen Rang (»Amtsautorität«), der ja vorwiegend von Körperstärke abhängig war, wohl aber ein besonderes Ansehen (»Sozialprestige«). So verhält sich das nicht nur bei den Sozietäten mancher nicht-humaner Primaten, sondern auch bei menschlichen Naturvölkern, und so war das auch in den westlichen Kulturen die Norm, bevor die aus nordamerikanischen Werbeagenturen stammende Jugendvergötzung und implizierte Diskreditierung des Alters ihre propagandistischen Erfolge in der westlichen Welt erzielte.

Des Erfahrungsvorrats der Alten mag sich aber auch so mancher der ranghöchsten Hordenführer bedient haben. Von Pavianen berichtete H. Kummer, daß bei unerwarteten Schwierigkeiten und problematischen, unvorhergesehenen Situationen die ranghöchsten Männchen spontan und vorübergehend die Führung an die Alten abtreten und sie wieder übernehmen, wenn die Erfahrung der Alten eine Lösung herbeigeführt hat[209]. Es wäre daher gut möglich, daß auch in der Urhorde des Menschen eine Art von Altmännergremium in Bereitschaft gehalten wurde; auch bei vielen Naturvölkern ist ja die Institution des Rats der Weisen noch anzutreffen. Verhielt sich das tatsächlich so, dann mußte ein solcher »brain trust« der körperlich nicht mehr Leistungsfähigen durch eine eigene sozial-ethische Regel geschützt werden.

Der hier spekulativ rekonstruierte Umfang und Inhalt des ursprünglichen sozial-ethischen Kodex ist auf die dringlichsten Bedürfnisse einer noch ziemlich einfach strukturierten, urmenschlichen Sozietät zugeschnitten, nämlich auf die Horde der Jäger und Sammler. Doch schon hier zeichnen sich die Umrisse jener Elemente der Sozialstrukturen ab, die Arnold Gehlen »die Institutionen« genannt hat. Die Dauerehe und die Familie mit ihrer Funktionsteilung des Elternpaars waren sicherlich die ältesten und fundamentalen unter diesen Einrichtungen, und zweifellos war sie schon in dieser frühen Phase voll entwickelt. Andere Institutionen haben sich wohl nur in ersten, noch recht unvollkommenen Ansätzen abgezeichnet: so etwa der legislative Teil der Staatsgewalt im primordialen, noch ungeschriebenen sozial-ethischen Kodex und der exekutive in der primitiven »Polizeifunktion« der ranghöheren Individuen, die Religion vielleicht schon in unklar gefühlten aber noch nicht artikulierten Ängsten vor dem Unverstandenen (S. 379).

Das alles muß sich schnell geändert haben, als die fossilen Menschen teils zu nomadenhaften Hirtenstämmen, teils zu halbnomadischen Gruppen und selbst zu seßhaften Ackerbauern wurden. Die Horden waren jetzt zu Stämmen verschmolzen, innerhalb dieser entstanden Dorfgemeinschaften. Die weiträumigen Jagdgründe wurden zugunsten von abwechselnd aufgesuchten Weidegebieten aufgegeben, diese – bei verschiedenen Stämmen zu verschiedenen Zeitpunkten – zugunsten von Rodungsterritorien mit festen Wohnsitzen. Da Besitz- und Eigentumsverhältnisse nun eine weitaus größere Bedeutung erreichten als zuvor, müssen die Institutionen jetzt schnell Gestalt angenommen haben, Sozialstruktur und Kodex wurden differenzierter: Eine um das Boden-, das Erb- und das Handelsrecht sowie andere Erfordernisse erweiterte Rechtsordnung, die Funktionsteilung der »Berufsstände«, die entstehenden Arbeits- und Abhängigkeitsverhältnisse, sie alle müssen sich nun aus kleinen Anfängen heraus entwickelt haben; nicht zuletzt eine ortsfeste, auf engen Raum konzentrierte Territorialverteidigung.

Hordeninterne und artinterne Aggression

Verteidigung ebenso wie Angriff, beide bedeuten kämpferische, kriegerische Auseinandersetzung; sie wurzeln in der Aggression und sind deren Ausdruck. Aggression aber, das haben die Beobachtungen der Verhaltensforscher ergeben, führt in der Regel und unter normalen Bedingungen nicht etwa zur physischen Vernichtung des Artgenossen, der zwar bedroht, aber nicht getötet wird. Beim Menschen verhält sich dies jedoch anders: von Kain und Abel führt die Blutspur des Mordes am Artgenossen durch die Humangeschichte bis in unsere Tage, und unglücklicherweise deutet nichts darauf hin, daß sich daran in Zukunft etwas ändern wird. Wie ist das zu erklären? Ist der Hominide in dieser Hinsicht und von vornherein das Ergebnis einer biologischen Fehlkonstruktion gewesen? Hat schon von Anfang an das entsprechende Tabu des sozial-ethischen Kodex versagt? Das sind Fragen, die mehr als nur akademische Bedeutung haben. Bleiben wir jedoch zunächst bei der zuerst gestellten Frage. Sie bezieht sich auf die artinterne Aggression des Menschen, doch sollten wir innerhalb dieser scharf unterscheiden, und zwar zwischen einerseits gruppen- bzw. hordeninterner Aggression und andererseits derjenigen, die zwar auch gegen Artgenossen ausgeübt wurde, nun aber gegen solche, die einer fremden Horde angehörten.

Artinterne Aggression muß, so haben die Forschungen von Konrad Lorenz und anderen ergeben[210], als ein angeborener Trieb aufgefaßt werden, der nicht von vornherein schlecht, sondern im Sinne der Arterhaltung zweckmäßig, ja sogar erforderlich ist (»Das *sogenannte* Böse«). Aggressionsverhalten der Einzeltiere garantiert eine angemessene Größe und Raumverteilung der Territorien, so daß die Umwelt optimal ausgenutzt und die »Überweidung« zu kleiner Territorien verhindert wird. Es führt in der Form des Rivalenkampfes dazu, daß vor allem die stärkeren Männchen Gelegenheit zur Fortpflanzung erhalten und damit im Gen-Reservoir der Population die Zahl der eignungssteigernden Erbanlagen nicht etwa zurückgeht. Schließlich dient der Aggressionstrieb auch – und das ist ein sehr wesentlicher Faktor – dem Schutz und der Verteidigung der Nachkommen. Bei sozial lebenden Tieren kommen sodann zwei weitere Aufgaben des Aggressionsverhaltens hinzu, nämlich die Abwehr von Raubtieren und anderen das Individuum bedrohenden Feinden sowie die Durchsetzung der sozialen Rangordnung einschließlich der dem Schutz des Schwächeren dienenden »Polizeiaktion«. Alle diese Funktionen sind arterhaltend. Aggression ist daher vom Standpunkt der Evolution aus »gut«, weil sie letzten Endes dazu beiträgt, das Leben und seine Entwicklung zu erhalten.

Wenn das philosophisch-ethische Verständnis des modernen Menschen die Aggression dennoch als »schlecht« oder »böse« empfindet, so geschieht dies einerseits, weil diese an der biologischen Wurzel bestehenden Zusammenhänge lange Zeit nicht bekannt waren, und andererseits weil das Wort »Aggression« sofort die Vorstellung von Beschädigungs- oder Vernichtungskampf gegen menschliche Artgenossen und damit spontane Ablehnung hervorruft (wobei das uralte, urmenschliche Hordentabu in Aktion tritt).

Aggression ist unter natürlichen Bedingungen verhältnismäßig harmlos. Zwar ist auch solchen Tieren ein starker Aggressionstrieb angeboren, die über gefährliche Waffen verfügen (Gebisse, Stoßzähne,

Hörner usw.). Damit aber eine derart gefährlich ausgestattete Spezies sich nicht selbst ausrottet, hat sie gleichfalls angeborene Hemmungsmechanismen entwickelt, welche verhindern, daß der in der Auseinandersetzung unterliegende Artgenosse getötet wird und seine Fortpflanzungsmöglichkeit der Population gänzlich verloren geht. Diese Kampfhemmung, also das Unterbleiben des tödlichen Bisses, des vernichtenden Hornstoßes, wird automatisch ausgelöst, wenn das besiegte, sich unterwerfende Individuum die »Demutsgebärde« vollzieht:

Wölfe und Hunde bieten dem Sieger die ungeschützte Halspartie dar, manche Vögel die besonders empfindliche Hinterhauptregion. Doch selbst der Kampf als solcher kann vermieden werden, wenn das Individuum schon bei dem einer Aggression vorausgehenden Verhalten des Angreifers (Droh- und Imponierverhalten) durch eigene Beschwichtigungsgebärden bei diesem die Hemmung auslöst (vgl. das »Präsentieren« der Paviane – vgl.[208]).

Der zum Steppenleben übergehende Vormensch war, so sagten wir, ein unspezialisiertes Mängelwesen, dem es vor allem an körpereigenen Waffen fehlte. Außer seinen bloßen Händen verfügte er über nichts, womit er einen Artgenossen hätte töten können. Daher meinen manche Forscher, daß beim Vormenschen aus diesem Grund eine angeborene Tötungshemmung – weil unnötig – gar nicht erst entwickelt war. Das aber halte ich für höchst unwahrscheinlich, denn das Auftreten derselben Beschwichtigungs- und Demutsgebärden, derselben Grußzeremonien und anderer Rituale als Auslöser der Aggressionshemmung sowohl beim heutigen Menschen als auch bei den höheren nicht-humanen Primaten scheint mir doch sehr dafür zu sprechen, daß ein derartiger Hemmungsmechanismus schon bei den Vor- und Urmenschen durchaus vorhanden war.

Wenn das Lächeln (»silent bared-teeth display«), der Händedruck (ursprünglich: infantile Suche nach Körperkontakt), die Umarmung (ursprünglich: infantiles Klammerverhalten) usw. beim Schimpansen[36] und beim Menschen in gleicher Weise aggressionshemmende Beschwichtigungsgebärde ist, dann muß ihre hemmende Funktion nicht nur beim Urahnen des Pongiden, sondern auch bei dem des Menschen bereits bestanden haben und praktiziert worden sein.

Doch wohlgemerkt: Hier handelt es sich um die Hemmung von *gruppeninterner* Aggression. Wie H. Kummer erwähnt, wird bei Affen aber »der gruppenfremde Artgenosse ... von Erwachsenen grundsätzlich anders behandelt als der gruppeneigene: Man greift ihn an oder man weicht ihm aus ...«. Bei territorialen Arten kommt es ferner »fast täglich an der gemeinsamen Grenze zu Auseinandersetzungen«, ja gelegentlich sogar zum Beißen[206]. Ganz ähnlich wird sich das auch bei den Australopithecinen und ihren Nachfolgern verhalten haben, jedoch mit einem gewichtigen Unterschied: *die Tötungshemmung gegenüber dem hordenfremden Artgenossen bestand offensichtlich nicht*. Innerhalb der Horde wirkte wohl »das persönliche Band« (Konrad Lorenz), jene die Nächstenliebe beinahe vorwegnehmende Bindung, die vermutlich auf ursprünglicher, kindlicher Prägung beruht, welche aus Hordengenossen »Bekannte« werden ließ. Auf den unbekannten Hordenfremden aber hat sich dieses Band offenbar nicht erstreckt. Auch mag es sein, daß der Nestgeruch verschieden war – »man konnte sich nicht riechen«. Und schließlich ist überaus wahrscheinlich, *daß sich in den einzelnen, nach außen abgeschlossenen Horden isoliert und schnell kleine abweichende Nuancen des Beschwichtigungsverhaltens entwickelten, so daß die Unterwerfungs- und Demutsgebärde des besiegten Gruppenfremden nicht mehr als tötungshemmender Auslöser wirken konnte, weil sie nicht mehr verstanden wurde.*

Gerade dieser letzere Punkt scheint mir der entscheidende zu sein: Daß sich in isolierten Teilpopulationen der Lebewesen Abweichungen des ursprünglichen Verhaltens entwickeln können, ist bisher in zahlreichen Fällen beobachtet worden. Ein einem bestimmten Triebverhalten (in diesem Fall der Hemmung) zugeordneter aber nachträglich veränderter Auslöser paßt dann zu diesem ebensowenig wie ein durch Abfeilen veränderter Schlüssel zu seinem ursprünglichen Schloß. Zwei erneut aufeinandertreffende Teilpopulationen oder Rassen können sich dann gegeneinander so verhalten, als ob sie zwei völlig verschiedenen Spezies angehören würden.

Auf ein weiteres, aber doch wohl nur zusätzliches Moment hat Konrad Lorenz aufmerksam gemacht: Auch die als Verhalten neue Anwendung einer materiellen, nicht dem eigenen Körper angehörenden Waffe mag dazu beigetragen haben, die ursprüngliche Tötungshemmung zu neutralisieren. Die Waffe wirkte schnell, der Vorgang des Tötens ließ daher skrupelerzeugende Überlegungen erst gar nicht aufkommen. Auch konnte der Angreifer jetzt ein etwaiges Unbehagen seines Gewissens oder gar ein rudimentäres Schuldgefühl verdrängen und auf die Waffe abwälzen. Töten bei einer solchen Verlagerung der Verantwortlichkeit fiel dem Individuum leichter, noch mehr aber wohl das Töten bei selbstsuggerierter Anonymität, die sich eingestellt haben mag, als in die Ferne wirkende Waffen wie Pfeil und Bogen aufkamen.

Nur bei Annahme eines schon sehr frühzeitig erfolgten Ausfallens der Tötungshemmung wird verständlich, daß schon bei den Australopithecinen durch Werkzeugschlag entstandene Kopfverletzungen beobachtet werden, daß Tötung durch menschliche Wesen auch beim *Homo (»Pithecanthropus«) erectus pekinensis* und beim Neandertaler festgestellt werden kann[167, 203]. Neben der kämpferischen Auseinandersetzung spielte aber bald auch das Kultische eine gewichtige Rolle: Bei den Skelettresten sind die Röhrenknochen häufig der Länge nach aufgeschlagen, ihr Mark scheint Zwecken der Anthropophagie gedient zu haben, und die künstliche Erweiterung des Hinterhauptlochs mancher alt- und mittelpaläolithischer Schädel könnte auf rituelle Entnahme des Gehirns schließen lassen. Die exponierte Deposition isolierter, stets Schlagläsionen aufweisender Schädel oder deren gesonderte Bestattung belegen, daß Ritualtötung offenbar schon im Altpaläolithikum, sicherlich aber ab Mittelpaläolithikum vorkam, während später, im Jungpaläolithikum und im Neolithikum, das Menschenopfer noch häufiger nachzuweisen ist[211, 212].

Ein so wesentlicher Faktor die Ritualtötung aber auch gewesen sein mag, an der Wurzel der urmenschlichen artinternen Aggression stand eine so differenzierte Verhaltensweise mit Sicherheit nicht, wohl aber vermutlich das weitaus ursprünglichere Territorialverhalten. Es ist nicht richtig, daß (wie behauptet wurde) Jäger- und Sammlergruppen keine bleibenden oder wenigstens vorübergehend festen Territorien hätten. Allein schon die wenigen Wasserstellen der Steppe und die von der Horde getretenen und täglich benutzten Pfade waren territorialer Lebensraum. Hordenkämpfe waren daher durchaus auch Territorialkämpfe. Später, als die Jagdbeute geringer wurde, sollen, worauf H. G. Wunderlich[211] hinweist, die Horden allmählich zu Wanderhackbau übergegangen sein: Kleintierjagd, Fischfang und gelegentlicher, offenbar von den Frauen erfundener und praktizierter Hackbau traten an die Stelle der früheren, in Männerbünden durchgeführten Großtierjagd, daneben aber auch räuberisches Nomadentum. Nebeneinander werden sich sodann einerseits ortsfester Ackerbau und permanente Seßhaftigkeit, andererseits aber – nach erster Domestikation von Nutztieren – auch die Viehzucht bei Hirtennomaden entwickelt haben. Dabei wurden Kämpfe um Weidegebiete, um Ackerland, um Besitz zu blutigen Kriegen, die sich noch steigerten, wenn die zunehmenden Populationszahlen Auswanderungswellen hervorriefen. Zu den Konflikten zwischen seßhaften Pflanzern und Hirtennomaden gesellten sich nun die Auseinandersetzungen zwischen Alt- und Neusiedlern. Noch in der großen europäischen Völkerwanderung waren das erbitterte Territorialkämpfe, daneben aber standen später auch die fürchterlichen Gewalttaten streifender, meist berittener räuberischer Stämme. Was Herodot über die Grausamkeiten der Skythen berichtet, gewährt Einblick in ein menschliches Verhalten artinterner Aggression, das sich als absolute Perversion der dem Aggressionstrieb ursprünglich zukommenden biologischen Zweckmäßigkeit darstellt.

Die Angst vor dem Übersinnlichen

Alle diese Kämpfe wurden also ursprünglich um Territorien, um Eigentum, jedenfalls um materielle Güter geführt. Zu einem nicht mehr genau feststellbaren Zeitpunkt war aber auch schon ein weiteres, neues Element hinzugetreten: Das Töten um der Idee willen. Sei es nun der magische Kult, sei es eine spezifische Variante der jenseitsorientierten Gottes-Hypothese, sei es der Fanatismus einer diesseitsbezogenen Ideologie – Hekatomben von Opfern säumten den Weg der Entwicklung menschlicher Ideen und Ideale; die menschliche artinterne Aggression im Namen von Ideen ist nicht geringer gewesen als die des Besitzes wegen ausgeübte. Das erste, noch steinzeitliche Menschenopfer[212], die Kämpfe im Namen des Baal, des Jahve-Kultes, die Christenverfolgung im alten Rom, die Verfolgung der Heiden durch Kreuzritterheere, das Ausrotten der Häretiker (etwa der Albigenser) durch christliche Orthodoxe, die heiligen Kriege des Islam – all dies nur der Anfang in einer unendlich langen, erschütternden Liste, zu der ein Jacques Callot, ein Francisco de Goya, ein Paul Weber die Illustrationen geliefert haben! Um nichts, wohl noch nicht einmal um Besitz, haben Menschen so oft, so erbittert und so grausam gekämpft wie um ihren subjektiven Glauben an Ideen, vornehmlich aber um solche jenseitsorientierter Natur.

Der Glaube an Überirdisches, Übersinnliches, hinter den Realitäten Stehendes, ist ein eminent menschlicher Zug, auch er muß daher in unsere Betrachtung der Anthropogenese einbezogen werden. Mit der ursprünglichen Rangordnung hat er allerdings nichts zu tun. Die Vorstellung eines einzigen Gottes als Lenker der Geschicke, der Monotheismus, stand keineswegs am Anfang, und so ist die von Desmond Morris ins Auge gefaßte kausale Deutung der Gottesvorstellung mit Sicherheit unrichtig. Der Glaube an einen einzigen, personifizierten Gott ist zweifellos nicht auf die beherrschende Rolle des prähumanen, ranghöchsten »boss« der Affenherde zurückzuführen. Zwar spiegelt sich in diesem Religionstyp die Bedeutung der mächtigen Vaterfigur wider, die sich ihrerseits vom Archetypus des Herrschers in der primordialen Rangordnung herleitet. Doch hat die tatsächliche psychophylogenetische Entwicklung, der Weg zum Monotheismus der Hochreligionen, ihren Ausgang von völlig anderen Zusammenhängen genommen.

Die Idee des Übersinnlichen entspringt vermutlich dem Umwelterlebnis schon des frühesten fossilen Menschen: »Blitz, Traum und Tod« sowie das Unvermögen, sie zu be-greifen, die Wucht des Unerklärlichen, Unerfahrenen (Numinosen) gingen schon in das Bewußtsein des ältesten menschlichen Ahnen ein. Den Weg von diesen Anfängen bis zum Götterglauben hat neben anderen vor allem E. von Eickstedt paläopsychologisch zu deuten versucht, wobei er sich vorwiegend auf die manche Stufen der Psycho-Evolution rekapitulierende Entwicklung der kindlichen Psyche stützte und ergänzende Hinweise paläoanthropologischen sowie völkerkundlichen Befunden entnahm[213]. Zwar sollte man sich gegenüber den etwas gewagten, sich im Detail wohl doch zu stark und zu verfrüht festlegenden Korrelationen zwischen bestimmten Entwicklungsphasen des Kindes und der ur- bis frühmenschlichen Psycho-Evolution noch abwartend verhalten. Doch in ihren generellen Zügen scheint die bei von Eickstedt paläopsychologisch aufgezeigte Entwicklungstendenz im Jenseitsglauben des fossilen Menschen (Numinotik →Manaik →Magik →Mythik) wohl richtig erfaßt zu sein. In Übereinstimmung mit H. G. Wunderlich sollte man diese Hypothese in ein wenig vereinfachter Form übernehmen, wobei die Stufenreihe sodann lauten müßte: Numinotik →Animismus →Magik →Götterglaube.

Numinotik

»Ist den letzten Tieren die Umwelt noch ein Gegebenes, so dem ersten Menschen ein Unbegreifbares. Damit mußte er also fertig werden, genau wie das Kind ohne sorgende elterliche Hilfe«[213]. Der biblische Sündenfall, der Apfel vom Baum der Erkenntnis, sind treffende Allegorien für die Situation, in die sich der Mensch begab, als sein Bewußtsein entstand und er sich aufgrund seines nunmehr entwickelten

Geistes begrifflich von der Umwelt distanzierte. Jetzt wurde er sich nicht nur seiner selbst bewußt (»Ich«), sondern zugleich auch der Umwelt, die ihm zum »Du« wurde. Mit ihr fand sich sein Bewußtsein nun unvermittelt konfrontiert, zutiefst verunsichert von ihren Rätseln und Geheimnissen, denn sie bot ja nicht nur das Nützliche und daher als »gut« Verstandene dar. Da waren ja auch die Naturgewalten: Das Wasser verschluckte den Hordengenossen, das Feuer des Steppenbrandes verzehrte ihn. Zuckender Blitz, dröhnender Donner riefen panische Ängste hervor. Der Hordengenosse hörte auf zu sein, er starb – wieso? warum? Im Traum erschien eine Umwelt, die der äußeren ähnelte und diese doch nicht war; man erlebte sie, es gab sie also, wachen Auges konnte man sie aber nicht wahrnehmen. *Das Schattenhafte (Numinose), das unverstanden Erlebte oder auch nur Erfühlte, erzeugte eine metaphysische dumpfe Angst, die seit den Australopithecinen und der »Pithecanthropus«-Gruppe bis zum modernen Menschen in der seelischen Tiefenschicht das Nährsubstrat für die den Menschen unabweislich bedrängenden Fragen ist.*

Animismus

War dem *»Pithecanthropus«* das eigene Ich bewußt, und erschienen ihm die Dinge der Umwelt als sein Du, so mußte er sie zunächst als wesensgleich empfinden: er und sie alle als in gleicher Weise beseelte Teile des allgemeinen Seins (Animismus). Das frühere Erfühlen der Welt wich allmählich einer Welt-Anschauung, die von einer alles durchwirkenden Beseeltheit und allgemeinen Wesensgleichheit der Dinge ausging. Doch wird schon bald nicht nur die begriffliche, sondern auch die wertende Unterscheidung eingesetzt haben, und so wird die Wesensgleichheit bald nur noch dem Belebten zugestanden worden sein. Nur noch in diesem Sinne animistisch war nun das Weltbild, *Pflanzen und Tiere wurden als beseelte Wesen, Mitgefährten in dieser Welt aufgefaßt,* doch da auch sie letztlich fremd und unverständlich blieben, wurden vielen von ihnen übersinnliche Kräfte zugeschrieben. *Als Totem mußte nun das ausgewählte Tier dem Schutz der Horde oder Familie dienen,* und war es für die Ernährung notwendig, das Totem-Tier zu erlegen, so mußte dieses bei einer Zeremonie um Vergebung gebeten, versöhnt – oder aber beschwindelt werden.

Noch in unserer Zeit wurde bei Jägerstämmen der Arktis, bei den Ainus auf Hokkaido und bei anderen jagenden Naturvölkern Ostsibiriens der getötete Bär entweder um Verzeihung für seinen Tod gebeten oder insofern belogen, als ihm gesagt wurde, Angehörige eines anderen Stammes hätten ihn getötet. Seine Knochen und vor allem sein Kopf wurden gesondert verwahrt, in dem Glauben, daß daraufhin das Tier zu neuem Leben erstehen würde. Der Ursprung dieser Bärenkulte geht weit zurück, bis in die Eiszeit, in der zunächst der Höhlenbär, später der Braunbär, als Totem-Tiere verehrt wurden, deren Schädel und Langknochen der fossile Mensch in Steinkisten beisetzte und deren Bild er als Totem in den Stein ritzte. Diesem Totem-Kult dienten auch die ersten größeren Rundplastiken, die der fossile Mensch geschaffen hat: in Höhlen aufgestellte, fast lebensgroße und aus Ton gefertigte Darstellungen des Bären, jedoch ohne Kopf, der bei der Kulthandlung offenbar durch den Kopf des toten Tieres ersetzt wurde[135].

Derartige Kulte dienten jedoch nicht nur der Beschwichtigung des getöteten Totem-Tieres, sondern auch dem Wunsch nach seiner Wiedererstehung und damit nach Vermehrung des Wildbestandes und der künftigen Jagdbeute. Mit diesem wurde aber auch der Wunsch nach der Vermehrung der eigenen Sippe assoziiert. So erweiterte man den Kult der Versöhnung mit dem Totem-Tier um die Vorstufe eines Jagdzaubers und darüber hinaus auch um ein Element des Fruchtbarkeitskultes. Nur so sind jene Funde steinzeitlicher Artefakte zu verstehen, die eingeritzte Vexierbilder enthalten, nämlich die Körperumrisse des Bären und mit dieser Linienführung kombiniert die Erotisches andeutende Darstellung eines menschlichen Paares[135].

Doch auch der Tod trat nun stärker in das Bewußtsein des fossilen Menschen ein. Dieser wußte nun, daß nicht nur die anderen Hordengenossen sterben, sondern daß unabwendbar auch ihn dieses Schicksal erwartet, und diese Erkenntnis muß eine tiefe Wandlung der Psyche zur Folge gehabt haben: *Der fossile Mensch wurde das erste Lebewesen, das sich seines zwingend bevorstehenden, unausweichlichen Todes bewußt wurde,* und damit trat neben die ursprüngliche, numinose Lebensangst nun auch das Grauen vor der Schwelle, jenseits der das unheimliche Ungewisse liegt. *Diese Angst verdrängte er – ebenso wie das heute noch seine Nachfolger tun – durch den Glauben an ein Weiterleben im Jenseits.*

Der Spätmensch seinerseits ist die erste biologische Spezies, die sich ihres in der Zukunft bevorstehenden Stammestodes bewußt sein könnte. Doch auch der Gedanke an das Aussterben des eigenen Evolutionszweiges wird zumeist verdrängt.

Das Wissen um den eigenen Tod führt dazu, den der anderen entsprechend zu würdigen. So treffen wir nun, beim Prä-Neandertaler, die ersten unzweideutigen Totenbestattungen an. Bisonopfer und Bestreuung der Grabstätte mit Rötelpulver stellen unter Beweis, daß ein Bestattungsritual der Macht der neuen Todeserkenntnis Tribut zollte, Grabbeigaben lassen erkennen, daß die Vorstellung eines weiteren Fortbestehens nach dem Tode bereits entstanden war. Zugleich aber auch die Angst vor den Geistern der Dahingeschiedenen.

Magik

Das unheimliche, bedrückend und beängstigend Unverständliche war nun umfangreicher, vielseitiger und komplizierter geworden. Die numinose Kraft der Naturgewalten und Elemente, die Angst vor der Macht getöteter Totem-Tiere, das Ausgeliefertsein an den eigenen Tod, die Ungewißheit vor dem Nachfolgenden, die Angst vor den Geistern der verstorbenen Ahnen – eine Fülle von Ängsten muß den Frühmenschen bedrängt haben, einem Pandämonium sah er sich gegenübergestellt. Sich mit diesem in Gut und Böse auseinanderzusetzen konnte nur noch dem »Spezialisten« gelingen, also dem Magier, der die *For-*

melsysteme und Zauberrezepte kannte, *durch die schwarze Magie den Gegner mit Schädigungszauber belegte oder weiße Magie dem Beschwichtigen der Geister diente und vielleicht sogar deren Hilfe herbeiführte:* Jagd- und Fruchtbarkeitszauber, Heilung der Erkrankten, Vorhersage künftigen Geschehens. So begann nun neben dem Stammesführer oder dem Rat der Alten auch der Schamane, der Medizinmann, der Seher, eine gewichtige Rolle zu spielen. Wir kennen ihn aus den Höhlenzeichnungen des Aurignac- und des Cro-Magnon-Menschen, wie er vermummt unter der dem Totem-Tier zugehörigen Tiermaske, in Trance und wohl auch unter dem Einfluß von Naturdrogen, seine Beschwörungstänze durchführt (Höhle Trois Frères).

Schon zu diesem Zeitpunkt, im Spätabschnitt der Altsteinzeit, scheint neben der Großtierjagd bei manchen Stämmen auch schon der bereits erwähnte Hackstockbau eine Rolle gespielt zu haben. Bei solchen gegenwärtigen Naturvölkern, für welche diese Lebensweise typisch ist, besteht zwischen manchen Kulten der Männer und der Frauen eine strenge Scheidung. Daher mag diese auch bei den Hackstockbau betreibenden Stämmen der jüngeren Altsteinzeit bestanden haben, und so waren wohl von den geheimen, tabuisierten Riten der mit der Großtierjagd befaßten Männerbünde die Frauen ausgeschlossen: Die großartigen Höhlenmalereien von Lascaux enthalten keine einzige Darstellung aus dem Kreis der ja den Frauen zur Jagd zugewiesenen Kleintierwelt. Unter den abgebildeten Großtieren befinden sich aber auch solche, die, wie die Höhlenhyäne, kein Jagdwild waren, und so wird es wohl richtig sein, die Bedeutung der Höhlenmalereien des Cro-Magnon nicht nur in einem auf Wildvermehrung abzielenden Jagdzauber, sondern auch im Totem-Kult und dem Ritual der Geheimbünde der Männer zu suchen. (Ausnahme: Vermutlich Altamira, dessen Höhle wahrscheinlich Begräbnisstätte war[211].) Dem Fruchtbarkeitskult aber haben die stilisierten, eine üppige Überbetonung der weiblichen Geschlechtsmerkmale aufweisenden »Venus«-Figürchen gedient, die mit ihrer steatopygen (Fettsteiß-)Form an das Charakteristikum älterer Buschmann-Frauen erinnern.

Ahnenkult und Götterglaube

In der mittleren und jüngeren Steinzeit trat die Verschiedenheit der Lebensweisen stärker hervor, zugleich nahmen auch die Kulturen verschiedene Entwicklungen. Im europäischen Raum bis nach Nordafrika und Vorderasien waren, folgt man der stark vereinfachenden, zusammenfassenden Darstellung von Wunderlich[211], hauptsächlich zwei Kulturkreise vorhanden, nämlich im zentralen Mitteleuropa und im mittleren Südeuropa der der Bandkeramik, in den europäischen Randgebieten und am nordafrikanischen Rand die Megalithkultur. Manches spricht dafür, daß die Megalithiker zu Stämmen gehörten, die bei wechselndem Wohnsitz vom Grabstock-Feldbau, Fischfang und nur noch zum Teil von der Jagd lebten, später aber allmählich zur Viehzucht übergingen, während die Bandkeramiker offensichtlich seßhafte

Ackerbauern waren. Beiden gemeinsam war jedoch die besondere Bedeutung, die sie dem Totenkult beimaßen. Dabei schufen die Megalithiker nicht nur gewaltige, als zentrale Begräbnisstätten der Sippen dienende Grabhügel, sondern auch charakteristische Grabkammern aus Steinblöcken und Felsplatten (Dolmen), ferner Steinkisten, Steinsäulen (Menhire) und ähnliche Bauten. Die Bandkeramiker jedoch mochten sich von ihren Toten nicht trennen, die sie teils innerhalb der Siedlung beerdigten, teils – folgt man einer Hypothese von H. G. Wunderlich – in oder unter eigenen Totenhäusern von kleinen Nekropolen.

Unterschiedlich wie die höchst ausgeprägten Totenkulte waren offensichtlich auch die Gesellschaftsordnungen, wobei angenommen wird, daß die der Megalithiker patriarchalisch, die der Bandkeramiker das Matriarchat war. Was aber die vorreligiöse Entwicklung in beiden Kulturkreisen betrifft, so nimmt H. G. Wunderlich wohl zu Recht an, daß sie den Übergang von der totemistisch-magischen Phase der Altsteinzeit über die (manische) Variante des Ahnenkultes zum Götterglauben der Bronze- und der Eisenzeit darstellte.

Jedenfalls bildeten sich schließlich echte Gottes-Religionen aus, wenn auch vermutlich zunächst nur polytheistische. Der noch chaotische Dämonenglaube wurde durch die Idee der personifizierten Göttergestalten ersetzt, welchen bestimmte Funktionen und Attribute zugeordnet wurden. Dem Schamanen folgten nun die Priester, und sie beantworteten in ihren Mythen weitere »unabweislich bedrängende« Fragen ihrer Gemeinden: Wie entstanden die Götter? (Theogonien). Wie entstand die Welt? (Kosmogonien). Wie steht es um unser Ende und das der Welt? (Eschatologien).

Doch nicht nur als Beschwichtiger der Lebensangst, als Erklärer des Unbegreiflichen, hatte jetzt die Religion Bedeutung für den Menschen erlangt, auch in anderer Hinsicht wirkte sie sich aus, und zwar zunächst gruppenfördernd und -erhaltend. Den Gehlenschen Institutionen des Menschen war mit der Religion nun eine weitere, mächtige hinzugefügt worden, welche die sozialen Bindungen befestigte. Den sozial-ethischen Kodex versah diese Institution nachträglich mit einer metaphysischen, seine absolute Gültigkeit bestärkenden Grundlage: *Die reine Zweckmäßigkeit und die diesseitige Vernunft der Gebote traten von jetzt an in den Hintergrund; sie wurden nun überdeckt und bis zur Unkenntlichkeit überlagert von dem Hinweis auf den Willen, die Strafe und die Belohnung der jenseitigen Mächte.* War in den urmenschlichen Jäger- und Sammlerhorden der Kodex zunächst nur aus diesseitiger Angst vor dem ranghohen Hordengenossen befolgt worden, so gesellte sich zu diesem jetzt auch die überirdische »Stimme aus dem brennenden Dornbusch« und die geborgte Autorität dessen, der ihre Botschaft übermittelte. Mit dem Ziel, die Einhaltung des Kodex zu gewährleisten, bedienten sich die Ranghöchsten fortan unmittelbar oder mit Hilfe ihrer Hohen Priester der metaphysischen Ängste der Stammesangehörigen.

Die weitere Entwicklung der altweltlichen Religionen bis in unsere Tage kann als bekannt vorausgesetzt werden, ihre Erörterung erscheint daher entbehrlich. Als wesentlich aber müssen wir, zurückblickend auf die frühesten Anfänge ihres Werdens, erkennen, daß die Gottesvorstellung als solche dem Menschen keineswegs »geistesimmanent« war, daß es sich weder um ein a priori gegebenes »Wissen des Herzens« noch um einen von Anfang an vorhandenen inneren Drang gehandelt hat. Auch die Gottesvorstellung ist im Verlauf der Psycho-Evolution entstanden, ebenso wie zuvor das allgemeine Gefühl des Ergriffenseins von einer undefinierten jenseitigen Macht. Und völlig unabhängig von dem unlösbaren Problem, ob diese Macht und das Übersinnliche an sich tatsächlich (und zwar außerhalb unseres Erkenntnisbereiches) existieren, muß aus dem fossilen Abschnitt der Anthropogenese gefolgert werden:

Die Idee der überirdischen Mächte ist ein Ergebnis der Verunsicherung des Menschen, der einzigen biologischen Spezies, bei der sich das Individuum der Polarität zwischen dem eigenen Ich und der Umwelt bewußt wurde. Der Glaube an den Menschen beherrschende, jenseits der Realität stehende Kräfte hatte seinen Ursprung in unbegreiflichen Phänomenen dieser Umwelt, der Jenseitsglaube seine Wurzel in der Todeserkenntnis. In beiden Fällen mußte sich zwangsweise das Gefühl des hilflosen Ausgeliefertseins einstellen. So sind also die metaphysischen Vorstellungen des Menschen, seien sie begründet oder nicht, Ergebnis und Ausdruck eines ihm angeborenen, ursprünglich animalischen Triebs: der Angst.

Homo ludens

Mehr als 60 000 Generationen lang, bis nach der Eiszeit, haben die Menschen zunächst in drückender Angst vor dem erfühlten Überirdischen, später in gehetzter Geister- und Dämonenfurcht gelebt, die sie auch in der Folgezeit, während der weiteren etwa 150 Generationen, nie mehr gänzlich verließ. Hier, in der Auseinandersetzung mit dem Übersinnlichen, entstanden aber auch weitere, für den Menschen bezeichnende Verhaltensweisen und aus diesen hervorgehende Kulturleistungen: Beim Schamanen und Medizinmann liegen die Ursprünge der Künste und der Wissenschaften.

Hat man der Techne einen Aspekt des Menschen zugeordnet, der mit der Bezeichnung *Homo faber* gekennzeichnet werden kann, so werden die Bereiche der Kunst und der Wissenschaft üblicherweise dem *Homo ludens* zugeschrieben, dem spielerischen Menschen. Sehr geglückt ist diese Aufgliederung allerdings nicht, denn letztlich gehen *alle* diese Verhaltensweisen (auch die des *Homo faber*) auf eine gemeinsame Wurzel zurück, nämlich auf das ur- und frühmenschliche Neugierverhalten, und dieses ist ja nichts anderes als gerade Spielverhalten gewesen. Dennoch mag es nicht ganz abwegig sein, im Zusammenhang mit dem Künstler und Dichter, dem Geisteswissenschaftler und dem die Natur Erforschenden, die Vorstellung vom *Homo ludens* beizubehalten, denn weit weniger als beim technischen Konstrukteur scheint bei ihnen das typische Verhalten an unmittelbare Notwendigkeit und Sachzwang gebunden zu sein (obwohl sich dieser vordergründige Eindruck bei weniger oberflächlicher Betrachtung sehr schnell verliert).

Was die Künste betrifft, so ist gar manches vor-künstlerische Verhalten schon im Bereich der latenten Möglichkeiten höherer Primaten gegeben: Wenn im Londoner Zoo beobachtet wurde, daß Schimpansen spontan das Schauspiel aufführten, nicht vorhandene Mahlzeiten zu verzehren, mit allen entsprechenden Hantierungen an imaginären Bestecken, Tellern und Servietten, so kommt dies durchaus der Pantomime gleich[214], und die oft beobachteten rhythmischen, funktionslosen »Gymnastik-Bewegungen« von im Zoo gehaltenen Pongiden lassen schon Anklänge an den Tanz erkennen. Noch weitaus interessanter sind die experimentellen Befunde von Untersuchungen, welche die Leistungen beim Kritzelzeichnen und Pinselmalen des menschlichen Kindes und der Menschenaffen vergleichen[215, 216]. Wenn die letzteren auch niemals bis zur Darstellung wenigstens einfachster figürlicher Grundschemata vordringen, so halten sie doch mit dem menschlichen Kind bis zu einem gewissen Stadium Schritt. Immerhin erreichen Pongiden dabei eine (allerdings minimale) Kompositionskontrolle, erste Ansätze einer gewissermaßen »kalligraphischen« Linienführung und eine niedere Stufe von ästhetischer Variationsbreite. Als wirklich bedeutsam erscheinen mir aber vor allem drei verallgemeinernde Schlüsse, die aus derartigen Untersuchungsergebnissen gewonnen werden können:

a) Die untersuchten Pongiden und das menschliche Kind kritzeln und malen ausgesprochen gern, und sie wehren sich unter Umständen heftig gegen eine Unterbrechung oder anbefohlene Beendigung dieser Tätigkeit.

Ihr Kritzeln und Malen wird ohne Belohnung und ohne Lernvorgang durchgeführt.

Ferner erfolgt diese Vorstufe einer künstlerischen Aktivität als »Aktion um der Aktion willen«, also ohne biologische Zweckmäßigkeit und ohne unmittelbare Notwendigkeit.

Daher: *Das Kunstverhalten der höheren Primaten und des Menschen entstammt dem Neugier- und Spieltrieb.* Als fundamentale Veranlagung war es nicht erlernt, sondern angeboren.

b) Die genannten, noch begrenzten Fähigkeiten der Pongiden werden ausschließlich in der Gefangenschaft freigesetzt, außerhalb des Selektionsdrucks der freien Wildbahn.

Daher: *Das Kunstverhalten der höheren Primaten und des Menschen wurde im Rahmen der Domestikation bzw. Selbstdomestikation hervorgebracht.*

c) Ohne ersichtliche Notwendigkeit bevorzugen gewisse Tiere und insbesondere Primaten regelmäßige Gestaltmuster und rhythmische Regelmäßigkeit.

Daher: *Dem Kunstverhalten steht ein biologisch fundiertes Grundempfinden für Ästhetik zur Verfügung.* Konrad Lorenz zufolge beruht es auf angeborenen Reaktionsweisen der Bewertung, die durch spezifische Auslöser (beim Menschen z. B. der Goldene Schnitt u. a.) freigesetzt werden[180].

In Anbetracht dieser Sachverhalte kann kein Zweifel daran beste-

hen, daß auch die Künste – als Bestandteil der Psycho-Evolution – die Möglichkeit ihrer Entstehung unmittelbar der Bio-Evolution des Menschen verdanken und daß Kunstschaffen nur durch deren biologisch-materielle Grundlagen möglich wird. Nicht ein Kuß der mythischen Muse und auch nicht ein die Welt transzendierender Ritt auf dem Pegasus sind der Ursprung des Gemäldes, der Symphonie, des Gedichts, sondern ausschließlich das zentrale Nervensystem des Künstlers, des Komponisten, des Dichters. Das mag ernüchternd klingen, doch werden ja Werk und Schöpfer des Genialen keineswegs entkleidet, wenn es sich erweist, daß dieses nicht übersinnlicher Eingebung entstammt, sondern einer überragenden, ehrfurchtgebietenden Leistung des menschlichen Gehirns.

Erstaunlich ist nur, wie abrupt die Zeugnisse des menschlichen Kunstvermögens in der fossilen Überlieferung auftauchen und welch ein hoher künstlerischer Wert ihnen bereits zukommt. Daher mag es sein, daß frühere, primitivere Werke vergänglich und nicht erhaltungsfähig waren: Tänze, Singweisen, Strichzeichnungen im Sand. Was die musischen Künste betrifft, Musik, Tanz, Pantomime und Dichtung, so wären die Ergebnisse der ersten Ansätze im fossilen Bereich materiell ohnehin nicht mehr nachzuweisen. Dagegen wird das Vorhandensein der Vorstufen der bildenden Künste (mit Ausnahme der Baukunst) im Spätabschnitt der Altsteinzeit durchaus evident. In der Ritzgraphik, der Wandmalerei und der Halb- bis Rundplastik schuf in Europa der Cro-Magnon-Mensch bereits Werke (S. 382) von packender Ausdruckskraft (während offenbar auch in außereuropäischen Regionen Fels- und Höhlenmalereien entstanden, teils schon ein wenig früher, teils später). Und noch etwas fällt auf: Keine einzige dieser Darstellungen trägt den Charakter rein profaner Art, sie alle standen als Darstellungen von Totems im Dienst des Kultischen oder Rituellen. Der erste Künstler war tatsächlich der Schamane – und noch lange in der menschlichen Geschichte sollte vor allem die »wirklich große Kunst« im Sakralen beheimatet bleiben.

Wie die Kunst entstammt auch die Wissenschaft dem vormenschlichen Neugier- und Spieltrieb, und nicht umsonst wird das aus diesem resultierende Verhalten das explorative, also das untersuchende und erforschende genannt. *Auch in diesem Fall handelt es sich um einen Bereich der Psycho-Evolution, der auf der materiellen Grundlage der Bio-Evolution erreicht worden ist.* Und ebenso wie das Kunstwerk ist das kontemplativ, analysierend und in der Synthese geschaffene Werk des Philosophen, des Naturwissenschaftlers und des Mediziners nicht das Ergebnis einer mystischen Eingebung oder Erleuchtung, sondern ausschließlich das der beobachtenden Sinne und der Logik des zentralen Nervensystems. Die Anfänge liegen zwar auch hier im dunkeln; wahrscheinlich sind sie gleichfalls in der Person des steinzeitlichen Schamanen zu suchen. So wird man etwa in der Naturbeobachtung und den Heilpraktiken des Magie betreibenden Medizinmannes die ersten Ansätze zu naturwissenschaftlichem Forschen und zu medizinischer Praxis erblicken dürfen.

Wie dem auch sei, es scheint, daß auch die Wissenschaften jenem Lebensbereich des Frühmenschen entstammen, in welchem sich dieser mit dem Übersinnlichen auseinandersetzte. Und auch sie blieben während langer Abschnitte der Kulturgeschichte mit der metaphysischen Blickrichtung des menschlichen Bemühens um Wahrheit und um das Bewältigen der Umwelt scheinbar unlöslich verbunden. Erst die Forderung nach dem verifizierenden Experiment und erst das Objektivitätspostulat ermöglichten es dieser Wissenschaft, sich aus der einengenden Bevormundung zu lösen, frei zu werden für das, was man gemeinhin den Fortschritt nennt.

Heute, so scheint es, sind wir tatsächlich weit fortgeschritten:

1) *Wir, die Menschen, können uns nun selbst, und damit unsere Stellung in der Natur unseres Planeten* (allerdings nicht unsere Stellung im Kosmos), *sehr weitgehend erklären, und zwar aus der Chemo-, Bio- und Psychoevolution des Lebens.*

Dem Versuch einer Darstellung dieser Erklärung sind die vorangehenden Kapitel gewidmet.

2) *Wir, die Menschen, haben uns durch unseren wissenschaftlichen und technischen Fortschritt in die Lage versetzt, unsere eigene Bio- und Psycho-Evolution zu beeinflussen und vielleicht sogar zu lenken. Wir haben uns durch die Steigerung unserer Selbstdomestikation von der Natur und ihrer Selektion »befreit«, wir scheinen an der Schwelle zu Utopia zu stehen, verändern die Natur und glauben deren Meister zu sein.*

Sind wir das wirklich? Um eine Beantwortung auch dieser Frage soll sich unser letztes Kapitel bemühen.

Zwischen-Synthese

Es war die Absicht der bisherigen Kapitel, den Menschen und seine Stellung in der uns umgebenden Natur zu erklären, indem wir die Entwicklung prüfen, die zum heutigen Menschen geführt hat. Vom erzielten Ergebnis ausgehend, wollen wir im Schlußkapitel die gegenwärtige Situation betrachten und aus der Kenntnis der vorzeitlichen Entwicklung sowie der zur Zeit gegebenen Verhältnisse die Möglichkeit von Zukunftsprognosen erwägen. Unter diesen Umständen erscheint es angebracht, in einem hier eingeschalteten Zwischenkapitel auf das bisher Dargelegte zurückblickend eine Synthese vorzulegen.

Diese ergibt sich aus der Gesamtheit der folgenden, den Inhalt der Kapitel zusammenfassenden Einzelheiten:

1) Der Mensch ist eines der Ergebnisse jener natürlichen Entwicklung, die das Leben auf der Erde nach seiner Entstehung im Rahmen einer Chemo-, einer Bio- und einer Psycho-Evolution durchlief.

2) Die Bahnen der Evolution, die zur Entstehung und Entwicklung des Menschen geführt haben, können aufgrund von paläobiologischen Untersuchungen der fossilen Überreste der Lebewesen rekonstruiert werden (Kap. I).

3) Die zeitliche Reihenfolge der Evolutionsschritte, die letztlich den Menschen hervorgebracht haben, kann durch Datierung mit Hilfe von geowissenschaftlichen Methoden sichergestellt werden (Kap. II).

4) Die erste Phase der Entwicklung, die Chemo-Evolution, war jener Prozeß, während dessen sich unter den Bedingungen der präkambrischen Erdoberfläche und der Primitivatmosphäre spontan gebildete organische Verbindungen zu immer höher organisierten Komplexen zusammenschlossen. Die so entstandenen Gebilde waren präbiotische Systeme, Vorstufen des Lebens (Kap. III).

5) Mit der Entstehung der ersten biologischen Zelle aus den präbiotischen Komplexen begann die Bio-Evolution. In deren frühem Abschnitt entwickelten sich aus der Urzelle primitive Vertreter des Pflanzenreichs, sodann einzellige tierische Lebewesen und schließlich noch wirbellose, mehrzellige Tiere. Die weitere Entwicklung führte nicht nur zu den höheren Pflanzen, sondern auch zu den Wirbeltieren, und in deren Rahmen schließlich zum Menschen (Kap. III).

6) Die Körper und Organe dieser Lebewesen besaßen eine bestimmte Form, und sie dienten einer entsprechenden Funktion innerhalb der

jeweiligen Umwelt. Angemessene Harmonie zwischen Form, Funktion und Umwelt gewährleistete als Anpassung (Adaptation) die Existenzmöglichkeit des Lebewesens; Veränderungen dieses Verhältnisses führten zum Aussterben oder bedingten eine Weiterentwicklung. So bestand zwischen Form, Funktion und Umwelt eine enge Beziehung, die für den Verlauf der Bio-Evolution bedeutsam war (Kap. IV).

7) Die Bio-Evolution beruht auf der Wechselwirkung zwischen angeborenen, in der DNA des Zellkerns vorhandenen Erbanlagen und – neben zusätzlichen Faktoren – der natürlichen Auslese (Selektion), welche durch die Umwelt ausgeübt wird. Entscheidend für einen Evolutionsschritt war im allgemeinen, ob im Gen-Reservoir einer Population die den Adaptationsgrad senkenden oder die die Anpassung steigernden veränderten (mutierten) Erbanlagen zahlenmäßig entsprechend vorherrschten (Kap. V).

8) Obwohl die Veränderung einer Erbanlage als Prozeß zufällig und umkehrbar ist, verlief die Bio-Evolution wegen der hohen Komplexität des Gesamtvorgangs nicht ungeregelt, sondern aufgrund von physikalisch-chemisch-biologischen Automatismen zumeist in sich zunehmend selbst determinierenden Bahnen. Die Bio-Evolution folgte somit zwar nicht etwa strikten Gesetzen, wohl aber bestand in mancher Hinsicht statistische Regelhaftigkeit (Kap. V).

9) Die wichtigsten der mit verschiedener Häufigkeit zutreffenden Regeln (Kap. V bis VII) waren die folgenden:

a) Der Gang der Evolution war so gut wie nicht-umkehrbar (Irreversibilitätsregel = Dollosche Regel).

b) Er verlief in additiven Einzelschritten, war also nicht sprunghaft (konnte aber vorübergehend eine sehr starke Beschleunigung erfahren).

c) Wesentliche Umbildungen der Baupläne gingen zumeist von wenig adaptierten Vorfahren aus (Regel der nicht-spezialisierten Abstammung = Copesche Regel).

d) Die Entwicklung eines Stammbaumes lief meistens in zwei Phasen ab, nämlich einer der besonders beschleunigten Auffächerung der Stammeszweige (Quantenevolution) und einer der nachfolgenden langsamen Ausgestaltung weiterer Adaptation (Typostase).

e) Die Evolution verlief sehr häufig mit einseitig gerichteter Tendenz (Orthoevolution). Diese Erscheinung beruhte ausschließlich auf dem Zusammenwirken der Irreversibilität mit einer fortschreitenden Einengung der evolutiven Bandbreite, wobei diese durch die automatisch zunehmende polygene Abhängigkeit der äußeren Merkmale hervorgerufen wurde. Orthoevolution wurde durch über längere Zeiträume unveränderten Selektionsdruck unterstützt (Rosasche Regel, hier modifiziert).

f) In der Regel hatten sich wenig adaptierende Stammeslinien (Konservative) eine geologisch lange Existenzdauer, sich stark und schnell adaptierende (Progressisten) eine nur kurze.

g) Stammeslinien starben aus, wenn sie aufgrund von einseitiger Adaptation (Spezialisation) nicht mehr in der Lage waren, auf eine Umweltänderung genügend schnell oder überhaupt mit evolutiver Neuanpassung zu reagieren.

10) Bei der bio-evolutiven Entstehung des Menschen waren die allgemeinen Gesetzmäßigkeiten (Mutation und Selektion) wirksam. Daneben scheint auch die Gen-Drift beteiligt gewesen zu sein.

Die Entwicklung der Menschenlinie aus tierischen Vorfahren verlief in der Weise, daß die oben genannten Regeln a, b, c und e zutrafen. Als zusätzliche, aber überaus wichtige, die Evolution des Menschen beeinflussende Faktoren sind ferner eine Verlängerung der Kindheitsphase (Neotenie) sowie eine künstliche, durch Geistesleistung bewirkte und allmählich zunehmende Ausschaltung der Selektion (Selbstdomestikation) zu nennen (Kap. VIII).

11) Die zum Menschen führende Bio-Evolution war neben anderen hauptsächlich durch drei Tendenzen der morphologischen Umbildung gekennzeichnet:

a) Ausbildung des Raumtiefe-Sehens durch Vorverlagerung der Augen,

b) Erwerbung des aufrechten Ganges und Umkonstruktion des Fußes,

c) Zunehmende Vergrößerung und Differenzierung bestimmter Gehirnabschnitte (Zerebralisation),

d) Spezialisierung und Sensibilisierung der Hand.

Einwirkende Einflüsse ergaben sich aus Änderungen der Umwelt und des Verhaltens (Übergang vom Baumkletterer des Urwalds zum Steppenläufer, zunehmende fleischliche Ernährung, räuberische Lebensweise, Sozialisation) (Kap. VIII).

12) Die sich steigernde Zerebralisation des Menschen sowie seine neoten verlängerte Kindheitsphase und die Selbstdomestikation bewirkten, daß zu seinem phylogenetisch ererbten Triebverhalten zusätzliche, differenzierte Verhaltensweisen hinzutreten konnten. Neben den angeborenen Elementen des Verhaltens spielten nun auch Lernprozesse eine wesentlichere Rolle.

Das der Erkundung dienende, nun bis in ein späteres Lebensalter andauernde Neugierverhalten ermöglichte es dem Menschen, seine körperlichen Anpassungsmängel durch hergestelltes Werkzeug (»Prothesen«) auszugleichen, bei der Sozialisation entstand aufgrund von Bedürfnis und Zweckmäßigkeit ein sozial-ethischer Kodex. Teilweise erfolgter Verlust der Tötungshemmung bei artinterner Aggression war vermutlich durch phylogenetische Veränderung der hemmungsauslösenden Verhaltensnormen in isolierten kleinen Teilpopulationen (Gen-Drift) bedingt (Kap. IX).

13) Hervorgerufen durch die neuen Verhaltensweisen des Menschen trat nun neben die Bio-Evolution auch die Psycho-Evolution. Da sie vom Verhalten erzeugt wird, dieses aber nicht nur von der Umwelt

beeinflußt, sondern in maßgeblicher Weise auch von der materiellen Grundlage (zentrales Nervensystem) bestimmt wird, und diese ihrerseits der Bio-Evolution unterworfen bleibt, ist die Psycho-Evolution ein abhängiges Ergebnis der Bio-Evolution des Menschen.

Im Unterschied zur Bio-Evolution (keine Vererbung erworbener Eigenschaften) können in der Psycho-Evolution auch unmittelbar von der Umwelt erzeugte Elemente (erlerntes Verhalten und sein Produkt) durch vererbungs-analoge, mündliche und schriftliche Tradition von Generation zu Generation weitergegeben werden (Kap. IX).

14) Ergebnisse des neuen Verhaltens und Teilbereiche der menschlichen Psycho-Evolution wurden im Verlauf der weiteren Entwicklung insbesondere: Technik, Staats-, Sozial- und Rechtswesen, Religion, die Künste und die Wissenschaften (Kap. IX).

Schlußfolgerung:

Der Mensch ist eine durch die Bio-Evolution und durch die von ihr abhängige Psycho-Evolution geschaffene Spezies des Tierreiches, dessen allgemeine Grenzen der Homo sapiens in psychischer, wenn auch nicht in somatischer Hinsicht weit überschritten hat.

Die bio-evolutive Tendenz des Menschen bestand in erster Linie in der Entwicklung seines Gehirns, während andere körperliche Merkmale weniger oder gar nicht spezialisiert wurden. Im Vergleich zu den meisten anderen Lebewesen verlief die Bio-Evolution des Menschen schnell, hinsichtlich der Zerebralisation aber mit extremer Beschleunigung.

Die eigentliche Adaptation des Menschen ist psycho-evolutiver Art, sie besteht im wesentlichen in der Spezialisation, sich mittels der Technik und der Wissenschaften zunehmend vom Druck der Umwelt befreien zu können.

X. Kapitel

Ultramensch oder Untergang?

... und was wollen sie letzten Endes anderes finden als Mittel und Wege zu einem Über-Menschsein oder doch wenigstens einem Ultra-Menschsein? *Pierre Teilhard de Chardin*, 1950

Während das »Übertier« als das Ergebnis vornehmlich der biologischen Evolution des Menschen anzusehen ist, scheint der »Übermensch« das Endprodukt der kulturellen Evolution ... Der Mensch als »Übertier« respektiert letzten Endes immer wieder die Schranken der Natur, der Mensch als »Übermensch« nicht.
Hans Mislin, 1961

Es fällt beinahe schwer, in voller Erkenntnis dieser die Menschheit bedrohenden Gefahren einigen Optimismus für ihre zukünftige Evolution aufrechtzuerhalten. *Konrad Lorenz*, 1959

Naturam expelles furca, tamen usque recurret (Auch wenn du die Natur mit der Heugabel austreibst, so kehrt sie doch zurück).
Horaz

»Was unter den irdischen Gegebenheiten überhaupt machbar war, hat das Leben erprobt. Für weitere Rand- und Zwischenformen fehlt entweder die innere Funktionsfähigkeit, eine ausreichende Energiebilanz oder eine geeignete ökologische Nische, ein noch nicht von anderen, besser geeigneten Arten besetzter Lebensraum[211]«. Ist diese Behauptung richtig, so besagt sie nichts weniger, als daß die Evolution jetzt zu einem Stillstand gekommen und endgültig abgeschlossen sei. Doch kann keine der drei genannten Voraussetzungen als tatsächlich erfüllt gelten, denn kein menschliches Gehirn wäre in der Lage, ausnahmslos alle theoretisch möglichen »inneren Funktionsfähigkeiten und ausreichenden Energiebilanzen« des Lebens zu sichten, und sodann verbindlich zu entscheiden, ob sie tatsächlich alle verwirklicht worden sind. (In einem Einzelfall – S. 117 – scheint eine Computeranalyse eher das Gegenteil anzuzeigen). Was aber die ökologischen Nischen betrifft, die unzähligen Lebensräume, so haben diese in der Vergangenheit ihre Insassen ja häufig gewechselt. Durch Aussterben wurden Nischen immer wieder frei, und nichts deutet darauf hin, daß sich daran in Zukunft etwas Wesentliches ändern wird.

Der Traum vom Übermenschen

Differenzierter hat Julian Huxley die Dinge betrachtet, als er der Reihe nach bei den wichtigsten Tiergruppen die Wahrscheinlichkeit prüfte, den Ausgangspunkt für neue Entwicklungen abgeben zu können. Überall meinte er feststellen zu müssen, daß der Höhepunkt der Entwicklung bereits überschritten ist: »Das beschränkt (unsere Sicht) auf die Vögel und Säugetiere als die Träger der Fackel des Fortschritts«; doch wegen ihrer vorgerückten Spezialisation »stellte für die Vögel das Miozän das Ende dar; für die Säugetiere das Pliozän«. Also auch hier ein Ausklingen der Evolution? Ja und Nein, meint Julian Huxley, denn ein einziger Weg bleibt noch offen: »Nur in einer Stammeslinie wird der Fortschritt und seine künftige Möglichkeit fortgesetzt – in der Linie des Menschen«[81].

Nun wird natürlich jedes Urteil über den weiteren Gang oder das etwaige Ende der Evolution der Lebewesen reine Spekulation bleiben, und das gilt auch für die hier zitierten Erwägungen. Sich bei Zukunftsprognosen nur nach der Blütezeit einer Tiergruppe richten zu wollen, wird immer ein riskantes Unterfangen sein. Wäre es Julian Huxley vergönnt gewesen, zur Zeit des Karbons beobachtender Zaungast beim zahlenmäßigen Rückgang der Pterokorallen zu sein, hätte er sicherlich nicht damit gerechnet, daß etwa 70 Jahrmillionen später aus ihnen der neue, bis heute weiter lebende Bauplan der Cyclokorallen entstehen würde. Und gewiß wären Huxley die devonischen Quastenflosser so spezialisiert vorgekommen, daß er ihnen wenig Chancen eingeräumt hätte, jemals Ursprung eines völlig neuen Typs (dessen der Landwirbeltiere) zu werden. So haben wir also in Wirklichkeit nicht die geringste Veranlassung zu der Annahme eines gegenwärtigen, endgültigen Abschlusses der Bio-Evolution[217] – es sei denn das vage Gefühl, daß mit dem Erscheinen des Menschen ein »non plus ultra«-Ziel erreicht sei, woraufhin alle Bakterien, Schnecken, Seeigel, Fische usw. beschämt das Rennen aufzugeben hätten. Gefühle aber würden für die Beurteilung unseres Problems eine mehr als unsichere Grundlage bilden.

Von besonderem Interesse ist allerdings die Vorstellung, die menschliche Linie sei so unspezialisiert, daß sich in ihr die Evolution doch noch fortsetze, und der daraus gezogene Schluß, daß aus der gegenwärtigen Spezies Mensch voraussichtlich eine neue, bessere oder potentere hervorgehen werde. Mit diesem Gedanken steht Huxley nicht allein, denn die Annahme, daß aus dem Menschen ein ihn übertreffender Nachfolger entstehen wird, hat eine alte, ehrwürdige Tradition. Auf philosophischem Gebiet hat Ernst Benz diese Idee und alle ihre Varianten durch die Kulturgeschichte bis weit zurück verfolgen können[218]. Der Glaube an den Übermenschen oder den Ultramenschen taucht vom »super man« der amerikanischen comic strips über Nietzsches »Ich lehre euch den Übermenschen« bis hin zu neutestamentlichen frühen Ansätzen immer wieder auf: in religiöser, in philosophischer, in politischer Verbrämung, als Science Fiction, ein schillernder, vieldeutiger Glaube, in dem sich unzählige, subjektive Wünsche verdichten.

Nur diejenigen, die wohl am ehesten kompetent gewesen wären, sich zu äußern, die Biologen und Evolutionsforscher, haben lange geschwiegen, doch auch bei ihnen erschien schließlich die Vorstellung des Über- oder Ultramenschen. Julian Huxleys sehr allgemein gehaltene Stellungnahme wurde bereits erwähnt. Ein genaueres Bild vom Aussehen des Übermenschen, also des künftigen *Homo sapientissimus*, entwickelte später Paul Lüth, als Mediziner mit den körperlichen Entwicklungsmöglichkeiten und -tendenzen des Menschen sehr wohl vertraut[186]: Unser lieber Ur-Urenkel wird, um es amerikanisch auszudrükken, zu einem übersteigerten egg head geworden sein, mit einem mächtigen, embryonenhaft kuppelförmigen, spiegelglatten Wasserkopf, unter dessen weit vorgewölbter Stirn ein kleines, spitzes, wegen Zahnverlust und Rückbildung der Jochbeine schon greisenhaft wirkendes Gesicht (vermutlich mit Dauerbrille – Verf.) versteckt ist. Die Zahl der Rippen des Brustkorbs wird geringer sein, die besonders kleine Hand vermutlich nur noch drei Finger aufweisen, und falls der *sapientissimus* sich überhaupt noch zu Fuß fortbewegt, wird sein Gang aufgrund einer Verschmelzung von Ferse und Fußgelenk alles andere als graziös wirken. Im übrigen wird er wahrscheinlich ein rechtes Ekel sein, denn ebenso wie der Geruchssinn ist schließlich auch sein Gefühlsleben verlorengegangen, wenn auch bei gleichzeitig enorm angestiegenem Intelligenzquotienten. Nach dieser Version, für die sich aus der bisherigen Evolution des menschlichen Verhaltens durchaus Ansatzpunkte ergeben, also ein egoistischer, gemütskalter, asozialer Superintellektueller.

Anders scheint ihn Hugo Spatz zu sehen[219], der Gehirnforscher. Zwar: »Wir wissen nicht, wie der Mensch der Zukunft beim Fortgang der cerebralen Leistungsentfaltung und einer etwaigen Steigerung der cerebralen Leistungspotenz beschaffen sein wird.« Doch »wenn wir ganz vorsichtig sind, so können wir sagen: die Aussicht, daß gerade ein so wesentlicher Teil des Menschenhirns, wie der Basale Neocortex, den Höhepunkt seiner Entfaltung noch nicht erreicht hat, scheint für uns heute nicht ohne Bedeutung zu sein«. In der Tat, Hugo Spatz ist vorsichtig, und doch deutet er an, indem er Lecomte du Noüys Wort vom »Organ des Gewissens und der Intelligenz« sowie seine eigene Bewertung des Gehirns als »ehrwürdiges Organ der Bestimmung des Menschen« hervorhebt, daß ihm offenbar das »edel, hilfreich und gut« vorschwebt. Wohl nicht allzu fern von diesem Standort ist auch Heinrich Schirmbecks Übermensch angesiedelt: »Wir glauben an das ethische Genie, das dem von der Wissenschaft verwandelten Menschen, an dem sich vielleicht das prophetische Wort ›Ihr werdet sein wie Götter‹ erfüllt, die neuen Gesetzestafeln in die Hände gibt.«[220]

Sowohl der Mediziner als auch der Gehirnforscher und der Schriftsteller billigen dem Ultramenschen individuelle Selbständigkeit und auch ein geistiges Eigenleben zu. Nicht so der Philosoph, und ebensowenig der theologisch philosophierende Paläontologe, denn in der Vorstellung beider, Haverbecks und Teilhards, wird der Ultramensch ein Kollektiv sein, in dem das menschliche Einzelwesen aufgeht (wäre es nicht richtiger, zu sagen: untergeht?) wie der Einzel-Polyp in der großen Korallen-Kolonie. Wird bei Haverbeck der Ultramensch zum letzten Werkzeug, dessen sich die offenbar als Naturkraft aufgefaßte Technik bedienen wird[221], so wird er bei Teilhard de Chardin das Ergebnis einer riesigen, psycho-biologischen Megasynthese sein: Die ganze Menschheit wird zum Kollektiv, der einzelne bleibt zwar körperlich bestehen, sein Geist (»Phren«) aber wird zum integrierten Bestandteil des »Noosphären-Hirns«, eines Organs, in dem das kollektive Bewußtsein der Menschheitsmasse wirkt[62, 63].

Nicht in mystischer Vision, sondern nüchterner beurteilt den Übermenschen von morgen der Zoologe Hans Mislin. »Wenn der Mensch, wie angenommen wird, in jüngster Gegenwart ein neues progressives Gebiet im Gehirn entwickelt, so ist es denkbar, daß diesem Substrat eine evolutive Funktion zukommt und daß damit ein Schritt über den Jetztmenschen zum Übermenschen getan wird.«[222] Die neuen Funktionen sind dabei als eine Adaptation an die technisierte Welt gedacht, deren Übersteigerung sich jetzt schon anbahnt. Der neue, der Übermensch: vergewaltigender Bezwinger der Natur, Sieger über seine Umwelt und damit Überwinder der natürlichen Selektion.

Überintellektuelles Genie, endlich Humanisierter und dabei Transhumaner, Bestandteil eines kosmischen Weltgeistes, sieghafter Über-Prometheus; in allen Fällen also positive Züge, die zukunftsgläubige Wissenschaftler und optimistische Philosophen dem Ultramenschen zuschreiben. Da ist so gut wie nichts an Skepsis zu spüren, da fehlt selbst Bertrand Russels einschränkendes ». . . Zukunftshoffnung ist mindestens ebenso berechtigt wie Furcht«[223]. Erst recht aber wird der Pessimismus der englischen Utopisten Aldous Huxley und H. G. Wells vermieden[224].

Angesichts so hoffnungsfroher Prognosen wird man sich einerseits fragen müssen, ob sie von einer wirklich tragfähigen Basis ausgehen, und andererseits, ob das so Vorhergesagte notwendigerweise eintreten muß, denn schließlich sind ja *hinsichtlich der Zukunft des Menschen mindestens drei Möglichkeiten denkbar: Die Entwicklung zum so oder so gearteten Übermenschen ist nur die eine; daneben steht die Alternative, daß der Mensch wie manche andere Spezies ohne phylogenetische Nachkommen in absehbarer Zukunft ausstirbt; und schließlich kann ja auch nicht ausgeschlossen werden, daß ihm im Verlauf der nächsten Jahrmillion weder das eine noch das andere bevorsteht.*

Einseitig spezialisierter Progressist Mensch

Unsere menschliche Gesellschaft sieht sich heute in eine Situation versetzt, die uns dazu zwingt, mit großer Sorge in die Zukunft zu blikken, und das hat so manchen verantwortlich Denkenden dazu bewogen, auf wirtschaftlichem, soziologischem, bevölkerungspolitischem oder anderem Gebiet aufgrund von Gegenwartsanalysen erstellte Prognosen zu versuchen (Savoir pour prévoir!). Auch die biologischen Zukunftsaspekte des Menschen blieben nicht unberücksichtigt, und sie wurden zumeist von höchst kompetenter Seite einer Betrachtung unterzogen. Dabei ging man mit Recht immer wieder vom phylogenetisch erreichten Status des Menschen aus. Dieser aber ist, ebenso wie die zum Menschen führende Evolution, stets nur in allgemeinen Wendungen, doch niemals unter voller Berücksichtigung und Kenntnis der allgemeinen Regelhaftigkeiten der Bio-Evolution behandelt worden. So wird es also notwendig, daß endlich auch der Paläontologe seinen Beitrag leistet[260], der unter allen Naturwissenschaftlern schließlich der einzige ist, der sich aus eigener, kompetenter Sicht zum Entstehen und Aussterben in der Evolution äußern kann.

Die Kernfrage lautet ja wohl: Übermensch oder Aussterben? Erinnern wir uns daher an die bereits besprochenen Evolutionsregeln: Wesentlich Neues entstand bei der Bio-Evolution, so lehrte uns die Regel der nicht spezialisierten Abstammung, aus verhältnismäßig primitiven, sich konservativ und bedächtig entwickelnden Vorfahren, die sich wenig spezialisiert hatten und daher noch über Möglichkeiten bedeutsamerer Umbildung verfügten. Dagegen starben nach geologischen Maßstäben sich schnell entwickelnde, progressistische Stammeslinien aufgrund von extremer Spezialisation in der Regel bald aus. Auf dem Höhepunkt ihrer einseitigen Anpassung, vor allem aber bei erfolgter Überspezialisation, erwies sich die bisherige Evolutionsbahn als Sackgasse, und Umweltänderungen führten dann schnell zum Untergang, die Linie wurde durch die Selektion ausgemerzt. *So hängt also für unsere Beurteilung des gegenwärtigen phylogenetischen Status des Menschen sehr viel von der Beantwortung der folgenden Fragen ab: Ist seine Stammeslinie eine der konservativen oder eine progressistische? Ist seine Entwicklung die einer Spezialisation gewesen, etwa die einer einseitigen? Ist es richtig, daß der moderne Mensch der Umwelt seine Freiheit abgetrotzt hat, aus der Natur herausgetreten ist, sich vom Druck der natürlichen Selektion befreit hat?*

Die Antworten fallen nicht schwer: Verglichen mit den meisten anderen Zweigen im Stammbaum des Tierreiches bildet der des Menschen eine (bis heute) ausgesprochen kurze Stammeslinie, in der sich die Entwicklung seit dem Miozän mäßig schnell, seit dem Pliozän jedoch mit sich steigernder, später sogar mit überstürzter Beschleunigung abspielte. Obwohl ursprünglich nur wenig adaptiert, hat sich diese Linie seit dem Verlassen des Tier-Mensch-Übergangsfeldes in sehr beachtlicher Weise spezialisiert. Zwar blieben manche der körperlichen Merkmale wenig ausgebildet, andere tendierten sogar zu Rückbildung. Progressiv und orthoevolutiv entwickelten sich jedoch der Fuß, die Hand, das Gehirn und im Zusammenhang mit diesem auch das Verhalten. Im Zusammenspiel der Entwicklungstendenzen von Hand und Gehirn entstanden die fortlaufend verbesserten Geräte, die eine Anpassung an sehr verschiedene Umwelten und Lebensweisen ermöglichten und förderten. Sie wurden zu einer der Grundlagen der Selbstdomestikation. Die alleinige Zerebralisation aber führte zu hochkomplexer Sozialisation sowie zur Entwicklung von Wissenschaft und Medizin, wichtigen Faktoren einer weiteren Begünstigung bei der Auseinandersetzung mit der Umwelt und zugleich der zweiten Grundlage der Selbstdomestikation des Menschen.

So treffen hier alle Voraussetzungen zu, die allgemein für progressistische Stammeslinien gelten: besonders schnelle und intensive, adaptive Evolution innerhalb eines kleinen, nur wenige Spezies umfassenden und im ganzen orthoevolutiv voranschreitenden Stammeszweiges. Bemerkenswert ist dabei, daß die Entwicklung nur weniger körperlicher Merkmale zu einer sehr weitreichenden Adaptation, ja sogar Spezialisation, führte, die zwar in unveränderter Weise »Bewältigung der Umweltanforderungen« ist, aber nunmehr weniger von der vordergründigen Funktion der körperlichen Organe ausgeht als vielmehr von geistiger Leistung und speziellem Verhalten. Das Hauptgewicht der Spezialisation der Menschenlinie hat sich also von deren bio-evolutivem Bereich auf den aus diesem entspringenden psycho-evolutiven verlagert: *Aus der Sicht des Evolutionsforschers ist der Menschenzweig im*

Stammbaum des Tierreiches eine in hohem Maße progressistische Stammeslinie, deren auf bio-evolutiver Grundlage beruhende Spezialisation in sehr beträchtlichem Umfang, ja sogar weit vorwiegend, psychoevolutiver Natur ist. Was wir Psycho-Evolution nennen, erweist sich als nichts anderes als die besonders geartete Spezialisation der Menschenlinie.

Daß diese Spezialisation »adaptiv« war, daß sie also einen sehr beträchtlichen positiven Selektionswert besaß, wird allein schon aus drei Folgeerscheinungen ersichtlich, nämlich aus der unbestreitbaren Selbstdomestikation des Menschen, aus der fortlaufenden Steigerung der Populationsgröße und nicht zuletzt aus der gegenwärtigen evolutiven Prosperitäts-Situation. (So weitgehend ist diese, daß sie im Rahmen der Spezialisation selbst Luxusbildungen zuließ, also solche, die wie die schönen Künste, die Literatur oder der Jenseitsglauben keine unmittelbare, biologische Funktion erfüllen.) Die Frage ist nur, ob diese Spezialisation unter Umständen etwa dem entspricht, was man als »einseitig« bezeichnen müßte, ob sie also zu besonderer Abhängigkeit von bestimmten Bedingungen der Umwelt oder der Lebensweise geführt hat. Überprüfen wir daraufhin die verschiedenen Grundelemente der psycho-evolutiven Spezialisation des Menschen, so gelangen wir zu folgenden logischen Schlüssen: (a) Die Sozialisation hatte einen sehr hohen Selektionswert, doch kann dieser natürlich nur so lange bestehen als die angemessenen sozialen Verhaltensweisen intakt bleiben. Der Fortbestand des extrem komplex gewordenen Funktionsgefüges innerhalb des Sozialgebildes hängt also sehr weitgehend von den Verhaltensnormen der Gruppe ab. (b) Wissenschaft und Technik haben den Menschen mit »Prothesen« versehen, die es ihm ermöglichten, zu einer hochspezialisierten Lebensweise (technische Zivilisation) überzugehen. Deren Fortbestehen ist jedoch vollauf von den vorhandenen Rohstoffmengen und Energiequellen der natürlichen Umwelt abhängig. (c) Die Medizin gewährleistete die Verringerung der Säuglingssterblichkeit sowie die Verlängerung der Lebensspanne und damit zunächst eine zweifellos förderliche Zunahme der Populationsgröße. Aus der Sicht der Evolution hängt die Zweckmäßigkeit der Medizin jedoch auch von deren Auswirkungen auf die Populationsdynamik (Verhältnis von Geburten- zu Sterbequoten) und auf die Ausgeglichenheit des Gen-Reservoirs ab (Ausscheiden pathologischer Mutanten). (d) Die Luxusbildungen »Künste, Literatur und Jenseitsvorstellung« behalten ihren evolutions-neutralen oder sogar leicht positiven Stellenwert nur so lange, als sie bei selektions-relevanten Verhaltensweisen oder gar -normen der Population nicht etwa nachteilig intervenieren.

Unsere Prüfung ergibt also, daß ausnahmslos alle Komponenten der dem Menschen eigenen Spezialisation ihn in einem sehr hohen Maß von seiner besonderen Lebens- und Verhaltensweise und damit auch von seiner Umwelt abhängig gemacht haben: *Im Stammbaum des Tierreichs stellt der Menschenzweig nicht nur eine progressistische*

Stammeslinie dar, sondern zugleich auch die einer typisch einseitigen Spezialisation.

Es wird zwar – hauptsächlich von vielen Soziologen, aber auch von einigen wenigen Biologen – unter dem Eindruck der enormen technischen und wissenschaftlichen Fortschritte immer wieder betont, der Mensch sei jetzt in der Lage, seine Evolution selbst zu lenken, er habe sich von der Umwelt und deren Selektionsdruck endgültig befreit. Nichts ist oberflächlicher, kurzsichtiger und bedenklicher als eine derartige letztlich von Wunschdenken und Selbstgefälligkeit getragene Behauptung, die, wie noch gezeigt werden wird, in ihrer Übertreibung falsch ist[225].

Wie bei allen Stammeslinien dieses Typs wird sich nun sofort die Frage einstellen müssen, ob innerhalb dieses Entwicklungsgeschehens das »Anpassungsoptimum« bereits erreicht worden ist oder ob es teilweise vielleicht sogar schon überschritten wurde. Ob der heutige, moderne Mensch als Mitfahrer in der allgemeinen Evolution der Lebewesen nur hochspezialisiert oder gar schon überspezialisiert ist, davon hängt für seine weitere Evolution alles ab. Will man nun auch dieser Frage nachgehen, so bleibt kein anderer Weg als der, die gegenwärtige Situation des Menschen einer eingehenden Betrachtung zu unterziehen und dabei zu prüfen, wie weit diejenigen Tendenzen, die zur Spezialisation geführt haben, heute noch ihre Funktion in förderlicher Weise erfüllen. Überspezialisation bedeutet ja das Überschreiten eines optimalen Schwellenwertes, und zwar jener Grenze, jenseits welcher »Vernunft Unsinn, Wohltat Plage« wird, und automatisch die Gegenauslese einsetzt. *Unsere Frage muß also lauten: Ist der vom heutigen Menschen in jeder seiner Spezialisationsrichtungen erreichte Status so beschaffen, daß er aus bio-evolutiver oder psycho-evolutiver Sicht noch als vorteilhaft oder bereits als nachteilig gelten muß?*

Da für die weitere Evolution der Menschheit voraussichtlich jene Entwicklungsrichtung maßgeblich sein wird, welche die großen, fortgeschrittenen Industrienationen einschlagen werden, müssen in diesem Zusammenhang bei der nachfolgenden Betrachtung in erster Linie (wenn auch nicht ausschließlich) die bei diesen Bevölkerungsgruppen herrschenden Verhältnisse herangezogen werden, wobei nacheinander die folgenden, jeweils mehrere Spezialisationsbereiche umfassenden Komplexe berücksichtigt werden sollen: Die Auswirkungen der Technisierung, das Verhältnis zur natürlichen Umwelt und die Verhaltensweisen sowie ihre Anwendungsbereiche.

Des Menschen künstliche Umwelt

Der Mensch ist an den Luftraum nicht adaptiert, dennoch eroberte er ihn, und seine Flugleistung übertrifft nun die aller Lebewesen: Sein Flug ist schneller und ausdauernder als der eines Insekts, eines Flugsauriers, einer Fledermaus oder eines jeden Vogels. Der Mensch ist an das Wasserleben nicht angepaßt, dennoch überwindet er selbst die Weiten der Ozeane, vermag er in deren Tiefen vorzudringen. Der Mensch ist im Vergleich zu vielen Steppentieren ein jämmerlich langsamer Läufer gewesen; trotzdem überholt er heute an Geschwindigkeit jede Gazelle. Alle diese Leistungen erzielt er mit Hilfe von Ersatzorganen. Flügelersatz, Flossenersatz, Hufersatz, künstlich hergestellte Adaptationsorgane, listige Mittel zum Hintergehen der natürlichen Auslese: Im großen Spiel der Evolution hat der nackte Primat mit der Denkerstirn seine Adaptationserfolge ermogelt, indem er nach seiner Selbstdomestikation die Natur täuschte und deren Spielregel »biologische Mutation – natürliche Auslese« umging.

Wie bereits erwähnt, war einer der wichtigsten Entwicklungsschritte, der als eine der Voraussetzungen für alle diese Erfolge schon am Anfang der Anthropogenese stand, zweifellos die Erfindung, die Wirkungsweise und Leistung der menschlichen Hand zu verbessern und zu erweitern: zuerst durch die Benutzung, später durch die Herstellung von künstlichen Geräten. Halten wir fest, daß die für diesen Werkzeugbau erforderlichen Rohstoffe (Holz, Stein, Knochen) der natürlichen Umwelt entnommen werden mußten und daß für den Einsatz Energie notwendig war, welche anfangs nur die Muskelkraft des Benutzers gewesen ist. Vom primitiven, mit körperlicher Eigenenergie gebrauchten Gerät bis zu der nunmehr mit aus der Umwelt stammender Fremdenergie betriebenen Maschine schritt sodann die technische Entwicklung progressiv und auf Vervollkommnung ausgerichtet vorwärts.

Daß der Mensch schließlich Maschinen zur Herstellung von Maschinen konstruierte, war daher ebenso folgerichtig wie die Tatsache, daß er auch Ersatz für seine körpereigenen Organe schuf (Handprothesen, Eiserne Lunge, Herzschrittmacher), sogar für sein Gehirn (Computer) sowie für sich selbst (Roboter, besonders sog. CAMS = Cybernetic Anthropomorphous Machine Systems). Und wenn neuerdings der Plan auftaucht, menschliche Wesen körperlich mit maschinellen Konstruktionen zu einem neuen, höheren Funktionsgefüge zu kombinieren (sogenannte Cyborgs), so kommt das zwar einem Mangel an Ehrfurcht vor dem Leben gleich; folgerichtig im Sinne der einmal eingeschlagenen Entwicklungsrichtung ist es dennoch.

Die Maschine ist in der fortschrittlichen Zivilisation des modernen Menschen zu jenem unentbehrlichen Mittel geworden, dessen dieser bedarf, um seine Existenz zu sichern. In fast jedem ihrer Lebensbereiche bedarf die Gesellschaft im technischen Zeitalter der Maschine, vor allem aber in den vier essentiellen: Gewinnung von Nahrungsmitteln, Produktion der lebenswichtigsten Gebrauchsgüter, sowie Gewinnung von Rohstoffen und von Energien, die für die Herstellung und den Betrieb neuer Maschinen benötigt werden. Daneben aber hat die Maschine, und ganz allgemein die Technik, für die Entwicklung des Menschen auch noch eine zweite Bedeutung erlangt. Sie ermöglichte es dem Menschen, sich eine eigene, von den harten Selektionsbedingungen der natürlichen Umwelt weitgehend unabhängige, künstliche Umwelt zu schaffen. Auch diese ist im Verlauf einer progressiven Entwicklung entstanden, die einer Spezialisierungstendenz entspricht:

Als die Ramapithecinen die Baumkronen des Urwaldes verließen und zum Bodenleben in der Steppe übergingen, wechselten sie ihre Umwelt. Als die einzelnen Rassen des *Homo sapiens* in die verschiedensten Klimazonen vorstießen, bis in die Regionen des ewigen Eises, da erschlossen sie sich neue Umwelten. Und als der Mensch das Meer und den Luftraum über sich eroberte, da erweiterte er den Bereich seiner Umwelten in einem sehr beträchtlichen, gewaltigen Umfang. In allen diesen Fällen hat es sich um die ursprüngliche, natürliche Umwelt gehandelt. Doch darüber ging die Menschenlinie in ihrer Evolution weit hinaus. Mit dem Bau der ersten hüttenähnlichen Unterkunft bei halbnomadischen Stämmen oder sich nur periodisch niederlassenden Wanderhackbauern hatte der Mensch begonnen, sich eine künstliche Umwelt zu schaffen.

Ihr gehören heute seine zentralbeheizten, klimatisierten, elektrisch beleuchteten Wohnräume an, seine Wolkenkratzerstädte und Erholungsorte, seine Flughäfen und Autobahnen, seine Industriewerke und Großfarmen, sein Fernsehen und sein Nachrichtenwesen, aber auch seine oft künstlich hergestellte Nahrung, seine stubenhockerische Lebensweise, der Streß seiner Arbeitswelt, usw.

In demselben Ausmaß, in dem er diese künstliche Umwelt mit den raffiniertesten Methoden zunehmend ausbaute, seinen Lebensbedürfnissen und schließlich auch seiner Bequemlichkeit dienstbar machte, wurde der Mensch von ihr jedoch abhängig, und zwar nicht nur psychisch, sondern durchaus auch im Hinblick auf seine körperliche Leistungsfähigkeit, ja sogar seine physische Existenz. Aus dieser Abhängigkeit erwuchs so manche unvorhergesehene Gefährdung, denn die hochkomplexe Struktur der künstlichen Umwelt hat eine bis ins Extreme gehende arbeitsteilige Spezialisierung und Funktionsteilung erzwungen. Diese und eine Fülle von Abhängigkeiten in der Versorgung der Gesellschaft lassen aber das gesamte System in einem überaus bedenklichen Ausmaß anfällig werden.

Würden die wenigen vom Menschen domestizierten Getreidepflanzen aufgrund von neuen Parasiten, Epidemien oder spontaner, genetischer Veränderung in kurzer Frist zugrunde gehen, so würde eine Ernährungskatastrophe größten Ausmaßes eintreten; ein lange andauernder Streik der Müllabfuhr kann für die Bewohner von Millionenstädten ernste Seuchengefahr heraufbeschwören; der enorm angestiegene, hinsichtlich der Entfernungen fast unbeschränkte Reiseverkehr könnte auch über Kontinente hinweg eine verheerende Ausbreitung von plötzlichen Epidemien ermöglichen usw.

Diese und viele weitere Beispiele lassen die Gefährdung erkennen, die dem modernen Menschen aus der erreichten Abhängigkeit von seiner so hoch differenzierten künstlichen Umwelt ersteht. Die Bio-Evolution ist, wie bereits dargelegt, irreversibel, doch gilt in Analogie das gleiche für die Psycho-Evolution. Eine Rückkehr zum Naturzustand mag dem couragierten und wendigen Einzelgänger in gewissem Umfang noch möglich sein. Doch der so sehr an ihre zivilisierte, künstliche Umwelt angepaßten Gesamtpopulation kann wohl kaum mehr zugetraut werden, daß sie als ganze diesen Schritt zu vollziehen vermöchte, ohne sich auf die Dauer psychisch wie physisch selbst aufgeben zu müssen.

Der moderne Mensch, durch die Fortschritte seiner Technik und die

Geborgenheit in seiner künstlichen Umwelt auf den bisherigen Höhepunkt seiner Selbstdomestikation erhoben, verdankt diesen Status seiner Spezialisation. Wenn die Technisierung und die Schaffung einer eigenen künstlichen Umwelt Spezialisierungstendenzen der Evolution des Menschen gewesen sind, so ist damit auch ein sehr hoher Grad von Abhängigkeit erreicht worden. Ob dabei das Optimum der Technisierung bereits überschritten ist, ob die ursprünglich nutzbringende Spezialisierung bereits begonnen hat, in ihr Gegenteil umzuschlagen, ist nicht so sehr eine Frage subjektiven Abwägens von entstehendem unmittelbarem Nutzen und Schaden. *Für die im Rahmen der Evolution des Menschen heute gegebene Situation ist vielmehr maßgeblich, daß die Existenz der ausschlaggebenden Zivilisationen und damit der Weltpopulation nur noch von dieser Technik und von dieser künstlichen Umwelt sowie vom Fortbestehen beider abhängt, und damit von den verfügbaren Vorräten an nichtreproduzierbaren Rohstoffen und an Energien in der natürlichen Umwelt. Insofern ist der Mensch der von der natürlichen Umwelt ausgeübten Selektion nach wie vor unterworfen: Sobald jene unausweichliche ökologische Veränderung einzutreten droht, die in der Erschöpfung dieser Rohstoff- und Energiequellen besteht, wird die einseitige Anpassung des modernen Menschen an seine Technik und künstliche Umwelt zur Überspezialisation.*

Natürliche Umwelt und Bevölkerungsexplosion

In demselben Maß, in dem der Mensch seine künstliche Eigenwelt erweiterte und ausbaute, löste er sich von den Einflüssen der natürlichen Umwelt, entzog er sich zunehmend der von dieser ausgehenden Selektion. Die Folge war eine Steigerung jenes Prozesses, den wir mit anderen Biologen als Selbstdomestikation bezeichneten, und der auf einer zunehmenden, im Rahmen des Biotops ungewöhnlichen Erleichterung der Lebensbedingungen beruht. In deren Gefolge stellte sich, wie nicht anders zu erwarten, innerhalb der Populationsbilanz eine entsprechende Zunahme der Geburtenquote und eine Verlängerung der mittleren Lebenszeit, also ein Rückgang der Sterbequote ein.

Wie im Fall der Hirschpopulation aus Arizona (S. 260) und des Höhlenbären (S. 265) führte das Nachlassen des natürlichen Umweltdrucks daher auch beim Menschen zu einer fortlaufenden und schließlich extremen Zunahme der Populationsgröße. Wir wissen nicht genau, wie groß die Populationen der Australopithecinen- und der *»Pithecanthropus«*-Arten sowie diejenigen des eiszeitlichen Menschen waren, doch sprechen indirekte Hinweise dafür, daß sie so gut wie sicher nicht sehr umfangreich gewesen sind. Für den weiteren Verlauf der menschlichen Populationsdynamik liegen aber Schätzungen vor, die desto zuverlässiger werden, je mehr sie sich der Gegenwart nähern. Ihnen zufolge erreichte die menschliche Weltpopulation erst nach dem Jahr 20 000 v. Chr. einen Umfang von über 2 Millionen Individuen. Etwa 8000 v. Chr. waren es bereits 10 Millionen, ungefähr im Jahre 325 v. Chr. aber erreichte der Anstieg schon die Zahl von 100 Millionen, die im 16. Jahrhundert auf 400 bis 500 Millionen anwuchsen. Die erste Milliarde war im 19. Jahrhundert erreicht, die zweite um 1930, die dritte um 1960. Dem Jahrbuch der Vereinten Nationen zufolge betrug 1972 die Zahl etwa 3,7 Milliarden, heute handelt es sich bereits um mehr als 3,9 Milliarden, und wenn die Wachstumsrate mit der vorausberechenbaren Steigerung zunimmt, so ist nach Hochrechnungen, die für die Vereinten Nationen ausgeführt worden sind, für das Ende des 20. Jahrhunderts (also in nur 25 Jahren) mit einer menschlichen Weltbevölkerung von 6 bis 8 Milliarden zu rechnen! Wie eine Lawine, zuerst noch langsam anschwellend, hat die Weltpopulation des Menschen zahlenmäßig zugenommen, nicht etwa gleichmäßig, linear, sondern mit sich steigernder Beschleunigung (die Verdoppelungsfrist beträgt zur Zeit nur noch 33 Jahre), und sie befindet sich in einem rasanten, schwindelerregenden Anstieg. Was wir zur Zeit erleben, ist der Anfang des unkontrollierten Hochschnellens einer exponentiellen Wachstumskurve (Abb. 62, rechts), der vor etwa 20 Jahren noch unerkannt war, jetzt aber der Wissenschaft mit alarmierender Deutlichkeit immer bewußter wird.

Man hat diese Erscheinung in den USA »The population bomb« genannt, bei uns ist der nicht weniger treffende Ausdruck »Bevölkerungsexplosion« gebräuchlich geworden. Nun ist es zwar, wie auf S. 428 dargelegt wird, aus biologischen Gründen höchst unwahrscheinlich, daß das vorausberechnete Ausmaß dieser Übersteigerung der Populationsgröße tatsächlich eintreten wird. Es ist vielmehr vorauszusehen, daß natürliche Faktoren den Kurvenanstieg bremsen werden (was allerdings für die Einzelschicksale schon in der nächsten Generation gravierende Folgen haben wird). Dennoch: *Auch wenn die vorausgesagte Climax nicht erreicht wird, handelt es sich bei der exzessiven Zunahme des Populationswachstums ohne den geringsten Zweifel um diejenige Tatsache, die aufgrund der entstandenen Vermassung alle übrigen Aspekte in der gegenwärtigen Situation des Menschen entscheidend prägt. Sie ist das Resultat seiner Selbstdomestikation, das Ergebnis seiner sich zunehmend steigernden Spezialisation (Medizin, Wissenschaft, Technik). Und als solches hat die Bevölkerungsexplosion schon seit über zwei Jahrzehnten begonnen, auf ganz vitale Lebensbereiche immer stärker einzuwirken: auf das Gen-Reservoir, auf das Verhalten, auf die künstliche, und insbesondere auf die natürliche Umwelt des Menschen.*

Aufgeschreckt von den sich hier abzeichnenden Gefahren für die Zukunft der menschlichen Gesellschaft haben sich mehrere Symposien (Arbeitskonferenzen) namhafter Experten mit den Möglichkeiten der Zukunftsentwicklung befaßt[226]. Spontan bildeten sich internationale Gruppen von Wissenschaftlern und Persönlichkeiten des öffentlichen Lebens, die diesen Gefahren entgegenwirken wollen[227], und in mehreren Büchern und Schriften haben sich wissenschaftliche Autoren aufklärend an die Öffentlichkeit gewendet, um vor den voraussehbaren und sich zum Teil jetzt schon abzeichnenden Folgen zu warnen[228]. Sie haben die »Grenzen des Wachstums« aufgezeigt, die Schranken, welche der Expansion der künstlichen Umwelt des Menschen und damit seinem stürmischen zivilisatorischen und technischen Fortschritt gesetzt sind.

Während nun manche wissenschaftlich vorgehende Zukunftsforscher den Warnungen vor einem »predicament of mankind« abwartend oder mit skeptischer Gelassenheit aber jedenfalls ohne Aggressivität gegenüberstehen[229], hat sich bei uns – und auch in anderen Ländern – eine Gruppe von erbitterten Gegnern zu Wort gemeldet, deren Motivation, wie sie unverhohlen zum Ausdruck bringen, weit vorwiegend ideologischer Natur ist[230]. Ihre Avantgarde stammt vorwiegend aus bestimmten Kreisen der Soziologie und Politologie, die sich dem Fortschrittsglauben und der geistigen Konzeption eines in der Zukunft liegenden Heils der Menschheit verpflichtet fühlen.

Die Grundtatsachen der gesamten Problematik, vor welcher die Weltbevölkerung des Menschen heute steht, sind die folgenden:

1) Die *Bevölkerungsexplosion* spielt sich nicht etwa in den hochentwickelten Industrienationen ab (Geburtensteigerungsrate etwa 0,9 %), sondern in den meisten *der industriell unterentwickelten Länder* (Steigerungsrate 2 bis 3 %, je nach Region).

Sie bahnte sich zwischen 1900 und 1950 bereits an (Abb. 62, rechts), also zu einer Zeit, als die Industrienationen – damals z. T. noch als Kolonialherren – begannen, den unterentwickelten in sich allmählich steigerndem Maße auf dem Gebiet der Hygiene-Erziehung und der ärztlichen Betreuung Unterstützung zukommen zu lassen, so daß die Kindersterblichkeit abnahm und die mittlere Lebenserwartung sich etwas erhöhte. Der eigentliche Steilanstieg der Bevölkerungszahlen setzte sodann etwa ab 1950 ein, als diesen Ländern in zunehmendem Umfang Entwicklungshilfe geboten wurde.

2) Die rapide Zunahme der Weltbevölkerung läßt deren *Versorgung mit Nahrungsmitteln problematisch* werden.

Die so hoffnungsvoll in Angriff genommene »Grüne Revolution« erzielte bisher lediglich beschränkte Erfolge: Die Züchtung neuer Reis- und Weizensorten führte nur zu Teilergebnissen. Aufgrund von mehrjährigen Mißernten stieg der Weltpreis für Hartweizen seit Mitte 1972 um ein Vierfaches. Berechnungen ergaben, daß die landwirtschaftliche Produktion in den Entwicklungsländern um mindestens 4 % gesteigert werden müßte, wenn sie mit dem dortigen Zuwachs der Bevölkerungsgröße Schritt halten soll, doch hat sich der für diese Zwecke erforderliche Stickstoffdünger sehr beträchtlich verteuert, seitdem der Preis für sein vorwiegendes Ausgangsmaterial, das Erdöl, sprunghaft angestiegen ist. – Und schließlich sei noch erwähnt, daß die Nahrungsvorräte nach einer Schätzung des US-Landwirtschaftsministeriums dazu ausreichen würden, die gegenwärtige Erdbevölkerung nur für ganze 400 Tage zu ernähren: eine Reserve, die fast lächerlich gering ist!

3) Der sich unkontrolliert steigernde Zuwachs der Weltbevölkerung hat ein *enormes Anwachsen des Verbrauchs von Rohstoffen* zur Folge, die nicht erneuerungsfähig sind und deren Vorrat auf unserer Erde daher begrenzt ist.

4) Die Versorgung der anwachsenden Weltbevölkerung mit Nahrung und Gebrauchsgütern sowie die Zersiedlung der geographischen

Räume bedingen indirekt eine gefährliche Verschmutzung und *Zerstörung der natürlichen Umwelt.*

In Anbetracht aller dieser sehr ernst zu nehmenden Tatsachen hat die Vollversammlung der Vereinten Nationen im Dezember 1972 beschlossen,

– das Jahr 1974 zum »Weltbevölkerungsjahr« zu erklären (was der Weltöffentlichkeit kaum bewußt und von vielen Regierungen völlig ignoriert wurde),

— durch Experten einen »Weltbevölkerungsaktionsplan« erstellen zu lassen (was nach intensivsten Bemühungen gelungen ist, zu welchen die Arbeit von 14 Monaten, 4 Regionalkonferenzen und an die 40 Konsultationen mit Regierungen gehörten),

– bei einer 1974 nach Bukarest einzuberufenden »Weltbevölkerungskonferenz« diesen Aktionsplan den nationalen Delegationen zu seiner Annahme vorzulegen (was geschehen ist, aber zu einem nur mühselig bemäntelten Mißerfolg führte – vgl. S. 434).

Eine erste, unter dem Titel »Grenzen des Wachstums« veröffentlichte Studie des Club of Rome hatte offenbar vor allem deshalb Aufsehen erregt, weil sie zu dem Schluß kam, daß ein katastrophaler Niedergang der Menschheit noch vor dem Jahr 2100 auch dann einsetzen könnte, wenn es gelingen würde, (a) das Anwachsen der Population während der nächsten beiden Generationen zum Stillstand (Null-Wachstum) zu bringen, (b) umfangreiche neue Rohstoffvorräte zu entdecken und (c) mindestens drei Viertel der gegenwärtigen Umweltverschmutzung rückgängig zu machen. Für die Voraussetzung (b) muß allerdings gelten, daß ihr wenig Chancen eingeräumt werden können. Gewiß werden auch heute noch immer wieder neue Lagerstätten entdeckt, doch steigt ja zugleich der Bedarf in absolut unproportioniertem Umfang an, und da es sich um nicht-reproduzierbare Naturstoffe handelt, die sich nicht wie das Wasser und die Luft stetig erneuern, muß der auf unserem Planeten vorhandene Vorrat eines Tages unausweichlich erschöpft sein. An dieser unwiderleglichen, logischen Überlegung kommt keine noch so geschickte Gegenargumentation vorbei. Was aber die Voraussetzung (c) betrifft, so muß bedacht werden, daß dieser Vorgang langwierig ist, und so manche Folgen der bereits erfolgten Umweltveränderung so gut wie irreversibel sind, vor allem im Bereich biologischer Ökosysteme. In der Praxis so gut wie mit Sicherheit nicht zu erreichen ist schließlich die eine Geburtenbeschränkung der Entwicklungsländer erfordernde Voraussetzung (a), und zwar aus weltpolitischen und psychologischen Gründen (S. 432). Sind aber alle in der Studie des Club of Rome enthaltenen Ergebnisse und Schlußfolgerungen völlig richtig, so befindet sich der *Homo sapiens* in einer wirklich bedenklichen Lage, und das ist auch nach den neueren Studien tatsächlich der Fall.

Die einfachste Reaktion wäre nun natürlich die, diese Ergebnisse zu ignorieren oder deren Berechtigung in Abrede zu stellen. Man kann sich dabei die

Sache so leicht machen wie John Maddox, der seine in Buchform erschienene Gegenschrift[233] schon im Vorwort als »kein gelehrtes Werk, sondern eine Beschwerde« ankündigt, und der sich daraufhin offenbar von der Verpflichtung entbunden fühlt, seinen Behauptungen entsprechende Beweise oder zumindest Quellenangaben hinzuzufügen (was nur in sehr seltenen Ausnahmen geschieht). Im übrigen werden in dieser Schrift in weitgehend unverbindlicher Weise zahlreiche verharmlosende Argumente vorgebracht, wie etwa die folgenden:

Es gibt angeblich »Beweise, daß die nächsten Jahrzehnte wahrscheinlich die fetten Jahre sein werden, um es in der Sprache des Alten Testaments auszudrücken«. Nur: Das Vorlegen dieser Beweise unterbleibt, das Thema wird gewechselt.

»Der Hunger ist heute kein Schreckgespenst mehr, sondern höchstens noch eine Vogelscheuche.« Versuch eines Beweises: Überall in der Welt werden zur Zeit die Methoden der Agrikultur verbessert und die Anbauflächen erweitert. Zudem habe eine Statistik der FAO (Jahresbericht 1970) ergeben, daß die landwirtschaftliche Weltproduktion um 0,7 % jährlich schneller anzuwachsen beginnt als die Weltpopulation. Insgesamt müßten 7,5 Milliarden Menschen zu ernähren sein, wenn alle nutzbaren Flächen Verwendung finden (vgl. jedoch die weiter oben gemachten Angaben sowie[234]).

»Die Umweltschützer sorgen sich unnötig ... um die natürlichen Rohstoffe ...« Zwar wisse man, daß die Vorräte eines Tages erschöpft sein werden, dieser liege aber »noch in weiter Ferne«. Beweis: Keiner. Es sei denn, man werte als einen solchen den schlichten Hinweis auf die persönliche Überzeugung, daß Kernenergie und Energiegewinnung aus dem Wasser (Wasserstoff) künftig die fossilen Brennstoffe (Erdöl, Kohle) als Energielieferanten ersetzen werden (vgl. jedoch[235]).

Was aber das Hauptproblem betrifft, nämlich die Bevölkerungsexplosion[236] in der Dritten Welt, so erscheint seine Diskussion Maddox als »irreführend, makaber und beleidigend«; sie könne den Eindruck eines »herablassenden Neokolonialismus« erwecken. Im übrigen betont der Autor mehrfach, daß es Anzeichen gibt, welchen zufolge die Fruchtbarkeit in latein-amerikanischen Ländern und in Südostasien bereits abnehme.

Hier werden als Versuch eines Beweises endlich konkrete Zahlen vorgelegt, doch sieht man sich die als Beleg gedachte Tabelle näher an, so stellt sich heraus: Für den amerikanischen Kontinent können neben Kanada und den Vereinigten Staaten (beide keine latein-amerikanischen Länder) sowie Chile (einem der besser gestellten, nicht typischen Länder) lediglich die kleinen, in keiner Weise repräsentativen Staaten der karibischen Inseln aufgeführt werden, für Asien die gleichfalls untypischen städtischen oder jedenfalls kleinen Staatengebilde wie Singapur, Hongkong, Ceylon, neben Jordanien und Pakistan. Die wirklichen Problemfälle sind nicht dabei, die Tabelle ist, um es auf gut englisch auszudrücken, wohl im Übereifer unbemerktes »window dressing«. Das aber muß Verwunderung hervorrufen.

Der Umstand, daß die eigentlichen Ursachen des allgemeinen Weltproblems der Situation gerade der Entwicklungsländer entstammen, erschwert seine sachliche, ausgewogene Diskussion in sehr beträchtlicher Weise, denn das jedem bekannte Bild der Armut, des Elends und des Hungers, das in vielen dieser Regionen herrscht, ist so erschütternd, daß die Reaktion des Betrachters nahezu zwangsläufig emotional sein muß, wenn er sich auch nur den geringsten Rest von Mitgefühl, Barmherzigkeit und Solidaritätsempfinden bewahrt hat. Hier uneigennützig Hilfe zu leisten ist eine selbstverständliche Pflicht der Humanität, der sich die Industrienationen aus Gründen menschlicher Moral auch dann nicht entziehen dürfen, wenn durch diese Hilfeleistung einmal eine entsprechende Einschränkung des eigenen Konsums notwendig werden wird (wobei allerdings auch die gleichzeitigen wirtschaftlich negativen Auswirkungen auf Rohstoffexporteure unter den Entwicklungsländern berücksichtigt werden müssen, Auswirkungen, die sich einstellen, wenn aufgrund der Produktionsdrosselung die Nachfrage nach Rohstoffen abnimmt und deren Preise sinken).

Die emotionale Reaktion ist also in jeder Hinsicht verständlich und natürlich. Aber ausschließlich von der Gefühlsaufwallung diktierte Erwägungen sind, betrachtet man sie unter dem Blickwinkel der Vernunft, recht häufig schlechte, jedenfalls aber kurzsichtige Ratgeber, und das ist auch hier der Fall. Die Emotion fordert mit Dringlichkeit, nach Kräften zu helfen, Entwicklungshilfe zu leisten, welche den sozialen und ökonomischen Fortschritt einleiten, also den Lebensstandard anheben soll, so daß die Völker der Entwicklungsländer endlich von Not und Hunger befreit werden und das Leben auch ihrer ärmsten Bevölkerungsteile menschenwürdig wird. Das nur emotionale Urteil bedenkt aber unglücklicherweise nicht, daß jede einsetzende Verbesserung der Lebensbedingungen mit biologischer Automatik ja nach wie vor zu einem weiteren Anwachsen der Bevölkerungszahl führt. Mit Hilfe der Unterstützung erzielter Zuwachs des Sozialprodukts wird daher durch die neuen, auf diese Weise hinzugekommenen Bevölkerungsteile sofort wieder aufgezehrt. Unter diesen Umständen kann selbst die intensivste Entwicklungshilfe in den betreffenden Ländern keinen wirtschaftlichen Fortschritt zustande bringen (eine Erkenntnis, welche sich z. B. die Regierung Indiens aufgrund praktischer Erfahrungen zu eigen gemacht hat), sondern bestenfalls ein Stagnieren der wirtschaftlichen Situation. Wo aber der Populationszuwachs in manchen Fällen extrem schnell vorauseilt, kann diesem Stagnieren aufgrund des überschnell ansteigenden Bedarfs sogar ein wirtschaftlicher Rückschritt folgen, die Not sich sogar noch steigern.

So hart und abstoßend das auch klingen mag: Nüchtern und realistisch betrachtet, wird die Entwicklungshilfe zu einem Instrument, das die Not der Entwicklungsländer nicht etwa lindern hilft, sondern auf längere Sicht sogar vergrößern muß, solange in diesen die Zuwachsrate der Population so abnormal und unkontrolliert ansteigt, wie dies seit mehreren Jahrzehnten der Fall ist. Einer Population, die sich alle 33 Jahre verdoppelt, und deren Bevölkerungsexplosion durch die gewährte Hilfe sogar noch gefördert wird, kann selbst der Einsatz umfangreichster Mittel keinen Fortschritt bescheren, sondern nur das Gegenteil dessen, was ursprünglich beabsichtigt war. Der Zyklus »Entwicklungshilfe = Verstärkung der Bevölkerungszunahme = Ansteigen der Bedürfnisse, = Steigerung der Entwicklungshilfe = weitere Verstärkung der Bevölkerungszunahme = zusätzliches Ansteigen der Bedürfnisse, usw.« ist ein Teufelskreis, der durchbrochen werden muß, wenn man aufrichtig den Wunsch hegt, die Menschen der Dritten Welt aus dem Elend zu erlösen. So muß sich also dem humanen Empfinden und dem emotionalen Engagement die nüchterne sachliche und logische Überlegung hinzugesellen, und geschieht dies, so wird klar, daß das bisherige Flickwerk von vordergründig zwar ehrenwerten aber auf die Dauer eben nutzlosen Maßnahmen durch ein neues, realistisches und durchdachtes System ersetzt werden muß. Dieses müßte vor allem darauf basieren, daß die Entwicklungshilfe fordernden Regierungen sich zu einer vernünftigen, von den Vereinten Nationen kontrollierten Bevölkerungspolitik verpflichten, das widersinnige Ausmaß des Populationswachstums einschränken und somit auf die Dauer eine zu echtem Fortschritt führende Wirksamkeit dieser Entwicklungshilfe garantieren.

Die globale Gesamtproblematik hat jedoch auch noch einen zweiten Aspekt. Ist das in den meisten Ländern der Dritten Welt vorherrschende Hauptproblem der beschleunigte Bevölkerungszuwachs, so muß als das der Industrienationen (und zwar sowohl der staatskapitalistischen als auch der staatssozialistischen) die Zerstörung ihrer natürlichen Umwelt durch die zunehmende Industrieproduktion gelten[237]. Diese letztere ermöglicht es ihnen, ihren eigenen steigenden Bedarf zu decken, aber auch den der noch weit stärker und schneller anwachsenden Bevölkerung der Entwicklungsländer. In diesen nimmt die Kopfzahl aufgrund der so sich etwas verbessernden Lebensbedingungen aber erneut und verstärkt zu, was einen zusätzlichen, erhöhten Bedarf an Gütern, in den Industrienationen aber eine weitere Verstärkung der Produktion und damit eine erneute Zunahme der Umweltverschmutzung und des Rohstoff- sowie Energieverbrauchs bewirkt, usw. (Dabei werden automatisch die reichen Industrienationen immer reicher, während die geringen Finanzreserven der ärmeren Entwicklungsländer, soweit überhaupt vorhanden, bestenfalls gleich bleiben oder bei weiterer Steigerung des Bevölkerungswachstums sogar schrumpfen.) Auch diese Kausalkette kann man nicht anders als einen verhängnisvollen Teufelskreis nennen, eine sich hochschraubende und sich selbst beschleunigende Entwicklung, der ohne vernunftgeleitete, wirkungsvolle Maßnahmen der Empfängnisverhütung bei den unterentwickelten nicht mehr Einhalt geboten werden kann.

Zum gegenwärtigen Zeitpunkt scheinen aber die Regierungen der meisten Entwicklungsländer die Logik dieser Schlußfolgerungen noch nicht einsehen zu wollen, und so wird die derzeitige Entwicklung vermutlich ihren Fortgang nehmen. Von den vorauszusehenden Folgen aber werden, wenn auch in unterschiedlichem Ausmaß, schließlich alle betroffen werden, denn entwickelt oder nicht, farbig oder weißhäutig, Mitmensch im kapitalistischen oder im sozialistischen System, sie alle sitzen gemeinsam im selben Boot: Der Lebensraum Erde ist nicht unbegrenzt, und der in ihrer Natur waltenden, blinden Selektion ist es gleichgültig, ob eine biologische Teilpopulation mehr oder weniger Pigmente in ihrer Körperhaut aufweist und ob sie zu ihrem Stammes-Totem einen Adler oder Hammer und Sichel erwählt hat.

So müßte man eigentlich erwarten, daß sich – als Reaktion auf die neuen Erkenntnisse – bei allen vernünftigen Menschen, unabhängig von nationaler Zugehörigkeit, Religion, Hautfarbe und Ideologie der gemeinsame Wunsch einstellt, der sich bereits abzeichnenden und letztlich ausnahmslos alle Menschen betreffenden Bedrohung entgegenzuwirken. Sehr viele aber scheinen Gemeinsamkeit nur in dem Wunsch aufbringen zu können, diese Ergebnisse von Meadows und Meadows möchten doch nur ja unrichtig sein – womit das schlechte Gewissen besänftigt, das Beunruhigende verdrängt, das Problem scheinbar gelöst wäre. Und natürlich finden sich schnell auch einige Wissenschaftler, die gern Abweichendes verkünden (zumal sie des Beifalls der erleichterten Öffentlichkeit ebenso gewiß sein können, wie des Wohlwollens von Journalisten und Rezensenten). Manche von ihnen behaupten, die von Meadows veröffentlichten Trend-Analysen und Planspiele für die künftige Entwicklung widerlegt zu haben, andere wollen sie lediglich in bezug auf die Geschwindigkeit des Ablaufs modifizieren usw.

Wo aber Fachleute sich nicht einig werden können, muß nun jeder einzelne von uns sich sein eigenes, vorläufiges Urteil bilden, wozu es sich empfiehlt, jene Diskussion zu lesen, die im Oktober 1973 anläßlich der Verleihung des Friedenspreises des Deutschen Buchhandels an den Club of Rome zwischen Meadows und einigen Kontrahenten in Frankfurt geführt worden ist[238]. Doch für unsere eigenen Zwecke ist der Streit zwischen den Computer-Spezialisten nur von untergeordneter Bedeutung. Ob eine die bedrohliche Entwicklung beendende Katastrophe überhaupt, und ob sie im Jahre 2000, 2100 oder 2150 eintreten wird, kann für unsere Betrachtungen zunächst noch nicht von Belang sein. Bedeutsam sind hier ja nur die folgenden, auf die gegenwärtige Situation bezogenen Tatsachen, deren Zutreffen kein Unvoreingenommener bestreiten kann:

a) Die Weltbevölkerung *hat* exponentiell, und zwar sehr stark, zugenommen, der zahlenmäßige Aufwärtstrend *hat* sich extrem gesteigert (Abb. 62, rechts). Und für die nächsten 25 Jahre eine freiwillige, vom Menschen selbst bewirkte Maßnahme zur Unterbrechung dieser Entwicklung zu erwarten, ist völlig illusorisch, zumal selbst der Versuch einer unvollkommenen Verzögerung des Wachstumsprozesses bereits hintertrieben worden ist (S. 434).

b) Der steigende Versorgungsbedarf führt *tatsächlich* zunehmend zu einer Ausschöpfung nicht ersetzbarer Ressourcen der natürlichen Umwelt sowie zu einem Raubbau an den gegenwärtig verwendbaren Energiequellen aus dem mineralischen Bereich.

c) Er bedingt *tatsächlich* eine Vergiftung der Lebensräume (durch Industrie-Emissionen, chemische Abfallprodukte, Ölpest, Insektizide usw.) sowie eine Vernichtung wesentlicher Teile der natürlichen Umwelt (Zerstörung der natürlichen Landschaften, Gefährdung natürlicher Ökosysteme usw.).

d) Die einsetzende Tendenz zur Übervölkerung hat, wie noch gezeigt werden soll, auch ihre negative Auswirkung auf die Verhaltensweisen und -normen des Menschen, und

e) sie übt, wie anschließend erläutert wird, auch einen gewissen Einfluß auf das genetische Potential der Menschen aus.

Bei den Komplexen a) bis c) Einzelheiten der Gegenwartssituation darlegen zu wollen oder Bilanzen, Modellrechnungen und Voraussagen versuchen zu wollen, muß Berufeneren überlassen bleiben[239, 266]. Für die Zwecke unserer Überlegungen erscheint es weit wichtiger, das folgende hervorzuheben: Es ist weniger bedeutsam, daß es theoretisch vielleicht sogar gelingen könnte, wie manche meinen, neue Energiequellen (etwa die der Sonne) nutzbar zu machen, neue Rohstoffe zu schaffen, die Ernährung sicherzustellen und die Umweltzerstörung rückgängig zu machen. Relevant ist doch vor allem, daß alles das so schnell, so weltumfassend und so effektiv geschehen müßte, daß die negativen Folgen des inzwischen weiter zunehmenden Populationswachstums neutralisiert werden können. Das alte Thema unseres Kapitels VII: Das Problem einer progressistischen, hoch spezialisierten Stammeslinie ist nicht nur, ob sie sich einer Umweltänderung *überhaupt*, sondern auch, ob sie sich dem neuen Selektionsdruck durch Neu- oder Umadaptation *genügend schnell* anpassen kann, denn wird die Spezialisationsrichtung beibehalten, so wirkt sich ja schließlich die Gegenselektion aus. – Damit aber sind wir zu unserer Kernfrage zurückgekehrt, nämlich zu der Prüfung, ob beim Menschen der Grad der Überspezialisation bereits erreicht ist. Blicken wir auf das oben Dargelegte zurück, so müssen wir in diesem Zusammenhang wohl sagen:

Die exzessive Zunahme des Populationswachstums und die durch sie bedingte Zerstörung der natürlichen Umwelt haben jetzt ein solches Ausmaß und eine derartige Beschleunigung erfahren, daß die Ausgewogenheit zwischen der adaptiven Spezialisation der menschlichen Stammeslinie und der natürlichen Umwelt bereits sehr stark beeinträchtigt erscheint. Zugleich hat der Mensch offenbar keine ausreichende Möglichkeit, ja noch nicht einmal die Absicht, dem Fortschreiten seiner Spezialisationstendenz (zivilisatorische Technik u. a.) oder deren populationsdynamischen Folgen aus eigener Kraft Einhalt zu gebieten. Ob eine Überschreitung der optimalen Populationsgröße und ob der kritische Schwellenwert der Umweltveränderung und damit die definitive Überspezialisierung der Menschenlinie bereits erreicht sind, läßt sich schwerlich entscheiden. Wohl aber scheint diese Situation schon für die allernächste Zukunft bevorzustehen oder sich bereits angebahnt zu haben, wie aus der beschleunigten Ausbeutung der metallischen und nichtmetallischen Lagerstätten und aus den ersten vorübergehenden Anzeichen einer weltweiten Energiekrise geschlossen werden könnte.

Die genetischen Folgen

Die zunehmende psycho-evolutive Spezialisierung des Menschen hat, so deutete ich bereits an, eine Prosperitätssituation (S. 256) herbeigeführt, deren äußeres, sichtbares Zeichen ebenso wie bei tierischen Populationen eine extreme Zunahme der Bevölkerungsdichte ist, aber auch die Zerstörung der eigenen Umwelt durch deren Überforderung. Eine solche Prosperitätssituation kommt, wie erwähnt, dadurch zustande, daß aufgrund von ungewöhnlichen Ereignissen die natürliche Auslese vorübergehend zwar nicht völlig aufgehoben, aber doch stark eingeschränkt wird, so daß sich die Lebensbedingungen bis zum Erreichen eines Kulminationspunktes sehr schnell und sehr wesentlich verbessern. Allerdings stellt sich als Nebenfolge auch eine besondere Anreicherung von Mutanten mit schädlichen Erbanlagen ein, die unter normalen Bedingungen von der Selektion ausgemerzt worden wären (vgl. das Beispiel des Höhlenbären, S. 267).

Auch in dieser Hinsicht unterscheidet sich die Situation des modernen Menschen nicht grundsätzlich von der einer tierischen Population mit Prosperitätsstatus. Wie Mediziner[186] und Genetiker[168] bereits mehrfach betont haben, bleiben heute Träger von Erbkrankheiten oder anderen genetisch fixierten Defekten erhalten, die vor den Fortschritten der Wissenschaft und der Medizin unter natürlichen Bedingungen eine nur sehr kurze Lebensdauer gehabt hätten[240]. Die Beispiele des Retinoblastoms, verschiedener Anämien, des Diabetes mellitus, mögen hier für zahlreiche weitere stehen. Auch nehmen Myopie (Kurzsichtigkeit) und die verschiedensten Allergien in der menschlichen Population zu. Das aus übergeordneter Sicht Bedenkliche ist dabei aber nicht so sehr, daß damit auch das persönliche Schicksal des nun länger lebenden und leidenden Betroffenen belastet wird, sondern daß *Mutanten mit einzelnen biologisch nachteiligen Erbanlagen im Gegensatz zu früher jetzt zur Fortpflanzung kommen, diese negativen Erbanlagen somit dem allgemeinen Gen-Reservoir zugeschlagen werden und sich in diesem anreichern können.* Das aber ist nicht nur in den einzelnen Teilpopulationen der Fall; der heute kaum limitierte Reiseverkehr und der angestiegene Austausch von Auswanderern sorgen dafür, daß sich im weiten Rahmen der Weltpopulation eine Ausbreitung anbahnen kann. Die aufgrund der Prosperitätstendenz erfolgende Massenvermehrung der Bevölkerung hat in der Regel eine Beeinträchtigung oder sogar Verfallserscheinungen im genetischen Potential zur Folge, und so wäre es unverantwortlich, vor dieser biologischen Tatsache aus ideologischen oder anderen Beweggründen die Augen verschließen zu wollen.

Das letztere gilt in gleicher Weise für eine weitere Folgeerscheinung des Bevölkerungswachstums. Wie unsere Abb. 62 erweist, steigen die

Zahlen in den Entwicklungsländern in extremer Weise und daher weitaus schneller an als in den vorwiegend der europiden Subspezies zugehörigen Industrienationen. Soll die Menschheit als ein Ganzes lebensfähig bleiben, ist also eine freiwillige Geburtenbeschränkung gerade bei jenen menschlichen Subspezies erforderlich, welchen die Bewohner der besonders geburtenstarken Entwicklungsländer angehören.

Gegen diese unumstößlich logische Aussage aber ertönen aus den verschiedensten ideologischen und doktrinären Ecken Bedenken, ja sogar scharfe Angriffe, und wer an diese Dinge rührt, muß gewärtig sein, auch im Kreis von Naturwissenschaftlern schon nach kurzer sachlicher Diskussion mit einem Hinweis auf Hitlers Rassenpolitik konfrontiert zu werden. Noch mehr gilt dies von vielen Soziologen. (So z. B. beschimpft H. v. Nussbaum die Öffentlichkeit, weil sie dem Bericht des Club of Rome Interesse entgegenbrachte, sie habe »prä- oder postfaschistische Bewußtseinsstrukturen« vgl. in[238]). Das aber ist ein oberflächlicher, unstimmiger und daher ungerechtfertigter Vergleich, denn bei der von den Nationalsozialisten betriebenen sogenannten »Endlösung« ging es diesen ja um physische Vernichtung, nicht aber um jene Aufrechterhaltung eines demographischen Gleichgewichts durch humane Empfängnisverhütung, die allein hier zur Diskussion steht. Ferner war dort der Beweggrund ja keineswegs das Interesse an einer Stabilität der menschlichen Weltpopulation, sondern irrationale, rassistische Überheblichkeit.

Beobachtet man das Problem mit jener wissenschaftlichen, dem Emotionalen abschwörenden Nüchternheit, die Voraussetzung für ein sachliches Urteil ist, so kommt man nicht umhin, festzustellen: Die phylogenetische Lebensfähigkeit der Weltpopulation einer Spezies hängt auch davon ab, daß in ihrem Gen-Reservoir eine betont pluralistische Ausgewogenheit des Erbguts herrscht, denn nur auf diese Weise bildet sich jene Reserve an latenten Adaptationsmöglichkeiten, die bei Veränderungen des Selektionsdrucks mobilisiert wird und ein Überleben der Population durch Neuanpassung ermöglicht. Einseitigkeit in der Zusammensetzung des Gen-Reservoirs beeinträchtigt diese erforderliche Flexibilität, Vielseitigkeit erhöht die Chancen. *In der Weltpopulation des Homo sapiens hatte sich hinsichtlich der Anteile, welche die verschiedenen Subspezies im allgemeinen Gen-Reservoir darstellen, durch Evolution ein bestimmter, natürlicher Pluralitätsgrad eingespielt. Dieses genetische Gleichgewicht zwischen den menschlichen Großgruppen wird durch die einseitige Bevölkerungsexplosion und die durch sie verschärfte innerartliche, zwischen den Subspezies bestehende biologische Konkurrenz jetzt empfindlich gestört.*

Sehr drastisch hat das der amerikanische Biologe Garrett Hardin formuliert: »Der Konkurrenzkampf über die menschlichen Keimdrüsen ist in einer pazifistischen Welt (in der wir aufgrund der berechtigten Angst vor den Kernwaffen tatsächlich leben – Verf.) genauso gefährlich und führt zu ähnlichem Leid wie der militärische Einsatz von Atombomben«[124] – nämlich zu jenem Leid, das dem Einzelmenschen aus den Folgen der Bevölkerungsexplosion vermutlich erstehen wird (S. 435–436).

Haben wir bisher jene genetischen Folgen betrachtet, die dem Menschen aus der Steigerung seiner einseitigen Spezialisation in somatischer

Hinsicht erwachsen sind, so darf auch der psychische Bereich nicht unberücksichtigt bleiben, der ja weitgehend gleichfalls genetisch verankert ist. Er findet seinen Ausdruck in den Verhaltensweisen, und diese haben sich tatsächlich in demselben Ausmaß verändert, in welchem die Psycho-Evolution und damit die Spezialisation des Menschen fortschritt. Diesem überaus wichtigen Sektor im Status des gegenwärtigen Menschen muß des Umfangs wegen ein eigener Abschnitt dieses Kapitels gewidmet werden, doch sollen vorab hier die allgemeinen genetischen Grundlagen und die kausalen Zusammenhänge dargelegt werden. Diese setzen sich aus mehreren Elementen zusammen: der Verbindung von Selbstdomestikation und Prosperitätssituation; der Fortsetzung der neotenen Infantilisierung; und einer Übersteigerung der gruppeninternen Konkurrenz (gruppeninterne Selektion).

Die These von der Selbstdomestikation des Menschen (S. 344) ist von Th. Dobzhansky allerdings abgelehnt worden[168], der meint, ein Vergleich der Entwicklung des Menschen mit der Entstehung der Haustiere sei unzulässig, da hier zwei gänzlich verschiedene Situationen vorliegen sollen: Die Domestikation der Haustiere sei dadurch erfolgt, daß die natürliche Auslese teilweise durch die künstliche ersetzt worden ist. Beim Menschen aber wirke die natürliche Auslese fort, sie sei auf keinen Fall gänzlich durch die künstliche verdrängt worden. Dobzhansky hätte aber stutzig machen müssen, daß er als um Objektivität bemühter Wissenschaftler gezwungen war, die Ausdrücke »teilweise« und »auf keinen Fall gänzlich« nebeneinander zu verwenden, und daß sie ja nur verschiedene Nuancen desselben Grundbegriffs darstellen. In Wirklichkeit besteht denn auch ein grundsätzlicher Unterschied sicherlich nicht: Die natürliche Selektion ist weder beim Haustier völlig ausgeschaltet (Haushühner fallen dem Habicht oder Fuchs zum Opfer, Rinderherden der Maul- und Klauenseuche oder Dürrekatastrophen), noch ist sie beim modernen Menschen völlig aufgehoben, der von seiner natürlichen Umwelt letztlich doch abhängig bleibt. Ferner ist – wiederum in beiden Fällen – diese natürliche Selektion weitgehend eingeschränkt und zum großen Teil (wenn auch nicht völlig) durch die künstliche ersetzt. – Der einzige wirkliche Unterschied besteht darin, daß das Haustier seine Domestikation nicht selbst betrieben hat, der Mensch aber wohl. Dieser im Grunde unmaßgeblichen Differenz wird durch die Verwendung der Bezeichnung »*Selbst*domestikation« aber sicherlich ausreichend Rechnung getragen.

Domestizierte tierische Teilpopulationen lassen, wie zahlreiche Biologen erkannt haben, nicht nur typische, vielfach auch genetisch kontrollierte Veränderungen von Körpermerkmalen erkennen (S. 345), sie entwickeln darüber hinaus auch Umstellungen im Verhalten, die bereits pathologische Züge tragen. Wie Konrad Lorenz mehrfach betont hat, verhält es sich dabei so, daß phylogenetisch alte, stabilere Triebhandlungen zur Hypertrophie neigen: Nahrungserwerb kann zur ungehemmten Freßgier, Begattung zu hemmungsloser (»viehischer«) Sexualbetätigung werden, Fluchtverhalten und gruppeninterne Aggression tendieren zur hysterischen (und »sadistischen«) Übersteigerung. Andererseits stellen sich bei phylogenetisch jüngeren Triebhandlungen oft Ausfallserscheinungen ein: Der Brutpflege und der Brutverteidigung dienende Verhaltensweisen können gestört sein, bei den verschiedenen Normen des Sozialbereichs stellt sich häufig Fehlverhalten ein (Töten der Jungen oder Kannibalismus am eigenen Nachwuchs, Ermordung des Gruppengenossen, Inzest und Vergewaltigung, Gruppenehe statt normaler monogamer, Unselbständigkeit der Jungtiere). Dieselben abnormalen Verhaltensweisen können bei sozial lebenden Tieren aber auch in der Gefangenschaft angetroffen werden, so z. B. in zu kleinen Gehegen, in welchen die Gruppe auf besonders engem Raum leben muß[241]. Diese befindet sich ja auch hier unter »Domestikationsbedingungen«, wird versorgt, und ist durch den Menschen von der natürlichen Umwelt und deren Selektion abgeschirmt. Auch hier besteht also eine Prosperitätssituation und ein entsprechender, ja sogar ein extremer »crowding effect«. Wie bei der Prosperitätssituation von Wildpopulationen und wie bei den domestizierten Tieren ist die Folge auch bei den auf engem Raum gehaltenen Wildtiergruppen eine Wohlstandsverwahrlosung der Individuen, ein Zusammenbrechen vor allem jener offenbar vorwiegend genetisch fixierten[180] Verhaltensnormen, die zuvor das Sozialleben in der Gruppe ermöglicht und geregelt hatten.

Dabei sind die meisten der beobachteten Phänomene so geartet, daß das sie aufweisende, nach seinem Lebensalter und der körperlichen Entwicklung völlig gereifte Individuum in seinem Verhalten den Eindruck von psychischer Unreife, von Infantilität, erweckt. Das kann sicherlich hinsichtlich der ungehemmten Nahrungsaufnahme und des nicht völlig freigesetzten Brutpflegetriebs behauptet werden, und erst recht natürlich in jenen Fällen, in welchen völlig ausgewachsene Jungtiere (so z. B. beim Kuhreiher[241]) von den Eltern auch dann noch verlangen, mit Futter versorgt zu werden, wenn sie bereits eigene Nachkommen haben. Erinnern wir uns nun, daß eine ganze Reihe von körperlichen Domestikationsmerkmalen frühontogenetischen Charakter trägt, wie denn die mit der Domestikation verknüpfte Neotenie allgemein eine »Verjugendlichung« der Stammeslinie bewirkt (S. 187, 346)! Ganz ähnlich scheint die Situation auch bei den Verhaltensmerkmalen zu sein: Die erwähnte Wohlstandsverwahrlosung bei der Domestikation und beim »crowding effect« von in beengter Gefangenschaft gehaltenen Gruppen trägt zum großen Teil den Charakter einer gewissen Infantilisierung des Verhaltens.

Das Verhalten, allgemein

Da aber, wie schon mehrfach gezeigt wurde, die Situation des modernen Menschen in besonderem Maß von seiner hochgesteigerten Selbstdomestikation und seiner biologischen Prosperitätssituation geprägt wird, erscheint es erforderlich, den gegenwärtigen Status seiner Verhaltensweisen auch unter diesen Aspekten zu prüfen. Das aber ist außerordentlich schwierig, und zwar aus mehreren Gründen. Erstens muß bedacht werden, daß die menschlichen Verhaltensnormen in den verschiedenen Kulturkreisen, aber innerhalb dieser auch bei den verschiedenen Klassen-, Alters- und anderen Sozialgruppen, beträchtlich differieren, und daß somit in der menschlichen Weltpopulation ein fast unübersichtlich breites Verhaltensspektrum besteht. Zum anderen wirkt sich das menschliche Verhalten in so verschiedenen Sektoren des gesellschaftlichen Lebens aus, daß auch in dieser Hinsicht ein unermeßlich weites Feld gegeben ist. So wird also eine sinnvolle Beschränkung unserer Sicht unumgänglich sein, zumal in unserem Zusammenhang ja nur jene Bereiche von Interesse sind, die für den gegenwärtigen Evolutionsstatus des Menschen bedeutsam erscheinen.

Diesen letzteren Punkt besonders hervorzuheben scheint mir erforderlich zu sein. Selbstverständlich können Betrachtungen wie die hier beabsichtigten das Verhalten in so umfangreichen, vielschichtigen Lebensbereichen wie denjenigen der Religion, der Künste, der Literatur und des Sozialverhaltens diesen niemals voll gerecht werden, weil sie in ihrer Unvollständigkeit und der Auswahl der Aspekte einseitig bleiben müssen. Zudem sollte bedacht werden, daß die hier angestellten Erwägungen einem in dieser Hinsicht laienhaften (gerade deshalb aber auch unbefangenen) Blickwinkel entstammen. Doch geht es hier ja keineswegs um eine auf Spezifisches eingehende, tiefschürfende Kunst- oder Literaturkritik oder ähnliches, sondern einzig und allein um die Berücksichtigung jener Verhaltensaspekte in der Religion, den Künsten, der Literatur, welche im Zusammenhang mit dem gegenwärtigen Stand der Psycho-Evolution und damit der weiteren Bio-Evolution des Menschen relevant sind. Was aber den möglichen Einfluß der diesbezüglichen zeitgenössischen Strömungen und Tendenzen auf die Evolution des Menschen betrifft, so liegt seine Beurteilung beim Evolutionsforscher sicherlich in kompetenterer Hand als in der des Kunsthistorikers, des Religions- und des Literaturwissenschaftlers.

Vorreiter der menschlichen Psycho-Evolution und damit Schöpfer der mit Hilfe ihrer Technologien hervorgebrachten künstlichen Umwelt war seit der Entwicklung der Naturwissenschaften jene Unterart (Rasse), die als die europide bezeichnet wird; erst um die Jahrhundertwende haben auch andere Subspezies (in Asien z. T. die mongolide, in Lateinamerika die indianide u. a.) begonnen, an dieser Entwicklung aktiv teilzunehmen. Es ist ferner wahrscheinlich, daß auch die künftigen Entwicklungen, sei es zum Guten, sei es zum Schlechten, von hier aus ihren Anfang nehmen werden. So scheint es also angebracht, unsere Sicht auf die Situation der Europiden-Zivilisation zu konzentrieren, wobei dieser Begriff allerdings nicht zu eng verstanden werden sollte: Wer in Japan oder Malaysia, in Mexico oder Venezuela die Augen offen hält, dem entgeht nicht, wieviel ursprünglich europides, »weißes« Zivilisations- und Kulturgut im Zuge der Industrialisierung dort besonders in den Städten Einzug gehalten und sich dem bodenständigen hinzugesellt hat.

Noch etwas anderes bleibt zu bedenken: Zwar lag der Ursprung dieser Art von Kultur und Zivilisation in Europa, wo deren Entwicklung auch weiterhin anhielt. Doch haben sich im Laufe der Geschichte neben kleineren (Australien, Südafrika) zwei größere, in sich typische Varianten herausgebildet, beide im Gefolge einer Art von Isolation europider Teilpopulationen, und zwar durchaus so, wie die Entwicklung neuer Merkmale auch in der Bio-Evolution vor sich geht. Die europäischen Aussiedler in Nordamerika haben zwar den Kontakt zu ihrer europäischen Mutterkultur niemals vollständig aufgegeben, aber doch eine eigene, bodenständige Version entwickelt, in der zum Teil sehr erhebliche Abweichungen entstanden sind. Häufig, in zunehmendem Maß aber seit den letzten Jahrzehnten, haben diese Novitäten in Form von Modewellen auf die europäische Mutterkultur und -zivilisation zurückgewirkt, und dieser Vorgang scheint sich noch zu steigern. Eine zweite große europide Teilpopulation bewirkte ihre eigene noch weit stärkere Isolierung, als nach dem ersten Weltkrieg die Sowjetunion entstand. Ihre Sonderentwicklung konzentrierte sich in erster Linie auf den politischen und weltanschaulichen Bereich. Doch auch im kulturellen und zivilisatorischen bildeten sich eigenständige Züge heraus, wenn auch der innere Zusammenhang mit den älteren Formen der europiden Mutterkultur auf manchen Gebieten noch gewahrt blieb.

Der Wissenschaftsbereich

Gemeinsam sind den Teilpopulationen unter anderem die Grundlagen des Wissenschaftsbereichs, insbesondere im Fall der Naturwissenschaften und der Medizin (während auf vielen Gebieten der Geisteswissenschaften in Ost und West aufgrund der weltanschaulichen Unterschiede durchaus verschiedene Akzente gesetzt sind). Dabei steht außer Zweifel, daß es sich beim Wissenschaft betreibenden Verhalten um jene Tendenz der Psycho-Evolution gehandelt hat, bei der die Entwicklung schließlich überaus beschleunigt, ja sogar überstürzt verlief, und daß diese Tendenz es war, die im Verein mit der Technik die Menschenpopulation ihrem Lebensoptimum zugeführt hat. Heute allerdings will es scheinen, als habe die wissenschaftliche Forschung in ihrer quantitativen Steigerung einen Grad erreicht, bei dem sie ihre eigenen Grundlagen gefährdet und auf eine Desintegration der Wissenschaft hinsteuert: Das lawinenhafte Anschwellen der Zahl von Erkenntnissen und Daten (»Informationsexplosion«) und das dadurch erzwungene Spezialistentum bedingen einen bedenklichen Verlust der Übersicht und gelegentlich sogar eine gewisse, hieraus resultierende »Betriebsblindheit«.

Ferner ruft die moderne Vermassung auch der Wissenschaftler einen drückenden Konkurrenz- und Erfolgszwang hervor, der häufig zu Hektik und Voreiligkeit verleitet und einen Rückgang der intellektuellen Gründlichkeit befürchten läßt. Eine Übersteigerung des ansonsten normalen, dem echten Wissenschaftler immanenten Strebens nach Neuem (Novitätensucht) verführt zu rastloser Unruhe, bedenkenlosem Umgang mit Definitionen und logischen Grundlagen, sowie zu besonderer Anfälligkeit gegen Subjektivismen und Ideologien[242], wobei eine Beeinträchtigung des für unverfälschte Wissenschaft ja existenznotwendigen Objektivitätspostulats nicht ausbleiben kann[245]. Schließlich ist zu bedenken, daß eine gewisse Maßlosigkeit der wissenschaftlichen Bestrebungen für die menschliche Population neben verbesserten Lebensbedingungen ja auch ernste Gefahren zur Folge gehabt hat (Kernwaffen, Bevölkerungsexplosion) und daß die künftige Fortschrittstendenz der experimentellen Wissenschaften ihre natürlichen Grenzen erreichen wird, wenn einmal die verfügbaren Restreserven an Rohstoffen nur noch für die fundamentalen, primitivsten Lebensbedürfnisse des Menschen ausreichen werden.

Alle hier nur in kurzen Bemerkungen angedeuteten Einzeltendenzen könnten mit zahlreichen Beispielen belegt werden. Wer die Entwicklung des Wissenschaftsbereichs im letzten Jahrzehnt »von innen her« verfolgen konnte und aufgrund eigener Kenntnis früherer Zustände über Vergleichsmaßstäbe verfügt, wird die auftauchenden Zeichen einer Gefährdung nicht übersehen können: *Der sich überschlagende Forschritt der Wissenschaften hat auch auf seinem eigenen Gebiet zu einer Spezialisation geführt, die viele Merkmale einer Überspezialisation aufweist.* Zu betonen bleibt noch, daß diese übersteigerte Entwicklung leichte *Anklänge an eine Art von Verkindlichung* erkennen läßt, denn schließlich sind ja ein hochintensives, auf Novitäten bedachtes Neugier- und Erkundungsverhalten, ein Mangel an maßvoller Einsicht und ungenügend kritische Distanz zum subjektiven Eigenurteil charakteristische Züge des kindhaften, psychisch noch nicht voll ausgereiften Verhaltens.

In Anbetracht aller dieser Umstände und Tendenzen kann damit gerechnet werden, daß sich trotz ihrer zunehmenden praktischen Bedeutung das Schwergewicht des menschlichen Neugierverhaltens von den Naturwissenschaften vielleicht zu weniger empirischen, sich mehr auf Gedankenkonstruktionen konzentrierenden Geistesbereichen verlagern könnte. Das werden dann diejenigen sein, bei welchen das Objektivitätspostulat eine weniger gravierende Rolle spielt oder gar abgelehnt wird, und damit würde vermutlich nicht nur die allgemeine Bedeutung der »sozialkritischen Soziologie« noch weiter zunehmen, sondern auch die solcher Gebiete, die ich aus bios-bezogener Sicht »die Luxusbereiche« genannt habe.

Die „Luxusbereiche"

Dabei ist diese Bezeichnung dem Studium des Organismenreiches entnommen, wo sich der Ausdruck »Luxurieren« auf Organe oder Merkmale bezieht, die ohne eigentliche Funktion zu sein scheinen und sich gleichwohl kräftig entwickeln, da sie sich im Sinn des Selektionsdrucks nicht etwa schädlich oder eignungssenkend auswirken. Nicht selten handelt es sich um Merkmale von besonderer Formenschönheit oder Farbenpracht. Wenn ich nun aus den Anwendungsbereichen des menschlichen Verhaltens den Glauben an Übersinnliches, die Künste und das Literaturschaffen diesem Begriff »Luxusbereich« zugeordnet habe, so geschah das, weil die entsprechenden Verhaltensweisen, wie wir sahen, sich während der Selbstdomestikation des Menschen als ursprünglich selektionsneutrale Merkmale eingestellt haben. Andererseits ist meine Einstufung zugegebenermaßen nur bedingt richtig. Ursprünglich funktionslos ist das jeweils spezifische Verhalten nämlich nur bezüglich der körperlichen Bedürfnisse und Notwendigkeiten gewesen; im Rahmen der Psycho-Evolution hat es nachträglich eine gewisse Bedeutung sehr wohl erlangt.

Hinsichtlich der *Beziehung zum Übersinnlichen* ist hervorzuheben, daß die Religionen – nicht nur in den europiden Teilpopulationen – mit dem Fortschreiten der Wissenschaft und der Technik beträchtliche Einbußen an Bedeutung und Einfluß erlitten haben. Die Entdeckungen der Naturwissenschaften zerstörten den Wunderglauben, die durch die moderne Genetik und Molekularbiologie bestätigte Evolutionslehre reduzierte die Schöpfungsgeschichten auf den Stand von Allegorien, und daneben haben Psychoanalyse und Hirnforschung die Ursprünge menschlichen Empfindens und Denkens im Materiellen freigelegt. Damit wurden – letztlich als eine Folge der Novitätensucht des modernen Menschen – Materialismus, Agnostizismus und Atheismus gefördert, die religiösen Dogmen erschüttert. Allerdings stellen sich als daraus resultierende Folgeerscheinungen bereits drei bedenkliche Tendenzen ein, nämlich einmal das Auftauchen von barbarischen Kulten oder mittelalterlich anmutendem Aberglauben, und zum anderen eine zunehmende kritiklos gläubige Zuwendung zu ideologischem Religionsersatz. Zum dritten – und diese Tendenz ist gewiß die bedrohlichste – büßt mit dem Verkümmern der Kirchen als Institutionen auch der sozial-ethische Kodex im Bewußtsein der Bevölkerung seine metaphysische Basis ein; er wird somit gefährdet, mit ihm aber auch das Funktionieren der sozialinternen Verhaltensweisen und -normen. Alle diese Entwicklungen haben in unverkennbarer Weise bereits eingesetzt. Sobald aber metaphysisches Empfinden vom Religiösen in den platten Aberglauben umschlägt, also das Entwicklungsoptimum überschritten wird, stellt sich das Äquivalent einer Überspezialisierung ein. Und wo die Institution Religion völlig aufgegeben wird, wo somit deren sozial integrierende und regulative Kraft erlischt, dort verliert die Hinwendung zum Übersinnlichen als besonderer Spezialisierungsbereich der Psycho-Evolution ihren nachträglich erworbenen Selektionswert vollständig.

Auch das *kunstproduzierende Verhalten* des Menschen war ursprünglich selektionsneutral, ein biologisch kaum bedeutungsvolles Spielen. Als Medium der Kommunikation und einer subtilen Einflußnahme auf die kulturellen und sozialen Normen übernahm jedoch auch diese Spezialisationsrichtung später eine Funktion; Beispiele für ihren sozial konsolidierenden Einfluß können (von Lascaux bis Moskau) ebenso beigebracht werden wie solche, bei welchen Werke der Kunst dazu beigetragen haben, erstarrte staatliche und soziale Gefüge zu sprengen (z. B. Französische Revolution). Ein sich in der Neuzeit beschleunigendes Innovationsstreben, das deutliche Züge einer Verkindlichung trägt[246], sowie möglicherweise auch die Verdrängung des kommunikativen Aspekts durch die Fotografie und die ernüchternde Entzauberung von Natur und Mensch im technischen Zeitalter haben sodann zu Manierismen und schließlich zu einer Desintegration von Stil und Form geführt, die so evident wurde, daß manche Kunstkritiker meinten, die Kunst im herkömmlichen Sinn des Wortes habe sich erschöpft. Nur in einem einzigen ihrer zeitgenössischen Stile, nämlich im sozialbezogenen Realismus scheint sich noch ein psychoevolutiver Bezug erhalten zu haben. Als Sozialer Realismus dient er bei der östlichen Teilpopulation des Europiden »der Affirmation der zugehörigen Wirklichkeit«[247], als Sozialkritischer Realismus wirkt er in der westlichen auf eine Auflösung der gewachsenen Normen und eine Umwälzung der Gefüge des Sozialverbandes hin. Es scheint somit, daß in dem einen Bereich der bildenden Künste aufgrund von übersteigertem Novitätendrang und einer deutlichen Verkindlichungstendenz ein Entwicklungsstand erreicht worden ist, der bereits jenseits des Spezialisationsoptimums liegt. In dem anderen aber hat die Kunst ihre Kommunikativfunktion beibehalten, mit welcher sie nun erneut in die Psycho-Evolution eingreift, und zwar im Dienst von Gesellschafts- und Realpolitik die Sozialverbände festigend bzw. erschütternd. Dieser Rest des ursprünglichen »Luxusbereichs« hat also psychoevolutiven Selektionswert angenommen, positiven und negativen, je nach Standort zu bewerten.

Auch *»schriftliches Denk- und Kunstverhalten«* des Menschen, üblicherweise *Literatur* genannt, ist einer der hier zu nennenden Sektoren der Psycho-Evolution. Auch diese Spezialisationstendenz blieb teils dem ursprünglichen Spielerischen verhaftet, teils stellte sie sich als belehrendes und auf subtile Weise zu Kultur und Ethos erziehendes Kommunikationsmittel in den Dienst einer Verhaltenssteuerung und Festigung der Sozialgefüge. Was nun den gegenwärtigen psychoevolutiven Status betrifft, so muß als besonders relevant erscheinen, daß zumindest die im Sinn von Dieter Wellershoff »authentische« Literatur schaffende Geistesrichtung diese mehr edukative Aufgabe an die »Trivialliteratur« abgeschoben hat, um selbst zu einer Literatur zu werden, »... die nicht mehr normenkonform ist, die kritisch sein kann bis zur völligen Negation ...«[248]. Da sie also »... keinen normativen Konsensus herstellen, sondern ihn gerade aufkündigen« will[249], wirkt sie sich heute in den westlichen Teilpopulationen nicht nur systemverändernd, sondern durch ihr Betonen der Anti-Norm (im Sinn des Abnormalen[250]) geradezu systemzersetzend aus. Zwar geht es dieser Art von moderner Literatur nicht um die gegebene Realität, sondern um eine fiktive Wirklichkeit oder – um ein Wort von Heinrich Vormweg zu gebrauchen – um »die Fortentwicklung des Bewußtseins vom Wirklichen, eines Bewußtseins, das veränderlich ist und keineswegs das Maß des Wirklichen«[251]. Dennoch; auch in ihrem Selbstverständnis als theoretisierende und experimentierende Simulationstechnik ist diese Geistesrichtung höchst bedenklich geworden, denn ihre »destruierende Auseinandersetzung mit den überlieferten Realismen«[251] begnügt sich ja nicht etwa mit einer unverbindlichen Meditation über Fiktives: »Der Traum, möchte man sagen, macht der Praxis Vorschläge, hält für und gegen sie den Spielraum möglicher Veränderung offen«[248], von der an anderer Stelle sogar zugegeben wird, daß sie »vor allem ruinöse Veränderung zu sein scheint«[250]. Nichts aber im Verhaltensbereich des Menschen, der ja nicht nur reiner Geist ist, sondern in dieser materiellen Welt auch biologisches, immer noch umweltabhängiges Wesen geblieben ist, kann nur aufgrund von erträumten, irrationalen Vorschlägen herumexperimentierend verändert werden. Zumindest nicht ungestraft, denn für individuelles wie soziales Fehlverhalten, und sei es auch nur versuchsweise praktiziert, fordert die Natur einen hohen Preis.

So scheint es denn, daß der maßgeblichste Zweig der modernen Literatur im Begriff ist, manche der natürlichen Grundlagen des Menschen, nämlich dessen adaptiv erworbenen, funktionell stabilisierten Verhaltensnormen der Gefahr einer Auflösung auszusetzen. Hier müßte sich daher ein Vergleich mit jenem ursprünglich selektionsneutralen, später sodann sogar förderlichen Merkmal aufdrängen, das – gekoppelt an ein »protegierendes Phän« (materieller und geistiger Fortschritt) – mitgeführt worden war, bis es in seiner Eigenentwicklung und Übersteigerung einen Optimalwert überschritten hat, jenseits dessen es, dysfunktional geworden, die Stammeslinie schließlich gefährdete (S. 257). Nur nebenbei sei erwähnt, daß der gegenwärtige Status auch dieser psycho-evolutiven Tendenz Anzeichen eines Rückzugs in die Sphäre des Kindhaften erkennen läßt[252].

Das Sozialverhalten in der Massenpopulation

Ein besonderes, im Gegensatz zu den »Luxusbereichen« auch anfangs gewiß nicht neutrales Aktionsfeld der psychoevolutiven Spezialisation wird von den im eigentlichen Sinn sozialen Verhaltensweisen eingenommen. Um unsere Überprüfung des evolutionären Status des Menschen abzuschließen, ist es also erforderlich, auch sie in die Betrachtung einzubeziehen. Allerdings mag es genügen, wenn dies in nur andeutender Kurzform geschieht, da diese Aspekte des Verhaltens der modernen Massengesellschaft ausführlich bereits von anderen, scharfsichtigen Beobachtern abgehandelt worden sind, unter welchen neben dem Philosophen Ortega y Gasset[253] und manchen Soziologen die Naturwissenschaftler Konrad Lorenz[254], Adolf Portmann[255] und Karl Steinbuch[256] herausragen.

Gewiß sind im großen und ganzen die sozialen Verhaltensweisen und die sozial-ethischen Normen in der europiden Unterart des Menschen zur Zeit noch soweit intakt, daß die Normen noch stimmig sind, die Institutionen noch funktionieren und die Gesellschaft existenzfähig ist. Und doch zeigen sich bei näherer Betrachtung bereits zahlreiche Einzelzüge, die für die weitere Bio- und Psycho-Evolution eine sehr erhebliche Beeinträchtigung mit sich bringen. Offenbar sind sie teils eine Folge des in Überpopulation und Vermassung gipfelnden Bevölkerungszuwachses, teils müssen sie auf den in Novitätensucht umschlagenden, übersteigerten Neugier- und Erkundungstrieb zurückgeführt werden sowie auf den hieraus resultierenden Verlust der Wertmaßstäbe und Verfall der zweckmäßigen Verhaltensweisen.

Was Konrad Lorenz als ein *Abreißen der Traditionen* bezeichnet[254], bedingte – im Verein mit unreflektiertem Fortschrittsdrang und einer bald pseudowissenschaftlich (Behaviourismus), bald idealistisch (amerikanisches Demokratieverständnis) oder ideologisch (Sozialismus) begründeten Egalitätsforderung – einen weitgehenden Abbau der natürlich-sozialen Rangordnung sowie ein pauschales und antikonservatives Abwerten des Alten ohne Rücksicht darauf, ob dieses im Einzelfall bewährt, also bewahrenswert ist. Daneben bewirkte es vielerorts auch eine undisziplinierten Verhaltensweisen Vorschub leistende Abqualifizierung des Autoritätsbegriffs sowie des Ordnungs- und Rechtsprinzips. Andererseits haben Vermassungsprozesse beim modernen Menschen nicht nur dessen seelische Vereinsamung und Verarmung sowie Anfälligkeit gegen Neurosen gefördert, sondern zugleich auch zu einer rücksichtslosen gruppeninternen Konkurrenz geführt, die einen allgemeinen Verlust des Solidaritätsempfindens und einen bedenklichen Verfall der zugeordneten Verhaltensmuster einleitete.

Aus anderen, hintergründig ethologischen und tiefenpsychischen Wurzeln scheinen die übersteigerte *Sucht nach Lustgewinn* (im Extrem: Sexualisierungswelle, Trend zum Rauschgift) und die so oft zu beobachtende Konsumgier der modernen Massen- und Wohlstandsgesellschaft zu stammen: Ein normalerweise maßvolles Lust- und Gewinnstreben schlägt auf dem Höhepunkt der Selbstdomestikation, also während der Prosperitätssituation des Menschen, in eine Gier um (»Paradise! Now!«), welche dem Exzessivverhalten domestizierter oder dem künstlichen »crowding« ausgesetzter Wirbeltiergruppen (S. 415) durchaus analog oder sogar homolog ist und ebenso wie dieses im tiefenpsychischen Untergrund einem ethologisch noch wenig erforschten Neid-Affekt[257] entspringen mag. Parallel hierzu entwickelte sich nach der Verringerung der natürlichen Selektion eine weit verbreitete Intoleranz gegen Unlustempfinden[254] auslösende, körperlichen Einsatz erfordernde Situationen, was zu einem Abfall der physischen Leistungsfähigkeit sowie den entsprechenden somatischen Begleiterscheinungen führte (Zivilisationskrankheiten, Absinken des Muskeltonus, Zunahme von körperlicher Untüchtigkeit in der Population). Auch hier muß an homologe Erscheinungen bei domestizierten Säugetieren erinnert werden (S. 345).

Ähnlich wie dort scheint auch unter den unnatürlichen Bedingungen der Ballungsgebiete in der modernen Massengesellschaft die *gruppeninterne Aggression* einen neuen Charakter angenommen zu haben. War die Tötungshemmung schon beim fossilen Menschen verlorengegangen, so veränderte sich in jüngster Zeit mit der Zunahme der Populationsdichte[258] neben der Zahl der Aggressionsakte auch deren charakteristische Eigenart: Auffallend ist in diesem Zusammenhang, daß nach übereinstimmenden Angaben der Kriminalstatistiken besonders dichtbesie-
(mit einer sehr hohen Dunkelziffer) und von Kindestötung zugenom-
welche der Öffentlichkeit, also der gesamten Sozietät dienen. Im letz-
delter Wohngebiete oder Großstädte die Fälle von Kindesmißhandlung
men haben[259], aber auch die der sinnlosen Vandalismen an Objekten,

teren Fall, aber auch bei der ziellos gegen harmlose, meist schwächere Passanten ausgeübten Brutalität von asozialen Schlägergruppen oder bei der so häufig gewordenen skrupellosen Geiselnahme, liegt ein pathologisches Fehlverhalten vor, das einen vollständigen Verlust des Solidaritätsempfindens, ja sogar dessen Gegenteil anzeigt. Es ist wohl ein besonders typischer Zug der gruppeninternen Aggression des modernen Massenmenschen, daß in ihrem Rahmen Tatbestände eine besondere Rolle spielen, die jenen vergleichbar sind, welche als naturwidriges Verhalten auch in Wirbeltiersozietäten während des erzwungenen »crowding« beobachtet wurden: tödliche Aggression gegen den eigenen Nachwuchs sowie sinnlose bis »sadistische« Gewaltanwendung gegen den Gruppengenossen, unter Fortfall der Tötungshemmung. Bemerkenswert, daß diese Art von Übervölkerungseffekten bei Tier und Mensch Anzeichen einer Infantilisation verrät: Absenz des Brutpflegetriebs, Fehlen einer sozialen Gruppenbindung und (verständnislose) »Grausamkeit« sind ja unschwer als Infantilismen zu erkennen.

Zusammenfassung, das Verhalten betreffend:
Blicken wir auf die vorausgehenden Diskussionen zurück, in welchen wir zur Feststellung des psychoevolutiven Status die hierfür Bedeutung erlangenden Züge des Verhaltens in der modernen Massenpopulation des Menschen betrachtet haben, und vergleichen wir die gegenwärtigen Tendenzen mit jenen Richtlinien, die den vermutlichen sozial-ethischen Kodex des fossilen Menschen zusammensetzten, so ergibt sich wohl, *daß viele der früheren, sozial sinnvollen Verhaltensnormen heute in Gefahr geraten sind, aufgegeben zu werden, oder in ihrer Übersteigerung die ursprüngliche Zweckmäßigkeit eingebüßt haben.* Zugleich fällt auf, daß sich immer wieder, fast bei jedem der betrachteten Zusammenhänge, *Anklänge an jene Erscheinungen zeigen, die für den »crowding effect« kennzeichnend sind, also an jene sinnwidrigen, widernatürlichen Verhaltensweisen, die bei einer übersteigerten Bevölkerungsdichte vieler Wirbeltierarten zu einem Verfall und Zusammenbruch der sozialen Verhaltensweisen führen:* Wohlstandsverwahrlosung der prosperierenden Population oder Gruppe, asoziales Handeln der einzelnen, neidvolle Konsumgier (»Freßgier« in übertragenem Sinn), abirrendes Sexualverhalten, Auflösung der sozialen Rangordnung, begleitet von absoluter Despotie des einzelnen oder einiger weniger (P. Leyhausen[182]), allgemeine Zunahme der gruppeninternen Aggression, Fehlverhalten gegenüber dem eigenen Nachwuchs usw.

Unübersehbar war ferner, daß manche Einzelzüge *einer gewissen Verkindlichung des Verhaltens entsprechen, wie sie vergleichbar auch wiederum beim »crowding effect«, also bei einer Übersteigerung der Populationsdichte von Wirbeltieren beobachtet werden kann,* so z. B. das extreme Neugierverhalten (Novitätensucht), das Bestehen auf einer Sofortbefriedigung der Wünsche, Absenz von Verantwortungs- und Solidaritätsempfinden, Übersteigerung der Unlust-Aversion bzw.

des Lust-Strebens, und andere mehr. Bedenkt man nun, daß eine Art von »Verjugendlichung« als sogenannte Neotenie ohnehin eine der tragenden Tendenzen der Anthropogenese gewesen ist, so liegt der Gedanke nahe, *daß die meisten der hier erwähnten Verhaltensänderungen des modernen Menschen wahrscheinlich nichts anderes bedeuten als den Ausdruck einer allgemeinen Übersteigerung eben dieser phylogenetischen Neotenie. Möglicherweise sind sie das Ergebnis einer Beschleunigung der physiologischen Entwicklung des Individuums (bei Vorverlagerung der Geschlechtsreife) und eines gleichzeitigen Stagnierens oder gar einer Verlangsamung des Reifungsprozesses auf dem Gebiet der sozialen Verhaltensweisen.* Auch der bekannte Schweizer Biologe Adolf Portmann erblickt hier einen Zusammenhang: »In dieser Zeit der Akzeleration entdeckt die psychologische und soziologische, auch die psychiatrische Forschung neue Eigenheiten bei dieser Jugend: zum Beispiel Verzögerung der echten sozialen Reife«[255].

In dieser ist sicherlich einer der vielen Gründe für die fast weltweite Bewegung zu suchen, mit der sich große Teile der jungen Generation unserer Gesellschaft verweigern oder sogar feindlich entgegenstellen. Daneben aber spielen zahlreiche weitere Ursachen mit hinein: ganz sicherlich der ansonsten völlig natürliche Gegensatz zwischen den Generationen, der sich angesichts der enormen Beschleunigung unserer technischen und industriellen Entwicklung und des »Abreißens der Traditionen« allerdings abrupt verstärkt hat, ferner das ungeduldige Drängen nach schnellem Teilhaben am allgemeinen Konsum und sicherlich auch viel berechtigte Kritik an der Maßlosigkeit des Verhaltens der modernen Massengesellschaft. (Es wäre allerdings intellektuell unredlich, wollte man vor den weiteren, sehr wesentlich mitbeteiligten Triebkräften die Augen verschließen, nämlich vor dem offenkundigen und oft verdrängten Umstand, daß viel von dieser Protesthaltung importierte Mode ist, made in California by Allen Ginsberg und ideologisch bis politisch motivierten Untergrundbewegungen, und daß viel davon auf den skrupellosen Mißbrauch jugendlicher Ahnungslosigkeit durch Verantwortungslose unserer älteren Generation zurückzuführen ist: rücksichtslose Geschäftemacherei und Werbung mancher Zweige der Schallplatten- und Bekleidungsindustrie; Bestärkung durch clevere, die Modewelle nutzende Journalisten; Bemühen um leicht zu gewinnende Wählerstimmen usw.)

Ultramensch oder Aussterben?

Mit dieser Charakteristisches nur skizzenhaft erfassenden Betrachtung von sozialen Verhaltensweisen der modernen Massengesellschaft ist nunmehr unsere Prüfung der gegenwärtigen Situation des Menschen und seiner neueren bio- und psycho-evolutiven Entwicklungstendenzen abgeschlossen. Ziehen wir also die letzte Bilanz und versuchen wir anschließend, auf die bereits zuvor gestellten Fragen nach möglichen Zukunftsentwicklungen erste Antworten zu formulieren[260]. Auf kürzesten und allgemeinsten Nenner gebracht wäre dabei alles über den gegenwärtigen Status bisher Ausgesagte wohl wie folgt zusammenzufassen:

In der sich überaus schnell und progressiv entwickelnden Stammeslinie des Menschen hat deren zur Zeit letzte Spezies, der *Homo sapiens*, einen im Rahmen der Natur extrem hohen Grad an Spezialisation erreicht. Von der in ihrer natürlichen Umwelt herrschenden Selektion hat sich diese biologische Art vorübergehend und teilweise (wenn auch weitgehend) unabhängig machen können, wobei sie sich eine eigene, künstliche Umwelt schuf, in welcher sie aufgrund ihres wissenschaftlichen und technischen Fortschritts optimale Existenzbedingungen erreicht hat. Ein weiterer Aspekt dieser Spezialisation war die Entwicklung einer ganzen Reihe von hochkomplexen Verhaltensweisen, von welchen manche der Erzeugung und Erhaltung der erwähnten künstlichen Umwelt dienen, andere die Gewährleistung des sozialen Zusammenwirkens zur Aufgabe haben und wiederum andere (nach anfänglich funktionslosem Luxurieren) gleichfalls in den Dienst einer Festigung der Sozialgefüge gestellt wurden. Damit erreichte der *Homo sapiens* einen Spezialisationsgrad, der in der gesamten belebten Natur einmalig ist[261], denn selbst gleichfalls sozial lebende und wenigstens Ansätze einer Psycho-Evolution aufweisende Menschenaffen bleiben weit hinter diesem Entwicklungsstadium zurück.

Unter Berücksichtigung aller dieser Umstände können wir nunmehr den ersten Teil der Frage beantworten, nämlich den das etwaige Entstehen eines Ultra- oder Übermenschen betreffenden. Sofern mit diesem Begriff ein neuer, über alles Bisherige herausragender Bauplan der Menschenlinie gemeint ist, ein auf somatischer und psychischer Basis völlig neuartiger Typus dieses Stammeszweiges, ist seine Entstehung, wie bereits angedeutet, höchst unwahrscheinlich. Bedeutsame neue Entwicklungen, das zeigt die Erfahrung nach vielen Jahrmillionen der Evolution, nehmen ja ihren Ausgang von einfachen, wenig angepaßten Vorfahren (Regel der nicht-spezialisierten Abstammung). Diese Voraussetzung aber vermag der hochspezialisierte, an seine künstliche Umwelt und Lebensweise extrem, ja sogar einseitig, adaptierte moderne Mensch keineswegs mehr zu erfüllen. Als eine ungemein progressistische, außerordentlich spezialisierte Stammeslinie ist die der Gattung *Homo* mit fast an Sicherheit grenzender Wahrscheinlichkeit hinsichtlich der weiteren Evolution steril geworden – eine Erwartung des Ultramenschen wäre ein »Warten auf Godot«.

Kehren wir zu unserer zusammenfassenden Bilanz zurück! Wie sich erwiesen hat, ist die Spezialisation des modernen Menschen nicht nur sehr weit fortgeschritten, sondern auch weitgehend einseitig. Die schnell anwachsende Verbesserung seiner Lebensbedingungen und eine zunehmende Einschränkung der natürlichen Auslese riefen alle Erscheinungen einer Selbstdomestikation hervor und führten schließlich eine Prosperitätssituation herbei, in der eine Massenvermehrung der Weltpopulation schwerwiegende Konsequenzen hat. Auf dem Gebiet der Bio-Evolution bestehen diese in der unzweckmäßigen Konservierung und Anreicherung schädlicher Mutanten und einer Verschiebung der Gleichgewichte des Gen-Reservoirs, so daß in der globalen Population der Spezies die Pluralität beeinträchtigt wird. Noch bedeutungsvoller sind die Folgen der Bevölkerungsexplosion für die Ausgewogenheit jenes Verhältnisses, das zwischen der Spezies und ihrer Umwelt besteht. Was diesen und andere Zusammenhänge betrifft, so ergab unsere Prüfung, daß der moderne Mensch

— begonnen hat, aufgrund der steigenden Bedürfnisse seiner explosiv anwachsenden Weltbevölkerung die natürliche Umwelt zu zerstören und exzessiv auszubeuten, um seine künstliche aufrechterhalten zu können,

— aufgrund von Selbstdomestikation und Vermassung sowie vermutlich in Übersteigerung der neotenen Verjugendlichungs-Tendenz (Infantilisierung) dazu übergegangen ist, zweckmäßige Verhaltensweisen und -normen durch Fehlverhalten zu ersetzen, welches sich insbesondere auf seine Sozialgefüge negativ auswirkt,

— nach vorübergehender relativer Unabhängigkeit von der natürlichen Selektion insofern wieder unter deren Einfluß gerät, als die Grundlagen seines künstlichen Milieus, nämlich die Rohstoffe seiner natürlichen Umwelt, nicht erneuerungsfähig und daher begrenzt sind; ihre Erschöpfung bedeutet das Ende dieser künstlichen Umwelt, und der Einfluß der Natur, die man vertrieben hatte, kehrt sodann zurück – ». . . tamen usque recurrit«.

Alle diese Anzeichen deuten darauf hin, daß die einseitig spezialisierte Spezies Mensch ihr Anpassungsoptimum jedenfalls erreicht, vermutlich aber sogar schon überschritten hat. Steht ihr also das Aussterben bevor, ebenso wie seinerzeit dem selbstdomestizierten Höhlenbären, dem einseitig spezialisierten Sumpf-Dinosaurier *Hypselosaurus*, den zahllosen anderen progressistischen Stammeslinien, deren schnell erzielte, spezielle Adaptationen in Sackgassen der Evolution geführt hatten? Ich persönlich vermag daran nicht zu zweifeln, wenn ich den konsequenten Vergleich mit allen den Abertausenden von vergangenen Stammeslinien anstelle und bedenke, daß sich der Mensch, wie bereits dargelegt, als biologische Spezies der Kontrolle durch die Natur und deren Selektion ja nur zeitweilig (genauer gesagt: nur scheinbar) entzogen hatte. In dieser Welt, in der letztlich alles Natur ist, hat die Natur immer recht, und sie behält auch immer recht. Was auch immer unser menschliches Wunschdenken gegen diese Tatsache einwenden mag – »Biologie ist Schicksal« (Sigmund Freud).

Die Frage ist nur, ob das auf lange Sicht gewiß unausbleibliche Aussterben der Menschenlinie schon in absehbarer Zukunft bevorsteht oder ob uns noch eine längere, wenn auch undramatische Weiterentwicklung in der Form einer ereignisarmen, ruhig verlaufenden Typostase (S. 220) beschieden sein wird. Ein Blick auf die Wachstumskurve der menschlichen Weltbevölkerung (Abb. 62 rechts) läßt an letzerem allerdings erhebliche Zweifel aufkommen, denn allzusehr erinnert der abrupte Anstieg an die beschleunigte Zunahme der Populationsdichte solcher Organismengruppen, deren Übervölkerung einen schnellen Zusammenbruch nach sich zog. Die Hinweise des Club of Rome auf die »Grenzen des Wachstums« sind also keineswegs unbegründet, seine Warnungen müssen sogar sehr ernst genommen werden. Doch wäre es falsch, wollte man nun allein schon aufgrund dieses ersten Eindrucks etwa in Panik verfallen oder einer Weltuntergangsstimmung, einer Art von Götterdämmerung des Menschen, das Wort reden. Die einzig richtige Reaktion ist vielmehr, unsere gegenwärtige Situation nüchtern und sachlich im Licht jener Erkenntnisse zu prüfen, welche uns wichtige wissenschaftliche Untersuchungen auf dem Gebiet der biologischen Populationsdynamik vermittelt haben:

Der bisherige Anstieg der menschlichen Weltbevölkerung entspricht dem unteren Ansatz einer sogenannten Malthusschen Kurve, welcher jedoch nur theoretische Bedeutung zukommt, denn sie stellt die Zunahme der totalen Individuenzahl bei völlig ungehindertem Wachstum dar (gemäß dem Malthusschen Gesetz »Die Individuenzahl wächst in geometrischer Progression mit arithmetischer Zunahme der Zeit«). Nur wo keinerlei Hemmfaktoren auftreten, also ausschließlich in der Theorie, schwenkt die Malthussche Kurve asymptotisch und schnell in die vertikale Unendliche ein (unbegrenztes Weiterwachsen), eine Tendenz, die sich bei weiterem Zeitverlauf auch in unserer Graphik einstellen würde. In der Natur erfolgt ein derartiges ungehemmtes Wachstum jedoch niemals, und so muß auch beim Menschen damit gerechnet werden, daß ebenso wie bei den anderen Lebewesen der Umweltwiderstand (der »Widerstand der Umgebung« – vgl. Abb. 62, links) eine partielle Begrenzung des Populationswachstums erzwingt. Aufgrund seiner behindernden Einwirkung entsteht üblicherweise die sogenannte »begrenzte Populationskurve« nach Verhulst-Pearl, welche jene Entwicklung des Bevölkerungswachstums wiedergibt, die sich schließlich als Realität einstellt (Abb. 62, links, Kurve B). Hier aber handelt es sich um einen S-förmigen Kurvenverlauf, der zum Abbiegen in die Horizontale neigt, also zur stationären Phase der Populationsdynamik, bei welcher nun die Vermehrungsrate der Todesrate angenähert ist. Diese Wende zum Ausgleich wird in der Population durch eine natürliche Verminderung des Geburtenzuwachses und eine Steigerung der Todesquote (oder der Abwanderung) erreicht.

Daß bei diesem Kurvenverlauf offensichtlich eine Gesetzmäßigkeit vorliegt, die in der Natur allgemein für Fälle von Fließgleichgewichten bei exponentiellem Wachstum und davon abhängigen, gleichfalls geometrisch wirksamen Hemmfaktoren gilt, hebt H. Wurmbach[110] hervor. Dieselbe Kurve pflegt in der Chemie als autokatalytische, beim Wachstum als autokatakinetische und in der Mathematik als logistische Kurve bezeichnet zu werden.

Unter den erwähnten, vom Umweltwiderstand ausgehenden Hemmfaktoren können für unsere Betrachtung nur diejenigen bedeutsam sein, die »dichteabhängig« sind, die sich in ihrer Auswirkung also mit zunehmender Populationsdichte steigern, wie z. B. die Abnahme des zur Verfügung stehenden Nahrungsvorrats. Allerdings pflegt bei vielen Lebewesen schon lange vor der Erschöpfung (»Überweidung«, »Überjagen«) des vorhandenen Nahrungsangebots die Übervölkerung entweder den Zusammenbruch der Population zur Folge zu haben oder eine Art von Ausgleichsprozeß hervorzurufen, einen Automatismus, der die Populationsgröße entsprechend beschränkt[262]. Dieser kann – im Rahmen des »crowding effect« – bei niederen Organismen während des mit chemischen Wirkstoffen (z. B. Antibiotika) geführten »Kampfes aller gegen alle« eine Selbstvergiftung sein (Autointoxikation). Bei höher organisierten Tieren kann es sich um eine Geburtenbeschränkung durch körpereigene chemische Substanzen handeln oder um eine »psychische Autointoxikation« in der Form des hypoglykämischen Schocks der Einzelindividuen (Unterschreiten des Blutzuckergehaltes aufgrund von häufiger Adrenalinausschüttung ins Blut, welche auf eingeengtem Lebensraum durch ständige Revierkämpfe bei angewachsener gruppeninterner Aggression hervorgerufen wird).

In vielen Fällen von Übervölkerung sind histologische und Größenveränderungen der das Adrenalin produzierenden Nebenniere, entsprechende Umstellungen im Hormonhaushalt sowie damit zusammenhängende Änderungen der körperlichen Entwicklung und des individuellen Verhaltens als dichteabhängige Streß-Erscheinungen und Hemmfaktoren des Populationswachstums beobachtet worden. Von Interesse mögen in diesem Zusammenhang vor allem auch Untersuchungen am Spitzhörnchen *Tupaia* sein, das wir als Urahnen der frühesten Vorfahren der Menschenlinie bereits kennengelernt haben (S. 330). Auch hier führt, wie die deutschen Biologen D. von Holst und H. Autrum nachgewiesen haben[263], eine durch übergroße Populationsdichte bewirkte gruppeninterne Aggression und Reizbarkeit zu Streß-Phänomenen, die widernatürliches Verhalten (Auffressen der eigenen Jungen, abwegiges Sexualverhalten), körperliche Veränderungen und schließlich eine Verminderung der Nachwuchsquote zur Folge haben.

Derartige dichteabhängige Hemmfaktoren, die sich als Mechanismen einer automatischen Selbstregulation des Bevölkerungswachstums auswirken können, sind insofern auch beim modernen Menschen vorhanden, als zahlreiche der in diesem Kapitel hervorgehobenen Verhaltens-Phänomene auf Streß zurückzuführen sind und typische Folgen eines »crowding« darstellen. Es scheint jedoch, daß die biologische Selbstregulation des Populationswachstums bei manchen Spezies nur höchst unvollkommen funktioniert, und zwar gerade bei solchen, bei welchen die Empfängnisperiode des Weibchens innerhalb des Jahres nicht allzu eng limitiert ist. Beim Lemming beispielsweise erfolgt die Paarung und Vermehrung, wie der finnische Zoologe O. Kalela entdeckte[264], nicht nur im Sommer, sondern auch während des Winterhalbjahres, und gerade bei dieser Spezies kommt es daher immer wieder zu den bekannten, spektakulären Folgen von Übervölkerung, nämlich zu den mit dem Untergang von vielen Tausenden von Individuen endenden Heerzügen erzwungener Auswanderungsversuche. Erinnern wir uns nun, daß in dieser Hinsicht auch der *Homo sapiens* eine Sonderstellung einnimmt (denn auch der weibliche Mensch ist im Prinzip während des ganzen Jahres empfängnisfähig), so wird verständlich, wieso auch bei unserer Spezies die biologisch spontane Selbstregulierung des Populationswachstums nicht ausreichend wirksam ist. Als weiterer, gravierender Grund tritt der bereits erwähnte Umstand hinzu, daß die Zivilisation des modernen Menschen ja die populationsdynamisch regulativen Auswirkungen der natürlichen Auslese weitgehend eingeschränkt hat.

Will man nun aufgrund der hier aufgezeigten allgemeinen Grundlagen der Populationsdynamik für die menschliche Weltbevölkerung Prognosen wagen, so muß neben der durchaus bestehenden Homologie mit den Populationen anderer höherer Lebewesen auch die Sonderstellung unserer Spezies berücksichtigt werden. Eine angemessene Regulation des Bevölkerungsumfangs der gegenwärtigen Menschheit kann daher auf zwei Wegen erfolgen: a) durch die Auswirkung der *natürlichen, spontanen Hemmfaktoren* des Populationswachstums, wie sie von der Umwelt ausgehen und wie sie weiter oben als »crowding«-Effekte beschrieben worden sind, oder b) durch die Auswirkung *künstlicher, freiwillig vom Menschen selbst eingeführter Hemmfaktoren* der Bevölkerungszunahme. Das Ziel beider wäre, wenn die Gesamtpopulation überleben soll, ein Einschwenken der Wachstumskurve in den Verhulst-Pearl-Verlauf, also ein Nullwachstum der Weltbevölkerung.

Was die *natürlichen,* dichteabhängigen Hemmfaktoren des Populationswachstums betrifft, so haben sie sich, wie zuvor aufgezeigt, bereits eingestellt, und zwar dort, wo die Populationsdichte in Ballungsräumen der Besiedlung extrem zugenommen hat, besonders im Verbreitungsgebiet der europiden Subspezies des Menschen. Bei weiterem Wachstum wird es nicht ausbleiben, daß eine derartige Zunahme der räumlichen Populationsdichte und dieselben »crowding«-Symptome auch in vielen derjenigen Regionen auftreten werden, die von anderen Subspezies besiedelt werden (Entwicklungsländer). Diese Hemmfaktoren sind einerseits die physiologischen und psychischen Auswirkungen einer sich aus der Vermassung ergebenden Streß-Situation, die sich in körperlicher Hinsicht (gesundheitliche Schäden, hormonale Störungen) aber auch in psychischer äußern (seelische Beeinträchtigung, Entwicklung individuellen und sozialen Fehlverhaltens). Andererseits sind hier auch die genetischen Folgen (S. 413) zu erwähnen. Schließlich müssen als natürliche Hemmfaktoren auch alle jene Einwirkungen der natürlichen Umwelt genannt werden, welche die Individuenzahl ohnehin einzuschränken vermögen, gleichgültig ob sie dichteabhängig sind (Verbrauch der Nahrungsvorräte) oder nicht (Naturkatastrophen, Epidemien, Kriege).

Ob sich der durch diese natürlichen Hemmfaktoren gebildete Umweltwiderstand aber rechtzeitig und im erforderlichen Ausmaß stabilisierend (Nullwachstum) auf die Populationszunahme auswirken kann, erscheint mir mehr als fraglich, denn ihm wird die Menschheit aus Gründen der Humanität, solange sie dazu in der Lage ist, nach wie vor tatkräftig entgegenwirken: Internisten werden die durch Streß entstehenden Zivilisationskrankheiten auch künftig heilen, Psychotherapeuten die Streß-Neurosen auch weiterhin bekämpfen, Gerontologen das Lebensende des Menschen auch in Zukunft immer weiter hinauszögern. Epidemien wird entgegengewirkt werden, Hungersnöte wird man durch internationale Hilfsmaßnahmen lindern, Menschenleben vernichtende Kriege werden auch künftig durch Friedensmaßnahmen der Großmächte schon im Frühstadium unterdrückt werden. Dies alles, wie gesagt, so lange die Menschheit dazu in der Lage ist, so lange »sie sich das leisten kann«.

Unter diesen Umständen verbleibt als andere Alternative einer sinnvollen Regulation der menschlichen Populationsdynamik nur noch der zweite Weg, nämlich der einer Einführung von *künstlichen freiwillig geschaffenen Hemmfaktoren* des weiteren Wachstums: Einschränkung der Zuwachsrate durch Geburtenbeschränkung und gleichzeitige Erhöhung der Sterbequote.

Das mag im ersten Augenblick erschrecken, ja sogar abstoßend und inhuman klingen, doch darf nicht vorschnell geurteilt werden: Unter der Bezeichnung »Geburtenbeschränkung« verstehe ich hier nicht etwa eine unmenschliche Zwangs-Sterilisation oder auch die Abtreibung der Leibesfrucht, wie sie neuerdings in manchen Ländern gesetzlich sanktioniert worden ist. (Sie würde ich viel eher einem psychischen »crowding«-Effekt gleichsetzen wollen, vergleichbar etwa jenem Töten des eigenen Nachwuchses, das einen Teil des Fehlverhaltens bei übervölkerten Populationen von Wirbeltieren darstellt.) Gemeint ist hier vielmehr eine hinsichtlich der Nachkommenzahl gezielte Familienplanung, die durch biologische und medizinische Unterrichtung der Sexualpartner, durch populationsdynamisch aufklärende Aktionen und durch die Ausgabe kontrazeptiver (empfängnisverhütender) Mittel erreicht werden kann. Auch die Bezeichnung »Erhöhung der Sterbequote« sollte nicht vorschnell abschrecken. In diesem Zusammenhang ist an nichts anderes gedacht als an ein Unterlassen aller medizinischen Maßnahmen zur mehr oder weniger künstlichen Verlängerung der Lebensspanne und erst recht des späten Greisenalters, vor allem im Falle unheilbarer Krankheit oder fortlaufenden Verfalls.

Daß nur dieser zweite Weg, nämlich der einer Einführung von künstlichen Hemmfaktoren des Populationswachstums, aus dem Dilemma des Gegenwartsmenschen (S. 406) hinausführen kann, hatten auch jene Experten der Vereinten Nationen erkannt, welchen die Aufgabe übertragen worden war, einen sogenannten Weltbevölkerungsaktionsplan zu entwerfen, der im August 1974 bei der von der UNO nach Bukarest einberufenen Weltbevölkerungskonferenz von den Regierungsdelegationen verabschiedet werden sollte. Dieser Plan war von vornherein überaus bescheiden, denn erstens beschränkte er sich angesichts der Empfindlichkeit der sich als souverän fühlenden Regierungen auf bloße Empfehlungen, zweitens war er – möglicherweise um nicht allzu radikal zu erscheinen – nicht etwa auf das erforderliche absolute Nullwachstum der Weltbevölkerung ausgerichtet, sondern lediglich auf eine gewisse Verminderung der gegenwärtigen Wachstumsgeschwindigkeit, und drittens sah er (offenbar gleichfalls aus psychologischen Gründen) eine Verlängerung der allgemeinen Lebensspanne in den Entwicklungsländern vor, eine Maßnahme, welche eine Eindämmung des Bevölkerungswachstums sogar noch behindert. Doch selbst dieser inadäquate und höchst zaghafte Versuch, der Bevölkerungsexplosion entgegenzuwirken, scheiterte an der Unvernunft jener Spezies, die sich *sapiens* nennt.

Die in dem vorgelegten Entwurf dieses Plans enthaltenen Empfehlungen, die hier nur in sehr stark verkürzter Form wiedergegeben werden können, sahen hauptsächlich vor:

— eine Einschränkung der Wachstumsgeschwindigkeit, und zwar derart, daß die globale Zuwachsquote bis zum Jahr 1985 auf insgesamt 1,7 % gesenkt wird (dabei sollten die Entwicklungsländer ihre Quote von derzeit im Durchschnitt 2,4 % auf nur noch 2 % zurückschrauben, die der Industrienationen sollte mit nur etwa 0,9 % unverändert bleiben),

— zwar eine Garantie des Rechts der Einzelfamilie, ihre Nachkommenzahl selbst zu bestimmen, aber zugleich auch die Verpflichtung der Regierungen, bis 1980 oder spätestens 1985 alle Bürger – soweit diese es wünschen – über die Mittel und Wege einer »Familienplanung« (Geburtenbeschränkung) angemessen zu informieren,

— eine Anerkennung der These, daß wirtschaftliche und soziale Verbesserung der Lebensbedingungen auch in den Entwicklungsländern ein automatisches Absinken der Nachkommenzahl zur Folge hätte,

– eine bis 1985 zu erreichende Verlängerung der durchschnittlichen Lebensspanne in den Entwicklungsländern von zur Zeit 55 Lebensjahren auf mindestens 62 Lebensjahre.

Angesichts der gegenwärtigen Situation der menschlichen Weltbevölkerung, welche ein globales Problem darstellt, das über kurz oder lang jeden Einzelmenschen ungeachtet der völkischen Zugehörigkeit, der Hautfarbe, Religion oder ideologischen Vorstellung direkt oder indirekt (aber jedenfalls im wahrsten Sinne des Wortes) in Mitleidenschaft ziehen wird, wäre gewiß zu erwarten gewesen, daß die 135 anwesenden Regierungsdelegationen diesem Entwurf zustimmen werden. Daß eine weltweite Gefahr für die Existenz aller Völker einen unter Hintansetzung partikulärer Interessen globalen Konsensus aller Regierungen zwingend erfordert, ist eine Erkenntnis, die schon einem Minimum an Vernunft und Weitsicht zugänglich ist und von der daher angenommen werden konnte, daß sich die konsultierten Regierungen von ihr leiten lassen würden. Eben dies trat jedoch nicht ein. Zwar setzten sich die meisten der westlichen Industrienationen, einige der asiatischen Länder und vor allem Indien für eine Annahme des Entwurfs ein. Andere Delegationen jedoch mißbrauchten die Konferenz zu Zwecken einer ideologischen und politischen Agitation oder zur Abreaktion von gegen die Industrienationen gerichteten Ressentiments. Religiösen Überzeugungen entstammten die Vorbehalte des Vatikans, der Konkurrenz mit dem großen brasilianischen Nachbarn die Gegenvorschläge Argentiniens, dem Mißtrauen gegen das mächtige

Nordamerika sowie dem Nationalstolz viele Einwände anderer lateinamerikanischer Delegationen. Kurz, ein großer Teil der in den Arbeitskommissionen geführten Diskussion bot das beschämende Bild eines Mosaiks aus menschlicher Zwietracht, engstirnigem Egoismus, zynischem Machtstreben, irrationalen Gefühlen, desinteressierter Gleichgültigkeit und vergeblich an rationales Denken appellierender Vernunft[265].

Nach den ersten vier Tagen der Konferenz waren im Verlauf der Kontroverse von den 93 Paragraphen des Aktionsplans erst zwei verabschiedet, 68 eingebrachte Änderungsvorschläge (ein Schulbeispiel versteckter Obstruktionspolitik) noch unbehandelt. Schließlich, am 30. August 1974, erfolgte – um auch ein offizielles Scheitern der Konferenz zu vermeiden: ohne förmliche Abstimmung – die Verabschiedung einer beträchtlich abgeänderten, in ihrer potentiellen Wirksamkeit erheblich eingeschränkten Stellungnahme, welche die Bezeichnung »Aktionsplan« allerdings nicht mehr rechtfertigt. In sehr stark verkürzter Formulierung ist dieses ihr Inhalt:

— Die Bevölkerungspolitik bleibt ausschließlich Angelegenheit einer jeden der souveränen Regierungen, der UNO wird lediglich eine koordinierende Funktion eingeräumt.

In der Praxis bedeutet dies, daß diejenigen Länder ihre Bevölkerungsexplosion ungehindert weiter betreiben können, die das aus welchen Gründen auch immer wünschen. Es ist vorauszusehen, daß hiervon die meisten der besonders geburtenstarken Länder Lateinamerikas und Afrikas – wenn auch nicht mehr Südostasiens – Gebrauch machen werden.

– Ein besonderes Gewicht ist der verstärkten Unterstützung der Entwicklungsländer auf dem Gebiet ihres wirtschaftlichen und sozialen Fortschritts beizumessen.

Hier ist der ursprüngliche Aktionsplan in seinem Kern zu etwas umgestaltet worden, das man wohl als »Einwerbung zusätzlicher Entwicklungshilfe« bezeichnen könnte.

— Das Elternrecht, über die Zahl der eigenen Nachkommen zu entscheiden, wird betont und entsprechend herausgestellt. Daneben wird eine bis 1985 zu erreichende Reduktion des globalen Populationszuwachses auf jährlich 1,7 % als erstrebenswert anempfohlen.

Die ursprüngliche, den Regierungen gemachte Auflage, ihre Bevölkerung in den Fragen der Familienplanung und Empfängnisverhütung zu informieren, wurde ersatzlos gestrichen, ja es wurde das Wort »Familienplanung« sogar völlig eliminiert und durch die verwässernde Umschreibung »verantwortungsvolle Elternschaft« ersetzt, die in ihrer nichtssagenden Vieldeutigkeit gerade noch akzeptabel erschien.

— Es werden Maßnahmen empfohlen, durch welche eine Verlängerung der durchschnittlichen Lebensspanne bei den Einwohnern der Entwicklungsländer erreicht werden könnte. Diese soll bis 1985 auf 62 Lebensjahre erhöht werden, bis zum Jahre 2000 auf 74 Lebensjahre.

Wie bereits zuvor erwähnt, ist dies eine Maßnahme, durch welche die Bevölkerungsexplosion nicht etwa gebremst, sondern geradezu gefördert wird.

— Die Gleichberechtigung der Frau mit dem Mann wird betont.

So scheinen also alle zufrieden zu sein: Die UNO hat ihr Gesicht gewahrt, Rotchina fand eine Tribüne für politische Agitation, die Befürworter des Plans trösten sich damit, wenigstens die ausdrückliche Nennung der Planziffer von 1,7 % durchgesetzt zu haben, und die Gegner des Plans können als Erfolg verbuchen, diesen in seinem Kern unwirksam gemacht zu haben. Und wirkungslos ist er nun in der Tat, trotz aller offiziellen und öffentlichen Versuche einer Beschönigung, denn die Bevölkerungsexplosion kann ja nicht aufgehalten werden, wenn a) eine notwendige globale Planung und Kontrolle aus Rücksicht auf partikuläre »Souveränitäten« unterbleibt, b) eine Tabuisierung der wichtigsten aller Maßnahmen, nämlich der Familienplanung bzw. Geburtenbeschränkung hingenommen wird, c) von der irrigen These ausgegangen wird, die Nachkommenzahl könne einfach durch Erhöhung des Wohlstandes verringert werden (als ob zu diesem nicht auch die Information über die biologischen Mechanismen der Empfängnis und deren Verhütung sowie eine Verbesserung des allgemeinen Bildungsstandes hinzutreten müßten!), und wenn d) die Lebensdauer von Bevölkerungsteilen verlängert wird.

Die große Chance des modernen Menschen, sein hypertrophes Populationswachstum in den Griff zu bekommen, ist 1974 in Bukarest also vertan worden. Bei der Auseinandersetzung zwischen der rationalen Rindenperson des menschlichen Gehirns und dessen emotionalem, irrationalem Tiefenwesen hat das letztere die Oberhand gewonnen: *Freiwillig ist die Menschheit nicht bereit, das in der jetzigen Situation biologisch einzig Sinnvolle zu tun – es wird keine künstlichen, vom Menschen aus eigener Einsicht geschaffenen Hemmfaktoren der Populationsdynamik geben, die Entwicklung wird unbeeinflußt ihren Lauf nehmen.*

Es zeigte sich also, daß die Menschheit aus egoistischen, ideologischen und machtpolitischen Motiven sowie aus Gleichgültigkeit, nicht zuletzt aber auch aufgrund ihrer Idealvorstellung von Humanität, nichts zu unternehmen beabsichtigt, was als freiwillig eingeführter, künstlicher Hemmfaktor der galoppierenden Vermehrung der Massen Einhalt gebieten könnte. Ebenso wird sie aus Gründen der Humanität vermutlich alles tun, was geeignet ist, die natürlichen Hemmfaktoren zu neutralisieren. Die uralte, ehrwürdige, im menschlichen Geist zweifellos auch biologisch verankerte Idealvorstellung von echt humanem Verhalten (»Ehre und vermehre menschliches Leben! Vermindere menschliches Leiden!«) war bisher während der gesamten, unter normalen Bedingungen verlaufenden Menschheitsentwicklung segensreich. Schließlich aber wurde sie (durch aktive Verringerung der Säuglingssterblichkeit und Verlängerung des Lebensalters) zur eigentlichen Ursache einer abnormalen, alle unsere Gegenwartsprobleme hervorrufenden Bevölkerungsexplosion. Und es ist zu befürchten, daß diese im Humanitätsideal begründete Motivation auch zur künftigen untätigen Hinnahme eines weiteren Ansteigens der Populationsdichte führen wird, mit allen seinen inhumanen Folgeerscheinungen. Hierin aber wird, so meine ich, die Tragik des Menschen liegen, daß nämlich auch die edelste seiner ursprünglich sinnvollen Verhaltensweisen sich unter den veränderten Umweltbedingungen nicht mehr optimal, sondern geradezu zweckwidrig, ja sogar fatal auswirkt und daß sie sich mit den niedrigsten Verhaltensweisen des Menschen in diese Rolle teilt: mit dem zynischen Machthunger, dem Gruppenegoismus, der Indolenz und Gleichgültigkeit sowie der an Torheit grenzenden Kurzsichtigkeit.

Wie die Entwicklung nun im einzelnen weitergehen wird, kann mit allerletzter Gewißheit zwar nicht vorausgesagt werden[266], aber in Anbetracht der bereits bestehenden Vorbedingungen ist überaus wahrscheinlich, daß sich aufgrund des Unterbleibens freiwilliger Maßnahmen des Menschen die natürlichen Hemmfaktoren des Bevölkerungswachstums weiter ausbreiten und intensivieren werden: Mit weiterem Anwachsen der Populationsgröße werden sich die »crowding«-Symptome steigern, werden die Nahrungsvorräte weiter abnehmen. Schätzungen der UNO zufolge sind schon beim gegenwärtigen Bevölkerungsstand 400 bis 800 Millionen Menschen nicht ausreichend ernährt, mindestens 400 Millionen sogar beständigem Hunger ausgesetzt. Bei einem weiteren schnellen Ansteigen der Populationsgröße ist unvermeidlich, daß die Zahl der Hungernden (und der Verhungernden!) in den Entwicklungsländern zunimmt[267]. Zwar werden sich die Entwicklungsländer, unterstützt durch die Industrienationen, um eine Verbesserung ihrer wirtschaftlichen Lage bemühen, aber in vielen Fällen wird der wirtschaftliche Gewinn durch die unkontrollierte Zunahme der Kopfzahl aufgezehrt werden, so daß es zu einem echten Fortschritt nicht kommen kann. Wo aber die Geburtenzunahme besonders groß ist, kann es trotz aller Bemühungen sogar zu Rückschritten kommen.

Mit fortschreitendem Bevölkerungswachstum wird sich also die Lage der Entwicklungsländer trotz aller Unterstützung nicht verbessern, sondern eher noch zuspitzen, der Hunger wird in ihrer ständig vermehrten Bevölkerung zunehmen müssen. Irgendwann wird sodann auch den Regierungen der Industrienationen bewußt werden, daß sie durch ihre fortlaufende Entwicklungshilfe zwar beabsichtigen, die Not zu lindern, auf diese Weise aber auch die Bevölkerungsexplosion fördern und finanzieren. Zudem wird unausweichlich der Zeitpunkt heranrücken, bei dem die Grenzen ihrer normalen Leistungsfähigkeit in Sicht kommen, zumal ja die drastische Erhöhung des Weltpreises für Erdöl nicht nur die Rohstofflosen unter den Entwicklungsländern hart trifft, sondern auch die finanziellen Möglichkeiten der Industrieländer erheblich beschneiden wird. Dennoch werden diese Länder unter dem Druck der Meinung der Weltöffentlichkeit – die sodann aufgrund der erreichten Zahlenverhältnisse weitgehend von den Entwicklungsländern bestimmt sein wird – gezwungen werden, auch unter Konsumverzicht der eigenen Bevölkerung (wie er z. T. jetzt schon gefordert wird) weitere Entwicklungshilfe aufzubringen – die wiederum wirkungslos bleiben muß, da sie vom unverminderten weiteren Populationswachstum aufgesogen wird.

Allerdings wird sich dieser Prozeß einer fortlaufenden Steigerung der Erfordernisse nicht unbegrenzt fortsetzen können, denn schließlich wird man bei den Industrienationen an eine allerletzte Grenze der Leistungsfähigkeit gelangen, jenseits welcher die Existenz der eigenen Bevölkerung gefährdet erscheint. Damit aber wäre ein Höhepunkt der anwachsenden Krise erreicht, an dem der nackte Selbsterhaltungstrieb der Überlebenswilligen in seine Rechte eintritt und Hilfeleistung zwar nicht verweigert, aber auch nicht mehr möglich sein wird. Die Menschheit, die eine freiwillige, humane Einflußnahme auf die Populationsdynamik ursprünglich weit von sich gewiesen hatte, wird sodann den natürlichen Hemmfaktoren des Wachstums hilflos ausgeliefert sein: Weiträumige Naturkatastrophen (Überschwemmungen, Erdbeben usw.), klimatisch bedingte Mißernten und Hungersnöte, regionale Epidemien, wie sie jetzt und zu allen Zeiten vorkommen, werden ihren Zoll fordern, und da die im Lande und auch außerhalb lebenden Mitmenschen selbst nichts erübrigen können, wird unterlassene Hilfeleistung eine reine Notwehrreaktion sein. Vielleicht auch wird diesen Mitmenschen das Entsetzliche ihres inaktiven Verhaltens gar nicht bewußt werden, dann nämlich, wenn als eines der »crowding«-Symptome der allgemeine Verfall der sozial-ethischen Normen und das Schwinden des Solidaritätspostulats vollends erreicht sein sollten. Daß – falls diese natürlichen Reduktionen der Bevölkerungszahl noch immer zu keiner Stabilisierung der Populationsdynamik führen sollten – letztlich kriegerische Auseinandersetzungen um das Überleben durchaus denkbar sind und daß auf diesem gewaltsamen Wege eine den natürlichen Bedingungen wiederum etwas angenäherte Populationsgröße hergestellt werden mag, sei nur vermerkt, nicht aber näher ausgeführt.

Gewiß, das ist ein Zukunftsbild, für das die Bezeichnung »düster« geradezu euphemistisch wäre, ein Bild, dessen sich manche der an der Bukarester Bevölkerungskonferenz beteiligten Regierungsdelegationen sicherlich nicht gewärtig gewesen sind. Doch muß wohl zugestanden werden, daß seine theoretische Konstruktion als eine Art von »educated guess« der Logik nicht entbehrt und daß es zu einer solchen Entwicklung unausweichlich kommen muß, wenn die gegenwärtige Menschheit ihre derzeitige Einstellung zum unkontrollierten Wachstum und zur Geburtenbeschränkung nicht revidiert – wozu ihr verzweifelt wenig Zeit verbleibt.

Fassen wir diesen Teil der Ausführungen zusammen: Wirklich verbindliche Zukunftsprognosen zu entwerfen ist zwar wegen der zahlreichen, im voraus nicht mit Sicherheit zu beurteilenden Variablen nicht möglich. Wohl aber deutet sich aufgrund aller hier angestellten Erwägungen als überaus wahrscheinlich an, daß

— ein Überschießen der Meadowschen Wachstumskurve nach Art der Malthus-Kurve und damit ein schon in wenigen Jahrzehnten erfolgender allgemeiner Zusammenbruch der Menschheitspopulation wohl nicht stattfinden wird,

— ein Einschwenken der Populationskurve in die stationäre Phase, also in das Nullwachstum, insofern nicht zu erwarten ist, als viele Regierungen aus den verschiedensten Gründen eine globale Bevölkerungspolitik, ja sogar eine nationale freiwillige Geburtenbeschränkung ablehnen, und

— wahrscheinlich eine gewisse Reduktion der Populationsgröße in späteren Entwicklungsphasen dadurch eintreten wird, daß die durch das Bevölkerungswachstum bedingte Verknappung der Nahrungsvorräte eine Hilfeleistung in Katastrophenfällen nicht mehr ermöglicht und ein Überhandnehmen der natürlichen »crowding«-Effekte, insbesondere ein Verfall des Sozialverhaltens und des Solidaritätsgebots, ein derartiges Unterlassen der Hilfeleistung vermutlich noch fördern wird.

Eine wirklich ausreichende Selbstregelung des populationsdynamischen Trends wird diese Entwicklung aber wohl nicht erbringen, und so ist zu befürchten, daß die rettende Phase des Nullwachstums der Weltbevölkerung dabei nicht erreicht werden wird. In unsere Überlegungen muß allerdings noch eine weitere Erkenntnis der biologischen Populationsforschung mit einbezogen werden: Eine Weiterentwicklung der Population aus der schließlich erreichten, zunächst einmal Existenzsicherheit gewährenden stationären Phase der Verhulst-Pearl-Kurve (Nullwachstum) heraus ist ohnehin nur dort möglich, wo es sich um ein offenes System handelt, wo also unter den Bedingungen der freien Natur eine Erneuerung der die Tragfähigkeit des Biotops kontrollierenden Faktoren erfolgt, z. B. eine Erneuerung des Nahrungsvorrats, der Lichtzufuhr, des Sauerstoffs, usw. In einem »geschlossenen« System jedoch, in dem eine Erneuerung des Mediums oder einzelner seiner Faktoren nicht möglich ist, geht über kurz oder lang die stationäre Phase der Populationskurve in eine abfallende Phase über, die Population stirbt aus. Sie bricht, wie sowohl Laboratoriumsexperimente als auch Beobachtungen in der Natur erwiesen haben, schließlich zusammen.

Nun ist aber das System »Mensch/Umwelt« in einer Hinsicht durchaus ein geschlossenes: die für die instrumentellen und maschinellen »Anpassungs-Prothesen« des Menschen und für seine lebensnotwendige künstliche Umwelt erforderlichen Rohstoffe sind nicht erneuerungsfähig[268]. Selbst wenn das Unwahrscheinliche eintreten würde, selbst wenn es uns gelingen sollte, durch Selbstregulation den stationären Zustand unserer populationsdynamischen Entwicklung zu erreichen, wäre also allein schon unter diesem Aspekt des »geschlossenen Systems« ein Abstieg und auf längere Sicht ein späterer endgültiger Zusammenbruch unvermeidlich; es sei denn, es gelänge dem Menschen, sich von seiner bisherigen adaptiven Abhängigkeit, von seiner künstlichen Umwelt zu lösen und sich umzuadaptieren. Doch das dürfte einer so einseitig angepaßten Stammeslinie, wie erwähnt, so gut wie sicher nicht mehr möglich sein.

Wie uns die aus vergangenen Evolutionsabläufen gewonnene Erfahrung lehrte, tritt – noch einmal sei es wiederholt – das Aussterben einer Stammeslinie dann ein, wenn eine etwaige Umweltveränderung nicht mehr durch Neu-Adaptation überwunden werden kann, sei es, weil die evolutive Bandbreite des Gen-Reservoirs der Population schon zu stark eingeengt ist (S. 249), sei es, weil diese Änderung der Außenbedingungen zu schnell erfolgt. Beide Situationselemente werden auch für die künftige Weiterentwicklung des Menschen von Bedeutung sein, doch ist es schwer zu entscheiden, welchem von beiden mehr Gewicht zukommen wird. Sicherlich wird bedeutsam sein, wieviel an »phylogenetischer Flexibilität« dem Menschen verblieben ist, welche Entwicklungsrichtungen seine evolutive Bandbreite noch zuläßt. Der menschliche Geist und sein materielles Substrat, das Vorderhirn, besitzen zweifellos noch weitreichende, bisher ungenutzte Kapazitäten und wären wohl noch weiter entwicklungsfähig, so daß aus dieser Sicht einem weiteren Fortschreiten der Bio- und auch der Psycho-Evolution eigentlich nichts mehr im Wege stehen sollte. Nichts außer zwei sehr gewichtigen Hindernissen: Zum ersten, daß die geistige Entwicklung ins Inadaptive, biologisch und hinsichtlich der Sozialgefüge Unzweckmäßige und Schädliche hineinführt (was in Anbetracht der bestehenden, eine Selbstregulierung der Populationsdynamik anstrebenden ethologischen »crowding«-Effekte in hohem Maß wahrscheinlich ist). Und zum zweiten, daß den geistigen Erzeugnissen des menschlichen Gehirns, soweit sie als Erfindungen technischen Ersatz für Neu-Adaptationen schaffen, die materiellen Grundlagen für ihre Verwirklichung entzogen werden, und zwar durch das Verbrauchen auch der letzten unter den nicht erneuerungsfähigen Rohstoffreserven. Hier aber stellt sich auch das zweite der beiden erwähnten Situationselemente ein, denn die Erschöpfung der Rohstoffquellen ist jene Umweltänderung, die sehr schnell, beinahe abrupt eintreten kann.

Wir haben, so scheint es, das Ende dieses Kapitels erreicht und stehen nun vor dem abschließenden Versuch einer Beantwortung des zweiten Teils der Frage »Ultramensch oder Aussterben?« oder, allgemeiner ausgedrückt, vor der Aufgabe, uns eine Vorstellung von der vermutlichen weiteren Entwicklung der menschlichen Stammeslinie zu bilden. Dabei ist das Entstehen einer aus diesem so einseitig angepaßten Zweig entspringenden, über den Gegenwartsmenschen hinausführenden Lebensform (»Ultramensch«) so überaus unwahrscheinlich, daß es eigentlich nicht mehr weiter erwägenswert ist. Fast ebenso unwahrscheinlich ist eine etwa ungestörte, harmonisch beständige weitere Vorwärtsentwicklung, denn es ist bereits vorauszusehen, daß die Prosperitätssituation des gegenwärtigen Menschen bei der weiteren Steigerung des Populationswachstums bald ihr Ende finden und von einem künftigen Abstieg gefolgt sein wird. *Den künftigen Übermenschen oder Ultramenschen wird es also nicht geben: Wir selbst, wir modernen Erzeugnisse des Fortschritts sind der Ultramensch*, sind es zumindest aus der Sicht unserer Vorfahren und werden es auch im Rückblick unserer Nachfolger sein. Denn in unserer technischen Machtfülle und in unserem üppigen Lebensstandard sowie in der Maßlosigkeit unseres Denkens und Verhaltens haben wir uns über unsere menschheits-historischen Vorfahren so schnell und so weit erhoben, daß uns von ihrem Status ein weiter Abstand scheidet. Und unsere Nachkommen werden aufgrund des ihnen hinterlassenen Erbes so sehr um ihr Überleben ringen müssen, wahrscheinlich so problematischen Lebensbedingungen ausgesetzt sein, daß auch sie von unserer gegenwärtigen Entwicklungshöhe vermutlich eine beträchtliche Kluft trennen wird.

Kein weiterer Aufstieg also – die Grenzen des Wachstums sind auch die Schranken unserer Evolution. Weitaus wahrscheinlicher ist eine zunächst noch unbemerkte, später sich steigernde Krise, sodann das Eintreten mehrfacher katastrophaler Reduktionen unserer globalen Populationsgröße, deren Anwachsen nur gebremst, nicht aber aufgehalten wird. Parallel zu einer Zunahme der Übervölkerungs-Effekte wird vermutlich auch eine Abnahme unserer technischen Möglichkeiten verlaufen, denn unsere Erfindungsgabe wird, wie bereits mehrfach betont, machtlos, wenn unsere Baumaterialien, die verwendbaren Rohstoffe, zu Ende gehen. Was vor dem Homo sapiens liegt, wird also mit großer Wahrscheinlichkeit ein allmählicher Abstieg in der Entwicklung sein. Ihm muß später das Ende folgen, weil die Überpopulation dieser Spezies zu einer völligen Erschöpfung der verwertbaren Rohstoffe ihrer natürlichen Umwelt geführt haben wird und damit zu einem Zusammenbruch der künstlichen Umwelt, jener Mega-Prothese, deren diese Spezies für ihr Fortbestehen bedarf.

Das Aussterben einer in der Evolution höchst ungewöhnlichen, aber besonders progressistischen, extrem und einseitig adaptierten Stammeslinie. Nichts Besonderes also? Doch: Mit dieser Stammeslinie wird auch das Wissen des Lebens um seine eigene Existenz dahingehen, mit dem Basalen Neokortex auch der diesem entspringende Geist, der unter anderem auch Vernunft produziert hatte – aber eben Vernunft ohne Weitsicht, Klugheit ohne Weisheit.

Nachsatz

Es scheint mir dringend notwendig, nachträglich noch auf zwei Dinge einzugehen, also eine Erörterung anzufügen, von der ich glaube, daß ich sie dem Leser schulde:

Am Ende dieses Buches habe ich eine mögliche Zukunftsentwicklung skizziert, deren Wahrscheinlichkeit sich als logische Folge aus dem gegenwärtigen Evolutionsstatus des Menschen, aus bereits einsetzenden Tendenzen und aus der Regelhaftigkeit früherer Evolutionsabläufe ergibt. Im Gegensatz zu den prognostischen Hochrechnungen der Wissenschaftlergruppe um D. L. Meadows habe ich dabei strikt vermieden, für die als wahrscheinlich aufgezeigten Entwicklungsabläufe bestimmte Zeitspannen vorauszusagen, denn ich glaube das angesichts so vieler nicht exakt kalkulierbarer Faktoren nicht verantworten zu können. Sollte mir also die Frage vorgelegt werden, wann denn mit dem voraussichtlichen Aussterben zu rechnen sei, würde ich mich einer Antwort enthalten müssen. Doch scheint mir soviel bereits absehbar zu sein: Falls ein echtes Nullwachstum der Weltpopulation nicht doch noch in der nächsten Zukunft erreicht werden sollte, falls die zu erwartenden

Reduktionen der Weltbevölkerung nicht noch weit katastrophaler, furchtbarer und daher umfangreicher ausfallen, als ich mir (widerstrebend) auszumalen wage, falls nicht sensationelle Entdeckungen oder Erfindungen à la Science Fiction zur Neuschaffung von Rohstoffvorräten und völlig neuen Energien führen – kurz, falls nicht Unwahrscheinliches oder eine Art von Wunder geschieht, so glaube ich, daß die weitere Entwicklung des Menschen nicht mehr nach Jahrtausenden und auch nicht nach Jahrhunderten, sondern vermutlich nur noch in der Größenordnung von Generationen bemessen sein wird.

Ferner bin ich mir dessen bewußt, daß die Ausführungen meines Schlußkapitels manche Leser schockiert haben werden, und da wir modernen Menschen dazu neigen, Unangenehmem oder als unerträglich Empfundenem entgehen zu wollen, indem wir es als unglaubwürdig werten, muß ich wohl damit rechnen, daß man mir unvertretbaren Pessimismus vorhalten wird. Doch möge man bedenken, daß es ja sicherlich leichter fällt und angenehmer ist, Erfreuliches mitzuteilen sowie Optimismus zu vermitteln, und daß ich diesen Weg weit lieber beschritten hätte, wäre dies möglich gewesen. Wer aber die in der Natur zwischen Anpassung und Auslese bestehenden biologischen Zusammenhänge kennt und wer die Grundlagen der biologischen Populationsdynamik berücksichtigt, wird diesen Optimismus wohl kaum aufbringen können. Erst recht nicht, wenn er sich vor Augen hält, von welcher ideologischen Verblendung, von welchem gewissenlosen Leichtsinn, von welchem rücksichtslosen Machtstreben und von welcher scheuklappenbehafteten Unfähigkeit zu rationalem Denken (und nur noch globales Denken ist in dieser Situation wirklich rational) sich jene Regierungen leiten ließen, welche für das faktische Fiasko der von den Vereinten Nationen einberufenen Weltbevölkerungskonferenz von 1974 verantwortlich sind – einer Chance, die der *Homo »sapiens«* auf eine wahrhaft erbärmliche Weise verspielt hat.

Zu dem erwarteten Vorwurf möchte ich also bemerken, daß aus einer wirklich vollständigen, nämlich auch die biologischen Grundlagen des Menschen mit einbeziehenden Sicht für Pessimismus ein durchaus realer Anlaß besteht und daß ich, wenn ich die Lage verhältnismäßig düster darstellte, dies keineswegs etwa in der Absicht getan habe, Hoffnungslosigkeit oder gar Panik hervorzurufen. Gewiß erweckt meine Analyse den Eindruck von Pessimismus, aber sie hat den Vorzug der Wirklichkeitsnähe und kann daher von Nutzen sein: Nur wer bereit ist, die Dinge realistisch zu sehen, nur wer sich selbst eingesteht, daß er sich in Schwierigkeiten befindet, wird sich zum Handeln aufraffen. Und nur wer diese Schwierigkeiten genau erkennt, wird in der Lage sein, unter allen möglichen Maßnahmen die richtigen ergreifen zu können.

So ist meine Hoffnung derjenigen verwandt, die den Club of Rome und D. L. Meadows sowie M. Mesarović und E. Pestel bewogen hat, an die Öffentlichkeit zu treten, die Hoffnung, unsere Gesellschaft und unsere politisch Handelnden möchten die Lage erkennen und so reagieren, wie es uns unser möglicherweise noch nicht völlig verkümmerter Selbsterhaltungstrieb auferlegt, nämlich sich auf den Standpunkt zu stellen: »Es mag vielleicht richtig sein, was derartige Pessimisten sagen — aber wir wollen doch alles daran setzen, noch einmal davonzukommen!« Selbst wenn es wohl aussichtslos sein dürfte, der natürlichen Selektion der Umwelt endgültig entrinnen zu wollen, so müßte es jedenfalls erreichbar sein, die Krise zeitlich so weit hinauszuschieben wie nur möglich, die Existenzdauer unserer Spezies so zu verlängern, wie die Verhältnisse es gestatten.

Was kann, was muß zu diesem Zweck getan werden? Was ist erforderlich? Dreierlei: Zum ersten, den kausalen Ursprung allen Übels, die sich extrem beschleunigende Bevölkerungszunahme zu drosseln (nämlich durch internationale, weltweit abgestimmte und kontrollierte Maßnahmen zu freiwilliger Geburtenbeschränkung und freiwilligem Verzicht auf die unnatürliche Verlängerung des Altersstadiums). Zum zweiten, die Ausplünderung und Vernichtung unserer natürlichen Umwelt einzudämmen und die Hypertrophie unserer künstlichen Umwelt allmählich abzubauen. Zum dritten, aus Gründen der Humanität die Auswirkungen der Übervölkerungs-Effekte abmildern zu helfen, nämlich dem Verfall unserer sozial-ethischen Normen und Verhaltensweisen entgegenzuwirken, welche allein gewährleisten, daß unser gemeinsames Leben menschlich und menschenwürdig sei.

Alle diese Vorkehrungen erfordern eine strikte Abkehr von der Maßlosigkeit, der Novitätensucht und der Irrationalität unseres gegenwärtigen Denkens und Handelns. Sie können nur dann erfolgreich sein, wenn die Menschheit und jeder ihrer politisch Verantwortlichen, aber auch jeder einzelne von uns sich bereitfindet, utopischen, unverbindlich das Zukunftsheil verheißenden Ideologien eine Absage zu erteilen und mit Augenmaß nur aufgrund von nüchtern wirklichkeitsnahen Analysen – auch gegen das Bestreben unseres eigenen emotionalen oder egoistischen Wunschdenkens – zu handeln. Wenn Pessimismus dabei zu einem Handelnsansporn wird, so sollte das nicht unwillkommen sein: anders als Leichtsinn oder Gleichgültigkeit ist er nicht der schlechteste Ratgeber auf dem Weg in die Zukunft.

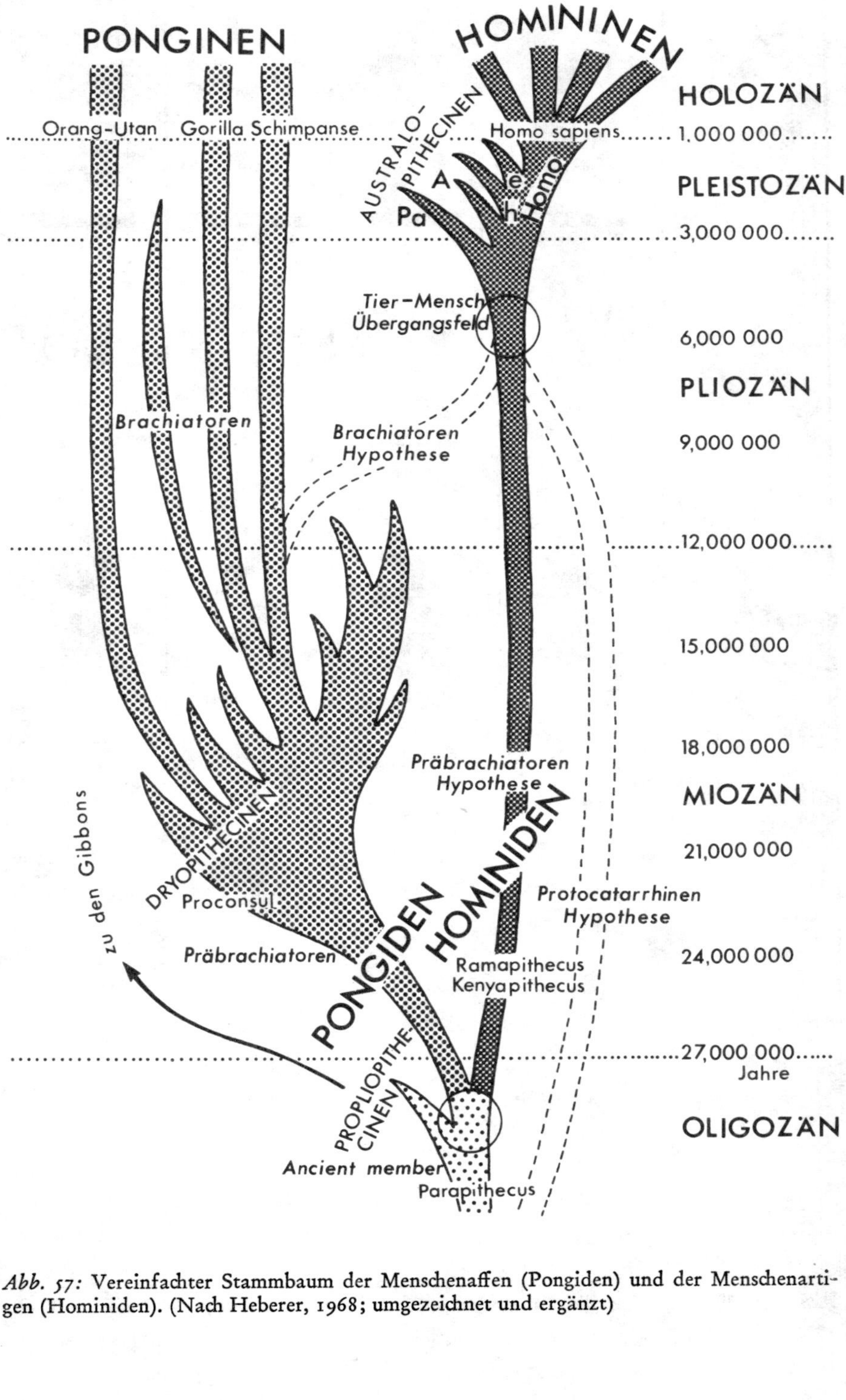

Abb. 57: Vereinfachter Stammbaum der Menschenaffen (Pongiden) und der Menschenartigen (Hominiden). (Nach Heberer, 1968; umgezeichnet und ergänzt)

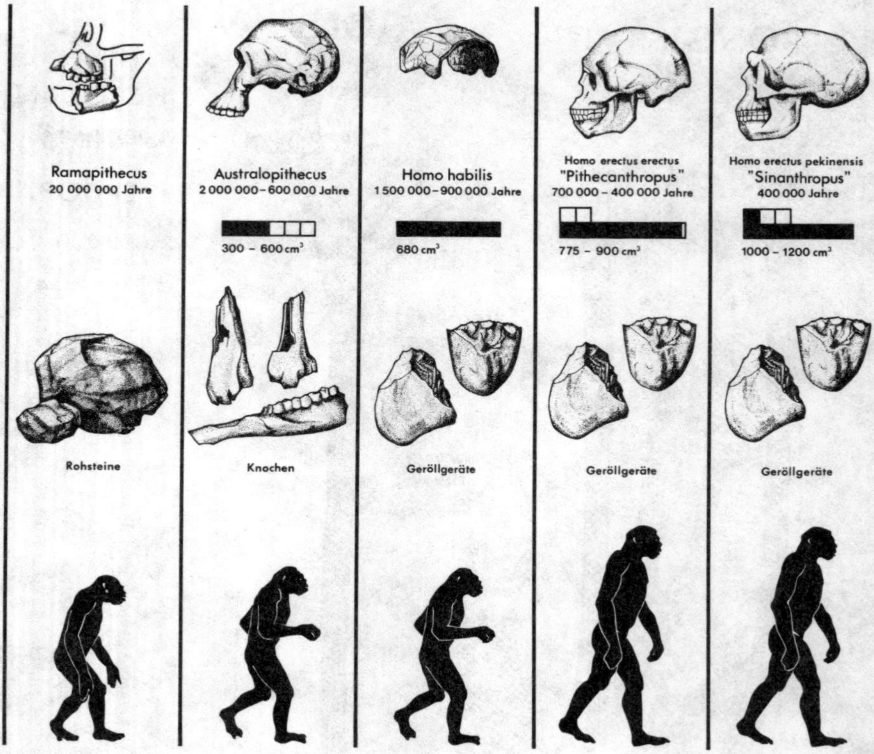

Abb. 58: Übersicht über die Entwicklungsstufen der Menschenartigen (Hominiden). Ge-

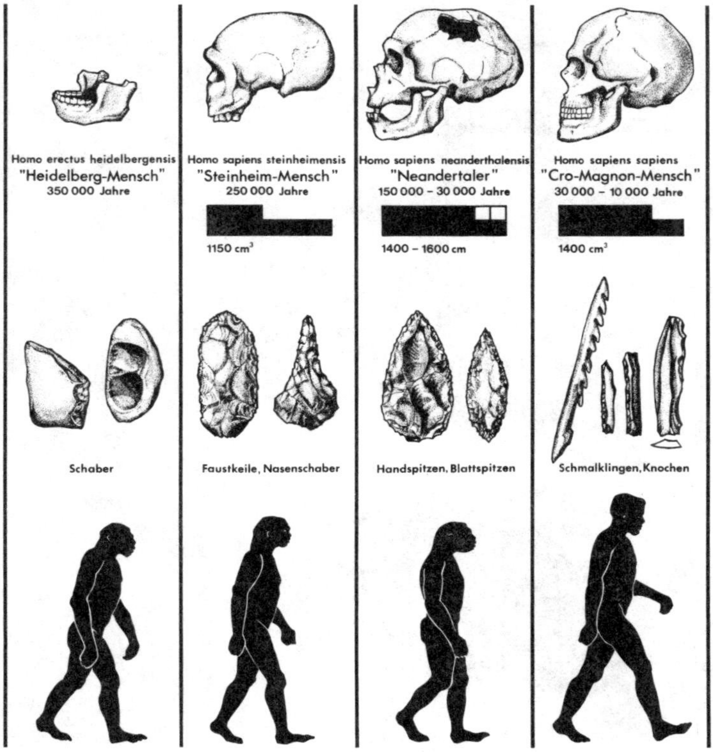

hirnvolumen in cm³, maßstabgerecht. (Aus Heberer, 1968; verkürzt und umgezeichnet)

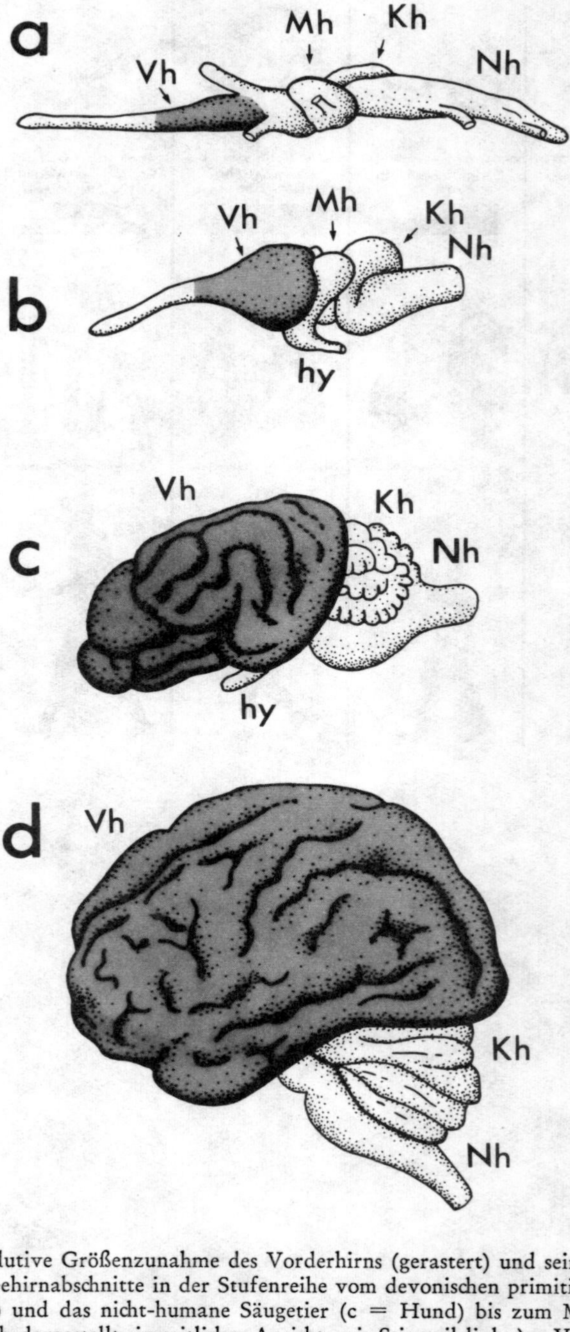

Abb. 59: Orthoevolutive Größenzunahme des Vorderhirns (gerastert) und seine Dominanz über die anderen Gehirnabschnitte in der Stufenreihe vom devonischen primitiven Fisch (a) über das Reptil (b) und das nicht-humane Säugetier (c = Hund) bis zum Menschen (d). (Gehirne schematisch dargestellt, in seitlicher Ansicht, mit Stirnteil links.) – Vh = Vorderhirn (Großhirn); Mh = Mittelhirn; Kh = Kleinhirn; Nh = Nachhirn; hy = Hypophyse. (Aus Teilhard de Chardin, 1961; umgezeichnet)

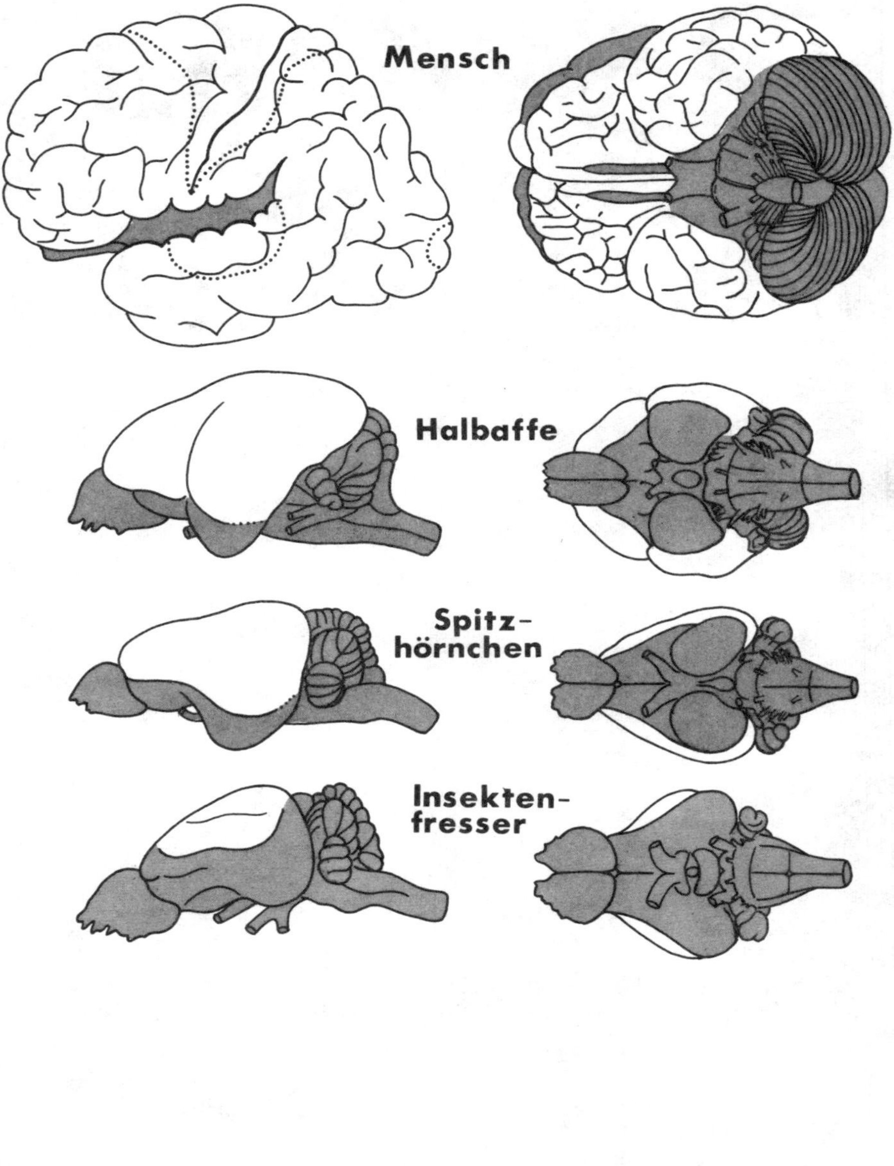

Abb. 60: Orthoevolutive Entwicklung und Ausbreitung des Basalen Neokortex (weiß) über die älteren Gehirnteile (gerastert) bei der Evolution von den Insektivoren bis zum Menschen. Linke Reihe: Seitenansicht mit Stirnteil links. Rechte Reihe: Ansicht der Basis, mit Stirnteil links. (Zusammengestellt aus H. Spatz, 1961, umgezeichnet)

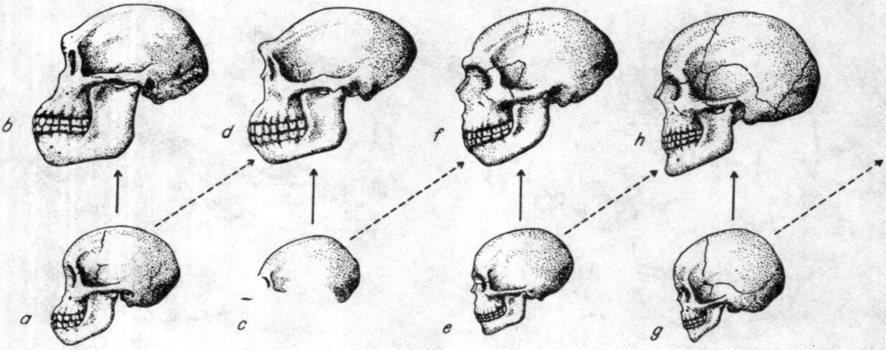

Abb. 61: Neotene Entwicklung der Schädelform bei den Menschenartigen (Hominidae). – Vertikale Pfeile = Ontogenese von den Jugendstadien (unten) zu den Altersstadien (oben). Schräge, unterbrochene Pfeile = phylogenetische Entwicklungstendenz.
a, b = *Australopithecus*-Stufe; c, d = *Homo (»Pithecanthropus«)*-Stufe; e, f = *neanderthalensis*-Stufe (offenbar eine Seitenlinie); g, h = *sapiens*-Stufe. (Aus Schindewolf)

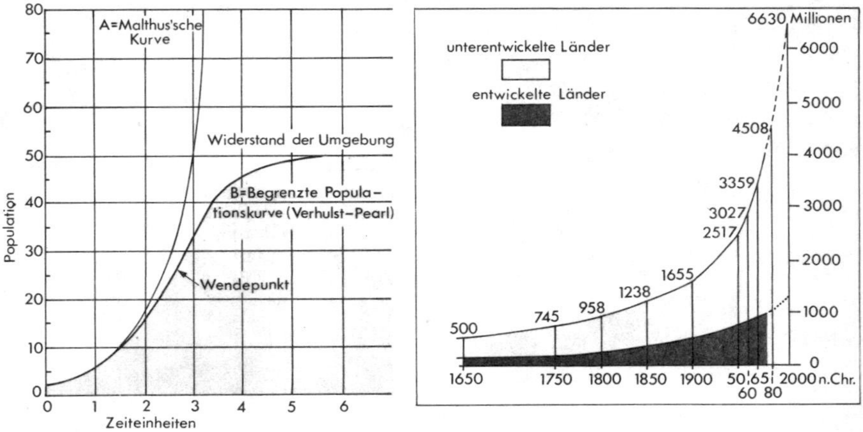

Abb. 62: Populationsdynamik in Kurven.
Links: Malthussche Kurve (theoretisches Wachstum) und logistische Kurve (real) nach Verhulst-Pearl. (Aus Wurmbach, 1970; Text vereinfacht)
Rechts: Reale Wachstumskurve der Menschheitspopulation von den Jahren um 1650 n. Chr. bis zur Gegenwart, nach den Daten der UNO, und der vorausgeschätzte weitere Anstieg bis zum Jahr 2000. (Aus Fischnich, 1969; umgezeichnet)

Anmerkungen und Literaturhinweise

1 Die Bezeichnung »Paläobiologie« ist zu Beginn unseres Jahrhunderts mit anderer, eingeschränkter Bedeutung verwendet worden (O. Abel). Damals verstand man unter diesem Namen eine »Forschungsrichtung, die sich besonders die Erforschung der Anpassung der fossilen Organismen und die Ermittlung ihrer Lebensweise zur Aufgabe stellt« (U. Lehmann: »Paläontologisches Wörterbuch«. – Vlg. Enke, Stuttgart (1964). Heute spricht man in diesem Zusammenhang jedoch von »paläontologischer Funktionsmorphologie« und »Palökologie«.
Ich selbst möchte die Bezeichnung Paläobiologie in der wesentlich weiter gefaßten Bedeutung verstehen, die ihr u. a. bei T. J. M. Schopf beigemessen wird (»Models in Paleobiology«. – Vlg. Freeman & Co., San Francisco [1972]). Damit würde diese naturwissenschaftliche Disziplin sämtliche Forschungsrichtungen einbeziehen, die im engeren oder weitesten Sinn dazu beitragen, die mechanischen und physiologischen Leistungen, die Funktionen, das Verhalten, die Lebensweise und die Umweltbeziehungen der fossilen Lebewesen zu rekonstruieren sowie die Entwicklung ihrer Individuen (Ontogenie) und ihrer Stämme (Phylogenie) zu ermitteln.
Von der »alten« Paläontologie würde sich die moderne Paläobiologie insofern abheben, als sie (1) das gesamte Spektrum von der klassischen Morphologie, Systematik und »Biostratigraphie« über die Funktionsmorphologie, Palökologie usw. bis zur Biogeographie, Populationsdynamik, Biochemie, Ultrastruktur usw. der fossilen Organismen umfaßt, (2) die Verhältnisse bei den Lebewesen der Gegenwart stärker als bisher als Schlüssel zum Verständnis derer der Vergangenheit verwendet und (3) mehr als bisher berücksichtigt, daß ihr Ausgangspunkt, Grundverständnis und Ziel, und nicht zuletzt ihre Untersuchungsobjekte, a priori biologischer Natur sind.

2 D. L. Eicher: »Geologic Time«. – Reihe Foundations of Earth Science Series, Tab. 1–1, Vlg. Prentice Hall (1968).

3 Nach der ursprünglichen Definition des Begriffs »Stratigraphie« handelt es sich um jene Disziplin der Geowissenschaften, welche die chronologische Aufeinanderfolge der Gesteinskörper in der Erdkruste untersucht und rekonstruiert. Hier liegt also der Schwerpunkt bei der Feststellung des Alters und der normalen Abfolge der Schichten. Diese Auffassung wird nach wie vor in den meisten europäischen Ländern und in Rußland vertreten. Dagegen wird seit geraumer Zeit seitens einiger einflußreicher amerikanischer Stratigraphen der Versuch unternommen, im internationalen Bereich ein wesentlich erweitertes Konzept durchzusetzen, demzufolge die Stratigraphie »alle Merkmale und Eigenschaften« zu untersuchen hätte, welche die Gesteinskörper besitzen, wobei die Feststellung des Alters nur eines unter vielen anderen Anliegen wäre. Eine solche entscheidend erweiterte Aufgabenstellung kommt jedoch bereits teils der

Geologie, teils anderen Disziplinen zu, wie z. B. der Petrologie, Geochemie, Geophysik usw.

4 Dennoch werden Diskordanzen für die Gliederung von Gesteinsabfolgen in einem bestimmten Bereich allgemein benützt, und zwar im Falle der Ablagerungen des Präkambriums. Da hier Leitfossilien als Zeitmarken fast vollständig fehlen und radiometrische Messungen nur punktweise vorgenommen werden können, bleibt dem Geologen keine andere Wahl, als auf die weniger sicheren Methoden des Gesteinsvergleichs und der Berücksichtigung von Diskordanzen zurückzugreifen.

5 Unter der Bezeichnung »Korrelation« versteht man im allgemeinen das Gleichsetzen bzw. Parallelisieren von in verschiedenen Regionen auftretenden, aber gleichaltrigen Gesteinskörpern bzw. ihren Fossilien. Der Ausdruck ist sprachlich nicht korrekt, hat sich aber so eingebürgert, daß er wohl hingenommen werden muß.

6 Wie im Text bereits angedeutet, wird der Begriff der Fazies folgendermaßen definiert: Sie ist die Summe aller Merkmale, die den charakteristischen Aspekt eines Gesteinskörpers bedingen. Hierher gehören als sogenannte »lithofazielle Merkmale« beispielsweise die stoffliche und strukturelle Gesteinsbeschaffenheit (mineralische Zusammensetzung, Korngröße, Farbe usw.) sowie als sogenannte »biofazielle Merkmale« die generelle Zusammensetzung der begleitenden fossilen Fauna oder Flora, die Art der Einbettung der Fossilien und dgl. Besonderes Gewicht wird vor allem jenen Merkmalen beigemessen, die Aufschluß über den Bildungsort des ursprünglichen Sediments zu geben vermögen (Wüsten-, Sumpf-, See-, Fluß-Ablagerungen, marine Sedimentbildungen usw.).
Obwohl dies nicht völlig korrekt ist (weil Deutungen vorweggenommen werden), bezeichnen viele Geologen die verschiedenen Fazies nach ihrem vermutlichen Bildungsraum, z. B. Flachmeer-Fazies, Lagunen-Fazies, Riff-Fazies, Brackwasser-Fazies usw.
Da die Bildungsbereiche in ihrer seitlichen Erstreckung ineinander übergehen, ändert sich dementsprechend auch die Fazies einer in ihnen abgelagerten Gesteinsbank oder Schichtserie in deren flächenhaftem Verlauf: Ein Küstenkonglomerat kann seitlich z. B. in einen altersgleichen Flachwassersandstein und dieser in den gleichfalls altersgleichen Tonstein einer Stillwasserlagune übergehen. Es ist gerade diese Tatsache des häufigen Fazieswechsels, die es verhindert, daß das Kriterium der Gesteinsausbildung zu Zwecken der stratigraphischen Korrelation über weite Strecken Verwendung finden kann.

7 Ähnlich verfahren auch heute noch einige wenige, biologisch unerfahrene Stratigraphen, wenn sie kritiklos und formalistisch auszählen, wie viele Elemente in einer fossilen Fauna angeblich »mehr typisch für die Zeit A« und wieviel »mehr typisch für die Zeit B« sind – oder gar, wieviel von ihnen einen »mehr primitiven« und wieviel einen »fortgeschritteneren Status« ihres Gesamtaspektes aufweisen. Aus solchen Milchmädchenrechnungen Schlüsse auf das stratigraphische Alter zu ziehen ist immer gefährlich. Im ersteren Fall wird der Unterschied zwischen zeitrelevanten und -irrelevanten Arten außer acht gelassen, zudem können große Zahlen Ausdruck lokal besonders günstiger Lebensbedingungen, also ökologischer, zeitunabhängiger Faktoren sein. Im zweiten Fall wird eine quantitative Angabe mittels rein subjektiver Deutung erreicht, was immer bedenklich ist.

8 Eine moderne, quantitative Methode hat A. Shaw entwickelt (»Time in Stratigraphy«. – Vlg. McGraw-Hill, New York [1964]), der aus den gemessenen vertikalen Verbreitungsspannen der einzelnen fossilen Spezies in zwei zu vergleichenden, von einander entfernten Schichtfolgen graphisch eine sogenannte Korrelationslinie konstruiert und aus deren

Konfiguration Schlüsse auf das Ausmaß der Altersgleichheit aller einzelnen Schichten-Niveaus dieser Folgen ableitet. Diese Methode ist zweifellos überaus wertvoll und dürfte exakte Ergebnisse liefern, solange sie bei einer Korrelation über sehr kurze Strecken – etwa innerhalb eines kleinen Sedimentationsbeckens – zur Anwendung kommt. Über weitere Entfernungen wird sie aber nicht eingesetzt werden können, da in die Rechnung auch alle jene fossilen Arten mit einbezogen sind, deren erstes Erscheinen an verschiedenen Orten von der langsamen Verschiebung der Umweltbedingungen abhängig und daher inkonstant ist. Der Eindruck mathematisch fundierter Präzision ist in diesem Fall irreführend.

9 Einige Paläontologen leiten die Zone zwar gleichfalls aus der Reichweite von fossilen Arten innerhalb des Schichtenverbandes ab, definieren sie aber ausschließlich als abstrakten Zeitbegriff. Die auf S. 56 vertretene Definition, die hierzu im Gegensatz steht, gibt nicht nur meine eigene Auffassung wieder, sondern auch die der überwiegenden Mehrzahl der Stratigraphen.

10 Vgl. u. a. J. L. Bada: Earth and Planetary Sci. Letters, *15:* 223 (1972).

11 J. W. Wells: Nature, *197:* 948 (1963).

12 R. W. Kaplan: Umschau Wiss. Techn., Jg. 72, Heft 14, 456 (1972).

13 A. I. Oparin: »The origin of life on the earth«. – Übersetzung aus dem Russischen, Acad. Press, 3. Aufl., New York 1957.

14 Das Konzept der »organischen Brühe« und der abiogenen Entstehung der frühen Lebensformen ist auch von Teilhard de Chardin übernommen worden. Doch gilt dies lediglich für die vordergründigen Mechanismen der Genese, deren Erkenntnis sich der paläontologisch Forschende nicht verschloß. Der Theologe in Teilhard de Chardin vermochte sich von der Vorstellung eines tieferen, finalen Zusammenhangs zwischen der Entwicklung des diesseitigen Lebens und jenseitigen Zielen bzw. Gesetzen allerdings nicht zu lösen (vgl. [62, 63]).

15 In Anlehnung an S. Fox werden hier relativ einfach gebaute Verbindungen mit einem i. a. unter 1000 Dalton liegenden Molekulargewicht als Mikromoleküle bezeichnet (Beispiele: Aminosäuren, Fettsäuren, Monosaccharide). Zu den Makromolekülen werden hoch komplexe, i. a. aus 50 bis 150 Monomeren (»Mikromolekülen«) bestehende Polymere mit einem Molekulargewicht von mehr als 1000 Dalton gestellt (z. B.: Proteine und Proteinoide). (Das Dalton ist die konventionelle Grundeinheit der Atomgewichte.)

16 Dieser Auffassung steht eine andere gegenüber, die damit rechnet, daß die Uratmosphäre im wesentlichen aus Kohlendioxyd, Kohlenmonoxyd, Wasserdampf, freiem Stickstoff und Wasserstoffgasen bestand, während Methan und Ammoniak mengenmäßig zurücktraten. Hinsichtlich der Gesamtdiskussion vgl. »Symposium on the Earth's Atmosphere« (Hrsg. P. E. Cloud). – Proc. Nat. Acad. Sci., *53*(6), 1169 (1965); ferner Groth und Weyssenhoff, Naturwissensch., *44* (1957).

17 S. A. Miller: Science, *117:* 528 (1953).

18 Koazervate sind kleine, verdichtete, meist tropfenförmige Gebilde, die als Ergebnis des Prozesses der Koazervation entstehen: Werden Lösungen von elektrisch entgegengesetzt geladenen Kolloiden, etwa von Gelatine und Gummi arabicum oder – allgemeiner ausgedrückt – von stark hydrierten Polymeren gemischt, so kann sich eine spontane Scheidung in zweierlei Phasen einstellen. Von diesen weist die eine eine stärkere Polymer-Konzentration auf als die andere, so daß sie kleine Klümpchen (»clusters«) bildet. Wenn diese eine bestimmte Größe erreicht haben, nehmen sie die Form von tröpfchenförmigen, scharf umgrenzten Körpern (Koazervation) an. – Der Gedanke, Koazervat-Tröpfchen als Modelle für Vorstufen der biologischen Zelle aufzufassen, geht auf Oparin (1928)

sowie Jong, Dekker und Gwan (1930) zurück. Er ist anschließend von Oparin sehr beträchtlich ausgebaut worden.

19 S. Fox, zusammenfassend in S. Fox und K. Dose: »Molecular evolution and the origin of life«. – Vlg. Freeman & Co., San Francisco (1972).

20 A. L. Lehninger: »Biochemistry. The molecular basis of cell structure and function«. – Vlg. World Publishers, New York (1970).

21 Manche Forscher (u. a. Crick) vertreten die Auffassung, bei der Entstehung des Lebens seien im Verlauf der Chemo-Evolution zuerst die Nukleinsäuren gebildet worden. Sie gehen dabei von der Tatsache aus, daß in den gegenwärtig lebenden Zellen ein Abschnitt des Nuklein-Moleküls, nämlich das Gen, die Fähigkeit zur Selbst-Replikation besitzt und die Proteinsynthese hervorruft. Daraus und aus der Beobachtung, daß im genetischen Kode der Zelle die genetische Information stets von den Nukleinsäuren zu den Proteinen, nicht jedoch in umgekehrter Richtung vermittelt wird, zogen diese Autoren den Schluß, daß auch schon bei der abiogenen Entstehung der Protozelle den Nukleinsäuren die Priorität zukam. Andere Forscher (u. a. Fox) hingegen meinen, daß bei der Entstehung des Lebens zunächst die Proteine gebildet wurden, und daß erst zu einem späteren Zeitpunkt die Nukleinsäuren hinzutraten. Die Vermittlung einer Art von genetischer Information sei – und hierfür gibt es tatsächlich Anhaltspunkte – im geringen Maße auch Proteinen möglich, so daß der «Informationsfluß» ursprünglich in beiden Richtungen verlief, bevor sein Ursprung später, in der voll ausgebildeten Zelle, endgültig auf die Nukleinsäuren überging.
Die gegenwärtige Auseinandersetzung um die Frage »Primat der Proteine« oder »Primat der Nukleinsäuren« erscheint jedoch unnötig. Experimentell ist erwiesen, daß beide Substanzen abiotisch und daher auch unabhängig voneinander entstehen konnten. Mit größter Wahrscheinlichkeit dürften sie in der »organischen Brühe« gleichzeitig vorhanden gewesen sein.

22 Da die ursprünglichen Aminosäuren auf abiotischem Wege entstanden sind, muß in der »organischen Brühe« eine sogenannte »razemische« Mischung vorhanden gewesen sein, d. h. es mußten sowohl links (L)- als auch rechts (R)-orientierte Mikromoleküle einer Aminosäure auftreten. Wenn aber alle natürlichen, im belebten System vorhandenen Aminosäuren so gut wie ausschließlich L-Konfiguration aufweisen, so stellt sich die Frage, ob dies auf Auslesevorgänge und Selektionsvorteile zurückgeht. Prüft man diese Frage, so ist zu bedenken, daß ein strukturell stabiles Makromolekül ausschließlich von L- *oder* von R-Komponenten aufgebaut werden kann, nicht aber von einer zufälligen Mischung aus L- *und* R-Komponenten. Der Selektionsvorteil liegt also nicht bei der Art der Konfiguration, sondern nur bei ihrer Einheitlichkeit in allen benutzten Bausteinen. Es war somit gleichgültig, ob L- oder R-Konfigurationen beim Aufbau der Makromoleküle Verwendung fanden, solange nur eine von beiden einheitlich benutzt wurde. Daß im ursprünglichsten belebten System, in der allerersten Zelle, von den beiden Möglichkeiten gerade die der L-Konfiguration verwirklicht wurde, ist vermutlich reiner Zufall. Allerdings ein entscheidender, denn nur diese Art der Konfiguration konnte nunmehr im Erbgang an alle Nachfolgerzellen weitervermittelt werden.

23 E. S. Barghoorn und S. A. Tyler: Science, *147*, 563 (1965).

24 Kleine Einschlüsse in Quarzkristallen, deren genaues Alter noch nicht feststeht, die aber aus dem südwestafrikanischen Präkambrium stammen, enthalten neben Wasser und Gas Gebilde, die manchen Mikrofossilien des Gunflint Chert und noch weitaus älterer Serien ähneln, aber auch

solche, die, aus dunklem Öl und Bitumen bestehend, vermutlich Koazervaten oder Mikrosphären entsprechen.

25 L. V. Berkner und L. C. Marshall: Proc. Nat. Acad. Sci. USA, *53*, 1215 (1965).
P. Cloud: »Premetazoan evolution and the origins of metazoa«. – Yale Univ., Peabody Mus. Centennial Papers, Yale Univ. Press, New Haven (1968).
M. Schidlowski, R. Eichmann und Ch. E. Junge: Umschau Wissensch. Techn., Jg. *74*, (H. 22), 703 (1974).

26 A. G. Fischer: Proc. Nat. Acad. Sci. USA, *53*, 1205 (1965).

27 J. W. Schopf: Biol. Rev., *45*, 319 (1970).

28 J. T. Bonner: Scient. American (Dec. 1959). Ferner in: »From Cell to organism«. – Readings from Scient. American. – Vlg. Freeman, San Francisco (Erscheinungsjahr?).

29 Bilaterogastraea — siehe G. Jägersten: »Evolution of the Metazoan Life Cycle«. – Acad. Press, New York (1972).
Mesozoa – siehe E. A. Lapan und H. Morowitz: Scient. American (Dec. 1972).

30 M. F. Glaessner: Earth Science Reviews, *1*, 29 (1966).

31 Aufgrund neuer Funde und bestimmter Erhaltungszustände südafrikanischer Exemplare wurde kürzlich die Auffassung vertreten (H. D. Pflug), es handle sich bei diesen Fossilien um primitive Tiere, die Zwischenformen auf dem Wege zum Evolutionsstadium der Metazoa darstellen. Angesichts der Größe und des bereits weit differenzierten Baues erscheint dies allerdings nicht sehr wahrscheinlich.

32 Daß dies der Fall ist, nahm u. a. O. H. Schindewolf an, der sich dabei insbesondere darauf stützte, daß zu Beginn des Kambriums zahlreiche Gruppen der wirbellosen Tiere entstanden. Ferner bezog er sich auf Befunde A. Seilachers, welchen zufolge sich die fossilen Kriech- und anderweitigen Bewegungsspuren von Organismen auf den Schichtflächen präkambrischer und kambrischer Sedimentgesteine weitgehend unterscheiden.

33 Allerdings wurde kürzlich der Versuch unternommen, einen derartigen Räuber doch noch zu konstruieren. Die amerikanischen Paläontologen Firby und Durham deuteten in tiefstkambrischen Schichten Kaliforniens entdeckte, langgestreckte Anhäufungen von kleinen kegelförmigen Gebilden als die Reibzunge (Radula) eines fossilen Mollusken, und da diese Kegelgebilde Ähnlichkeit mit den Zähnchen der Reibzunge des lebenden »Tintenfischs« *Sepia* erkennen lassen, soll es sich bei diesen Funden um die Überreste eines schalenlosen, räuberischen Cephalopoden gehandelt haben. Dieser vorschnellen Hypothese müssen aber so schwerwiegende Einwände entgegengehalten werden, daß sie sicherlich nicht überzeugt:
(a) Die Häufung der kleinen Kegelchen kann auf Zusammenschwemmung bei Frachtsonderung durch eine Strömung bedingt sein und durch eine Anhäufung in einer länglichen kleinen Vertiefung des Meeresbodens. Ihr ursprünglicher Zusammenhang ist unbewiesen.
(b) Aufgrund der Größenverhältnisse dieser angeblichen Radula müßte der Gesamtdurchmesser des Tieres in eingerolltem Zustand etwa 30 cm betragen haben, die Länge des gestreckten Körpers etwa 110 cm. Für einen primitiven, am Beginn der Stammes-Evolution stehenden Cephalopoden sind derartige Ausmaße aber absurd. – (Etwa gleichaltrig sind unter dem Namen *Volborthella* bekannte Fossilien, welche als eine Art von erfolgloser Vor- oder Versuchsform gedeutet werden, die aus derselben Wurzel stammt, aus welcher später die echten Cephalopoden hervorgingen (O. H. Schindewolf, zit. bei A. H. Müller). Ihre Länge reicht über 4 bis 5 mm nicht hinaus.)

(c) Der eigentliche Ur-Cephalopode war sicherlich nicht schalenlos, da nach Yochelson et al. bereits die zu ihm führende Stammeslinie der Monoplacophoren (die Gattung *Knightoconus*) eine Kalkschale besaß. Dieser echte Vorläufer aber trat erst 70 Jahrmillionen später auf, nämlich im Oberkambrium.

(d) Die ersten echten Cephalopoden, nämlich die Plectronoceraten, waren weitaus primitiver als der angebliche, riesige Räuber, sie blieben mit 1 bis 1,5 cm Länge weitaus kleiner, und auch sie tauchten etwa 70 Jahrmillionen später auf als der hypothetische unterkambrische Raubcephalopode.

(e) Selbst wenn es sich bei den unterkambrischen Funden tatsächlich um eine Reibzunge handeln sollte, so wird durch diese eine räuberische Lebensweise gewiß nicht bewiesen.

J. B. Firby und J. W. Durham: Journ. Paleontol., *48*, 1109 (1974).
E. L. Yochelson, R. H. Flower und G. F. Webers: Lethaia, *6*, 275 (1973).
B. Runnegar und J. Pojeta jr.: Science, *186*, 311 (1974).

34 J. Monod: »Zufall und Notwendigkeit«. – Übersetzung aus dem Französ., Vlg. Piper & Co., München (1971).

35 W. Schäfer: »Aktuo-Paläontologie nach Studien in der Nordsee«. – Vlg. Kramer, Frankfurt (1962).

36 I. Eibl-Eibesfeldt: »Grundriß der vergleichenden Verhaltensforschung« – 4. Aufl., Vlg. Piper, München (1974).

37 S. J. Gould: Earth Sci. Rev., *6*, 77 ff., Amsterdam (1970).

38 R. Nickel et al.: »Lehrbuch der Anatomie der Haustiere«, Bd. I – Vlg. Parey, Berlin (1954).

39 D. M. Raup und A. Seilacher: Science, *166*, 994 (1969).

40 D. M. Raup: Journ. Paleont., *40*, 1178 (1966).

41 A. Seilacher: Lethaia, *3*, 393 (1970).

42 A. Seilacher et al.: Paleontology, *11*, 275 (1968).

43 K. Vogel: Neues Jahrb. Geol. Paläont., Abh., *125*, 423 (1966).

44 U. Lehmann und W. Weitschat: Paläont. Zeitschr., *47*, 69 (1973).

45 A. Seilacher: Naturwissenschaften, 46. Jg. (12), 389 (1954).

46 H. K. Erben: Neues Jahrb. Geol. Paläont., Abh., *129*, 1 (1967).

47 Kombinierte Darstellung aus unveröffentlichten eigenen Ergebnissen sowie aus den folgenden Literaturstellen: E. J. Denton und J. B. Gilpin-Brown: Journ. Marine Biol. Assoc. U. K., *46*, 723 (1966); H. Mutvei: Neues Jahrb. Geol. Paläont., Abh., *129*, 157 (1967).

48 H. K. Erben, G. Flajs und A. Siehl: Palaeontographica A, *132* (1969); Nature, *219*, (5152), 396 (1968).

49 H. K. Erben: Biol. Reviews, *41*, 641 (1966); Neues Jahrb. Geol. Paläont., Abh., *120*, 107 (1964).

50 – eigene, noch unveröffentlichte Ergebnisse.

51 E. N. K. Clarkson: Paleontology, *9*, 1 (1966).

52 W. Wickler: »Verhalten und Umwelt«. – Vlg. Hoffmann & Campe, Hamburg (1972).

53 J. Fooden: Science, *175*, 894 (1972).

54 – eigene, noch unveröffentlichte Ergebnisse.

55 A. J. Boucot et al.: Internat. Sympos. Devonian, Calgary (1967). J. G. Johnson und A. J. Boucot in »Atlas of Paleobiogeography« (Hrsg. A. Hallam). – Vlg. Elsevier, Amsterdam (1973).

56 PDB-Standard = das festgestellte $^{18}O/^{16}O$-Verhältnis in der Schale (Rostrum) eines Belemniten aus der Peedee-Formation der Kreide von South Carolina.

57 $$\left[\frac{^{18}O/^{16}O \text{ der Probe}}{^{18}O/^{16}O \text{ des Standards}}\right] - 1 \times 1000 = \delta\,^{18}O$$

58 R. Richter: Senckenbergiana, *11*, (1929).
59 H. K. Erben: Journ. Paleont. Soc. India, *3*, 82 (1958).
60 Heute können zwei dieser Evolutionslinien, die Gattungen *Piriproetus* und *Prodrevermannia*, bis an ihre Anfänge im noch nicht verdunkelten Biotop zurückverfolgt werden. Eine andere Linie (*Cyrtosymboloides*) scheint ihren ersten Schritt zur Augenverkümmerung allerdings erst in einem offenbar bereits dunkleren Lebensraum und daher in Übereinstimmung mit diesem eingeleitet zu haben. Bei den anderen Linien reduziert-äugiger oder blinder Proetiden kennen wir die Anfänge noch nicht.
61 E. Mayr: Umschau Wiss. Techn., Jg. 1971 (20), 731 (1971).
62 P. Teilhard de Chardin: »Der Mensch im Kosmos«. – Übersetzung aus dem Französ., Vlg. Beck, München (Sonderausgabe 1965).
63 P. Teilhard de Chardin: »Die Entstehung des Menschen«. – Übersetzung aus dem Französ., Vlg. Beck, München (Sonderausgabe 1969).
64 N. D. Newell: Proc. American Philos. Soc., *117* (4), 323 (1973).
65 Vgl. u. a.: The Atlanta Journal, 20. Mai 1973 (Atlanta, Georgia). Nachtrag: Einer Meldung der »Bonner Rundschau« vom 19. 6. 1974 ist zu entnehmen, daß der Oberste Gerichtshof in Washington die Klage des amerikanischen Biologieverbandes gegen ein Anfang dieses Jahres in Kraft getretenes Gesetz des Staates Tennessee zurückgewiesen hat. Diesem zufolge ist in den Biologiebüchern der Schulen von Tennessee gleich großer Raum für die Darstellung des biblischen Schöpfungsmythos zu gewähren wie für die naturwissenschaftlichen Erkenntnisse, soweit sie die Evolution betreffen.
66 H. M. Morris und J. C. Whitcomb, jr.: »The Genesis Flood – The Biblical Record and its Scientific Implications«. – The Presbyterian and Reformed Publ. Co., Philadelphia, Penna (1962).
67 »... This means that, with each mineral containing a radioactive element, there were also at the original Creation all the daughter elements in the decay series, including some of the stable end product« (aus [66]).
68 »... It is very logical and reasonable to believe that the earth was created with the appearance of age just like all the other things God created, including Adam and Eve. When Adam was one minute old he could have been judged to be many years of age; so with Eve.«
B. Overton: »Evolution or Creation?« – Gospel Advocate Co., Nashville, Tenn. (Erscheinungsjahr?).
69 »... supposing you take all the dates pertaining to men and animals which might have been in a thing called Noah's Ark; and finally, supposing you correct the dates for a basic early error which was made in the radiocarbon method itself, which brings each date younger ...«
R. L. Whitelaw: »Evolution and the Bible in the light of 15 000 radiocarbon dates«. – (Ohne Angabe von Verlag und Erscheinungsjahr).
70 »Genesis Seven does not say that every living thing that was not in the ark died. Rather, verses 21–22 say that all that moved on the earth died, all that were in the dry land died! Marine life was not the direct object of the Judgement ...«
B. E. Northrup: »What you should know about Dinosaurs«. – San Francisco Baptist Theol. Semin., San Francisco, Calif. (? 1971).
71 Unzweifelhaft echte, fossile Fußspuren des Menschen sind, soviel mir bekannt ist, bisher nur in eiszeitlichen Sedimenten einiger Höhlen Frankreichs gefunden worden (zitiert in [135]), und zwar bei Niaux und Bédeilhac sowie bei Pech-Merle, Tuc d'Audubert (Ariège) und Ganties-Montespan (Haut-Garonne). Die in der Höhle von Tuc waren mit Kalksinter ausgefüllt, an dessen innerer Fläche auch feinste Details der Hautoberfläche des menschlichen Fußes abgeformt gewesen sein sollen. In der

Höhle von Pech-Merle bei Cabrerets (Dept. Lot) fanden sich auf dem fossilen Boden neben versteinerten Exkrementen der eiszeitlichen Höhlenhyäne Fußspuren zweier menschlicher Individuen, und zwar eines größeren (männlichen?) und eines etwas kleineren (weiblichen? jugendlichen?), zusammen mit den Aufsetzspuren eines Stockes (oder Speers?). Abgebrochene Tropfsteinspitzen und an einer engen Passage auch ein Abrieb von roter Körperbemalung markierten den Weg, den die beiden Individuen beim Eintreten durch den Eingang genommen hatten. Nach der fotografischen Abbildung eines Gipsausgusses der Spur zu schließen, betrug die Fußlänge etwa 25–28 cm.

72 Der Augustinermönch Gregor Johann Mendel (1822–1884) hat in Brünn zielstrebig geplante Kreuzungsversuche an Pflanzen durchgeführt und dabei drei Gesetze der Übertragung von Erbanlagen entdeckt, die hier in stark vereinfachter Form wiedergegeben werden:

(1) *Das Uniformitätsgesetz:* Bei der Kreuzung zweier verschiedener, aber reiner Rassen sind die Nachkommen der 1. Generation (F_1) alle gleich, und zwar unabhängig davon, ob die eine oder die andere Rasse als Vater oder Mutter beteiligt war. Die männlichen und die weiblichen Keimzellen sind also bei der Vererbung gleichwertig.

(2) *Das Spaltungsgesetz:* Werden die Individuen der F_1-Generation miteinander gekreuzt, so ist die nachfolgende Generation F_2 nicht uniform. Hier erscheinen erneut die gegensätzlichen Merkmale des Großelternpaares (und ggf. auch ihre intermediäre Ausbildung). Dabei bestehen bestimmte Zahlenverhältnisse der Häufigkeit. Das Paar des großmütterlichen und des großväterlichen Merkmals wird wieder aufgespalten.

(3) *Gesetz der Neukombination der Gene:* Werden Rassen gekreuzt, die in mehreren Merkmalspaaren voneinander verschieden sind, so werden die Erbanlagen der verschiedenen Paare unabhängig voneinander verteilt. Das Erbgut ist also nicht etwa eine unteilbare Ganzheit, sondern setzt sich aus selbständigen, einzelnen Erbanlagen (Genen) zusammen.

Die Entdeckung Mendels, dessen Veröffentlichung (1865) zunächst unbeachtet geblieben war, gelang erneut den Botanikern Hugo de Vries, Carl Correns und Erich Tschermak um die Jahrhundertwende.

73 Chromosomen sind fadenförmige, färbbare Bestandteile des Zellkerns, die als gestauchte Gebilde nur im Stadium der Zellteilung sichtbar werden, während sie in den Zwischenzeiten zu locker gedehnt sind, als daß sie optisch nachweisbar wären. Sie sind die Träger der Erbanlagen (Gene), welche sich vorwiegend in den sogenannten Chromomeren befinden, nämlich in den aus Euchromatin bestehenden, während der Kernteilung stärker färbbaren Quersegmenten der Chromosomen (Abb. 24).

Jede Art besitzt im Zellkern eine konstante Zahl von Chromosomen (der Mensch 46). Die Chromosomen bilden sich niemals neu, sondern stets – durch Längsteilung – aus bereits bestehenden. In den befruchtungsreifen Keimzellen befindet sich je nur ein einziger Chromosomensatz. Bei der Befruchtung vereinigen sich die Chromosomen des Eies und des Spermiums zum doppelten Satz des entstehenden Keims. Der normale Chromosomenbestand der meisten sich sexuell fortpflanzenden Organismen setzt sich also aus zwei gleichwertigen Sätzen zusammen, nämlich einem vom Vater und einem von der Mutter stammenden.

74 Die deutsche Abkürzung müßte eigentlich DNS lauten. Aufgrund einer internationalen Vereinbarung (Journ. Biol. Chem., *241*, 527, 1966) soll im Schrifttum aller Sprachen jedoch als Zeichensymbol – nicht als Abkürzung – die Buchstabenkombination DNA für Desoxyribonukleinsäure benützt werden. Analog hierzu wäre die Symbolbezeichnung RNA für Ribonukleinsäure.

75 Es kann nicht Aufgabe dieses Buches sein, alle Einzelheiten jenes komplexen Prozesses darzustellen, in dessen Verlauf die genetische Information von der DNA auf das Protein übertragen wird. Interessierte Leser werden bezüglich seiner Einzelheiten auf die folgende Veröffentlichung verwiesen:
W. Hayes (Molekulargenetik) in »Biologie und Gesellschaft« (Hrsg. Watson Fuller). – Übersetzung aus dem Engl., Serie Piper, 24, Vlg. Piper & Co., München (1973).

76 S. E. Luria: »Leben – das unvollendete Experiment«. – Übersetzung aus dem Amerik., Vlg. Piper & Co., München (1974).

77 Merkmalsänderungen, welche direkt von der Umwelt bewirkt werden, gibt es wohl; man bezeichnet sie als Modifikationen. Für den Gang der Evolution sind sie aber unerheblich, weil sie nicht vererbt werden.
Eine scheinbare Ausnahme bildet die Erscheinung der »Dauermodifikation«. Hier wird eine durch die Umwelt erzeugte Merkmalsveränderung von den Eltern tatsächlich auf die Nachkommen vererbt, doch auch sie verklingt spätestens nach mehreren Generationen, wenn der betreffende Umwelteinfluß aussetzt. Auch die Dauermodifikation ist also kein Faktor der echten Evolution.
Biologisch ist die Modifikation und die Dauermodifikation (zu der z. B. viele Merkmale unserer Haustierrassen zu zählen sind) so zu erklären, daß durch den Umwelteinfluß zwar nicht die Erbanlagen des Zellkerns beeinflußt werden, wohl aber das Cytoplasma der Zelle. Dieses wird bei der Fortpflanzung nur von der (mütterlichen) Eizelle geliefert, und dieser Vorrat an beeinflußtem Plasma wird bei den Teilungen der Keimzellen bald verbraucht. Daher klingt auch die Merkmalsveränderung schnell ab, sobald aufgrund eines Fortfallens des bewirkenden Umwelteinflusses keine Nachlieferung von beeinflußtem Plasma mehr eintritt.

78 E. Mayr, E. G. Linsley und R. L. Usinger: »Methods and principles of systematic zoology«. – Publ. Zool. Sci., Vlg. McGraw-Hill, New York (1953).
O. H. Schindewolf: Paläont. Zeitschr., *36*, *65* (1962).

79 Nicht als Rekapitulation, sondern wahrscheinlich als kontinuierliches Weiterführen eines Ahnenerbes ist es aufzufassen, wenn manche Hühnervögel und auch der afrikanische Strauß in ihren Flügeln noch die frei herausragenden Krallen des ersten und des zweiten Fingers aufweisen, wie dies beim *Archaeopteryx* typisch war. Beim Hoatzin (*Opisthocomus hoatzin*), einem südamerikanischen Vertreter der Hühnervögel, werden diese Krallen im Jugendstadium sogar noch – wie beim *Archaeopteryx* – zum Klettern in den Zweigen verwendet.

80 O. H. Schindewolf: Abh. preuß. geol. Landesanst., N. F., *178* (1937).

81 J. Huxley: »Evolution: The modern Synthesis«. – Vlg. Wiley & Sons, New York (1964).

82 B. Rensch: »Die phylogenetische Abwandlung der Ontogenese«. – In: »Die Evolution der Organismen« (Hrsg. G. Heberer), Bd. I, 2. Aufl., Vlg. G. Fischer, Stuttgart (1959).

83 So genau wird allerdings bei manchen englisch-sprachigen Autoren nicht abgegrenzt, die, wie z. B. Julian Huxley und andere, in die Bezeichnung »neoteny« auch die proterogenetischen Erscheinungen mit einbeziehen.

84 O. H. Schindewolf: »Grundfragen der Paläontologie«. – Vlg. Schweizerbart, Stuttgart (1950).

85 H. Burgeff: Naturwissenschaften, *29*, 289 (1941); Biol. Zentralbl., *61*, 337 (1941); »Genetische Studien an *Marchantia*«, Jena (1943).

86 H. Stubbe & F. v. Wettstein: Biol. Zentralbl., *61*, 264 (1941).

87 F. Schwanitz: »Genetik und Evolutionsforschung bei Pflanzen«. – In:

»Die Evolution der Organismen« (Hrsg. G. Heberer), Bd. I, 2. Aufl., Vlg. G. Fischer, Stuttgart (1959).

88 Für nähere Einzelheiten vgl. G. Heberer »Theorie der additiven Typogenese«. – In: »Die Evolution der Organismen«, Bd. II, 2. Aufl., Vlg. G. Fischer, Stuttgart (1959).

89 Vgl. W. Gross: Paläont. Zeitschr., *30*, 30 (1956).

90 B. Grabert: Abh. senckenberg. naturforsch. Ges., *498*, 1 (1959).

91 H. K. Erben: Neues Jahrb. Geol. Paläont., Abh., *120*, 107 (1964); dto., *122*, 275 (1965); Biol. Reviews, *41*, 641 (1966).

92 R. Ristedt: Abh. Akad. Wiss. Lit., math.-naturw. Kl., Jg. 1968 (4), Mainz (1968).

93 Es ist die Gesamtheit der auf S. 197 genannten Merkmale, welche als eine mosaikartig zusammengesetzte Differentialdiagnose die Charakteristik der Nautiloideen ergibt. Hinsichtlich des Einzelmerkmals aber können sich einige seltene Ausnahmen einstellen.

94 Bei einer Rekonstruktion der paläogeographischen Verhältnisse, die zur Zeit der Ablagerung des Hunsrückschiefers in Europa herrschten, ist auffallend, daß sein Ablagerungsraum eine gewisse Sonderstellung einnimmt: Während in allen unmittelbar anschließenden Meeresregionen sandige Sedimente abgesetzt wurden, lagerte sich im Gebiet des heutigen Hunsrücks fast ausschließlich schwarzer, bituminöser Tonschlamm ab. Es könnte sich daher um ein von Sandbarren allseits abgegrenztes kleines Meeresbecken gehandelt haben. Auch seine übrige Fauna nimmt eine ausgesprochene Sonderposition ein und unterscheidet sich von der der Nachbarregionen sehr weitgehend.

95 In neuerer Zeit hat S. E. Luria ([76]) die Meinung vertreten, die Gen-Drift spiele nur eine geringe Rolle; sie »störe« die Evolution, weil sie das Wirken der natürlichen Auslese verzögert. Diese Auffassung ist bei einem Genetiker nicht verwunderlich, der ja in der Regel nur mit der »Mikroevolution« befaßt ist, also mit dem Adaptionsgeschehen, das nur kleine, von der Selektion sehr stark abhängige Effekte erzielt (G. G. Simpsons »normale, phyletische Evolution«, vgl. S. 223). Anders aber ist die Situation bei den tiefer eingreifenden Umkonstruktionen der Baupläne (Simpsons »Quantenevolution«), wo eine geringere Abhängigkeit vom Selektionsdruck wenigstens zeitweise bestanden haben muß (S. 223). Hier kommt, wenn wir auf vitalistische Unterstellungen verzichten, neben evolutiver Prädisposition nur noch die Gen-Drift als natürlicher, das Geschehen erklärender Faktor in Frage. – Im übrigen hat G. G. Simpson später seine Meinung ein wenig revidiert. Die quantenevolutiven Umkonstruktionen sollen angeblich nicht in *sehr* kleinen, *völlig* isolierten Populationen erfolgt sein, sondern in nur mäßig kleinen, nicht vollständig isolierten Gruppen. Diese Unterschiede sind mehr gradueller Natur, wenn sie sich auch im mathematischen Rechenmodell natürlich entsprechend auswirken.

96 Die Bezeichnung »Orthogenese« geht auf W. Haacke (1893) und G. H. T. Eimer (1897) zurück. Etwa 1913 wurden die neuen Ausdrücke »Orthoevolution« und »Orthoselektion« durch L. Plate eingeführt. Da der Name Orthogenese gelegentlich im Zusammenhang mit der Vorstellung einer eigenen, unabhängigen und dem Leben immanenten »Entwicklungskraft« gebraucht worden ist, hängt ihm ein wenig der Ruch des Vitalistischen an, zu Unrecht zwar, weil er (u. a. von J. Huxley und anderen) durchaus nicht in diesem Sinne gebraucht worden ist. Dennoch: Um mich nicht unnötigerweise dem – auch heute noch schnell auftauchenden – Verdacht einer vitalistischen Auffassung auszusetzen, greife ich auf den sprachlich weniger eleganten Ausdruck Orthoevolution zurück.

97 E. T. Degens und S. Love: Nature, *205*, 876 (1965).
E. T. Degens und H. Schmidt: Paläont. Zeitschr., *40*, 218 (1966).

98 G. G. Simpson: »Zeitmaße und Ablaufformen der Evolution«. – Übersetzung aus dem Amerik., Vlg. Musterschmidt, Göttingen (1951).
Zu den wesentlichsten Einwänden, die in diesem Buch gegen die Orthoevolution (»Orthogenese«) im Pferdestammbaum erhoben werden, gehören die folgenden:
(1) Der Autor verweist darauf, daß die Umbildungsgeschwindigkeiten mehrerer der zur Diskussion stehenden Merkmale offenbar miteinander gekoppelt sind. Die Relativlängen von Gehirnschädelteil und Gesamtschädel müssen demnach von einem gemeinsamen, die Geschwindigkeit der Evolution bestimmenden Faktor kontrolliert sein. Darüber hinaus meinte Simpson ursprünglich, daß sie eine Funktion der allgemeinen Körpergröße darstellen. Treffen derartige Abhängigkeiten zu, so würde hier ein Komplex von miteinander genetisch gekoppelten Merkmalen vorliegen. Ferner soll bei den dreizehigen Gattungen die Länge der Seitenzehen II und IV eine Funktion der Länge des Mittelfußknochens III sein, was sich erst bei dem zu *Equus* führenden Umbildungsschritt ändert.
(2) Zwei Tendenzen sollen nur zu Beginn der Stammbaum-Entwicklung Umbildungen geliefert haben, ohne daß auch später noch eine Weiterentwicklung erfolgt sei: In dem einen Fall sei die morphologische Angleichung der Vorbackenzähne (Prämolaren) an die eigentlichen Backenzähne von *Mesohippus* ab ohne weiteren evolutiven Fortschritt weitervererbt worden. In dem anderen Fall sei die Komplikation des Kauflächenmusters bis zu einem Durchschnittswert geführt worden, und die weitere Entwicklung habe nur noch fluktuiert, ohne einen klaren durchschnittlichen Fortschritt.
(3) Was die Zunahme an Körpergröße betrifft, so wendet Simpson ein, daß einzelne Arten von *Orohippus* im Durchschnitt etwas kleiner gewesen seien als die Wurzelform *Hyracotherium* und daß in zwei einzelnen Linien sogar eine Größenabnahme eintrat.
Die gesamte Argumentation ist allerdings nicht sehr überzeugend. Der Einwand (1) bestätigt die gerichtete Entwicklung mehr, als daß er sie widerlegen würde, denn wenn die Umbildung bei Gruppenkoppelung von Merkmalen erfolgte, so wird die Tendenz des gerichteten Ablaufs aus diesem Sachverhalt nur noch verständlicher. Der Einwand (2) besagt nur soviel, daß die gerichtete Entwicklung der Zahngestalt von einem bestimmten Zeitpunkt an stockte, was ihre anfängliche Existenz aber sicherlich nicht ungeschehen macht. Und der Einwand (3) bezieht sich auf drei Ausnahmen, die in kleinen, speziellen Seitenlinien passierten. Er wird vom Autor selbst wieder abgeschwächt, wenn dieser an anderer Stelle seines Buches ausführt: »Es besteht bei den Equiden in klarer Weise eine Tendenz zu großer Gestalt, wie das auch bei der Mehrzahl der Wirbeltiergruppen der Fall ist.«

99 G. G. Simpson: »Auf den Spuren des Lebens – Die Bedeutung der Evolution«. – Übersetzung aus dem Amerik., Colloquium Vlg., Berlin (1957).

100 Die wesentlichsten Argumente, die gegen eine ausgerichtete Entwicklung im Stammbaum der Pferde konstruiert worden sind, wurden bereits in [98] besprochen. Die von Simpson veröffentlichte graphische Darstellung dieses Stammbaums (Abb. 39) scheint die Behauptung eines »sich Drehens und Wendens« seiner Zweige allerdings sehr zu unterstützen, doch liegt das mehr an der zeichnerischen Gestaltung als an den tatsächlichen Verhältnissen. Sein Autor hat nämlich nicht nur die Abfolge der gestaltlichen und anatomischen Umbildungsschritte berücksichtigt, sondern – in

an sich unüblicher Weise – in der Horizontalerstreckung auch noch die geographischen Migrationen (Alte Welt, Südamerika) eingearbeitet. Das »sich Wenden« der Zweige wird somit größtenteils durch die graphische Gestaltung vorgetäuscht. Dieser Eindruck steigert sich, wenn man bedenkt, daß der S-förmige Schwung der Seitenbegrenzung im Verlauf von der Wurzel bis zu *Merychippus* willkürlich eingesetzt ist, und ebenso das seitliche Herausrücken der *Pliohippus-Equus*-Linie aus der an *Merychippus* anschließenden Verzweigung. – Ein Stammbaum ist der Ausdruck genetisch fundierter gestaltlicher Umbildungen. In ihn graphisch auch noch weitere Prinzipien aufzunehmen, wird immer dazu führen, daß seine Zweige (graphisch!) umherkurven müssen. Mit der Wirklichkeit hat das dann aber nichts zu tun.

101 C. Kosswig: Compte rendu Ann. Soc. Turque Sci. Phys. Nat., *13* (1947).

102 E. Mayr: »Systematics and the Origin of Species«. – Vlg. Dover Publications, New York (1964).

103 Die Bedeutung dieses Faktors (1) bzw. der phylogenetischen Konstitution zeigt sich wohl besonders deutlich am Beispiel jener Vögel, die während einer genetischen Steigerung von Körpergröße und -gewicht flugunfähig geworden waren. Hier konnte in orthoevolutiver Weise Flügelrückbildung, aber auch eine phylogenetische weitere Zunahme an Körpergröße erfolgen, ohne daß die erstere von irgendeinem Selektionsdruck erzwungen worden wäre: »Wenn beispielsweise durch ein mutiertes Gen ein Größenwachstum verursacht wird, durch das die Flugfähigkeit praktisch verloren geht, so werden allmählich auch andere, zu ihm nicht allele aber auch das Größenwachstum steigernde Gene mit größerer Wahrscheinlichkeit erhalten bleiben, da sie sich ja in einem Genotyp finden, für den weitere Größenzunahme keine Beeinträchtigung seiner ja schon verlorenen Flugfähigkeit bedeutet, die er im übrigen bei ihrem ersten Auftreten wegen seiner Präadaptation ertragen konnte.«
C. Kosswig: Compte rendu Ann. Soc. Turque Sci. Phys. Nat., *12*, (1945).

104 Wie auf S. 234 gezeigt wird, führt die intensive und komplizierte Verflechtung der Abhängigkeiten von Genen und Merkmalen (Phänen) dazu, daß eine echte und absolute Rückentwicklung in der Phylogenese nicht erfolgt. Als eine der wichtigsten Konsequenzen dieser Tatsache ergibt sich laut Kosswig eine orthoevolutive Ausrichtung des Evolutionsablaufs: »... ist dank der polygenischen Bedingtheit der Merkmale und der Seltenheit der Rückmutation eines Mutats zum ursprünglichen Typ durch einen Mutationsschritt grundsätzlich bereits die Richtung der weiteren phylogenetischen Entwicklung mit Wahrscheinlichkeit festgelegt« (Literaturnachweis: [101]).

105 C. H. Waddington: »An introduction to modern genetics«. – Vlg. Macmillan, New York (1939).

106 Manche Forscher, wie z. B. G. Heberer[88] und G. G. Simpson[98], erkennen zwar die Existenz von »Virenzperioden« und »Quanten-Evolution« an, unverständlicherweise aber nicht das mit diesen identische Phänomen der Schindewolfschen typogenetischen Phase (hier entkleidet von der Vorstellung eines sprunghaften Anfangs). Das einzige diskutable Gegenargument Heberers besagt, daß derartige Virenzen in einem Stammbaum mehrfach erfolgen können, und nicht nur an seiner Basis. Das ist zwar richtig, doch handelt es sich dabei – wie schon Schindewolf gezeigt hatte und auch aus Abb. 40 ersichtlich wird – um Typogenesen zweiter Ordnung, die sich jeweils an der Basis der untergeordneten Stammbüsche (also doch zu Beginn eines neuen Entfaltungsakts) ereigneten und sich insofern der Regel durchaus einfügen. Auch Heberers Hinweis auf A. H. Müllers Schematypen phylogenetischer Großabläufe ist keine Widerlegung, denn

diese Schemata fassen die taxonomischen Untereinheiten undifferenziert zusammen. Die in ihnen dennoch erscheinenden Virenzphasen sind offenbar Auffächerungen an der Basis eines jeden Stammbusches des betrachteten Stammbaums.

107 C. Kosswig: Zool. Anzeiger, *114* (1936); Rev. Fac. Sci. Univ. Istanbul, B. *13* (1948).

108 W. Ludwig: »Die Selektionstheorie« – in: »Die Evolution der Organismen«, Bd. II, (Hrsg. G. Heberer), 2. Aufl., Vlg. G. Fischer, Stuttgart (1959).

109 J. Rostand: »Biologie – Wissenschaft der Zukunft«. – Übersetzung aus dem Französ., Vlg. Holle, Darmstadt (1954).

110 Daß der Besitz von zusätzlich zu den Kiemen vorhandenen Lungensäcken bei Fischen eine zufällige evolutive Prädisposition für ein Leben auf dem Festland darstellt, erkennt auch H. Wurmbach an. Zugleich verweist er allerdings auch darauf, daß diesem Merkmal schon beim Leben im Wasser früher wie heute noch ein gewisser Adaptations- und damit auch Selektionswert zukommt: Die Träger dieses Merkmals sind zumeist Bewohner von seichten, faulschlammhaltigen und daher sauerstoffarmen Gewässern. Gelegentliche Luftaufnahme an der Wasseroberfläche unterstützt die Kiemenatmung und die Versorgung mit Sauerstoff
H. Wurmbach: »Lehrbuch der Zoologie«, Bd. I, Vlg. G. Fischer, Stuttgart (1970).

111 In sehr ähnlicher Weise hat C. Kosswig die hochkomplexe Polygenie der Merkmale für die Tatsache der Nicht-Umkehrbarkeit der Evolution verantwortlich gemacht. Dabei geht er in einem seiner Beispiele wiederum von jenen Vögeln aus, bei welchen Größenwuchs und Flugunfähigkeit gemeinsam auftreten: »Stellen wir uns vor, der Riesenwuchs eines Vogels beruhe auf 10 Größenzuwachs verursachenden Genpaaren. Rückmutation erst aller zehn in langen Zeiträumen, denn Rückmutationen sind an und für sich selten, würde zur Reversion zum Normaltyp führen. Nicht nur müßten die einzelnen Rückmutate solange im Genbestand der Population mitgeschleppt werden, bis alle in einem Individuum kombiniert werden können, außerdem müßte auch das Neuauftreten anderer Größenmutate verhindert sein, eine Vorstellung, die allen Erfahrungen über Mutabilität überhaupt widerspricht« (Literaturhinweis in [103]).

112 E. Thenius: »Lebende Fossilien, Zeugen vergangener Welten«. – Kosmos, Franck'sche Vlg. Handl., Stuttgart (1965).

113 Heute wird der Gattungsname *Limulus* auf die amerikanischen Formen beschränkt. Die von Bengalen bis zu den Phillippinen verbreitete Form wird als *Carcinoscorpius* und die von Neuguinea bis Japan auftretende als *Tachypleus* abgetrennt. Diese drei Gattungen sind aber in ihrer Gestalt einander so ähnlich, daß man zusammenfassend sicherlich mit Recht von einem einheitlichen »*Limulus*-Typ« sprechen kann. Ähnliches gilt auch für die fossilen Gattungen aus dem Tertiär und dem Mesozoikum.

114 Wie bereits der Kopenhagener Zoologe Henning Lemche hervorhob, weist *Neopilina* – und das gilt vermutlich auch für die übrigen, fossilen Monoplacophoren – sehr primitive, altertümliche Merkmale auf, die bei den anderen Mollusken bereits aufgegeben worden sind. Sie stellen ein (abgeschwächtes) Erbe der Vorfahren, nämlich der Ringelwürmer (Annelida), dar: Kiemen, Ausscheidungsorgane und Schalenhaftmuskeln sind noch in der Mehrzahl vorhanden und zeigen eine an die frühere Körpersegmentierung erinnernde und paarige Anordnung auf. Auch das Nervensystem steht dem der Anneliden näher als dem der übrigen Mollusken.
Vgl. auch B. Runnegar und J. Pojeta, jr.: Science, *186* (4161), 311 (1974).

115 H. K. Erben, G. Flajs und A. Siehl: Abh. Akad. Wiss. Lit., math. – naturw. Kl., Jg. 1968(1), Mainz (1968).

116 H. K. Erben und G. Krampitz: Biominer. Forsch. Ber., 6, 12 (1972).

117 Zur Terminologie: In der Evolutionsforschung wurden bisher »progressive« Linien und »regressive« unterschieden. Dabei sind »progressive« solche, deren Tendenz i. a. in einer Zunahme der Organisationshöhe besteht. »Regressive« sind durch eine rückschrittliche Tendenz zu sekundärer Vereinfachung ausgezeichnet. Während diese Ausdrücke die Entwicklungsrichtung wiedergeben, beziehen sich die beiden nächsten auf die Entwicklungsintensität und -geschwindigkeit. Dabei ist die Bezeichnung »Konservativlinie« schon seit langem gebräuchlich. Die der »progressistischen Linie« verwende ich hier in Ermangelung eines noch anschaulicheren Ausdrucks für das entgegengesetzte Extrem.

118 Simpsons willkürliche Schlußfolgerung, »daß die meisten der bekannten Linien mit niedriger Geschwindigkeit zu einer bestimmten früheren Zeit Linien mit hoher Geschwindigkeit« gewesen seien, ist völlig unbewiesen. Geradezu unrichtig aber ist die Behauptung, die Konservativlinien seien nur scheinbar primitiv, ihr altertümlicher Aspekt werde nur dadurch vorgetäuscht, daß sie durch spätere Linien überholt wurden, die aufgrund ihres geringeren Alters einen fortschrittlicheren Eindruck erwekken, und sie, die Konservativlinien, seien bei ihrer Entstehung »ungewöhnlich progressive, hochentwickelte Typen« gewesen. Dagegen sprechen unter anderem gerade die beiden Beispiele, die Simpson als Stütze für seine These heranzog: Daß die Linguliden »einen für das Ordovizium ziemlich hochentwickelten Typus der Invertebratenstrukturen besaßen«, wird man ernstlich nicht behaupten können, wenn man sich erinnert, welche weitaus höher entwickelten Cephalopoden, Arthropoden und Echinodermen Zeitgenossen der ordovizischen *Lingula* waren. Und selbst die näheren Verwandten, die ordovizischen schloßtragenden Brachiopoden, waren weitaus höher organisiert als die unter diesen Umständen doch wirklich primitive *Lingula*. Auch daß etwa die Limuliden »fortgeschritten waren für die Trias«, stellt sich als eine erstaunliche Aussage heraus, wenn man den Status der triassischen Limuliden mit ihren Zeitgenossen aus dem Gesamtbereich der Arthropoden bedenkt.

119 Die exzessive Länge der Eckzähne des Säbelzahn-»Tigers« *Smilodon* soll laut G. G. Simpson (nach Matthew 1910) nicht etwa eine schädliche Übersteigerung darstellen. Diese Zähne sollen vielmehr eine »hochwirksame Waffe für eine besondere Art des Angriffs« gewesen sein, und es wird unterstellt, die Tiere seien auf eine bestimmte Art von Beute spezialisiert gewesen, die sie auf eine besondere Art erfaßten. Diese Deutung stützt sich auf die von Matthew angestellte Beobachtung, daß beim *Smilodon* (Abb. 46 rechts unten) der senkrechte Ast des Unterkiefers stärker verkürzt, die Kiefergelenkung tiefer gesetzt und die Nackenmuskulatur weit kräftiger war als bei den echten Katzentieren (Abb. 46 rechts oben). Deswegen wird angenommen, der Säbelzahn-»Tiger« habe seinen Unterkiefer in einem besonders weiten Winkel nach unten schwenken können, und zwar so weit, daß die Spitzen der überlangen Eckzähne schließlich doch noch frei standen. Er habe sodann diese Säbelzähne im Ansprung in das Opfer oder den Gegner gebohrt. Anschließend sollte sodann nicht wie bei den Katzen der Unter- gegen den Oberkiefer gezogen, sondern umgekehrt der Ober- gegen den Unterkiefer hinuntergeklappt und -gepreßt worden sein.

Dagegen hat bereits O. Abel darauf verwiesen, daß trotz der Merkmale der Kiefergelenkung die Annahme eines so unnatürlich weiten Aufreißens des Maules nicht haltbar ist. Dann aber wären die Spitzen der Eckzähne vom Unterkieferrand sicherlich nicht so weit entfernt gewesen, daß sie wie freistehende Dolche Verwendung finden konnten. Auch die »besondere Art des Angriffs« ist unglaubwürdig, denn hätte *Smilodon* mit den überlangen Säbelzähnen zustoßen wollen, so hätte er erst den Kopf so weit in den Nacken zurückwerfen müssen, daß er sein Opfer oder seinen Gegner temporär aus den Augen verloren hätte. Weder ein gezielter Ansprung noch ein gerichteter »Dolchstoß« hätten auf diese Weise zustande kommen können. Was aber die Hypothese der Kieferfunktion betrifft, so ist sie völlig abwegig, denn schwenken kann ja stets nur der an Muskeln frei aufgehängte Unterkiefer, nicht aber der starr mit dem Schädel (der selbst fest mit der Halswirbelsäule verbunden ist) verschmolzene Oberkiefer!

Während somit für die These, diese Säbelzähne seien lediglich das Ergebnis einer sinnvollen Anpassung, nur sehr gekünstelte und sicherlich nicht überzeugende Argumente beigebracht werden können, gibt es für die Gegenthese (Überspezialisierung) handfeste Indizien. Sie bestehen in dem Nachweis, daß diese übersteigerten Zähne tatsächlich bruchgefährdet waren (vgl. u. a. einen in der Hirnkapsel eines jungen Wolfs abgebrochenen Eckzahn von *Smilodon*; beobachtet von R. L. Moodie, zitiert in [120]).

120 A. Tasnadi-Kubacska: »Paläopathologie-Pathologie der vorzeitlichen Tiere«. – Übersetzung aus dem Ungar., Vlg. G. Fischer, Jena (1962). Hier werden auch Fälle von Spondylose und Ankylose zitiert.

121 Es handelt sich um Hyperostose bzw. Pachyostose, Strukturveränderungen der Knochen, die durch Verschluß der Haversschen Kanäle entstehen. Die Struktur wird dabei dicht, der zugleich verdickte Knochen wirkt »elfenbeinartig«, der Bruch zeigt muschelig-konkave Flächen.

Das Vorkommen derartiger pathologischer Begleiterscheinungen beim Irischen Riesenhirsch stellt meines Erachtens einen nicht zu unterschätzenden Hinweis darauf dar, daß die Exzessivgröße des Geweihs einer Überspezialisierung entsprach. S. J. Gould, der nachweisen konnte, daß hier Geweihgröße und allgemeine Körpergröße offensichtlich korreliert sind und daß die erstere durch allometrisches Wachstum zustande kam, vertritt die Ansicht, die Funktion des Geweihs habe hier weniger in dessen Verwendung als Waffe bestanden. Vielmehr habe das Riesengeweih des *Megaceros* wie bei vielen anderen Hirschen und Rinderähnlichen (Boviden) als »Rangsymbol« gedient und je nach individueller Größe seinem Träger Vorteile beim Werben um das Weibchen verschafft. Daraus schließt Gould, die positive Allometrie des Geweihs von *Megaceros* sei als Selektionsvorteil und somit als durchaus adaptiv zu werten. Freilich wäre ein »mechanisches Problem« entstanden, wenn das Tier sein 85 Pfund schweres Geweih durch seitliche Kopfwendungen optisch so zur vollen Gelten gebracht hätte, wie dies heutige Damhirsche und Rentiere beim Werbeverhalten tun. Doch meinte Gould, daß eine solche Bewegung angesichts der besonderen, schon von der Seite sichtbaren Schaufelform bei *Megaceros* unnötig geworden sei. Das allerdings besagt wenig, denn schon beim Äsen, beim sichernden Umsichblicken und bei der Flucht vor den im offenen Steppenbiotop besonders gefährlichen Feinden konnte *Megaceros* die Bewegung des Kopfes sicherlich nicht vermeiden: das »mechanical problem«, der inadaptive Status, mit anderen Worten die Überspezialisation, bestand eben doch.

S. J. Gould: Nature, *244*, 375 (1973).

122 Nach eigenen, noch unveröffentlichten Ergebnissen (S. 200). Vgl. jedoch auch J. Wiedmann und ebenso G. Dietl in: »Atlas of Palaeobiogeography« (Hrsg. A. Hallam), Vlg. Elsevier, Amsterdam (1973).

123 Zusammenfassende Darstellung bei J. Wiedmann: Biol. Reviews, *44*, 563 (1969). – Etwas anders ist die Situation der in der Form abirrenden Gattungen, die am Ende der Trias-Zeit und während des Jura existier-

ten. Sie starben aus, ohne zur ursprünglichen Gehäusenorm zurückzukehren und ohne irgendwelche Nachfolger hervorgebracht zu haben. J. Wiedmann nimmt an, daß ihr Erlöschen mit Rückzugsphasen des Meeres zusammenhängt, in deren Verlauf die Flachwasser-Biotope der Küstenränder verloren gingen. Dann aber ist zu fragen, warum die an das Bodenleben im Flachwasser angepaßten Stammeslinien nicht wie die der Kreide zu einer Um-Adaptation ihres Gehäuses fähig waren, die ihnen erneut die Möglichkeit zum freien Schwimmen und zum Leben in den etwas tieferen Meeresbereichen gegeben hätte. Das Ausbleiben einer solchen Entwicklung und das abrupte Aussterben lassen m. E. erkennen, daß zumindest in diesen Fällen die Spezialisierung zu weit fortgeschritten war, als daß eine derartige Anpassungsänderung möglich gewesen wäre.

124 G. Hardin: »Naturgesetz und Menschenschicksal«. – Übersetzung aus dem Amerikan., Vlg. Cotta, Stuttgart (1962).

125 Das von dem englischen Mathematiker G. F. Hardy und gleichzeitig von dem deutschen Arzt W. Weinberg aufgestellte Gesetz geht von der sogenannten »idealen Population« aus, die rein theoretisch ist (keine Mutation, keine Selektion, absolute Panmixie, und eine theoretisch unendliche Größe). Es besagt, daß in einer solchen idealen Population keine Evolution stattfindet, weil die Proportionen der Genhäufigkeiten während des Ablaufs der Generationen gleich bleiben. Der Zustand der idealen Population wird in einer rechnerischen Formel wiedergegeben. Diese dient als Ausgangspunkt für mathematische Modelle der Populationsgenetik, denn jede Abweichung bedeutet natürlich die Einwirkung von Evolutionsfaktoren.

126 Eine der scheinbaren Ausnahmen bildet der S. 243 erwähnte *Triops cancriformis.* – Potentiell unsterbliche Spezies oder Organismen glaubte der deutsche Arzt H. J. Dombrowski entdeckt zu haben, der Bakterien aus fossilem Steinsalz in der Nährlösung zum Leben erweckt hatte. Trotz der entsprechenden Vorsichtsmaßnahmen Dombrowskis, der Verunreinigungen sorgfältig ausschaltete, handelt es sich wahrscheinlich um im Salz eingeschlossene nicht fossile, sondern gegenwärtige Bakterien. Diese mögen an den Gesteinsklüften eingewandert und bei deren »Ausheilen« durch Auskristallisieren nachträglicher Salzlösungen von den so gebildeten, jetztzeitlich ausgeschiedenen Steinsalzpartien umwachsen worden sein.

127 V. Ziswეiler: »Bedrohte und ausgerottete Tiere«. – Reihe Verständl. Wissen, 86. Bd., Springer Vlg., Berlin (1965).

128 H. K. Erben: in Symposium 2. Intern. Arbeitstg. Bonn–Bruxelles. (Hrsg. H. K. Erben), Vlg. Schweizerbart, Stuttgart (1960).

129 Modifiziert nach H. K. Erben (1958) und auf den neuesten Stand gebracht. In diesem Diagramm wurden die europäischen und nordwestafrikanischen Arten, Unterarten und neuen Formen (soweit ihre Erhaltung des Augendeckels oder Auges ausreichend ist) der folgenden Proetiden-Unterfamilien erfaßt: Proetinae, Cornuproetinae, Eremiproetinae, Tropidocoryphinae, Cyrtosymbolinae.
(Das Schema geht von der heute üblichen stratigraphischen Korrelation aus. Sollten sich aber gewisse Vermutungen hinsichtlich eines nicht mittel-, sondern unterdevonischen Alters bestimmter kalkiger Schichtenkomplexe Böhmens in Zukunft bestätigen, so würden sich in unserer Graphik die Artenzahlen im unteren Mitteldevon verringern, im Unterdevon im selben Ausmaß aber vermehren.)

130 G. und R. Hahn: Zoolog. Beitr., N. F., *13*, (2/3), 308 (1967).

131 F. Prantl: Bull. internat. Acad. tchéque Sci., IIa classe, Jg. XLVIII (1), Prague (1946).

132 Für einige der devonischen Arten wurden neuerdings zwei weitere Untergattungen errichtet, doch erscheint dies als eine wegen der Geringfügigkeit der Merkmalsunterschiede unnötige, subjektive Maßnahme, die deshalb hier nicht berücksichtigt wurde.

133 Derartige Mißbildungen hielt F. Prantl für die Ausheilung von mechanischen Beschädigungen, etwa durch Bißverletzung. Dieser Deutung wird man aber nicht folgen können, denn gerade im Bereich des Mittelkopfs befanden sich ja die lebenswichtigsten Organe, und so hätten die Tiere eine solche Bißverletzung mit Sicherheit nicht überlebt.

134 Ohne Einschränkung gilt diese Aussage nur für die Alte Welt. Für die erste Besiedlung Amerikas durch den Menschen ist kürzlich eine neue Hypothese entwickelt worden, derzufolge das zeitgenössische Großwild, wie z. B. Mammut, Mastodonten, Riesenfaultiere, Tapire, Pferde, Kamele usw., angeblich durch die altsteinzeitlichen Jäger ausgerottet wurde. Der Autor, P. S. Martin, vertritt die Ansicht, an der Stirn der etwa 12 000 v. Chr. über die Beringstraße eingedrungenen und stoßweise schnell nach Süden vordringenden Populationswelle der Jägerhorden habe in den Durchzugsgebieten ein »overkill« stattgefunden, dem diese Großfauna zum Opfer fiel. Allerdings fehlt es weitgehend an dokumentarischen Belegen, doch versucht Martin, diese Schwierigkeit wenigstens gedanklich zu überwinden: »Mit Ausnahme bestimmter Spezies von *Bison,* die während mehrerer tausend Jahre gejagt worden sind, traten die hauptsächlichen Fälle des Aussterbens so schnell, nachdem die Fauna von den Jägern überrannt worden war, ein, daß nur geringe Chancen für ein Erhaltenbleiben (der Reste) der ausgerotteten Tiere, der für ihre Tötung benützten Waffen oder der Knochenreste der Jäger selbst bestanden« (Übersetzung).

P. S. Martin: »Paleolithic players on the American stage: man's impact on the late Pleistocene megafauna« – in: »Arctic and alpine environments« (Hrsg. J. D. Ives und R. G. Barry), Vlg. Methuen, London (1974).

135 O. Abel: »Lebensbilder aus der Tierwelt der Vorzeit«. – Vlg. F. Fischer, Jena (1922).

O. Abel: »Paläobiologie und Stammesgeschichte«. – Vlg. G. Fischer, Jena (1922).

O. Abel: »Das Reich der Tiere – Tiere der Vorzeit in ihrem Lebensraum«. – Deutscher Vlg., Berlin (1939).

136 A. Schatz: Proc. Pennsylv. Acad. Sci., *31, 26* (1957).

137 D. A. Russel und W. Tucker: Nature, *229,* 553 (1971).

D. A. Russel: »The disappearance of the dinosaurs«. – National Mus. Nat. Sci. Canada (1972).

138 R. Dughi und F. Sirugue haben angenommen, daß die Eier der Dinosaurier offen auf dem Boden abgelegt und sodann durch die Schlammfluten der häufigen Überschwemmungen eingedeckt und so für die Fossilisation konserviert worden sind. Diese Vermutung kann nicht zutreffen, denn eine Flutwelle hätte die einzelnen Eier wie Spielbälle vom Boden gehoben und in verschiedene Richtungen verfrachtet. Gerade die ja auch von diesen Autoren beobachtete und beschriebene Regelmäßigkeit und weitgehende Vollständigkeit der Gelege widerspricht der genannten Interpretation.

R. Dughi und F. Sirugue: Compte rendu, Acad. Sci. Paris, Ser. D, *262,* 2330 (1966).

139 Z. Kielan-Jaworowska: »Hunting for dinosaurs«. – Übersetzung aus dem Poln., MIT Press, Cambridge, Mass. (1969).

140 L. van Valen und R. E. Sloan: Proc. 24th Internat. Geol. Congress, Sect. 7, 214, Montreal (1972).

141 F. Baron Nopcsa: Centralbl. Miner. Geol. Paläont., Jg. 1917, 332 (1917).

142 Unter diesen Einwänden fällt wohl nicht ins Gewicht, daß offensichtlich keine strenge Relation zwischen der Hypophysen-Größe einerseits und der erreichten Körpergröße andererseits besteht. Diese Quotienten bei Tauben, Enten, Walfischen und Dinosauriern zu vergleichen kann sicherlich keine Entscheidung bringen. Auch daß beim Menschen der Riesenwuchs durch einen Tumor im Hypophysen-Vorderlappen bewirkt werden kann, ist unmaßgeblich, denn die Kontrolle der Körpergröße erfolgt durch das STH ja auch ohne Tumor. Richtig hingegen ist, daß die Größe der Hypophysengrube nicht notwendigerweise die tatsächliche Größe des Vorderlappens wiedergibt, weil ja in der fossilen Gehirnkapsel nicht überprüft werden kann, ob dieser die Grube wirklich voll ausgefüllt hat. Da aber einerseits die Vergrößerung des Hauptlappens (und damit des Hauptteils der Hypophyse) in der Regel mit einer Steigerung der Körpergröße verknüpft ist und da andererseits auch die Vergrößerung der Grube mit einer Größenzunahme des Körpers zusammengeht (laut Tilly Edinger beim Vergleich von *Mullerornis* mit dem Riesenvogel *Aepyornis*: im Vergleich zum Vorderhirn eine Grubenvergrößerung um das Vierfache), so ist es sicherlich nicht ungerechtfertigt, daß F. v. Nopcsa von einer vergrößerten Hypophysengrube auf eine vergrößerte Hypophyse und damit auf deren Hauptlappen schloß.

143 Eine ähnliche Erscheinung, nämlich die verzögerte Verknöcherung der Epiphysenknorpel, tritt Nopcsa zufolge auch bei manchen unter jenen Wirbeltiergruppen auf, die sekundär zum Leben im Wasser übergingen. Daher wurde sie bei den sauropoden Dinosauriern mit deren aquatischem Leben in Sümpfen und Gewässern in Verbindung gebracht. Doch auch in diesem Fall wäre sie nach wie vor von der Schilddrüsenfunktion abhängig.

144 Die größere Länge der Hinterbeine vieler Dinosaurier (vgl. Abb. 52 a–d) wird von der Lehrmeinung allerdings anders beurteilt. Es wird allgemein angenommen, daß derartige Gattungen von Vorfahren abstammen, welche zur Fortbewegung bei aufrechter Haltung nur die Hinterbeine benützten, weshalb ihre Vorderbeine zum Verkümmern tendierten. Bei den sich wieder vierfüßig fortbewegenden Nachfolgern erscheinen daher die Vorderbeine verkürzt. Die von mir auf S. 272 aufgezeigte Denkmöglichkeit geht davon aus, daß in Wirklichkeit die Vorderbeine Normallänge haben und die Hinterbeine verlängert sind. Das erinnert dann lebhaft an den sogenannten »eunuchoiden Hochwuchs«, bei dem mangelnde Verkalkung der Knochenepiphysen durch verstärktes Wachstum eine Verlängerung der Hinterextremitäten bewirkt. Diese Erscheinung beruht auf dem Ausfallen von Geschlechtshormonen, deren Bildung von einem der Glandotropen Hormone des Hypophysen-Vorderlappens abhängt.

145 H. K. Erben: Biominer. Forsch. Ber., *1*, 1, Stuttgart (1970); Abh. Akad. Wiss. Lit., math.-naturw. Kl., Jg. 1972 (6), Mainz (1972).

146 In der Fachliteratur wird gelegentlich angegeben, die provenzalischen Dinosaurier hätten auf einer schmalen Landbrücke, dem »Isthmus der Durance«, gelebt, welche das Festland des französischen Zentralmassivs mit dem zwischen Toulon und (etwa) Draguignan gelegenen Maures-Esterel-Massiv verbunden hat. Diese Vorstellung stammt noch aus der Zeit, als man glaubte, die Vorkommen von Dinosaurier-Eiern in Frankreich seien vom Alter der Dan-Stufe.

Was meinen Versuch einer Rekonstruktion der paläogeographischen Verhältnisse im spanischen Pyrenäengebiet betrifft, so sei hinzugefügt, daß gleichaltrige festländische Ablagerungen auch südlich von Bilbao bekannt sind sowie (mit Einzelfunden von Dinosaurier-Eiern) in der

Sierra de Cuenca. Diese Regionen werden von der Abb. 53 allerdings nicht erreicht.

147 A. Liebau: Bull. Centre Rech. Pau-SNPA, Paléologie Ostracodes (Hrsg. H. J. Oertli), 5. Suppl., 577, Pau (1970).

148 Diese Erkenntnis haben R. E Folinsbee et al. (Science, *168*, 1353, 1970) aus der Ermittlung der $^{18}O/^{16}O$-Verhältnisse der provenzalischen Dinosaurier-Eierschalen gewonnen. Die Befunde wurden von K. H. Wedepohl aufgrund einer erweiterten Neu-Untersuchung teils bestätigt, teils modifiziert und jedenfalls beträchtlich erweitert (mündl. Mitteilung).

149 Auch in der spanischen Region verschwinden die Dinosaurier-Eier in der Schichtenfolge, doch sind dort die Verhältnisse noch nicht gänzlich geklärt und meine Untersuchungen noch nicht abgeschlossen. Manches spricht dafür, daß die Populationen bei Tremp, Isona und Coll de Nargó früher erloschen als in Südfrankreich (oder auswanderten?).

150 A. V. Sochava: Paleont. Zhurnal, Jg. 1969 (4), 76, (1969); dito, Jg. 1971 (3), 80 (1971).

151 Streng genommen ist diese These zwar nicht bewiesen, doch ist in hohem Maß wahrscheinlich, daß sie richtig ist. Tatsächlich besitzen die ornithischiden Dinosaurier in ihrer Skelett-Anatomie einige so auffallende Ähnlichkeiten mit den Laufvögeln (mit welchen sie allerdings nicht verwandt sind), daß der vogelähnliche Strukturtyp der Dinosaurier-Eischale (Abb. 54 C) — er ähnelt dem der großen Laufvögel (Ratitae) zum Verwechseln – wohl tatsächlich auf eine Herkunft der Eier von Ornithischiern schließen läßt. Der andere (Abb. 54 B) weicht zwar vom Strukturtyp der Schildkröten-Eischale (Abb. 54 A) stärker ab, als A. V. Sochava ohne Elektronenmikroskop feststellen konnte, entspricht ihr aber immer noch in manchen der Merkmale.

152 R. Dughi und F. Sirugue hatten seinerzeit vermutet, daß die provenzalischen Dinosaurier-Eischalen von mehreren, verschiedenen Spezies stammen, weil sie geringfügige morphologische Unterschiede aufweisen und in verschiedener Größe auftreten. Diese Abweichungen sind aber so unwesentlich, daß sie bei gegenwärtigen Hühnern oder Schildkröten selbst innerhalb desselben Eies vorkommen können. Die Eigröße aber kann gleichfalls stark variieren, so z. B. innerhalb eines Geleges beim afrikanischen Strauß (beobachtet von Prof. Dr. F. Sauer, Bonn). So besteht also weder eine Notwendigkeit noch eine Berechtigung, bei den provenzalischen Dinosaurier-Eiern mehrere »Arten« unterscheiden zu wollen.

153 A. H. Müller: Monatsber. Deutsche Akad. Wiss., *5* (2), 75, Berlin (1963).

154 M. F. Voss-Foucart: Comp. Biochem. Physiol., *24*, 31 (1968).
G. Krampitz, H. K. Erben und K. Kriesten: Biominer. Forsch. Ber. *4*, 87 (1972).

155 J. Bitman et al.: Science, *162*, 371 (1968); dto. *168*, 594 (1970).
D. B. Peakall: Science, *168*, 592 (1970); Scient. American, *222*, 72 (1970).

156 H. K. Erben und G. Krampitz: Abh. Akad. Wiss. Lit., math.-naturw. Kl., Jg. 1971 (2), 31, Mainz (1971).

157 O. H. Schindewolf: Neues Jahrb. Geol. Paläont., Monatsh., Jg. 1954, 457 (1954).

158 N. D. Newell: Journ. Paleontol., *36*, 592 (1962).

159 M. N. Bramlette: Science, *148*, 1696 (1965).

160 J. Wiedmann: Biol. Reviews, *44*, 563 (1969).

161 Ph. H. Gosse: »Omphalos«. – Vlg. J. van Voorst, London (1857).

162 Seine eigenen Vorläufer im englischen Sprachraum hat Ch. Darwin in seinem »Historical Sketch« erwähnt. In Frankreich hatten vor ihm be-

reits G. L. L. de Buffon (1707–1788), J. P. de Lamarck (1744–1829) und E. Geoffroy de St. Hilaire (1772–1844) die Veränderlichkeit der Arten gelehrt, in Belgien der Geologe M. J. d'Omalius d'Haloy (1846).

Vertreter des Entwicklungsgedankens waren – vor Darwin – in Deutschland C. F. Kielmeyer (1793), F. Tiedemann (1808–1814), F. S. Voigt (1817), A. M. Tauscher (1818), J. G. J. Ballenstedt (1818–1819) und der bedeutende Geologe L. von Buch (1825).

163 Brief von Charles Kingsley an Philip Henry Gosse, vom 4. Mai 1858, in: »The life of Philip Henry Gosse«. – Vlg. Kegan Paul, Trench & Trubner, London (1890).

». . . but I can hush up my conscience at the single instance; at the great sum total, the worthlessness of all geologic instruction, I cannot. I cannot give up the painful and slow conclusion of five and twenty years' study of geology, and believe that God has written on the rocks one enormous and superfluous lie for all mankind . . .«

164 D. Morris: »The Naked Ape«. – Corgi Book, Transworld Publ., London (1968).

165 R. L. Hill sowie J. und V. Buettner-Janusch: Proc. Nat. Acad. Sci., *50*, 885 (1963).

E. Zuckerkandl: »Perspectives in molecular anthropology«. – In: »Classification and Human evolution« (Hrsg. S. L. Washburn), Wenner Gren Found., New York (1963).

J. Buettner-Janusch und R. L. Hill: Science, *147*, (2) 836 (1965).

S. L. Washburn und Ph. C. Jay (Hrsg.): »Perspectives on Human Evolution«. – Vlg. Holt, Rinehart & Winston, New York (1968).

166 G. Heberer: »Die subhumane Abstammungsgeschichte des Menschen«. – In: »Die Evolution der Organismen«, Bd. II, (Hrsg. G. Heberer), 2. Aufl., Vlg. G. Fischer, Stuttgart (1959).

167 G. Heberer: »Homo – unsere Ab- und Zukunft«. – Deutsche Vlg.-Anst., Stuttgart (1968).

W. Gieseler: »Die Fossilgeschichte des Menschen«. – In: »Die Evolution der Organismen«, Bd. II (Hrsg. G. Heberer), 2. Aufl., Vlg. G. Fischer, Stuttgart (1959).

168 Eine Aufstellung der fossilen Unterarten des *Homo sapiens* findet sich in Th. Dobzhanskys Tabelle der Arten und Unterarten aller fossilen Hominiden (S. 223). Was jedoch die gegenwärtigen Unterarten (Rassen) betrifft, so gehen die Meinungen sehr weit auseinander. Während manche Autoren bis zu 32 unterscheiden wollen, was gewiß zuviel wäre, beschränken andere die Zahl auf nur 5. Angesichts der stark subjektiven Komponente, die bei diesen Klassifikationen eine Rolle spielt, scheint eine objektive Aussage nicht möglich zu sein, doch ist andererseits klar, daß bei einer vernünftigen, maßvollen Untergliederung eine beschränktere Zahl der Rassen zustande käme.

Darüber hinaus aber ist die Zahl der Unterrassen des lebenden Menschen in der Tat ungewöhnlich groß. Doch aus diesem Umstand kann keine somatisch-biologische Ausnahmestellung des Menschen in der Evolution abgeleitet werden, denn hier handelt es sich um eine Folge seiner Selbstdomestikation (S. 344). Vergleichen wir mit ihm die Zahl der Rassen und Unterrassen domestizierter Tiere, etwa des Haushundes, der Taube, des Haushuhnes, so ist dort die Zahl noch bei weitem höher.

Th. Dobzhansky: »Dynamik der menschlichen Evolution. Gene und Umwelt«. – Übersetzung aus dem Amerikan., Vlg. S. Fischer (1965).

169 Aus diesem Grund werden sie gelegentlich auch als »Australanthropinen« bezeichnet, was zwar sinngerechter ist, aber gegen die Internationalen Regeln der zoologischen Nomenklatur verstößt, welche strikt auf

dem Prioritätsrecht des einmal publizierten und damit legitim gewordenen Namens bestehen.

170 Anderen Vermutungen zufolge sollen die durch Werkzeugschlag getöteten Australopithecinen nicht durch Artgenossen, sondern durch Vertreter einer gleichzeitig im selben Biotop lebenden Art von *Homo* (*»Pithecanthropus«*) umgebracht worden sein. Dafür aber gibt es keinen materiellen Beweis, denn der einzige Fund, der eine solche Spezies belegen würde (*habilis*), ist nach den Datierungen bedeutend jünger als die älteren Australopithecinen.

171 u. a. H. Spatz: in »Evolution of the Forebrain« (Hrsg. R. Hassler und H. Stephan), Vlg. Thieme, Stuttgart (1966).

172 Dieselbe Situation liegt – sowohl hinsichtlich des Gehirnschädels als auch des Kieferteils – auch bei den Menschenaffen vor, wenn auch in geringerer Ausprägung, denn im Erwachsenenstadium geht hier die Vorwölbung der Stirn nicht nur ein wenig zurück (wie beim heutigen Menschen), sondern fast vollständig verloren.

173 O. H. Schindewolf: Jahrb. preuß. geol. Landesanst., *49*, 716 (1928).
O. H. Schindewolf in »Neue Anthropologie«, Bd. 1 = »Biologische Anthropologie«, 1. Teil (Hrsg. H.-G. Gadamer und P. Vogler), Vlg. Thieme, Stuttgart (1963).

174 F. Weidenreich: Trans. Amer. Phil. Soc. (N. S.), *31*, (1941).

175 In einer neueren Arbeit (zweites Zitat in [173]) hat O. H. Schindewolf betont, das eigentlich Neuartige – und damit seiner Definition der Proterogenese Entsprechende – sei der Umstand des Auftretens der zur Diskussion stehenden Schädelgestaltung *auch* im postnatalen Stadium des Menschen. Doch auch dieser Auffassung wird man nicht beipflichten können, denn selbst bei den Vertretern der Menschenreihe, sogar noch bei der *sapiens*-Stufe läßt im Altersstadium die ursprüngliche, embryonale Stirnwölbung ja etwas nach (Abb. 61 g). Auch in dieser Hinsicht ergibt sich somit beim menschlichen Schädel im Verhältnis zur Generaltendenz der Säugetiere nichts grundsätzlich Neuartiges.

176 Das Vorliegen von Neotenie wurde von O. H. Schindewolf bestritten, der diese Bezeichnung nur dann gelten lassen wollte, wenn gleichzeitig eine Metamorphose vorliegen, also ein typischer Larvenzustand neoten werden würde. Die damit angeschnittene Frage scheint mir aber mehr eine Angelegenheit der Definition und Terminologie zu sein; sie ist kaum von maßgeblicher Bedeutung.

177 L. Bolk: »Das Problem der Menschwerdung«. – Vlg. G. Fischer, Jena (1926).
Gegen Bolks Fetalisations-Hypothese und damit gegen die Annahme einer neotenen Entwicklung des Menschen sind auch Einwände vorgebracht worden. Wohl der wesentlichste besagt, von einer echten Infantilität (Verlängerung der Kindheitsphase) könne nicht gesprochen werden, weil während dieser frühontogenetischen Zeitspanne auch progressive Merkmalsentwicklung erfolge, so etwa das zusätzliche Wachstum und endgültige Ausdifferenzieren des Gehirns sowie die Ausbildung einer vorspringenden Nase und eines markanten Kinns. Das aber besagt als Argument sehr wenig und überzeugt nicht, denn die Kombination retardierter (zurückbleibender) mit fortgeschrittenen Merkmalen desselben Phänotyps (sogenannte Spezialisationskreuzung) war während der Evolution im Einzelfall oder auch in Stammesreihen (Mosaikbildung) so häufig, daß sie fast die Regel gewesen ist. Diesen am Kern der Sache vorbeigehenden Einwänden (Zitate s. u.) stehen eindrucksvolle Gegenargumente gegenüber, nicht zuletzt die zeitliche Verlängerung des infantilen Neugierverhaltens und der Umstand, daß der Zeitraum bis zur

Pubertät beim Menschen (Mann: 12 bis 15, Frau: 10 bis 13 Jahre) weitaus länger ist als allgemein bei Säugetieren, ja sogar noch etwas länger als selbst bei den Pongiden.

Vgl. B. Kummer: »Untersuchungen über die Entwicklung der Schädelform des Menschen und einiger Anthropoiden«. – Vlg. Borntraeger, Berlin (1953).

D. Starck: »Der heutige Stand des Fetalisationsproblems«. – Vlg. Parey, Hamburg (1962).

178 W. Herre: »Domestikation und Stammesgeschichte«. – In: »Die Evolution der Organismen«, Bd. II (Hrsg. G. Heberer), 2. Aufl., Vlg. G. Fischer, Stuttgart (1959).

179 Konrad Lorenz ([180]: S. 184) geht von der Auffassung aus, die Selbstdomestikation des Menschen sei das Primäre, die Neotenie eine Folgeerscheinung gewesen. Da aber das neotene Wachstum und die sich steigernde Leistung des Gehirns Ursache der Selektionsbeschränkung waren und diese wiederum die Ursache der Domestikation, und da die Folge den Ursachen nicht vorausgehen kann, muß die Neotenie das primäre, die Selbstdomestikation aber das nachfolgende Geschehen gewesen sein.

180 K. Lorenz: »Über tierisches und menschliches Verhalten«, Bd. II. – Vlg. Piper & Co., München (1965).

181 I. Eibl-Eibesfeldt: »Der vorprogrammierte Mensch«. – Vlg. Molden, 3. Aufl., München (1973).

182 P. Leyhausen in K. Lorenz und P. Leyhausen: »Antriebe tierischen und menschlichen Verhaltens«. – Vlg. Piper & Co., München (1968).

183 K. Lorenz: »Die Rückseite des Spiegels – Versuch einer Naturgeschichte menschlichen Erkennens«. – Vlg. Piper & Co., München (1973).

184 T. Dobzhansky: »Evolution, genetics and man«. – Sci. Edit., Vlg. Wiley & Sons, New York (1963).

185 A. Koestler: »The ghost in the machine«. – Vlg. Hutchinson, London (1967).

186 P. Lüth: »Schöpfungstag und Mensch der Zukunft«. – Vlg. Diederichs, Düsseldorf (1965).

187 A. Gehlen: »Anthropologische Forschung«. – rowohlts deutsche encyklop., Vlg. Rowohlt, Reinbek (1968).

Vgl. aber auch das Hauptwerk: »Der Mensch, seine Natur und seine Stellung in der Welt«. – 8. Aufl., Bonn (1966).

188 K. Lorenz: »Psychologie und Stammesgeschichte«. – in: »Evolution der Organismen«, Bd. I, (Hrsg. G. Heberer), 2. Aufl., Vlg. G. Fischer, Stuttgart (1959).

189 K. Lorenz: »Evolution des Verhaltens« (Kurzfassung eines Vortrags). – Nova Acta Leopoldina, N. F., *39* (1), 18 (Vorabdruck aus No. 218), Halle a. S. (1973).

190 B. F. Skinner: »Jenseits von Freiheit und Würde«. – Übersetzung aus dem Amerik., Vlg. Rowohlt, Reinbek (1973).

191 A. Plack (Hrsg.): »Der Mythos vom Aggressionstrieb«. – Vlg. List, München (1973).

192 J. Hirsch: Science, *142*, 1436 (1963).

Auszug (Übersetzung): »Unser Laboratorium hat die bis jetzt detailliertesten Analysen der Beziehungen durchgeführt, die zwischen dem Genom und einem Verhaltens-Phänotypus bestehen, und zwar bei Untersuchungen der Geotaxis (schwerkraftorientierte Fortbewegung) von *Drosophila* ... Die ersten beiden Chromosomen in der nicht ausgesuchten Population tragen zu positiver Geotaxis bei, und das dritte zu negativer.«

193 W. N. Schoenfeld und S. H. Baron: Science, *147* (1), 634 (1965). Auszug (Übersetzung) aus einem Bericht über eine internationale Konferenz des National Institute of Health am 15.–20. Juni 1964 in Rom: »Im Gegensatz hierzu stand der Eindruck der experimentellen Psychologen, daß – obwohl die Beobachtung der Tiere »in der Natur« eine allgemeine Vertrautheit mit dem Verhaltensspektrum der untersuchten Spezies vermitteln mag – die so identifizierten Probleme einer kontrollierten Laboratoriumsprüfung bedürfen. Sie argumentierten, das Laboratorium sei »natürlicher« und weniger verzerrt als die Natur selbst, und das, was »da draußen« ist, sei in Wirklichkeit ganz chaotisch.

194 Vor einigen Jahren erregten Freilanduntersuchungen an Populationen von Rotgesichts-Makaken (*Macaca fuscata*) Aufmerksamkeit, die auf japanischen Inseln seit über 12 Jahren unter Dauerbeobachtung durch Verhaltensforscher stehen. Die Ergebnisse sind um so bedeutsamer, als sie im ungestörten, natürlichen Milieu erzielt wurden.

Durch einzelne, besonders intelligente jüngere Individuen wurden hier verschiedene Erfindungen gemacht (bei Erkundungsverhalten), von anderen Artgenossen kopiert (Lernen durch Nachahmung) und in der jeweiligen Teilpopulation propagiert sowie schließlich als Tradition an die nächste Generation weitergegeben. Die beobachteten neuen und tradierten Verhaltensweisen umfaßten vor allem: Waschen erdiger Süßkartoffeln vor dem Verzehren (in Süßwasser), Waschen und Würzen von Süßkartoffeln im marinen Salzwasser, Trennen von Weizen- und Sandkörnern durch Schlämmen im Wasser, Erschließen neuer Nahrungsquellen (Seetang, Muscheln), Schwimmen und Tauchen, Praktizieren des aufrechten Gangs.

Hier entstanden somit durch Traditionsbildung Verhaltensweisen, die durchaus als »präkulturelle« Leistung bezeichnet werden können.

S. Kawamura in »Primate social behaviour« (Hrsg. Southwick), Vlg. Van Nostrand, New York (1963).

M. Kawai: Primates, *6*, 1. (1965).

J. Itani: TIER, *6*, 8 (1966).

195 J. Goodall in »Primate behaviour« (Hrsg. I. DeVore), Vlg. Holt, Rinehart & Winston, New York (1965).

196 W. Porzig: »Das Wunder der Sprache«. – Vlg. Francke, München (1950).

197 N. Chomsky: »Sprache und Geist«. – Übersetzung aus dem Amerik., Vlg. Suhrkamp, Frankfurt (1970).

198 Einem Zeitungsartikel zufolge (J. D. Fleming in »Die Zeit« [»Zeitmagazin«], Nr. 10, 1, März 1974) ist es im Primatenzentrum von Norman (Oklahoma) dem amerikanischen Verhaltensforscher Roger Fouts gelungen, dem Schimpansen Washoe die Zeichen der menschlichen Taubstummensprache soweit beizubringen, daß eine Verständigung mit dem Tier möglich wurde. Beim Lerntraining von Washoe entwickelte dieser schließlich die Fähigkeit, nicht nur Personen, Dinge, Eigenschaften und Tätigkeiten zu benennen, sondern auch eigene, neue und sinnvolle Zeichenkombinationen zu erfinden. (Obwohl der Lehrer einen Kühlschrank als »kalt-Kasten« eingeführt hatte, ersetzte Washoe diese Bezeichnung selbständig später durch »offen-Essen-Trinken«, wobei ihm bewußt war, daß in diesem Kühlschrank sein Futter aufbewahrt wurde.) Einen ihn attackierenden Rhesus pflegte Washoe als »schmutziger-Affe« zu beschimpfen. Später assoziierte er selbständig die Zeichen »schmutziger-Lehrer«, wenn er über Wunschverweigerung ärgerlich war (für weiteres vgl. [36]).

Allerdings muß bedacht werden, daß diese kommunikativen Leistungen erstens unter Dressur durch den Menschen und zweitens bei einem so gut wie domestizierten Individuum hervorgebracht wurden. Für die Beurteilung der Bedingungen in der freien Natur können sie daher höchstens mit sehr großer Vorsicht herangezogen werden. Immerhin lassen sie die potentiellen Möglichkeiten erkennen, die einerseits in der Zeichenkommunikation und andererseits in der Lerndisposition eines Schimpansen enthalten sind.

Ferner bleibt festzuhalten, daß ein aus Gesten und Einzellauten bestehendes Kommunikationssystem (auch wenn es in die Taubstummenzeichen übersetzt wird) noch lange kein vollwertiges Äquivalent der menschlichen Wort- und Syntax-Sprache ist. Vielleicht aber stellt das bekannte, zweckfreie »Kindheits-Plappern« der Schimpansen eine echte Vorstufe der menschlichen Sprache dar. Zwar vermutet A. Kortlandt, hier sei eine umweltbedingte, während des Zurückweichens in den gefahrvollen Urwald-Biotop geförderte Blockierung erfolgt, wobei eine bereits weiterentwickelte Sprachfähigkeit gehemmt, vielleicht sogar zurückgebildet worden ist, weil sie den Aufenthalt des Tieres an seine Feinde verriet. Dafür gibt es keine sicheren Anzeichen. Vielmehr läßt das so gut wie gleichzeitige Abklingen des frühontogenetischen Plapperns und des kindlichen Neugierverhaltens beim Schimpansen darauf schließen, daß hier ein sehr primitives, echtes Vorstadium der menschlichen Sprache vorliegt, das aber nicht weiterentwickelt wurde, weil hier die beim Menschen eintretende neotene Verlängerung der Kindheitsphase nicht genügend zum Tragen kam.

199 Allerdings ist, wie G. B. Kolata berichtet, in neuester Zeit ein diesbezüglicher Versuch unternommen worden: In den USA glauben der Anatom E. Crelin und der Linguist Ph. Lieberman in einer gemeinsamen Untersuchung festgestellt zu haben, daß der Neandertaler im Vergleich zu den anderen fossilen Menschenformen ein nur beschränktes Sprechvermögen besaß. Aufgrund von Vergleichen der Schädelbasis und des Unterkiefers von Menschenaffen, menschlichen Säuglingen, adulten Gegenwartmenschen und Neandertalern wurde die Anatomie der Lautbildungswege der fossilen Hominiden in einem Modell rekonstruiert, und dieses wurde sodann mit Hilfe eines Computerprogramms auf seine Leistungsfähigkeit überprüft. Dabei kamen die beiden Wissenschaftler zu dem Ergebnis, daß der Neandertaler ebenso wie die Menschenaffen und der menschliche Säugling wegen der noch unvollkommenen Abgliederung der pharyngealen (Kehlkopf-) und oralen Höhlungen nicht in der Lage waren, die Vokale (a), (i) und (u) zu bilden. Trifft dies zu, so wäre die Artikulationsmöglichkeit und damit auch die Sprachentwicklung der Neandertaler sicherlich weit hinter der ihrer anderen urmenschlichen Zeitgenossen zurückgeblieben, und sie wären diesen gegenüber aufgrund des schwerfälligeren und beschränkteren Kommunikationssystems entscheidend benachteiligt gewesen. – (Ob sich diese Hypothese bewähren wird, bleibt allerdings noch abzuwarten, zumal wohl noch etwas fraglich ist, ob Untersuchungen im Bereich des Schädels für eine halbwegs gesicherte Rekonstruktion des Lautartikulationsvermögens ausreichen.)
G. B. Kolata: Science, *186*, 618 (1974).

200 B. F. Skinner: »Verbal behaviour«, New York (1957), zitiert in N. Chomsky[197] und A. Koestler[185].

201 K. Lorenz: Blätter f. Deutsche Philos., *15*, 94 (1941).

202 Der Ausdruck »Aggression« gehört zu jenen Fällen, in welchen Bezeichnungen und Namen wie Freiwild behandelt werden, bis sie so vieldeutig geworden sind, daß sie beinahe ihren Wert verlieren. Manche Psychoanalytiker, Soziologen, Philosophen und andere haben den Anwendungsbereich sehr erheblich erweitert: Vom radikalen, psychisch unkomplizierten Totschlag bis zu den kompliziertesten, von der reinen Gewalt oder unmittelbaren Bedrohung bereits sehr weit entfernten Verhaltensformen muß der zum Reizwort gewordene Begriff und Name als kenn-

zeichnendes Mittel herhalten. Dagegen hat Konrad Lorenz[210] Aggression sehr einfach als »den auf den Artgenossen gerichteten Kampftrieb« definiert. Auf Primaten zugeschnitten hat später H. Kummer formuliert: »... ist Aggression ein massiver Einsatz eigener oder fremder Kraft gegen einen Artgenossen mit dem Ziel, ihn von einem Ort, einem Gegenstand, einem Partner oder einer Aktivität abzuhalten«[206].
Da ich eine terminologische Einigung zwischen Psychologen und Ethologen nicht abwarten kann, aber auch nicht kompetent bin, mich um sie selbst zu bemühen, verwende ich provisorisch – also ohne Anspruch auf allgemeine Gültigkeit – folgende Bezeichnungen gemäß der hier hinzugefügten Erklärung (wobei mir bewußt ist, daß dabei auf streng wissenschaftliche Trennschärfe wahrscheinlich verzichtet wird):
Gruppen- bzw. hordeninterne Aggression: teils angeborenes, teils erlerntes Verhalten bei Bedrohung und tätlichen Auseinandersetzungen zwischen (artgleichen) Gruppen- bzw. Hordengenossen.
Artinterne Aggression: Bedrohung und tätliche Auseinandersetzung zwischen zwar artgleichen, aber verschiedenen Gruppen angehörenden Individuen.
Aggressivität: potentiell zu Aggression führende, latente Grundstimmung (Anlage ist angeboren; hormonal und neurophysiologisch gesteuert).
Zwischenartliche Aggression: Angriff auf – und Verteidigung gegen – artfremde Feinde.
(Die Jagd auf Beutetiere rechnen Konrad Lorenz und H. Kummer nicht eigentlich zur Aggression, offensichtlich weil sie einem eigenen, unabhängigen Trieb zu entspringen scheint. Im Endstadium der Jagd, bei der tätlichen Auseinandersetzung des urmenschlichen Jägers mit dem Beutetier könnte m. E. allerdings echte zwischenartliche Aggression zusätzlich wohl doch ausgelöst worden sein.)

203 R. Bigelow: »Und willst du nicht mein Bruder sein ... – Die Evolution des Menschen«. – Übersetzung aus dem Amerik., Deutsche Vlg.-Anst., Stuttgart (1970).

204 Bei den gegenwärtigen großen Pongiden herrscht im allgemeinen sexuelle Promiskuität, doch angesichts der besonderen Spezialisation dieser Stammeslinien (Rückkehr in den Urwald, brachiatorische Fortbewegung, usw.) könnte dies ein abgeleitetes, sekundäres Verhalten sein. Bei anderen Affen, besonders bei vielen Pavianarten, werden beständige Gruppen gleichfalls ohne Dauerehen gebildet. Häufig tritt aber auch der Typ des »Mono-Harems« auf: einzelne unabhängige Gruppen, bei welchen jede aus einem männlichen Leittier mit mehreren Weibchen und Jungen besteht. Wesentlich seltener ist bei Primaten ein anderer Typ der Sozialstruktur. Bei zwei Pavian-Arten, nämlich dem Dschelada und dem Mantelpavian, besteht die oft ziemlich große Herde (»Poly-Harem«) dauernd aus zahlreichen, beständigen Familien des Mono-Harem-Typs. Monogamie scheint hingegen bei Primaten eher die Ausnahme zu sein und nur bei Gibbons sowie beim Menschen aufzutreten (alle Angaben nach [206]).

205 W. Wickler: »Die Biologie der Zehn Gebote«. – Vlg. Piper & Co., München (1973).

206 H. Kummer: »Aggression bei Affen«. – in: »Der Mythos vom Aggressionstrieb« (Hrsg. A. Plack), Vlg. List, München (1973).

207 L. Kofler: »Aggression und Gewissen«. – Reihe Hanser, No. 116, Vlg. C. Hanser, München (1973).

208 Zwei Beispiele einer Täuschung des Artgenossen mit dem Ergebnis des eigenen Vorteils zitiert W. Wickler[205] nach Thielecke und G. Rüppell: im Käfig gehaltene Singdrosseln, die mit Hilfe des Warnrufs Artgenossen vom anschließend selbst verzehrten Futter ablenkten, und den Mißbrauch

des Warnschreies durch eine Silberfuchsmutter auf Spitzbergen, die auf diese Weise ihre Jungen von einem begehrten Beutestück fernhielt.

Ein anderes Beispiel: In einem Wolfsrudel des Zoos von Chicago täuschte das rangniederste Tier angreifende Artgenossen stets erfolgreich, indem es vorübergehend jämmerlich und mitleiderregend zu hinken begann (Bericht von V. Dröscher in »Die Zeit« vom 24. November 1967).

Doch nicht nur die listige Verstellung, sondern selbst eine Analogie der (in diesem Fall wahrhaft »hinter«-listigen) Intrige konnte bei Tieren in der freien Natur beobachtet werden. Wie H. Kummer und F. Kurt berichteten, kommt es in den Herden von Rhesusaffen und Steppenpavianen gelegentlich vor, daß einzelne rangniedrige Tiere gegen ein anderes rangniederes den »boß« ausspielen. Durch mißbräuchliche Anwendung der Beschwichtigungsgebärde (Präsentieren des roten Hinterteils) neutralisieren sie zunächst ein etwa gegen sie selbst gerichtetes Aggressionsverhalten des Ranghohen, provozieren aber zugleich einen Streit mit dem ihnen mißliebigen anderen Rangtiefen. Die spontan einsetzende »Polizeiaktion« des Ranghohen wendet sich dann unweigerlich gegen das unschuldige Opfer, da sich der Intrigant ja durch seine Beschwichtigungsgeste selbst tabuisiert hatte.

209 H. Kummer, zitiert in W. Wickler[205].

210 K. Lorenz: »Das sogenannte Böse«. – 11. Aufl., Vlg. Borotha-Schoeler, Wien (1963).

211 H. G. Wunderlich: »Die Steinzeit ist noch nicht zu Ende – Eine Psycho-Archäologie des Menschen«. – Vlg. Rowohlt, Reinbek (1974).

212 Der mittelpaläolithische Schädel eines Erschlagenen auf dem von Steinen umsetzten »Altar« der Guattari-Höhle des Monte Circeo bei Rom. (Das Gehirn wurde nach künstlicher Erweiterung des Hinterhauptlochs entnommen, wie bei manchen rezenten Volksstämmen möglicherweise zum Zweck einer kultischen Anthropophagie.)
Vgl. auch H. Müller-Karpe: »Geschichte der Steinzeit«. – Vlg. C. H. Beck, München (1974).

213 E. Freiherr von Eickstedt: »Stammesgeschichte des Seelischen (Paläopsychologie)«. – in: »Die Evolution der Organismen« (Hrsg. G. Heberer), Bd. II, Vlg. G. Fischer, Stuttgart (1959).
Vgl. aber auch:
H. von Glasenapp: »Die nichtchristlichen Religionen«. – Fischer Lexikon, 1, Fischer Bücherei KG., Frankfurt (1962).

214 A. Kortlandt, zitiert von V. Dröscher (»Die Zeit« vom 24. Dezember 1965).

215 D. Morris: »Biologie der Kunst«. – Übersetzung aus dem Engl., Vlg. Rauch, Düsseldorf (1963).

216 B. Rensch: Zeitschr. f. Tierpsychol., *15*, 447 (1958).

217 Einen bereits erreichten »toten Punkt«, ein Stagnieren der Bio-Evolution, nehmen auch die französischen Biologen L. Cuénot (»La genèse des espèces animales«, Vlg. Alcan, Paris, 1932) und A. Vandel (»L'homme et l'évolution« – Vlg. Gallimard, Paris, 1949) an, welchen zufolge mit einer weiteren oder gar neuen Entfaltung der gegenwärtigen Tierstämme nicht mehr zu rechnen sein soll. André Lwoff (»L'évolution physiologique« – Vlg. Hermann, Paris, 1948), der den Vorgang der Evolution als einen physiologischen auffaßt, meint, daß auch dieser Prozeß determiniert zu Degradierung und Untergang führt. Und unabhängig von den genannten Autoren ist auch Henri Decugis (»Le vieillissement du monde vivant« – Vlg. Plon, Masson, Paris, 1941) zu der Auffassung gelangt, das Leben als Ganzes gehe dem Alternstod entgegen, die Evolution befinde sich in der Verfallsphase.

218 E. Benz (Hrsg.): »Der Übermensch. Eine Diskussion«. – Rhein-Vlg., Zürich (1961).
219 H. Spatz: »Gedanken über die Zukunft des Menschenhirns und die Idee vom Übermenschen«. – in: »Der Übermensch« (Hrsg. E. Benz), Rhein-Vlg., Zürich (1961).
220 H. Schirmbeck: »Ihr werdet sein wie Götter«. – Eugen Diederichs Vlg., Düsseldorf (1966).
221 W. G. Haverbeck: »Das Ziel der Technik. Die Menschwerdung der Erde«. – Vlg. Walter, Olten (1965).
222 H. Mislin: »Zum Problem des Übermenschen in der gegenwärtigen Biologie«. – in: »Der Übermensch« (Hrsg. E. Benz), Rhein-Vlg., Zürich (1961).
223 B. Russell: »Das naturwissenschaftliche Zeitalter«. – Übersetzung aus dem Engl., Humboldt-Vlg., Wien (1953).
224 A. Huxley: »Brave new world«. – Vlg. Bantam, A 1369, No. 9, 6. Aufl., New York (1955).
A. Huxley: »Ape and essence«. – Vgl. Bantam, A 1793, No. 3, 3. Aufl., New York (1958).
H. G. Wells: »The time machine«. – in: »Selected short stories«, Penguin Books, No. 1310, Hardmonthsworth (1961).
225 Gegen eine derartige Auffassung der gegenwärtigen Situation hat sich auch Th. Dobzhansky gewendet: »Und doch ist die These, daß die biologische Evolution jetzt ohne Folgen bleibe und durch kulturelle Evolution ersetzt worden sei, eine gefährliche Illusion ... Die biologischen und die kulturellen Veränderungen haben genetische Konsequenzen, und genetische Prozesse können Rückwirkungen auf die Evolution der Kultur bewirken« (Übersetzung).
Th. Dobzhansky: Science, *142*, (3596), 1131 (1963).
226 Insbesondere:
Ciba Foundation. – »Man and his future« (Hrsg. G. Wolstenholme), Vlg. Churchill, London (1963, paperback 1967).
The Club of Rome. – »The limits to growth« (Hrsg. Meadows und Meadows), Signet Books, Y 5250, Universe Book Publ., New York (1972).
D. L. Meadows und D. H. Meadows: »Das globale Gleichgewicht«. – Übersetzung aus dem Amerik., Deutsche Vlg. Anst., Stuttgart (1974).
227 Insbesondere: The Club of Rome, The Sierra Club u. a.
228 Die bekanntesten mögen sein:
P. R. Ehrlich: »The population bomb«. – 3. rev. Aufl., Ballantine Books, New York (1971).
G. R. Taylor: »The biological time bomb«. – Signet Book, Y 3972 New York (1969).
A. Toffler: »Future shock«. – 19. Aufl., Bantam Book, 553, New York (1972).
E. Goldsmith et al: »Blueprint of survival«. – Vlg. Houghton Mifflin, Boston (1972).
E. F. Schumacher: »Es geht auch anders – Jenseits des Wachstums«. – Vlg. Desch, München (1974).
D. L. Meadows: »Wachstum bis zur Katastrophe?« – (Hrsg. H. E. Richter), Deutsche Vlg. Anst., Stuttgart (1974).
M. Mesarović und E. Pestel: »Menschheit am Wendepunkt. – 2. Bericht an den Club of Rome zur Weltlage«. – Übersetzung aus dem Amerik., Deutsche Vlg. Anst., Stuttgart (1974).
229 C. F. von Weizsäcker: »Gedanken zur Zukunft der Technischen Welt.« – in: »Menschen im Jahr 2000« (Hrsg. R. Jungk), Umschau Vlg., Frankfurt a. M. (1969).

R. Jungk (Hrsg.): »Menschen im Jahr 2000«. – Umschau-Vlg., Frankfurt a. M. (1969).

H. Mohr: »Die Zukunft des Menschen – Biologische Aspekte«. – in: »Menschen im Jahr 2000« (Hrsg. R. Jungk), Umschau-Vlg., Frankfurt a. M. (1969).

230 Aufgebracht sind vor allem diejenigen, bei welchen Fortschrittsglauben soziologischer oder ideologischer Art den verlorengegangenen Bibelglauben ersetzen muß. So formiert sich eine heterogene Phalanx gegen die als »Untergangspropheten« oder sogar als »umfassende Werbeagentur ... für die Multinationale der Schlüsselindustrien«[231] Diffamierten, welchen es nur darum gehe, »Klassengegensätze mit dem Mantel des Reformkapitalismus zu überdecken«[232], und denen die »Kälber auf dem Schlachthof der kapitalistischen Geschichte« nur ja keinen Glauben schenken sollen[231].

231 H. von Nussbaum: »Grenzstation oder: Vom Untergang des Abendlandes«. – in: »Die Zukunft des Wachstums« (Hrsg. H. von Nussbaum), Vlg. Bertelsmann, Düsseldorf (1973).

232 G. Kade: »Wirtschaftswachstum und Umweltschutz im Kapitalismus«. – in: »Die Zukunft des Wachstums« (Hrsg. H. von Nussbaum), Vlg. Bertelsmann, Düsseldorf (1973).

233 J. Maddox: »Unsere Zukunft hat Zukunft«. – Übersetzung aus dem Engl., Deutsche Vlg. Anst., Stuttgart (1973).

234 Was die Aussagekraft entsprechender Bilanzen und Vorausrechnungen betrifft, wird man weniger zuversichtlich, wenn man die Begleittexte genauer durchliest. Der russische Wissenschaftler K. Malin (zitiert bei V. Stepanow) hat errechnet, daß allein aufgrund der Produktion von Festlandpflanzen 50 Milliarden Menschen ernährt werden könnten, bei Hinzunahme von Meerespflanzen (Algen) insgesamt 290 Milliarden. Dagegen kommt L. Lieth unter Berücksichtigung der Landpflanzen zu einer Zahl von 200 bis 300 Milliarden, die er aber selbst als utopisch bezeichnet. Realistisch wäre Lieth zufolge eine Schätzung, die mit einer Bevölkerungsgröße von 7,5 bis 15 Milliarden rechnet, was die von Maddox genannte Zahl annähernd bestätigen würde. Nun klingt das zwar alles recht beruhigend, aber: Stepanows bzw. Malins Zahlen entspringen reiner Gedankenspielerei, denn Voraussetzung für ihr Zutreffen wäre, daß die gesamte Pflanzendecke unserer Erdoberfläche ausschließlich aus Kulturen von Nähr- und Futterpflanzen bestehen müßte (was natürlich illusorisch ist) und daß im Meer die Algenproduktion nicht etwa aufgrund von Verschmutzung zurückgeht (die unweigerlich eintreten würde, wenn – wie Stepanow gleichzeitig voraussagt – eine gewaltige untermeerische Erzförderungsindustrie entstünde). – Obwohl Lieths Zahlen wesentlich realistischer sind, stützen letztlich auch sie sich auf pauschale Schätzungen, wobei die pflanzliche Trockensubstanz-Produktion und deren Kalorienwerte zugrunde gelegt werden. Wer aber wie viele Mitbürger meiner Generation und wie ich selbst in der Hungerzeit 1945–1946 in Berlin nach bemessenen Kalorien ernährt worden ist, wird sicherlich seine Skepsis nicht unterdrücken können. – Diese ganzen Vorausberechnungen sehen in der Theorie tröstlich aus, doch fragt man sich, ob alle Faktoren (Bodenbeschaffenheit, klimatische Momente, Düngervorräte, chemische Schädlingsbekämpfung usw.) in Zukunft unverändert gleich bleiben werden. Und ob die erforderlichen, gigantischen Nutzungsmaßnahmen im Laufe der wenigen Jahrzehnte, die uns bleiben, rechtzeitig durchgeführt werden können, muß gleichsfalls mehr als unsicher erscheinen.

V. Stepanow: Ideen d. exakt. Wissens, *11*, 37 (1968).

 H. Lieth: Umschau Wiss. Techn., *74* (6), 169 (1974).

235 Den von Maddox geäußerten Optimismus hinsichtlich der Rohstoffreserve teilt V. Stepanow[234]. Zwar »ist bekannt, daß das Erdöl etwa in 50 Jahren aufgebraucht sein wird«; zwar gilt durchaus Ähnliches für die meisten Erzvorkommen[268]. Aber der Ozeanograph Stepanow begründet seine uneingeschränkte Zuversicht mit dem Hinweis auf die untermeerischen Vorkommen von Manganknollen und anderen Erzen: »Die Wasserflächen der Erdkugel werden mit der Zeit zur Basis einer mächtigen Erzförderungs- und Erzverarbeitungsindustrie des Meeres, die die Menschheit mit dem nötigen Vorrat an Mineralien versorgen wird.«

Dabei bedenkt Stepanow nicht die resultierenden Zerstörungen und Pollutionen, die in diesem Fall das Ökosystem der Weltmeere dem Zusammenbruch zuführen würden. Die Folge wäre natürlich, daß Stepanows im selben Artikel so zukunftsgläubig herausgestellte Kalkulation der künftigen Ernährung der Weltbevölkerung mit Hilfe der angeblich fast unerschöpflichen Fauna und Flora des Meeres wie ein Kartenhaus in sich zusammenfallen würde. Doch unabhängig hiervon – der allein zuständige Meeresgeologe kommt hinsichtlich der submarinen Lagerstätten zu weitaus nüchterneren Aussagen: »... so kommt man zu dem Ergebnis, daß das Meer, obgleich es Gegenstand intensiver Forschung bleiben muß, das Problem der Rohstoffknappheit nicht lösen wird« (Preston Cloud, Chairman des Committee on Resources and Man in der National Academy of Sciences, USA).

P. Cloud: Umschau Wiss. Techn., 70 (19), 591 (1970).

Auch bezüglich der Energieversorgung wirken die Versicherungen von John Maddox in einer schon bedenklichen Weise leichtfertig. Gewiß ist die Kernenergie zur Zeit die einzige realistisch absehbare Möglichkeit für die Zukunft. Die automatischen, limitierenden Folgen übergeht Maddox jedoch mit Stillschweigen. Wie Fachleute glaubhaft darlegen, muß ja auch folgendes bedacht werden: »Die Anwendung nuklearer Energie führt ... auf ein beträchtliches Dilemma. Die Kernspaltung kann zu einer bedeutenden Energiequelle werden, möglicherweise zur einzig wirklich ergiebigen, deren Technologie heute einigermaßen beherrscht wird. Aber ihre weltweite Nutzung könnte sich als sehr zweifelhafter Segen erweisen ... Der Atommüll wird beispielsweise ein erhebliches Problem darstellen. Bis zum Jahre 2000 wird sich Atommüll mit einer Radioaktivität von 27 Milliarden Curie angesammelt haben. Dieses Material muß mehrere 1000 Jahre gelagert werden – unter praktisch permanenter Aufsicht.« Ganz abgesehen vom stets vorhandenen (wenn auch etwas geringeren) Sicherheitsrisiko beim Betrieb der Atommeiler wiegt die Bedrohung durch den höchst gefährlichen Atommüll den Vorteil des Energiegewinns also mehr als auf. Vielleicht wird der zukünftige Mensch, um überleben zu können, ständig dem Tod ins Auge blicken müssen: »Die fetten Jahre« – nicht die des Alten Testaments, sondern die des Wissenschaftlers John Maddox. (Das Zitat stammt aus A. L. Hammond et al.: »Energie für die Zukunft«. – Übersetzung aus dem Amerik., Umschau-Vlg., Frankfurt a. M., 1974.)

236 In den Augen V. Stepanows bildet bei der Bevölkerungsexplosion die zunehmende Populationsdichte »keinen Anlaß zu Befürchtungen, da riesige Räume des Festlands minimal besiedelt sind – außerdem ermöglicht der Bau von Hochhäusern die Unterbringung einer beliebigen Anzahl von Menschen«. Das ist zwar nicht falsch, nur stellt man sich dann gleich Fragen, wie etwa diese: Wieviel Wolkenkratzer-Metropolen (natürlich mit der erforderlichen Infrastruktur) wären etwa in der Sahara, der Wüste Gobi usw. existenzfähig? Wieviel Vegetationsfläche kann in Alaska, in der Taiga, in südamerikanischen Urwäldern für Siedlungen geopfert werden, ohne das Ökosystem, das Klima, den Grundwasserspiegel

entscheidend zu stören? Wieviel Millionen Ausländer in Sibirien, in China, in der Mongolei aufzunehmen, wären die Regierungen wohl geneigt? Man sieht, »Grenzen des Wachstums« bleiben überall bestehen, wie sehr sich auch die Argumente der Beschwichtiger winden mögen.

237 Das soll jedoch keineswegs den Eindruck erwecken, als ob die Umweltverschmutzung oder sogar -zerstörung vor den Entwicklungsländern völlig halt gemacht habe. Wo in solchen Regionen Industrien entstehen, der Riesenwuchs der größeren Städte sich in die Landschaft frißt, Anbauten von Nutzpflanzen den Einsatz von Insektiziden erforderlich machen, Kraftwerke, Tagebauten des Bergbaues errichtet werden, sind die Anfänge gesetzt, und zwar weitaus häufiger, als man vermuten würde, wenn man derartige Länder längere Zeit nicht besucht hat. Der »Fortschritt« ist überall, der noch jungfräuliche Urwald schrumpft.

238 D. L. Meadows: Zwei Beiträge und Diskussion in: »Wachstum bis zur Katastrophe?« (Hrsg. H. E. Richter), Deutsche Vlg. Anst., Stuttgart (1974).

239 Vergleiche zum Beispiel:
H. Schultze (Hrsg.): »Umwelt-Report. Unser verschmutzter Planet«. – Umschau-Vlg., Frankfurt a. M. (1972).
A. L. Hammond et al.: »Energie für die Zukunft«. – Übersetzung aus dem Amerik., Umschau-Vlg., Frankfurt a. M. (1974).

240 In Anbetracht der allgemeinen Bedeutung des hier angesprochenen Problems hat die »Umschau in Wissenschaft und Technik« unter dem Titel »Nehmen Erbkrankheiten zu?« in mehreren ihrer Hefte (74. Jg., Hefte 21, 22, 23; 1974) Diskussionsbeiträge gesammelt und veröffentlicht. In diesen nahmen Humangenetiker und Anthropologen Stellung, von welchen die meisten die hinsichtlich einer generellen Verschlechterungstendenz des menschlichen Erbguts bestehenden Befürchtungen zwar zu zerstreuen suchten, andererseits aber nicht bestritten, daß genetisch bedingte Krankheiten oder Schwächen in der ärztlichen Praxis heute eine weitaus größere Rolle spielen als früher. Für diese Zunahme der Häufigkeit machten einige der Diskussionsteilnehmer ausschließlich die gegenwärtige Umwelt verantwortlich, andere lehnten eine Pauschalaussage ab. Wiederum andere, nämlich der Humangenetiker G. G. Wendt und der Anthropologe G. Kurth, verwiesen auf die logisch unbestreitbare Tatsache, daß die Zahl der entsprechenden Erbanlagen in der Population automatisch zunehmen muß, wenn der medizinische Fortschritt eine Erhöhung der Fortpflanzungschancen von Erbkrankheitsträgern zur Folge hat.

241 Ein Beispiel, das stellvertretend für weitere stehen kann, wird in dem Artikel »Last des Wohlstands« im Nachrichtenmagazin »Der Spiegel« (No. 40, 19. Jg., 1965) abgehandelt.

242 Von Interesse ist dabei auch der erkenntnistheoretische Ansatz, von dem ausgegangen wird, so z. B., wenn der Frankfurter Sozialpsychologe Klaus Horn[243] seine Angriffe gegen Ethologen und Humanethologen wie Konrad Lorenz, I. Eibl-Eibesfeldt und B. Hassenstein vorträgt. Zunächst wird hier die Aussagekraft rein naturwissenschaftlicher Forschungsergebnisse abqualifiziert, wie im Fall der Evolutionstheorie, welche »... nicht etwa eine empirisch-analytische, also keine naturwissenschaftliche Aussage im strengen Sinn ...« sei. Sodann wird, darüber hinausgehend, allgemein die Relevanz und die »klassisch-ideologische Autorität des Naturhaften« abgelehnt, und man führt die Doktrin ein, nur die soziologisch verstandene Analyse habe »ein angemessenes Verhältnis zu dem zweifelsohne vorhandenen Naturmoment des Menschen«. Zwar seien die Ergebnisse der Naturwissenschaften über den Menschen nicht gerade völlig irrelevant, doch seien sie als »der Stand des gesellschaftlichen Bewußtseins von bestimmten Aspekten der gesellschaftlichen Bearbeitung

menschlicher Natur zu entziffern«. Und so ist man nun sehr schnell an jenem Punkt angekommen, an dem die Behauptung einer Priorität des Gesellschaftlichen vor dem Naturhaften den Weg zum Einsatz all der bereits bis zum Überdruß bekannten Klischees und Schlagwörter freigibt: Fremdbestimmtheit und Verfremdung des Menschen, Systemzwang, Vergesellschaftung der Produktionsmittel und des Eigentums, die schutzbedürftigen Rechte der Außenseiter (so z. B. bei H. von Nußbaum[245]: Homosexuellen, Asozialen und anderen) usw., also kurz gesagt, aller Vokabeln der üblichen, einseitigen Philippika, welche die eigene gesellschaftliche Praxis in Grund und Boden kritisiert und nach Umwälzung der bestehenden Sozialnormen ruft. Das aber ist weit mehr als nur die angekündigte Wissenschaft von »handfester politischer Bedeutung«.

243 K. Horn: »Die humanwissenschaftliche Relevanz der Ethologie im Lichte einer sozialwissenschaftlich verstandenen Psychoanalyse«. – in: »Kritik der Verhaltensforschung« (Hrsg. G. Roth), Beck'sche Schwarze Reihe, *109*, Vlg. Beck, München (1974).

244 W. Lepenies: »Im Namen der Natur? Möglichkeiten und Grenzen einer anthropologischen Kritik an der Neuen Linken«. – in: »Soziologische Anthropologie«, München (1971), zitiert in[243].

245 H. von Nußbaum: »Die Zukunft des Untergangs oder der Untergang der Zukunft«. – in: »Wachstum bis zur Katastrophe?« (Hrsg. H. E. Richter), Deutsche Vlg. Anst., Stuttgart (1974).
Des Autors Definition seines Standpunkts: »Heute stehen Soziologen wenigstens teilweise auf seiten der Unterdrückten, Ohnmächtigen und Sprachlosen, nicht bloß als kritische Schreibtisch-Theoretiker entinnerlichter Wehleidigkeit über den Untergang bürgerlicher Individualität, sondern als praktische Parteigänger und militante Strategen.« – Die so herausgekehrte Beschützerrolle weckt natürlich Sympathien, und soll das wohl auch. Nur: Wer sich im Zusammenhang mit seinem Status als Wissenschaftler zugleich auch als »praktischer Parteigänger« und als »militanter Stratege« bekennt, dem muß entgegengehalten werden, daß diese beiden ein parteiisches Urteil dokumentierenden Begriffe mit dem Postulat der voraussetzungslosen oder um Objektivität zumindest bemühten Suche nach der Wahrheit unvereinbar sind, das eine unverfälschte, echte Wissenschaft kennzeichnet.

246 Wie D. Morris nachgewiesen hat[215], entsprachen die Stilelemente um 1900 (etwa Paul Klee, Joan Miró u. a.) dem bildnerischen Vermögen eines 16jährigen, die um 1960 dem eines etwa 2jährigen Kindes (und der Tachismus der späten 50er Jahre ist mit noch früheren Phasen zu vergleichen, selbst denen der Pongiden). Eine Tendenz zum Kindhaft-Werden tritt hier sehr deutlich zutage.

247 G. Bandmann: »Das Kunstwerk und die Wirklichkeit«. – Abh. Akad. Wiss. Lat., Geistes- u. Soz.-wiss. Kl., Jg. 1973 (4), 27, Mainz (1973).

248 D. Wellershoff: »Fiktion und Praxis«. – Abh. Akad.Wiss.Lit., Kl. d. Lit., Jg. 1969 (1), Mainz (1969).

249 D. Wellershoff: »Eine am Tag brennende Laterne«. – Abh. Akad. Wiss. Lit., Geistes- u. soz.-wiss. Kl., Jg. 1973 (4), 23, Mainz (1973).

250 »Veränderung scheint vor allem ruinöse Veränderung zu sein, denkt man an die affektiv verzerrte und getrübte Erlebnisfähigkeit der Psychopathen und infantilen Schwachsinnigen in den Romanen Faulkners, an den sadistischen und paranoiden Blick der personalen Medien Robbe-Grillets, an die Atmosphäre des Argwohns bei Nathalie Sarraute, den Wechsel von manischer Gedankenflucht und Fixierung, der das Assoziationsmuster der Romane Claude Simons bestimmt. Das abweichende und gestörte Verhalten, das gefesselte, verstümmelte und scheiternde Leben ist ein

so dominantes Thema der Literatur, daß man sie eine negative Anthropologie nennen könnte.[248]«

251 H. Vormweg: »Einige Thesen zum Verhältnis Literatur und Wirklichkeit«. – Abh. Akad. Wiss. Lit., Geistes- u. Soz.-wiss. Kl., Jg. 1973 (4), 21, Mainz (1973).

252 Nach einer Analyse der namhaftesten unter den zeitgenössischen Schriftstellern Frankreichs kamen Julien Benda und unabhängig von ihm auch A. A. Brill zu dem von dem Biologen Jean Rostand bestätigten Schluß, daß »... bei den Dichtern der Gegenwart ... der Infantilismus allmächtig ...« sei, wie sich aus zahlreichen Zügen des Denkens und der Darstellungsweise ergebe: »Unstabilität des Geistes, Vorherrschen des Gefühlsmäßigen über die Vernunft, Mangel an Abstraktion und Synthese, übertriebener Subjektivismus, mangelnde Unterscheidung von Subjekt und Objekt, Geschmack am Neuen, Überraschenden und Aktuellen usw.« Zitiert aus Jean Rostand[109], S. 274–275.

253 J. Ortega y Gasset: »La rebelión de las masas« (1930) – Deutsche Ausgabe: »Der Aufstand der Massen«. – Deutsche Buchgemeinschaft, Berlin (1960).

254 K. Lorenz: »Die acht Todsünden der zivilisierten Menschheit«. – Serie Piper, 50, 2. Auflg., Vlg. Piper & Co., München (1973).

255 A. Portmann: »Manipulation des Menschen als Schicksal«. – Vlg. Die Arche, Zürich (1969).
»Die Biologie als technische Weltmacht«. – Vlg. Die Arche, Zürich (1970).

256 K. Steinbuch: »Kurskorrektur«. – 3. Aufl. Vlg. Seewald, Stuttgart (1973).

257 H. Schoeck: »Der Neid in der Gesellschaft«. – Herderbücherei, *395*, 4. Aufl., Herder Vlg., Freiburg (1974).

258 Den von vielen Wissenschaftlern behaupteten Zusammenhang zwischen ansteigender Aggression und zunehmender Populationsdichte stellt der Psychiater F. Hacker in Abrede, denn die Konzeption eines für das Individuum notwendigen Mindest-Territoriums, eines vom einzelnen Lebewesen beanspruchten und verteidigten Minimalraums, sei »in dieser simplizistischen Form unzutreffend und unbewiesen ... Wie groß dieser Lebensraum sein muß oder wie klein er sein darf, unterliegt willkürlicher Bestimmung«, nämlich sozialen Arrangements, nicht aber biologischer, triebverhafteter Disposition. Hier aber stehen der durch nichts – aber auch wirklich gar nichts (denn das zitierte Beispiel des domestizierten Wachhundes ist völlig irrelevant) – gestützten, geschweige denn erwiesenen Ansicht eines Psychiaters zahlreiche, in jeder Hinsicht erhärtete und belegte Untersuchungsergebnisse biologischer Ethologen und Ökologen gegenüber, aus welchen sich in völlig unmißverständlicher Weise ergibt, daß die erwähnte, durchaus willkürliche Ansicht F. Hackers unrichtig ist.
F. Hacker: »Materialien zum Thema Aggression«. – Vlg. Rowohlt, Reinbek (1974).

259 Aufschlußreiche Angaben über die Zahl und die Motivation der Fälle von Kindesmißhandlung in den Vereinigten Staaten vermittelt F. Hacker (»geliebte Prügelknaben«), wobei vor allem der Hinweis von Interesse ist, daß »das Durchschnittsalter der Mißhandler zwischen 20 und 30 Jahren« liegt. Dieser Umstand scheint mit Hackers These nicht im Einklang zu stehen, derzufolge diese Mißhandlungen nichts weiter darstellen sollen als das Weitergeben einst selbst erlittener Züchtigung an den eigenen Nachwuchs, denn gerade die Generation der amerikanischen jetzt 20- bis 30jährigen ist ja seitens ihrer eigenen Eltern im allgemeinen weit milder erzogen worden als jede andere zuvor, und jedenfalls kaum jemals durch körperliche Züchtigung. Andererseits aber haben sich wäh-

rend des Heranwachsens dieser Generation die Vermassungsphänomene der Gesellschaft besonders gesteigert, also jene »crowding«-Effekte eingestellt, deren Einfluß auf eine Zunahme der Aggression F. Hacker partout nicht wahrhaben will.
F. Hacker: »Aggression. Die Brutalisierung der modernen Welt«. – Vlg. Rowohlt, Reinbek (1973).

260 Soviel ich übersehen kann, hat sich aus paläontologischer Sicht mit der Zukunftsentwicklung des Menschen bisher nur George Gailord Simpson ausführlicher befaßt. Allerdings beschränkte er seine Betrachtung bewußt auf die rein somatischen Gegebenheiten (die beim Menschen ja nur einen Aspekt bilden): »Selbstverständlich ist dabei ihre Interdependenz mit dem kulturellen Wandel zu bedenken, aber soweit praktikabel soll hier einzig und allein die biologische Evolution erörtert werden.« Doch selbst dies geschieht in einer so unverbindlichen, einer die (möglicherweise als »heiße Eisen« empfundenen) Probleme mit solcher Distanz abtastenden Weise, daß sich der Autor zum Schluß selbst bewogen fühlt, einzugestehen: »Ich habe offensichtlich anstehende, ja, in der Tat notwendige Themen ... lediglich erwähnt, nicht diskutiert.«
G. G. Simpson: »Biologie und Mensch«. – Übersetzung aus dem Amerik., Suhrkamp Taschenb., Nr. 36, Frankfurt a. M. (1972).

261 Diese Art von Spezialisation mag manchem von uns unnatürlich erscheinen, weil sie in der Natur bisher noch nie auftrat und daher für natürliche Bedingungen nicht charakteristisch ist. Doch sie hat ihren Ursprung im Biologischen, also Natürlichen, denn schließlich entstammen ja alle Verhaltensweisen der Menschen der Leistung ihres zentralen Nervensystems und dessen Auseinandersetzung mit der natürlichen (später auch mit der künstlichen) Umwelt. So ist also die Spezialisation der menschlichen Stammeslinie und selbst die des modernen Menschen keineswegs außer-natürlich und ebenso etwa un-natürlich (sondern in manchen Extremfällen allenfalls unzweckmäßig, doch kommt ja selbst diese Möglichkeit einer sekundären Widernatürlichkeit, wie wir sahen, in der Natur vorübergehend vor).

262 V. C. Wynne-Edwards: Science, *147*, 1543 (1965).
J. J. Christian und D. E. Davis: Science, *146*, 1550 (1964).

263 H. Autrum und D. von Holst: Zeitschr. vergl. Physiol., 58, 347 (1968).
E. von Holst: »Zur Verhaltensphysiologie bei Tieren und Menschen«, Bd. I und II. – Vlg. Piper & Co., München (1969).

264 O. Kalela in H. U. Thiele: Naturwiss. Rundsch., 18 Jg., *4*, 156 (1965) sowie zitiert in: V. Dröscher: »Die freundliche Bestie«. – Vlg. Rowohlt, Reinbek (1974).

265 Gegen den Aktionsplan wendete sich vor allem Argentinien, das mit Hilfe eines schnellen Bevölkerungswachstums beabsichtigt, seinen Aufbau der Wirtschaft voranzutreiben und weite Landesteile zu kultivieren (was bei einer weniger egozentrischen Einstellung allerdings auch dadurch erreicht werden könnte, daß man Arbeitskräften und Familien aus bereits überbevölkerten Ländern in entsprechendem Umfang die Einwanderung gestattet). Algerien bestand darauf, daß die angebliche politische Beherrschung der Entwicklungsländer durch die Industrienationen ein weitaus wichtigeres Problem darstelle als das Anwachsen der Weltbevölkerung, und die rotchinesische Delegation agitierte mit der Parole von einer angeblichen Ausplünderung der Dritten Welt durch die Supermächte USA und UdSSR (als ob die Hingabe beträchtlicher Entwicklungshilfe nicht ein Geben, sondern ein Nehmen wäre). Aus afrikanischer Sicht war ferner polemisiert worden, »daß die Nahrungsmengen, die von 200 Millionen Amerikanern jährlich verbraucht werden, für 800 Millionen Afrikaner ausreichen würden«.

Von hier bis zur Forderung weiterer Entwicklungsländer, die Förderung ihres wirtschaftlichen und sozialen Fortschritts müsse Vorrang vor einer Beschränkung des Populationswachstums haben, war nur ein kleiner Schritt, wobei Indien vergeblich (obwohl aus eigener Erfahrung) darauf hinwies, daß es wirtschaftlichen und sozialen Fortschritt bei gleichzeitig exzessivem, unkontrolliertem Bevölkerungsanstieg ja gar nicht geben könne. Doch auch Gunnar Myrdals und Olof Palmes Schweden wollte in einer Hebung des Lebensstandards der Entwicklungsländer den Schlüssel zu einer Beschränkung des Bevölkerungswachstums erblicken (was zum Teil gerechtfertigt ist, aber eben nur zum Teil), und so schlug, sekundiert von Kanada und den Niederlanden, seine Delegation einen Konsumverzicht der Industrienationen vor. (Ein Rezept für die Praxis aber wurde nicht mitgeliefert, sonst wäre schnell die wirtschaftliche Problematik dieses Vorschlags klargeworden: Geht in den Industrieländern der Konsum und mit ihm auch die Produktion zurück, so wird die Nachfrage nach Rohstoffen geringer, was den Preis senkt, und für Rohstoffe liefernde Entwicklungsländer somit schwere finanzielle Einbußen zur Folge hat.)

Alle diese Einwände, Bedenken, Deklamationen wichen bewußt dem für die gegenwärtige Situation verantwortlichen Hauptübel aus, nämlich der Bevölkerungsexplosion als solcher, vor allem aber auch der Forderung nach der wichtigsten, der indispensablen, Gegenmaßnahme: einer geplanten und kontrollierten Regulierung des Bevölkerungswachstums durch Senkung der Geburtenrate und Vermeiden einer künstlichen Verlängerung der Lebensspanne. Über ein solches stillschweigendes Umgehen oder diplomatisches Beschönigen der Tatsachen ging Rotchina allerdings weit hinaus. Die Delegation dieses Landes, das selbst eine nüchtern überlegte, wirkungsvolle Kontrolle des (eigenen) Populationswachstums betreibt, scheute sich nicht, lauthals und zweifellos wider besseres Wissen die Forderung zu erheben, »... die widersinnige Theorie von der Bevölkerungsexplosion müsse mit Stumpf und Stiel ausgerottet werden«. Im übrigen sei »die Zukunft der Menschheit unbegrenzt rosig« und ein jeder Hinweis auf künftige Engpässe der Versorgung unsinnig, denn »die Erfindungsgabe der Massen«, die Umwelt schöpferisch zu gestalten, sei unbegrenzt.

266 Den auf Hochrechnungen beruhenden Prognosen des Forrester-Meadows-Modells war vorgehalten worden, daß dieses zu sehr vereinfacht, weil es der Welt eine der Wirklichkeit nicht entsprechende Einheitlichkeit unterstellt und weil es in seiner Voraussage künftiger Entwicklungen soziale (also wohl gesellschaftspolitische) Gegebenheiten und Möglichkeiten nicht berücksichtigt. Diese Nachteile sind in einer anderen Untersuchung vermieden worden, die unter der Leitung der beiden Professoren M. Mesarović (Cleveland, Ohio) und E. Pestel (Hannover) von einem internationalen Team durchgeführt worden ist und weitaus differenzierter vorging: Die Welt wurde in regionale Teilsysteme untergliedert, für welche man physikalische, ökologische, technologische, ökonomische, demographische und soziale Submodelle entworfen hat. Dabei wurden jeweils verschiedene Entwicklungsmöglichkeiten (»Szenarios«) durchgespielt und sodann in Mehrebenen-Modellen geordnet und kombiniert.

Die Mesarović-Pestel-Analysen modifizieren das von Meadows entworfene Bild in sehr beträchtlicher Weise: In dem nun weit komplexeren Modell wird das Wachstum der verschiedenen Komponenten des Gesamtprozesses betrachtet, und zwar unter Berücksichtigung ihrer Querbeziehungen. Dabei ergibt sich nicht nur, daß die Ausgangssituationen und die potentiellen Entwicklungsverläufe der einzelnen Regionen durchaus verschieden sind, sondern auch, daß keineswegs alle Arten des Wachstums notwendigerweise von Schaden sein müssen. Organisches, also kontrolliertes, auf die Situation der einzelnen Regionen abgestimmtes Wachstum halten die beiden Autoren von Fall zu Fall für vertretbar. Sie lassen sogar noch eine gewisse Hoffnung auf einen einigermaßen glimpflichen Ausgang der auch hier voraussehbaren Krisen zu, wobei allerdings die unerläßliche Voraussetzung hierzu in einem globalen Konsens der Regierungen und einem weltweiten internationalen Zusammenwirken bei den zu ergreifenden Maßnahmen besteht: »Die Menschheit kann es nicht länger dem Zufall überlassen, unheilvolle Entwicklungen aufzuhalten. Sie muß vielmehr die Initiative zeitig genug selbst ergreifen, um zerstörende und katastrophale Ereignisse abzuwenden. Eine Strategie in dieser Richtung kann nur aus dem Geiste echter globaler Zusammenarbeit erwachsen, die in freier Partnerschaft unter den verschiedenen nationalen und regionalen Gemeinschaften der Erde zu gestalten ist und sich im Rahmen eines rationalen Generalplans für langfristiges organisches Wachstum entfaltet. Alle unsere Computer-Simulationen zeigen deutlich, daß dies der einzig sinnvolle und einzig mögliche Ansatz zur Vermeidung größerer Katastrophen ist und wir keine Zeit mehr vergeuden dürfen.«

Keine Zeit mehr zu verlieren: Die Möglichkeit eines »zu spät oder zuwenig« besteht sogar dann, wenn die weltweite Bereitschaft zur Durchführung eines geeigneten Aktionsprogramms schon morgen zu erreichen wäre! Doch selbst von einer wenigstens im Grundsätzlichen übereinstimmenden Beurteilung der Lage (und erst recht von einer gemeinsamen Zielvorstellung) sind die Regierungen, wie die Bukarester Weltbevölkerungskonferenz der Vereinten Nationen erwies, noch meilenweit entfernt.

M. Mesarović und E. Pestel: »Menschheit am Wendepunkt. 2. Bericht an den Club of Rome zur Weltlage«. – Übersetzung aus dem Amerik., Deutsche Vlg. Anst., Stuttgart (1974).

267 Welche Bedeutung einer schnellen Eindämmung der Bevölkerungsexplosion zukommt, haben Mesarović und Pestel in ihren Computer-Simulationen deutlich gemacht: »Im ersten dieser Szenarios haben wir angenommen, daß im Jahr 1990 eine drastische Bevölkerungspolitik einsetzt (... Übergang zur Gleichgewichts-Fertilitätsrate in fünfzehn Jahren). Im zweiten Szenario beginnt diese fünf Jahre später, im Jahr 1995. Die Wirkung eines solchen verhältnismäßig geringen Aufschubs auf die Gesamtzahl der Todesfälle von Kindern ist erschreckend. Wegen eines Zögerns von nur fünf Jahren müßten bis zum Jahr 2025 etwa 170 Millionen Kinder im Alter bis 15 Jahre mehr sterben. Wenn dieselben effektiven Maßnahmen zur Bevölkerungsbeschränkung schon im Jahr 1975 statt erst 1995 wirksam würden, könnte man in den nächsten 50 Jahren den zu frühen Tod von mehr als 500 Millionen Kindern vermeiden.«[266]

268 Hinsichtlich der globalen vorhandenen Rohstoffvorräte – in diesem Fall der Erzreserven – kam die Bundesanstalt für Bodenforschung (Hannover) zu folgenden Ergebnissen (zitiert in[266], nach den VDI-Nachrichten vom 16. August 1974):

»Unter der optimistischen Annahme, daß der Verbrauchsanstieg im Jahr nicht größer ist als die jährlich neu gefundenen Erzreserven, würden die Kupfervorräte nur noch rund 44 Jahre reichen, die Bleivorräte noch etwa 22 Jahre, die Zinkvorräte ebenfalls noch 22 Jahre und die Zinnvorräte noch etwa 18 Jahre. Um weniges günstiger sind die Aussichten für Eisen und stahlveredelnde Metalle: Die voraussichtliche Nutzungsdauer der Reserven an Chrom beträgt 101 Jahre, die von Mangan 86 Jahre, von Eisen 75 Jahre, von Kobalt 35 Jahre, von Molybdän 23 Jahre und von Wolfram 18 Jahre. Die Weltvorräte an Platinmetallen dürften noch

32 Jahre, die an Gold noch 20 Jahre und die an Silber nur noch 16 Jahre reichen, wenn man den Trend des Verbraucheranstiegs der letzten zehn Jahre zugrunde legt.«

Diese Zahlen sind alarmierend. Zwar kann gewiß ein Teil des Verbrauchten auf dem Weg der Schrottverwertung einer neuen Verwendung zugeführt werden (»recycling«), doch steht seine Menge wohl in keinem Verhältnis zu der des endgültigen Schwundes und zu dem sich fortlaufend steigernden Mehrbedarf.

Glossar

AAMs = Angeborene Auslösemechanismen. – Viele Lebewesen (und auch der Mensch) haben bei ihrer phylogenetischen Entwicklung die offenbar genetisch kontrollierte neurosensorische Fähigkeit hervorgebracht, auf bestimmte auslösende Reize (Signale) mit bestimmten, meist biologisch zweckmäßigen Verhaltensweisen zu reagieren. – Das wohl bekannteste, besonders einfache Beispiel beim Menschen: Das »Kindchenschema« (baby face) mit vorgewölbter Stirn, Stupsnase, schwachem Kinn, Pausbacken und etwas unter der Gesichtsmitte liegenden großen Augen löst beim menschlichen Betrachter Sympathieaffekte sowie ggf. Aktivierung des Brutpflegetriebs aus. – Viele andere Fälle sind weitaus komplexer. K. Lorenz zufolge liegen vielen unserer Denk- und Anschauungsformen AAMs zugrunde, und I. Eibl-Eibesfeldt meint: »Wieweit angeborene Auslösemechanismen unser soziales Zusammenleben bestimmen, wissen wir nicht mit Sicherheit. Es gibt jedoch gute Indizien für ihr Wirken.«

abiogen Ohne Mitwirkung des Lebens entstanden.

abiotisch Ohne Bezug zum Leben stehend bzw. dem Bereich des Nicht-Belebten zugeordnet.

absolutes Alter In Jahresbeträgen ausgedrücktes Alter eines erdgeschichtlichen Ereignisses oder eines die Geschichte des Lebens dokumentierenden Fossils.

Adaptation Anpassung einer biologischen Spezies oder Population an eine bestimmte Lebensweise oder entsprechende Umweltbedingungen.

adaptiv Angepaßt. – Das Wort wird zumeist im Sinn von »ausreichend oder gut angepaßt« verwendet.

adultes Stadium Stadium des Erwachsenseins.

Aggregat Aus Einzelobjekten zusammengesetztes Gebilde (z. B.: Kristallaggregat = Zusammenschluß von nicht verschmelzenden, sondern ihre Individualität beibehaltenden Kristallen zu einem Gesamtkörper).

Aggression Von einem Instinkt gesteuertes Droh- und Kampfverhalten eines tierischen oder menschlichen Lebewesens oder ganzer Gruppen (vgl. auch [202]).

Aktualitätsprinzip Der Grundsatz, daß Manifestationen (fossile Dokumente) der Erdgeschichte und der Entwicklungsgeschichte der Lebewesen nur von den Gegebenheiten der Gegenwart her zu beurteilen oder zu interpretieren sind.

Allele Die durch Mutation veränderten Zustandsformen der Gene bzw. die gegenüber dem Ausgangszustand mutativ veränderten Gene. Sie rufen entsprechend neue Phäne hervor und sind dabei im gleichen Chromosom am gleichen Ort anzutreffen.

allometrisches Wachstum Im Vergleich zum Gesamtkörper beschleunigtes und verstärktes Wachstum (positive Allometrie) oder verzögertes und zurückbleibendes Wachstum (negative Allometrie) eines Organs oder Merkmals bei einem Individuum oder einer biologischen Art (Gegenteil: isometrisches Wachstum).

Aminosäuren Chemische Grundbausteine der Eiweiße. Zu polymeren Ketten zusammengeschlossen ergeben sie die Makromoleküle der →Proteine.

Ammonoideen Am Ende der Kreidezeit ausgestorbene Gruppe von →Cephalopoden mit kalkigem, primär eingerolltem Außengehäuse und der Körperseite genähertem →Sipho-Strang. Sie waren die wichtigste und umfangreichste Cephalopodengruppe des späteren Erdaltertums (mittleres und oberes Paläozoikum) sowie des Erdmittelalters (Mesozoikum). Weltweit verbreitet.

anaerob Zum Leben ohne Luft (ohne Sauerstoff) befähigt.

Ångström Die nach dem schwedischen Physiker A. J. Ångström benannte Maßeinheit für die Wellenlänge des Lichts. Ein Å ist der zehnmillionste Teil eines Millimeters.

Animismus Vorreligiöse Vorstellung von der Beseeltheit aller natürlichen Dinge, Pflanzen und Tiere.

Ankylose Krankhafte Gelenkversteifung.

Anpassung →»Adaptation«.

Anthropogenese Die Gesamtheit der bio-evolutiven und psycho-evolutiven Prozesse, die zur Entstehung des Menschen führte.

Apatit Ein Mineral. Hexagonal-bipyramidal kristallisierender, phosphorsaurer Kalk (→Calciumphosphat) mit Chlor oder Fluor.

Aragonit Ein Mineral. Rhombisch kristallisierender kohlensaurer Kalk (→Calciumkarbonat).

Atavismus Rückschlagen eines einzelnen Merkmals oder Organs auf einen längst aufgegebenen Formzustand phylogenetischer Vorfahren.

Autogenese Ein Evolutionsgeschehen, das ausschließlich oder in entscheidender Weise überwiegend von den den Organismen innewohnenden Faktoren ausgelöst und gesteuert wird.

Bauplan Der Komplex aller für eine →systematische Kategorie typischen Merkmale, und zwar solcher, welche diese eine von allen anderen gleichwertigen aber andersartigen Kategorien unterscheidet. Es gibt daher sehr verschiedenartige und verschiedenwertige Baupläne: z. B. Bauplan der Säugetiere im Vergleich zu dem der Reptilien; Bauplan der Paarhufer gegenüber dem der Unpaarhufer; Bauplan der Spezies *Equus* (*Equus*) *caballus* (Pferd) gegenüber dem von *Equus* (*Hippotigris*) *zebra* (Bergzebra). – Im Fall von höherwertigen Kategorien (etwa von der Ordnung, jedenfalls aber von der Klasse ab) spricht man üblicherweise von »Groß-Bauplänen«.

Behaviourismus Vor allem in Nordamerika weit verbreitete Variante der Verhaltensforschung, welche den Einfluß der Umwelt und der Lernvorgänge auf die Produktion von Verhaltensweisen weit überbewertet und andererseits die Existenz von ererbten (angeborenen), instinktverhafteten Kausalfaktoren bestreitet (Behaviouristen) oder als praktisch wertlos bewußt vernachlässigt (Neobehaviouristen). Typisch ist ferner die stark betonte Bevorzugung oft standardisierter Laboratoriumsexperimente anstatt der Ermittlung des tierischen Verhaltens unter den ungestörten Bedingungen der freien Natur.

Belemnit Kalkiger, aus dem Inneren des Weichkörpers stammender, allgemein keulenförmiger Hartteil (»Donnerkeil«) der Belemnoidea, einer ausgestorbenen Gruppe von Cephalopoden. Bei nachlässiger Ausdrucksweise wird der Name gelegentlich für die Gruppe selbst verwendet (»die Belemniten«).

benthonische Lebensweise Auf der Oberfläche oder im Sediment des Meeresbodens bzw. des Bodens eines Süßwassersees lebende Tiere bezeichnet man als benthonisch, die Einzelindividuen als Benthonten. Die Gesamtheit aller benthonischen Arten ist das Benthos.

Bio-Evolution Die somatische (körperliche) Stammesentwicklung der Organismen im Sinne der Abstammungslehre. Sie beginnt mit der Entstehung der ersten belebten Zelle und ist ein Teilbereich des Gesamtbegriffs →Evolution.

biogen Durch das Leben bewirkt; unter Mitwirkung des Lebens entstanden.

Biogenetische Grundregel Sie besagt, daß in den Frühstadien der Ontogenese mit regelhafter Häufigkeit einzelne Formzustände, Organe oder Merkmale phylogenetischer Vorfahren rekapituliert werden (Einschränkung und Berichtigung des Biogenetischen Grund-»Gesetzes« E. Haeckels). – Auf die geistige Entwicklung des Menschen bezogen waren analoge Gedanken bereits von Goethe, Hegel und Comte geäußert worden.

biologische Art Die Gesamtheit aller Individuen, die in vergleichbaren Altersstadien miteinander und mit ihren Nachkommen hinsichtlich aller wesentlichen Merkmale übereinstimmen (morphologischer Artbegriff). Sie ist eine Fortpflanzungsgemeinschaft, deren Individuen bei ihrer Paarung und Reproduktion fruchtbare Nachkommen hervorzubringen vermögen (populationsgenetischer Artbegriff). Die Art (Spezies) ist die Grundkategorie des zoologischen und des botanischen Systems (vgl. allerdings →Unterart).

Biokristall Von einem lebenden biologischen Gewebe oder einer einzelnen lebenden Zelle ausgeschiedene mineralische Substanz in der Form eines Kristalls.

Biokristallit Besonders kleiner →Biokristall (meist submikroskopisch).

Biomineralisat Das Endprodukt der →Biomineralisation.

Biomineralisation Jener chemisch-physikalische und zugleich biologische Prozeß, in dessen Verlauf die hierzu befähigten Organismen mineralische →Biokristalle oder →Biokristallite produzieren und zu oft planmäßig strukturierten Gebilden zusammenfügen. In einem solchen →Biomineralisat, das meistens als außen- oder innenskelettaler Hartteil Verwendung findet, ist neben dem mineralischen Bestandteil (Knochen, Zähne: Apatit; Korallenskelette, Molluskenschalen: Kalzit oder Aragonit; kalkige Eischalen von Vögeln und Reptilien: ebenso; usw.) fast stets auch eine organische Komponente vorhanden (z. B. Kollagen, Conchiolin, Ovo-»keratin«, Chitin). Mineralbestand und Strukturtyp sind i. a. genetisch fixiert und unterliegen sodann sowohl ontogenetischen als auch phylogenetischen Veränderungen.

Der Bildungsprozeß ist in allen Fällen noch nicht gänzlich geklärt. Mit Sicherheit erfolgt die Abscheidung der Vorstufen beider Komponenten beim lebenden Individuum aus Drüsen oder von sekretierenden Epithelien, in manchen Fällen auch intrazellulär in Vesikeln. Eine der Arbeitshypothesen nimmt aufgrund bestimmter Indizien an, daß die organische Komponente durch Matrizenwirkung die Keimbildung der aufwachsenden Biokristalle hervorruft und steuert, wobei sie jedenfalls die betreffende Mineralart sowie die räumliche Verteilung der Kristallitkeime (und vielleicht sogar auch deren Orientierung) kontrolliert.

Biont Belebtes Gebilde (meist für sehr primitive Stufen gebraucht).

biotisch In bezug zum Leben stehend; dem Bereich des Belebten angehörend.

Biotop Spezifischer Lebensraum.

Blastula-Stadium Jener sehr frühe Abschnitt der Ontogenese vielzelliger Tiere, bei dem nach den vorausgegangenen meridionalen und äquatorialen Teilungen der befruchteten Eizelle eine aus zahlreichen Zellen bestehende Hohlkugel (Blastula) entstanden ist.

Brachiopoden (Armfüßer) Heute nur noch mit wenigen Gattungen vertretene Klasse von marinen, benthonischen Wirbellosen. Ihr ursprünglich »horniges«, später auch kalkiges Gehäuse ähnelt dem der Muscheln, doch nehmen die beiden Schalenklappen nicht die Seiten, sondern die Bauch- und die Rückenpartie ein. Zudem besitzt eine von beiden eine Öffnung zum Durchtritt eines fleischigen Stiels, mit dem das Tier festgeheftet ist. Der anatomische Bau ist primitiver als der der Muscheln. Während ihrer Blütezeit, im Paläozoikum und Mesozoikum, erreichten die Brachiopoden eine beträchtliche Formenfülle.

Calciumkarbonat Kohlensaurer Kalk ($CaCO_3$).

Calciumphosphat Phosphorsaurer Kalk (Ca_3PO_4-Tricalciumphosphat).

Cephalopoden (Kopffüßer) Eine Klasse von Weichtieren (Mollusken), deren Fuß zu einem kontraktilen Trichter umgebildet ist, welcher dem horizontalen Rückstoß-Schwimmen dient, und deren Kopf gut ausgebildete Augen sowie einen Kranz von Fangarmen (Tentakeln) trägt. Kalkige, gekammerte Außengehäuse besaßen die ausgestorbenen →Ammonoideen sowie die heute nur noch mit der Gattung *Nautilus* auftretenden →Nautiloideen. Bei den heute ausgestorbenen Belemnoideen sowie bei den »Tintenfischen« (Theutoideen und Sepioideen) ist das Kalkskelett in das Innere des Körpers verlegt, bei den »Kraken« (Octopoden) i. a. völlig rückgebildet. Sämtliche Cephalopoden sind marin. Nach ihrer Blütezeit im Paläozoikum und Mesozoikum ist die Klasse in der Gegenwart fast nur noch durch die »Tintenfische« und »Kraken« repräsentiert, die allerdings jetzt ihre Hauptentfaltung erleben.

Chemo-Evolution Die Entwicklung der Vorstufen des Lebens von der spontanen Entstehung der ersten →Aminosäuren und → Nukleotide bis zur letzten Vorstufe der belebten Zelle. Die Chemo-Evolution ist ein Teilbereich des Gesamtbegriffs Evolution.

Chromosomen Fadenförmige Bestandteile des Zellkerns, welche die Erbanlagen (→Gene) enthalten. (Vgl. auch [73])

Computer-Simulation Durch verschiedenartiges Variieren der wichtigsten Parameter werden in Computerprogrammen gegebene Grundsituationen abgewandelt und unter wechselnden Bedingungen »durchgespielt«, wobei die verschiedenen theoretischen Möglichkeiten des Situationswandels erfaßt werden.

Conchiolin Im Kern von submikroskopisch kleinen Fibrillen vorliegendes, für die Mollusken typisches →Protein in der Kalkschale des Gehäuses.

Crinoideen (Seelilien) Eine Klasse der Stachelhäuter (Echinodermata), bei welcher ein aus Kalktäfelchen aufgebauter und Armfortsätze aufweisender Kelch (Theca) mit einem aus zahlreichen Kalkscheibchen zusammengesetzten und daher flexiblen Stiel am Untergrund befestigt ist. Wie auch bei anderen festgeheftet lebenden Strudlern folgt die Gestalt dem Baum-Typ, wobei der Stiel dem Stamm, die Theca mit ihren Armfortsätzen aber der Krone entspricht. Die Crinoideen (auch Crinoiden genannt) sind durchwegs marine Tiere, die ihre Hauptentwicklung etwa in der Zeit vom Silur bis zum Jura erlebten. In der Gegenwart sind sie nur noch durch Nachzügler vertreten.

»crowding« Aus dem Englischen = Gedränge, Massenhäufung. Ein fachliches Stichwort, das die Übersteigerung der Populationsdichte bezeichnet.

»crowding effects« Die biologischen und psychischen Folgen einer Übersteigerung der Populationsdichte.

Cytoplasma Die Masse und Substanz des Zellkörpers in der außerhalb des Kerns gelegenen Region.

Dauermodifikation Eine durch einen Umweltfaktor hervorgerufene Veränderung des →Phänotypus (→Modifikation), welche auf die Nachkommen übertragen wird und auch bei Fortfall des betreffenden Faktors erst nach mehreren Generationen abklingt. Während die Erbanlagen des Zellkerns von der Einwirkung der Umwelt unberührt bleiben, wirkt diese sich hier auf das →Cytoplasma des Eies aus. Dementsprechend erfolgt die Weitergabe des veränderten Merkmals durch »plasmatische Vererbung«.

Degeneration Allgemein die Entartung und der allmähliche Abbau eines Merkmals, eines Organs oder einer Verhaltensweise, vor allem bei Entfallen der ursprünglichen Funktion. Die Annahme einer phylogenetischen Degeneration, also der Auffassung, daß auch die Stammbäume mit dem Nachlassen einer »Evolutionskraft« degenerieren, ist heute allgemein verlassen worden.

Deszendent Stammesgeschichtlicher Abkömmling von einem Vorfahren (Aszendenten).

Diagenese Jene stoffliche und strukturelle Veränderung, die das »Versteinern« eines Lockersediments oder eines tierischen oder pflanzlichen Überrestes zur Folge hat.

Diskordanz Ungleichsinniges Aufeinanderlagern älterer, durch Faltung schräg gestellter Gesteinsschichten und jüngerer, nicht oder weniger gefalteter Schichten an einer zwischen beiden gelegenen →Erosions-Fläche.

DNA (=DNS) Desoxyribonukleinsäure. Makromolekulare Substanz, aus der die Erbanlagen (→Gene) bestehen. Ursprung und Träger der →genetischen Information.

Domestikation Überführung von Wildtieren in den Stand des Haustiers durch den Menschen, und dabei weitgehende (wenn auch niemals vollständige) Ausschaltung der natürlichen →Selektion.

Ektoderm Während einer sehr frühen Phase der →Ontogenese von vielzelligen Tieren entstehendes, äußeres Keimblatt des →Gastrula-Stadiums. Aus ihm bilden sich später insbesondere die Körperdecke des Individuums und deren Derivate.

Ektogenese Ein Evolutionsgeschehen, das ausschließlich oder in entscheidender Weise von den außerhalb des Individuums in dessen Umwelt enthaltenen Faktoren ausgelöst und gesteuert wird.

élan vital Auf den französischen Philosophen Henri Bergson zurückgehende Bezeichnung, die sich auf eine allem Belebten innewohnende, physikalisch-chemisch nicht erklärbare »Lebenskraft« bezieht.

Embryo Vertreter der höheren Tiergruppen im frühesten Stadium seiner ontogenetischen Entwicklung, und zwar vor seinem Schlüpfen aus der Eikapsel bzw. dem Verlassen des mütterlichen Uterus.

endemische Spezies Biologische Art, deren Verbreitung aufgrund von behindernden Schranken strikt auf eine einzige, begrenzte Region beschränkt ist.

endogen Innenbürtig; durch Einwirkung von Innen her bedingt.

Entoderm Während einer sehr frühen Phase der Keimesentwicklung von vielzelligen Tieren entstehendes inneres Keimblatt des →Gastrula-Stadiums. Aus ihm entwickeln sich insbesondere die später den inneren Körperhohlraum (Darmtrakt) umgrenzenden Gewebe.

entök nennt man die Lebensweise von Organismen, die im Inneren von anderen Organismen siedeln.

Enzyme →Proteine, die ähnlich wie Katalysatoren im lebenden Organismus spezifische Reaktionen (Prozesse) steuern.

Epirogenesen Überaus langfristig ablaufende, allmähliche Hebungen und Aufwölbungen sowie Absenkungen von Teilen der Erdkruste, die auf senkrecht wirkende endogene Kräfte zurückzuführen sind. Die Kruste wird dabei nicht gefaltet, sondern mit einer viele Kilometer weiten Wellenamplitude nur schwach verformt.

Epithel Gewebe aus einer einschichtigen oder (fast nur bei Wirbeltieren) mehrschichtigen Zellenlage, welches die äußere Körperoberfläche oder innere Hohlräume begrenzt.

Erbkonstanz Die kontinuierliche Vererbung unveränderter Merkmale von den Eltern auf die Nachkommen, die dann vorliegt, wenn im Erbgut keine (mutative) Veränderung erfolgte.

Erosion Die Zerstörung und Abtragung von Böden und Gesteinen durch Wasser, Wind, Eis usw.

Ethologie Vergleichende Verhaltensforschung an Tieren, ggf. auch der Vergleich mit menschlichem Verhalten (Human-Ethologie).

eukaryotische Zellen sind solche, die einen typischen, dauernd scharf umgrenzten und in sich organisierten Zellkern besitzen.

Eukaryonten Lebewesen, die aus →eukaryotischen Zellen bestehen. Das sind alle mit Ausnahme der primitivsten Gruppen (nämlich der Blaugrünalgen und Bakterien).

Evolution Die Entwicklung der Vorstufen des Lebens, die Stammesentwicklung der körperlichen Baupläne der Lebewesen und die Entwicklung der psychischen Potenzen und ihrer Ergebnisse. – Bei dieser Definition wird Evolution als die Summe von →Chemo-Evolution, →Bio-Evolution und →Psycho-Evolution aufgefaßt.

evolutive Bandbreite Der Spielraum von Evolutionsmöglichkeiten, welcher einer →Population (einer Stammeslinie) aufgrund der potentiellen weiteren Wandlungsfähigkeit der Erbanlagen ihres →Gen-Reservoirs, also aufgrund ihrer →phylogenetischen Konstitution, offensteht.

exogen Außenbürtig. Durch Einwirkung von außen her hervorgerufen.

Faunenprovinz Geographische Großregion, die sich aufgrund einer charakteristischen Zusammensetzung zumindest eines Teils ihrer Fauna von anderen Großregionen unterscheidet.

Faunenschnitt Abrupter, mehr oder weniger gleichzeitiger Wechsel im weltweiten Faunenbild aufgrund des plötzlichen Verschwindens zahlreicher Tiergruppen und deren anschließenden Ersatzes durch neu entstehende oder in eine Phase besonderer Entfaltung (Blütezeit) eintretende. (Der Lehrmeinung zufolge hat es in der Erdgeschichte bisher drei Faunenschnitte gegeben, und zwar jeweils an der Wende Präkambrium/Kambrium, Perm/Trias und Kreide/Tertiär.)

Fazies Die Summe aller Merkmale eines Gesteinskörpers. Dabei sind »lithofazielle« (dem eigentlichen Gestein zugeordnete) und »biofazielle« Merkmale (Wesen der Faunen- oder Floren-Vergesellschaftung) zu unterscheiden. Die Fazies ermöglicht zumeist eine Deutung des ursprünglichen Bildungsraumes.

Faziesfossilien Solche fossile Spezies, die aufgrund ihrer strengen Gebundenheit an bestimmte Biotope die ökologische Ausdeutung des ursprünglichen Lebensraumes erlauben (Beispiel: fossile Riff-Korallen).

Fermentation Gärung. Ein chemischer Prozeß, bei welchem durch die Einwirkung von →Enzymen (Fermenten) organische Stoffe umgewandelt werden, wobei verwertbare Energie frei wird.

Fetus (= Fötus) →Embryo.

Finalismus Auffassung des Lebens und der Entwicklung der Lebewesen als eines Prozesses, der metaphysisch von einem Endziel (lat. finis = das Ende) her gesteuert sei. Aus dieser Sicht wäre eine grundsätzliche Ausrichtung der Evolution bereits vorgegeben, die Entwicklungsrichtung also vorausbestimmt.

fossil Versteinert. Im übertragenen Sinn: nur aus der geologischen Vorzeit bekannt.

Fossil Der versteinerte Überrest eines Lebewesens der geologischen Vorzeit.

Fossilisation →Diagenese, in deren Verlauf der Überrest eines Lebewesens versteinert.

Funktionsmorphologie Forschungsrichtung, die das Verhältnis untersucht, welches zwischen der Form von Organen sowie Merkmalen eines Lebewesens und deren Funktion besteht.

Gastrula-Stadium Jener sehr frühe Abschnitt der Keimesentwicklung von vielzelligen Tieren, bei dem sich die →Blastula genannte Hohlkugel an einem Pol einstülpt, wobei die Zellenlage des eingestülpten Bereichs zum inneren Keimblatt (→Entoderm), die der verbleibenden äußeren Oberfläche zum äußeren Keimblatt (→Ektoderm) wird.

Gastralraum Der durch die Einstülpung in der →Gastrula entstehende, vom →Entoderm umkleidete Leibeshohlraum, der bei der weiteren Ontogenese zum Darmtrakt wird.

Gattung Oberhalb des Spezies-Rangs folgende nächsthöhere Kategorie des hierarchischen →Systems. Die Gattung umfaßt mindestens eine, zumeist aber mehrere →Spezies. Beim Zitieren wird der Gattungsname (mit großen Anfangsbuchstaben) dem Speziesnamen vorangestellt. – Beispiel *Homo sapiens.*

Gebirgsbildung (Orogenese) Ein episodischer Prozeß, bei welchem in großen, schmalen Trögen (Geosynklinalen) angehäufte Sedimentkomplexe durch seitliche Pressung zusammengefaltet werden. Durch diesen Vorgang und anschließende Heraushebung des betreffenden Bezirks der Erdkruste entstehen die Faltengebirge. Im Vergleich zur →Epirogenese ist die Orogenese ein geologisch verhältnismäßig kurzfristiger Akt.

Gene Erbanlagen. Materiell handelt es sich um bestimmte Abschnitte im →DNA-Faden eines →Chromosoms, von deren steuernder chemischer Wirkung die Ausbildung oder das Unterbleiben zugeordneter Merkmale (→Phäne) des Trägerindividuums abhängt (zusätzlich jedoch auch von der durch die Umwelt ausgeübten →Selektion).

Gen-Drift Zufällige und schnelle Anreicherung von ansonsten seltenen, gegebenenfalls mit dem Selektionsdruck nicht übereinstimmenden →Allelen in sehr kleinen und weitgehend isolierten Teilpopulationen. Die ungewöhnliche Steigerung der Häufigkeit der betreffenden →Mutanten kann zu wesentlich neuen, den →Bauplan beträchtlich verändernden Evolutionstendenzen führen. Nach seinem Entdecker wird das Phänomen der Gen-Drift auch Sewall-Wright-Effekt genannt.

genetische Information Die in den →Genen enthaltene »Bauanweisung« zur Herstellung der zugehörigen →Phäne.

Genotypus Die Gesamtheit der Erbanlagen (→Gene) eines Individuums.

Gen-Reservoir Der Totalbestand der bei einer Fortpflanzungsgemeinschaft (→Population oder isolierte Teilpopulation) vorhandenen →Gene und →Allele.

Geochemie Die Chemie der →abiogenen Komponenten (anorganische Geochemie) oder der →biogenen Bestandteile (organische Geochemie) der Gesteine und ihrer Bildungsräume.

Geophysik Die Physik der festen Erde (oft erweitert um die Physik auch der Hydro- und der Atmosphäre).

gerontisches Stadium Stadium des Alters, der Senilität.

Groß-Bauplan →Bauplan

Hämoglobin Roter Blutfarbstoff, dem Transport des Sauerstoffs dienend.

Hardy-Weinberg-Gesetz vgl. [125].

Hartteil Jeder von den Zellengeweben eines Organismus gebildete skelettale Körperbestandteil, vor allem dann, wenn er ein Biomineralisat darstellt. (Der gelegentlich benützte Ausdruck »Hartgewebe« ist biologisch nicht ganz korrekt, da der Hartteil im Gegensatz zum Gewebe ja nicht aus biologischen Zellen besteht.)

Helix Raumspirale, Wendel, geschraubte Form.

heterochron Ungleichaltrig.

Homo faber Fiktiver Artname, den Menschen als (schöpferisch) werktätiges Lebewesen typisierend.

homolog Aufgrund von Identität des Ursprungs übereinstimmend, grundsätzlich gleichartig.

Homo ludens Fiktiver Artname, den Menschen als spielendes Lebewesen typisierend.

Idealistische Morphologie Die heute aufgegebene Vorstellung, daß der Vielfalt der Lebewesen ein fester Plan zugrunde liegt, dessen Teile (Baupläne) jeweils bestimmten Ideen entsprechen (z. B. Goethes »Idee der Urpflanze«). Die Nachzügler unter den Vertretern der Idealistischen Morphologie, so z. B. E. Dacqué (1935), rechneten zwar durchaus mit einer innerhalb der Großbaupläne wirkenden Evolution. Zwischen diesen solle es einen Evolutionszusammenhang jedoch nicht gegeben haben – und mithin auch keine vermittelnden Zwischenglieder –, denn ein Groß-Bauplan sei nur die Manifestation einer hinter ihm stehenden Formidee; sein Entstehen erfolge unvermittelt und sei jedenfalls nichts anderes als eine Folge von »autonom angelegten Potenzen«.

inadaptiv Wird zumeist im Sinn von »nicht oder nicht ausreichend angepaßt« verwendet.

Indexfossilien →Leitfossilien.

initial Anfänglich.

interspezifisch Zwischen den biologischen Arten bestehend.

intraspezifisch Innerhalb einer biologischen Art bestehend.

Irreversibilität Die Nicht-Umkehrbarkeit (eines Prozesses).

isochron Gleichaltrig.

Isolation Die unvollständige oder völlige Verhinderung des Genaustausches einer Population oder Teilpopulation mit benachbarten Individuengruppen. Sie kann durch sehr verschiedenartige Faktoren bewirkt werden (geographische, klimatische und ähnliche Barrieren, Unterschiede der Verhaltensweisen usw.).

Isotope Abarten von chemischen Elementen, wobei die Kernladungszahl und chemische Eigenschaften übereinstimmen, während die Massen (Atomgewichte) differieren.

jurassisch Vom Alter der Jurazeit.

juveniles Stadium Jugendliches Stadium.

Kalzit Ein Mineral. Rhomboedrisch kristallisierender kohlensaurer Kalk (→Calciumkarbonat).

kategorische Einheit Eine Kategorie (z. B. Art, Gattung, Familie usw.) des hierarchischen Systems der Tier- und der Pflanzenwelt.

Keimblätter Grundlegende Schichten des Körpers der vielzelligen Tiere. (→Ektoderm, →Entoderm; die hier nicht genannte dritte Grundschicht ist das Mesoderm).

Koazervate Tröpfchenförmige Gebilde und deren Aggregate als verdichtete Körper in kolloidalen Systemen (vgl. auch [18]).

Kollagen Ein im tierischen und menschlichen Bindegewebe, Knochen und Zahn in Form von Fibrillen auftretendes →Protein, eine der organischen Matrizes von Biomineralisaten darstellend.

Kolloid Ein nichtkristalliner Stoff »leimartiger« Konsistenz.

kretazisch Vom Alter der Kreide-Zeit.

Kristallgitter Inneres Raum-Gitter des Kristalls, das aus submikroskopisch kleinen, gleichförmigen »Zellen« besteht, in welchen die Atome (oft elektrisch aufgeladen als Ionen) in räumlich gesetzmäßiger und spezifischer Anordnung auftreten.

Kristallit Überaus kleiner (zumeist submikroskopischer) Kristallkörper.

Kommensalen Lebewesen, die in oder an einem anderen Lebewesen siedeln, das als Wirt dient und aus dem sie (meist im Sinn von Ernährung) Nutzen ziehen, ohne ihm Schaden zuzufügen.

Konditionierung (conditioning) Im engeren Sinn die Herstellung einer Assoziation zwischen einem natürlichen Reiz, der eine bestimmte Verhaltensweise hervorruft, und einem künstlichen Reiz. Aufgrund dieser Assoziation wird sodann die betreffende Verhaltensweise auch ohne den ursprünglichen natürlichen Reiz allein schon durch den künstlichen hervorgerufen.

(Beispiel: Assoziation zwischen Futtergewährung und Lichtsignal bedingt, daß Futtererwartung allein schon bei jedem weiteren Lichtsignal, auch ohne das Vorliegen von Futterdarbietung eintritt. Die Futtererwartung wurde also durch Konditionierung zu einem durch das Lichtsignal konditionierten Reflex.)

Konditionierung kann – in erweitertem Sinn – somit als eine Art von Lehr- oder Dressurakt aufgefaßt werden, bei dem ein vom Konditionierenden erwünschtes spezifisches Verhalten des zu Dressierenden bei diesem durch bestimmte, nur noch vordergründig neutral scheinende Reize hervorgerufen wird, die als positive oder negative Verstärker (reinforcements) dienen. Im praktischen Leben des Menschen ist Konditionierung durch raffinierte Methoden der Verkaufswerbung oder der politischen und weltanschaulichen Beeinflussung ein sehr wesentliches, auf sein Verhalten einwirkendes Element geworden.

Konservativlinie In der Evolution eine sich nur in geringem Ausmaß und langsam weiterentwickelnde Stammeslinie. Derart evolutions-»träge« Linien überdauern selbst sehr lange geologische Zeitspannen.

Korrelation (biologische) Die regelhafte gegenseitige Abhängigkeit der verschiedenen Organe eines Lebewesens, aufgrund welcher es möglich ist, von der Gestalt eines oder mehrerer Organe auf den Gesamtbau dieses Organismus zu schließen (»Cuviers Gesetz der Korrelation der Teile«). Das spezifische Abhängigkeitsverhältnis ergibt sich als Kompromiß aus den ursprünglichen, jeweils opportunistischen Entwicklungstendenzen der einzelnen Organe.

Korrelation (stratigraphische) Das Verfahren, mit Hilfe verschiedener Methoden (aber vorwiegend aufgrund von Leitfossilien) die Schichten oder allgemein die Gesteinskörper verschiedener geographischer Regionen einander hinsichtlich ihres Bildungsalters gleichzusetzen oder ggf. das Ausmaß ihrer zumeist relativen Altersdifferenz zum Ausdruck zu bringen. Das Ergebnis dieser Bemühungen findet seinen Ausdruck in graphischen Korrelations-Tabellen.

Larvenstadium Ein frühontogenetischer Entwicklungsabschnitt, der sich nur bei indirekter Entwicklung (Metamorphose) einstellt. Von einer Larve wird dann gesprochen, wenn sich in diesem Stadium das Tier in seiner Gestalt und meist auch in seiner Lebensweise sehr weitgehend vom nachfolgenden Jugendstadium unterscheidet.

Leitfossilien (Indexfossilien) Für bestimmte Abschnitte der geologischen Vorzeit charakteristische Fossilien, die eine Feststellung des relativen Bildungsalters der Fundschichten und deren stratigraphische Korrelation ermöglichen.

Lipide (Lipoide) In den Organismen vorkommende lebenswichtige und fettähnliche organische Verbindungen (in der äußeren Zellenmembran: Phospholipide).

Lobenlinie Die im Cephalopodengehäuse vom äußersten Rand des Septums gebildete Linie. Im Fossil wird sie bei künstlicher (Ätzung, Anschleifen) oder natürlicher Entfernung (Verwitterung) der Gehäuseschale sichtbar. Während der Evolution erfolgte in mehreren Cephalopoden-Gruppen eine zunehmende Wellung bis Fältelung der randlichen Septenbereiche und daher eine sich phylogenetisch steigernde Komplikation der Lobenlinie.

Lobus Eine nach vorn, gegen die Gehäusemündung, konkave Bucht der Lobenlinie.

Makromutation Eine Mutation mit ungewöhnlich großem phänotypischen Effekt. Nach der Auffassung O. H. Schindewolfs sollen insbesondere die Groß-Baupläne jeweils durch Makromutation entstanden sein.

Mantel (der Mollusken) Auf dem Rücken befindliche Hautfalte, welche den Eingeweidesack und darüber hinaus große Teile des Gesamtkörpers überdeckt. Die Randzone des Mantelepithels baut bei Absonderung eines Sekrets die Kalkschale der Tiere.

Matrize Allgemein: Eine die Form eines neuen Gegenstücks (Patrize) vorausbestimmende Grundform. – In der Molekularbiologie und bei der Biomineralisation: Eine Unterlage (isolierter Strang des DNA-Moleküls bzw. aktive Stelle der organischen Matrix), welche aufgrund ihrer Molekularstruktur und zusätzlicher physikalisch-chemischer Gegebenheiten die Struktur einer sich auf ihr bildenden Zweitform (zweiter, neuer DNA-Strang) oder eines Gastes (Anfangskeim eines Biokristalls) vorausbestimmt.

Meiose Während einer Keimzellenreifung erfolgender Kernteilungsvorgang, dessen Ergebnis eine Halbierung der somatischen Chromosomenzahl (Reduktion auf einen halben Chromosomensatz) bei den resultierenden geschlechtlichen Fortpflanzungszellen ist.

Membran Sehr dünnes, häutchenförmiges Gebilde.

Metazoen Im Gegensatz zu den Einzelligen (Protozoen) die systematische Kategorie der vielzelligen Tiere (Vielzeller, Gewebetiere).

Mikron Submikroskopisch kleines Längenmaß. Ein Mikron (μ) = der tausendste Teil eines Millimeters.

Mikrosphären Von Sidney Fox entdeckte bzw. experimentell erstmals erzeugte, kugelförmige, aus Protein bestehende Gebilde, welche vermutlich einer der frühen Vorstufen auf dem Weg zur Zelle entsprechen.

Mitose Die Zellteilung bzw. der Kernteilungsvorgang, bei dem eine jede der beiden entstehenden Tochterzellen den vollen Chromosomensatz erhält.

Modifikation Durch Umwelteinfluß hervorgerufene, nicht vererbbare Veränderungen des Phänotyps (»die Schwielen des Holzfällers«).

Monismus Allgemein: Die philosophische Vorstellung, daß im Gegensatz zum Dualismus alle Dinge auf der Welt auf ein einziges Prinzip – sei es nun stofflicher, sei es geistiger Art – zurückzuführen seien. – Im Besonderen: Die naturphilosophisch-weltanschauliche Lehre E. Haeckels (»Die Welträtsel«), der zufolge Natur und Geist, Materie und Seele, Mensch und Natur, Gott und Welt jeweils eine Einheit bilden (vgl. auch S. 180).

monophyletisch Gemeinsam von demselben phylogenetischen Vorfahren, also aus einer einzigen Wurzel, stammend.

Morphologie Die erklärende und Zusammenhänge (Homologien, Analogien) deutende Beschreibung der Form und Gestalt von Lebewesen und ihren Organen.

Mosaikentwicklung (Watsonsche Regel) Die phylogenetische Umbildung von Groß-Bauplänen der Wirbeltiere soll mosaikartig vor sich gegangen sein, d. h. die einzelnen Merkmale und Organe sollen verhältnismäßig unabhängig voneinander, zu verschiedenen Zeiten, in verschiedene Stammeslinien und mit verschiedenen Entwicklungsgeschwindigkeiten abgewandelt worden sein, so daß bei den Stammeslinien der Übergangszone ein Merkmalsmosaik aus bereits fortgeschrittenen und noch zurückgebliebenen Merkmalszuständen besteht.

Mutanten Solche Individuen einer Population, deren Erbgut durch Mutation verändert ist.

Mutation Bleibende und vererbbare Umbildung einer oder mehrerer Erbanlagen durch chemisch-strukturelle Veränderung eines Gens, Umgestaltung eines Chromosoms oder Vermehrung des Chromosomensatzes.

natürliche Auslese →Selektion.

Nautiloideen Verhältnismäßig primitive Gruppe von Kopffüßern (Cephalopoden) mit kalkigem, gestrecktem bis eingerolltem Außengehäuse und von der Mitte der Körperrückseite entspringendem Sipho-Strang. Sie waren die wichtigste und umfangreichste Cephalopoden-Gruppe während des frühen Erdaltertums (frühes und mittleres Paläozoikum), doch nahm im Erdmittelalter (Mesozoikum) die Zahl ihrer Stammeslinien laufend ab, so daß sie heute nur noch mit einer einzigen Gattung (*Nautilus*) vertreten sind. Ehemals weltweit verbreitet.

nektonische Lebensweise Aktives, rasches Schwimmen. Hieran angepaßte Tiere nennt man Nektonten, die Gesamtheit der Schwimmtypen dieser Art das Nekton.

Neotenie Das Phänomen des Eintretens der Geschlechtsreife in morphologisch noch jungen Stadien der Ontogenese, also »Verjugendlichung« der Entwicklung. Während K. Beuerlen (Neomorphose) und O. H. Schindewolf (Proterogenese) die Bezeichnung Neotenie nur dort zulassen, wo die verfrühte Geschlechtsreife nicht mit Regelhaftigkeit auftritt und nicht fester Bestandteil einer neuen Evolutionstendenz geworden ist, ging man neuerdings unter dem Einfluß Julian Huxleys dazu über, diese Bezeichnung auch in der erweiterten Bedeutung zu gebrauchen.

Nukleinsäuren Aus Nukleotidketten aufgebaute polymere Substanzen.

Nukleotid Polymere Verbindung, bei der DNA aus den vier Nukleinsäure-Basen bestehend (Adenin, Cytosin, Guanin, Thymin) sowie einem Zucker (Desoxyribose) und einer Phosphatgruppe.

Numinotik Der Glaube an höhere Mächte (»numina«), die zwar Träger eines den Menschen betreffenden Wollens sind, aber keine plastische Individualität besitzen und daher auch nicht bildlich dargestellt werden.

Objektivitäts-Postulat Die unverzichtbare Forderung an den Naturwissenschaftler, sich bei seiner Forschung und Aussage um größtmöglichste Objektivität zu bemühen. Im experimentellen Bereich wird diese Objektivität durch →Verifizierung der Befunde bestätigt.

Ökologie Der Teilbereich der Biologie, der die Lebensräume der Organismen erforscht sowie die zwischen ihnen und den Lebewesen bestehenden Wechselbeziehungen.

Ontogenie (-genese) Der Entwicklungsgang eines Individuums von dessen Entstehen durch Zellteilung oder durch die Verschmelzung von Keimzellen bis zu seinem Tod.

organisch Wo nicht anders ausgeführt, wird diese Bezeichnung hier – wie in der Paläontologie üblich – in der Bedeutung von »aus einem organisch-chemischen Stoff bestehend« verwendet.

Orogenese →Gebirgsbildung.

Orthoevolution Einer Tendenz konsequent und geradlinig folgende, aber ausschließlich von den natürlichen Evolutionsfaktoren kontrollierte Phylogenese einer Stammeslinie. Die Ursache der sukzessiv zunehmenden Ausrichtung ist ein natürlicher Automatismus, der sich aus der Kombination von →Irreversibilität und fortlaufender Abnahme der →evolutiven Bandbreite (zunehmende Komplexität der Wechselwirkung zwischen Gen und Phän: Pleiotropie und Polygenie) ergibt. Diese Ausrichtung wird streckenweise durch →Orthoselektion gefördert. Eine vorgegebene Zielsetzung (a priori) oder Zweckbestimmtheit besteht *nicht.*

Orthogenese Gelegentlich: Geradlinige Stammesentwicklung, die von einer inneren Lebens- oder Entwicklungskraft eigener Art (→»élan vital«) ausgerichtet oder zweckbestimmend (→finalistisch, teleologisch) von einem als Ende vorgegebenen Ziel her vorausbestimmt wird.
In neuerer Zeit: Rein beschreibend und in neutralem Sinn benutzte Bezeichnung für eine geradlinige Stammesentwicklung, ohne die Annahme unbekannter Kräfte oder Zielstrebigkeit bedingender, transzendenter Faktoren.

Orthoselektion Geradlinige Ausrichtung der Phylogenese einer Stammeslinie durch andauernden unveränderten Selektionsdruck.

Osteologie Der Teilbereich der Medizin, der sich der Erforschung der Knochen widmet.

Paläo- Als Präfix den Bezug zur geologischen Vorzeit herstellend (z. B.

Paläogeographie, Paläozoologie, Paläoklima usw.). Aus dem Griechischen (παλαιός = alt). – Beginnt das Hauptwort mit einem Vokal, so wird aus Gründen der Phonetik üblicherweise die Kurzfassung »Pal-« verwendet (z. B. Palökologie. – Ausnahme: Paläontologie).

Palingenese Ein stammesgeschichtlicher Entwicklungs-Modus, bei welchem die →Ontogenesen der beteiligten Spezies der →Biogenetischen Grundregel folgen. Formzustände der phylogenetischen Vorfahren werden rekapituliert, und die neuen, darüber hinausgehenden Merkmale am Ende der Ontogenese hinzugefügt. Bei den nachfolgenden Spezies der Stammeslinie greifen diese neuen Merkmale sodann fortlaufend auf immer frühere ontogenetische Stadien über.

Panmixie Die uneingeschränkte Möglichkeit des Gen-Austauschs. Panmixie liegt vor, wenn der Wahrscheinlichkeitsgrad einer Paarung für alle verschiedengeschlechtlichen Individuen einer Population gleich groß ist. Die Panmixie wird unterbrochen, wenn Teilpopulationen isoliert werden.

Paradigma Treffendes Musterbeispiel, verkörpert durch einen analogen, vergleichbaren Fall.

pelagische Lebensweise Daueraufenthalt in der küstenfernen Hochseeregion oder in der offenen Wasserregion eines Süßwassersees, und zwar als aktiver Schwimmer (→Nektont) oder schwebender, passiv treibender →Planktont. Die Gesamtheit aller dieser Formen ist das Pelagial.

Perlmutt Seidig glänzende, aragonitische Schalenschicht mancher Mollusken.

Phän Äußeres Merkmal eines Individuums, in der Regel von mehreren →Genen (seltener von einem einzigen) hervorgebracht und hinsichtlich seiner speziellen Ausgestaltung von Umwelteinflüssen kontrolliert.

Phänotyp (-us) Gesamtbestand der →Phäne eines Individuums.

Photosynthese Der Prozeß, in dessen Verlauf die Pflanzen und manche Bakterien mit Hilfe der Energie des Sonnenlichts ihre Nahrungs- und Baustoffe aus Kohlendioxid herstellen.

Phylogenie (-genese) Stammesgeschichtliche Entwicklung.

phylogenetische Größenzunahme Die Tatsache, daß während der →Phylogenese von Stammeslinien und ganzen Stammbäumen häufig eine fortlaufende Steigerung der Körpergröße erfolgte.

phylogenetische Konstitution Der Zustand phylogenetischer Wandlungsfähigkeit, den die →Gene eines →Gen-Reservoirs nach dem vorausgegangenen Ablauf einer →Phylogenese erreicht haben. Er ist von dem erreichten Grad der wechselseitigen Abhängigkeit von →Genotypus und →Phänotypus abhängig, also von dem erreichten Ausmaß an Pleiotropie der Gene und →Polygenie der Phäne. Aus dem Zustand der phylogenetischen Konstitution ergibt sich der verbleibende Spielraum für weitere Evolutionstendenzen, d. h. für mögliche neue Entwicklungsrichtungen (→evolutive Bandbreite).

planktonische Lebensweise Meist oberflächennah im Wasser schwebend und treibend von Strömungen weiterbefördert. Lebewesen mit dieser Lebensweise nennt man Planktonten, ihre Gesamtheit das Plankton.

plazentale Säugetiere Jene Säugetiere, die eine Plazenta (Mutterkuchen, Nachgeburt) besitzen. Das ist der überwiegende Teil.

Pleiotropie (der Gene) Die regelhafte Tatsache, daß dasselbe →Gen mehrere →Phäne hervorruft und kontrolliert.

Polygenie (der Phäne) Die regelhafte Tatsache, daß dasselbe →Phän von mehreren →Genen abhängig ist.

Polymer Kettenförmiges Makromolekül mit spezifischer Anordnung seiner mikromolekularen Bestandteile.

Polymerisation Der Zusammenschluß der beteiligten Mikromoleküle zu einem →Polymer.

 Polyphänie (der Gene) →Pleiotropie.

polyphyletisch Von verschiedenen, miteinander nicht näher verwandten phylogenetischen Vorfahren abstammend, also die Herkunft aus verschiedenen Wurzeln.

Population Eine Gruppe von derselben biologischen Spezies angehörenden Individuen, die gleichzeitig in einem geographischen Areal leben und sich grundsätzlich paaren sowie sich miteinander sexuell fortpflanzen können.

Präadaptation Der Umstand, daß zu einer bestimmten Lebensweise oder Umwelt passende Merkmale ontogenetisch oder phylogenetisch schon vor dem Zeitpunkt auftauchen, zu dem sie ihre Funktion ausüben können oder diese erforderlich wird.
Während einige Wissenschaftler diesem Sachverhalt finalistisch-vitalistische Ursachen unterstellen wollten, beschränkten sich die anderen auf eine rein beschreibende Anwendung dieser Bezeichnung; wiederum andere verwendeten sie in der abgewandelten Form »konstitutionelle Präadaptation«.

präbiotisch Vor dem Auftreten des Lebens existierend (oft auch eine Vorstufe des Lebens bezeichnend).

Prädisposition Heute gebräuchliche Bezeichnung anstelle von →Präadaptation.

primordial Am Uranfang stehend.

progressive Linie Aufsteigende, sich vorwärts entwickelnde, sich adaptierende Stammeslinie.

progressistische Linie Aufsteigende, aber sich mit überstürzter Beschleunigung einseitig spezialisierende Stammeslinie.

prokaryotische (protokaryotische) Zellen Solche, die noch keinen morphologisch definierten, von einer eigenen Membran begrenzten Zellkern besitzen, sondern lediglich die diesem homologe Vorstufe. Hierher gehörende Lebewesen nennt man Protokaryonten.

Prosperitätssituation Durch plötzliches Entfallen beschränkender Selektionsfaktoren und daher durch außergewöhnlich günstige Lebensbedingungen gekennzeichnete Situation einer Population bzw. Spezies. Sie führt zu einer rapiden Zunahme der Populationsgröße und der Gefahr eines anschließenden schnellen Zusammenbruchs aufgrund der Folgen einer Übersteigerung der Populationsdichte (→»crowding«, →»crowding effects«).

Proteine Eiweiße; aus Aminosäuren zusammengesetzte →Polymere.

Proteinoid Experimentell (in vitro) hergestelltes Protein der →Mikrosphären.

Proterogenese Ein stammesgeschichtlicher Entwicklungsmodus, bei welchem die Ontogenesen der →Biogenetischen Grundregel nicht folgen (Ausnahme). Die bezeichnenden neuen Merkmale erscheinen bereits in frühen Stadien der →Ontogenese, in deren weiterem Verlauf sie durch die →Rekapitulation von Ahnenmerkmalen ersetzt werden. Bei den nachfolgenden Spezies der Stammeslinie greifen die neuen Merkmale sodann fortlaufend auf immer spätere Stadien der Ontogenese über, bis sie diese völlig einnehmen.

Protoconch Frühestes Stadium der Schale im Gehäuseanfang der Schnecken, Cephalopoden und Muscheln.

Protozelle Phylogenetisch unmittelbarer Vorläufer der Zelle.

Protozoen Die tierischen einzelligen Lebewesen.

Psycho-Evolution Die stammesgeschichtliche Entwicklung der unmittelbaren und mittelbaren Produkte und Derivate des Geistes (z. B. Technik, Soziales und Kultur, im allerweitesten Sinn).

Quantenevolution Erste Evolutionsphase in der stammesgeschichtlichen Entfaltung eines Groß-Bauplans (Entstehung einer höheren →systematischen Kategorie), in der eine überaus schnelle Aufgliederung in Untertypen bzw. Linien erfolgt, welche insofern auffächern (Radiation), als sie die ihnen zugänglichen »adaptiven Zonen« (spezielleren Lebensweisen →Biotope) besetzen.

Raster-Elektronenmikroskop (Scanning E., »Stereoscan«) Ein Elektronenmikroskop, in dem ein Primärelektronenstrahl die bedampfte Oberfläche des Untersuchungsobjekts abrastert und dabei Sekundärelektronen hervorruft, die in Lichtsignale umgewandelt ein vergrößertes Rasterbild des Oberflächenreliefs liefern (Aufstrahlungs-Elektronenmikroskop).

Razemisierung Die Bildung von Razematen, nämlich von zwei einander prinzipiell entsprechenden aber spiegelbildlich (rechts-links) entgegengesetzt strukturierten, asymmetrischen organischen Molekülen. Die beiden (Rechtsform, Linksform) sind razemische Antipoden, die beim Durchgang polarisierten Lichts durch ihre Lösung die Schwingungsebene nach rechts bzw. links drehen.

Reaktionsnorm Der durch die Erbanlagen eines Organismus gewährte Spielraum für die spezifische Ausgestaltung seiner →Phäne unter Umwelteinfluß. Mit anderer Nuancierung: der genetisch abgegrenzte Rahmen, innerhalb dessen das Individuum Anpassungen an bestimmte Umwelteinflüsse vorzunehmen vermag.

Rekapitulation Wiederholung von einzelnen Merkmalen oder Formzuständen der phylogenetischen Vorfahren in der →Ontogenese der Nachfolger (→Biogenetische Grundregel, →Palingenese).

relatives Alter Das Altersverhältnis einer fossilen Art, eines Gesteins oder eines geologischen Ereignisses im Vergleich zu anderen jüngeren und älteren Arten, Gesteinen oder Ereignissen, wobei die Differenz nicht in absoluten Zeitmaßen (Jahren) erfaßt ist, sondern nur nach den Prinzipien »jünger« und »älter«.

remanenter Magnetismus Fossiler Restmagnetismus in Gesteinen. Magnetische Eisenoxid-Minerale, die sich im Sediment absetzten oder die aus einer Schmelze auskristallisierten, richteten ihre magnetische Polarität nach der Richtung des zu ihrer Zeit bestehenden erdmagnetischen Feldes aus. Daher besteht in Gesteinen, die derartige Minerale enthalten, heute noch eine vorwiegende Richtung ihrer paläomagnetischen Polarität, der sogenannte remanente Magnetismus.

rezent In der Gegenwart vorkommend (im Gegensatz zu fossil).

»reversal« Aus dem Englischen = Umkehrung. Gemeint ist die Umkehrung des paläomagnetischen Erdfeldes und damit die der Positionen des paläomagnetischen Nordpols und des Südpols, die aus der Art des →remanenten Magnetismus eines Gesteins ermittelt werden kann (normal = so wie gegenwärtig; revers = Nord und Süd vertauscht).

Rindenperson Fiktive Person, die stellvertretend für jene geistigen Anlagen steht, deren Ursprung und materielle Grundlagen (Zentren) im Basalen Neokortex der Neurinde des Gehirns lokalisiert sind (insbesondere rationale Denk- und Urteilsfähigkeit, also unemotionaler Intellekt; Züge des Charakters und der Persönlichkeit usw.).

Rudiment Letzter kleiner Überrest eines rückgebildeten Organs oder Merkmals.

Sediment Ablagerungsmaterial (Schlick, Sand, Geröll usw.), welches – falls es nicht zuvor wieder abgetragen wurde – das Ausgangsmaterial für die Bildung von →Sedimentgesteinen darstellt.

Sedimentgesteine Absatzgesteine, durch Verfestigung und →Diagenese aus ursprünglichen Lockersedimenten entstanden (z. B. Tonstein, Tonschiefer, Siltstein, Sandstein, Quarzit, Konglomerat, Kalkstein usw.).

Selbstdomestikation Weitgehende (wenn auch nicht etwa vollständige) Ausschaltung der natürlichen Selektion durch eigene entsprechende Verhaltensweisen (Mensch: Sozialisation, Werkzeugbau usw.).

 Selektion Natürliche Auslese innerhalb einer →Population durch die Bedingungen der Umwelt, wobei ein Selektionsdruck zugunsten der besser geeigneten →Mutanten und ein Ausmerzen der ungeeigneten zustande kommt. Die Begünstigung wirkt sich insofern aus, als die geeigneteren Mutanten bessere Fortpflanzungschancen haben und ihr →Allel sich daher in der Population ausbreiten kann, wodurch sich die Grenzen der genetischen →Reaktionsnorm des gesamten →Gen-Reservoirs verschieben. (Wird ferner durch Isolation die →Panmixie unterbrochen, kann auf diese Weise eine neue →Spezies entstehen.)

Septum Eine abteilende, meist aus Hartmaterial bestehende Quer- oder Längswand eines Hohlraums.

Sewall-Wright-Effekt →Gen-Drift.

Siltstein Überaus feinkörniger Sandstein.

Sipho Fleischiger, sehr langer und röhrenförmiger Körperfortsatz vieler →Cephalopoden, der durch alle Kammern des Gehäuses führt und dem Transport von Kammerflüssigkeit dient.

somatisch Körperlich (griechisch σῶμα = Körper), im Gegensatz zu psychisch; ferner: somatische Zellen im Gegensatz zu den der Fortpflanzung dienenden Keimzellen.

soziale Rangordnung Linear abgestufte Dominanz und Sozialgeltung (»Hackordnung«) der Einzelindividuen in einer Sozietät, vom Ranghöchsten (α-Tier) bis zum Rangtiefsten (ω-Tier). Die sich so ergebende Hierarchie kann absolut (konstant in der Zeit) sein oder aber relativ, d. h. sie kann je nach Tageszeit oder Situation abgewandelt werden.

sozial-ethischer Kodex Eine Sammlung von Anweisungen (Tabus und Gebote) zu angemessenem und das gruppeninterne Zusammenleben der frühen fossilen Menschen regelndem Verhalten. Der Kodex setzte die Normen für die zweckmäßigen Verhaltensweisen und vermittelte auf diese Weise die Grundlagen der menschlichen Ethik und der Wertvorstellungen. Er wurde wohl durch mündliche Überlieferung tradiert. Seine ursprüngliche Begründung (Notwendigkeit, Zweckmäßigkeit) wurde in einer späteren Entwicklungsphase durch die Behauptung seiner metaphysischen Herkunft ergänzt und verstärkt. (Die wesentlichen Teile der christlichen Zehn Gebote können als Derivate des ursprünglichen sozial-ethischen Kodex aufgefaßt werden.)

Sozialisation Zusammenschluß von Individuen zu Sozialgebilden. d. h. zu Gruppen, die einer gemeinsamen und dadurch verbesserten Bewältigung der Umweltanforderungen dienen. Die Sozialisation setzte sich beim Menschen in einer Steigerung der Funktionsteilung, einer Differenzierung der Kommunikationsmöglichkeiten (syntaktische Sprache) und einer Weiterentwicklung der den Gruppenzusammenhalt fördernden Verhaltensweisen fort.

Spezies →biologische Art.

Spezialisation Anpassung an spezielle Bedingungen der Umwelt oder Lebensweisen und Funktionen.

Sphärulith Mehr oder weniger kugeliges Aggregat aus radialstrahlig angeordneten, meist nadeligen Kristalliten.

Stratigraphie Ein Zweig der Geowissenschaften, der die Aufgabe hat, die normale Aufeinanderfolge der Gesteinsschichten der Erdkruste zu erforschen und – wo erforderlich – zu rekonstruieren. Zu diesem Zweck ordnet die Stratigraphie die Gesteinskörper in erster Linie nach deren Bildungsalter. Daher liefert sie die Voraussetzungen für das Verständnis der Erdgeschichte (Historische Geologie) und der Entwicklung des Lebens (vorzeitliche Evolution). Ferner bilden ihre Erkenntnisse die unverzichtbare Grundlage für die Erforschung der Strukturen der Erdkruste (Tektonik) sowie für die Suche nach mineralischen Lagerstätten, Erdöl, Kohle und Grundwasser.

Supernova Plötzlicher, explosionsartiger, extrem starker Lichtausbruch eines

Sterns bei enormem aber vorübergehendem Anwachsen seiner Leuchtkraft und seines Durchmessers.

Symbionten Zwei verschiedenen Spezies angehörende Lebewesen, die mit dem Ergebnis gegenseitigen Nutzens zusammenleben.

System (zoologisches, botanisches) Hierarchisches System von Kategorien abgestufter Wertigkeit (Einheiten in aufsteigender Ordnung: Art–Gattung–Familie–Ordnung–Klasse–Stamm–Reich), in welches die rezenten und fossilen Lebewesen eingeordnet werden und das eine Übersicht über die Lebewelt und deren Untergliederung gewährleistet. (Als Bewertungsgrundlage der Einstufung der Lebewesen in die verschiedenen Kategorien dient der Grad der morphologischen Übereinstimmung.)

Systematik →Taxonomie.

Taxonomie (Taxionomie, Systematik) Der biologische Wissenszweig, der den Gesamtumfang des zoologischen und des botanischen Systems der Lebewesen stets auf den neuesten Stand bringt und die spezielleren Untergliederungen der Einheiten bei Bedarf und entsprechend den neuen Erkenntnissen revidiert.

taxonomische Einheiten →Kategorien des →Systems.

Textur Inneres Gefüge; Innenbau eines Biomineralisats. Meist wird jedoch der Ausdruck »Struktur« verwendet.

Tiefenwesen Fiktives Lebewesen, das stellvertretend für jene Instinkte, Affekte und emotionellen Regungen steht, deren Ursprung und materielle Grundlage außerhalb des Vorderhirns im Hirnstamm (»Althirn«) lokalisiert sind (»animalische« Regungen, Gefühle, Instinkte).

Transmissions-Elektronenmikroskop Das »konventionelle« Elektronenmikroskop, in dem der Elektronenstrahl ein ultradünnes Objekt (meist Ultramikrotom-Schnitt) durchdringt und ein vergrößertes Abbild erzeugt (Durchstrahlungs-Elektronenmikroskop).

triassisch Vom Alter der Trias-Zeit.

Trilobiten (Dreilapper-»Krebse«). Eine Klasse von marinen Gliederfüßern (Arthropoden), charakterisiert durch eine longitudinale Dreigliederung (Kopfschild – aus freien Segmenten bestehender Rumpf – Schwanzschild) sowie eine entsprechende transversale Untergliederung (Mittelspindel und beide Flanken). Der Rücken war von einem harten Chitinpanzer bedeckt, die Bauchseite von einer weichen Körperhaut. Die Trilobiten waren die wichtigste und umfangreichste Gruppe von Wirbellosen während des älteren Paläozoikums. Sie erschienen im Unteren Kambrium, erlebten ihre Blütezeit im Oberen Kambrium und Ordovizium und starben am Ende des Perms aus.

Typogenese Nach der →Typostrophenlehre die frühe Entwicklungsphase in der →Phylogenese eines Stammbaums. Sie ist durch Beschleunigung der Evolution und ein schnelles Auffächern der adaptiven Untertypen charakterisiert. Klammert man O. H. Schindewolfs Vorstellung vom sprunghaft übergangslosen Entstehen des neuen Groß-Bauplans aus, so entspricht die »Typogenese« der → »Quantenevolution« G. G. Simpsons fast bis zur Identität.

Typolyse Nach der →Typostrophenlehre die Endphase in der →Phylogenese eines Stammbaums. Sie soll durch ein erneutes schnelles Auffächern der Stammeslinien und durch Degeneration der normal-typischen Form (Formübersteigerung und -verwilderung) sowie das allgemeine Aussterben der Stammeslinien charakterisiert sein. Als Ursache wird →Überspezialisation angegeben. (Die Annahme eines regelhaften Auftretens einer derartigen typolytischen Endphase kann nicht mehr aufrechterhalten werden.)

Typostase Nach der →Typostrophenlehre die mittlere Phase in der →Phylogenese eines Stammbaums. Bei langsamer, kontinuierlicher Entwicklung wird die in der →Typogenese eingeleitete Adaptation der Stammeslinien nunmehr weiter vervollkommnet, wesentlich neue Untertypen des Groß-Bauplans entstehen nicht mehr. Die Typostase Schindewolfs und die »phyletische Evolution« G. G. Simpsons sind als Evolutionsphasen wesensgleich.

Typostrophenlehre Die von O. H. Schindewolf vertretene Lehre vom phasenhaften Ablauf jeder Evolution, derzufolge sich jede →Phylogenese eines Stammbaums in drei Phasen gliedert: →Typogenese, →Typostase, →Typolyse. In seiner Gesamtheit wird ein solcher Zyklus als »Typostrophe« bezeichnet.

Überspezialisation (Überadaptation) Das Überschreiten der optimalen Ausbildung einer →Spezialisation (→Adaptation) durch eine Stammeslinie, wobei sich der ursprüngliche Selektionsvorteil wegen der eintretenden Übersteigerung in sein Gegenteil verkehrt.

Ultrastruktur Im submikroskopischen Größenbereich bestehendes inneres Gefüge eines Biomineralisats.

Uniformitarianismus Vertritt das →Aktualitätsprinzip.

Unterart (= Subspezies = Rasse) Durch einzelne Formmerkmale und reinerbige Unterschiede charakterisierte, von den anderen Anteilen geographisch einigermaßen geschiedene Untergruppe einer →biologischen Spezies. Verschiedengeschlechtliche Individuen der Unterarten derselben Spezies bringen bei ihrer Paarung fruchtbare Nachkommen hervor, wobei sich die Merkmale vermischen. (Definition der fossilen Unterart: Individuengruppe innerhalb der morphologischen Spezies, mit einigen konstanten aber geringfügigen Formunterschieden.)

Urzeugung (Generatio aequivoca, G. spontanea, Abiogenese) Die Möglichkeit des Ursprungs von Organismen nicht aus Keimzellen, sondern aus unbelebten (anorganischen) Substanzen ohne die Mitwirkung von Eltern-Individuen.

UV-Strahlung Ultraviolett-Strahlung.

verifizieren Durch Nachprüfen der erfahrbaren Realität als wahr ausweisen, wobei die Verifikation von mindestens zwei Beobachtern vollzogen und wiederholbar sein muß.

Vitalismus Die bereits von Aristoteles vertretene These, daß im lebenden Organismus neben den physikalisch erklärbaren auch andere, eigengesetzliche Kräfte (»Entelechien«) wirksam sind. Modifizierte Neufassungen vertraten u. a. die Neo-Vitalisten Henri Bergson (»élan vital«) und H. Driesch.

Zerebralisation Die phylogenetische Ausdifferenzierung des Wirbeltiergehirns beim Menschen.

Register

(*Kursiv* = *Abbildungen*; nicht kursiv = Seitenziffern im Text)

TABELLE II
DAS SYSTEM DER ORGANISMEN

Sehr stark vereinfacht. Nur die höheren systematischen Kategorien (Einheiten) sind aufgeführt. († = ausgestorben)

(Die wichtigsten Kategorien in absteigender hierarchischer Wertigkeit: Reich – Stamm – Klasse – Ordnung – Familie – Gattung – Art (Spezies) – – Unterart (Subspezies, Rasse) – Individuum)

REICH PLANTAE (Pflanzen)

STAMM BACTERIOPHYTA (Bakterien)

STAMM CYANOPHYTA (Blaugrün-Algen)

STAMM PHYCOPHYTA (Algen)
- Klasse Euglenophyta (pflanzliche Geißelträger)
- Klasse Chlorophyceae (Grünalgen)
- Klasse Conjugatae (Jochalgen)
- Klasse Diatomeae (Kieselalgen)
- Klasse Phaeophyceae (Braunalgen)
- Klasse Rhodophyceae (Rotalgen)

STAMM MYCOPHYTA oder FUNGI (Pilze)

STAMM BRYOPHYTA (Moosgewächse)

STAMM PTERIDOPHYTA (Farngewächse)
- Klasse † Psilophyta (Nacktfarne)
- Klasse Lycopodiinae (Bärlappgewächse)
- Klasse Articulatae (Schachtelhalme)
- Klasse Filicinae (Farne)

STAMM SPERMATOPHYTA (Samenpflanzen)
- U.Stamm Gymnospermae (Nacktsamige)
  - Klasse † Pteridospermae (Farnsamer)
  - Klasse † Caytoniinae
  - Klasse † Bennettitinae
  - Klasse Cycadinae (Palmfarne)
  - Klasse † Cordaitinae
  - Klasse Gingkoinae (Gingkoartige)
  - Klasse Coniferae (Nadelhölzer)
- U.Stamm Angiospermae (Blütenpflanzen)
  - Klasse Monocotyledonae (Einkeimblättrige)
  - Klasse Dicotyledonae (Zweikeimblättrige)

REICH ANIMALIA (Tiere)

UNTERREICH PROTOZOA (Einzellige Tiere)

STÄMME ZOOMASTIGOTA (tierhafte Geißelträger), SPOROZOA (Sporentierchen) und CILIATA (Wimpertierchen)

STAMM SARCODINA (Amöben, Foraminiferen, Heliozoen, Radiolarien)